CPR1000 全范围验证模拟机培训教材

环境保护部核与辐射安全中心　编

中国环境出版集团·北京

图书在版编目（CIP）数据

CPR1000 全范围验证模拟机培训教材/环境保护部核与辐射安全中心编. —北京：中国环境出版集团，2018.12
ISBN 978-7-5111-1067-1

Ⅰ．①C… Ⅱ．①环… Ⅲ．①核电站—反应堆模拟器—技术培训—教材 Ⅳ．①TL365

中国版本图书馆 CIP 数据核字（2018）第 295414 号

出 版 人 武德凯
责任编辑 董蓓蓓
责任校对 任 丽
封面设计 彭 杉

出版发行 中国环境出版集团
（100062 北京市东城区广渠门内大街 16 号）
网 址：http://www.cesp.com.cn
电子邮箱：bjgl@cesp.com.cn
联系电话：010-67112765（编辑管理部）
010-67113412（第二分社）
发行热线：010-67125803，010-67113405（传真）
印 刷 北京盛通印刷股份有限公司
经 销 各地新华书店
版 次 2018 年 12 月第 1 版
印 次 2018 年 12 月第 1 次印刷
开 本 787×1092 1/16
印 张 37.5
字 数 800 千字
定 价 120.00 元

《CPR1000全范围验证模拟机培训教材》

编　委　会

主　　编　柴国旱

副 主 编　王青松　王承智

编　　委　（按姓氏笔画排序）

王冠一　李钊同　吴　鹏　张　阳

张　波　张振华　陈方强　陈　伟

陈宝龙　郑超颖　贾　伟

技术顾问　程建秀

序

安全是核电发展的生命线。我国政府及核电厂营运单位秉承"安全第一，质量第一"的原则，不断加强对核电机组的安全监督和管理，持续开展安全改进，不断提高核电安全水平。我国运行核电机组安全业绩良好，迄今未发生国际核事件分级（INES）2 级及以上的运行事件，根据世界核电运营者协会（WANO）主要性能指标，我国运行核电机组普遍处于国际较好水平，部分机组达到国际先进水平。

《核安全法》明确要求国务院核安全监管部门加强核安全监管能力建设，提高核安全监管水平，并要求核安全监督检查人员应当具备与监督活动相适应的专业知识和业务能力。

模拟机培训是核电监管能力提升的重要手段，2013 年环境保护部核与辐射安全中心完成了 CPR1000 全范围验证模拟机的验收工作。该模拟机不仅包含核电厂全范围模拟机的全部功能，而且具备严重事故的验证功能；为核安全监管工作提供了相应堆型核电厂独立审核计算能力、事故验证和事故导则验证能力、应急指挥及支持能力、核电站运行规程分析能力提升的硬件基础；是相关人员培训、核安全监管、审评验证的重要工具。

为进一步提高核安全监管审评人员业务能力，使其掌握核电厂运行原理，熟悉机组正常运行工况、瞬态和事故的正确处理，核与辐射安全中心资质管理与培训部组织编制了《CPR1000 全范围验证模拟机培训教材》。该教材全面描述了 CPR1000 核电机组的运行特点，包括反应堆物理知识、核岛和常规岛主要系统的运行，反应堆的测量、控制及保护，专设安全设施，模拟机操控，机组正常运行，故障及瞬态运行，事故运行，严重事故管理等内容，可作为核安全监管和审评人员模拟机培训的基础教材。希望该教材的出版，能够促进核安全监管人员以科学认真的态度对待模拟机培训，更好地熟悉和掌握核电机组的运行知识，开拓进取，求真务实，全力以赴做好核电监管审评工作，保障核电机组安全稳定运行，保护公众，保护环境，促进核事业安全高效发展。

2018 年 10 月

前　言

核能作为一种经济、安全、清洁的能源，是人类历史上的一项伟大发现，和平利用核能、通过核能发电是人类的美好愿望。核电站的开发与建设始于 20 世纪 50 年代，世界核电发展已有 60 多年的历史。为增加能源供应、优化能源结构、应对气候变化，我国政府秉承安全高效发展核电的方针，计划到 2020 年，核电装机容量达到 5 800 万 kW，在建容量达到 3 000 万 kW 以上。随着我国运行和在建核电机组数量的增加，核安全监管任务将更加繁重，要求也将更为严格。为使我国核安全监管人员更好地熟悉和掌握核电厂运行知识、高质量地发挥监管职能，环境保护部核与辐射安全中心组织编写了《CPR1000 全范围验证模拟机培训教材》。全书以讲解 CPR1000 机组的基本知识和概念、各种运行工况、事故处理为主，主要面向我国核安全监督审评人员，对其他从业人员也有一定的参考价值。

本书在环境保护部核与辐射安全中心副主任柴国旱的主持下，由中心资质管理与培训部王青松、王承智负责组织相关人员进行教材编写、校对、审核和出版，中心副总工程建秀在教材编写过程中提供了技术支持。本书第 1 章为反应堆物理的基本概念，由陈方强、吴鹏编写；第 2~3 章为核岛和常规岛主要系统，由贾伟编写；第 4 章为反应堆堆内及堆外核测系统，由张振华编写；第 5~6 章为反应堆的控制与保护，由郑超颖编写；第 7 章为专设安全设施，由王冠一编写；第 8 章为操控系统简介，由张阳、陈宝龙编写；第 9~10 章为机组正常运行、机组故障及瞬态运行，其中第 9 章由张波编写、第 10 章由王冠一编写；第 11 章为机组事故运行及事故规程，由张振华编写；第 12 章为严重事故管理，由张波编写。苏林森、杨辉玉、王金众、邴金荣、毕业成、杨天南、周军、杜春列、叶丹萌、李乃思、温庆邦、吴强春、孙长军等专家在教材编写过程中提出了具体修改意见，陈伟、李钊同、邢丹、刘通、孙僖悦等承担了教材的校对和出版工作。

　　本书的出版得到了生态环境部（国家核安全局）的大力支持，生态环境部副部长兼国家核安全局局长刘华同志为本书撰写了序言，生态环境部核电安全监管司司长汤搏对整部教材的编写提出了宝贵的修改意见，环境保护部核与辐射安全中心主任任洪岩对教材的编写给予了全面支持，在此表示衷心的感谢。本书出版过程中得到了吴晓燕、陈旭东的协助，在此一并感谢！

　　虽经反复斟酌和努力，书中仍难免存在不足之处，在教材实际应用过程中将不断修订，使之日臻完善。

编写组

2018 年 6 月

目　录

第1章　反应堆物理基础

燃煤电厂，是将煤炭燃烧的热能转变为电能；核电厂，是将核能转变为热能，进而转变为电能。核反应堆由堆芯、冷却剂系统、慢化剂系统、控制与保护系统、屏蔽材料、辐射监测系统等组成。其中堆芯是装载核燃料的地方，是核电厂实现核能转变为热能的核心区域。实际上，运行的核反应堆是一个强大的中子场，正是由于中子与核燃料原子核的相互作用，使核燃料原子核产生裂变而释放出大量能量，并通过冷却剂将这些能量带出到二回路做功实现发电。

本章介绍与反应堆有关的核物理基础知识，首先介绍与反应堆物理有关的一些基础概念，然后介绍反应堆中反应性控制、温度效应、中子毒物等有关知识，最后简单讲述反应性平衡计算。

1.1　基本物理概念

1.1.1　中子与原子核的反应

自然界中的所有物质都是由原子和分子组成的，每种原子对应一种化学元素。目前人类已知的元素有 100 多种。在化学范畴里，原子是不可分的，是组成物质的最基本单位，但在物理学范畴，原子只是组成物质的一个结构层次，并不是最基本的单位。

1. 原子核

原子由原子核和核外高速运动的电子组成。原子核带正电，电子带负电，整个原子呈电中性。

原子的半径为 10^{-8}cm 量级，原子核的半径为 10^{-13}cm 量级，原子核只占原子体积的很小一部分，但却占原子质量的绝大部分，原子核的质量千倍于核外电子的质量。原子核由质子、中子组成，其中质子带正电，中子不带电。质子和中子统称为核子。根据原子核结构理论，一个电荷数为 Z（原子序数）、质量约等于氢原子质量 A 倍的原子核由 Z 个质子和 N（$N=A-Z$）个中子组成，A 称为核的质量数。

含唯一质子数和中子数的一类原子（即具有特定 Z、A 的原子核）称为一种核素。原子序数相同而质量数不同（即质子数相同而中子数不同）的核素互为同位素，它们化学性质相同，属于同一种元素，但核特性却可能有所不同。同一种元素可以有多种同位素。例如，原子序数为 92 的元素铀（U），具有 ^{233}U、^{235}U 和 ^{238}U 等几种同位素，它们化学性质相同，因此很难利用化学的方法将它们分离开来，但核特性却有所不同。

2．核反应类型

核反应可表示为

$$A+a \rightarrow B+b \tag{1.1}$$

也可表示为 A（a，b）B，这里 A、a、B、b 分别代表靶核、入射粒子、剩余核（新产生的核）、出射粒子。当入射粒子能量较高时，出射粒子数量可能是两个或两个以上，因此核反应的一般表达式为

$$A（a，b_1，b_2，\cdots）B \tag{1.2}$$

按照入射粒子种类、出射粒子种类可将核反应进行不同角度的分类：

①从出射粒子角度来分，分为入射粒子与出射粒子相同、入射粒子与出射粒子不同两类。其中入射粒子与出射粒子相同，此时反应物与生成物相同，即 A 和 B 相同，又称为散射，包括弹性散射和非弹性散射。

入射粒子与出射粒子不同，即 a、b 不同，此时剩余核与靶核不同，这就是通常意义上说的核反应，其中出射粒子为 γ 射线时的反应称为辐射俘获。

②从入射粒子角度来分，分为带电粒子核反应、光核反应、中子核反应等。

带电粒子核反应，包括质子引起的核反应，如（p，n）、（p，α）、（p，d）反应等；α粒子引起的核反应，如（α，n）、（α，p）、（α，d）、（α，2n）反应等；重离子（比α粒子重的离子）引起的核反应；电子引起的核反应，等等。

光核反应，即光子引起的反应，其中最常见的是（γ，n）反应。

中子核反应，即中子与原子核的相互作用。由于中子不带电，不存在库仑势垒，相对质量较大，能量很低的中子就可能引起核反应，其中重要的有热中子的辐射俘获（n，γ）和裂变反应。

3．质量亏损与结合能

中子和质子组成原子核，表面来看，原子核的质量应该等于中子与质子质量之和。但事实上，原子核的质量却略小于组成它的所有核子质量之和，这种现象称为原子核的质量亏损。这种现象用爱因斯坦的质能方程来解释，原子核的质量亏损对应着系统能量的变化：

$$\Delta E = \Delta m \times c^2 \tag{1.3}$$

式中，ΔE —— 系统变化的能量，J；

Δm —— 质量亏损，kg；

c —— 真空中的光速（3×10^8 m/s）。

人们习惯用电子伏特（符号 eV）作原子核的能量单位，1 eV=1.6×10^{-19}J，1 eV 数值太小，使用不方便，因而常用 MeV 作单位，1 MeV=10^6 eV。

一定数量的中子和质子聚合起来组成一个原子核时，出现质量亏损，释放出能量；相反，若分离出组成原子核的核子，就必须提供对应于质量亏损的能量。与质量亏损相对应的能量叫作原子核的结合能。质量亏损越大，则原子核的核子结合越牢固，原子核就越稳定。研究表明，不同核素的核子平均结合能（比结合能）不同，它们随质量数的变化而变化，如图 1.1 所示。由图可知，最轻和最重的原子核的比结合能相对较小，而中等质量的原子核具有相对较强的稳定性。这说明中间质量的原子核具有更多的质量亏损。设想，把曲线两端的原子核通过核反应转变为中间质量的原子核，则质量亏损将增大，势必释放出更多能量，这就是核反应释放能量的物理基础。曲线左边质量较轻的原子核与中间质量原子核的比结合能差距很大，曲线右边质量较重的原子核与中间质量原子核的比结合能差距相对较小。把很轻的原子核（如 $^2_1$H、$^3_1$H）变成较重的原子核，叫作聚变反应；把很重的原子核（如 ^{235}U）分裂成质量较轻的原子核，就是裂变反应。由于质量亏损的存在，这两种核反应都会释放出大量的能量，一般情况下聚变反应放出的能量比裂变反应放出的能量更大。聚变反应需要在很高的温度下才能进行，且控制难度极高，尚处于实验室研究阶段。目前商业运行的核反应堆均采用裂变反应获得能量。

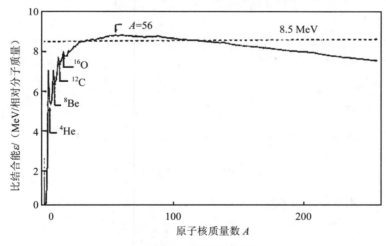

图 1.1　比结合能曲线

4. 裂变反应

（1）裂变反应的种类

裂变反应分为自发裂变和诱发裂变两种。没有外来粒子的轰击，原子核自发的裂变现象叫作自发裂变，如超钚元素的核素 ^{244}Cm、^{249}Bk、^{252}Cf、^{255}Fm 等，尤其以 ^{252}Cf 最为突出；在外来粒子轰击下发生的裂变称为诱发裂变，如反应堆中最为关心的 ^{235}U 受到中子轰击发生的诱发核裂变反应。

中子诱发核裂变反应的过程是：可裂变原子核在俘获一个中子后形成一个复合核，复合核经过一个短暂（约 10^{-14} s）的不稳定激化阶段后，分裂成两个碎片，同时放出中子和能量。

常见的中子诱发核裂变反应的一般表达式为

$$A + {}_0^1 n \rightarrow B + C + x {}_0^1 n + W \tag{1.4}$$

其中，A 为靶核，而剩余核则包括 B、C 两种，它们为两种中间质量的原子核，我们也把它们叫作裂变产物，或叫作裂变碎片，裂变碎片通常都是极其不稳定的，通过不断的衰变而转变为稳定核素，x 表示放出的中子的个数，W 表示释放出的能量。

（2）易裂变和可裂变核素

压水堆中通常采用通过浓缩达到一定富集度的富集铀做核燃料，如国内某核电站采用的首炉料，^{235}U 富集度在堆芯中的 3 个区域中分别为 1.8%、2.4%、3.1%。以后在平衡周期，装料富集度为 4.45%。^{235}U 在能量较低的热中子的轰击下能分裂成两个碎片，同时放出大量能量，我们把它称作易裂变核素，^{235}U 吸收中子发生裂变反应的一般表达式为

$$_{92}^{235}U + {}_0^1 n \rightarrow FF_1 + FF_2 + 2.5 {}_0^1 n + W \tag{1.5}$$

其中，FF_1、FF_2 一般为不同的裂变产物，$W \approx 200$ MeV。

同属易裂变核素的，还有 ^{233}U、^{239}Pu、^{241}Pu 等，它们均在各种能量的中子作用下发生裂变反应，并且在低能中子轰击下发生裂变的可能性更大。

在核燃料中还存在着对热中子不发生裂变的 ^{238}U，但它吸收一个中子后经过两次 β 衰变，变成易裂变核素 ^{239}Pu，其反应如下：

$$_{92}^{238}U + {}_0^1 n \rightarrow {}_{92}^{239}U \xrightarrow{-\beta} {}_{93}^{239}Np \xrightarrow{-\beta} {}_{94}^{239}Pu \tag{1.6}$$

同样，^{232}Th 吸收一个中子后也可变成 ^{233}U。

通常我们把像 ^{238}U、^{232}Th 等能通过俘获中子后变成易裂变核素的核素称为可转换核素。^{238}U、^{232}Th 等核素，在能量高于某一阈值的高能中子轰击下也可以直接发生裂变，这类核素称作可裂变核素。

在用铀做燃料的反应堆中，一方面，^{235}U 不断地被消耗掉；另一方面，由于 ^{238}U 吸收了 ^{235}U 裂变放出的部分中子，又生成了新的易裂变核素 ^{239}Pu。这对延长堆芯使用寿期是有益的。我们把生成的易裂变核素与消耗的易裂变核素的核素之比叫作反应堆的转

换比。有些核电站反应堆的转换比约为 0.6。在寿期末，反应堆裂变产生的能量约有 50% 是由 ^{239}Pu 产生的。

（3）裂变中子与裂变产物

由前述 ^{235}U 与中子反应的表达式来看，裂变反应产生的中子似乎与裂变同时出现。但实际上，在反应堆中，这些裂变产生的中子是由碎片发射出来的。裂变生成的初级碎片很不稳定，能够直接发射中子（通常发射 1～3 个中子），3 种易裂变核素一次裂变产生中子数如表 1.1 所示。

表 1.1　一次裂变产生的中子数

易裂变核素	放出的中子数
^{233}U	2.52
^{235}U	2.43
^{239}Pu	2.93

发射中子后的碎片主要以发射γ光子的形式退激，发射的中子和γ光子分别在裂变发生后极短的时间（10^{-15}～10^{-11}s）内完成，称为瞬发裂变中子和瞬发γ光子。发射中子后的次级碎片仍是丰中子核，经过多次β衰变最终转变为稳定核素。β衰变的半衰期一般大于 10^{-2}s，相对于瞬发裂变中子，这一过程要慢得多（相差多个数量级）。在一系列β衰变过程中，部分核素可能具有较高的激发能，超过中子的结合能而发射出中子，发射出的中子叫作缓发中子，缓发中子占裂变反应产生的总中子数的比例不超过 1%，但对反应堆的运行控制却具有十分重要的作用。

一般来说，每次裂变产生两个中等质量的核（实际上也有概率一次裂变产生 3 个甚至更多个数的核），裂变直接产生的初级碎片极其不稳定能发射中子，发射中子后的碎片称为次级碎片或称为裂变的初级产物，之后通过一系列β衰变不断向稳定核素变迁，这一过程中产生很多种中间产物。一般将发射中子后的裂变碎片统称为裂变产物。研究发现，从反应堆中取出的乏燃料中，约有 250 种不同的核素。

图 1.2 为 ^{235}U 的热中子裂变产物出现的概率曲线。其裂变碎片的质量分布曲线呈现两个明显的峰值，它们分别位于质量数 95 和 140 附近。^{233}U 或 ^{239}Pu 的裂变曲线与 ^{235}U 的十分接近。

（4）裂变能

一个 ^{235}U 核裂变时放出的能量约为 200 MeV，其中大部分（约 80%）是以裂变碎片的动能形式出现的，裂变碎片很快被周围的介质减速，动能转变成热能。剩下的能量大部分以瞬时γ射线和释放出的中子的动能形式释放出来，小部分残余的能量则是随着裂变产物的放射性衰变，通过β和γ辐射的形式逐渐放出。

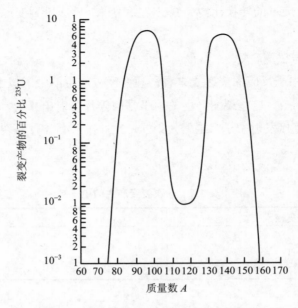

图 1.2 ^{235}U 裂变产物出现的概率曲线

中子和γ射线能穿透很厚的物质，因此在反应堆中，^{235}U 核裂变释放的能量中有一部分能量不是在核燃料中放出的，而是在慢化剂和反射层、生物屏蔽层中放出的，应当考虑到这部分能量的导出措施。此外，约 6% 的裂变能是以裂变产物发出 β 和 γ 射线等形式延迟释放的，即人们常说的"剩余功率"或"余热"，应当特别注意裂变反应停止后如何导出这部分"余热"。

（5）裂变截面

原子核物理中，引入核反应截面这一概念来描述反应发生的概率。假设一个单能粒子束垂直投射到单位厚度（足够薄）的薄靶上，单位面积内的靶核数为 N_S，单位时间的入射粒子数为 I，则单位时间内入射粒子与靶核发生核反应数 N 与 I 和 N_S 成正比，引入一个比例常数 σ，则

$$N = \sigma I N_S \tag{1.7}$$

可知，σ 是单位时间内发生的核反应数与单位时间的入射粒子、单位面积的靶核数之积的商。由定义可见，其量纲为面积，常用单位为"巴"，用 b 表示：

$$1b = 10^{-28}m^2 = 10^{-24}cm^2 \tag{1.8}$$

对于一定的入射粒子和靶核，可能出现的反应往往不止一种，可能有多种，每一种可能的反应称为一个反应道，各反应道的截面，称为该种反应的截面，例如，裂变反应

发生的概率叫裂变截面。各反应道的截面为分截面σ_i，如$\sigma_1 = \sigma(\mathrm{n,p})$，$\sigma_2 = \sigma(\mathrm{n,\alpha})$，等等。各种分截面$\sigma_i$之和，称为反应的总截面，表示产生各种反应的总概率。

一个入射粒子与单位面积内一个靶核发生反应的概率，叫作微观截面。工程实践上更关心中子与大量原子核发生反应的问题，因此又引入了宏观截面，符号为Σ，它反映的是一个中子与单位体积内所有靶核发生核反应的平均概率。

核反应中的各微观截面均与入射粒子的能量有关，截面随入射粒子能量的变化关系称为激发函数，与激发函数相对应的曲线为激发曲线。

^{235}U、^{233}U、^{239}Pu、^{241}Pu 等易裂变核素的裂变截面都随中子能量的变化呈现相同的规律。^{235}U、^{238}U 核在 3 个能区的裂变截面曲线如图 1.3 所示。由图可知，在 10 MeV 能量以下范围内，^{235}U 在低能区其裂变截面随着中子能量的减小而增大，且裂变截面很大；中能区，裂变截面出现共振峰，共振区延伸至千电子伏；在千电子伏以上，裂变截面很小，且大致随中子能量增大而变小（MeV 以上裂变截面很小，数值大小随中子能量增加有所波动）。^{238}U 则在 MeV 以下低能、中能区裂变截面为零，在达到 MeV 数量级的一个阈值之后，裂变截面大体上随着中子能量增大而增大。

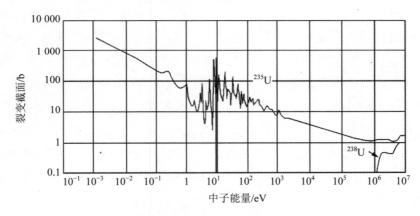

图 1.3　^{235}U、^{238}U 核在 3 个能区的裂变截面曲线

1.1.2　链式反应与反应性

1. 链式反应

由裂变刚释放出来的中子能量很大（0.5～12 MeV），是快中子，它们几乎不能直接用来使 ^{235}U 产生核裂变，因为只有慢中子（或称热中子）才能使 ^{235}U 裂变（热中子使 ^{235}U 裂变的概率大很多）。反应堆中使用慢化剂将裂变产生的快中子转变为慢中子（热中子），这一过程称为慢化，轻水堆中采用水做慢化剂。在适当的条件下，裂变中子和产生的 ^{235}U 再次发生裂变反应，裂变反应像链条式地进行，这种反应过程叫作链式裂变

反应。如果每次裂变反应产生的中子数目大于核裂变所吸收的中子数，则有可能裂变反应能够在不需要外界作用的条件下自发地持续下去，这种裂变反应称作自持链式裂变反应。例如，压水堆中的中子循环（图1.4），是如下进行而使链式反应得以继续的：

$$^{235}_{92}\text{U} + ^1_0\text{n} \rightarrow \text{FF}_1 + \text{FF}_2 + 2.5^1_0\text{n} + W \tag{1.9}$$

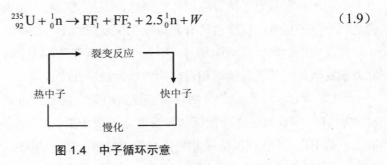

图 1.4　中子循环示意

2. 反应堆内的中子平衡

在以 ^{235}U 为核燃料的热中子反应堆中，由于每次裂变放出 2～3 个中子，若每个中子都继续与 ^{235}U 发生裂变反应，则中子将持续产生且总数将成指数级增长。

初始裂变产生的快中子能量较高，有些超过了 ^{238}U 的裂变阈值，可能被其吸收而促发 ^{238}U 的裂变；中子在慢化剂的慢化过程中可能泄漏出堆芯，同时随着能量降低进入中间能量，有可能被 ^{238}U 共振吸收；能量继续降低成为热中子的过程中，可能发生热中子的泄漏，另外，热中子还会被慢化剂、反射层和其他结构材料吸收。最终被 ^{235}U 吸收的热中子再使 ^{235}U 发生新的裂变产生第二代中子。假设第一代初始裂变中子数为 n，快中子在慢化过程的前半段中，慢化到 ^{238}U 裂变能量阈值以下的平均中子数为 $n\varepsilon$（ε 称为快中子增殖因数），慢化过程中中子不泄漏概率为 Λ_s、热中子扩散过程中不泄漏概率为 Λ_d，热中子逃脱共振吸收的概率为 p，热中子被燃料有效吸收的份额为 f（f 称为热中子利用系数），核燃料每吸收一个热中子将产生 η 个裂变中子，则第一、第二代中子的产生历程可用图 1.5 表示。

在这个循环过程中，既有中子的增殖过程，如 ^{238}U 的快中子增殖、热中子被燃料吸收后的增殖，又有中子的消失过程，如中子的泄漏（包括慢化过程中的泄漏、热中子扩散过程中的泄漏）。若新一代中子的数目等于上一代中子的数目，则裂变反应可以周而复始地重复进行；若新一代中子的数目少于上一代中子的数目，则裂变反应是收敛的，不可持续；若新一代中子的数目多于上一代中子的数目，则裂变反应可持续，且反应越来越剧烈，裂变反应呈发散状态。反应堆通过合理的设计和恰当的控制，可以使堆内中子达到平衡，使链式裂变反应按照设定的目标进行。

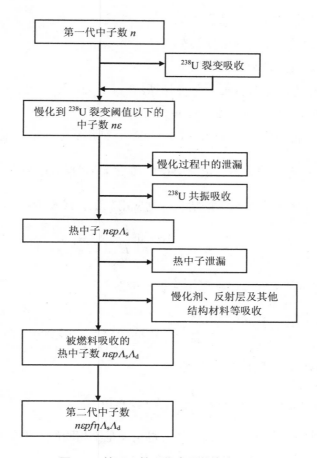

图 1.5　第一、第二代中子的产生历程

3．反应性和增殖因数

反应堆状态可用反应性或有效增殖因数 K（或称有效增殖系数）来确定。反应性 ρ 是新一代中子数（N_2）与上一代中子数（N_1）的相对变化，即

$$\rho = (N_2 - N_1)/N_2 \tag{1.10}$$

有效增殖因数 K 是新一代中子与上一代中子数量之比，也可以看成系统内中子的产生率与系统内中子的消失率之比，即

$$K=（系统内中子的产生率）/（系统内中子的消失率）$$

由此可以得到反应性与有效增殖因数的关系为

$$\rho = (N_2/N_2) - (N_1/N_2) = 1 - 1/K = (K-1)/K \tag{1.11}$$

事实上，在一个链式反应正在进行的反应堆中，总是 $K \approx 1$，所以

$$\rho \approx K - 1 \tag{1.12}$$

用反应性表示反应堆状态，即

$\rho = 0$（$K=1$），反应堆为临界状态；

$\rho < 0$（$K<1$），反应堆为次临界状态；

$\rho > 0$（$K>1$），反应堆为超临界状态。

反应性 ρ 的值很小，常以 pcm 为单位计算，1 pcm $=10^{-5}$。

例如，$K = 1.002$，则 $\rho = +0.002 = +200$ pcm。

这就是说，如果在一代中产生 100 000 个中子，则在下一代中产生 100 200 个中子。

以上反应性 $\rho = \dfrac{K-1}{K}$ 的表示式是应用在 K 接近于 1（偏离临界小）的情况，但对于假设有几个反应性或 K 偏离 1 较大的情况，则应用如下公式表示：

$$\Delta\rho = \ln\frac{K_2}{K_1} \tag{1.13}$$

例如，$K = 0.95$，则反应性按 $\rho = \dfrac{K-1}{K}$ 表示可得

$$\rho = \frac{K-1}{K} = \frac{0.95-1}{0.95} = -0.052\ 63 = -5\ 263 \text{ pcm}$$

但如果应用对数表示式计算 $\Delta\rho$，则

$$\Delta\rho = \ln\frac{K_2}{K_1} \text{（其中 } K_1=1.0\text{）} = \ln\frac{0.95}{1.00} = -5\ 129 \text{ pcm}$$

很明显，应用两种不同表示方式计算所得结果是不相同的。

$$-5\ 263 \text{ pcm} \neq -5\ 129 \text{ pcm}$$

当 K 接近于 1 时，确定反应性的两种方法很接近。但当 K 偏离 1 较大时，应用 $\ln(K_2/K_1)$ 所得结果要准确些。

根据定义，对于有限尺寸的反应堆模型，有效增殖因数

$$K_{\text{eff}} = \varepsilon pf\eta\Lambda_s\Lambda_d \tag{1.14}$$

对于无限大的反应堆，不存在中子泄漏，这时的增殖因数称为无限介质的无限增殖因数，用 K_∞ 表示。

$$K_\infty = \varepsilon pf\eta \tag{1.15}$$

这就是著名的四因子公式，它由费米首先得到并运用到热中子反应堆的研究中。

1.1.3　中子随时间变化特性

1. 反应堆中子平均代时间

前边已经提到，在发生裂变时，绝大部分中子几乎立即出现（$10^{-15} \sim 10^{-11}$ s 内），称为瞬发中子，只有不超过 1% 的少量中子在裂变碎片的衰变中出现（其中 ^{235}U 核的裂变占绝大部分），称为缓发中子。研究表明，在以 ^{235}U 为核燃料的压水反应堆中，缓发中子实际上是由好几种不同的裂变产物的衰变过程中释放出来的。由于这些裂变产物的半衰期不同，缓发中子的缓发周期是不一样的。已测得的缓发中子周期大致可分为 6 组，表 1.2 给出了 ^{235}U 热中子裂变时缓发中子的 6 组数据。缓发中子在全部裂变中所占的份额用 β 表示，称缓发中子份额。对 ^{235}U 的裂变，$\beta = \sum_{i=1}^{6} \beta_i = 0.006\,5$，缓发中子先驱核的平均寿命（即缓发中子平均孕育时间）约为 12 s。

表 1.2　^{235}U 热裂变的缓发中子

组	半衰期 T_i/s	能量/keV	份额 β_i	平均寿命 t_i/s
1	54.51	250	0.000 247	78.64
2	21.84	560	0.001 385	31.51
3	6.00	430	0.001 222	8.66
4	2.23	620	0.002 645	3.22
5	0.496	420	0.000 832	0.716
6	0.179	430	0.000 169	0.258

在压水堆中，中子自身的寿命，即中子释放出后保持自由状态的时间仅约 10^{-5} s。

对于一代中子，其代时间＝孕育时间＋寿命。瞬发中子的平均孕育时间极小，其代时间约为 10^{-5} s；而缓发中子的代时间约等于其孕育时间，粗略取值为 12 s。由此，反应堆中子平均代时间粗略估算为

$$\theta = （99.35 \times 10^{-5} + 0.65 \times 12）/100 \approx 0.08 \text{ s}$$

2. 缓发中子的作用

实际上反应性表示的是每代释放中子数的相对变化，而中子数按指数规律变化：

$$N = N_0 e^{\frac{\rho}{\theta}t} \qquad (1.16)$$

式中，N_0——初始中子数；

　　　N——时刻 t 的中子数。

假定没有缓发中子，则中子代时间 $\theta = 10^{-5}$ s。以反应性 $\rho = 100$ pcm 的反应堆为例，在 $t = 1$ s 时，中子数变化率为

$$\frac{N}{N_0} = \mathrm{e}^{100 \times 10^{-5} \times 1/10^{-5}} = \mathrm{e}^{100} \approx 2.69 \times 10^{43}$$

即每过 1 s，堆内中子数就变为原中子数的 2.69×10^{43} 倍，这样一个中子通量极速变化的反应堆是无法控制的。

在考虑缓发中子存在时，$\theta = 0.08$ s，在 $t = 1$ s 时：

$$\frac{N}{N_0} = \mathrm{e}^{\frac{100 \times 10^{-5} \times 1}{0.08}} = \mathrm{e}^{0.0125} = 1.0125$$

即每过 1 s，堆内中子数变为原中子数的 1.012 5 倍，中子数量变化较为缓慢，十分有利于反应堆的控制。

根据粗略估算可知，由于缓发中子有效增大了两代中子之间的代时间，从而使反应堆中子数量变化变慢（实际上使功率变化速率变慢），因此正由于有缓发中子的存在，才使链式裂变反应变得可控。

3. 中子随时间变化特性

如果 $t = 0$ 时中子密度为 n_0，中子代时间为 θ，反应性为 ρ，则中子密度随时间 t 的变化为

$$n = n_0 \mathrm{e}^{\frac{\rho}{\theta} \cdot t} \tag{1.17}$$

临界状态下，$\rho = 0$，$n = n_0$，中子密度保持不变。此时 n_0 由两部分组成：$n_0 = \beta n_0 + (1 - \beta) n_0$，其中 β 为缓发中子的份额，约等于 650 pcm；βn_0 为来源于约 12 s 时发生的裂变中子数（缓发中子）；$(1 - \beta) n_0$ 为来源于 10^{-5} s 内发生的裂变中子数（瞬发中子）。

如果 $(1 - \beta) K = 1$，则说明仅靠瞬发中子就能使反应堆维持临界。这时缓发中子在决定周期方面不起作用，此时反应堆处于瞬发临界状态，是绝对不允许出现的。根据反应性的定义 $\rho = (K - 1)/K$，则 $K = (1 - \rho)^{-1}$，由此可以得到 $\rho = \beta$。由此可知，若引入的反应性大小等于或大于总的缓发中子份额 β，反应堆就会处于瞬发临界状态。

当引入 $0 < \rho < \beta$ 的反应性时，反应堆处于超临界，中子增加。对于瞬发中子来讲，$K = (1 - \beta) + \rho < 1$，在新的缓发中子出现之前，瞬发中子处于次临界增殖，它们最后达到一个新的平衡。新的缓发中子在 12 s 后出现，中子数将呈指数增长。这种状态就是有缓发中子作用的发散状态（$\theta = 0.08$ s）。

当反应堆引入一个正反应性 $\rho > \beta$ 时，就出现了在代时间为 10^{-5} s 的瞬发中子单独作用下的瞬发超临界。这样的反应是无法控制的。所以铀反应堆的反应性必须永远在 $\rho =$

650 pcm 以内。实际上，运行总是在小得多的反应性下进行，极少超过 100 pcm。

4．反应堆倍增周期和倍增时间

θ/ρ 称为反应堆的周期，用 T 表示，则

$$T = \frac{\theta}{1-K} = \frac{\theta}{\rho}, \quad n = n_0 e^{\frac{t}{T}} \tag{1.18}$$

当 $t = T$ 时，

$$n = e n_0 \tag{1.19}$$

因此，反应堆周期是中子密度增大（或减小）e 倍所需的时间，它描述了堆内中子的变化速率，周期越长，中子密度变化越慢。对于给定的反应堆，θ 是常数，故 T 只取决于 ρ。$\rho>0$，即反应堆处于超临界状态，周期 T 为正，中子随 t 增加，ρ 越大，T 越小，即中子增长越快；若 $\rho<0$，即反应堆处于次临界状态，周期为负，中子随 t 减少。

在压水反应堆的实际运行中，为了方便，一般不用周期，而用倍增时间。倍增时间定义为功率增大一倍或减小一半所需要的时间，即中子密度增大一倍或减小一半所需的时间，用 T_d 表示，则

$$\frac{n}{n_0} = e^{\frac{T_d}{T}} = 2$$

两边取对数整理得到倍增周期与反应堆周期的关系：

$$T_d = T \ln 2 = 0.693 T$$

反应堆运行中，通过测量倍增周期来确定反应性是最常用的一种方法。测量是在反应堆处在超临界状态下进行的。根据中子密度随时间变化的曲线确定反应堆周期。然后查根据倒时方程计算出来的周期-反应性关系曲线，即可得到相对于该周期的反应性的大小。在反应堆启动和提升功率时，必须密切监测反应堆的倍增周期，避免周期过短。

实际在反应堆中，使用等效单组缓发中子近似倒时方程来估计反应性十分方便：

$$\rho = \frac{\Lambda}{T} + \frac{\beta_{eff}}{1 + \lambda T} \tag{1.20}$$

式中 Λ 为瞬发中子平均代时间，T 为反应堆周期，β_{eff} 为缓发中子份额，λ 为等效缓发中子衰变常数。由于瞬发中子平均代时间很小，可以忽略，则上式变为

$$\rho = \frac{\beta_{eff}}{1 + \lambda T} \tag{1.21}$$

通过上式，可以得到倍增周期与反应性的关系曲线。例如，图 1.6 给出的倍增周期与反应性的关系曲线，测得一个倍增周期，根据曲线可以查得相当于系统内引入的反应

性的值。

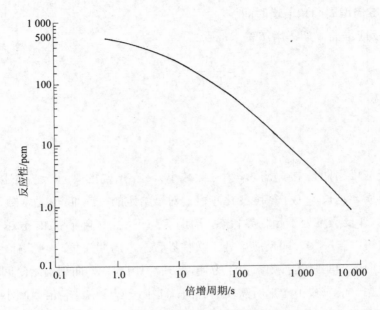

图 1.6　倍增周期与反应性曲线

1.1.4　次临界增殖

1. 反应堆的中子源

在压水堆中，参与初始裂变反应的中子有两个来源：自发裂变中子源和人工中子源。

自发裂变中子源。^{238}U 具有自发裂变释放出中子的固有特性，每克 ^{238}U 每小时约放出 30 个中子，数量极少。但这极小数量的中子却足以激活反应堆，只是启动时间很长，不利于实际应用，同时受制于反应堆外中子探测器的灵敏度，^{238}U 自发裂变放出的中子不能达到检出限，不能被准确探测，对核安全而言是不利的，因此在压水堆中需要放入人工中子源。

人工中子源分为一次源和二次源。国内某些核电站中，一次源是锎（^{252}Cf）源，二次源是锑-铍（$^{123}Sb\text{-}^{9}Be$）源。一次源 ^{252}Cf 的主要特性如表 1.3 所示。

表 1.3　^{252}Cf 的主要特性

衰变方式	份额/%	半衰期/a	能量/MeV	中子产额/$(g{\cdot}s)^{-1}$
α衰变	96.9	2.731	6.117	0
自发裂变	3.1	85.5	2.348	$2.31{\times}10^{12}$

二次中子源是采用锑-铍（^{123}Sb-^{9}Be）。其原理是将 ^{123}Sb、^{9}Be 的混合物放入反应堆中照射。^{123}Sb 吸收中子经 β$^-$ 衰变为 ^{124}Te，同时放出能量大于 1.60 MeV 的 γ 射线（实际上有 3 个能级的 γ 射线）。这种大于 1.60 MeV 的 γ 射线又与 ^{9}Be 发生（n，γ）反应产生中子，其反应式如下：

$$^{123}_{51}\text{Sb} + ^1_0\text{n} \rightarrow ^{124}_{51}\text{Sb} \xrightarrow[T_{1/2}=60\text{d}]{\beta} ^{124}_{52}\text{Te} + \gamma\left(E > 1.6\,\text{MeV}\right) \tag{1.22}$$

$$^9_4\text{Be} + \gamma \rightarrow ^8_4\text{Be} + ^1_0\text{n} \tag{1.23}$$

一次源放入堆内时的强度为（2～4）×10^8 中子/s。

二次源随着反应堆运行时间的增加，其强度逐渐增加。

在第一循环结束（即第一次换料后），一次源从反应堆取出，只留下二次源。

2. 有外加中子源反应堆的次临界特性

在放置有中子源的反应堆中，假定中子源发射的中子数是恒定的，每 θ 秒（θ ＝代时间）发出一批中子，每批为 S 个中子，为了简化过程，忽略核燃料中易裂变核素的自发裂变所释放的中子。

开始时反应堆中有第一代中子 S 个，在第二代开始时就有 $S+SK$ 个中子，第三代开始时有 $S+SK+SK^2$ 个中子，依此类推。经过 n 代之后，中子总数为

$$N = S + SK + SK^2 + SK^3 + \cdots + SK^{n-1} \tag{1.24}$$

若 K 小于 1，$n \rightarrow \infty$，这个等比级数之和有限值为

$$N = S/(1-K) \tag{1.25}$$

其平衡值与 K 有关，K 值大该平衡值也大，并且达到平衡值较慢。

在增殖系数 K 和每隔 θ 秒发出 S 个中子的中子源的情况下，堆内中子平衡水平为

$$N = S/(1-K) \approx S/|\rho| \tag{1.26}$$

例如，当 K ＝0.99 时，平衡值为 $100S$。

当 K ＝0.999 9 时，平衡值为 10 000S。

可见，在次临界状态下接近临界时，中子源与裂变中子相比显得微不足道。

不同反应性下中子变化情况、反应性与中子密度之间的关系曲线如图 1.7、图 1.8 所示。图 1.9 给出了不同 K 值的次临界增殖曲线。

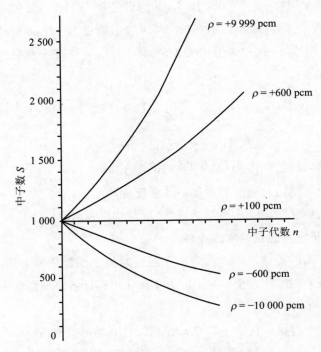

图 1.7 不同反应性下中子变化情况

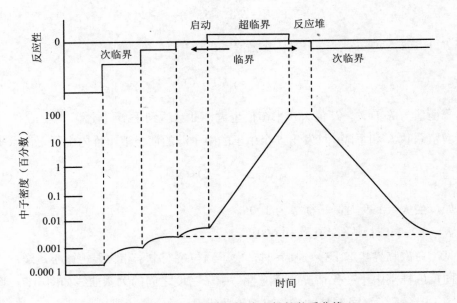

图 1.8 反应性与中子密度之间的关系曲线

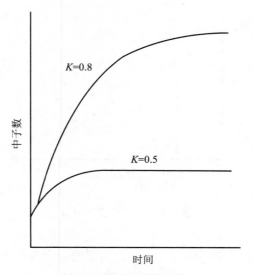

图 1.9 次临界增殖曲线

$N = \dfrac{S_0}{1 - K}$ 这个公式称作次临界公式，它表示了一个次临界堆，在有外中子源存在的情况下，系统内的中子数趋于一个稳定值，该值与次临界程度有关。系统越接近于临界，即 K 越接近 1，N 就越大。当系统到达临界，K 等于 1 时，中子数趋于无限大，中子数的倒数趋于零。在反应堆启动时，利用上述原理，可以进行外推达临界的操作，当改变堆的 K 值时，就可得到一个 N 值，在 $\dfrac{1}{N}$ 与 K 的坐标上标出两个点，此两点的连线与 K 坐标的交点就是临界点，如图 1.10 所示。

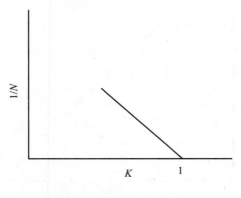

图 1.10 1/N 与 K 的关系

改变堆内 K 值可以用稀释硼或提控制棒的方法来实现，当采用提控制棒的方法来改变 K 值时，每相棒位将与 1/N 有一个对应关系，如图 1.11 所示。

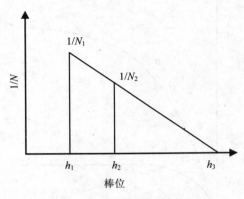

图 1.11　1/N 与控制棒位

例如，在提升控制棒达临界的过程中，控制棒的位置与核测量仪表的读数记录值如表 1.4 所示。

表 1.4　控制棒棒位与中子测量读数

控制棒位置/cm	0	2	4	6	8	9
计数率/cps	910	990	1 180	1 670	2 780	4 160

依次"外推"预估控制棒位置，在提升控制棒时做到心中有数，得到图 1.12，估计临界时棒位在 11 cm 左右。

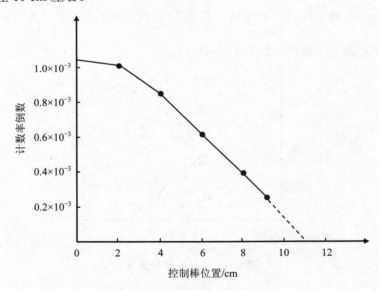

图 1.12　外推达临界时的棒位

1.2　反应性控制

要使反应堆能达到一定的工作寿期，并满足启动、停堆和功率调节等要求，必须使反应堆的初装量大于临界装量，因此反应堆堆芯具有一定的剩余反应性。为此，反应堆设计时提供了控制和调节剩余反应性的具体手段。在确保安全的前提下，控制反应堆的剩余反应性，以满足堆长期运行的需要。

反应性控制的主要任务包括：

（1）紧急停堆控制

当反应堆需要紧急停堆时，能迅速安全地停堆，达到并保持一定的停堆裕度。紧急停堆系统必须有极高的可靠性。

（2）补偿控制

反应堆运行初期具有较大的剩余反应性，但随着反应堆的运行和核燃料的消耗，剩余反应性不断减少，为保持反应堆临界，必须控制堆芯中的中子毒物。

（3）功率分布和功率调节控制

通过控制毒物适当的空间布置和最佳的提棒程序，使反应堆在整个堆芯寿期内保持平坦的功率分布，使功率峰因子尽可能地下降；在外界负荷变化时，能调节反应堆，使它能适应外界负荷的变化。

反应性控制的原理：热中子反应堆的有效增殖系数 $K_{\mathrm{eff}} = \varepsilon pf\eta\Lambda_{\mathrm{s}}\Lambda_{\mathrm{d}}$，对表达式的每一项因子进行控制都能达到控制 K 的目的。但对于一个实际的反应堆，燃料的富集度、几何尺寸、布置方式及慢化剂和其他结构材料的布置都已经确定下来，因此快中子增殖因数 ε、热中子裂变因子 η 基本确定，逃脱共振吸收概率 p 也难以控制。即便如此，反应性控制还可以通过热中子利用系数 f、不泄漏概率 Λ（包括慢化过程中中子不泄漏概率 Λ_{s}、热中子扩散过程中不泄漏概率 Λ_{d}）来实现。

压水堆主要通过插入控制棒来达到快速控制反应堆的 f 和 Λ，从而使堆运行在预定的功率水平。同时，反应堆还采用了可燃毒物控制和化学控制的手段。

这里需要了解两个常用的术语，即"停堆裕度"和"停堆深度"。

"停堆裕度"是指所有的控制棒都投入堆芯时（假设价值最大的一束控制棒卡在堆外）反应堆所达到的负反应性。停堆裕度与反应堆运行时间和工况有关。为保证反应堆的安全，要求在热态、平稳氙中毒的情况下，应有足够大的停堆裕度。对于换料堆芯，寿期末、热态零功率状态的停堆裕度最大，如图 1.13 所示。

"停堆深度"是指反应堆处于次临界状态下堆芯所达到的负反应性，又称"次临界度"。在紧急停堆时，其价值最大的一束控制棒卡在堆芯顶部，其余控制棒抽入堆芯，堆芯必须处于次临界状态。次临界深度必须大于所规定的停堆裕度。图 1.13 中斜线部分主要考虑蒸汽管道破裂事故时，防止在安注系统核反应堆自动保护系统干预下，反应堆重返临界；1 000 pcm 的限制线主要为在误稀释情况下使操纵员有足够的处理时间。

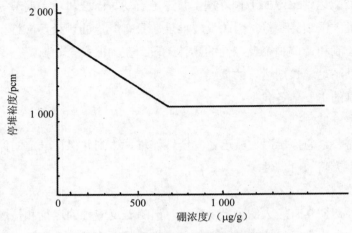

图 1.13　停堆裕度随硼浓度的变化

　　堆芯中没有控制毒物时的反应性称为"剩余反应性"。控制毒物是指反应堆中作为控制用的所有物质，如控制棒、可燃毒物和化学补偿毒物等。剩余反应性的大小与反应堆的运行时间和工况有关。一般来说，一个新的堆芯，在冷态无中毒情况下，它的初始反应性最大。

1.2.1　棒束控制组件

　　控制棒是中子的强吸收体，控制棒控制的突出特点是速度快、操作可靠、控制反应性的准确度高，它是各种类型反应堆中紧急控制和功率调节所不可缺少的控制部件。它主要是用来控制反应性的快变化。具体地讲，主要是用来控制下列一些因素所引起的反应性变化：

　　①在反应堆功率运行期间，补偿与反应堆功率变化过程有关的多普勒效应、慢化剂的温度效应及空泡效应，使反应堆维持在临界状态。

　　②在工况变化时导致氙中毒过程中控制反应堆功率的变化及功率分布。

　　③补偿和跟踪硼稀释效应。

　　④保持停堆深度。

　　不同类型的反应堆，其控制棒形状与尺寸也不相同。在压水反应堆中，一般采用棒束控制，即在燃料组件中的导向管内插入控制棒。

　　控制棒材料，首先必须具有很大的中子吸收截面；其次要有较长的寿命，以便在反应堆中停留足够长的时间，这就要求它在单位体积中含吸收体核数要多，而且要求它吸收中子后形成的子核也具有较大的吸收截面；最后控制棒材料必须与堆芯材料相容，不轻易发生化学反应，同时具有较强的抗辐照、抗腐蚀性能和良好的机械性能，经济可行等。

控制棒按材料分为"黑棒""灰棒"两种。"黑棒"对各种能量的中子都具有很大的吸收截面，基本上可以吸收所有入射中子，吸收中子的能力很强；"灰棒"则只吸收部分能量的入射中子，吸收能力相对"黑棒"弱。对于给定的反应性效应，若只采用"黑棒"或"灰棒"，则需要的"灰棒"数量比"黑棒"多，但由于"灰棒"附近中子通量密度和功率分布畸变较"黑棒"小，使堆芯具有较为平坦的径向中子通量密度分布和功率分布，所以多使用"灰棒"比多使用"黑棒"好。

不同反应堆采用的控制棒材料可能有所不同，常用的控制棒吸收体材料有铪（Hf）、银-铟-镉（Ag-In-Cd）合金和含 ^{10}B 的材料。铪是一种理想的压水堆中子控制材料，缺点是价格十分昂贵，它的热中子吸收截面不高，但在中能区域具有较强的共振峰，在较宽的能量范围内对中子的吸收截面都比较大；银-铟-镉合金对于 10 eV 以下能区的中子具有较大的吸收，本身燃耗较小；^{10}B 的热中子吸收截面很高，自身燃耗较大，但价格低廉。

例如，在有些核电站，采用碳化硼（B_4C）作为控制棒的控制材料，而在另一些核电站中，采用银-铟-镉作控制棒的控制材料。某核电机组首次循环棒束控制和停堆组件在堆芯内的布置如图 1.14 所示。全堆共有控制棒组 61 个，其中黑体棒组件 49 个、灰体棒组件 12 个。黑体棒吸收材料为银-铟-镉（80%-15%-5%）；灰体棒吸收体材料是每组含有 8 根银-铟-镉和 16 根不锈钢棒；其包壳材料均为 M5 合金。按其功能，控制棒组件可分为控制棒组（又可分为功率补偿棒组和温度调节棒组）及停堆棒组。

由图 1.14 可知，某核电站首次循环棒束控制和停堆组件在堆芯内的布置及棒束控制组件的组成和数目如下：

名称	棒束数目
功率补偿棒组：	
灰体控制棒 G1	4
灰体控制棒 G2	8
黑体控制棒 N1	8
黑体控制棒 N2	8
温度调节棒：	
黑体控制棒 R	8
停堆棒组：	
黑棒　　　SA	5

黑棒	SB	8
黑棒	SC	4
黑棒	SD	8

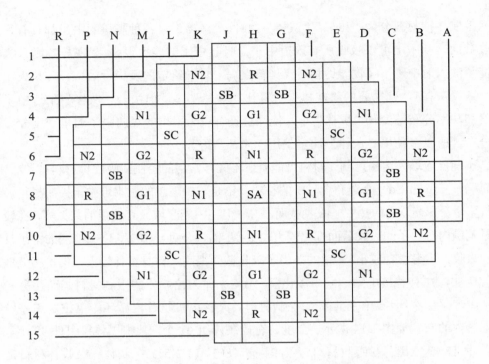

图 1.14　首次循环棒束控制和停堆组件在堆芯内的布置示意

　　在反应堆设计和运行时，不仅需要知道控制棒全部插入时的价值，而且还需要知道控制棒在插入不同深度时的价值。通常把控制棒插入单位深度（即控制棒每移动一步）所引起的反应性变化称为控制棒的"微分价值"。微分价值的计算是一个两维或三维问题，一般要用数值方法求解。控制棒的"积分价值"是指一组控制棒插入（或提升）某一高度所引起的总的反应性变化，它实质上就是对微分价值的积分。控制棒的微分、积分价值曲线如图 1.15 所示。该曲线一般由零功率物理试验测量而得。按设计准则要求，控制棒积分价值的计算值与实测值的偏差应小于±10%。

　　控制棒插入不同深度不仅影响控制棒的价值，而且也影响堆芯中的功率分布。控制棒是强吸收体，它的插入将使中子通量分布和功率分布都产生畸变。在反应堆设计中，要求功率峰因子不超过设计准则所规定的数值，这就要求认真地考虑控制棒插入不同深度时所引起功率分布的变化，使它能符合设计准则的要求。

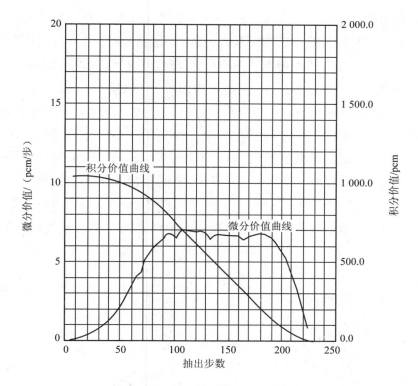

图 1.15　R 棒组的微分和积分价值曲线

1.2.2　可燃毒物控制

在动力反应堆中，通常新堆芯的初始剩余反应性都比较大，特别是在第一个换料周期的初期，堆芯中全部核燃料都是新的，这时剩余反应性最大。如果全部靠控制棒来补偿这些剩余反应性，那么就需要很多控制棒，而每一束控制棒都需要一套复杂的驱动机构，这不但不经济，在实际工程上也很难实现，而且驱动结构越多，出现问题的可能性就越大，同时控制棒过多，导致在压力容器顶盖上开孔过多，结构强度将下降，这是安全上不允许的。为了解决这个问题，可以采用控制棒、可燃毒物和化学补偿毒物的联合控制，以减少控制棒的数目。可燃毒物控制的特点是在核燃料循环过程中逐步燃耗，对补偿剩余反应性具有帮助。

可燃毒物材料要求具有较大的吸收截面，同时也要求由于消耗可燃毒物而释放出来的反应性基本上等于堆芯中由于燃料燃耗所减少的反应性。另外，可燃毒物吸收中子后的产物的中子吸收截面应尽可能地小，并应有良好的机械性能。目前作为可燃毒物的材料主要有硼和钆（Gd）。有的核电站使用硼化铬（CrB_2+Al）作为可燃毒物组件的吸收材料，有的核电站采用 Gd_2O_3 作为吸收材料。

某核电站可燃毒物采用的 Gd_2O_3 均匀地弥散在较低富集度的 UO_2 芯块内，内外包壳采用 M5 合金。将可燃毒物做成管状，插入堆芯中，这就形成了可燃毒物的非均匀布置，它的主要特点是在可燃毒物中形成了强的自屏效应，这种效应随反应堆运行时间而变化，如图 1.16 所示。在堆芯寿期初，可燃毒物中的中子通量（ϕ）大大低于慢化剂——燃料中的中子通量，这时可燃毒物的自屏效应很强，自屏因子值很小，可燃毒物的有效微观吸收截面也很小，因此有效增殖因子偏离初始值的程度也较小。但是随着反应堆运行时间的增长，可燃毒物不断地燃耗，自屏效应逐渐减弱，自屏因子值逐渐增大，可燃毒物的有效微观吸收截面也逐渐增大，可燃毒物的燃耗也应更快，在循环寿期末硼消耗完了，堆芯内可燃毒物的残留量很小，它们残留下来的是玻璃，而玻璃的吸收截面很小，因而对堆芯循环寿期没有显著的影响。同时，可燃毒物的非均匀布置使反应堆所需控制棒的数目为最少。

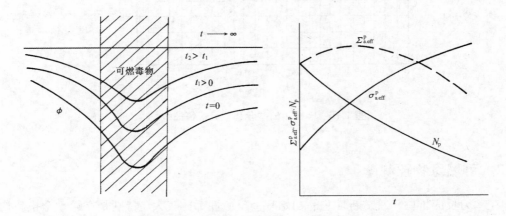

图 1.16 可燃毒物自屏效应随反应堆运行时间的变化

某核电站堆芯的部分燃料组件中分别布置了 0 根、4 根、8 根、12 根钆棒，共计 656 根可燃毒物棒。每一组件中可燃毒物棒的布置如图 1.17 所示，含有可燃毒物组件的位置见图 1.18。在压水堆中，可燃毒物一般只用于第一个堆芯寿期中，从第二循环开始，堆芯中大部分的燃料已有燃耗，堆芯的初始剩余反应性已显著减少，没有必要再用可燃毒物了。

从以上分析可知，可燃毒物非均匀布置对反应性的控制是很有利的，这是目前反应堆中常用的一种控制方式。

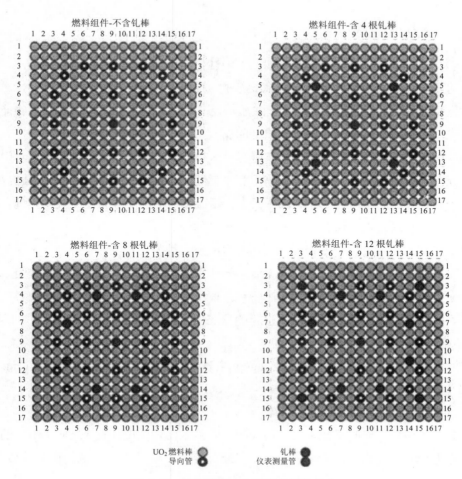

图 1.17　燃料组件中可燃毒物棒的分布

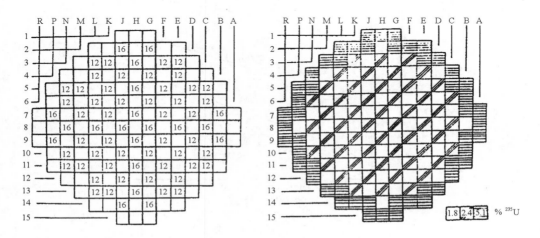

图 1.18　堆芯布置图及首次循环堆芯可燃毒物的分布

1.2.3 化学补偿控制

化学补偿控制是在一次冷却剂中加入可溶性化学毒物，以代替补偿棒的作用。对化学毒物的要求是：在冷却剂中，其化学及物理性质稳定，具有较大的吸收截面，对堆芯的部件无腐蚀性，且不吸附在部件上。在压水反应堆中，采用硼酸作为化学毒物能符合这些要求，在水中加硼酸，通过对其浓度的调节，实现对部分反应性的控制。

硼浓度调节反应性的特点是：调节慢、不引起堆内中子通量密度的畸变，对中子通量密度分布的局部扰动小。这是因为硼浓度调节本身的硼注入、稀释是一个持续的过程，需要一个较长的时间，速度比控制棒慢很多；硼在慢化剂中的分布是比较均匀的，因此硼浓度的改变对堆内中子通量的影响也是比较均匀的。

化学控制主要用来补偿下列一些变化较慢的反应性变化：

①反应堆从冷态到热态（零功率）时，慢化剂温度效应所引起的反应性变化。

②易裂变核素燃耗和长寿期裂变产物积累所引起的反应性变化。

③平衡氙和平衡钐的中毒效应所引起的反应性变化。

1. 硼浓度的定义

硼溶液中硼浓度的单位用 µg/g 或 mg/kg 来表示。它表示 1 kg 溶液中含有 1 mg 硼或 1 t 溶液中含有 1 g 硼。（以往习惯用 ppm 表示，1 ppm=10^{-6}）

2. 硼的微分价值

作为中子慢化剂同时又是堆芯冷却剂的一回路水的硼浓度变化 1µg/g 所引起的反应性变化称为硼的微分价值，单位用 pcm/（µg/g）表示。图 1.19 所示硼的微分价值曲线。

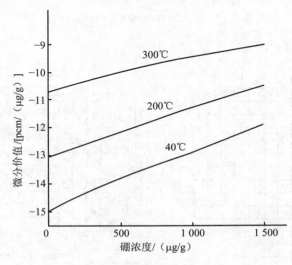

图 1.19 硼的微分价值

化学补偿控制与其他两种控制方式相比有很多优点。化学补偿毒物在堆芯分布比较均匀，化学补偿控制不但不引起堆芯功率的畸变，而且与燃料分区相配合，能降低功率峰因子，提高平均功率密度；化学补偿控制的硼浓度可以根据运行需要来调节，而固体可燃毒物是不可调节的；化学补偿控制不占栅格位置，不需驱动机构等，可以简化反应堆的结构，提高反应堆的经济性等。

化学补偿控制也有一些缺点。它只能控制慢变化的反应性，需要硼和稀释硼的一套附加设备等。但它最主要的缺点是水中硼浓度的大小对慢化剂温度系数有显著的影响。

硼浓度、冷却剂的平均温度对硼的价值（单位硼浓度的反应性当量）的影响包括：

①冷却剂平均温度升高，硼的总价值下降。这是因为堆芯的水会排出而带出硼，使堆芯的总硼量减小。另外温度升高，硼的热中子微观吸收截面也会下降。

②硼浓度升高，硼的总价值增大。一方面，硼浓度高时，总的热中子吸收增强，中子按能量的分布向高能方向偏移（即中子能谱变硬），硼的微分价值降低；另一方面，硼浓度增加，单位体积中硼原子个数增加，使得硼产生的总的中子吸收数量随之增大。两种作用中，后者占据主导地位，即硼原子数增多带来的中子吸收数量增大占据主导地位。因此，温度相同的情况下，硼浓度越高，其微分价值越低，但总价值增大。

随着反应堆运行时间的不断增加，核燃料燃耗加深，堆芯反应性逐渐降低，所以需要不断降低硼浓度以补偿减少的剩余反应性，使堆芯能够保持临界状态。临界状态下的硼浓度称为临界硼浓度，临界硼浓度随燃耗深度增加而减小。

1.3　温度效应

反应堆的反应性相对于反应堆的某一个参数的变化率为该参数的反应性系数。如反应性相对于温度的变化率称为反应性温度系数，相对于功率的变化率称为功率系数等。参数变化引起的反应性变化将造成反应堆中子密度或功率变化，该变化又会引起参数的进一步变化，这就造成了反馈效应。反应性系数的大小决定了反馈的强弱。

若温度系数是正的，当由于微扰使堆芯温度升高时，有效增殖因数增大，反应堆的功率也随之增加，而功率的增加又将导致堆芯温度的升高和有效增殖因数进一步增大，将会造成堆芯的损坏。反之，当反应堆的温度下降时，有效增殖因数将减小，反应堆的功率随之降低，这将导致温度下降和有效增殖因数更进一步减少，反应堆的功率随之降低，这又将导致温度下降和有效增殖因数更进一步减小，直至反应堆自行关闭。显然，反应性温度效应的正反馈将使反应堆具有内在的不稳定性。

具有负温度系数的反应堆，与上述情况正好相反。由此可见，负温度系数对反应堆的调节和运行安全都具有重要意义。为了保证反应堆的安全运行，要求温度系数必须为负值，以便形成负反馈效应。在压水堆运行中，起主要作用的是燃料温度系数和慢化剂温度系数。

1.3.1　燃料的温度效应

由单位燃料温度变化所引起的反应性变化称为燃料温度系数，也叫多普勒系数。用 α_u 表示，单位为 pcm/℃。

当燃料温度升高时，由于多普勒效应，引起 ^{238}U 共振峰展宽，增加了 ^{238}U 对中子的吸收概率（图 1.20），使反应性下降。燃料温度系数主要是由燃料核共振吸收的多普勒效应引起的。当功率增加时，燃料元件的温度也随之升高，而反应性则下降，使功率停止增加。在低富集铀为燃料的反应堆中，燃料温度系数总是负的。因此，多普勒效应对反应堆来讲是一个稳定效应。

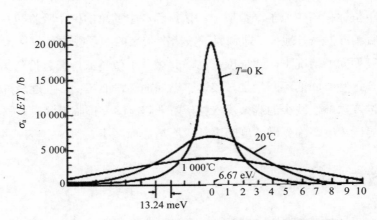

图 1.20　^{238}U 核在 6.67 eV 共振俘获截面的多普勒展宽

由于反应堆内燃料有效温度及燃料温度的变化都是不能测量的，因此，在考虑反应堆的瞬变时，实际上使用的多普勒系数多是功率的函数。此外，燃料温度系数和燃料燃耗也有关系。在以低富集铀为燃料的反应堆中，随着反应堆的运行，^{239}Pu 和 ^{240}Pu 不断地积累。^{240}Pu 对于能量靠近热能的中子有很强的共振吸收峰，它的多普勒效应使燃料负温度系数的绝对值增大。图 1.21、图 1.22 给出了堆芯寿期初和寿期末多普勒系数与功率和温度的函数关系。由图可知，作为功率函数的多普勒效应，在寿期初比在寿期末有更大的负值。

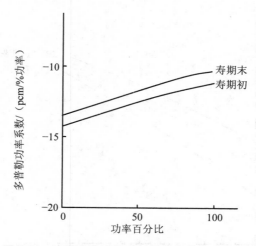

图 1.21 寿期初和寿期末的单独多普勒功率系数

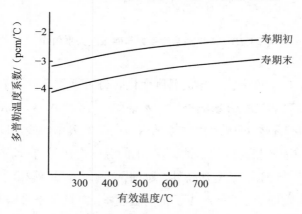

图 1.22 寿期初和寿期末的多普勒温度系数

1.3.2 慢化剂的温度效应

由单位慢化剂温度变化引起的反应性变化称为慢化剂温度系数，用 α_m 表示，单位为 pcm/℃。由于热量在燃料棒内产生，传递到慢化剂需要一定的时间，因而功率变化时慢化剂的温度变化要比燃料的温度变化滞后一段时间，慢化剂温度效应属于缓发温度效应。

慢化剂温度变化时，将对反应性产生两个相反的效应。慢化剂平均温度增加，使慢化剂密度减小，宏观截面 Σ_s 和 Σ_a 也都减小了，从而使慢化剂的慢化能力减小（共振吸收增加，负的效应）和吸收特性减小（有效增殖因数增加，正的效应）。这两个特性的相对变化决定了慢化剂温度系数 α_m 不是正的就是负的。尤其当慢化剂中含有化学补偿毒物如硼酸时，温度的升高将导致部分水和硼排出堆芯，从而降低了吸收，正效应更为显著。尤其是在寿期初当慢化剂中硼浓度比较大时，有可能出现正的慢化剂温度系数，如图 1.23 所示。因此，在轻水堆运行设计规范中往往规定初始硼浓度必须小于 1 400 µg/g。

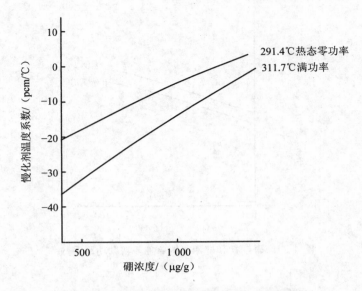

图 1.23　慢化剂温度系数与硼浓度关系曲线

　　研究结果表明，轻水堆中，慢化剂温度变化时将对有效增殖因子 K_{eff} 的 6 个因子产生不同程度的影响。可将其综合影响类比为水铀比（N_{H_2O}/N_U）与 K_{eff} 的函数。图 1.24 表示在轻水反应堆中，有效增殖因数与（N_{H_2O}/N_U）的关系曲线，以（N_{H_2O}/N_U）$_{K_{max}}$ 表示与最大有效增殖因数相对应的水铀比。当水的温度增加时，在过慢化区，（N_{H_2O}/N_U）>（N_{H_2O}/N_U）$_{K_{max}}$，当水的温度升高时，水的密度减小，这就相当于（N_{H_2O}/N_U）值减小，有效增殖因数就增加，这就产生了正的温度系数，这是不希望的。因此在设计时，应选取（N_{H_2O}/N_U）<（N_{H_2O}/N_U）$_{K_{max}}$，使反应堆运行在欠慢化区，这不仅添加了负反应性，而且负反应性的添加率也随温度的增加而增加，以保证出现负的温度系数。

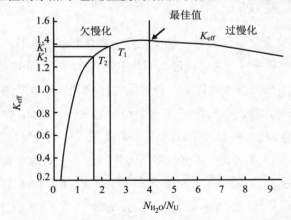

图 1.24　轻水反应堆中，K_{eff} 与（N_{H_2O}/N_U）关系示意

注：$T_2 > T_1$。

慢化剂负温度系数有利于反应堆功率的自动调节。例如，在压水动力反应堆中，当外界负荷减小时，汽机的控制阀就自动关小一些，这就使反应堆的平均温度升高，当慢化剂温度系数为负值时，堆的反应性减小，功率也随之降低，反应堆在较低功率的情况下又达到平衡，同理，当外界负荷增加时，汽机的控制阀自动开大一些。这就使反应堆平均温度下降，反应堆的反应性增大，功率也随之升高，反应堆在较高的功率下又达到平衡，保证反应堆的安全运行。

1.3.3　空泡系数

另一个与温度有关的反应性系数是空泡系数。空泡系数是指在反应堆中冷却剂的空泡份额变化 1% 所引起的反应性变化，它是由水的沸腾引起的反应性变化。

堆内形成空泡所产生的效应与水温增加产生的效应相同。当出现空泡或空泡份额增大时，将产生 3 种效应：①冷却剂的有害吸收减小，这是正效应；②中子泄漏增加，这是负效应；③慢化能力变小，能谱变硬，这可以是正效应，也可以是负效应。总的净效应是上述各因素的叠加。一般来说，在压水堆中空泡含量大约为 0.5%，对轻水堆来说是负效应。由于气泡含量少，它所引起的反应性变化可忽略不计。

1.3.4　功率系数和功率亏损

由于反应堆内燃料温度及其变化都是不能测量的，因此，实际运行中通常以功率作为观测量。单位功率变化所引起的反应性变化称为功率反应性系数，简称功率系数，用 α_p 表示。功率系数综合了燃料温度系数、慢化剂温度系数和空泡系数。原则上来讲，用反应堆功率系数来表示反应性系数比用温度系数、空泡系数表示更为直接，它在堆芯整个寿期内总是负效应。如图 1.25 所示，压水堆的第一燃料循环中，堆芯寿期末比寿期初的功率系数小许多，这主要是由于寿期末硼浓度要比寿期初小很多。

从核电厂运行的角度来看，更有意义的是功率系数的积分效应，即功率亏损，或称积分功率系数。如图 1.26 所示。需要注意的是"亏损"二字并非指功率的亏损，而是指当反应堆功率升高时，向堆芯引入了负的反应性效应，指反应性"亏损"了。由于功率亏损一定得向堆芯引入一定量的正反应性来补偿由于功率亏损引入的负反应性，才能维持反应堆在新的功率水平下稳定运行，这种正反应性可以通过提升控制棒或稀释硼溶液来得到。

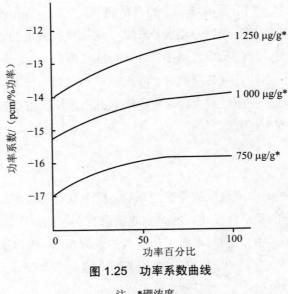

图 1.25 功率系数曲线

注：*硼浓度。

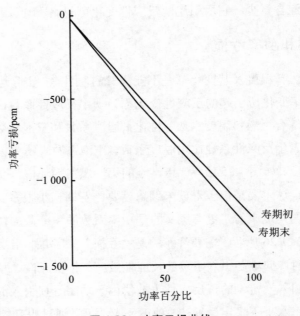

图 1.26 功率亏损曲线

当功率以较快的速度变化时，用改变硼浓度的方法显然是难以立即补偿功率亏损的。所以在压水堆中，以控制棒的移动来补偿功率变化引起的反应性变化，这是一种快效应的补偿。为了保证控制棒跟踪调节功率的有效性，反应堆功率调节棒必须置于一个与功率相对应的位置上，如图 1.27 所示。提棒高度将随功率增加而增加。在满功率时，功率调节棒全部提出。

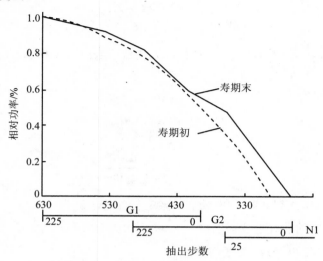

图 1.27 功率调节棒位置与功率的关系

注：G1：功率调节棒 G 棒 1 组；G2：功率调节棒 G 棒 2 组；N1：功率调节棒 N 棒 1 组。

1.4 氙毒效应和钐毒效应

我们将由裂变反应直接产生的裂变碎片以及由这些碎片经过放射性衰变形成的各种同位素统称为裂变产物。在所有的裂变产物中，氙和钐这两种核素显得特别重要。这不只是因为它们的热中子有效俘获截面很大，而且因为停堆后它们的浓度仍处在变化过程中。这种由于裂变产物的存在，吸收中子而引起反应性变化的现象称裂变产物中毒。

1.4.1 氙毒效应

在热中子反应堆中，我们感兴趣的是 ^{135}Xe，在中子能量为 0.025 eV 时，它的微观吸收截面达 2.7×10^6 b。

^{135}Xe 的形成与消失过程如下：

$$^{135}\text{Sb} \xrightarrow[1.7\text{s}]{\beta^-} {}^{135}\text{Te} \xrightarrow[19.2\text{s}]{\beta^-} {}^{135}\text{I} \xrightarrow[6.7\text{h}(70\%)]{\beta^-} {}^{135}\text{Xe} \xrightarrow[9.2\text{h}]{\beta^-} {}^{135}\text{Cs} \xrightarrow[2.6\times10^6\text{a}]{\beta^-} \quad （1.27）$$

^{135}Xe 大部分是由 ^{135}I 衰变形成的，裂变直接产生的产额 $\gamma_{\text{Xe}} = 0.003$，这部分可以忽略不计。由于 ^{135}Te 的半衰期极短，可以认为 ^{135}I 都是直接产生的。^{135}Xe 的消失是通过放射性衰变生成 ^{135}Cs（$\lambda_{\text{Xe}} = 0.075\,3\text{h}^{-1}$）或俘获中子成为 ^{136}Xe。^{135}Cs 和 ^{136}Xe 都不俘获中子。

^{135}I 和 ^{135}Xe 的浓度随时间变化的方程如下：

$$\frac{\mathrm{d}I(t)}{\mathrm{d}t} = \gamma_1 \cdot \Sigma_f \Phi(t) - \lambda_1 I(t) \tag{1.28}$$

$$\frac{\mathrm{d}Xe(t)}{\mathrm{d}t} = \lambda_1 I(t) + \gamma_{Xe} \Sigma_f \Phi(t) - \lambda_{Xe} Xe(t) - \sigma_{a(Xe)} \cdot \Phi(t) Xe(t) \tag{1.29}$$

其平衡浓度是：

$$I_\infty = \frac{\gamma_I \Sigma_f \Phi_0}{\lambda_I} \tag{1.30}$$

$$Xe_\infty = \frac{(\gamma_I + \gamma_{Xe}) \Sigma_f \Phi_0}{\lambda_{Xe} + \sigma_{a(Xe)} \Phi_0} \tag{1.31}$$

式中，γ_I、γ_{Xe} —— 每次裂变时 I 和 Xe 的产额；

$\quad\quad \Sigma_f$ —— ^{235}U 的宏观裂变截面；

$\quad\quad \lambda_I$、λ_{Xe} —— I 和 Xe 的衰变常数；

$\quad\quad \sigma_{a(Xe)}$ —— Xe 的微观俘获截面；

$\quad\quad \Phi_0$ —— 稳定功率下的热中子通量。

反应堆在恒定中子通量密度下运行一段时间后，堆芯 ^{135}Xe 的浓度将达到平衡，即平衡氙中毒。从达到满功率到达平衡氙需 40 h 以上。平衡氙中毒与功率的大小有关，如图 1.28 所示。中子通量密度水平越高（即功率越大），其平衡浓度也越大。

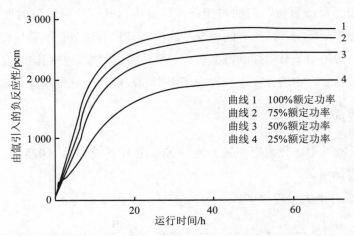

图 1.28　从零功率到达不同功率后氙引起的负反应性变化

功率的变化将引起氙浓度的瞬变。假定功率在变化后保持为常数，则瞬变结束时（大约需要 2 d）氙浓度将达到它的新的平衡值。由于 ^{135}Xe 具有很大的吸收截面和短的半衰期，因而在反应堆启动后，^{135}Xe 浓度将很快增加并趋近饱和，而停堆后又将很快地衰变，这些将使反应性在较短时间内发生较大的变化，给反应堆的运行带来许多问题。

下面我们讨论三种情况：功率增加、功率下降和停堆。

（1）功率增加

假定反应堆已经达到平衡氙浓度，然后增加功率并保持恒定。在这之后开始一段时间内（6～7 h），作为裂变直接产物 ^{135}Xe 的产额很小（约 0.3%），由 I 衰变产生的氙基本上与功率变化前差不多，这是由于裂变产生的 ^{135}I 要经过一段时间（半衰期为 6～7 h）才会衰变为氙。而当功率增加后，中子通量密度增加，^{135}Xe 吸收中子消失加快，于是氙浓度减少。经过这一阶段后，碘浓度不断增加，直到通过碘衰变产生的氙的数量超过吸收中子而消失的氙的数量，这时氙的浓度又开始不断增加。最终氙的浓度将达到功率瞬变后的新的平衡值。其变化过程如图 1.29 所示。

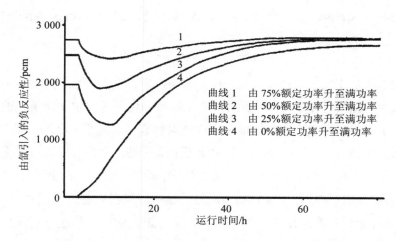

图 1.29　从不同功率状态（平衡氙浓度）到满功率运行后由氙引起的负反应性变化

（2）功率下降

在功率下降后的最初阶段（约几小时），由于碘的半衰期为 6～7 h，所以由碘衰变产生的氙的数量变化很小。但是，由于氙吸收中子而消失大为减少，因此在这个阶段氙浓度是逐渐增加的。随着时间的延长，碘由于衰变而越来越少，由碘衰变产生的氙逐步减少，当碘含量达到新功率水平下的平衡值后，氙开始减少，再经过一段时间后，氙也达到新功率水平下的平衡值（图 1.30）。通常我们把反应堆中碘含量最小（即氙含量最大）时称为"碘坑"，此时剩余反应性最低。功率变化越大，"碘坑"越深，由氙引入的负反应性将越大，这种反应性变化可用稀释硼溶液浓度来补偿。

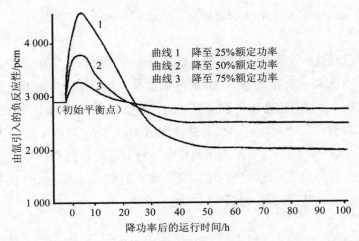

图 1.30 从满功率状态（平衡氙浓度）降功率运行后，由氙引起的负反应性变化

（3）停堆

停堆的情形类似于功率降低，只是程度上更为严重，在反应堆停堆后，中子通量密度可以近似认为突然降为零，来自裂变直接产生的氙和由于吸收中子而消耗的氙都可近似等于零。剩下的只是碘衰变产生的氙和氙因放射性衰变而减少。氙浓度最初将增加，达到最高峰后开始减少，峰值在停堆后 8～9 h 出现，其最大值约为停堆前功率运行的平衡氙浓度的 2 倍，大约 3 d 后，堆芯中的氙几乎完全消失，如图 1.31 所示。当反应堆停堆后，在碘坑内启动反应堆并恢复满功率运行过程中，氙会被迅速燃烧（^{135}Xe 吸收中子而消失），这样会给反应堆增加正的反应性，这一正反应性必须通过下插控制棒或改变硼浓度来抵消。

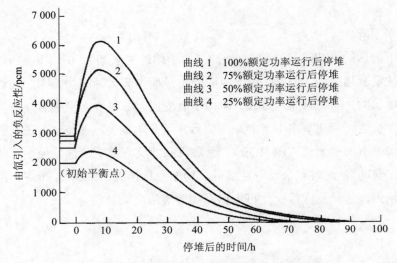

图 1.31 不同功率停堆后由 ^{135}Xe 引起的反应性变化

当反应堆功率改变后，^{135}Xe 和 ^{135}I 的浓度与功率变化前后的中子通量密度值有关，图 1.32 表示功率变化前后，^{135}Xe 和 ^{135}I 的浓度随时间的变化。从图中可知，当功率突然升高时，^{135}Xe 浓度随时间变化的曲线形状与反应堆启动时十分相似，只是在变化程度上有差别，此时将引入正的反应性。当功率突然降低时，^{135}Xe 浓度随时间变化的曲线形状与突然停堆的情况十分相似，此时将引入负的反应性。

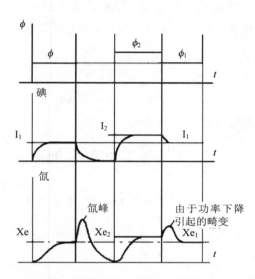

图 1.32　通量变化对碘和氙的影响

在大型热中子反应堆中，局部区域内中子通量的变化会引起局部区域 ^{135}Xe 浓度和局部区域的中子平衡关系的变化。反过来，后者的变化也要引起前者的变化。这两者之间的相互反馈作用就有可能使堆芯中 ^{135}Xe 浓度和热中子通量分布产生空间振荡现象。这就形成了功率密度、中子通量密度和 ^{135}Xe 浓度的空间振荡，简称氙振荡。这种振荡可能是稳定的也可能是不稳定的，取决于反应堆的中子通量水平和它的物理特性，氙振荡的周期是 15～30 h。

氙振荡时，有的区域氙浓度减小，有的区域氙浓度增加，但是在整个堆芯中，氙的总量变化不大，因此它对反应堆有效增殖因数的影响也是不显著的，并不构成严重的超临界危险。所以要想从总的反应性测量中来发现氙振荡是很困难的。只有通过测量局部的功率密度或局部中子通量的变化才能发现氙振荡。例如，用分布在堆芯各处测功率（或中子通量）的探测器可以及时地测出氙振荡。

氙振荡的危险性在于使反应堆热管（不考虑堆芯流量分配不均匀等因素，单纯从核方面来看，堆芯内积分功率输出最大的燃料元件冷却剂通道称为热管，也称热通道）位置转移和功率峰因子改变，并使局部区域的温度升高，若不加控制甚至会使燃料元件熔化；氙振荡还使堆芯中温度场发生交替性变化，加剧堆芯材料温度应力的变化，使材料过早地损坏。因此在反应堆设计中必须认真地考虑氙振荡的问题。

1.4.2 钐毒效应

在所有的裂变产物中，^{149}Sm 对热中子反应堆的影响仅次于 ^{135}Xe，核素 ^{149}Sm 具有很高的有效吸收截面。^{149}Sm 的形成是由 ^{149}Pm 的衰变积累起来的。但 ^{149}Sm 是非放射性核素，只能通过俘获中子消失。^{149}Sm 的形成与消失过程如下：

$$^{149}\text{Nd} \xrightarrow[2h]{-\beta} {}^{149}\text{Pm} \xrightarrow[53h]{-\beta} {}^{149}\text{Sm} \tag{1.32}$$

$$^{149}\text{Sm} + {}_{0}^{1}\text{n} \rightarrow {}^{150}\text{Sm} \tag{1.33}$$

它们的生成与消失用微分方程表示如下：

$$\frac{\mathrm{d}P(t)}{\mathrm{d}t} = \gamma_p \Sigma_f \Phi(t) - \lambda_p P(t) \tag{1.34}$$

$$\frac{\mathrm{d}S(t)}{\mathrm{d}t} = \lambda_p P(t) - \partial_{a,s} \Phi(t) S(t) \tag{1.35}$$

式中，$P(t)$、$S(t)$ —— 分别为 ^{149}Pm、^{149}Sm 的浓度随时间的变化；

γ_p —— ^{149}Pm 的产额；

λ_p —— ^{149}Pm 的衰变常数；

$\partial_{a,s}$ —— ^{149}Sm 的微观吸收截面。

^{149}Pm 和 ^{149}Sm 的平衡值为

$$\text{Pm} = \frac{\gamma_p \Sigma_f \Phi_0}{\lambda_p} \tag{1.36}$$

$$\text{Sm} = \frac{\gamma_p \Sigma_f}{\partial_{a,s}} \tag{1.37}$$

当反应堆功率恒定时，^{149}Pm 水平一直上升，直到与其衰变过程建立平衡为止。^{149}Sm 按照一定延迟时间上升，当 ^{149}Pm 平衡时，^{149}Sm 上升直到建立平衡为止。由此可知，在长期稳定功率运行时，^{149}Sm 的平衡浓度与热中子通量密度无关，某核电站反应堆 ^{149}Sm 的平衡浓度相对应的反应性约为 -600 pcm。即使在高中子通量密度情况下的反应堆，^{149}Sm 的变化是一个相当缓慢的过程（^{149}Pm 的半衰期为 54 h），到达平衡钐浓度的时间至少也要 100 h 以上，这与到达平衡氙的时间相比要大得多，所以完全可用改变硼浓度来控制其效应。此外，^{149}Sm 总是达到相同的平衡浓度而 ^{135}Xe 则不然，如图 1.33 所示。

假设反应堆在停堆前已经运行了相当长的时间，堆内的 ^{149}Pm、^{149}Sm 的浓度都已经达到了平衡值，当反应堆停堆后（$\Phi = 0$），所有的 ^{149}Pm 将转变为 ^{149}Sm，此时 ^{149}Sm 不能通过俘获中子消失，所以 ^{149}Sm 浓度变成了 $^{149}Pm+^{149}Sm$，故停堆后 ^{149}Sm 的平衡浓度与停堆前的功率有关（图 1.34）。^{149}Sm 效应的重要性在于运行时带来约 600 pcm 的负反应性，而在额定功率运行后停堆后 ^{149}Sm 的最大浓度可达停堆前平衡浓度的两倍左右，^{149}Sm 将带来约 1 200 pcm 的负反应性。在反应堆再次启动时，这些多余的 ^{149}Sm 很快就被消耗，平衡钐状态又将恢复。若停堆前中子通量密度比较低，停堆后的 ^{149}Sm 浓度基本上保持不变。

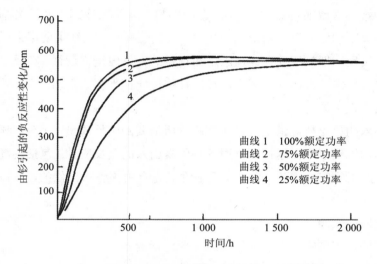

图 1.33　不同功率时，由 ^{149}Sm 引起的反应性变化

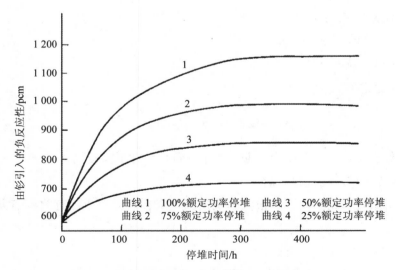

图 1.34　不同功率下停堆后，由 ^{149}Sm 引起的负反应变化

1.5 反应性平衡

在正常运行的反应堆中，各种反应性的总和为零，或者说，正的和负的反应性大小相等，这就是反应性平衡。当反应堆在稳定功率运行或在临界状态时，总是有 $\rho_{总}=0$，据此，我们可以计算出从一个临界状态到另一个临界状态时棒位与硼浓度的变化情况。

一个新的堆芯（或换料后的堆芯），它的燃料装载量比冷态（40℃）临界时所需装载量要大得多，即初始的有效增殖因数 $\gg1$。这些过剩的反应性主要用来抵消运行过程中产生的各种负反应性效应并保证反应堆在规定的寿期内正常运行。在反应堆的一个燃料循环内，如以额定功率运行，那么，反应堆的反应性平衡如下所述：

（1）正反应性来源

堆芯内装入的核燃料提供了堆芯达到临界所需要的临界质量，另外，还要有足够多的质量余量提供给反应堆在运行时克服各种因素引入的负反应性（包括燃耗引入的负反应性）所需要的正反应性储备。由于正反应性是完全由核燃料提供的，所以称为燃料反应性 $\rho_{燃料}$。

（2）负反应性来源

在运行着的反应堆中，负反应性来源主要包括：

插入堆芯的控制棒的积分负反应性：$\rho_{棒}$

毒物（主要是氙和钐）引起的总的负反应性：$\rho_{氙}$ 和 $\rho_{钐}$

功率亏损：$\rho_{功}$

慢化剂温度效应：$\rho_{温}$

溶解硼产生的负反应性：$\rho_{硼}$

（3）反应性平衡

堆内反应性总和 $\rho_{总}$ 为

$$\rho_{总}=\rho_{燃料}+\rho_{棒}+\rho_{氙}+\rho_{钐}+\rho_{功}+\rho_{温}+\rho_{硼} \tag{1.38}$$

图 1.35 绘出了一个堆芯整个寿期内的正、负反应性平衡概况。

状态 1：冷停堆，在换料以后。

通过控制棒束和硼溶液引入很大的负反应性来补偿燃料所拥有的相当大的潜在正反应性。

这时堆芯的总反应性 $\rho_{总}$ 是负的。

状态 2：反应堆在冷临界状态，零功率。

通过硼和部分地插入堆芯的控制棒束来补偿堆芯的潜在反应性以使 $\rho_{总}=0$。

状态 3：反应堆在热临界状态，零功率。

慢化剂温度效应出现，它由稀释硼来补偿。

状态 4：反应堆在热临界状态，额定功率。

多普勒效应引入的负反应性通过控制棒束提升补偿，直到控制棒束在"参考区"。

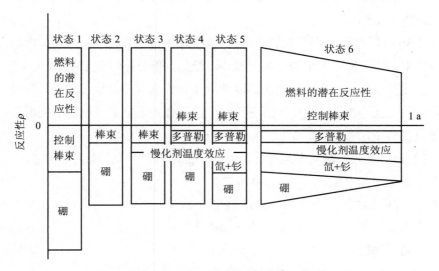

图 1.35　反应堆一个寿期内反应性平衡概况

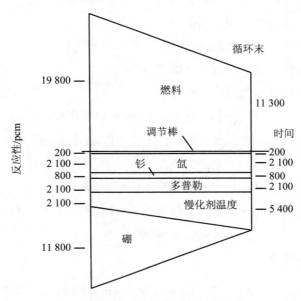

图 1.36　堆内反应性的平衡

状态 5：反应堆在额定功率下运行了几天。出现氙效应和钐效应，它们引入的负反应性由稀释硼来补偿。

状态 6：它表示从状态 5 到卸料（循环结束）时反应性平衡的变化。此时燃耗通过稀释硼补偿。

为了建立反应堆内正负反应性数量上的概念，图 1.36 给出了法国 900 MW 核电站反应堆反应性平衡图。

从图 1.36 可以看到，当硼浓度为 0 时，反应堆就应更换燃料，以增加燃料的后备反应性。寿期末，由于慢化剂中的硼浓度减少，慢化剂的总温度效应明显地增加了。在冷停堆时，必须要加硼，以补偿慢化剂温度效应和多普勒效应释放出的正反应性，以及氙衰变而产生的正反应性，这些释放的正反应性甚至会大于全部控制棒下插所引入的负反应性，使反应堆重达临界。

【例题】反应堆长期满功率运行，控制棒全提出堆芯。已知堆芯物理参数如下：

堆芯冷却剂平均温度：　　　　T_{avg}=310℃

堆芯冷却剂硼浓度：　　　　　C_B=800 μg/g

总功率系数：　　　　　　　　α_P=−18 pcm/%FP

慢化剂温度系数：　　　　　　α_T=−2.5 pcm/℃

控制棒总价值：　　　　　　　$\Delta\rho_R$=6 800 pcm

求：反应堆因故停堆后 3 h，氙毒反应性变化 2 000 pcm，T_{avg}=292℃，假定无操纵员的干预，此时堆芯的次临界深度为多少？

解：功率亏损中已包含慢化剂温度效应，反应性平衡只需考虑功率亏损、氙毒反应性变化和控制棒总价值，$\Delta\rho_{燃料}$、$\Delta\rho_{温}$ 可以忽略不计。

（1）计算功率变化引起的反应性变化。

$$\Delta\rho_{功率} = (\rho_{0\%} - \rho_{100\%}) \times \alpha_P = +1\,800\ \text{pcm}$$

（2）计算控制棒棒位改变引起的反应性变化，停堆后控制棒全部插入堆芯，引入负反应性。

$$\Delta\rho_{控制棒} = 0 - 6\,800\ \text{pcm} = -6\,800\ \text{pcm}$$

（3）计算氙毒引起的反应性变化，停堆后 3 h，此时引入负反应性。

$$\Delta\rho_{氙} = -2\,000\ \text{pcm}$$

此时的次临界深度为

$$\Delta\rho_{功率} + \Delta\rho_{控制棒} + \Delta\rho_{氙} = 1\,800\ \text{pcm} - 6\,800\ \text{pcm} - 2\,000\ \text{pcm} = -7\,000\ \text{pcm}$$

思考题

1. 简述有效增殖因数和反应性的定义。二者之间有何关系？

2. 画出第一、第二代中子产生历程图。

3. 什么是反应堆中子平均代时间？什么是缓发中子？缓发中子的作用是什么？

4. 什么是次临界增殖？次临界增殖在反应堆启动过程中有何作用？

5. 反应性控制有哪些方式？各控制方式的优缺点是什么？

6. 硼的价值受哪些因素影响，如何影响？

7. 什么是多普勒效应？什么是慢化剂温度系数？什么是功率系数和功率亏损？

8. 写出 ^{135}Xe 的产生与消失过程。

9. 假定反应堆已经达到平衡氙浓度，描述功率增加、功率减少和停堆情况下的氙毒效应。

10. 写出反应性平衡的公式。

第2章 主冷却剂系统及核辅助系统的运行

主冷却剂系统（RCP）及核辅助系统是核电厂一回路的重要组成部分，同时也是保障核电厂安全运行的重要系统。本章着重介绍各系统的流程结构、重要设备的构成及相关控制原理，使学员对电厂一回路有初步的了解。

2.1 概述

2.1.1 反应堆结构

反应堆是产生、维持和控制链式核裂变反应的装置，它以一定功率释放出能量，并由冷却剂导出，再通过蒸汽发生器将堆芯产生的热量传给蒸汽发生器二次侧给水，产生蒸汽，驱动汽轮发电机组发电。

CPR1000 反应堆的堆型是压水堆，用加压轻水作为慢化剂和冷却剂，位于安全壳的中央。图 2.1 是压水堆的结构简图，它可分为四部分：①反应堆堆芯；②堆内构件；③反应堆压力容器；④控制棒驱动机构。

1. 反应堆堆芯

堆芯是反应堆的核心部件，核燃料在堆芯内实现核裂变反应，释放出核能，同时将核能转变成热能，因而它是一个高温热源和强辐射源。

如图 2.2 所示，堆芯由 157 个尺寸相同、截面为正方形的燃料组件排列而成，其当量直径为 304 cm。首循环以及后续循环均使用 AFA-3G 型燃料组件。燃料组件由燃料元件棒和组件骨架组成，如图 2.3 所示。每个燃料组件共有 264 根燃料元件棒、24 根控制棒导向管和一根堆内测量导管，它们按 17×17 排列成正方形栅格，共有 289 个棒位。控制棒导向管、中子通量测量管与定位格架焊接在一起，上、下管座用螺钉与控制棒导向管连接起来，构成可拆式骨架。燃料元件棒插入定位格架内，由弹簧片夹持着。燃料元件棒由燃料芯块、燃料包壳、压紧弹簧、上端塞和下端塞等几个部分组成，如图 2.4 所示。

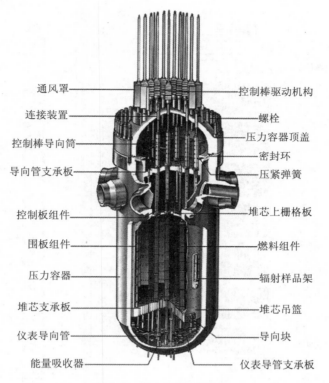

图 2.1　反应堆纵剖面图

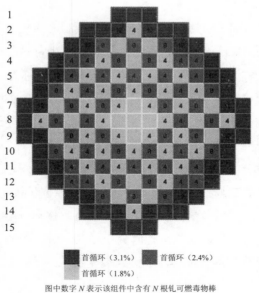

图 2.2　堆芯燃料组件布置（第一循环）

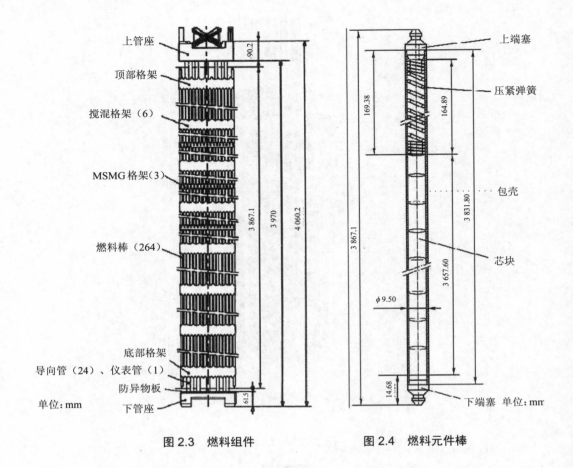

图 2.3　燃料组件　　　　　图 2.4　燃料元件棒

控制棒由 Ag（80%）-In（15%）-Cd（5%）合金制成的吸收剂芯体装入不锈钢包壳管中构成，包壳材料为 316L 不锈钢，表面渗氮。还有少量吸收剂棒是不锈钢棒，它们吸收中子的能力较弱，称为"灰棒"。相应地，Ag-In-Cd 棒称为"黑棒"。

控制棒组件按棒束中灰棒和黑棒的数目不同分为两类。一类称为黑棒组，棒束由 24 根黑棒组成；另一类称为灰棒组，棒束由 8 根黑棒和 16 根灰棒组成。采用这两种棒束控制组件是为了使功率分布均匀，避免局部中子通量畸变过大。

按在运行中的用途分类，控制棒组件可分为功率调节棒、温度调节棒和停堆棒三类，每类又分为若干组，见表 2.1。正常运行时，功率调节棒位于机组功率对应的棒位高度，用于调节反应堆功率；温度调节棒在堆芯上部一定范围移动，用于控制冷却剂温度的波动；停堆棒用于事故紧急停堆，正常运行时提出堆芯。所有控制棒接到停堆信号后能在很短的时间内依靠自身重量落入堆芯，使链式裂变反应终止。

表 2.1　控制棒组的种类

名　称	组　别	类　型	数　目
功率调节棒	G_1	灰棒组	4
	G_2	灰棒组	8
	N_1	黑棒组	8
	N_2	黑棒组	8
温度调节棒	R	黑棒组	8
停堆棒	S_A	黑棒组	5
	S_B	黑棒组	8
	S_C	黑棒组	4
	S_D	黑棒组	8

　　如前所述，堆芯由 157 个燃料组件组成，其中 61 个燃料组件配置了控制棒组件，剩余的燃料组件则配置堆芯相关组件，包括中子源组件和阻力塞组件。控制棒在堆芯内的布置见图 2.5，堆芯内各组件的种类和数目见表 2.2。

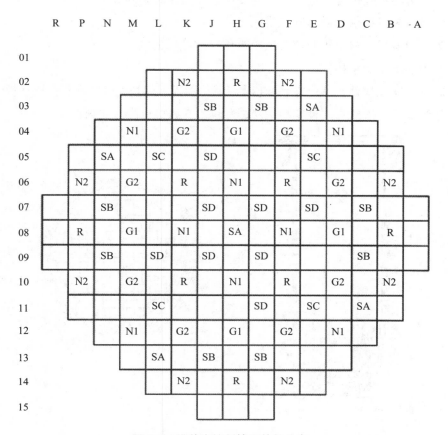

图 2.5　堆芯内控制棒组件的分布

表 2.2 堆芯内各组件的种类和数目

	第一循环	后续循环
控制棒组件/个	61	61
初级中子源组件/个	2	0
次级中子源组件/个	2	2
阻力塞组件/个	92	94

2. 堆内构件

堆内构件在反应堆压力容器内支承和固定堆芯组件，分为堆芯下部支承构件和堆芯上部支承构件两大部分。

堆内构件的主要功能是：

①支承和固定堆芯组件，承受堆芯重量。

②确保控制棒驱动机构的对中，为控制棒运动导向。

③构成冷却剂流道，合理分配流量并尽可能减少堆内无效流量。

④为压力容器提供屏蔽层，减少其受中子和γ射线的辐照。

⑤为堆内测量提供安装和固定措施。

⑥为压力容器的材料辐照监督试验提供存放试样的场所。

（1）堆芯下部支承构件

堆芯下部支承构件包括吊篮、堆芯支承板、围板和辐板组件、堆芯下栅格板、热屏、辐照监督管以及二次支承组件等。图 2.6 为堆芯下部支承构件的剖视图。

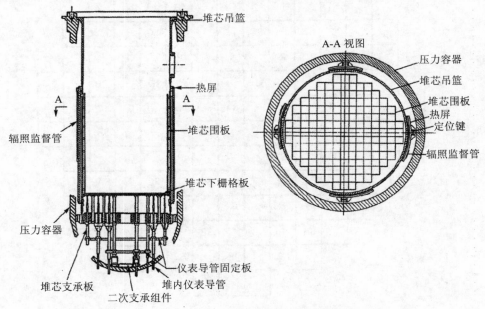

图 2.6 堆芯下部支承构件

（2）堆芯上部支承构件

堆芯上部支承构件见图 2.7，主要由导向筒支承板、堆芯上栅格板、控制棒导向筒、支承柱、热电偶柱和压紧弹簧等组成。

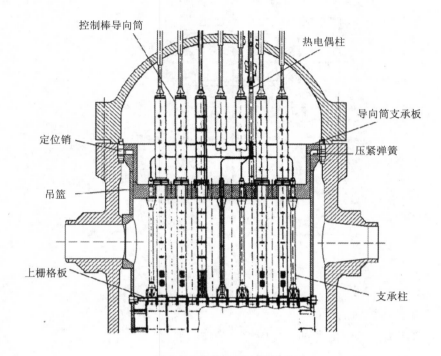

图 2.7　堆芯上部支承构件

3．反应堆压力容器

反应堆压力容器固定和包容堆芯及堆内构件，使核燃料的裂变反应限制在一个密封的空间内进行。它和一回路管道共同组成高压冷却剂的压力边界，是防止放射性物质外逸的第二道屏障组成部分。

（1）结构

反应堆压力容器由筒体和顶盖两部分组成，材料采用低合金钢。容器内壁堆焊一层厚度大于 5 mm 的不锈钢，减缓一回路冷却剂对筒体的腐蚀。

筒体由 1 个带螺栓螺纹孔的法兰、1 个焊有 6 个冷却剂进出口管嘴的环形段、1 个环形段、1 个过渡段和 1 个半球形下封头焊接而成，如图 2.8 所示。

顶盖由钢板热压成半球形，在顶盖上焊有 3 只吊耳、1 根排气管、61 个控制棒驱动机构管座、4 个热电偶管座和控制棒驱动机构通风罩法兰。管座下部伸入压力容器的端部装有导向漏斗，便于驱动杆和热电偶柱导入管座。

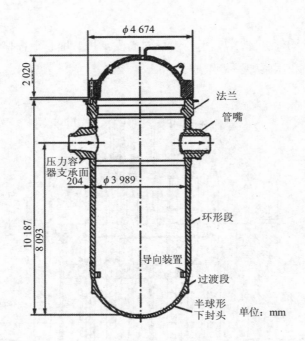

图 2.8　反应堆压力容器

（2）冷却剂在堆内的流程

图 2.9 所示为一回路冷却剂在反应堆内的流程。

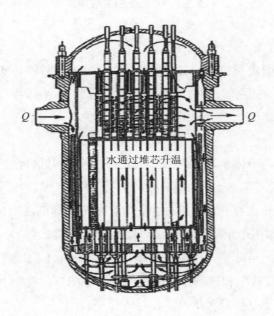

图 2.9　冷却剂在反应堆内的流程

冷却剂从 3 条进口接管流入压力容器，沿压力容器内壁与堆芯吊篮之间的环形空间向下流动，到压力容器底部后转向，通过堆芯支承板和堆芯下栅格板向上流经堆芯，带出核反应放出的热量，经过上栅格板后，从 3 条出口管道排出。冷却剂自上而下又自下而上地流动，其目的是减少动压头对堆芯所产生的机械应力。一回路水的总流量为 71 370 m³/h，在堆芯中水的流速为 4.8 m/s。

冷却剂在压力容器内流动时，有一部分没有用来冷却燃料元件，称为旁路流量。其中，从压力容器内壁和吊篮管嘴之间的间隙直接流向压力容器出口接管的流量大约为 1.0%，通过堆芯辐板的流量约为 0.6%，通过导向筒支承板法兰流水孔进入顶盖空间的泄漏流量为 2.2%，从控制棒导向管旁路的流量为 2.24%，所以总计有 6.04% 的总流量旁流了燃料元件。为安全起见，热工设计时取总流量的 6.5% 作为旁路流量。

4．控制棒驱动机构

控制棒驱动机构是一种步进式的提升机构，用来使控制棒组件在堆芯内提起、插入或保持在适当的位置，以实现反应性的控制。每个控制棒组件都由单独的控制棒驱动机构操作，因此共有 61 个驱动机构。

控制棒驱动机构结构如图 2.10 所示。它由销爪组件、驱动杆、压力外壳、操作线圈和单棒位置指示线圈组成。控制棒驱动机构全长约 5 661 mm，提升力为 1 602 N，约为控制棒组件静态载荷的两倍，因而它具有克服活动零件和固定零件之间机械摩擦的额外提升能力。

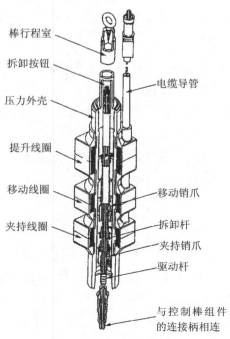

图 2.10　控制棒驱动机构

控制棒驱动机构的额定行程是 225 步，可提升步数为 228 步，每步 15.9 mm。控制棒提出和插入的最高速度为 72 步/min，即最快能以 114.3 cm/min 的速度提升或插入。

在失去电源时（如紧急停堆），控制棒靠重力落入堆芯。控制棒从最高位置自由下落到最低位置（包括缓冲段）的时间最长为 3.2 s，下落至缓冲段允许的最长时间为 2.15 s。

由控制棒驱动机构风冷系统在压力外壳外面进行强制空气冷却。驱动机构是按在 343℃和 17.2 MPa 的水中动作设计的。实际上驱动机构管座处的温度将远低于 343℃，因为它处于一个只有有限的冷却剂从堆芯流入的区域，而该处的压力与压力容器内的压力相同。

2.1.2　反应堆主冷却剂系统

1. 系统功能

（1）主要功能

反应堆冷却剂系统（RCP）即核电站一回路的主回路，其主要功能是使冷却剂循环流动，将堆芯中核裂变产生的热量通过蒸汽发生器传输给二回路，同时冷却堆芯，防止燃料元件烧毁。

（2）辅助功能

①中子慢化剂：反应堆冷却剂为轻水，它具有比较好的中子慢化能力，使裂变产生的快中子减速成为热中子，以维持链式裂变反应。另外，它也起到反射层的作用，使泄漏出堆芯的部分中子反射回来。

②反应性控制：反应堆冷却剂中溶有的硼酸可吸收中子，因此通过调整硼浓度可控制反应性（主要用于补偿氙效应和燃耗）。

③压力控制：RCP 系统中的稳压器用于控制冷却剂压力，以防止堆芯中发生不利于燃料元件传热的偏离泡核沸腾现象。

④放射性屏障：RCP 系统压力边界作为裂变产物放射性的第二道屏障，在燃料元件包壳破损泄漏时，可防止放射性物质外逸。

2. 系统说明

（1）系统流程

如图 2.11 所示，RCP 系统由反应堆和三条并联的闭合环路组成，这些环路以反应堆压力容器为中心作辐射状布置，每条环路都由一台主冷却剂泵（简称主泵）、一台蒸汽发生器及相应的管道和仪表组成。另外，1 号环路热管段上连接有一个稳压器，用于 RCP 系统的压力调节和压力保护。每个环路中，位于反应堆压力容器出口和蒸汽发生器入口之间的管道称为热段，主泵和压力容器入口间的管道称为冷段，蒸汽发生器与主泵间的管道称为过渡段。

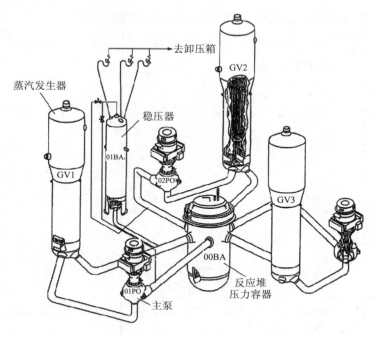

图 2.11　RCP 系统的组成

在反应堆中采用除盐含硼水作为冷却剂，它使核燃料元件冷却并将核燃料释放出的热能传导出去。为了使一回路水在任何部位、任何时间都处于液态，要保持其压力高于饱和压力。高压的冷却剂在堆芯吸收了核燃料裂变放出的热能，从反应堆压力容器出口管流出，经主管道热管段进入蒸汽发生器的倒 U 形管，将热量传给在 U 形管外流动的二回路系统的给水，使之变为蒸汽。冷却剂由蒸汽发生器出来经过渡管段进入主泵，经主泵升压后流经冷管段，又回到反应堆压力容器。这样，带放射性的反应堆冷却剂始终循环流动于闭合的环路中，与二回路是完全分开的，使得蒸汽发生器产生的蒸汽不带放射性，以便于二回路设备的运行与维修。

反应堆额定热功率为 2 895 MW，考虑主泵的发热和系统的热损失之后，RCP 的热功率为 2 905 MW，额定流量为 3×23 790 m³/h，汽轮发电机组额定电功率为 1 089.075 MW，因而总效率约为 37%。

RCP 系统是防止裂变产物外泄的第二道屏障，其压力边界包括：

①反应堆容器和顶盖。

②控制棒驱动机构的压力外壳。

③主冷却剂管道。

④蒸汽发生器的 U 形传热管。

⑤泵壳及其轴密封组件。

⑥稳压器及与其连接的管道，包括先导式安全阀的脉冲管道。

⑦与辅助系统相连的管道和阀门（除稳压器脉冲管道外，凡内径小于 25 mm 的管道不属于 RCP 系统压力边界的限制）。

（2）系统接口

与 RCP 系统冷却剂管道连接的辅助系统有化学和容积控制系统（RCV）、余热排出系统（RRA）和安全注入系统（RIS），见图 2.12。

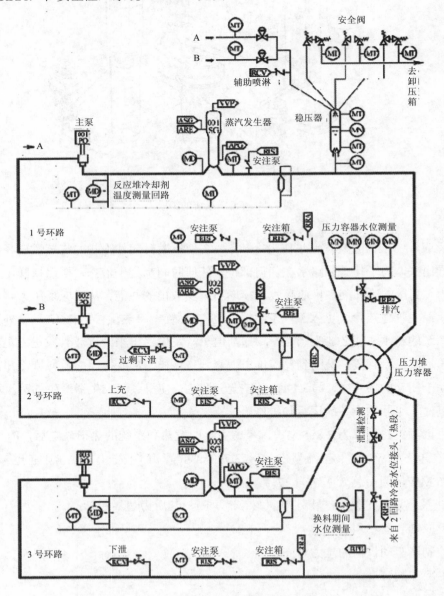

图 2.12　RCP 系统流程

1）RCV

RCP 冷却剂通过正常下泄管线排入 RCV 系统。正常下泄管线位于 3 号环路冷管段。另外还设置了过剩下泄管线，接到 2 号环路位于蒸汽发生器出口和反应堆冷却剂泵入口之间的管道处。

冷却剂通过上充管线回流到 2 号环路的冷管段。

2）RRA

RCP 冷却剂通过位于 2 号环路热管段上的接管排入 RRA 系统。冷却后的冷却剂经由 1 号和 3 号环路冷管段上的 RIS 安注箱注入管线回流到 RCP 系统。

3）RIS

RIS 系统与 RCP 的连接有三种途径：

①接到热管段和冷管段的高压安注（HHSI）管线。

②接到冷管段和 2 号及 3 号环路热管段的低压安注（LHSI）管线。

③接到每条冷管段的安注箱注入管线。

其中，高压安注和低压安注系统与 RCP 连接的那部分管道是共用的。

2.1.3　RCP 系统测量仪表

（1）温度测量

反应堆冷却剂温度信号分两类，一类只用于指示，由装在套管内的宽量程电阻温度计（RTU）监测，套管伸入冷却剂管道；另一类用于有关的控制和保护系统，由装在冷却剂旁路支管上的窄量程直接浸入式电阻温度计监测。

1）宽量程温度测量

每条环路热管段和冷管段各装有一个宽量程电阻温度计，它们置于伸入冷却剂的套管内，套管是压力边界的一部分。三个环路热管段温度计分别为 RCP028、043、055MT，冷管段分别为 RCP029、044、056MT。由于不与冷却剂直接接触，冷却剂温度的变化必须通过管壁传递，有一定的时间延迟，因此这些温度计仅用于监测启堆和停堆瞬态期间或反应堆冷却剂主泵跳闸时温度的变化，其信号送至主控室进行记录。量程为 0～350℃。

2）窄量程温度测量（温度测量旁路管线）

为反应堆控制和保护系统使用的冷却剂温度信号必须对温度变化响应很快，故采用直接浸在冷却剂中的窄量程温度计，但这些精密仪表不能直接插入反应堆冷却剂主管道的高速流体中，因而在每个环路设置了温度测量旁路管线，在热管段和冷管段分别将一部分冷却剂引到旁路管线来测量其温度，如图 2.13 所示。

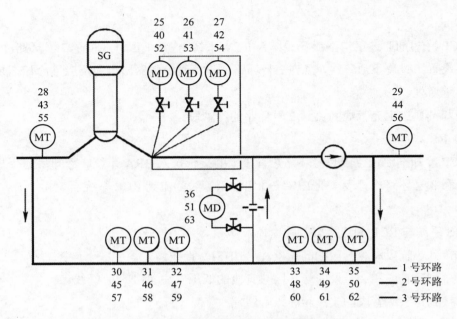

图 2.13　冷却剂环路温度测量和流量测量

用旁路管线从一回路管道引出的采样水，应使所采样的温度能代表取样点所在一回路管道截面上冷却剂平均温度，因此在每个环路的热管段上的取样点是用 3 个互成 120℃的取样管嘴在管道的同一截面上伸入冷却剂流道中，3 个管嘴的采样水混合在一起流入测温旁路，这样可代表热管段的水温。

在每个环路的冷管段上从主泵出口端取样，由于泵出口的涡流使水温均匀混合，所以只需用一个取样管嘴就能取得有代表性的冷管段的水温。

从热段和冷段引来的两条旁路管线都连接到一条公共返回管线上，使旁路冷却剂返回到主管道的过渡管段（蒸汽发生器与主泵之间）。在返回管线上设有流量测量计（1号环路为 RCP036 MD），以监测旁路管线是否有足够的流量，如果流量低则报警，说明相应环路的温度测量信号不可用。

每个环路的测温旁路上设置了 6 个电阻温度计，其中 3 个测量热段温度、3 个测量冷段温度。对于 1 号环路，热段温度计为 RCP030、031、032MT（量程 275～345℃），冷段温度计为 RCP033、034、035MT（量程 265～335℃），其中 030、033MT 信号用于保护通道，032、035MT 信号用于控制通道，031、034MT 备用。图 2.13 也标示了其他两个环路相应的温度计。

3）冷却剂温度信号

利用每个环路的测温旁路测得的窄量程冷却剂热段温度 T_h 和冷段温度 T_c，可计算出每个环路冷却剂平均温度 T_{avg} 和温差 ΔT：

$$T_{\mathrm{avg}} = \frac{T_{\mathrm{h}} + T_{\mathrm{c}}}{2}$$

$$\Delta T = T_{\mathrm{h}} - T_{\mathrm{c}}$$

①控制信号。

如图 2.14 所示，3 个环路的测温旁路中用于控制的测温元件（对于 1 号环路为 RCP032MT 和 035MT）相应产生 3 组用于控制的 T_{avg} 和 ΔT 信号，从中选出最大值 $T_{\mathrm{avg}}^{\max}$、$\Delta T^{\max}$ 和最小值 $T_{\mathrm{avg}}^{\min}$，其中：

$T_{\mathrm{avg}}^{\max}$ 用于产生稳压器水位整定值、GCT-c 开度信号和 R 棒速整定值；

$\Delta T^{\max}$ 用于产生 R 棒插入低低限值；

$T_{\mathrm{avg}}^{\min}$ 用于产生 C22 联锁信号。

同时，每个环路的 T_{avg}、ΔT 分别与 $T_{\mathrm{avg}}^{\max}$、$\Delta T^{\max}$ 比较，如果 $T_{\mathrm{avg}}^{\max} - T_{\mathrm{avg}} > 1.7\,℃$ 或 $\Delta T^{\max} - \Delta T > 5\%\ \mathrm{FP}$，则发出报警。

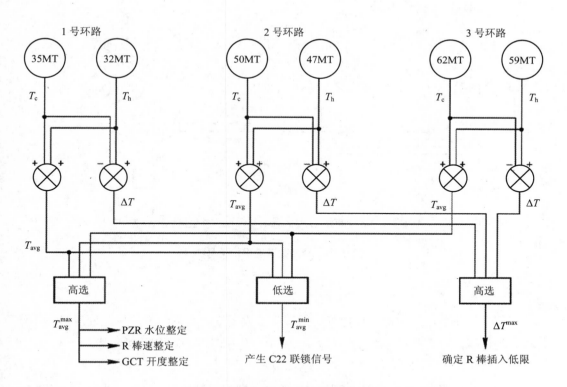

图 2.14 冷却剂温度相关的控制信号

②保护信号。

如图 2.15 所示，每个环路的测温旁路中用于保护的测温元件（对于 1 号环路为 RCP030MT 和 033MT）相应产生该环路用于保护的 T_{avg} 和 ΔT 信号，将 T_{avg} 及其他一些参数经运算得到该环路的 $\Delta T_{超温}$ 和 $\Delta T_{超功率}$ 限值的整定值，前者防止 DNB（导致燃料包壳烧毁），后者防止燃料线功率超限（导致燃料芯块熔化）。将这两个限值分别与 ΔT 比较，视差值不同，可产生 $\Delta T_{超温}$ 紧急停堆、$\Delta T_{超功率}$ 紧急停堆或 C3、C4 信号（闭锁控制棒提升且汽机负荷速降），这些信号生成逻辑均为 2/3，即 3 个环路中有 2 个以上达到阈值则出现相应的保护信号。关于 $\Delta T_{超温}$ 和 $\Delta T_{超功率}$ 紧急停堆信号，详见反应堆保护相关章节。

用于反应堆保护的 T_{avg} 也产生 P12 允许信号，其生成逻辑亦为 2/3。

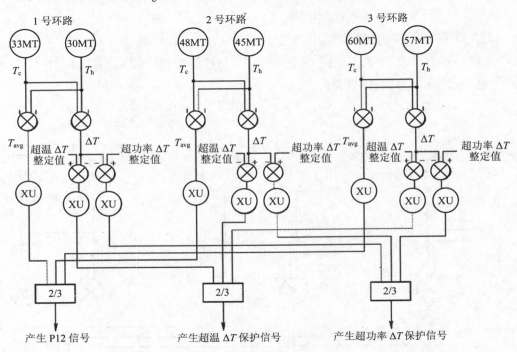

图 2.15　冷却剂温度保护信号

（2）流量测量

在每个环路蒸汽发生器出口弯管处的管道上设置 3 个测量流量的压差变送器。由于离心力的作用，弯管外径与内径处存在压差 ΔP，它和流量 Q 之间的关系为

$$\Delta P \propto Q^2$$

因此，通过测量 ΔP 可推算出环路相对流量（额定流量的百分比）。在弯管的外径处有一个共同的高压侧接口，在内径处有 3 个低压侧接口，连接 3 个流量测量压差计。对于 1 号环路，3 个流量测量元件为 RCP025、026、027MD，2 号环路为 RCP040、041、

042MD，3 号环路为 RCP052、053、054MD。

如果某个环路流量小于 88.8% Q_n（2/3）[①]，则产生冷却剂环路流量低信号。若堆功率大于 10% P_n（P7 信号出现）且有两个以上环路流量低，或堆功率大于 30% P_n（P8 信号出现）且有一个以上环路流量低，则发出紧急停堆信号。

（3）压力测量

在 RCP 系统和 RRA 系统连接管线的入口处（位于 2 号环路）设有冷却剂压力测量传感器 RCP037、039、137、139MP。这些压力传感器是宽量程变送器，量程为 0～20.0 MPa，在一回路启动和停堆的单相阶段，用它们来指导运行人员对反应堆冷却剂压力进行控制，并在 RCP 压力高于 2.7 MPa.g[②]时闭锁 RRA 系统入口隔离阀的开启，以免 RRA 系统超压。此外，在 RCV013VP 处于 RCP 压力控制模式时，RCP 系统压力实测信号由 RCP039、137、139MP 取平均给出。

当稳压器建立汽腔之后，RCP 的压力测量信号由稳压器的压力测量传感器 RCP005、006、013MP 和 RCP014、015MP 给出，它们的量程为 11.0～18.0 MPa，由此产生相应的调节和保护信号。

（4）水位测量

1）RCP 系统承压阶段

在正常热态运行工况下，反应堆压力容器和冷却剂管道均充满水，整个 RCP 系统中只有稳压器上部存在蒸汽空间，因此 RCP 的水位等同于稳压器水位，由稳压器水位传感器 RCP007、008、011MN 测量。这些水位传感器在稳态工况下测量很精确，其信号送往反应堆保护系统和稳压器水位调节系统。

上述 3 个水位计只能用于热态，在冷态工况下，则利用另一个水位计 RCP12MN 监测稳压器水位（它在冷态下标定）。

当一回路发生失水事故后，反应堆压力容器内水位可能下降，这时利用 4 个压力容器水位测量计 RCP090、092、091、093MN 监测堆芯淹没情况。另外，在电厂大修期间压力容器正常充、排水时，也可利用这 4 个水位计观察压力容器内水位情况。

2）RCP 系统卸压阶段

在维修冷停堆或换料冷停堆阶段，RCP 系统处于开口状态，其压力等于大气压，这时 RCP 水位可通过目视水位指示器 RCP82LN 就地读出。RCP82LN 是沿着稳压器而下安置的透明管柱，与 RCP 连通，其量程覆盖了从稳压器顶部到冷却剂环路管道底部的整个区间。

为了监测一回路及堆坑充排水时压力容器顶以上水位，设置了 RCP098MN，并利用

---

① Q_n 为额定流量，2/3 表示信号逻辑为三取二，下同。

② 单位中的"g"表示表压。

"反应堆水池低-低水位"信号，自动停运 PTR002PO。

利用原有的正常运行时监测压力容器水位的 090MN、091MN，监测停堆、降压条件下从压力容器顶至热管段上壁的水位。

另有一个超声波探头 RCP300MN（精度约 1 cm，测量范围 8.65～9.26 m），用于精确测量热管段范围内的水位。

2.2 稳压器

2.2.1 概述

1．稳压器功能

稳压器是对一回路压力进行控制和超压保护的重要设备，其主要功能包括以下几方面：

①压力控制。在稳态运行时，稳压器维持一回路压力在 15.5 MPa.a[①]的整定值附近，防止堆芯冷却剂汽化；在正常功率变化及中、小事故工况下，稳压器将 RCP 系统的压力变化控制在允许范围，以保证反应堆安全，避免发生紧急停堆。

②压力保护。当 RCP 系统压力超过稳压器安全阀阈值时，安全阀自动开启，把稳压器内的蒸汽排放到稳压器卸压箱，使 RCP 卸压。

③作为一回路冷却剂的缓冲箱，补偿 RCP 系统水容积的变化。尤其是在机组升、降功率过程中，冷却剂由于温度变化引起的体积变化基本上可由稳压器水位的改变予以抵消，减少了废水处理。

④在启堆时使 RCP 系统升压，停堆时使 RCP 系统降压。

2．稳压器结构

RCP 系统 3 个环路共用 1 个稳压器，设备代码为 RCP001BA，装在 1 号环路的热管段上。它是一个立式圆筒，上、下部为椭球形封头，高约 13 m，直径约为 2.5 m，水容积为 23.96 m^3，蒸汽容积为 16.37 m^3，净重约 79 t，其结构如图 2.16 所示。

稳压器下部是水空间，有波动管管嘴、电加热器、核取样口和仪表管嘴；上部是蒸汽空间，有喷淋管管嘴和喷头、3 个先导式安全阀组、仪表管嘴、脉冲管嘴和人孔。

在下封头上垂直安装 60 根电加热器，它们分布在以下封头中心线为中心的同心圆上，通过下封头插入稳压器水中。为防止电加热器横向振动，在容器内设置两块水平隔板支撑电加热器。

---

① 单位中的"a"表示绝对压力。

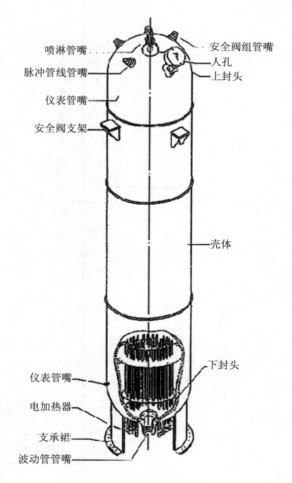

喷淋管嘴

脉冲管线管嘴

仪表管嘴

安全阀支架

安全阀组管嘴

人孔

上封头

壳体

仪表管嘴

电加热器

支承裙

波动管管嘴

下封头

图 2.16　稳压器结构

　　波动管将稳压器下封头接在 1 号环路的热管段上,它使一回路的冷却剂同稳压器内的水能够互相交换。在波动管入口处的正上方设置挡板式滤网,以使波动水和稳压器内的水均匀混合,并防止杂质从稳压器进入 RCP 系统。波动管的两端都有热套管,以承受较热或较冷的水的交流所造成的热应力。

　　上封头设有人孔。人孔用平的带螺栓的盖子封死。稳压器下封头安置在圆柱形的裙座上,支承裙的上部圆周上开有通风孔。

　　稳压器主要由喷淋系统、电加热器组、安全阀组、相关仪表和泄压箱等组成,其流程见图 2.17。

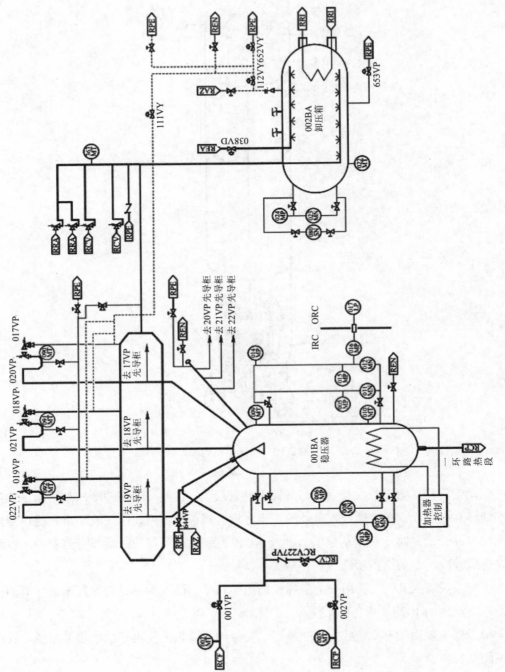

图 2.17 稳压器流程

（1）喷淋系统

喷淋管线位于稳压器的顶部，根据喷淋水来源不同，可分为主喷淋和辅助喷淋。

主喷淋由两条分别连至两条冷管段的管线组成。喷淋管线上游接在 RCP 系统 1 号环路和 2 号环路（4 号机组为 1 号环路和 3 号环路）主泵的出口主管道上，两条支管到稳压器前连成一条共用喷淋母管。喷淋水在主泵出口压头驱动下通过位于稳压器顶部的喷嘴注入稳压器的蒸汽空间。每条主喷淋管线各安装 1 个喷淋阀（RCP001VP 和 002VP），可在控制室遥控调节其开度以控制喷淋流量。每个阀门最大流量为 72 m³/h，喷淋降压速率为 1.5 MPa/min。

喷淋流量的设计原则是：当汽机功率以 10%FP 阶跃下降时，稳压器压力不能达到第一个安全阀开启的整定值，即 16.6 MPa.a。

主喷淋阀 001VP 和 002VP 设有下挡块，当它们处于关闭位置时，下挡块使阀门微开，作为连续喷淋的流道，流量为 230 L/h。连续喷淋的作用是：

①限制主喷淋开启时对管道和阀门的热冲击。

②保证稳压器内水温的均匀性。

③使稳压器内水与一回路水的硼浓度和化学添加剂浓度一致。

每条喷淋管线上设有一个温度探测器，以监督有否喷淋流量。

辅助喷淋接在 RCV 系统再生式热交换器下游的上充管线上，其作用是在主泵停运导致正常喷淋无法进行时降低稳压器压力。其喷淋量为 9.5 m³/h，通过开启 RCV227VP 向稳压器喷淋，喷淋管线上无调节阀，只能利用 RCV46VP 控制喷淋流量。辅助喷淋水温与上充水相同，热态时只有 266℃，与稳压器中温度相差较大，对管线和设备易造成大的热冲击，应尽量避免使用。电厂运行规程规定 $T_{PZR} - T_{辅喷} \geqslant 177℃$ 时不得使用辅助喷淋。

（2）电加热器组

加热器为直接浸没的直套管式电加热器。套管上端用塞子焊接密封，下端用连接管座密封。加热器的电阻丝用镍铬合金制造，周围用压紧的氧化镁与套管绝缘。

加热器通过焊在稳压器下封头内侧的贯穿管套安装在稳压器内，由加热器和管套之间的焊接来保证密封。在停堆期间，在放掉稳压器中的水后，每一根加热器可以单独更换。加热器的最小设计寿命为有效工作 20 000 h，因此预期寿命大约 20 a。

共有 60 根电加热器，每根功率为 24 kW，分成 6 组，编号为 RCP01～06RS，其中：

①RCP03、04RS 是比例式加热器，功率连续可调，每组有 9 根加热器，用于补偿稳压器散热损失和加热连续喷淋进入的低温冷却剂。

②RCP01、02RS 每组有 9 根加热器，RCP05、06RS 每组有 12 根加热器。这 4 组是通断式加热器，功率不可调，在稳压器压力过低或水位过高时投入，以恢复压力或加热进入稳压器中较冷的水。后两组加热器可由应急电源供电，在厂外电源失电后 1 h 内可

恢复稳压器的压力。

上述 6 组加热器合计电功率为 1 440 kW。

（3）安全阀组

安全阀组安装在稳压器上部，3 个安全阀组的 3 条排出管线汇集到 1 根环形管，再连到稳压器卸压箱。3 个安全阀组上游的管道弯成 U 形，形成水封，管道内冷凝水在水封内积聚，从而淹没阀座，防止氢气通过安全阀泄漏。每个安全阀组排放管上装有温度探测器（RCP090、091、092MT），位于水封处，当阀门开启或泄漏而有蒸汽从排放管通过时，将在控制室报警。

每个安全阀组由一个保护阀和一个串联的隔离阀组成。每个阀设置了开启和关闭压力阈值，后者低于前者。在正常运行时，保护阀处于关闭状态，而隔离阀处于开启状态。在 RCP 压力升高使保护阀开启之后，由于蒸汽排出，系统压力降低，保护阀应自动关闭。若保护阀因故障未能关闭，则隔离阀自动关闭，以防止 RCP 系统进一步卸压。每个保护阀和隔离阀都有阀杆位置传感器，阀门的位置（打开或关闭）在控制室内显示。

3 组保护阀和隔离阀编号及开启和关闭的阈值见表 2.3。

表 2.3　安全阀组开、关阈值　　　　　　　　　　单位：MPa.a

保护阀	开启	关闭	隔离阀	开启	关闭
RCP020VP	166	160	RCP017VP	146	139
RCP021VP	170	164	RCP018VP	146	139
RCP022VP	172	166	RCP019VP	146	139

从表中可见，3 个隔离阀的阈值是相同的，当压力下降到 13.9 MPa.a 时自动关闭，压力恢复到 14.6 MPa.a 时自动打开。

每个安全阀组在设计压力 17.2 MPa.a 下排放量为 165 t/h。第一组安全阀的释放容量可保证在电源全部丧失并且喷淋流量同时丧失的情况下，RCP 系统在最大负荷时的压力不超过设计压力；其余两组安全阀的释放容量则是按照全部主蒸汽隔离阀关闭而造成负荷完全丧失这个最严重的超压工况设计的。如果任一组安全阀误开启，其释放容量不足以引起堆芯发生 DNB。

（4）测量仪表

1）温度测量

①气相：RCP009MT。

②水相：RCP010MT。

③喷淋管：RCP002MT、003MT。

④波动管：RCP004MT。

2）压力测量

有 6 个压力测量仪表，其中：

①RCP013MP、014MP 和 015MP 的测量信号参加一回路压力控制。

②RCP005MP、006MP、013MP 产生反应堆保护信号（高、低压紧急停堆、P11 和安注）及用来计算超温ΔT的保护阈值。

③RCP16MP 用来刻度上述几个压力传感器，并作为水压试验的监测仪表。

3）水位测量

有 4 个水位测量仪表，其中：

①RCP007MN、008MN、011MN 用于反应堆保护和稳压器水位控制，它们用于热态工况。

②RCP012MN 提供启动和停堆期间稳压器水位的显示，用于冷态工况。

稳压器特性参数见表 2.4。

表 2.4　稳压器特性参数

设计压力/MPa.a	17.23	喷淋流量/（m³/h）	151～200
设计温度/℃	360	波动流量/（m³/h）	3 010
运行压力/MPa.a	15.5	连续喷淋流量/（L/h）	2 301
运行温度/℃	345	辅助喷淋流量/（m³/h）	9.5
满负荷时蒸汽容积/m³	16.37	外部直径（最大处）/mm	2 350
满负荷时水容积/m³	23.96	圆柱体部分的壁厚/mm	108
淹没加热器要求的水容积/m³	5.32	空重/t	79

（5）卸压箱

卸压箱（RCP002BA）的功能是收集、冷凝和冷却稳压器安全阀、RRA 系统安全阀、RCV 系统安全阀排放的蒸汽及一回路系统阀门杆填料装置泄漏的冷却剂。卸压箱使一回路的冷却剂不向反应堆安全壳排放，避免带有放射性的一回路流体对安全壳的污染。

在满功率运行工况下，卸压箱能接收 110%的稳压器蒸汽空间的蒸汽，即在稳压器安全阀开启 30 s 的时间内，卸压箱大约可接收 1.7 t 蒸汽，在此情况下卸压箱内压力不超过 0.45 MPa.a，温度不超过 93℃。但是卸压箱的容积有限，它不能接受稳压器安全阀连续不断排放的蒸汽。

如图 2.18 所示，卸压箱是一个卧式的低压容器，总容积约 37 m³，在正常状态下，箱内水位为总高度的 65%，水温维持在 40℃。上部充以氮气，额定压力为 0.12 MPa.a。充氮气的目的是降低容器中的氧气浓度，避免稳压器排放时一回路冷却剂中的氢气与氧气混合发生爆炸。定期从箱内取样分析聚集的氢气和氧气浓度，并将其排放到 RPE 系统。

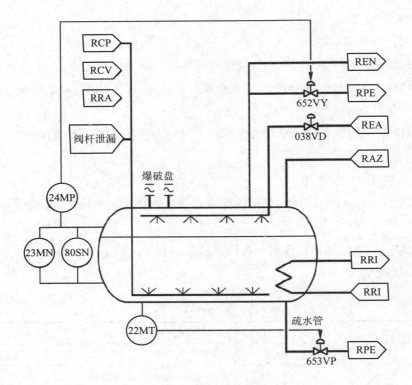

图 2.18　卸压箱

卸压箱内装有一根由 REA 供水的喷淋管、一根接 RPE 系统的疏水管线，前者用来在安全阀排放时冷却卸压箱，后者用来在水箱水位高时排水。箱的水空间内有一个由 RRI 系统供水的冷却盘管，在靠近底部沿轴线方向装有一根鼓泡管，这根管与稳压器卸压管线相连。卸压箱上部设有两个爆破盘以防止卸压箱超压，爆破盘的排放物进入安全壳的大气中，其泄放能力等于稳压器 3 个安全阀排放能力之和。

当稳压器安全阀开启时，蒸汽经稳压器排放管线进入卸压箱，从鼓泡管均匀地喷入水中，与水混合而被凝结和冷却。在这一过程中，卸压箱中水温和压力增高。如压力增高达到 0.8 MPa.a，卸压箱上部的安全爆破盘爆破，直接将箱内蒸汽排放到安全壳内。

正常运行时，卸压箱内的水由箱内蛇形管中流过的 RRI 系统设备冷却水不间断地冷却。如果水温超过 60℃，则由 RCP022MT 发出报警信号，操纵员要手动开启喷淋阀 RCP038VP，把来自 REA 系统的除盐除气水经喷淋管喷入来冷却卸压箱，最大喷淋量为 136 m³/h。如果水位过高，则打开卸压箱底部的疏水阀 RCP65VP 向 RPE 系统排水，但水温高到 65℃时，自动禁止 RCP653VP 开启，以避免高温水流往 RPE 系统。

卸压箱压力由 RCP024MP 测量。如果箱内压力小于 0.12 MPa.a，由 RAZ 系统补充氮气。当箱内压力高到 0.14 MPa.a 时发出报警信号，手动开启 RCP652VY 释放蒸汽。

当箱内压力高于 0.15 MPa.a 时,自动禁止打开排气阀 RCP652VY,因为这时稳压器安全阀可能正在排放蒸汽,应避免高压蒸汽直接通往 PRE 系统。

卸压箱水位由 RCP023MN 和 080SN 在控制室和就地分别显示,并在水位高到 2.42 m 和低到 1.96 m 时分别发出高、低水位报警信号。低水位情况下,打开阀 RCP038VN 由 REA 向水箱补水;高水位情况下,打开阀 RCP653VP 疏水到 RPE 系统。

2.2.2　稳压器压力控制系统

1. 作用

稳压器压力控制系统的功能主要是维持稳压器压力为其整定值 15.5 MPa.a,使在正常瞬态下不致引起紧急停堆,也不会使稳压器安全阀动作。稳压器下部的波动管与 1 号环路热管段相连,所以控制了稳压器压力也就控制了反应堆和环路中的主冷却剂的压力。广义来说,稳压器压力显示、记录,压力异常产生报警、允许及紧急停堆信号,以及将模拟信号输出到有关系统等也属于稳压器压力控制系统的功能。另外,稳压器压力控制系统还对喷淋阀实行所谓的"极化"控制。

2. 物理机理

在机组运行中发生的种种瞬态,将使反应堆产生的功率和蒸汽发生器输出功率之间产生不平衡。主系统的水温因此产生变化,使环路中和反应堆内的水热胀冷缩,通过波动管流向稳压器或稳压器内的水通过波动管流入环路。这样,稳压器内水的体积和温度会发生变化,从而导致稳压器压力变化。

例如,二回路负荷增加→一回路冷却剂平均温度变低→冷却剂密度变大→冷却剂体积收缩→稳压器水位降低→稳压器压力降低。

另外,其他一些因素也会引起稳压器水位变化(如一回路冷却剂泄漏),这亦将导致稳压器压力波动。

当压力升高时,控制系统将增加喷淋阀的开度,使较多的来自冷管段的水喷到稳压器内,使蒸汽冷凝,以降低压力。喷淋阀共有两只,即 RCP001VP 和 RCP002VP,共用一个喷头。

当压力降低时,控制系统将投入电加热器,加热稳压器内的水,使其更多地汽化,以升高压力。

3. 稳压器压力控制通道

稳压器压力控制系统原理如图 2.19 所示。差压计 013/014/015MP 测得的压力信号经 VOTER 表后用于控制通道。VOTER 的输出分成两路,一路依据测得的一回路压力信号进行处理,另一路生成补偿压差信号,并进行处理。

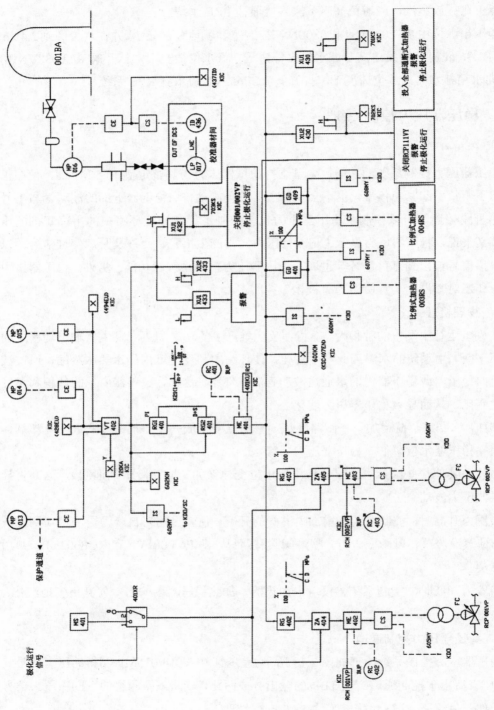

图 2.19 稳压器压力控制模拟图

先看第一路：当压力降到 15.2 MPa·a 时产生"稳压器压力低"报警信号；当压力升到 16.1 MPa.a 时产生关闭稳压器释放管扫气阀 111VY 的信号，以避免安全阀开启时蒸汽排到 RPE；当压力降到 14.9 MPa.a（15.3 MPa.a 复归）时产生关闭喷淋阀 001/002VP 并停止极化运行的信号。

另一路则复杂一些，它包括比例积分微分（PID）调节器 401RG，其转移函数为

$$K_{21}\left(1+\frac{1}{C_{21}P}\right)+\frac{K_{21}\tau_{22}P}{1+\frac{1}{\lambda}\tau_{22}P} \tag{2.1}$$

调节器将由 VOTER 输出的测量得到的稳压器压力 P 与其本身设置的整定值 P_{ref}（设定为 15.4 MPa.g）相比较，并将压力偏差 $P-P_{ref}$ 进行 PID 运算。输出信号称补偿压差，记作 $(P-P_{ref})_补$，用来对喷淋阀和比例电加热器实施连续控制，对通断电加热器实施断续控制。调节器输出端接一手自动控制器（RCI），供操纵员手动设置补偿压差大小，从而手动控制稳压器压力。

比例电加热器 003RS 和 004RS 的功率分别由函数发生器 401GD 和 409GD 控制，0～100%的功率对应的补偿压差为+0.1～−0.1 MPa，在此之间随补偿压差不同而线性变化。

喷淋阀 001VP 和 002VP 分别由高选单元 404ZA 和 405ZA 控制。高选单元从正常压力控制信号和极化信号中选一个最大值，以保证喷淋阀极化运行时的最小喷淋流量。正常压力控制信号由控制器 402RG 和 403RG 给出，补偿压差在 0.17～0.52 MPa 变化时，使阀门开度按线性改变。当补偿压差≥0.52 MPa 时，阀门全开。极化信号可能为 22%，也可能为 0%。22%信号由特殊模块 401 MS 产生，喷淋阀极化运行时输入，否则接入 0%信号。高选单元的输出接有手动控制器，供操纵员手动控制喷淋阀开度。

通断电加热器 001/002/005/006RS 由阈值模块 430XU1 控制。补偿压差降到 −0.17 MPa 时投入，回升到−0.1 MPa 时断开。另外，430XU1 还控制喷淋阀的极化运行，目的也是防止稳压器压力过低（压力降低则停止极化运行）。

当补偿压差升高到 0.6 MPa 时，阈值模块 430XU2 使释放管扫气阀 111VY 关闭。

电加热器和喷淋阀按图 2.20 所示曲线控制。

4．稳压器压力保护通道

反应堆保护系统 RPR 所用的稳压器压力逻辑信号由 3 个专用的测量通道给出。差压计 005MP、006MP 和 013MP 的测量信号送入 RPR 进行预处理、阈值计算及逻辑符合运算，分别产生稳压器压力高 3、稳压器压力低 2、稳压器压力低 3 和稳压器压力低 4 等紧急停堆信号、允许信号和安全注射信号。用来计算 ΔT 保护整定值的稳压器压力值也由此通道给出。与稳压器压力有关的控制、保护和报警的定值如图 2.21 所示，稳压器压力保护模拟见图 2.22。

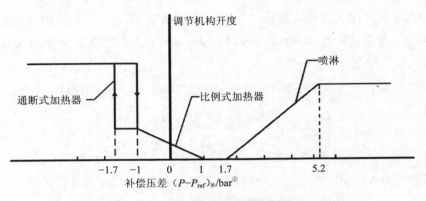

图 2.20 稳压器压力控制程序

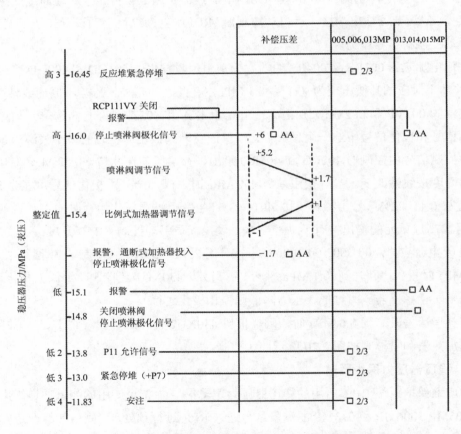

图 2.21 与稳压器压力有关的控制、报警和保护定值

---

① 1 bar=10⁵ Pa。

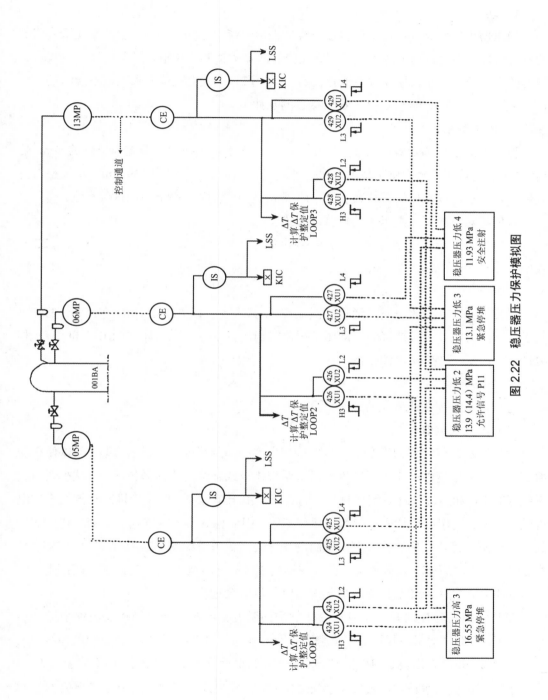

图 2.22　稳压器压力保护模拟图

2.2.3　稳压器水位控制系统

1. 功能

稳压器水位控制系统使稳压器水位维持在由负荷决定的整定值上，以保证压力调节的良好特性，同时在调节过程中限制上充流量的最大值和最小值，以避免经再生式热交换器的上充流量太小，使经过下泄孔板的下泄流汽化；或上充流量太大，不能满足主泵1 号轴封注水压头，并造成进入 RCP 接管的热冲击。

2. 水位测量

稳压器的水位测量原理与蒸汽发生器类似。零水位定在距高压腔引出管的 6 m 处（相当于额定功率下水位整定值），测量范围为−6～3.8 m，全量程为 9.8 m。水位整定值或保护定值也常以水位的百分数表示，即−6 m 为 0%水位，3.8 m 为 100%水位。

水位绝对值与百分数示值的换算以公式表示

$$H = 9.8\Phi - 6 \tag{2.2}$$

式中，H——水位绝对值，m；

Φ——相对水位，%。

稳压器共有 4 个水位测量通道（图 2.17），其中水位计 RCP012MN 在冷态下标定，用于一回路升温、升压或降温、降压工况监测稳压器水位。水位计 007MN、008MN 和011MN 用于水位控制和保护。

3. 水位控制

稳压器水位控制通道如图 2.23 所示。

（1）水位整定值

稳压器水位整定值的设定基础是保持反应堆冷却剂系统中适当的水装量，以便在功率变化时最大限度地减小由反应堆冷却剂系统排放或补给的流体体积，从而减少硼回收系统（TEP）和废液处理系统（TEU）的负担。由于功率增加时反应堆冷却剂的平均温度随之增加，而温度增加又引起水的体积膨胀，因而稳压器水位整定值是随堆功率变化的。水位整定值随反应堆冷却剂平均温度变化的函数关系如图 2.24 所示。图中 291.4℃和 310℃分别对应于零负荷和满负荷，在这两端各有一段延伸线，是为了保证在热停堆或满功率时，发生冷却剂过冷或过热瞬态时的调节余量。

在延伸燃耗运行期间，反应堆冷却剂平均温度要不断下调以维持反应性平衡。当$T_{\mathrm{avg}} = 303.1℃$时（对应的稳压器水位整定值等于 47%），需将稳压器水位整定值曲线向上平移 13.4%，以防止出现紧急停堆时一回路水体收缩而导致稳压器水位下降到 10%以下。

水位整定值曲线设在函数发生器 402GD 中，其根据一回路平均温度最大值 $T_{\mathrm{avg}}^{\max}$ 产生水位整定值。另外，还将 $T_{\mathrm{avg}}^{\max}$ 与 T_{ref}（温度整定值）的差值 $T_{\mathrm{avg}}^{\max} - T_{\mathrm{ref}}$ 作为前馈信号输

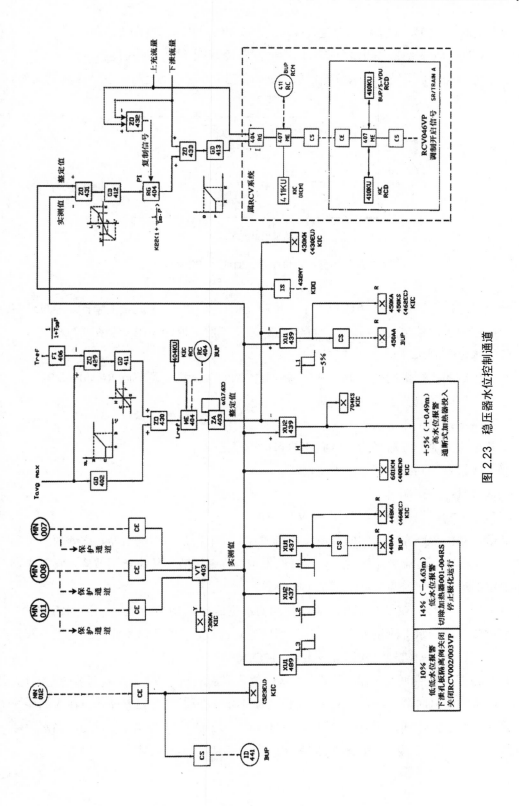

图 2.23　稳压器水位控制通道

入函数发生器 411GD，对水位整定值进行修正。该差值反映了水位变化的趋势，当 $T_{avg}>$ T_{ref} 时，说明堆功率大于二回路负荷，因而一回路冷却剂平均温度可能会进一步升高，将导致水位上升，故预先调高水位整定值，使二者趋近，避免上充流量调节阀频繁动作。

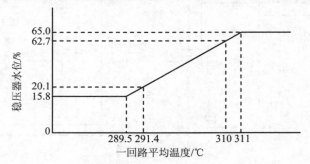

图 2.24　稳压器水位整定值曲线（402GD）

操纵员可以通过 RCI 人为给定一个水位整定值，以调节上充流量调节阀。经过计算或人为给定的水位整定值最后通过一个高选单元，把整定值的下限限制在 17.6%。

（2）水位控制系统原理

水位控制的执行机构是受上充流量调节器控制的上充流量调节阀 RCV046VP。

这是一个闭环调节系统：

①被调量：稳压器水位。

②整定值：随一回路平均温度而变的水位程序定值。

③干扰量：二回路负荷、下泄流量。

④调节量：上充流量。

⑤执行机构：上充流量调节阀 RCV046VP。

调节电路由串联在一起的两个调节器组成。主调节器是水位调节器，它处理水位误差信号，并根据下泄流量计算出上充流量的设定值。辅调节器是流量调节器，它以主调节器给出的流量设定值为基准，调节上充流量。

水位计 007MN、008MN 和 011MN 实测的水位信号经 VOTER 表后用于水位控制。

水位整定值与水位测量值在另一加法器中进行比较，其偏差信号作为改变上充阀开度的依据，这个偏差信号输入函数发生器 412GD。

412GD 是非线性增益环节，用来增大水位调节器的响应速度，又兼顾调节的稳定性，它在小的偏差信号时降低增益，又提高调节稳定性，减少上充阀频繁动作；在大的偏差信号时保持增益，使其响应速度加快。当水位偏差<2%时，其增益值为 0.2；当水位偏差>2%时，其增益值为 1，如图 2.25 所示。

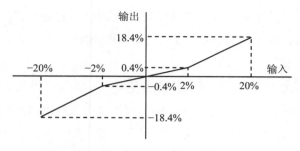

图 2.25　函数发生器 412GD

函数发生器 412GD 的输出作为水位调节器（PI）404RG 的输入量，经调节器运算后输出对应于水位偏差的流量补偿量，然后与下泄流量实测值相加，作为上充流量整定值。这是因为上充流量应与下泄流量相匹配，当后者发生变化时（如开启或关闭某个下泄孔板），应及时相应调整上充流量，以尽量减小上充管线的热冲击。

上充流量的整定值输入给函数发生器 413GD，在 413GD 中对其做高、低限制（图 2.26）。

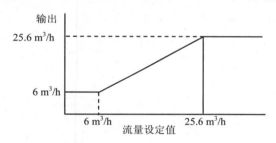

图 2.26　函数发生器 413GD

① 为了预防下泄流在下泄孔板处汽化，须保证通过再生式热交换器的最小上充流量，故设定上充流量低限值为 6 m³/h。

② 为保证上充泵提供的主泵轴封注入水有足够的注入压头，设定上充流量高限值为 25.6 m³/h。

函数发生器 413GD 的输出作为流量设定值与上充流量实测值进行比较，其偏差输入流量调节器 RCV404RG，给出上充流量调节阀 RCV046VP 的调节信号。

通过控制室 KIC/BUP 上的手动/自动控制站（RCM）RCV411KU/RC（NC 级），可手动控制 RCV046VP 的开度。当 RCV411KU/RC 处于手动状态时，水位调节器和流量调节器的复制回路生效，水位调节器复制上充流量与下泄流量的差值，输出信号经过其后的比较器加上下泄流量，最终使流量调节器输入为零，而流量调节器直接复制 RCM 的手动控制信号，以保证由手动切换成自动时的平滑过渡。

通过控制室 KIC 或 BUP/S-VDU 上的控制站 RCV410KU（SR 级）也可手动控制

RCV046VP 的开度。当 RCV410KU 置手动时，RCV411KU/RC 会自动切换到手动；当 RCV410KU 切回自动时，RCV411KU/RC 也会切回自动。

（3）水位偏差逻辑信号

当稳压器水位异常时，水位控制通道能够发出报警和触发相应系统动作，具体如下：

将水位测量值与水位整定值之差输入阈值模块 439XU1 和 439XU2：当稳压器水位低于整定值 5% 时，发出"水位低于设定值"报警信号；当稳压器水位高于整定值 5% 时，发出"水位高于设定值"报警信号并接通通断式加热器。

当水位低到 14% 时，发出低 2 水位报警，切断电加热器 001RS、002RS、003RS 和 004RS 的电源（005RS 和 006RS 由保护通道发出的信号切除），闭锁喷淋阀极化运行。

当水位低到 10% 时，发出低 3 水位报警，隔离下泄孔板（关闭 RCV007/008/009VP），关闭下泄管线进口阀 RCV002/003VP。

当水位高到 71% 时，发出水位高报警信号。

4．水位保护

与稳压器水位相关的控制和保护定值如图 2.27 所示。

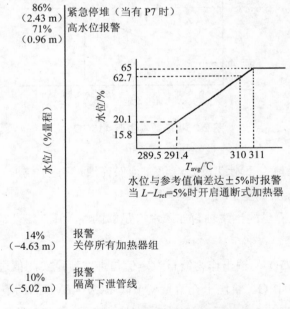

图 2.27　与水位有关的保护和控制定值

水位计 007/008/011MN 参与水位保护：当稳压器水位高于 86%（2.43 m，2/3 逻辑），如果同时存在 P7 信号，则触发稳压器水位高紧急停堆；当稳压器水位低于 14%（2/3 逻辑），切除电加热器 005RS 和 006RS。稳压器水位保护通道如图 2.28 所示。

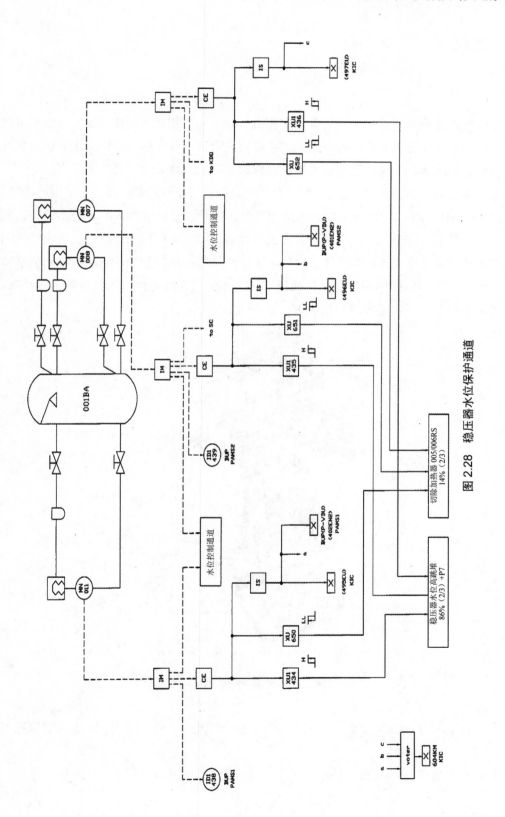

图 2.28　稳压器水位保护通道

2.3 主泵

2.3.1 概述

反应堆冷却剂泵简称主泵。每条环路都有一台主泵，用于驱动冷却剂在 RCP 系统内循环流动，连续不断地把堆芯中产生的热量传递给蒸汽发生器二次侧给水。主泵确保有适当流量的冷却剂流经堆芯，以维持偏离泡核沸腾比（DNBR）大于允许值。

主泵是空气冷却、立式、电动、单级离心泵，带有可控泄漏轴封装置。正常运行时，主泵在 15.5 MPa.a 和 292℃下工作，为防止高温、高压、带放射性的冷却剂泄漏，设置了特殊的轴封装置和热屏。轴封装置采用三道轴封，属于可控泄漏，能保证带放射性的冷却剂不泄漏到安全壳内。为了便于检修和更换泵轴承和轴封装置，电动机与水泵泵体分开组装，中间以短轴相连接。电动机顶部装有飞轮，它在断电时可延长泵的惰转时间，以带出堆芯剩余功率。主泵的结构如图 2.29 所示。

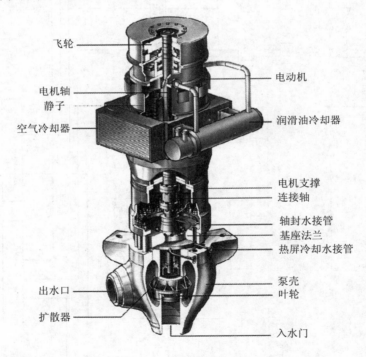

图 2.29 主泵结构总图

主泵的电源为 6.6 kV 交流电，其中 1 号泵接在配电盘 LGD，2 号泵、3 号泵接在配电盘 LGA。

主泵总体结构可分为三大部分：

①水力机械部分：包括泵体、热屏、泵轴承和轴封水注入接口。

②轴封系统：由 3 个串联的轴封组成，这些是主泵的精密部件。轴封系统提供从反应堆冷却剂系统压力到环境条件的压降。

③电动机部分：包括电动机下部轴承、电动机主体（转子和定子）、止推轴泵、上部轴承和惰转飞轮。

1. 轴封组件

轴封组件（又称轴封系统）是主泵的关键部件，其性能的好坏直接影响泵的安全工作。轴封系统由三道串联的轴封组成，位于泵轴末端，它的作用是保证在电厂正常运行期间从 RCP 系统沿泵轴向安全壳的泄漏量基本为零。第一道轴封是可控制泄漏的液膜密封，第二和第三道轴封是摩擦面密封。

轴封组件通过主法兰装到轴上，与泵轴同心放置。这些轴封装在一个密封外罩内，而外罩用螺栓固定在主法兰上。

（1）1 号轴封

1 号轴封是主轴封，位于泵轴承上面，结构如图 2.30（a）所示。它是一种流体静力平衡式、依靠液膜悬浮的受控泄漏轴封，其主要部件是一个随轴一起转动的动环和一个与密封外罩固定的静环（可上下移动）。动环和静环的不锈钢圈上喷涂氧化铝覆面，这样的密封覆面很耐腐蚀，而且它的膨胀系数和不锈钢圈基本相同。在运转中两个环的表面不接触，由一层液膜隔开，否则就会磨损，从而发生过量泄漏。

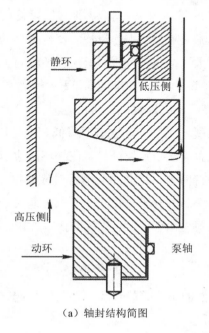

（a）轴封结构简图

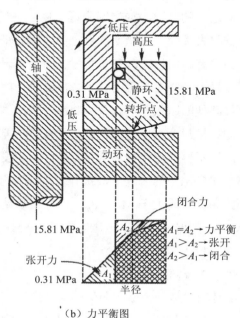

（b）力平衡图

图 2.30　1 号轴封结构及力平衡原理

在正常运行中，温度为 55℃ 的轴封注入水以高于 RCP 系统压力的压力（约 15.8 MPa.a）进入泵中，流量约为 1.8 m³/h，在 1 号轴封产生 15.5 MPa 的压降。此注入水中大约有 1.1 m³/h 经过泵轴泵和热屏向下流动，并进入 RCP 系统，这就防止一回路冷却剂进入泵轴泵和轴封区。其余 0.7 m³/h 的注入水通过 1 号轴封，被 2 号轴封阻挡，一小部分流过 2 号轴封，其余流入 1 号轴封泄漏管线，与 RCP 过剩下泄管线汇合后回到 RCV 上充泵入口处。注意上述各参数是在 RCP 系统压力为 15.5 MPa.a 时的数值，实际上，轴封水压力、流量、1 号轴封压差及泄漏流量是随 RCP 系统压力而变的。

这个轴封之所以称为"受控泄漏"轴封，是因为通过该轴封的泄漏量已被预先确定并受到控制。控制的方法是保证静环和动环之间的间隙始终为一定值（约 0.11 mm），这是通过作用在静环上的流体压力平衡来实现的。作用在静环上的力可分成"闭合力"（这个力趋向于使间隙闭合）和张开力（这个力趋向于使间隙张开）。如图 3.30（b）所示，一个正比于静环两边压差的恒定闭合力 A_2 施加在环的上表面，这个力在图中的力平衡曲线上被表示为矩形。静环底部所受的压力产生一个张开力 A_1，如果底面是平行的，这个力在力的平衡图上将由一个三角形代表，然而静环朝着高压侧有一个渐张段，这就使转折点处的压力更高，因而在力平衡图上张开力是一个近似梯形。顶部和底部的面积差产生了一个不大的张开力，这个力将使静环上抬离开动环，并在静环和动环之间保持一个间隙。

为了便于解释，我们忽略环的重量，并假定当 $A_1 = A_2$ 时，静环和动静之间稳定地保持着适当的间隙。如果间隙趋于闭合（轴向上移动或静环向下移动），平行段降低的百分数将大于渐开段降低的百分数，因此平行段中的流动阻力增加得更快，使转折点处的压力提高。这样就改变了力平衡，使张开力稍有增大（即 $A_1 > A_2$），于是静环就向上移动，直至张开力等于闭合力，恢复设计所要求的间隙。同样，如果轴向下移动或静环向上移动使间隙张开，张开力将减小（$A_1 < A_2$），最终间隙将恢复到正常值。

如果轴封两端压差降低，力平衡图的形状不会改变，不过实际数值要降低。但是，在低压下不再能忽略静环的重量，因为它变成为闭合力的一个重要分量。在静环两边压差小于 1.5 MPa 的情况下，张开力可能变得不足以保持间隙，因此主泵运行时应保持 1 号轴封两边压差大于 1.5 MPa。在主泵启动和停运过程中由于转速较低，要求压差大于 1.9 MPa。为保证 1 号轴封压差大于 1.9 MPa，主泵必须在 RCP 系统压力高于 2.4 MPa.a 时才允许投入运行。

（2）2 号轴封

2 号轴封是一个摩擦面型轴封，它由一个石墨覆面的不锈钢静环和一个与轴一起转动的喷涂碳化铬覆面的不锈钢动环组成，如图 2.31 所示。

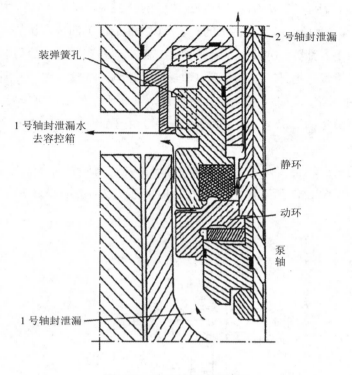

装弹簧孔

1 号轴封泄漏水
去容控箱

2 号轴封泄漏

静环

动环

泵轴

1 号轴封泄漏

图 2.31　2 号轴封结构简图

2 号轴封的作用是阻挡 1 号轴封的泄漏水，引导其流回 RCV 系统。通过液体压力和弹簧力使静环压在动环上，动、静环之间的摩擦面由 1 号轴封泄漏流量的一小部分进行润滑和冷却。通过 2 号轴封的正常泄漏量为 11.4 L/h，压差为 0.17 MPa，泄漏水排到 RCP009BA。

2 号轴封具有承受 RCP 系统运行压力的能力，所以它的另一功能是作为 1 号轴封损坏时的备用轴封。如果 1 号轴封损坏，无论主泵在转动状态还是静止状态，2 号轴封都能在 RCP 系统压力下短时间代替 1 号轴封。当 1 号轴封损坏时，主控室内指示和报警"1 号轴封泄漏量高"，操纵员应关闭 1 号轴封泄漏阀，将 1 号轴封全部泄漏量都通过 2 号轴封，让 2 号轴封作为主要轴封使用。电厂随后按正常程序停堆，以便更换损坏的轴封。

根据 2 号轴封泄漏流量是否异常，可以判断轴封有否损坏。在 2 号轴封故障情况下，只要泵轴承无异常振动，主泵可保持运行。

（3）3 号轴封

3 号轴封是一个摩擦面双侧型轴封。其结构基本与 2 号轴封相同，但不是按照承受 RCP 系统压力设计的。3 号轴封的作用是引导 2 号轴封的泄漏水到 RCP009BA，以避免

2 号轴封的泄漏水流到安全壳内，以及防止含硼的泄漏水在泵的末端产生硼结晶。

3 号轴封水依靠由 REA 系统供水的立管（RCP011BA）的位置压头（0.2 MPa.a）注入轴封水，它的 1/2 流量（0.4 L/h）流经轴封一侧冷却和润滑滑动、静环的摩擦面，并排入 2 号轴封泄漏管线，另外 1/2 流量流向轴封的另一侧冲洗轴末端，并通过 3 号轴封泄漏管线排入 RPE 系统。如果立管水位变化异常，则表明 3 号轴封可能发生故障。

在 3 号轴封故障的情况下，主泵可保持运行。由于此时冷却剂向安全壳泄漏，应密切监视辐射水平。

这样设置的三道轴封实现了主泵中的反应堆冷却剂向外界的零泄漏。轴封注入水在轴封系统的流程如图 2.32 所示，图中标出了 RCP 压力为 15.5 MPa.a 时各部位轴封水的额定流量和压力。

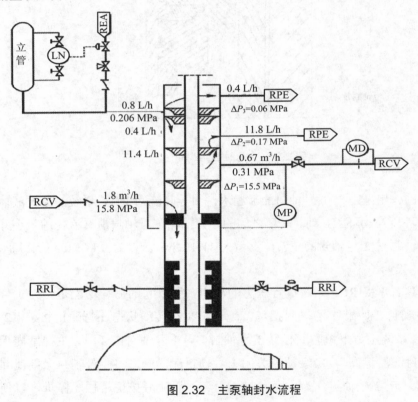

图 2.32 主泵轴封水流程

2．主泵支持系统

（1）设备冷却水系统

设备冷却水系统（RRI）提供主泵热屏热交换器蛇形管内的冷却水、电动机上部轴承和止推轴承冷却器的冷却水、电动机下部轴承油箱蛇形管内冷却水，以及两台电动机绕组空气冷却器的冷却水。

（2）RCV 系统

轴封注入水来自 RCV 系统的上充泵，在注入主泵之前，经过滤并用轴封注入水母管上的 RCV061VP 控制注入水总流量，并通过手动调节阀 RCV067/068/069VP 分别调节流到每台主泵的轴封注入水流量，见图 2.33。

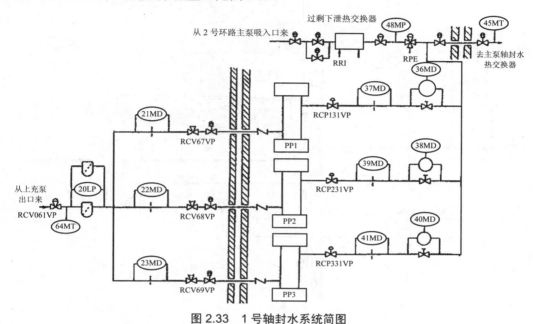

图 2.33　1 号轴封水系统简图

注：图中未注明的阀门、探测器皆为 RCV 系统的。

只要 RCP 系统没有完全降压就要维持轴封注水，以防止 RCP 冷却剂通过轴封向上流动。当 RCP 系统降压后，上充泵停运而下泄流经 RCV-RRA 连接管线返回 RCP 系统，此时由容积控制箱依靠重力供给轴封水，容积控制箱的压力维持在 0.3 MPa.a，提供最小的轴封注入流量，并且应手动隔离轴封水回水管线（关闭 RCP131、231、331VP）。

在全厂断电的事故情况下，由 9RIS011PO（可由 9LLS 供电）向主泵注入轴封水，防止轴封过热损毁导致冷却剂泄漏。

（3）REA 系统

主泵立管向主泵 3 号轴封供给轴封水并保持 2 号轴封背压不变。主泵立管由 REA 系统供水，立管水位低时自动启动 REA 水泵、开启气动阀 RCP150/250/350VD 补水，水位高时自动关闭阀门和停止 REA 补水。

2.3.2　主泵监视

为了安全运行，每台主泵都设置了温度、压力、流量、液位、振动、轴偏移和转速等监测和控制仪表，见图 2.34。下面以 RCP001PO 为例，分别予以详述。

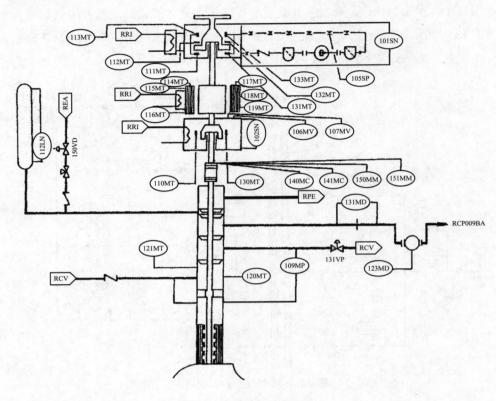

图 2.34　主泵监测仪表

1. 温度测量

（1）轴封水温探测器 120MT 和 121MT

1 号轴封水温度正常为 54℃，信号模拟量输入计算机，在 85℃ 和 95℃ 时分别由 KIC 或 BUP 发出报警信号。

（2）8 个电动机轴承温度探测器

上止推轴瓦温度探测器 112MT、132MT；

下止推轴瓦温度探测器 111MT、131MT；

电动机上部轴承温度探测器 113MT、133MT；

电动机下部轴承温度探测器 110MT、130MT。

上述温度测量在 KIC 上进行显示。

电动机上、下轴承和止推轴承上、下轴瓦正常温度为 60～65℃，当温度高到 80℃ 时（由 2/2 逻辑线路处理）自动停泵和发出报警信号，并在 72℃ 时由 KIC 发出预报警信号。

（3）电动机定子绕组温度探测器 114～119MT

电动机定子绕组正常温度为 60～80℃，在反应堆冷却剂冷态下的最高温度应在 130℃以下，热态工况下最高温度应在 120℃以下，温度达到 120℃时，由 KIC 发出报警信号，必要时手动停止温度高的泵。

另外，3 台主泵公用的轴封注入水母管上装有一个温度探测器 RCV064MT，正常水温为 15～54℃，当温度达到 57℃时发出报警信号。

供给热屏和电动机热交换的水温由探测器 RRI105ST 监视，正常水温不超过 35℃，超过 55℃发出报警信号。

2．压力测量

①顶轴油泵出口装有就地压力表 128LP 和压力探测器 105SP，其中 105SP 在油压小于 4.2 MPa.g 时闭锁主泵启动。

②在 1 号轴封上、下游之间装有 109MP，监测 1 号轴封压差，以确认 1 号轴封动环和静环分离开和形成水膜，压差在控制室显示。在压差低于 1.5 MPa 时运行中的主泵报警，低于 1.9 MPa 时闭锁主泵启动。另外还装有就地压差表 132LP，以便在检修后试运转时使用。

3．液位测量

①上部轴承和止推轴承油箱装有 101SN 液位表，当液位低于定值中心线 40 mm 和高于定值中心线 30 mm 时，发出报警信号。另外还装有就地液位表 126LN，在调试时使用。

②下部轴承油箱装有 102SN 液位表，当液位高于或低于定值中心线 30 mm 时，发出报警信号。

③立管装有液位表 122LN，当液位高于或低于定值中心线 60 cm 时，打开或关上 150VD，REA 系统停止或启动向立管补水；当液位高于定值中心线 66 cm 或低于定值中心线 68 cm 时，发出报警信号。

4．振动测量和轴偏移测量

（1）振动测量

电动机的振动由两个传感器 106MV 和 107MV 检测。传感器放置在电动机壳体下法兰上，其中一个传感器与主泵排出管嘴的方向平行，另一个传感器与主泵排出管嘴的方向垂直。振动信号传送到控制室进行记录，当振动幅值达到 50 μm 时预报警、达到 75 μm 时报警。若电动机底座振幅达到 50 μm 且以 10 μm/h 的速率增长，或者它们达到 75 μm 时，应立即手动停运该泵。

（2）轴偏移测量

泵的轴偏移由两个传感器 150MM 和 151MM 检测，传感器置于电动机驱动轴联轴节高度上，两个传感器安装方向是和电动机振动传感器相同的。轴偏移信号传送到控制室进行记录，当轴偏移振幅达到 250 μm 时发出报警信号，此时必须尽量找出偏大的原因（如对中、平衡等故障），并采取纠正措施。若轴偏移大于 250 μm 且增加率大于 25 μm/h，或轴偏移达到 380 μm，则立即手动停运该泵。

5．泵的转速测量

如图 2.34 所示，在泵体上装有两个可变磁阻的传感器 140MC 和 141MC（2 号泵为 240MC 和 241MC，3 号泵为 340MC 和 341MC）测量泵的转速，它们检测装在电动机轴上的中间短轴部位的销钉的运动，轴每转一圈发出一个脉冲信号。由选择开关 300CC 从两个传感器中择一作为工作信号。每两个脉冲信号之间的时间差值由电子转速表 401PF 处理，它发出每分钟转多少转的信号，该信号与预选的两个转速低阈值（分别由 455XU 和 456XU 整定）相比较。第一个阈值是在三台主泵运行中有两台主泵转速低到 1 393 r/min，同时有 P7 信号时，主开关站断路器断开，电厂降到厂负荷运行（孤岛运行）；第二个阈值是在三台主泵运行中有两台主泵转速低到 1 365 r/min，同时有 P7 信号，发出反应堆紧急停堆信号，如图 2.35 所示。

主泵转速在 KIC 和 BUP（468 ID）均有显示。

6．流量测量

（1）1 号轴封注水流量测量

1 号轴封注水流量通过流量探测器 RCV021MD 探测，将信号传送到 KIC/BUP 显示。启动时，轴封注水母管上的阀门 RCV061VP 调节三台主泵的注水总流量，由现场阀门 RCV067/068/069VP 分别调节进入每台主泵的分流量，参见图 2.33。

正常运行时，注水流量低于 1.5 m³/h 时，发出"1 号轴封注水流量低"信号。

（2）1 号轴封泄漏流量测量

流量传感器（窄量程）RCV36MD 的测量信号送到 KIC 和 BUP/P-VDU 显示记录。泄漏流量低于 250 L/h 时，发出报警；泄漏流量低于 50 L/h 时，闭锁主泵启动。

流量传感器（宽量程）RCV37MD 的测量信号传送到 KIC 和 BUP/P-VDU 显示记录。在主泵运行时，若 1 号轴封泄漏量高于 1.2 m³/h，则发出"1 号轴封泄漏流量高"的报警信号；若 1 号轴封泄漏量高于 1.4 m³/h，同时一回路压力高于 2.7 MPa.g（由 RCP037/039/137/139MP 经 2/4 得到），则自动停泵并关闭 1 号轴封泄漏管线隔离阀 RCP131VP，这表明 1 号轴封已损坏，参见图 2.33。

（3）2 号轴封泄漏流量测量

流量传感器（宽量程）RCP131MD 的测量信号送到 KIC 显示记录。

流量传感器（窄量程）RCP123MD 的测量信号送到 KIC 显示记录。当泄漏量大于 110 L/h 时，发出"2 号轴封泄漏流量高"报警信号。

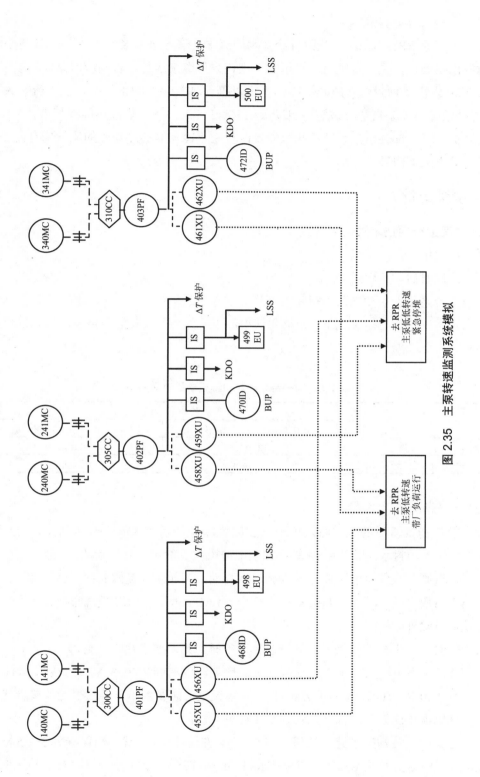

图 2.35　主泵转速监测系统模拟

（4）冷却水流量测量

流量传感器 RRI151MD 测量热屏冷却水的流量，信号送到 KIC 显示。当流量小于 7 t/h 时发出报警，如果 1 号轴封注水正常，则该泵可继续运行，否则应即刻停运该泵，并在 1 min 内恢复轴封注水或热屏冷却水，以确保轴封装置的正常运行；当流量大于 19 t/h 时（故障可能来自热屏破裂）自动关闭 RRI225/265VN，隔离热屏冷却水。

电动机上、下部轴承油系统冷却水以及两台空气冷却器的冷却水的流量均有监测，流量低时发出报警信号。

2.3.3 主泵运行

1. 主泵运行的技术限值和规定

（1）电动机

①不能同时启动两台主泵。

②对一台泵每天启动次数不得超过 6 次。

③在热态工况或冷态工况下，根据母线电源电压的不同，对同一台泵两次相继启动的时间间隔见表 2.5。

表 2.5　同一台泵两次相继启动的时间间隔

	时间间隔	
	$1.06U_{额定} > U_{母线} > 0.94U_{额定}$	$0.94U_{额定} > U_{母线} > 0.8U_{额定}$
第 1 次与第 2 次之间	20 min	30 min
第 n 次与第 $n+1$ 次之间（$n \geqslant 2$）	45 min	60 min

（2）1 号轴封

①在换料和维修后的充水阶段，一旦反应堆冷却剂系统内的水位达到叶轮中平面时，就必须注入轴封水，以避免 RCP 冷却剂中的微粒沉积在 1 号轴封的入口处。1 号轴封应排气，否则有空气可能阻碍注入水到达密封面，引起轴封无水膜而导致过热。

在充水阶段之外，只要轴封装置压力高于 0.1 MPa.g，就必须注入轴封水。（拆卸压力容器顶盖时除外。）

当检修时泵与电机的联轴器脱开，泵轴落下时，则不要求注入轴封水。

②若 RCP 系统压力低于 0.7 MPa.g，必须关闭泄漏隔离阀 RCP131VP、132VP、133VP，以防止在容控箱 RCV002BA 的压力超过 RCP 系统压力时发生 1 号轴封泄漏流量管线的倒流，这种倒流可能携带外部的微粒通过 1 号轴封。

③无论反应堆冷却剂的温度是何值，只要主泵在连续运转，就必须保持大于 1.5 MPa 的压差，且在停运信号发出后还要继续保持 15 min。每台主泵在控制室都有压差低报警

信号。

④正常轴封注水流量应维持约 1.8 m³/h，以保持通过热屏进入反应堆冷却剂系统的流量。

在一回路温度低于 120℃、压力低于 3.0 MPa.a，且全部主泵已停运的情形下，轴封注入流量可以减少到图 2.36 所示的数值。当一回路压力低于 0.7 MPa.g 时，主泵轴封注入水流量可以在 1 号轴封泄漏管线隔离的情况下减至 200 L/h。

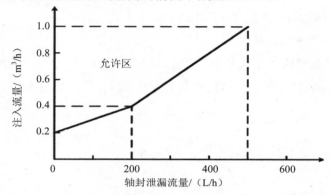

图 2.36 主泵停运、压力低于 3.0 MPa 时的轴封注入流量要求

⑤供给热屏热交换器和电动机热交换器的 RRI 冷却水的温度一般不超过 35℃，1 号轴封注水温度在 15～54℃；在特殊情况下 RRI 冷却水温最高可增至 54℃，1 号轴封注水温度可增至 65℃，但这类运行每年最多 5 次，每次不超过 4 h，并且在这类运行期间，泵入口冷却剂温度应调节到不超过 204℃，压力不超过 3.0 MPa。

⑥在一台主泵已投运，并且一回路温度高于 70℃时，应急柴油发电机必须完好可用，以便在失去电源时作为上充泵的应急电源为 1 号轴封注水，以及作为 RRI 系统的应急电源为电动机和热屏提供冷却水。

（3）启动和停运主泵时防止意外硼稀释

①在停运与 RCP 系统上充管线相连环路的主泵时，必须核对确已停止了稀释。

②在启动与 RCP 系统上充管线相连环路的主泵时，必须核对该泵停运以来确实一直未曾稀释过。

2．主泵的启动和停运

主泵的启动和停运有专门的运行规程，综合要点如下：

（1）主泵的启动条件

①反应堆冷却剂压力确保泵有足够的净吸入压头。

②1 号轴封上下游压差足够（$\Delta P > 1.9$ MPa，$P_{\text{RCP}} > 2.4$ MPa.a）。

③1 号轴封泄漏流量大于 50 L/h。

④轴封注水水温正常（无高温报警）。

⑤轴封注水流量足够（无报警）。

⑥电动机定子温度、止推轴承和泵轴承温度以及轴封水温度正常（无报警）。

⑦立管液位正常（无报警）。

⑧各油箱液位正常（无报警）。

⑨定子加热器通电，指示灯亮。

⑩ 顶轴油泵已启动，并建立 4.2 MPa.g 油压。

（2）主泵启动条件的解释

①确保有足够的净吸入压头是为了防止水泵叶轮入口的汽蚀。泵运行所需的反应堆冷却剂最低压力如图 2.37 所示，与相对应的饱和曲线比较，留有 50℃的裕量。

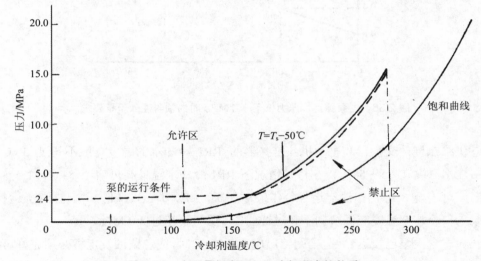

图 2.37 主泵最低净吸入压头与温度的关系

注：T_s 为饱和温度。

②1 号轴封上的压差 $\Delta P > 1.9$ MPa、$P_{RCP} > 2.4$ MPa.a，是为了保证有足够的力抬起 1 号轴封的静环，保证动环与静环表面不接触。

③注水总流量通过 RCV061VP 调整。当 RCP 压力低时，RCP061VP 开度较小，当 RCP 压力逐渐升高时，注水流量将减小，这时 RCP 的水有可能沿泵轴向上流动，因此应开大 RCP061VP，以保证所需的轴封注水流量。

（3）主泵启动要点

①启动顶轴油泵（RCP011、021、031PO）并建立 4.2 MPa.g 的油压，在止推轴承中建立油膜，在顶轴油泵启动 2 min 30 s 后启动主泵。

②启动主泵，并核查泵应在 2 s 内开始转动，否则停运该泵。

③主泵运行后监督下列运行参数：

a. 1 号轴封上的压差 ΔP，必须大于 1.5 MPa；

b. 启动电流的大小；

c. 电动机和泵轴承温度，正常为 60～65℃；

d. 1 号轴封装置泄漏流量，随 RCP 压力而变；

e. 2 号轴封装置泄漏流量；

f. 3 号轴封立管水位；

g. 热屏 RRI 水流量和温度。

④在主泵至少已运转 60 s 后，停运顶轴油泵和检查定子加热器确已断开。

（4）启动第一台主泵的要求

如果 RCP 系统处于满水、单相状态，温度已升到 70～120℃，全部主泵已停运后再启动第一台主泵时，系统就可能超压。超压的原因是：蒸汽发生器二次侧此时与 RCP 冷却剂温度相同，由于轴封注入水不断地流入泵壳，向 RCP 系统添加冷水而使泵壳处的冷却剂温度降低。当主泵重新启动时，冷的冷却剂流经热的蒸汽发生器而升温，从而使 RCP 冷却剂温度升高，体积膨胀，压力增加，并可能使 RRA 安全阀开启。

为了防止发生这种现象，应在 RCP 温度升到 70℃前启动第一台主泵。

如果要在 RCP 温度为 70～120℃、一回路单相且全部主泵被迫停运后，需要启动第一台主泵时，则应在最后一台主泵停运后立即进行下列操作：

①减少或消除 RCP 冷却剂升降速率（减小 RRA24/25VP 温度控制阀的开度），以尽量减小 RCP 冷却剂和二回路水之间的温差，使反应堆冷却剂容积膨胀效应尽量小。

②将主泵的轴封注水流量和上充流量减到最小，开大 RCV310VP。

然后启动第一台主泵的策略是：

①如果一回路温度低于 120℃：考虑到预期的 RCP 压力增加，将 RCP 压力阈值调节到 2.3 MPa.g；如果蒸汽发生器二次侧水温和 RCP 堆芯出口温度差大于 10℃，应通过向大气或向冷凝器排放蒸汽来减小这个温差，或者通过蒸汽发生器向 APG 系统疏水同时由 ASG/APD 系统补水来减小这个温差。然后在确保由 RRA 提供超压保护的条件下启动第一台主泵。

②如果 RCP 温度高于 120℃，则应先建立稳压器蒸汽空间，再启动主泵。

（5）主泵的停运

①停运主泵前，应先启动该泵的顶轴油泵，并建立 4.2 MPa.a 压力（如果顶轴系统不可用，可以不启动顶轴油泵而停运主泵）。

②停运主泵。

③检查定子加热器已通电。

④在停运主泵的信号发出后应使顶轴油泵至少继续运行 15 min，主泵转动完全停止后至少继续运行 50 s。

⑤只要反应堆冷却剂温度超过 95℃，就必须保持热屏的冷却水。

⑥在主泵停运后，电动机的上、下部轴承的冷却应至少持续 30 min。

⑦当反应堆冷却剂系统仍处于压力下（轴封装置上的压力大于 0.1 MPa.g），就必须保持轴封注水流量。

⑧若停运最后一台主泵，并且 RCP 系统温度大于 70℃，应减少通到各轴封的注水流量。

⑨若计划维修主泵，则应合上接地开关。

（6）主泵启动和运行保护逻辑

如图 2.38 所示，主泵的启动由主控室 KIC 画面或 BUP/RCP051 TL（对于 1 号主泵）控制，下列条件必须同时满足，否则启动信号被闭锁：

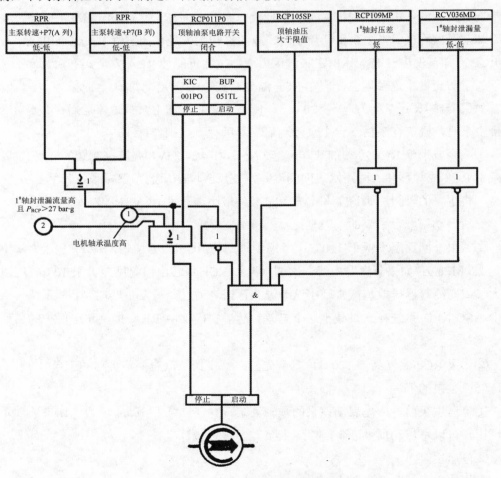

图 2.38　主泵启动和停运逻辑图

①1 号轴封泄漏流量大于 50 L/h。

②1 号轴封压差大于 1.9 MPa。

③顶轴油压大于 4.2 MPa.a。

④顶轴油泵电路开关闭合（即正在运转）。

⑤不同时出现主泵转速低低（1 365 r/min，2/3）和 P7 信号。其中主泵转速低低信号由三台主泵 2/3 逻辑产生，由于本台主泵尚未运转，故由其余两台主泵 1/2 即可产生该信号。

如果主泵正在运行，出现下列信号之一，主泵立即自动停运。

①1 号轴封泄漏流量高（＞1.4 m³/h）且一回路压力＞2.7 MPa.g（2/4）。

②电动机轴承和止推轴承温度高。

③主泵转速低低（2/3）且存在 P7。

如果两台主泵停运（电源断路器跳开）同时有 P7 信号，或一台主泵停运同时有 P8 信号，则由反应堆保护系统（RPR）发出紧急停堆信号。

在 RCP 升温升压过程中，当稳压器汽腔形成后，至少一个喷淋管线所在环路主泵应在运行。

只要有一台主泵故障不能投运，反应堆不允许达临界。

2.4　蒸汽发生器

2.4.1　概述

蒸汽发生器的主要功能是作为热交换设备将一回路冷却剂中的热量传给二回路给水，使其产生饱和蒸汽供给二回路动力装置。每个环路上装有一台蒸汽发生器，设备标识为 RCP001GV、002GV、003GV，每台容量按照满功率运行时传递 1/3 的反应堆热功率设计。

作为连接一回路与二回路的设备，蒸汽发生器在一、二回路之间构成防止放射性外泄的第二道防护屏障。由于水受辐照后活化以及少量燃料包壳可能破损泄漏，流经堆芯的一回路冷却剂具有放射性，而压水堆核电站二回路设备不应受到放射性污染，因此蒸汽发生器的管板和倒 U 形管是反应堆冷却剂压力边界的组成部分，属于第二道放射性防护屏障之一。

蒸汽发生器是一个立式的、自然循环式的、产生饱和蒸汽的装置，其结构如图 2.39 所示。从反应堆流出的冷却剂经一回路热管段由蒸汽发生器下封头的进口接管进入水室，然后在倒 U 形管束内流动，倒 U 形管的外表面与二回路给水接触，使二回路水汽化，从而进行一、二回路间的热交换。一回路冷却剂携带的热量传给二回路后，温度降低，再经过下封头的出口水室和出口接管，流向一回路的过渡管段，然后进入主泵吸入口。

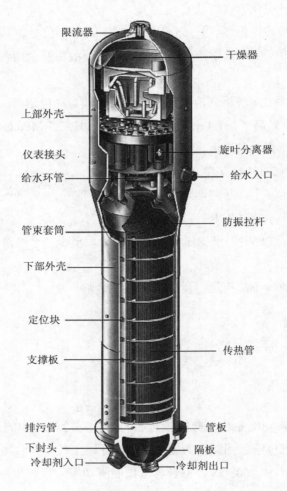

限流器

干燥器

上部外壳

旋叶分离器

仪表接头

给水环管

给水入口

管束套筒

防振拉杆

下部外壳

定位块

支撑板

传热管

排污管

管板

下封头

隔板

冷却剂入口

冷却剂出口

图 2.39　蒸汽发生器结构

二回路的给水由蒸汽发生器的给水接管进入给水环管，通过环管上的一组倒 J 形管进入下筒体与管束套筒之间的环状空间（即下降通道），与汽水分离器分离出的水混合后向下流动，直至底部管板，然后转向，沿着倒 U 形管束的管外（即上升通道）向上流动，被传热管内流动的一回路冷却剂加热，一部分水蒸发成蒸汽。汽水混合物离开倒 U 形管束顶部继续向上升，依次进入旋叶式汽水分离器和干燥器，经汽水分离后，蒸汽从蒸汽发生器顶部出口流往主蒸汽系统（VVP），分离出来的水则往下与给水混合进行再循环。

需要指出的是，蒸汽发生器二回路侧流体流动是依靠自然循环驱动的。如前所述，管束套筒将二次侧的水分为上升通道和下降通道。下降通道内流动的是低温的给水与汽水分离器分离出来的饱和水的混合物，属单相水（过冷水），而上升通道流动的是汽水混合物，在相同的压力下，单相水的密度大于汽水混合物的密度，两者密度差导致管束套筒两侧产生压差，驱动下降通道的水不断流向上升通道，建立自然循环。

蒸汽发生器由蒸发段（上筒体）和汽水分离段（下筒体）两大部分组成。

1. 蒸发段

（1）下封头

由碳钢铸件制成半球形，内表面堆焊 5～6 mm 厚的不锈钢，下封头与管板焊接，并由厚 19 mm 的因科镍隔板把下封头分隔成进水和出水两个水室。每一水室有一个与 RCP 系统连接的接管和一个人孔，以便检查和维修。人孔用螺栓连接的低合金钢平盖板封闭，盖板与一回路冷却剂之间设置一块不锈钢圆形薄板。

（2）管板

由厚度为 555 mm 的碳钢锻件制成，在与冷却剂接触表面上堆焊因科镍 600，重约 40 t。管板上钻有 8 948 个管孔，U 形传热管插入孔内，两端与堆焊层焊接，焊后管子在管板内的全部插入部分进行滚压胀管，这样即消除了管子和管孔之间的间隙，以免氯离子沉积造成应力腐蚀。

（3）U 形传热管

共有 4 474 根倒 U 形传热管以正方形排列成传热管束。传热管由因科镍 690 制成，外径 19.05 mm，壁厚 1.09 mm，总重约 50 t。因科镍 690（Cr30Ni60）材料具有如下优点：

①良好的机械性能。

②较高的导热系数。

③良好的抗应力腐蚀性能。

但是，由于蒸汽发生器二次侧水不断被蒸发，水中的垢物浓缩积聚在管板上，在传热管端部仍可能产生应力腐蚀，因此在管板上表面水平地装设有两根多孔的管道，供连续排污至 APG 系统（蒸汽发生器排污系统）。

（4）管束套筒

管束套筒包围传热管束，把二次侧水分隔成下降通道和上升通道，其下端用支承块支承，使管束套筒下端与管板上表面之间留有空隙，供下降通道的水通过，进入上升通道管束区。

（5）支撑隔板

在沿管束直管段上共有 9 块支撑隔板。支撑隔板用不锈钢制成，厚 30 mm，它的作用是固定管束，以防止受流体流动影响产生振动。支撑隔板的管孔为四叶梅花孔，其形状使得支撑板只有一小部分与管子靠近，因而围绕管子有更大的流量，腐蚀产物和化学物质不易在支撑板与传热管之间沉积下来。每块支撑板由支撑块支撑，支撑块通过管束套筒将载荷传至蒸汽发生器外壳。

此外，在倒 U 形管弯曲部分装了防振拉条，以防止水流动所引起的振动。

（6）流量分配挡板

位于管束下部高于管板处，板上钻了超尺寸的传热管孔，板中心钻一大孔。这块挡板和 U 形管束中间水道的阻塞块保证二回路水以足够的流速有效地冲刷管板表面，避免了二回路侧腐蚀产物的聚积，从而减小了管板表面以上的管子被腐蚀的危险。

2. 汽水分离段

（1）一级分离器

在管束套筒顶部，装有 16 只旋叶式汽水分离器，对蒸发段产生的汽水混合物进行第一级汽水分离，其结构如图 2.40 所示。在每个分离器内装有一组固定的螺旋叶片，使汽水混合物向上流过时由直线运动变成螺旋运动，密度较大的水由于离心力作用被甩向外围，这样在中心形成蒸汽柱，而筒壁内则形成环状的水层。在筒壁沿切线方向开有若干个疏水口，水沿壁面螺旋上升至这些疏水口时，就顺着它们流出汽水分离器，往下与从给水环管出来的给水混合，流入下降通道作再循环。

（2）二级分离器

虽然旋叶式汽水分离器可除去蒸汽中的大部分水，但为满足设计要求，还需进行二级汽水分离。二级汽水分离器见图 2.41，它是六角形带钩波形板分离器，在六角形内部还有六块波纹形分离器。携带小水滴的蒸汽进入六角形带钩波形板分离器，在波纹板中被迫通过曲折流程，蒸汽通过时很容易改变方向，而密度较大的水则不能，不断附着在波纹板上，随后流入蒸汽发生器二次侧环状空间。蒸汽进入三角形小室再通过波纹状分离器再一次将微小水滴除去，水分进入中央集管往下流，干燥的蒸汽则进入主蒸汽管道。

（3）给水环管

给水环管位置稍低于旋叶式汽水分离器。在给水环管顶部焊接了一些 J 形管，给水进入环管后，从 J 形管流出，进入下降通道，这样可避免水位降到给水环管以下时环管内水被排空，防止给水再次进入时由于环管内蒸汽遇冷凝结而产生"汽锤"现象（正常运行时给水环管淹没在水下），J 形管的数目沿筒体周边不均匀分布，使 80% 给水流向传热管束的热侧（一回路冷却剂入口侧）、20% 给水流向冷侧，这样使两侧蒸发量大致相等，从而避免了两侧之间的热虹吸作用。

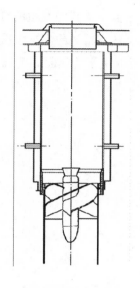

图 2.40　一级汽水分离器

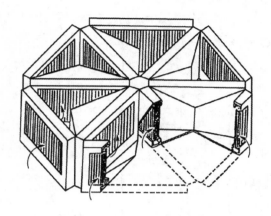

图 2.41　二级汽水分离器

（4）限流器

蒸汽发生器顶部蒸汽出口接管内装有一只由因科镍 600 制成的流量限制器，其作用是当蒸汽管道破裂时限制蒸汽流量，以防止一回路过冷造成反应堆重新临界及减轻对安全壳产生的压力。

2.4.2　蒸汽发生器热工水力特性

1. 两相流的流动形式和沸腾形式

给水经倒 J 形管向下流到下降通道并进入上升通道的底部。在上升通道内，二回路水吸收一回路经 U 形管传递的热量，其温度不断升高并产生沸腾。沸腾过程从传热面某一点开始，这时的沸腾称为过冷沸腾（也称局部沸腾或欠热泡核沸腾），即液体温度尚未达到饱和温度而传热面的壁温已高于相应压力下的流体饱和温度时，在边界层内发生的沸腾。此时在传热面上气泡的产生、长大和脱离强烈地扰动着液体边界层，提高了传热面与液体之间的热交换程度。过冷沸腾中所形成的气泡在主体液流中消失，液体流进空出的泡核区，又开始沸腾循环。在传热面上形成气泡时，蒸汽温度保持不变，传热表面温度因热量损失而暂时降低。

当流体继续沿传热管向上流动时，液体达到饱和温度，此时液体的沸腾称为饱和泡核沸腾。它连续在主体液流中出现气泡，故也称整体沸腾。它是蒸汽发生器主要的沸腾形式。

当传热面被汽膜覆盖以及发生在主体液流流道的气泡多于传热面发生的气泡时，这种沸腾称为干壁沸腾。对蒸汽发生器来说，干壁沸腾是一种不希望的沸腾工况。

在给定的压力和流量的工况下，发生什么形式的沸腾取决于传热面和整体液流之间的温差。当沸腾发生在流动液体中时，根据压力和温差而定的沸腾形式和对应的流动形式及换热系数（h）见图 2.42。

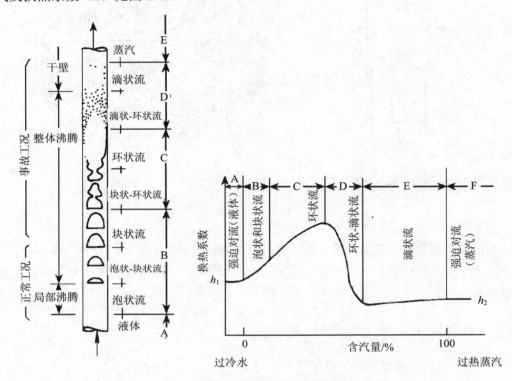

图 2.42　对流沸腾传热区的换热系数与含汽量的关系

2. 空泡份额、含汽量及它们之间的关系

尽管实际发生的每种沸腾流动区的变化与许多相互独立的参数有关（如液体焓、密度、黏度、流速以及边界层厚度），但一般可由每个区的空泡份额来描述。

空泡份额：在流动系统中，空泡份额为所考察的区段内的蒸汽体积与汽-水混合物总体积之比。空泡份额常记为 α。

含汽量（也称干度）：汽-水混合物的总质量流量中汽相质量流量所占的份额。在流动系统中，含汽量的定义有两种，一种是平衡态含汽量，另一种是真实含汽量。

平衡态含汽量是在两相介质处于热力学平衡态时的含汽量，即

$$X_e = (H - H_f) / H_{fg} \tag{2.3}$$

式中，X_e —— 平衡态含汽量；

$\quad\quad H$ —— 两相混合物的焓；

$\quad\quad H_f$ —— 液体的饱和焓；

$\quad\quad H_{fg}$ —— 汽化潜热。

含汽量 X_e 若为负值，意味着液体是欠热的；含汽量 X_e 大于 1，则说明该流体为过热蒸汽。

真实含汽量是汽液两相流处于热力学非平衡态时的含汽量，即两相的温度不相等，它出现在欠热泡核沸腾区和干涸后的滴状流区域。它反映了两相流的总流量中汽相流量所占的真实份额，用 x 表示：

$$x = \frac{蒸汽的质量流量}{汽液混合物的总质量流量} = \frac{蒸汽的质量流量}{蒸汽的质量流量+液体的质量流量} = \frac{m_g}{m_g + m_f} \quad (2.4)$$

含汽量沿加热通道的分布如图 2.43 所示。

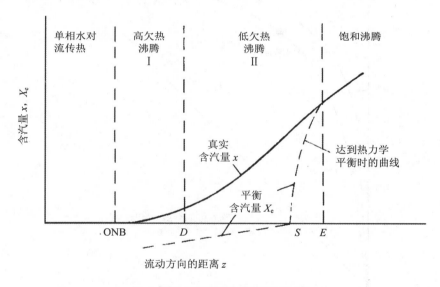

图 2.43　含汽量沿加热通道的分布

图中 ONB 为欠热沸腾起始点，D 点为气泡跃离点。在区段 I 内为高欠热沸腾，液体主流是高度欠热的，蒸汽的产生是一种壁面效应，液体中所含蒸汽非常少。气泡在传热面上以起沫方式生成，很稀疏并贴附在壁面上，气泡长大后消失，不渗透到主流中去。

图中 E 点为低欠热沸腾区的终点，是真实含汽率 $x(z)$ 和平衡含汽率 $X_e(z)$ 的交点。在 II 区段内主流中存在明显的泡状流。S 点为平衡态饱和沸腾起始点。

按非平衡态模型理论，认为在 II 区内只有部分热量用来提高流体的温度，而另一部分热量用来使液相汽化，因此流体到达 S 点时，平衡态的焓虽已达到饱和焓值，但液相温度尚低于饱和温度，到达 E 点时液相才达到饱和值。

空泡份额沿垂直加热管道的变化与含汽量趋势相同，只是在饱和沸腾开始后，空泡份额很大，在饱和沸腾末期的滴状-环状流中可达到 0.9。

含汽量与空泡份额之间的关系如图 2.44 所示。从图中可以看出：

①由于蒸汽的比容比水的比容大得多，即 $v_g \gg v_f$，所以很小的含汽量对应的气泡份额较大。例如，蒸汽压力为 6.0 MPa 时，含汽量 $x=0.2$，对应的气泡份额 $\alpha \approx 0.7$。

②在含汽量 x 很小时（如 $x<0.1$），x 的一个很小的变化将会引起 α 的很大的变化。

③蒸汽压力越低，上述效应越明显。

④高负荷时，气泡份额随 x 的变化量小；低负荷时，气泡份额随 x 的变化量大。

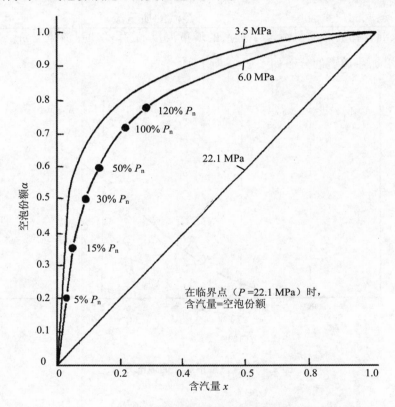

图 2.44 含汽量与空泡份额之间的关系

3. 蒸汽发生器二次侧水自然循环的机理

蒸汽发生器二次侧水进行循环的动力是水的自重，或者说是工质在下降段和上升段的密度差，而不是依靠泵的强制循环，所以叫作自然循环。

如图 2.45（a）所示，在没有汽水分离器的情况下，两侧水柱压力平衡，即

$$\rho_d g Z_d = \rho_r g Z_r \tag{2.5}$$

式中，ρ_d —— 下降段水柱密度；

　　　Z_d —— 下降段水柱高度；

　　　ρ_r —— 上升段水柱密度；

　　　g —— 重力加速度；

　　　Z_r —— 上降段水柱高度；

如图 2.45（b）所示，在带有汽水分离器的情况下，上升通道的水柱密度与没有汽水分离器时的密度相同，但水柱高度因有汽水分离器而降低了，其结果是下降段水柱的压力大于上升段水柱的压力，即

$$\rho_d g Z_d > \rho_r g Z_r' \qquad (2.6)$$

两侧液柱的压差 ΔP_d 就是自然循环的驱动压头，它强迫饱和汽水混合物在上升通道向上流动并克服流动的阻力。其大小为

$$\Delta P_d = \rho_d g Z_d - \rho_r g Z_r' \qquad (2.7)$$

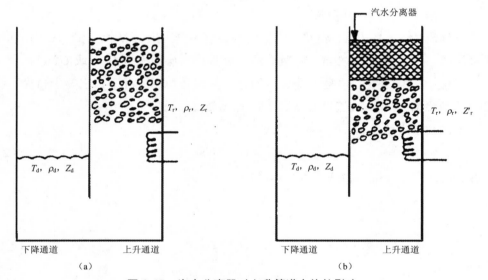

图 2.45　汽水分离器对上升管道水位的影响

为了满足自然循环的要求，驱动压头的大小必须足以克服蒸汽发生器内汽水混合物在整个流道中的摩擦阻力。

有助于自然循环的第二个因素是汽水分离出来的水。离开上升通道的饱和汽水混合物中的水分受离心力的作用被分离出来，并在重力作用下进入下降通道，增加了下降通道的总压头，因此增加了驱动压头 ΔP_d。

帮助自然循环的第三个因素是汽轮机高压缸进汽控制阀的开启。当进汽阀打开时，蒸汽发生器内的压力降低，使上升通道产生的沸腾现象增加，从而使上升段水的密度再度降低。另外，高压进汽阀的打开也增加了蒸汽发生器出口的质量流量，它影响到上升

通道饱和汽水混合物的质量流量，但这种影响被上升通道摩擦阻力和汽水分离器阻力的增加所抵消。所以其净结果是，当进入汽机的蒸汽质量流量增加时，在上升通道的饱和汽水混合物质量流量保持相对不变。

对蒸汽发生器自然循环的各种相互影响因素的研究及其完整的定量分析非常复杂，它对于设计工程师来说是很重要的。对于运行人员，则只要求掌握反映蒸汽发生器二次侧水的两个定量概念，即循环倍率和再循环流量率。

4．循环倍率和再循环流量率

汽水分离器的设置使蒸汽发生器内下降通道到上升通道的流体总流量（称循环流量）要高于出口蒸汽的流量，一般用循环倍率作为表征通过管束二次侧循环流量是否充分的一种粗糙的度量。它定义为在蒸汽发生器中每产生单位质量蒸汽所需的循环水质量。一般所设计的蒸汽发生器的循环倍率要使管束区出口处的蒸汽含量不超过 20%～25%。蒸汽发生器在额定功率下，工作压力为 6.71 MPa 时，循环倍率为 3.7～3.8。

（1）再循环流量、循环流量

再循环流量 G_r 是从流经汽水分离器的湿蒸汽中分离出来的水流量。这些饱和水流入下降通道与给水流量 G_a 相混合，混合后的流量称为循环流量 G_T（或 G_d）。循环流量既是下降通道的总流量，也是上升通道的总流量，在稳态工况下，它等于再循环流量 G_r 和给水流量 G_a（或蒸汽流量 G_v）之和，如图 2.46 所示。

它们的数学表达式为

$$G_T = G_r + G_a \tag{2.8}$$

在稳态工况下，蒸汽流量等于给水流量：

$$G_v = G_a \tag{2.9}$$

则

$$G_T = G_r + G_v \tag{2.10}$$

（2）循环倍率

循环倍率（$C.R.$）的定义是循环流量与给水流量或蒸汽流量的比值：

$$C.R. = \frac{G_T}{G_a} \tag{2.11}$$

或

$$C.R. = \frac{G_r + G_v}{G_v} \tag{2.12}$$

或

$$C.R. = \frac{G_r + G_a}{G_a} \tag{2.13}$$

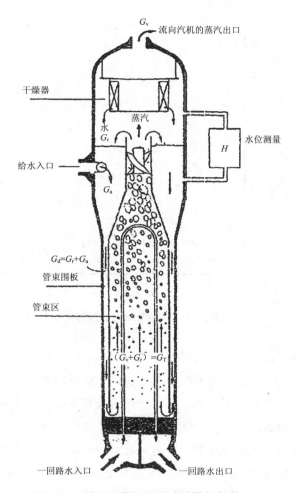

图 2.46　循环流量与再循环流量的关系

（3）再循环流量率

再循环流量率（$R.R.$）的定义是再循环流量与给水流量的比值：

$$R.R. = \frac{G_r}{G_a} \tag{2.14}$$

循环倍率与再循环流量率的关系为

$$C.R. = R.R. + 1 \tag{2.15}$$

为了满足汽机工作要求，需要一定的蒸汽质量流量；为了使蒸汽发生器具有一定的效率，要求有一定的再循环流量。循环倍率是蒸汽流量与再循环流量之间相互关系的评估尺度。在蒸汽发生器运行时，循环倍率是随负荷而变的。从循环倍率的定义式中可知，它实际上等于管束区出口处含汽量的倒数。典型的蒸汽发生器循环倍率与负荷之间的关系如图 2.47 所示。

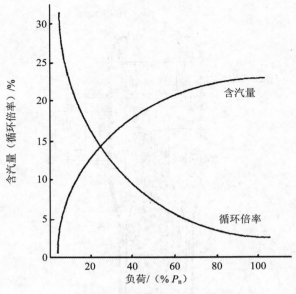

图 2.47　循环倍率与负荷的关系

（4）循环流量、再循环流量与功率的关系

在零功率时，蒸汽发生器充水到 34%水位。如果反应堆处于热停堆状态，则蒸汽发生器二次侧处于汽水共存的饱和态，这时上升通道和下降通道的水温几乎是相同的。当功率增加时，更多的热量传给二次侧水，上升通道内水的汽化量不断增加，蒸汽的排出量也随之增多，因而给水量也增加，上述两通道内工质的温差逐渐加大。低功率时，水在管束顶部附近开始饱和沸腾；高功率时，水在上升通道的较低些的位置发生饱和沸腾；当功率达到 100%时，上升通道的水是沫态沸腾（饱和蒸汽与饱和水的混合物），这种沫态混合物可用泡状-块状流型来描述。饱和的沫态混合物柱的顶部在靠近一级汽水分离器旋叶底部处。

在功率较低时，随着功率的增加，更多的热量经 U 形管传导出来，发生更多的沸腾，使上升通道水的密度降低，从而导致驱动压头 ΔP_{d} 相对于功率增加有一个明显的增加，引起循环流量增加。

此外，蒸汽发生器二次侧流体的摩擦阻力 ΔP_{f} 与流体的流速有关，它是饱和汽水混合物动能的函数（ $\Delta P_{f}=\dfrac{1}{2}mv^{2}$ ）。ΔP_{f} 的增加起到减小循环流量的作用。ΔP_{d} 和 ΔP_{f} 都是随功率的增加而以抛物线形增加的，且两者对质量流量有相反的作用。所以在功率为 40%～80% P_{n} 时，上升通道中饱和汽水混合物质量流量（即循环流量）基本保持不变。

蒸汽发生器运行影响再循环流量的因素是流入汽水分离器的蒸汽夹带的水滴。当上升段液体开始汽化变为蒸汽时，液体膨胀并加速流动，在功率和蒸汽流速增加时，夹带更多的水滴进入汽水分离器。但是在较高功率时增加功率，沸腾在上升段较低位置发生，进入汽水分离器湿度小，这是因为在较高功率下夹带的水滴或掉落回到上升段，或在水滴到达管束上部时已变成蒸汽，因此开始再循环流量随功率增加而增加，直到功率达到约 40% P_n 为止。在功率超过 40% P_n 时，由于深度泡核沸腾使摩擦阻力 ΔP_f 以抛物线形急剧增加，从而减小了沫态混合物的质量流速，因而再循环流量逐渐减小。

图 2.48 给出了典型蒸汽发生器功率与再循环流量、循环流量的关系。

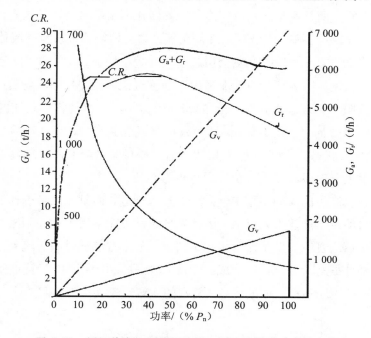

图 2.48　循环倍率、再循环流量、循环流量随功率的变化

（5）循环倍率对蒸汽发生器运行的影响

蒸汽发生器的再循环流量为热工水力学提供下列益处：

①再循环流量增加了下降通道的水位，从而增加了驱动压头 ΔP_d。借助于足够大的 ΔP_d 会使流体的流速加快，可有效地把水中的污质驱赶到蒸汽发生器排污管。运行经验表明，蒸汽发生器的连续排污能够稳定二次侧水质，从而保证蒸汽发生器的结构完整性并改善热传导。

②再循环水与给水在下降通道混合后，高温的再循环水预热了给水。此外，上升通道的水也通过管束围板向给水传热，两者使给水在进入上升通道时已接近饱和温度，这样就缩小了它与 U 形传热管壁的温差，使蒸汽发生器的热应力大大降低，并提高了蒸汽发生器的传热效率。

尽管再循环对二回路运行肯定是有益的，但循环倍率不宜太高或太低，否则对二回路的设备及其运行都是有害的。如果实际循环倍率高于制造厂的设计值，则使再循环流量相对于蒸汽流量的比例大，当再循环流量超过汽水分离器分离水分的能力时，水滴可能随蒸汽一起进入高压缸，危及汽轮机叶片。

如果实际循环倍率低于最佳值，与蒸汽流量相比，循环流量过小，反过来讲也就是蒸汽份额过大，在流动工况为泡状-块状流（小气泡）与环状流（大气泡）之间的过渡工况时特别危险，因为这时过量的蒸汽可能产生很厉害的流动不稳定性。这是由于在沸腾流动的液体内发生两种类型的蒸汽气泡之间的转化而引起振荡，其过程可略述如下：

在反应堆功率保持不变的情况下，降低循环流量会使得单位质量的流体在单位时间内通过 U 形管的吸收热量增加，必然会引起小气泡数量增加。大量的小气泡合并成大气泡，便形成了环状流。因为环状流在流道中心是蒸汽柱，而传热面覆盖着一个薄液层，所以其流动摩擦阻力相对于泡状-块状流的摩擦阻力小，这就使得环状流的质量流速加快。当质量流量增加而传热量不变时，大气泡的形成受到影响，环状流将不能维持，则又回到泡状-块状流状态。当回到泡状-块状流后，质量流量降低，再次发生环状流。如此引起流动振荡反复出现，对设备及其运行极为不利。

低功率时容易产生的流动不稳定性是一个特殊问题，而且无法精确计算。这时蒸汽发生器水位的自动调节往往不太灵敏，运行人员通常可能采用手动控制给水调节阀，这就更要注意防止蒸汽发生器发生流动不稳定现象。如果持续长时间的流动不稳定，会引起蒸汽发生器部件振动，并有可能造成 U 形管局部裸露并继发 U 形管被侵蚀等不良后果。为了避免这种流动不稳定现象，二次侧水的质量流量必须保持足够大到避免出现环状流。

2.4.3　蒸汽发生器水位的测量与影响因素

1. 蒸汽发生器水位测量仪表及原理

（1）宽量程水位表和窄量程水位表

每台蒸汽发生器有一只宽量程水位表（对 1 号蒸汽发生器 SG1，其水位变送器的代号为 1ARE061MN），其量程的下限（即 0%水位）取在管板上表面以上 0.43 m，全量程为 15.9 m。它不仅可用于监测蒸汽发生器充水、放水、湿保养以及事故工况等水位大幅度变化时的水位，而且由于它反映了蒸汽发生器内水的装载量，所以正常运行时，常用它在低负荷或手动控制给水流量调节阀时显示蒸汽发生器水位的变化趋势。

每台蒸汽发生器还有 4 只窄量程水位表（对 SG1，其水位变送器的代号分别为 1ARE010MN、052MN、055MN 和 058MN），它的 0%水位定在管板上表面以上的 11.27 m 处，位于给水进口下面，全量程为 3.6 m。这 4 只窄量程水位测量装置都有显示和保护功能，其中 010MN、052MN 和 058MN 还兼有水位控制功能，经 VOTER 表决后作为蒸汽发生器水位调节系统的实测水位信号。在保护方面，用 2/4 逻辑提供低低水位（15%）停堆保护以对付热阱丧失事故，和提供高水位保护（75%），避免汽轮机叶片的损坏以及限制蒸汽管道事故的后果。参与低水位（25%）保护的通道对于 SG1 为 055MN 和 058MN，保护逻辑为 1/2。

蒸汽发生器宽、窄量程水位测量通道的水位坐标如图 2.49 所示。

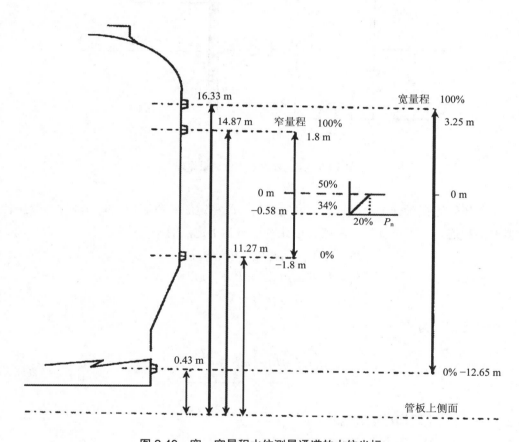

图 2.49　宽、窄量程水位测量通道的水位坐标

（2）水位测量原理

蒸汽发生器水位测量设置于下降通道环形空间，其测量原理如图 2.50 所示。

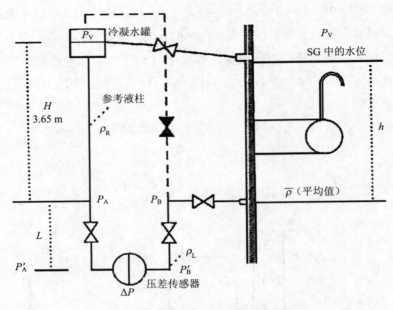

图 2.50 蒸汽发生器水位测量原理

上引压管连接到一个冷凝罐上，以便得到一个稳定的参考液柱，参考液柱与差压传感器左侧相连。下引压管接到右侧。由此可得出各指定点的压力：

$$P_A = P_V + \rho_R gH, P_B = P_V + \bar{\rho}gh$$
$$P_A' = P_A + \rho_R gL, P_B' = P_B + \rho_l gL \tag{2.16}$$

$$\Delta P = P_A' - P_B' \tag{2.17}$$

则被测值 h 为

$$h = \frac{\rho_R(H + L) - \left(\rho l L + \dfrac{\Delta P}{g}\right)}{\bar{\rho}} \tag{2.18}$$

式中，$\bar{\rho}$ —— 下降通道混合水密度；

ρ_R —— 参考管内水的密度；

ρ_l —— 下引压管内水的密度。

被测水位 h 与 ΔP 是线性相关的，其系数是 SG 内二次侧测点对应的下降通道流体的密度和参考管内水的密度的函数。因为下降通道内流体的温度和压力是变化的，因此，测量的精确性也随之变化。窄量程通道是在满功率状态下标定的，但试验结果表明，其标定曲线在 SG 正常水位变化范围内，测量误差小于 2%。然而，由于其测量范围太小，因此，在瞬态过程的初始阶段，并不能正确地反映 SG 内的真正水位变化趋势，必须辅之以宽量程的变化趋势，才能正确地监视 SG 内水装量的变化情况。

2. 影响蒸汽发生器水位的因素

（1）蒸汽流量变化对水位的影响

1）蒸汽流量突然增加

随着蒸汽负荷的增加（如突然打开一个 GCT 阀），蒸汽发生器的蒸汽压力快速下降，在上升通道将产生更多的气泡，使循环流动阻力增大，循环流量 G_t 减小，给水将积聚在下降通道的上部空间，使水位上升。另外，蒸汽发生器蒸汽流量的突然增加，会使被分离出来的再循环流量 G_r 增加，从而也使下降通道环形空间水位上升。

因而在过渡过程的第一阶段，我们将观察到水位迅速上升。通常把这一现象称作"水位膨胀"现象，它在水位调节器作用之前来临。过渡过程之后，由于蒸汽流量大于给水流量，水位将下降，如图 2.51（a）所示。

2）蒸汽流量突然减小

负荷的突然减小（如关闭 GCT 进口阀）将导致蒸汽压力上升，在上升通道中，部分蒸汽被凝结成水，使得气泡产生的量和尺寸减小，使循环流动阻力减小，循环流量增加，从而使下降通道的水位下降。另外，蒸汽发生器蒸汽流量突然减小，被分离出来的再循环流量也会减小，也使下降通道水位下降。所以，在过渡过程中的第一阶段我们观察到的水位是迅速下降的。通常把这一现象称作"水位收缩"现象。它在水位调节器作用之前到来。过渡过程之后，由于蒸汽流量小于给水流量，水位将上升，如图 2.51（b）所示。

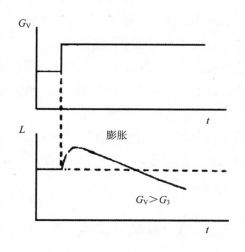

（a）G_V 突然增大时水位 L 的变化

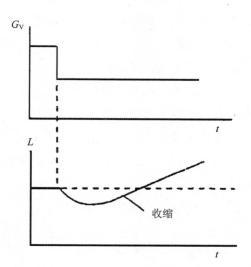

（b）G_V 突然减小时水位 L 的变化

图 2.51　蒸汽流量变化对水位 L 的影响

（2）给水流量变化对水位的影响

1）给水流量突然增大

给水流量调节阀突然开大，给水进入蒸汽发生器的流量增加。我们观察到的现象如图 2.52（a）所示。

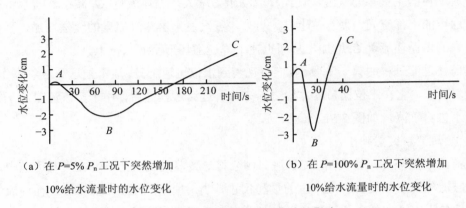

（a）在 $P=5\%\ P_n$ 工况下突然增加
10%给水流量时的水位变化

（b）在 $P=100\%\ P_n$ 工况下突然增加
10%给水流量时的水位变化

图 2.52 给水流量变化对水位的影响

开始时，由于蒸汽发生器环形空间水的积累，蒸汽发生器水位稍有上升，达到 A 点。后来由于给水流量增加，使下降通道中水的过冷度增加，使水在上升通道中达到沸腾的高度增加，然而传热管长度是固定不变的，这就使沸腾区段缩短，沸腾减弱。

由于两相流区段的长度缩短，且含汽量减小，从而使流动阻力减小，流体加速，下降通道水位降低；同时，由于蒸汽流量降低（含汽量减小），带到再循环的水也减少，这也使过渡过程第一阶段水位降低。这一现象通常称为"水位收缩"现象。

水位降低之后，流动的驱动压头减小，使循环流量减小，这将使上升通道的沸腾区又增大起来，水位在第二阶段得以恢复上升。最后由于给水流量大于蒸汽流量，水位将不断上升，直到给水流量等于蒸汽流量。

值得注意的是，在低负荷下，水位过渡过程延续的时间比较长，需要 2～3 min 才能恢复稳定。而在满负荷时，给水流量的变化造成水位变化的时间比较短，只有40～50 s，如图 2.52（b）所示。

2）给水流量突然减小

给水流量调节阀突然关小，给水进入蒸汽发生器的流量减少，将发生"水位膨胀"现象。其原理与上述相反。

通过上述分析，可以得出以下结论：由给水流量的突然改变引起的水位变化的过渡过程，在低负荷时较高负荷时更长。这就是在低负荷下蒸汽发生器水位调节非常困难的原因。尤其是在用 ASG 系统供水时更为明显，因为这时给水温度更低。

（3）一回路平均温度变化对水位的影响

如果一回路平均温度阶跃增加，传到二回路的热量增加，使更多的水汽化，上升通道气泡份额增加，汽水混合物出现"膨胀"现象，造成在短时间内水位虚假上升，以后由于蒸汽产量增大导致给水流量与蒸汽流量不平衡，从而引起水位下降。

（4）给水温度变化对水位的影响

给水温度降低使下降通道中水的过冷度增加，在上升通道中沸腾区减小，沸腾减弱，含汽量减小，导致两相流流动加速，水位下降。另外，由于沸腾区减小，含汽量减小（即蒸汽流量降低），使带入再循环的水量也减少，也使水位降低。

必须指出的是，蒸汽流量的突然变化引起水位"膨胀"或"收缩"的现象，比给水流量的突然变化引起水位的动态响应更为强烈。

2.4.4　蒸汽发生器水位控制与保护

设置蒸汽发生器水位调节系统的目的，就是维持蒸汽发生器二次侧的水位在需求的整定值上。

水位不能过高，否则将造成出口蒸汽含水量超标，加剧汽轮机的冲蚀现象，影响机组的寿命甚至使机组损坏。而且，水位过高还会使得蒸汽发生器内水量增加，在蒸汽管道破裂的事故工况下，对堆芯产生过大的冷却而导致反应性事故的发生。如果破裂事故发生在安全壳内，大量的蒸汽将会导致安全壳的压力、温度快速上升，危害安全壳的密封性。

同样地，水位也不能过低，否则，将会导致 U 形管顶部裸露，甚至可能导致给水管线出现水锤现象。这样，堆芯热量的导出功能将恶化。

以上功能的实现由水位调节系统与给水泵转速调节系统共同完成。

1. 给水泵转速调节系统

每台蒸汽发生器拥有各自独立的水位调节系统，通过改变调节阀门的开度以改变给水流量从而达到控制水位的目的。但是，三台蒸汽发生器的给水母管是共用的，如果只是单独采用水位调节方式，当一台蒸汽发生器的水位偏离整定值而需要改变给水调节阀的开度以改变给水流量时，将会引起给水母管压力的改变，而此时另外两台蒸汽发生器的给水调节阀开度并没有改变，因而其给水流量因给水母管压力的变化而产生变化，这样，在这两台蒸汽发生器内将出现汽-水流量不平衡状况，从而发生水位的波动。为了避免这种相互间的不良影响，避免给水调节阀的频繁动作，改善水位调节系统的工作环境，引入了给水泵转速调节系统，通过调节给水泵的转速使得给水阀的压降在正常的负荷变化范围内（0～100%FP）维持近似恒定，从而优化给水调节阀的工作条件。

事实上，在维持调节阀的压降恒定不变的情况下，给水母管与蒸汽母管之间的压差随负荷变化而呈抛物线变化，作为近似，可以一条折线来表示，如图 2.53 所示。

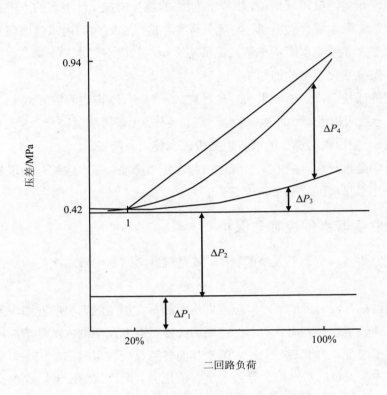

图 2.53　给水母管和蒸汽母管之间的降压

给水母管和蒸汽母管的总压降 ΔP 由四部分组成：

$$\Delta P = \Delta P_1 + \Delta P_2 + \Delta P_3 + \Delta P_4 \tag{2.19}$$

式中，ΔP_1——给水母管与蒸汽发生器给水进口之间的位差，是恒定值；

　　　ΔP_2——调节阀压降，应保持恒定；

　　　ΔP_3——蒸汽发生器二次侧的压降，随负荷而变；

　　　ΔP_4——蒸汽管线和给水管线内的压降，随负荷而变。

通过调节给水泵的转速，我们能保证泵的出口压头和流量都随负荷变化而变化。这样不仅能维持给水阀的压降不变，而且能使压头与图 2.53 所示的总压降曲线相吻合，从而排除了三台蒸汽发生器之间单独的流量调节之间的不良耦合。

图 2.54 是给水泵转速调节原理简图。该调节系统中用一条折线近似地作为给水母管和蒸汽母管之间的随负荷变化的程序压降定值，即参考定值。给水母管到蒸汽母管的实测压差与该定值相比较，得出一个误差信号，以改变给水泵转速。每台给水泵都配有一

台转速调节器。

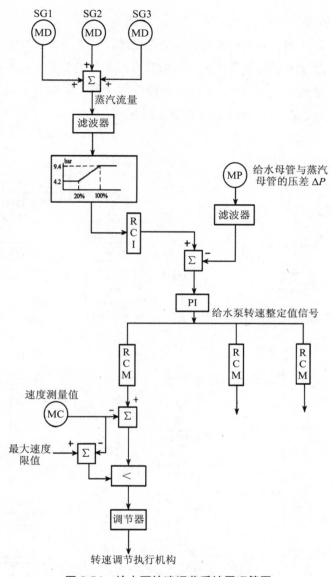

图 2.54　给水泵转速调节系统原理简图

　　总之，蒸汽发生器水位控制系统是先靠主给水流量调节阀调节，水位降低引起调节阀开大时，水流侧压差（ΔP）将下降，同时由于蒸汽流量的增加而引起压差整定值增加，这将造成主给水泵转速增加，使压头增加，流量增加。再通过水位控制系统重新校正给水流量（即调节阀开度），以保持蒸汽发生器水位。

　　为避免给水调节阀的阀位与给水泵转速之间产生不良耦合，要求两个母管之间的压差控制必须相对要快些。特别是当任何一个调节阀的阀位变化时，必须通过给水泵转速来迅速补偿。

2．水位调节原理

对于每台蒸汽发生器而言，其水位的调节是通过控制进入该蒸汽发生器的给水流量来完成的。每台蒸汽发生器的正常给水回路设置有两条并列的管线：主管线上的主给水调节阀用于高负荷运行工况下的水位调节，旁路管线上的旁路调节阀则是应用于低负荷及启、停阶段的运行工况，其调节原理如图 2.55 所示。

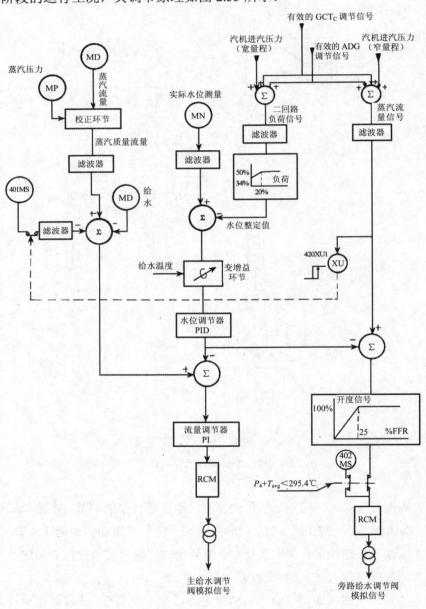

图 2.55 蒸汽发生器水位调节原理

（1）主给水调节阀的逻辑控制信号

在高负荷（＞20%FP）的运行工况下，主给水调节阀承担蒸汽发生器水位的调节功能，此时，旁路调节阀处于全开状态。同时，主给水调节阀还受控于反应堆保护系统，在相应的保护信号作用下自动关闭，其原理如图 2.56 所示。

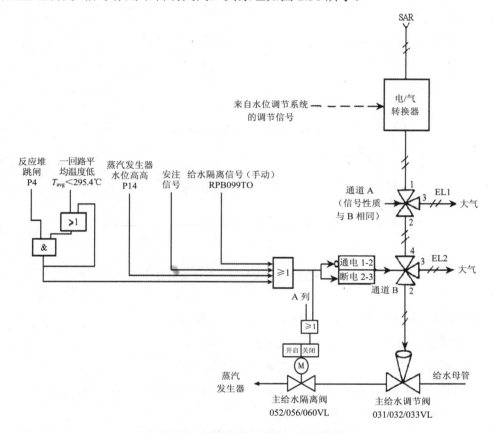

图 2.56　主给水调节阀逻辑控制简图

每个主给水调节阀配置有两个电磁阀，一个接收来自 A 列的信号，另一个接收来自 B 列的信号，A、B 列信号的性质是相同的。任一单独信号的出现将使得其中一个电磁阀断电，从而将主给水调节阀的仪用压缩空气直接排入大气，调节阀快速关闭。

只有在以下所述的条件完全满足的情况下，主给水调节阀的两个电磁阀才会处于通电状态而使得仪用压缩空气的回路处于正常工作状态（1-2 联通），此时主给水调节阀才受控于水位调节系统的模拟调节信号：

①反应堆停堆信号 P4+T_{avg}＜295.4℃不存在。

②没有安注信号。

③没有蒸汽发生器高高水位信号。

④没有主控室 ECP 发出的手动主给水隔离信号。

（2）主给水调节回路

由图 2.55 可知，主给水调节阀的调节是一个三通道调节回路，包括一个闭环调节通道和一个开环调节通道。

1）水位整定值

蒸汽发生器水位整定值随负荷而变，如图 2.57 所示。

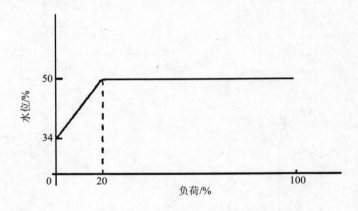

图 2.57　蒸汽发生器水位整定值与负荷的关系

负荷是指蒸汽发生器的总的蒸汽负荷，它包括三部分：

①以汽轮机高压缸进汽压力表征的汽轮机进汽流量。

②ADG 调节信号代表的进入 ADG 的新蒸汽流量。

③有效的冷凝器旁路排放系统的调节信号代表的排往冷凝器的新蒸汽流量。该信号须经 GCT105/109/117/121VV 的阀位来确认。

这三部分进汽流量之和代表着二回路的总的蒸汽负荷。为了消除带厂用电运行方式的瞬态影响，引入了一个具有 30 s 延时的滤波环节（图 2.55），从而维持该瞬态初期时水位定值不变。

在低负荷时，蒸汽发生器的蒸汽压力高（出口蒸汽压力在零负荷时为 7.6 MPa），水的密度大，确定较低的水位整定值是为了保持蒸汽发生器中的水装量不超过安全设计要求，以防止在主蒸汽管道破裂时，向安全壳释放更多的能量，造成安全壳破坏。

在 20%负荷以下，水位整定值随负荷增加而提高。这是因为在负荷减小时，由于蒸汽发生器中气泡数目减少，使蒸汽发生器中水的密度增加（降低比容），为了使水位不下降到低水位保护动作，水位随负荷增加而线性增加。

在 20%～100%负荷时，水位整定值维持在 50%水位不变。因为随着负荷的增加，蒸汽发生器中气泡的数目和尺寸都增加，这就降低了蒸汽发生器中水的密度，提高了比容。这时如果不减少蒸汽发生器中的水的质量，其水位将会升高到淹没二级汽水分离器，达到不可接受的程度。所以为了保持蒸汽发生器出口的干度，在 20%～100%负荷时，水位控制系统将水位维持在 50%恒定。

4 个窄量程水位中的 3 个经 VOTER 表决后应用于水位调节回路。在调节回路中，对水位变送器的输出引入一个 5 s 的延时滤波环节，目的是剔除水位变化初期的扰动影响，使水位测量值更具真实性。

2）变增益环节

每台蒸汽发生器都装有一台给水温度变送器，由高选单元选取 3 个蒸汽发生器给水温度测量值中最高的一个参与水位控制。高选后的给水温度输入变增益函数发生器（或称变增益环节）。该环节用高选出的给水温度测量值做自变量，给出增益值（G），如图 2.58 所示。

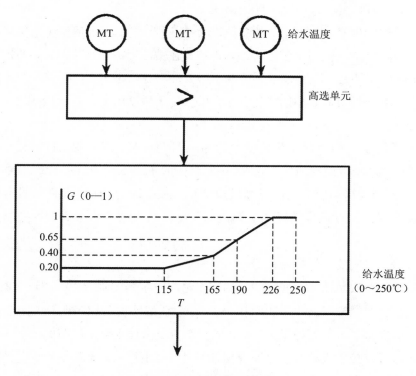

图 2.58　变增益环节

由于给水温度随负荷同向变化，所以该函数关系实质上反映了增益值随负荷的变化。控制系统将水位误差信号乘以一个随温度升高而增大的系数。在低负荷时，给水温度低，增益系数小，可使水位调节过程稳定，从而避免调节机构的频繁动作。而在高负荷时给水温度高，增益系数大，使水位调节过程更为灵敏。

3）开环调节通道

在开环调节回路中，实测给水流量（ARE043MD/ARE046MD 经 VOTER 表决）与经过校正后的蒸汽流量（VVP001MD/VVP004MD 经 VOTER 表决）相比较，给出汽水失配信号。该信号与水位调节器输出信号在加法器中求和后，被传送到流量调节器中。采用汽水失配信号反映水位变化的趋势比水位误差信号灵敏，是一种前馈。它的引入增加了给水流量调节的速度。

开环调节回路中的蒸汽测量流量 Q_v 是通过测量蒸汽 ΔP 而得出的，考虑到蒸汽密度 ρ 随压力变化而变化，而质量流量又与 $\sqrt{\rho \cdot \Delta P}$ 成正比，所以蒸汽流量测量中必须将蒸汽密度 ρ 的变化考虑进去。试验表明，在 5.0～8.5 MPa 时，$\rho = a + bP$，即密度为压力的线性函数。如果只考虑蒸汽的体积流量，那么，开环调节通道在整个负荷变化过程中永远都会出现蒸汽-给水流量偏差信号，调节系统无法正确工作。VVP010MP 修正 VVP004MD，VVP013MP 修正 VVP001MD。

与产生蒸汽发生器水位整定值的总蒸汽负荷信号一样，蒸汽质量流量信号的产生环节也引入一个具有 10 s 延时的滤波环节，目的是在带厂用电运行工况下，初始阶段维持总的蒸汽质量流量不变，避免调节系统的不必要的动作。事实上，在带厂用电运行工况的初始瞬态，由于 GCT-c 阀门的快速开启，原来用于做功的主蒸汽直接排往冷凝器，总的蒸汽流量并没有减小。

闭环通道的水位调节器产生的给水流量信号与开环通道产生的汽/水失配信号叠加后作为流量调节器的输入信号，后者输出对应的主给水调节阀的开度信号，经一自动/手动控制器产生出相应的阀门开度模拟信号，在前述的 RPR 允许信号存在的情况下，控制调节阀的执行机构用以调节阀门的开度，从而改变给水流量以控制蒸汽发生器的水位。

（3）旁路调节阀的逻辑控制信号

在电站启动及低负荷（<20%FP）期间，蒸汽发生器的水位由旁路调节阀来控制，此时，主给水调节控制回路中 420XU1 未触发，主/旁路调节阀切换开关闭合，401 MS 被引入，从而虚拟了一个相当于 8.5%FP 的给水流量，使主给水调节阀处于关闭状态。旁路调节阀除了受控于其调节回路的模拟信号外，与主给水调节阀一样，也受控于 RPR 系统的逻辑信号，且在相应的信号作用下自动关闭，其原理如图 2.59 所示。

每个旁路调节阀配置有两个电磁阀，一个接收来自 A 列的信号，另一个接收来自 B 列的信号，A、B 列信号的性质是相同的。任一单独信号的出现都会使得其中一个电磁阀断电，从而将旁路调节阀的仪用压缩空气直接排往大气，调节阀快速关闭。

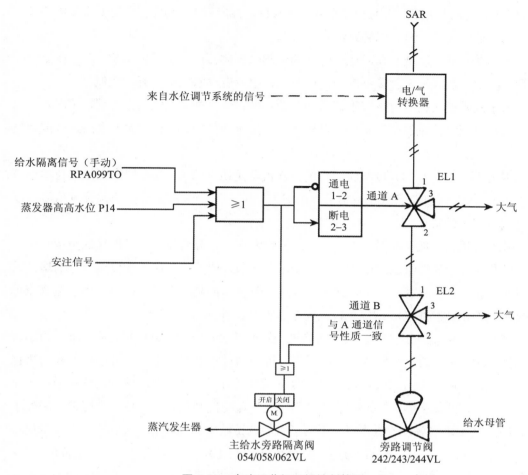

图 2.59　旁路调节阀逻辑控制简图

只有在以下所述的条件完全满足的情况下，旁路给水调节阀的两个电磁阀才会处于通电状态，因而使得仪用压缩空气的供给回路处于正常工作状态 1-2，此时，旁路调节阀才受控于水位调节系统的模拟调节信号：

①没有安注信号。

②没有蒸发器高高水位信号。

③没有主控室 ECP 发出的手动主给水隔离信号。

（4）旁路调节回路

每个主给水调节阀都有一根旁路管线，该管线上装有一个旁路给水调节阀（也称小流量调节阀），在负荷低于 20%FP 时调节给水流量。

在低负荷时，测量流量的节流装置两端压差太小，使得流量测量不精确，信噪比也变得较差。此外，在低负荷时，如果采用主给水调节阀，它在比较小的开度下频繁地运行会引起阀座过度磨损，并且在较小开度下其调节性能很差。因此在负荷低于 20%FP 时，主给水调节阀关闭，只使用旁路给水调节阀。

如图 2.55 所示，低负荷时通过旁路调节阀来控制蒸汽发生器的水位。由于在低负荷运行工况下，蒸汽流量测量不准确，调节回路中没有汽水失配的开环控制。

为了改善低负荷运行工况下调节回路的特性，引入总蒸汽流量作为前馈信号，其中代表汽轮机蒸汽流量的信号来自窄量程汽机入口压力信号，这样，大大提高了其测量精确度。

因为旁路调节阀的开度与流经它的给水流量是线度的关系（在给水泵处于自动调节状态下），因此，以总蒸汽流量信号作为参考负荷，给出旁路调节阀的预开度信号，以改善调节回路的特性。

我们知道，在低负荷时，水位的膨胀及收缩现象十分明显，为了提高低负荷时调节回路的稳定性，通过给水温度引入一个变增益环节，使得低负荷时水位调节器的增益系统减小。此外，在总蒸汽流量环路中，引入一个 40 s 的延时环节，以减小由于蒸汽流量变化引起的水位膨胀及收缩现象，从而改善调节特性。

在反应堆自动跳闸（P4）及一回路平均温度低（$T_{avg}<295.4℃$）的情况下，为了避免出现 ASG 系统的不必要启动，从而限制堆芯的过冷情况，引入了旁路调节阀的极化运行方式。此时，主给水阀自动隔离，旁路调节阀自动切除调节回路的输出信号，极化模块 402MS 投入运行，在自动/手动控制站处于自动控制状态下，使得旁路调节阀处于预置的开度（28.57%，该值将根据不同机组的调试结果而定）下，从而使给水流量保持在 10% Q_n 左右，避免了 ASG 系统的启动。延时 30 s 后，如果蒸汽发生器无水位低异常，极化运行方式被切除，旁路调节阀重新恢复至正常自动调节模式。旁路调节阀极化运行的启动逻辑如图 2.60 所示。

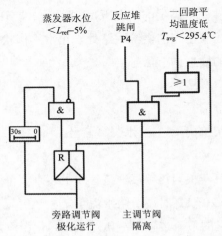

图 2.60 旁路调节阀极化运行控制逻辑简图

3．主给水阀和旁路给水阀的切换

将水位调节从主给水阀切换到旁路给水阀是在负荷从 20%FP 向低于该负荷过渡时进行的。如图 2.55 所示，阀门切换信号来自经过滤波后的总蒸汽负荷信号。它经过一个阈值模块 420XU1，当负荷低于阈值（20%FP）时，使 401MS 与回路接通。401MS 发出一个 8.5%FP 偏置信号，与给水流量信号相加，并与蒸汽流量信号相比较后输入流量调节器，由于给水流量的信号大于蒸汽流量的信号，从而使主给水阀关闭。

当负荷增加到高于阈值时，偏置信号从流量调节器 402RG 上消失，从而使主阀恢复流量控制。旁路调节阀在给水流量高于 25%FFR（FFR 表示满流量）后处于全开状态。

为了保证主给水阀和旁路给水阀切换时的连续性，偏置信号的建立和消失应该是逐渐的，而不应是突变的。这一目的是通过滤波器来达到的。

4．给水流量调节阀手动转换自动的无扰动切换

无扰切换是调节系统设计时要考虑的主要问题之一。由自动切向手动后，在施加手动作用前，阀位保持在切换前自动信号决定的位置，不存在扰动问题；但由手动切向自动时，原决定于手动作用的阀位一般与自动装置计算出的阀位不一致，如果不采取适当措施，就有可能产生扰动问题。一般采用复制信号方法来保证手动切向自动时不产生扰动。

当给水流量调节阀处于手动控制时，若要切换到自动控制，为了保证调节功能和连续性，需用手动转自动的无扰动切换复制系统，如图 2.61 所示。

水位调节器复制信号的产生与阀门的运行组态和负荷水平有关。图中开关信号代表负荷水平和相应调节阀的自动/手动状态，当负荷大于 20%FP 且主流量阀处于手动时，主流量阀的复制开关闭合，水位调节器接通其复制信号；当负荷小于 20%FP 且旁路阀处于手动时，旁路阀的复制开关闭合，水位调节器接通其复制信号。

（1）高负荷时（负荷大于 20%FP）主给水阀手动控制转为自动的无扰动切换

在高负荷下，主阀的复制系统如图 2.61 上半部所示。图中流量调节器 402RG 直接复制手动信号 X，为了无扰动地切换到自动控制，水位调节器 401RG 提供的信号 S 必须使流量调节器输入端的误差信号保持为零，即

$$Q_{SWB} - S = 0 \tag{2.20}$$

式中，Q_{SWB}——汽水流量失配信号；

S——水位调节器的输出信号。

因此，水位调节器 401RG 必须复制的信号为

$$S = Q_{SWB} \tag{2.21}$$

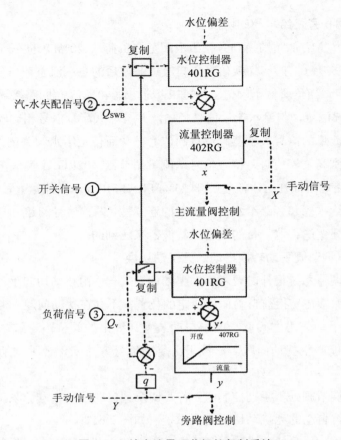

图 2.61　给水流量调节阀的复制系统

（2）低负荷时（负荷小于 20%FP）旁路给水阀手动转自动的无扰动切换

在低负荷下，旁路阀的复制系统如图 2.61 下半部所示。为了使旁路阀无扰动地从手动控制切换到自动控制，水位调节器 401RG 提供的信号 S 必须使函数发生器 407RG 的输出信号等于手动信号 Y，即

$$\frac{-S + Q_V}{q} = Y \tag{2.22}$$

式中，Q_V —— 蒸汽总流量；

S —— 水位调节器的输出信号；

q —— 函数发生器斜线斜率的倒数，即 $q = \dfrac{y'}{y}$，其中 y' 为给水流量，y 为阀门开度。

由以上关系式可以得出水位调节器必须复制的信号为

$$S = Q_V - qY \tag{2.23}$$

蒸汽发生器水位调节系统的完整模拟见图 2.62。

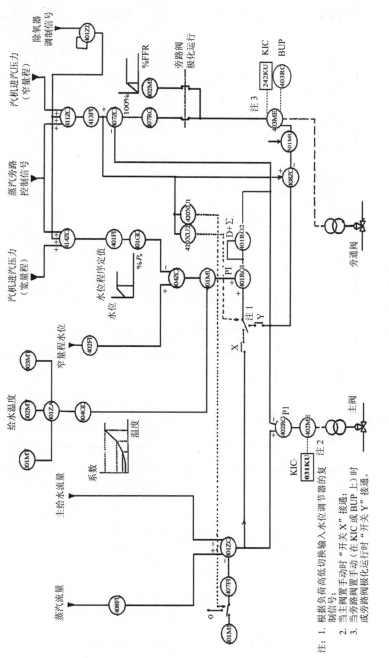

图 2.62 蒸汽发生器水位控制模拟图

注: 1. 根据负荷高低切换输入水位调节器的复制信号；
   2. 当主阀置手动（在 KIC 或 BUP 上）时"开关 X"接通；
   3. 或旁路阀手动或旁路阀极化运行时"开关 Y"接通。

5. 与蒸汽发生器水位有关的信号及动作

在正常工况下，水位调节系统自动维持蒸汽发生器的水位在定值范围内，当水位变化无法控制时，测量通道将发生报警，启动相应的保护动作，如图 2.63 所示。其中，汽水失配信号由 VVP004MD/ARE043MD 或 VVP001MD/ARE046MD 产生（1/2 逻辑）。

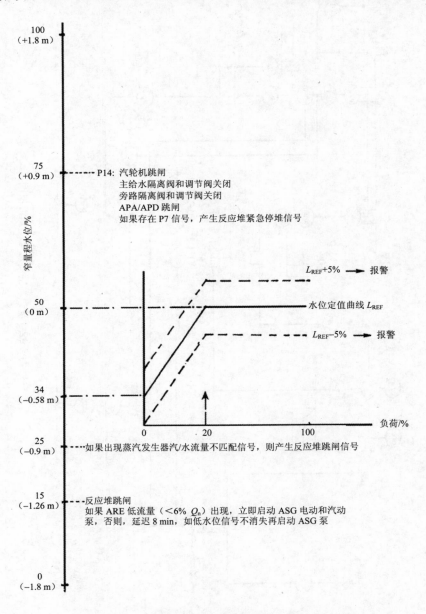

图 2.63　与蒸汽发生器水位相关的信号及动作

2.5　化学容积控制系统

2.5.1　系统的功能与流程

1．系统的功能

（1）系统的主要功能

化学容积控制系统（以下简称化容系统）保证一回路正常安全运行的三种功能，即容积控制、化学控制和反应性控制。

1）关于容积控制

①水容积变化的原因。

从热工学的角度来看，当一回路水温变化时，由于水的比体积的改变，回路中水的容积也随之变化。水的比体积（v）随温度变化的关系如图 2.64 所示。从图中可以看出，当一回路的水从冷态（60℃）升到热态（291.4℃）时，水的比体积约增加 40%，在正常运行时，一回路的平均温度也随功率的变化而改变。水容积的变化必将导致稳压器水位的波动。

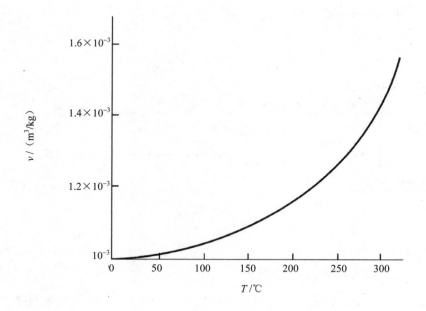

图 2.64　水的比体积随温度的变化曲线

从水力学的角度来看，在正常运行时，一回路处在 15.5 MPa 压力下，边界内会不可避免地向外产生泄漏。这主要是指 1 号密封的泄漏、主泵 2 号轴封的泄漏和一些大的阀门、阀杆的泄漏。这些泄漏也会引起稳压器水位的波动。

②容控的目的。

就是要吸收稳压器不能全部吸收的一回路水容积的变化，从而将稳压器的液位维持在整定值上。

③容积控制原理。

简单来说，就是通过上充、下泄来吸收稳压器吸收不了的一回路水的容积变化，将稳压器的水位维持在程序液位。具体来讲，化容系统作为一回路的缓冲箱，当一回路水容积增大时，通过下泄回路将膨胀的水引向容积控制箱（以下简称容控箱）。由于容控箱的容积有限，在一回路加热升温，或其他瞬态，水容积增加较多时，容控箱就不足以容纳其膨胀的水。此时则要靠与硼回收系统联结的管线将容控箱吸收不了的水排向硼回收系统的前置贮存箱。

当一回路水容积收缩或产生泄漏时，则由反应堆硼和水补给系统供水，通过上充泵给一回路补充与一回路当前硼浓度相同的硼水，使稳压器水位稳定在程控液位。容积控制原理如图 2.65 所示。

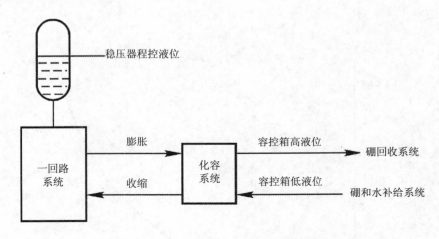

图 2.65　容积控制原理

2）关于化学控制

①一回路水化学变化的原因。

物理腐蚀：水中杂质沉积在燃料包壳上结垢，影响热量传输，结垢处温度上升，形成热点，导致燃料包壳破损，裂变产物逸入一回路水中，使一回路水的放射性指标上升。

化学腐蚀（侵蚀）：一回路水及水中的杂质与金属的化学反应速率与水质、温度、氧含量以及酸碱性（pH 值）有很大关系。水中杂质多、温度高、氧含量增加以及 pH 值降低，将会大大加速上述化学反应的速率，即加快化学腐蚀。大流量的水冲刷则将这些腐蚀产物带入一回路水中。由于中子辐照，这些腐蚀产物部分被活化，成为具有放射性的活化产物，进一步增加了一回路水的比放射性活度。

②化学控制的目的。

就是要将一回路所有部件的腐蚀控制在最低限度，清除水内悬浮杂质，维持一回路水的化学及放射性指标在规定的范围以内。

③化学控制原理。

注入氢氧化锂以中和硼酸，保持一回路冷却剂为偏碱性。300℃时的 pH 值控制在 7.2。氢氧化锂是一种强碱，相对而言，其溶解度不太大，所以限制了局部浓缩现象的发生，引起腐蚀的风险较小。

自然界中锂有两种同位素，即 ^6Li 和 ^7Li。由于 ^6Li 与中子反应生成 ^3H，它是放射性核素，会增加工作场所的剂量率，同时也增加对环境的放射性排放量。所以核电站采用纯度为 99.9% 的 ^7Li 的氢氧化锂。使用 ^7Li 没有中子活化产生放射性核素的问题，而且硼和中子反应也生成 ^7Li，所以也简化了化学处置方法。

机组启动时向一回路冷却剂中注入联氨以除去水中的氧：

$$N_2H_4 + O_2 \longrightarrow 2H_2O + N_2 \uparrow$$

在正常运行时，通过向容控箱充入氢气的办法，使水中的氢达到一定的浓度，以抑制水辐照分解生成氧。

净化：使一回路冷却剂流经净化回路，过滤以除去水中的悬浮物、除盐以通过离子交换树脂除去离子态杂质，控制一回路冷却剂的放射性指标。

化学控制原理如图 2.66 所示。

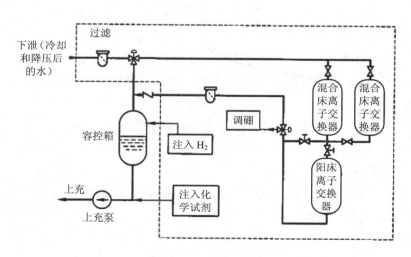

图 2.66　化学控制原理

④化学控制的温度和压力问题。

离子交换器中的离子交换树脂不能承受 60℃以上的温度。因此，下泄流经两次降温后，要求降至 35℃。另外，当下泄流水温超过 57℃时，为防止树脂因高温失效，三通阀 RCV017VP 可以控制下泄流经旁路管线直泄容控箱，而不流经净化系统。

由于与化容系统相联系的一回路以外的其他系统都处于低压，所以必须将下泄流的压力从 15.5 MPa 降至 0.2～0.5 MPa。

为避免汽化，降压只能在冷却之后进行。如同降温冷却分两次一样，降压也分两级进行。即在每个冷却阶段之后进行一次降压。RCV 系统的冷却和降压如图 2.67 所示。

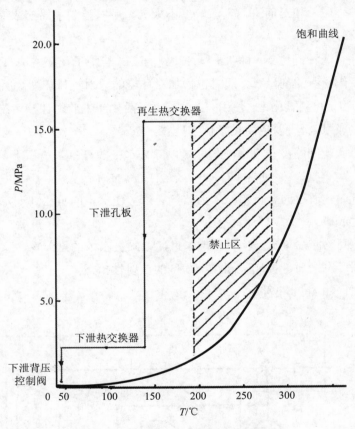

图 2.67　RCV 系统的冷却和降压

3）关于反应性控制

这里讲的反应性控制是指硼浓度的控制。化容系统调节一回路水的硼浓度，以补偿堆芯反应性的缓慢变化。

①反应性变化的原因。

反应堆从冷停堆到热态零功率的过程中，燃料的多普勒效应和慢化剂的温度效应将导致反应性的变化：温度上升时，^{238}U 共振吸收增加以及水的密度降低，因此反应性减少；反之，温度下降时，反应性增大。

带功率运行时，由于毒物的产生（^{135}Xe、^{149}Sm 等）、裂变产物的积累和燃耗等物理因素导致的反应性减少。

工况改变导致的过渡中的反应性变化。

②反应性控制的目的。

就是通过调整一回路冷却剂的硼浓度来补偿由于燃耗和毒物（^{135}Xe 和 ^{149}Sm）带来的负反应性，并且控制轴向功率偏差 ΔI，控制 R 棒（温度调节棒）棒位在调节带内及保证停堆深度。

③反应性控制措施。

包括加硼、稀释和除硼。

（2）系统的辅助功能

除上述主要功能外，化容系统还具有以下一些辅助功能：

1）为主冷却剂泵提供轴封水

主泵设有三道轴封，以防止处于高压的一回路水沿轴向外泄漏。化容系统为主泵提供的经冷却和过滤的、压力高于一回路的轴封水，既抑制了一回路水沿轴向外泄漏，又润滑、冷却了轴封，防止轴封损坏。

2）为稳压器提供辅助喷淋水

当主泵出现故障或由于断电而不能运行时，就会造成主喷淋管线不可用。在这种情况下，化容系统提供的稳压器辅助喷淋管线将代替主喷淋管线功能，调节和控制一回路的压力。

3）一回路处于单相时进行压力控制

稳压器单相（满水）时，稳压器的压力控制系统不起作用。此时，一回路的压力将由化容系统的下泄控制阀 RCV013VP 来控制。

4）对一回路进行充水、排气和水压试验

化容系统提供一回路的充水、参与一回路的排气和水压试验。进行水压试验时，用上充泵使一回路系统由常压升至 17.2 MPa.g。

（3）系统的安全功能

①在反应堆冷却剂系统发生小破口（当量直径 $D < 9.5$ mm）的情况下，化容系统能够维持其水装量。

②作为反应性控制系统，化容系统在反应堆停堆，或在诸如弹棒、卡棒事故的反应堆热态次临界状态下的维修阶段，它都起作用。化容系统与反应堆硼和水补给系统共同保证这种功能。

③在安全注入的情况下。化容系统上充泵作为高压安注泵运行。此时，安注运行方式自动取代所有其他运行方式。

2．系统的流程

化容系统流程如图 2.68 所示。

化容系统由下泄回路、净化回路、上充回路和轴封水及过剩下泄回路四部分组成。另外，还有一条低压下泄管线和一条除硼管线。

（1）下泄回路

正常稳态运行工况下，下泄流自一回路的 2 环路（4 号机）或 3 环路（3 号机）冷端引出，其压力和温度分别为 15.5 MPa 和 292.4℃，正常流量为 13.6 m³/h，经过 RCV002VP 和 RCV003VP 两个气动隔离阀进入再生式热交换器 RCV001EX 壳侧，使下泄流的温度降至 140℃，与此同时，管侧内的上充流的温度从 54℃升至 266℃。下泄流再经三组并联的降压孔板 RCV001、002 和 003DI（正常运行时只开一组），使下泄流的压力降至 2.4 MPa.a。下泄管线经贯穿件出反应堆厂房后进入核辅助厂房。下泄流经气动隔离阀 RCV010VP 进入下泄热交换器 RCV002RF 的管侧，壳侧的设备冷却水将下泄流再次降温至 35℃。下泄流经下泄控制阀 RCV013VP 再次降压至 0.2～0.3 MPa.a 后进入过滤器 RCV001FI，滤去冷却剂中粒径大于 5 μm 的悬浮颗粒物后流入净化回路。

（2）净化回路

正常情况下，下泄流经三通阀 RCV017VP 进入两台并联混床除盐器中的一台（RCV001 或 002DE）。混床除盐器中的离子交换树脂将达到硼饱和、锂饱和，不吸附铯。

下泄流继而进入间断运行的阳床除盐器 RCV003DE，除去锂和铯，使水质得到净化。从除盐器流出的下泄流经过滤器 RCV002FI 滤掉被下泄流冲刷出的树脂碎片后进入容控箱 RCV002BA。

当下泄流温度高于 57℃时，RCV017VP 便受控将下泄流导向旁路管线，经 RCV030VP 或导入容控箱，或导入硼回收系统，以避免离子交换树脂受到高温而破坏。

（3）上充回路

下泄流经三通阀门 RCV030VP 进入容控箱。当容控箱液位高时，RCV030VP 将下泄流的一部分或全部导向硼回收系统。容控箱为上充泵提供水源。上充泵将下泄流的压力提高至 17.7 MPa.a，一路经上充流量调节阀 RCV046VP 进入 1 环路（2 号机）或 2 环路（1 号机）的冷端，另一路则经轴封水流量调节阀 061VP 进入轴封水回路。当主泵断电或故障，稳压器失去主喷淋功能时，上充管线将经气动隔离阀 RCV227VP 提供辅助喷淋水，此时要关闭 RCV050VP。

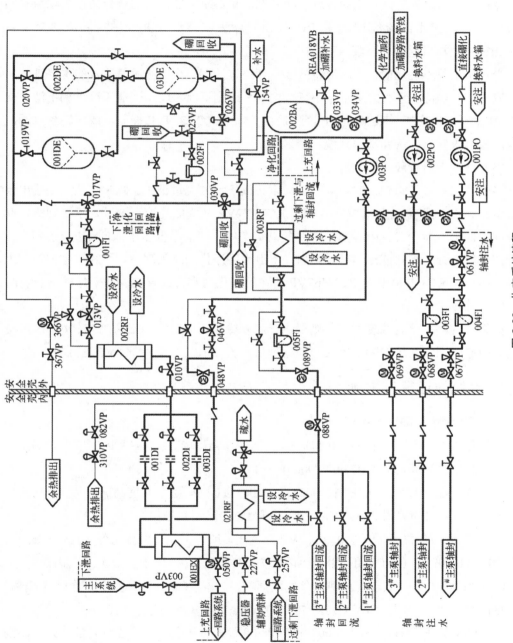

图 2.68　化容系统流程

（4）轴封水及过剩下泄回路

轴封水流经两台并联过滤器中的一台（RCV003 或 004FI），除去粒径大于 5 μm 的固体杂质后进入主泵 1 号轴封。每台主泵轴封水的流量为 1.8 m³/h，其中 1.1 m³/h 顺轴而下冷却轴承后进入一回路系统，剩余的 0.7 m³/h 则经 1 号轴封的结合面作为轴封水回流被回收。轴封水回流经过滤器 RCV005FI 除去固体颗粒并经轴封回流热交换器 RCV003RF 冷却后返回上充泵入口。

当正常下泄不可用时，下泄流将从 2 号环路过渡端引出，从而使注入的主泵轴封水得以流出，以维持主系统的总水量不变，这就是过剩下泄。过剩下泄流经过剩下泄热交换器 RCV021RF 冷却、RCV258VP 降压后由三通阀 RCV259VP 控制，或与轴封水回流汇合，或流入核岛排气和疏水系统。

（5）低压下泄管线

当一回路系统压力较低时，从三组降压孔板下泄的流量很小。此时将从余热排出泵出口引出一股下泄流，经 RCV310VP 及 RCV082VP 从降低孔板下游进入下泄回路，此管线称为低压下泄管线。RCV310VP 是气动调节阀，可调节低压下泄的流量。

在反应堆处于换料或维修冷停堆时，下泄流经净化回路处理后，不经过容控箱和上充泵，而通过 RCV366VP 及 RCV367VP 所在的净化回水管线直接返回余热排出系统。

（6）除硼管线

如果一回路系统硼浓度太高，则要进行除硼操作。此时，由三通阀 RCV026VP 把下泄流引向硼回收系统的除硼单元，经处理后，再经 RCV027 及 028VP 返回容控箱。

2.5.2　系统的运行与控制

1. 下泄管线的隔离与投运

①当稳压器出现低 3 水位（10%）时，要求隔离下泄管线，以减少 RCP 的泄漏。它的出现将自动关闭阀门 002/003/007/008/009VP。

②当 002RF 下游温度异常高，002MT 和 003MT 同时触发温度高高阈值（109.5℃）时，002/003VP 自动关闭，以避免在 013VP 降压时出现汽化现象。

③如果 048VP 关闭，或者 050/227VP 都关闭，或者上充管线压力低（15.5 MPa.g），那么 007/008/009VP 自动关闭，以避免因失去 001EX 冷却致下泄孔板下游汽化。

④003/010VP 作为安全壳内侧和外侧隔离阀，在出现 CIA 信号（安全壳阶段 A 隔离）时，这两个阀自动关闭（CIA A 列动作关 003VP，CIA B 列动作关 010VP）。

⑤010VP 没有全开时，闭锁 003/007/008/009VP 的开启动作；若原来是打开的，则自动关闭（007/008/009VP 关闭时间比 010VP 短）。这一设计的目的是避免由于 010VP 关闭引起下泄孔板下游超压。

⑥打开或者关闭 002/003VP 的操作必须在 007/008/009VP 都处于关闭状态时进行，否则操作无效。当 002/003VP 未全开时，闭锁 007/008/009VP 的开启动作；若原来是打开的，则自动关闭（007/008/009VP 关闭时间比 002/003VP 短）。这样设计是为了避免 002/003VP 关闭时下游管线开启而造成 001EX 中出现汽化现象。

2．下泄管线的温度控制

001EX 为再生式热交换器，其下游的下泄管线温度（001MT）或上充管线温度（019MT）受上充/下泄流量的影响，如图 2.69 所示。这些温度被送到主控室显示，当 001MT 温度高到 195℃时发出报警信号，提醒操纵员立即处理，避免下泄孔板中出现汽化现象；当 019MT 温度低到 200℃时发出报警信号。

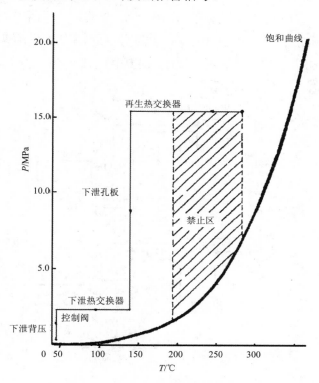

图 2.69　正常下泄流的降温降压过程

为了避免 013VP 降压时汽化及保护除盐装置中的树脂（净化单元中树脂能承受的温度为 60℃），要求 002RF 下游的温度较低。这一要求靠 RRI155VN 自动调节来实现，如图 2.70 所示。

当 002RF 下游温度 003MT 高达 57℃时，017VP 自动切换到旁路，以保护除盐床树脂。这在温度恢复正常时需要手动恢复到正常状态。

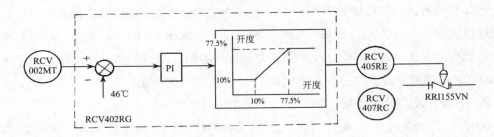

图 2.70　RCV002RF 下游温度控制原理

3. RCV013VP 的调节

在稳压器两相时，013VP 调节孔板下游的压力，以维持一定的下泄流量和防止孔板降压时汽化；在稳压器单相满水时，013VP 调节一回路的压力。它的调节方式转换是通过操作选择开关 409KC（409CC）来实现的，013VP 的调节原理如图 2.71 所示。

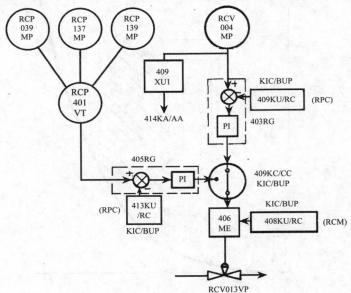

图 2.71　RCV013VP 调节原理

图 2.71 中，013VP 有两种调节模式：

（1）正常调节模式

正常运行工况下，013VP 调节下泄孔板后压力，防止汽化，控制信号来自节流孔板后 004MP 测出的压力信号。

（2）特殊调节模式

在稳压器单液相工况时，RCV013VP 调节一回路压力，控制信号来自 RCP039/137/

139MP 测出的经 VOTER 表决的一回路压力信号（来自 RRA 入口管道测压点）。

4．RCV002BA 的水位控制

（1）RCV030VP 的控制

如图 2.72 所示，RCV002BA 的水位在 49%（1.46 m）时，030VP 向 TEP 的开度为 0%，而向 RCV 的开度为 100%。当 RCV002BA 的水位高达 63%（1.68 m）时，030VP 向 TEP 的开度为 100%，而向 RCV 的开度为 0%。水位在 49%～63% 时，030VP 按比例向两边分配下泄流体。

（2）REA 系统的自动补给

当 RCV002BA 水位降低到 23%（1.12 m）时，自动补给投入。水位升高到 35.5%（1.30 m）时，自动补给停止。

（3）水位低到 5% 时的动作

当 RCV002BA 水位降低到 5%（0.87 m）时，RIS012/013VP 自动打开，RCV033/034VP 自动关闭。水位回升到 10%（0.94 m）时，操纵员可手动恢复，打开 RCV033/034VP，关闭 RIS012/013VP。

5．RCV 系统的安全阀

RCV 系统有 6 个安全阀，其相关特性汇总于表 2.6。

表 2.6　RCV 系统安全阀

阀门	保护对象	整定值/MPa.a	流量/（m³/h）	去向
RCV201VP	下泄孔板到控制阀 RCV013VP 之间	4.4	52	稳压器卸压箱 RCP002BA
RCV203VP	下泄控制阀（RCV013VP）到容控箱（RCV002BA）之间	1.48	41.4	容控箱 RCV002BA
RCV214VP	容控箱（RCV002BA）	0.483	27	硼回收系统（TEP）的前置水箱（1 号机到 9TEP001BA，2 号机到 9TEP008BA）
RCV114VP	容控箱（RCV002BA）	0.502	27	硼回收系统（TEP）的前置水箱（1 号机到 9TEP001BA，2 号机到 9TEP008BA）
RCV384VP	NX 厂房由 RCV 到 RRA 回水管线	1.1	3	核岛排气和疏水系统 RPE
RCV252VP	安全壳内轴封回水管线及过剩下泄管线	1.03	17.15	稳压器卸压箱 RCP002BA
RCV224VP	安全壳外轴封回水管线	1.13	27.2	容控箱 RCV002BA，若引起 RCV214VP 动作，则排向 TEP

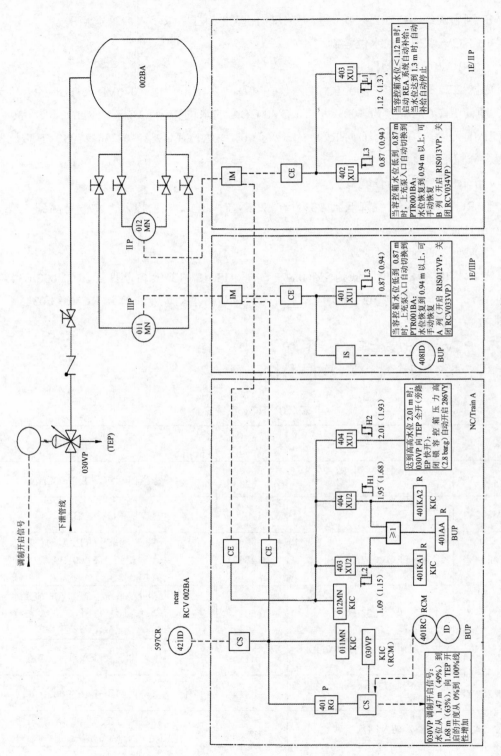

图 2.72 RCV002BA 的水位控制

6. 上充泵的控制

上充泵的功能是：

①在 PZR 单相时，维持 RCP 压力。在启动阶段用于向 RCP 充水并升压。

②在 PZR 双相时，通过 RCV046VP 调节 PZR 水位。

③提供 RCP 泵轴封水。

④SI 信号出现时，作为 HHSI 泵。

由于它们使命重要，核安全等级较高，001PO 由 LHA 供电，002/003PO 由 LHB 供电。考虑到在全厂断电事故时，应急柴油发电机组 LHQ 不能承受两台上充泵同时运行的要求，在实际工作中，利用闭锁隔离的管理方式，限制两台泵同时启动。也就是说，正常情况下，002/003PO 中的一台泵电机的电源开关闭锁在"断开拉出"位置，只有在另一台泵电机电源开关被闭锁在"断开拉出"位置时才能把该泵的电机电源开关的隔离解除并推入至工作位置。

正常运行时，一台泵运行，另一台泵备用。但由于它们是重要核安全设备，被闭锁的泵也必须是可用的。它们之中任何一台不可用时必须严格执行运行技术规范中相应条款所规定的操作。

另外，每台泵的润滑油系统也必须是随时可用的。因此，不管相应泵的状态如何，它们的辅助润滑油泵的电源开关必须长期闭锁在合上位置，并且每月启动备用泵的辅助油泵运行 15 min，以检查该泵的情况。当相应的上充泵运行时，它的辅助油泵是停运的，润滑功能由联轴泵执行。

辅助润滑油泵主要用于启动前或泵停运之后，但在联轴油泵出口油压低于 0.15 MPa.g 时，它自动启动以便提供足够的润滑压力，避免由于润滑油压低于 0.13 MPa.g 时自动引起上充泵停运。但在 SI 信号出现时，不管润滑油系统如何，作为 HHSI 的两台上充泵仍然投运，以执行安注功能。

正常运行时，上充泵从容控箱取水，当出现以下情况时，上充泵吸入口会自动切换到 PTR001BA，即打开 RIS012/013VP、关闭 RCV033/034VP：

①SI 信号出现。

②RRA 丧失时的自动补水信号（仅 B 列动作，即只打开 RIS013VP，关闭 RCV034VP，详见 RRA 系统部分）。

③RPN 源量程通量高紧急停堆信号出现。

④防稀释保护 ADP 信号出现（详见 REA 系统部分）。

⑤容控箱低 3 水位（0.87 m）。

正常运行时，由于容控箱中的水接近氢饱和状态，在泵吸入口会由于压力降低而释放氢气，泵壳排气管线 375/376VP 是开启的。当切换到从 PTR001BA 取水时，375/376VP

自动关闭（对于 RRA 丧失时的自动补水信号，仅 B 列 375VP 动作）。

7．上充管线的控制与调节

调节阀 RCV046VP 正常情况下处于自动状态，由 PZR 水位调节系统控制其开度。调节图在 PZR 水位调节部分中讲解。

在调节系统失效或其他需要（如淹没或建立 PZR 汽腔）时，把该阀从手动控制站 RCM 切换到手动状态，直接控制阀门开度。

当该阀处于自动状态时，调节系统加入两个流量限值：

①最小流量限值 6 m³/h，维持 001EX 出口温度＜195℃，以免下泄流在孔板中汽化。

②最大流量限值 25.6 m³/h，维持轴封水注入流量（压力）在允许值。

当上充流量低于 5.3 m³/h 或高于 25.8 m³/h 时，就会发出上充流量低或高的报警信号。

当该阀处于手动状态时，流量限制功能解除。操纵员应避免不当操作引起下泄流汽化或轴封水注入流量过低。

在安注的情况下，048/050VP 用于隔离上充管线，以保证最大的安注流量从安注管线注入 RCP。

在 RCP 主泵全部停运（严格地说，正常喷淋所在两个环路的主泵停运）时，PZR 失去正常喷淋水，可能需要利用辅助喷淋系统调节 RCP 压力。为保证辅助喷淋流量，050VP 必须关闭，打开 227VP，用 046VP 调节喷淋流量（辅助喷淋管线没有调节阀）。

为了避免辅助喷淋所导致的严重的热冲击，辅助喷淋流量必须尽量小。

8．RCV 系统对"安注"和 CIA 信号的响应

（1）对"安注"信号的响应

RCV 系统有能力补偿当量直径为 10.4 mm 的 RCP 小破裂事故。在这种工况下，核安全规程要求紧急停堆。利用 REA 与 RCV 对 RCP 系统的泄漏和冷却收缩进行补偿（通常关闭下泄回路，PZR 水位低到 14%时也会自动关闭）。

当 RCP 破裂 RCV 系统不能进行补偿时，安注系统动作。在这种工况下，第二台上充泵投入运行。泵的入口切换到 PTR 水箱，打开 RIS012/013VP，关闭 RCV033/034VP。另外，低压安注泵启动，RIS077/078VP 打开，以提高高压安注泵的入口压力。上充泵的最小流量循环管线隔离，即关闭 RCV222/223VP。隔离上充回路，即关闭 RCV048/050VP，以保证有足够的上充流量通过安注管线（7 000 μg/g 高浓度硼水注入线）注入 RCP 中。

在安注工况下，RCP 主泵的轴封水注入仍得到保证。

（2）对 CIA 信号的响应

当出现安全壳阶段 A 隔离信号（CIA）时，下泄管线隔离阀 RCV003/010VP 自动关闭，反应堆冷却泵轴封的回水管线隔离阀 RCV088/089VP 自动关闭。

2.6　反应堆硼和水补给系统

2.6.1　系统的功能与流程

1．系统的功能

（1）系统的主要功能

反应堆硼和水补给系统为化容系统贮存并供给其容积控制、化学控制和反应性控制所需的各种流体。即：

①提供除盐除氧硼水，以保证化容系统的容积控制功能。

②注入联氨和氢氧化锂等化学药品，以保证化容系统的化学控制功能。

③提供硼酸溶液和除盐除氧水，以保证化容系统的反应性控制功能。

（2）系统的辅助功能

①向稳压器卸压箱提供喷淋冷却水。

②为主泵密封水立管（RCP011、021、031BA）供水，以冲洗 3 号轴封。

③向换料水箱（PTR001BA）提供硼浓度为（2 400±100）μg/g 的硼酸溶液。

④向安全注入系统硼酸注入箱（RIS021BA）提供硼浓度为 7 000～9 000 μg/g 的硼酸溶液，为其初始充水和补水。

⑤向容控箱提供与一回路当前硼浓度一致的硼酸溶液，为其进行排气操作。

⑥为稳压器和余热排出系统的先导式卸压阀充水。

2．系统结构及流程

反应堆硼和水补给系统（REA）由水部分和硼酸部分组成，其基本流程如图 2.73 所示，只有硼酸部分与安全相关。

水部分包括：

①两个除盐除氧水贮存箱（9REA001 和 002BA），供两个机组共用。

②四台除盐除氧水输送泵，每个机组两台（REA001 和 002PO）。

硼酸部分包括：

①三个硼酸溶液贮存箱，每个机组各一个（REA004BA），第三个供两个机组共用（9REA003BA）。

②每个机组各一个加药罐（REA006BA）。

③一个硼酸溶液配制箱（9REA005BA），供两个机组共用。

④四台硼酸溶液输送泵，每个机组两台（REA003/004PO）。

9REA001/002BA 的水源主要是硼回收系统（TEP）回收的经过净化、除氧和蒸发的一回路水，另一个水源是经辅助给水系统（ASG）除氧的核岛除盐水。REA001/002PO 将水箱中的水输送去 RCP 系统（主泵密封水立管、卸压箱及安全阀）、RRA 系统安全阀、REA006BA（制备化学添加剂）、上充泵入口（旁路补水）和与硼酸溶液的混合管道（正常补给）。

9REA005BA 可用来配制 7 000～9 000 μg/g 的硼酸溶液供给 RIS 系统，也可用来配制 7 000～7 700 μg/g 的硼酸溶液送到 9REA003BA 和 REA004BA，但贮存箱的硼酸溶液主要来自硼回收系统（TEP）。REA003/004PO 将贮存箱中的 7 000～7 700 μg/g 的硼酸溶液送去上充泵入口（紧急硼化或直接应急硼化）或与补给水的混合管道（正常补给）。

7 000～7 700 μg/g 的硼酸溶液和补给水按比例混合，得到（2 400±100）μg/g 的硼酸溶液送给换料水贮存箱（PTR001BA），也可根据一回路稀释、硼化或正常补给的要求配制出适当浓度的硼酸溶液送到容积控制箱（RCV002BA）的下游。

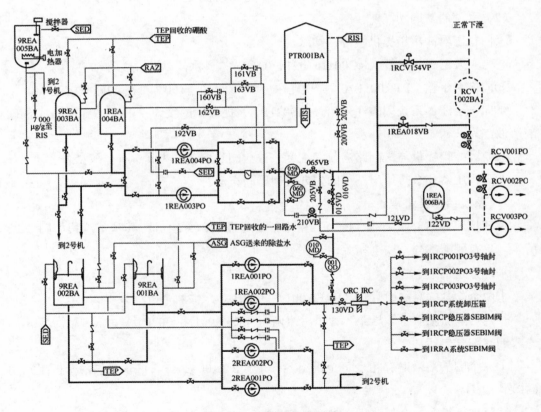

图 2.73　硼和水补给系统

2.6.2　REA 系统的运行与控制

1．系统的备用状态和泵的启动

在反应堆启动之前，REA 系统就已经处于备用状态：

①一台除盐水泵和一台硼酸泵选择在"AUTO"（自动）方式（收到补给命令时才运转），另一台除盐水泵和另一台硼酸泵都在"MANUAL"（手动）方式。

②REA015VD、016VD、065VB、018VB 都处于"自动"方式，RCV154VP 处于"手动"关闭位置。

③与正常补给相关的手动阀门都打开，通向 RCP 和 RRA 系统的管线也开通，而与 PTR 的连接管线被隔离，REA210VB 等也关闭。

选择在"自动"方式的除盐水泵在以下四个信号作用下自动启动：

①给出"稀释"的信号。

②由 RCV002BA 低水位触发的"自动补给"信号。

③给出"手动补给"的信号。

④RCP 主泵 3 号轴封立管低水位信号。

选择在"自动"方式的硼酸泵在以下三个信号作用下自动启动：

①由 RCV002BA 低水位触发的"自动补给信号"。

②给出"手动补给"的信号。

③给出"硼化"的信号。

2．五种正常补给的操作方式

五种正常补给的操作方式指的是：慢稀释、快稀释、硼化、自动补给和手动补给。为了降低一回路的硼浓度，以便增加反应性，将硼酸补给管线隔离（REA065VB 关闭），用等量的除盐除氧水代替一回路水，这就是"稀释"。如果将水补充到容控箱中（RCV154VP 打开，REA018VB 关闭），这就是"慢稀释"，现机组已取消了此种运行方式，将 RCV154VP 锁在关闭位置。如果将水从容控箱的上游和下游注入 RCV 系统，以获得尽可能快的响应，这就是"快稀释"方式，但现在容控箱上游阀（RCV154VP）锁在关闭位置。

如果将除盐除氧水管线隔离，而只让 7 000～7 700 μg/g 的硼酸溶液注入上充泵入口（RCV154VP 关闭），以增加一回路的硼浓度，这就是"硼化"方式。

若容控箱 RCV002BA 水位低，要求补给与一回路相同浓度的硼水，而且补给的启动和停止都由容控箱水位控制，这就是"自动补给"方式。

为了给换料水贮存箱 PTR001BA 充水或补水，或者为了提高容控箱 RCV002BA 的水位，以便排放箱内的气体，操纵员手动给定除盐水和硼酸的流量及容量，由操纵员发出指令启动，补给达到预调的容积时自动停止，或者由操纵员停止。这就是"手动补给"方式。

在主控室的 REA001YCD 画面上设有下列控件，可以选择五种补给方式中的一种：

①REA017KG 选择"SLOW DILUTE"，即"慢稀释"。

②REA018KG 选择"FAST DILUTE"，即"快稀释"。

③REA019KG 选择"AUTO"，即"自动补给"。

④REA020KG 选择"BORATE"，即"硼化"。

⑤REA021KG 选择"MANUAL"，即"手动补给"。

⑥REA016KG 发出"START"，即"启动"指令。

⑦REA015KG 发出"STOP"，即"停止"指令。

017KG 至 021KG 中的一个控件生效之后，再按 016KG，所选择的方式才有效（自动补给还需容控箱低水位信号）。更换方式之前须按 015KG 按钮解除原有方式。

下面分别详细描述五种补给方式。

（1）慢稀释

操纵员根据一回路原有的硼浓度和需要达到的硼浓度，计算出需要注入的除盐除氧水总量。根据稀释速率的要求，计算了注入水的流量，然后按下 REA017KG 和 016KG，发出"慢稀释"的指令，以下动作便自动而且同时进行：

①启动一台除盐除氧水泵（REA001 或 002PO）。

②REA015VD 达到全开位置后，发出允许打开 REA016VD 信号，其调节器自动比较流量整定值与 010MD 测得的实际流量值，调节 016VD 的开度。

③打开 RCV154VP（现已闭锁此阀）。

④发出关闭 REA065VB 的指令（实际上已在关闭位置）。

⑤水表 REA003QD 经过复零后开始累加注入的水量。

基本的逻辑控制原理可以用图 2.74 表示。图中的比较器在比较结果为零时才产生"0"的逻辑信号，否则就产生"1"的逻辑信号。因此，当水表累计的注入水量与给定的水量相等时，REA015/016VD 和 RCV154VP 自动关闭，除盐水泵也同时停运。操纵员也可以通过按 REA015KG（停止）按钮提前结束稀释过程。

稀释所需水量的计算见图 2.75。图 2.75 的使用方法是：由 w_i 和（w_i-w_f）的值确定一条直线，该直线与水容积刻度线的交点对应的读数就是所求的容积。但公式 $V = 202\ln\dfrac{w_i}{w_f}$ 及图 2.75 只能适用于热停堆到满功率阶段，其他工况下的计算结果要乘以表 2.7 所列的修正系数 K。

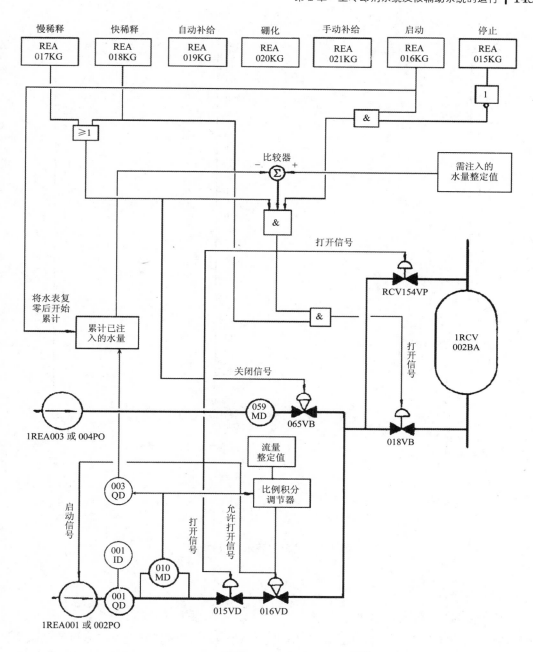

图 2.74　"慢稀释"和"快稀释"的逻辑控制原理

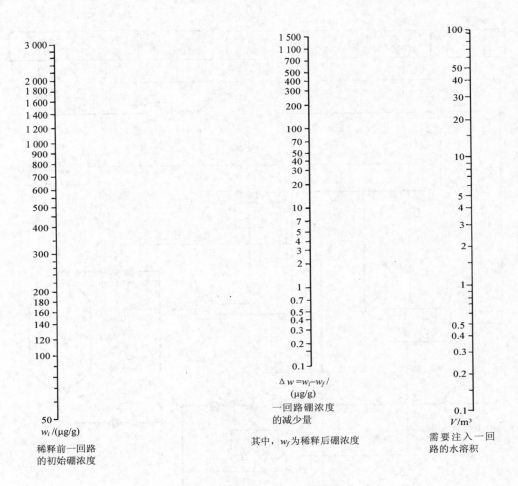

$$V = 202\ln\frac{w_i}{w_f}$$

图 2.75　稀释过程水容积的计算

（2）快稀释

快稀释的逻辑控制原理也如图 2.74 所示。与慢稀释方式相比，只是在按下 REA018KG 和 016KG 之后，REA018VB 与 RCV154VP 同时打开，以获得更快的响应，其他动作都一样。

在使用快稀释方式时，应密切监测一回路水的氢浓度。因为未经过容控箱的那部分水不含有溶解氢，使一回路水的氢浓度逐渐降低。

（3）硼化

操纵员根据一回路硼化后预期的硼浓度和原有的硼浓度以及 REA 硼酸贮存箱中的硼浓度计算出需要注入一回路的硼酸容积，根据硼化速率的要求计算出硼酸注入的流量，然后按下 REA020KG 和 016KG，发出"硼化"的指令，以下动作便自动且同时进行：

①启动一台硼酸输送泵（REA003 或 004PO）。

②发出允许打开 REA065VB 的指令，其调节器便比较流量整定值与 059MD 测得的实际流量值，调节其开度。

③打开 REA018VB。

④根据流量计 059MD 的输出计算硼酸注入量的仪器开始工作。

与稀释过程相似，当注入的硼酸容积达到预定值时，硼酸输送泵自动停运，REA018VB 和 065VB 自动关闭。操纵员也可以通过按 REA015KG（停止）按钮来提前结束硼化过程。

硼化所需的硼酸容积的计算见图 2.76，使用方法与图 2.75 相同。同样，在其他工况下的计算结果也要乘以表 2.7 所列的修正系数 K。

表 2.7　RCP 和 RCV 系统的水质量的修正系数

电　厂　情　况		稳压器水位	修正系数 K
RCP 压力/MPa.g	平均温度/℃		
15.4	291.4～310	正常功率运行	1
11.0	260	没有负荷	1.05
2.5	180	没有负荷	1.18
2.5	150	没有负荷	1.20
2.5	150	水充满	1.33
2.5	93	水充满	1.43
2.5	38	水充满	1.48

（4）自动补给

选择"自动补给"方式时，除盐除氧水的流量是恒定的。当一回路的硼浓度大于 500 μg/g 时，水的流量整定值为 20 m³/h，而一回路的硼浓度小于 500 μg/g 时，水的流量整定值为 27.2 m³/h。

操纵员根据当时一回路的硼浓度和 REA 硼酸贮存箱的硼浓度，计算出需要注入的硼酸流量，以便得到与一回路浓度相等的补给浓度，然后按下 REA019KG 和 016KG。当 RCV012MN 测得的容控箱 RCV002BA 水位低到 23% 时，下列动作自动且同时进行：

①启动一台除盐水泵（REA001 或 002PO）。

②启动一台硼酸输送泵（REA003 或 004PO）。

③打开 REA015VD、018VB。

④发出允许打开 REA065VB 的指令，其调节器便比较流量整定值与 059MD 测得的实际流量值，调节其开度。

REA015VD 达到全开位置后，发出允许打开 REA016VD 的指令，其调节器比较流量。

当 RCV012MN 测得的容控箱 RCV002BA 水位高到 35.5%时，水泵和硼泵都自动停止，REA015VD、016VD、018VB、065VB 也同时自动关闭。操纵员也可以通过按 REA015KG（停止）按钮来提前停止自动补给方式。

自动补给方式的逻辑控制原理可以用图 2.77 来表示。自动补给方式的硼酸注入流量计算见图 2.78 和图 2.79。

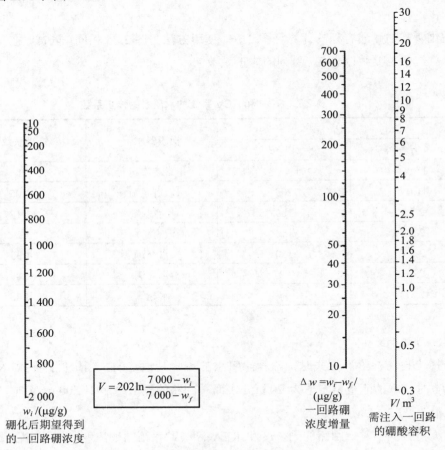

$$V = 202 \ln \frac{7\,000 - w_i}{7\,000 - w_f}$$

w_i /(μg/g)
硼化后期望得到的一回路硼浓度

$\Delta w = w_i - w_f$ /(μg/g)
一回路硼浓度增量

V/ m³
需注入一回路的硼酸容积

图 2.76 硼化过程硼酸容积的计算

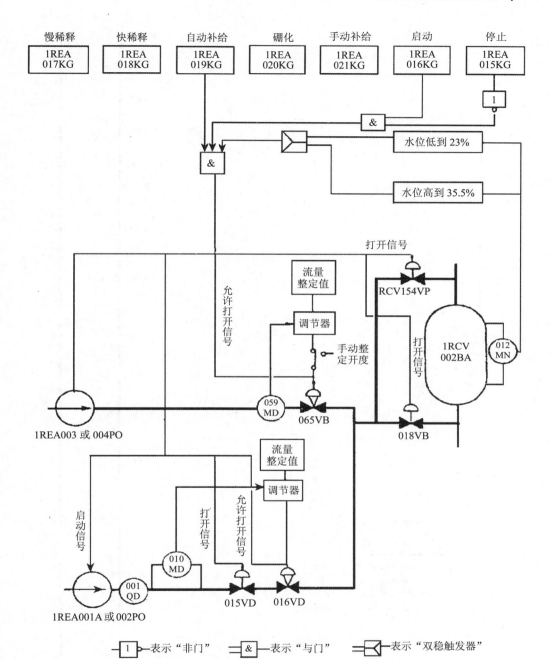

图 2.77　"自动补给"方式的逻辑控制原理

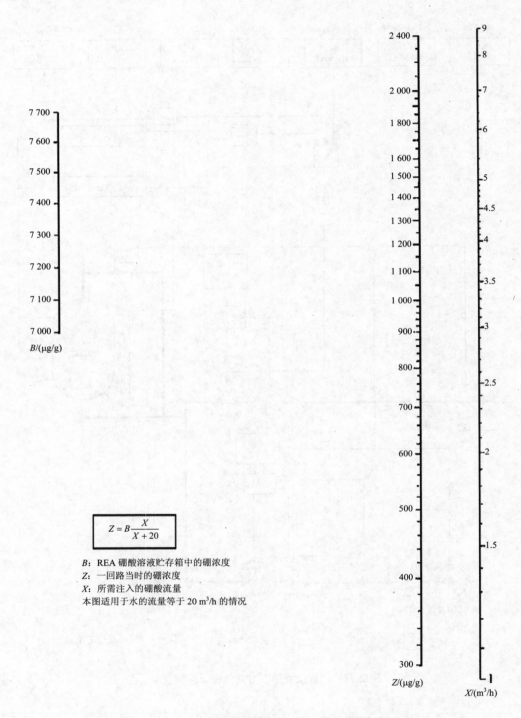

图 2.78 "自动补给"方式硼酸注入流量的计算（$C_B > 500$ μg/g）

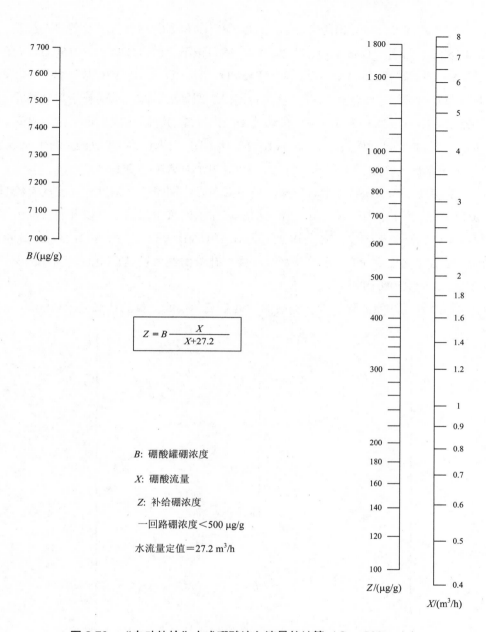

$$Z = B \frac{X}{X+27.2}$$

B: 硼酸罐硼浓度

X: 硼酸流量

Z: 补给硼浓度

一回路硼浓度＜500 μg/g

水流量定值＝27.2 m³/h

图 2.79　"自动补给"方式硼酸注入流量的计算（C_B＜500 μg/g）

（5）手动补给

手动补给方式在以下两种情况下使用：

①为了提高容控箱 RCV002BA 的水位以进行排气操作。

②换料水贮存箱 PTR001BA 补水或最初的充水。

当给 PTR001BA 补水或充水时，操纵员根据需要的补给量和浓度要求，以及 REA

硼酸贮存箱中硼浓度，计算出所需注入的除盐除氧水和硼酸的总量以及各自的流量，关闭 REA018VB，打开 REA200VB 和 202VB，然后按下 REA021KG 和 016KG，一台硼酸输送泵和一台除盐水泵自动启动，REA015VD、016VD 和 065VB 也自动打开，硼酸和水的累加器也开始累计注入的量。当水的容积达到预定值时，水的补给自动停止，水泵自动停运，REA015VD 和 016VD 自动关闭。当硼酸的容积达到预定值时，硼酸的补给自动停止，硼酸泵自动停运，REA065VB 也自动关闭。操纵员也可以通过按 REA015KG（停止）按钮来提前结束硼酸和水的补给，然后关闭 REA200VB 和 202VB。

当容控箱 RCV002BA 充水时，操纵员根据当时一回路的硼浓度和需要的补给量，还有 REA 硼酸贮存箱中的硼浓度，计算出所需注入的水量和硼酸量以及两者的流量，以避免改变一回路的硼浓度。然后手动打开 REA018VB，再按下 REA021KG 和 016KG，泵和阀门的动作便与给 PTR 水箱补水时一样。补给的结束也是自动的，或者由操纵员进行。然后关闭 REA018VB。

手动补给方式的除盐除氧水和硼酸的补给量及各自的流量的计算见图 2.80。

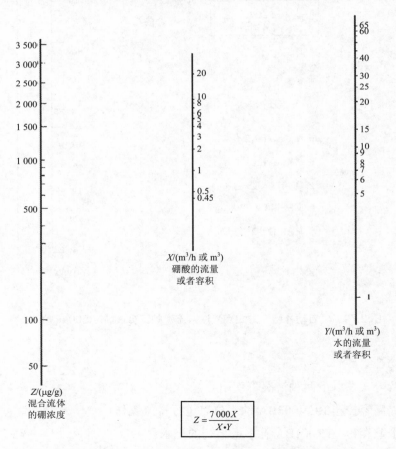

图 2.80　"手动补给"方式的容积和流量的计算

3．其他运行

如果电站带功率运行时卸压箱 RCP002BA 中的水温超过 60℃，可用 REA 的除盐除氧水进行喷淋冷却。这个过程由操纵员执行（开启 RCP038VD），没有自动启停信号。

当 RCP 泵轴封水立管（RCP011BA、021BA、031BA）三个之中的一个达到低水位阈值时，一台除盐除氧水泵（REA001PO 或 002PO）自动启动，RCP150VD/250VD/350VD 自动打开，开始向 RCP 轴封水立管供水。当三个立管都达到高水位阈值时，REA 水泵自动停运，相应阀门也自动关闭。

对一回路水直接硼化的操作见相应的规程。给稳压器和 RRA 系统卸压阀的充水等等，也见相应的规程。

需要补充说明的一个问题是：核电站已经将 RCV154VP 置于手动状态，电源开关断开，且实施了行政隔离。此项更改是永久性的，则五种正常补给的操作方式中，慢稀释方式将不再使用，快稀释、自动补给和手动补给方式中有关 RCV154VP 的动作都不复存在。这样更改的目的是避免在进行稀释操作之后转为自动补给方式时，滞留在 RCV154VP 所在管段中的除盐除氧水（不含硼）进入一回路，产生意外的稀释。当然，在进行稀释操作之后，滞留在有关管道中的除盐除氧水应该是越少越好。但是，正如上一小节所述，由此而产生的对一回路水的氢浓度的影响应该引起注意。

2.6.3　防误稀释的措施

防误稀释的措施包括防止快稀释反应性事故的保护措施和防止慢稀释反应性事故的保护措施。

当厂变突然失电时，反应堆冷却剂泵停运，一回路强迫循环丧失，而由应急厂用设备母线 LHA/B 供电的 RCV 上充泵和 REA 泵仍可继续运行。此时，如果稀释未停止或进行稀释操作，就会因自然循环能力不足而在上充管线进入一回路的入口处形成低硼浓度的"水塞"，又称"水团"，同时随主泵 1# 轴封水的注入，也会在主泵泵壳内积聚低硼水。当外电源恢复，重新启动反应堆冷却剂泵时，就会将这些低硼水推入堆芯，从而快速引入正反应性，有可能造成反应堆超临界。为防止上述情况的发生，增加了防止快稀释反应性事故的保护措施。

在反应堆停堆状态下，若由于某些设备，如热交换器传热管破裂（RCV 热交换器、主泵热屏）和含低硼水或清水系统与一回路连接的阀门等泄漏，导致低硼水或清水进入一回路，缓慢地稀释了反应堆冷却剂硼浓度，向堆芯引入了正反应性，使反应堆重返临界。为防止上述情况的发生，设计上采用了防止慢稀释反应性事故的保护措施。

1．预防快稀释

1）控制逻辑方面

①建立一个防稀释保护信号 ADP（Anti-Dilution Protection）。当 ADP 生效时自动将 RCV 上充泵吸入口从容控箱切换到换料水箱。

②RCP 强迫循环丧失或 RRA 与 RCP 连接时，禁止稀释。

③控制注入一回路的硼浓度，取消主控室 REA016 VD 手动控制站。

④TEP 返回管线在 RCP 强迫循环丧失时关闭。

2）设备系统方面

①取消备用稀释管线。

②保持 RRA 系统在（2 400±100）μg/g 硼水加压下（即 RRA 系统由乏燃料水池的水充满）。

③在 RPN 中间量程通量通道中设置一个阈值，在中子通量倍增时间小于 18 s 时产生报警，并闭锁控制棒提升。

当以下 3 个信号同时存在时，产生 ADP 信号：

①RCP 自然循环流量低——采用 P16 信号，表示反应堆自然循环能力很弱。

②RCP 强迫循环丧失——每条回路中流量低信号（2/3 逻辑）或主泵停运信号。

③RRA 未与 PCP 连接——该信号由 RRA/RCP 吸入端隔离阀关闭位置限位开关发出。A 列为 RRA 001 VP 或 RCP212VP 关闭，B 列为 RRA021VP 或 RCP215VP 关闭。

当切换 10 min（时间延迟 T3）后，操纵员可以手动将上充泵入口切回容控箱，以免一回路被过分硼化。

2．预防慢稀释

在反应堆停堆期间，一旦发生慢稀释事故，则源量程中子通量会增高，在"源量程中子通量高"信号作用下，使上充泵的吸入口从容控箱自动切换到换料水箱。此动作是基于稀释水源最有可能来自 REA 系统，此外，向一回路补充（2 400±100）μg/g 的硼水也是一种安全措施。

为防止一回路被过分硼化，在 RPR 侧设置了一个 1 min 的延时继电器。在上充泵吸入口从容控箱切换到换料水箱 1 min 后，操纵员可手动将上充泵吸入口切回容控箱。

2.7　余热排出系统

2.7.1　系统的功能与流程

余热排出系统（RRA）又称反应堆停堆冷却系统。当反应堆停堆时，最初仍由蒸汽发生器将剩余功率导出，当二回路不能再运行时，即由余热排出系统导出这部分热量，保证反应堆的冷却。

1. 系统的功能

（1）系统的主要功能

在反应堆正常停堆过程中，当一回路温度降到 180℃及以下、压力降到 3.0 MPa.a 以下时，用余热排出系统排出堆芯余热、一回路水和设备的显热以及运行的主泵在一回路中产生的热量，使反应堆进入冷停堆状态。

除了失水事故（LOCA）引起安全注入系统投入运行的情况以外，在其他事故引起的停堆事故中，余热排出系统也被用来排出上述三部分热量。

（2）系统的辅助功能

①在余热排出系统投入运行时，一回路压力小于 3.0 MPa.a。由于下泄孔板两端压差太小，影响了正常下泄管线的功能。余热排出系统和化容系统的接管（图 2.81）提供了一条低压下泄管线。利用这条管线，使得一回路处于单相状态时的压力调节和水质净化成为可能，此时一回路的超压保护也由余热排出系统的卸压阀来实现。

②在一回路主泵全部停运，或主泵不可用时，余热排出泵还可以在一定程度上保证一回路水的循环，使一回路水温和硼浓度得以均匀。

③在一回路大修期间，余热排出泵还参与换料水传输，将反应堆换料腔中的水送回换料水箱。

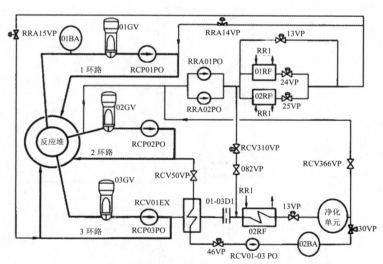

图 2.81　RCP-RCV-RRA 连接图

2. 系统的流程

余热排出系统由两台余热排出泵、两台热交换器和相关的阀门、管道组成，系统流程如图 2.82 所示。

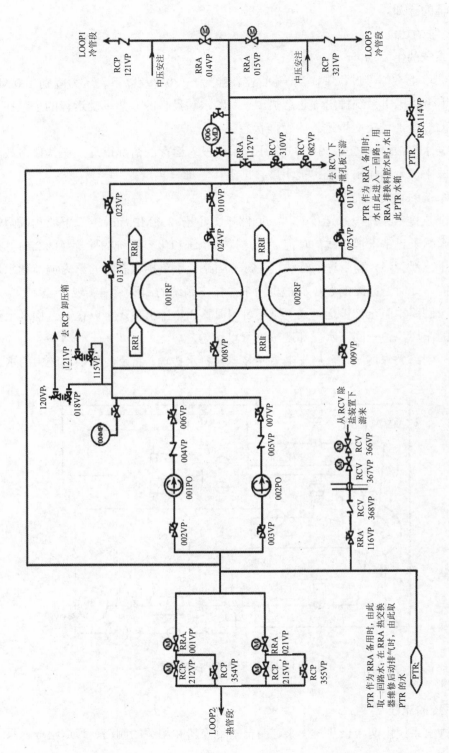

图 2.82　余热排出系统流程简图

余热排出泵 RRA001 和 002PO 从一回路 2 环路的热段吸水，送入一段母管。母管上设有卸压阀，用以避免一回路和余热排出系统的超压。母管的水分向两个热交换器 RRA001 和 002RF 及一个旁路管线后汇合。在出口总管线上引出一条泵的最小流量循环管线到泵的入口、一条与 PTR 系统的连接管线，然后通过中压安注的注入管线分别回到一回路 1 环路、3 环路的冷段。

余热排出泵的入口处有一条管线与 PTR 系统相连，还有一条从化容系统除盐装置下游来的回水管线。在出口处有一条到化容系统降压孔板下游的低压下泄管线。

2.7.2　系统的运行与控制

1. RRA 系统的备用状态和运行范围

电站正常运行时，RRA 系统处于隔离、备用状态。其主要配置如下：

①RCP212VP、RCP215VP、RRA001VP、021VP、014VP、015VP 和 114VP 关闭，RRA 泵停运。

②RRA024VP 和 025VP 被调定在 30%开度，013VP 全开。

③RCV082VP 和 RCV310VP 关闭。

④RCV366、367VP 和 RRA116VP 关闭，由 PTR021VB 开启使 RRA 始终充满水。

⑤RRI 冷却水处于备用状态，但与 RRA 系统隔离。

RRA 系统的运行范围可简单地表示为：一回路压力从大气压到 3.0 MPa.a，一回路平均温度为 10～180℃。从一回路标准状态方面来描述，RRA 的运行区域包括 RCS、MCS、NS/RRA 模式。

2. RRA 的正常启动

RRA 系统的正常启动在反应堆从热停堆过渡到冷停堆的过程中进行。RRA 投入之前一回路应具备的主要条件是：

①一回路平均温度在 160～180℃。

②一回路压力在 2.4～2.8 MPa.a。

③一回路压力若尚未降至 2.8 MPa.a，则 RRA 系统的四个入口阀（RRA001/021VP 和 RCP212/215VP）都被闭锁而不能打开。

④一回路压力控制仍然由稳压器进行，一台反应堆冷却剂泵仍在运行。

⑤RRA 的启动主要包括两大项操作。

⑥升压和加热，避免压力和热冲击，以保护 RRA 泵和热交换器。

⑦硼浓度验证，防止在 RRA 系统内硼浓度低于一回路的硼浓度情况下误稀释一回路。

为了防止对大设备的热冲击以及泵体与叶轮之间由于不同的膨胀而出现相互接触

或卡死现象，在 RRA014、015VP 打开之前，必须将反应堆冷却剂与 RRA 泵壳之间的温度差控制在 60℃ 以内。在加热过程中，只能有一台 RRA 泵运行，因为两台泵流量太大，不允许同时仅以最小流量循环管线运行。为了防止出现上述接触或卡死现象，两台泵应交替启动。

下面根据 RRA 系统及相应系统管线的主要阀门和 RRA 泵的操作顺序简述 RRA 启动过程：

①隔离 RRA 与 PTR 的连接，关闭 PTR021VB，因为保持 RRA 充满水的使命已完成。

②解除行政隔离 H、L 类。

③启动一台 RRA 泵，以最小流量管线循环约 10 min，然后打开 REN 有关的取样管线的阀门进行取样，检查 RRA 系统的硼浓度，随后停运 RRA 泵。

④关闭取样阀门。若 RRA 的硼浓度低于 RCP，则用 REA 系统给 RCP 加硼，使得 RRA 投入后 RCP 硼浓度不变。若 RRA 的硼浓度高于 RCP，则不需调整。硼浓度调整也可以在进行 RRA 系统加热时同时进行。

⑤RRI 冷却水管线的隔离阀打开，使 RRA 热交换器冷却水开通。

⑥启动原运行列的第二台 RRI 泵，启动原停运列的一台 RRI 泵。

⑦实施行政隔离 B、C 类。

⑧在 RCV 下泄孔板下游压力被调整到约 1.5 MPa.g 后，打开 RCV082、310VP，将 RRA 系统升压到下泄孔板下游的压力。

⑨关闭 RCV310VP，以避免打开 RRA 入口阀时下泄孔板下游的压力突然大幅度增加。

⑩打开 RCV212、215VP 和 RRA001、021VP。这一操作必须在一回路平均温度仍大于 160℃ 前进行。入口阀打开后，RRA 的压力便与 RCP 相同。

⑪启动 RRA001PO，开始进行 RRA 系统的加热。

⑫逐渐增加 RCV310VP 的开度，直到在 RCV 系统中测得的下泄流量达 27.2 m³/h，以便引入适量的 RCP 水，较快地加热 RRA 系统。

⑬当 RRA 热交换器上游的温度比加热前升高 60℃ 时，停运 RRA001PO，隔 30 s 后，启动 RRA002PO。

⑭当上述温度又升高了 60℃ 时，停运 RRA002PO，隔 30 s 后，启动 RRA001PO。

⑮当 RRA 系统的升温速率低于 30℃/h，且 RRA 的温度超过 120℃ 时，一回路与 RRA 泵壳之间的温差就会小于 60℃（为了验证，还是应该检查这个温度差值）。这时 RRA 的温度条件已具备，打开 RRA014、015VP。

⑯启动 RRA002PO。

⑰将 RRA013VP 置于自动控制状态。

⑱将 RRA024、025VP 的开度都调到 20%。随后根据控制降温速率（＜28℃/h）和控制一回路温度的需要调整这两个阀的开度。开度小于 30%时有警报信号。

至此，RRA 投入运行的操作过程结束。

3．一回路冷却过程中 RRA 的运行

RRA 系统投入后，两台泵和两台热交换器都在运行。三台蒸汽发生器中至少要有两台的水位仍在窄量程范围内，以便必要时从 RRA 冷却返回到蒸汽发生器冷却，而且需要在约 1 h 内转换完毕。

在进行稳压器汽空间的消除操作过程之后，操纵员根据 28℃/h 的降温速率限制，调整 RRA024、025VP 的开度，将反应堆冷却到冷停堆状态。正常冷停堆要求一回路平均温度在 10～90℃，而换料冷停堆要求的是 10～60℃。在冷停堆状态时，可以停运一台 RRA 泵。

在冷却过程中，在稳压器仍然处于两相时，由稳压器控制 RCP 的压力；稳压器满水之后，由 RCV013VP 控制 RCP 的压力。超压保护由 RRA 卸压阀实现。RCP 压力≥3.0 MPa.a 时报警。

4．一回路加热过程中 RRA 的运行

在反应堆从冷停堆状态开始加热启动时，RRA 主要用于控制一回路的温度。升温速率控制在 28℃/h 的范围内。

RRA 运行的最高温度是 180℃。在 RCS、MCS、NS/RRA 模式下，RRA 系统必须可用，至少一台泵在运行。

在升温过程中，为防止温度突变导致 RRA 泵的叶轮与泵壳卡死，应保持 RRA 双列运行。

5．RRA 的正常停运

RRA 系统的正常停运在反应堆从冷停堆过渡到热停堆的过程中进行。停运时的外部先决条件是：

①RCV 压力在正常范围，即 2.4～2.8 MPa.a（压力≥3.0 MPa.a 时有报警）。

②一回路平均温度在 160～177℃。

③稳压器可以控制 RCP 压力（包括安全阀可用）。

④至少有两台反应堆冷却剂泵在运行。

⑤蒸汽发生器可用。

⑥应急柴油机可用，RIS 和 EAS 系统可用。

RRA 的停运过程主要包括 RRA 系统的降温、降压和压力监测等操作。下面根据 RRA 及相应系统管线的主要阀门和 RRA 泵的操作顺序简述 RRA 的停运过程：

①如果 RRA 两台泵都在运行，那么停一台泵。

②关闭 PTR021VB。

③关闭 RRA014/015VP。

④RRA 的温度降低到约 120℃时，逐渐减小 RCV310VP 的开度，直到 RCV 中测得的流量达约 15 m³/h；若降温速率太慢，则继续减小下泄流量。

⑤当 RRA 热交换器上游的温度比原来降低了 60℃时，停运 RRA 泵，30 s 后启动另一台泵。

⑥逐渐关小 RCV310VP，同时用 RCV013VP 降低下泄孔板下游的压力到约 1.0 MPa.g，以增加经过下泄孔板的流量。

⑦当 RRA 热交换器上游的温度低于 50℃时，RCV310VP 全关。确认 PT9DHP008 合格，关闭入口阀 RRA001/021VP、RCP212/215VP。

⑧打开 RCV310VP 到约 10%的开度，使 RRA 减压到下泄孔板下游的压力（约 1.0 MPa.g），然后关闭。

⑨打开 RCV310VP 到约 10%的开度，以补偿 RRA 系统中水的冷却收缩。

⑩全开 RRA024/025VP，全关 RRA013VP，以增加流经热交换器的流量。

⑪保持 RRA 泵运约 1 h 后，停运这台泵。

⑫大约 1 d 后，关闭 RCV082VP、RCV310VP，以免浪费压缩空气。

⑬隔离来自 RRI 的冷却水，以避免 RRI 中不必要的压头损失和可能产生的泄漏。

⑭将 RRA024、025VP 的开度调整到 30%，RRA013VP 全开。

⑮关闭 RCV366/367VP，开启 PTR001/017/021VB，以保持 RRA 系统始终充满水。

至此，RRA 停运的操作过程结束。

6．其他运行

（1）用 RRA 泵排换料腔的水

反应堆换料操作完毕后，可以用 RRA 泵将换料腔的水送回换料水贮存箱（PTR001BA）。

换料腔的水通过 RCP212/215VP 和 RRA001/021VP 进入 RRA 泵的入口。两台 RRA 泵以大流量排水，沿 RRA114VP 所在管线（RRA014/015VP 关闭）将水送回到 PTR001BA。

（2）RRA 系统维修后的充水

当反应堆压力容器封头移开和反应堆冷却剂的水位在环路管道中心面以上时，RRA 系统通常是靠重力通过 RCP212/215VP 的管线充水。RRA014/015VP 也打开。

RRA 系统还可以用 PTR 系统进行充水。将 PTR001/002PO 的吸入管线与换料水贮存箱 PTR001BA 相连通，将 PTR 泵的输出管线与 RRA114VP 所在管线连通，这样就可以利用 PTR 泵从 PTR001BA 取水，充满整个 RRA 系统（RRA 有关的排气阀打开，充满后关闭）。但是，利用 PTR 充水一般只在 RCP 压力等于大气压力且一回路打开的情况下进行。

RCP 压力大于 0.1 MPa.a 的情况比较特殊，可以利用 RCV082/310VP 所在管线进行 RRA 的充水。但要防止下泄孔板下游压力过低而引起汽化的现象。

（3）RRA 泵或热交换器维修后的动态排气

RRA 泵（不是电机部分）或热交换器在排空维修后，充水投入运行时，由于其结构为倒 U 形管，需要进行动态排气，以便排出泵壳或倒 U 形管上部的气体。

RRA 泵体或热交换器 RRA 侧的维修一般只在堆芯燃料组件卸出后的安全工况下进行。

RRA 泵的动态排气只需打开 RCV082/310VP 和 RCP212/215VP 所在管线，并打开所维修泵的前后隔离阀，进行充水和静态排气之后，启动该泵，很快即可完成。

RRA 热交换器倒 U 形管的动态排气可以用两种方式进行：一是打开 RCP212/215VP 和 RRA014/015VP 所在管线，启动 RRA 泵将气排入一回路；二是打开 RRA 泵入口与 PTR001BA 的连接管线，并且打开 RRA114VP 至 PTR001BA 的连接管线，启动 RRA 泵，将气体排入 PTR001BA。

2.7.3　RRA 丧失情况下自动向一回路补水

在一回路卸压，RCP 水位位于压力壳法兰面工作区范围以内，若此时完全失去 RRA 将触发自动补水信号，通过硼酸箱的旁路管线向一回路冷端注入硼水。其执行机构动作如下：

①启动 B 列的 RCV002PO 或 RCV003PO 及相应的润滑油泵。

②将上充泵入口切换到 PTR001BA。

③开启接通 PTR001BA 的电动阀 RIS013VP。

④关闭接通 RCV002BA 的电动阀 RCV034VP，则排气阀 RCV375VP 自动关闭。

⑤开启向冷端安注管线的电动隔离阀 RIS029VP。

设置自动补水信号的原因是：当 RRA 完全失去后，堆芯冷却丧失，随着反应堆内水的蒸发，堆芯逐渐露出水面。如果 RCP 原来水位就比较低，则堆芯裸露的时间将很短，操纵员来不及手动采取行动，因此，设立一个自动系统，当 RRA 失去时，如果堆芯水位过低，自动向堆芯补给含硼水。

当同时出现以下五个信号时，就产生自动补水信号（图 2.83）：

①RRA 流量低 3（032MD）。

②RRA 出口压力低低（004MP）。

③压力壳法兰面水位低（091MN）。

④RRA 出口打开（RRA014VP 或 RRA015VP 开启）。

⑤没有安注信号。

自动补水启动后，5 min 内自动补水不能手动干预。之后可视情况在主控停泵及操作阀门。

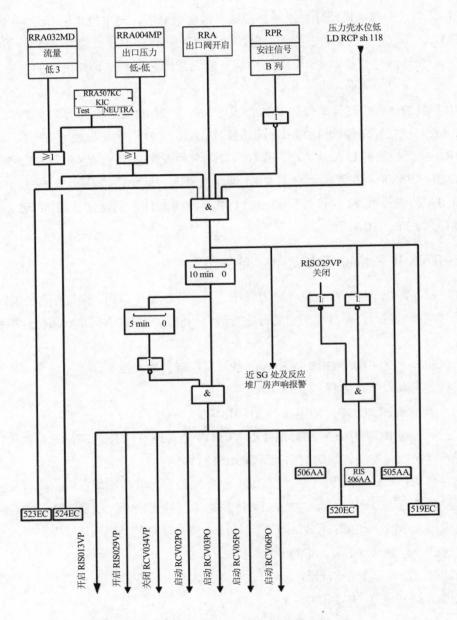

图 2.83　自动补水信号和动作指令

2.8　设备冷却水系统和重要厂用水系统

2.8.1　设备冷却水系统

1．系统功能

设备冷却水系统（RRI 系统）的主要功能是冷却所有位于核岛内的带放射性水的设备。隔离一回路流体和重要厂用水系统的海水，用以在热交换器发生泄漏时防止一回路水对环境的污染以及海水对核设备的腐蚀。即：

①冷却核岛内各种热交换器。

②通过重要厂用水系统二次冷却将热负荷传送给最终热阱 —— 海水。

③在核岛各热交换器与海水之间形成一个屏障，防止放射性水污染海水，同时也避免海水侵蚀核设备。

2．系统流程

RRI 系统流程见图 2.84。

设备冷却水系统是处在重要厂用水系统与核岛设备中间的一个封闭回路，它分成两部分：

一部分主要是用于专设安全设施系统设备保障及冷停堆。这部分是按双重容量设计的，并由两条独立的管线构成，在事故情况下两条管线中的每一条都能 100%地保证设备冷却，每一条管线都是由重要厂用水系统的一列冷却。每条独立系列由两台 100%容量的离心泵、两台 50%容量的 RRI/SEC 热交换器、一个波动箱和相应的管道和仪表组成，此外，两条独立的系列分别由相互独立的应急配电系统供电，且可由应急柴油发电机作备用电源。正常情况下，海水温度为 30℃时，可将设备冷却水冷却到 35℃以下。由于设备冷却水系统是与专设安全设施相关的系统，所以上述设计是满足单一故障准则的。

另一部分是事故工况下不需要冷却的设备，它们由两条管线中的其中一条提供冷却，在这部分中还有两台机组的共用设备，它们可以由一台机组或者另一机组的设备冷却水系统提供冷却。这部分冷却用户在事故情况下可以切除。

RRI 系统的用户及分类如表 2.8 所示。

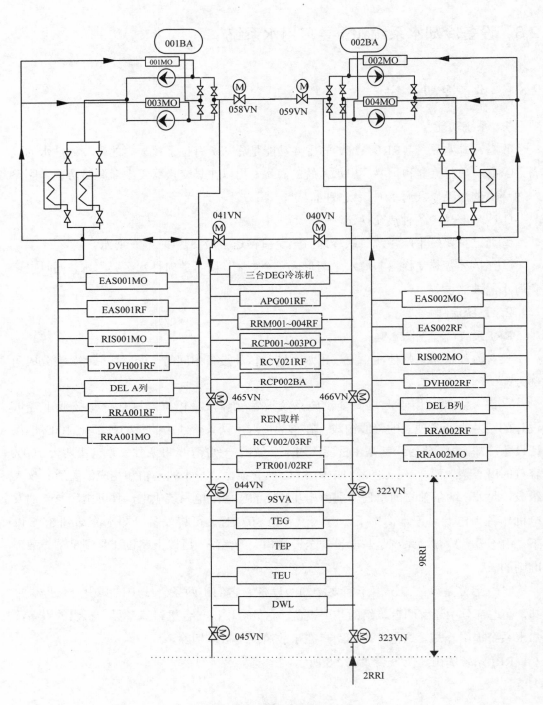

图 2.84　RRI 系统流程

表 2.8　RRI 系统的用户详细分类

类别	冷却水供应方式	设备冷却水的用户
1	系列 A （系列 B）	安全壳喷淋系统：EAS001RF（EAS002RF）、EAS001MO、PO（EAS002MO、PO） 电气厂房冷冻水系统：DEL001、003CS（DEL002、004CS） 上充泵房应急通风系统：DVH001RF（DVH002RF） 安全注入系统：RIS001MO、PO（RIS002MO、PO） 设备冷却水系统：RRI001、003MO、PO（RRI002、004MO、PO） 余热排出系统：RRA001RF（RRA002RF）、RRA001PO（RRA002PO） 安全壳内大气监测系统：ETY001RV（ETY002RV）
2	两个系列共用的 冷却器	反应堆冷却剂系统：RCP001、002、003MO、PO、RCP002BA（稳压器泄压箱） 化学容积控制系统：RCV003RF（主泵密封水热交换器） 　　　　　　　　　RCV002RF（非再生式热交换器） 　　　　　　　　　RCV021RF（过剩下泄热交换器） 控制棒驱动机构风冷系统：RRM001、002、003、004RF 核岛冷冻水系统：DEG101、201、301CS 蒸发器排污系统：APG001RF 核取样系统：REN 冷却器 反应堆水池和乏燃料水池冷却和处理系统：PTR001、002、003RF
	两机组共用的 冷却器	热洗衣房通风系统：DWL101、102CS 硼回收系统和废液处理系统：TEP 和 TEU 冷却器 废气处理系统：TEG 压缩机 辅助蒸汽分配系统：SVA001RF

3. 系统正常运行

在机组正常功率运行的工况下，RRI 系统的用户主要是主冷却剂泵、化容系统下泄热交换器和轴封水回流热交换器、控制棒驱动机构空气冷却器以及稳压器卸压箱等，所需导出的热负荷基本上是一个常量。

在此工况下，只需一条独立管线（系列 A 或系列 B）的一台泵和两台热交换器投运，而另一条独立管线则处于停运状态。此时，停运系列上的一台泵可以隔离维修。

如果运行中的泵由于出口压力低或电源故障不可用，则将自动切换，启动该系列的另一台泵。当该系列两台泵都不可用时，将自动切换至另一系列。

公共管线上用户的冷却由投运的独立管线承担，两机组共用管线上用户的冷却可由两台机组之一承担。

每台泵出口处都引出一条水流，用以冷却泵的驱动马达，管路上设置的流量开关会以报警方式提示操纵员电机的冷却情况。

4. 系统特殊稳态运行

（1）反应堆启动时 RRI 系统的运行

反应堆启动时，由于蒸汽发生器排污系统热交换器 APG001RF 和化容系统过剩下泄热交换器 RCV021RF 的投运，热负荷加大。在此工况下，需投运 RRI 系统一条独立管线的两台泵。如果两机组共用管线的用户由另一机组承担，投运一台泵即可满足要求。

（2）停堆后 4～20 h RRI 系统的运行

在此期间，由于余热排出系统热交换器 RRA001、002RF 的投运，热负荷将急剧增加。此时需投运一条独立管线的两台泵（提供一个 RRA 热交换器和公共管线用户的冷却）和另一条独立管线的一台泵（提供另一个 RRA 热交换器的冷却）。

（3）停堆 20 h 后 RRI 系统的运行

停堆 20 h 以后，机组已进入冷停堆状态。在此工况下，RRI 系统将根据海水温度、需要导出的总热量等运行条件来确定运行模式。

一般来讲，一条独立管线的两台泵和另一条独立管线的一台泵仍然投入运行。大约 48 h 以后，只一条独立管线投运就可以了。

（4）安全注入时 RRI 系统的运行

接到安注信号后，备用独立管线上的一台泵将自动启动，而运行中的独立管线运行状态不变。

（5）安全壳喷淋时 RRI 系统的运行

RRI 系统在接到安全壳喷淋信号后，将有下列动作：

①两个 EAS 热交换器气动隔离阀自动开启。

②由于此时停止对公共管线用户提供冷却，运行中独立管线与公共管线的两个电动隔离阀将自动关闭。

③紧接信号 5 s 延迟后，备用独立管线的一台泵将自动启动，并实现与公共管线的隔离。

④在 EAS 系统选定一列管线运行后，可停运另一列管线使其置于备用状态。此时需相应手动停运 RRI 系统对应的独立管线。

⑤PTR 热交换器的冷却将手动切换到另一机组。

2.8.2 重要厂用水系统

1. 系统功能

重要厂用水系统（SEC 系统）的功能是把 RRI 系统传输的热量传入海水中，又称核岛的最终热阱。系统设计有两条冗余的管线，用海水来冷却 RRI 系统的热交换器。SEC 系统还通过加氯和海生物捕集器来限制 RRI 系统的热交换器内污垢的生成。

2. 系统流程

由于本系统属安全相关系统，所以在设计上考虑了系统的冗余性和独立性。即该系统由相互独立、互不影响的两个系列（A 列和 B 列）组成，A 列由 A 列应急电源供电，B 列由 B 列应急电源供电，并在物理上提供屏障（一个泵坑只有一台泵）。

该系统每个系列由两台并联的 SEC 泵从海水过滤系统 CFI 吸入海水，然后经过 SEC 管道、水生物捕集器和两台并联的 RRI/SEC 热交换器，从热交换器中带走热量的海水，排入 SEC 集水坑，再由排水管排往排水渠。该系统为开式循环，系统流程见图 2.85。

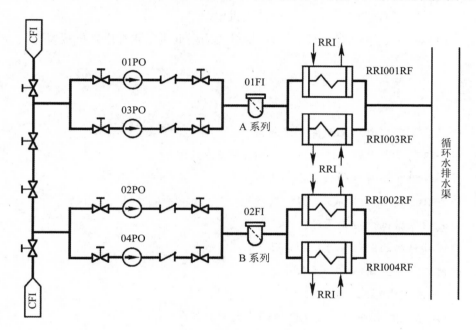

图 2.85　SEC 系统流程

3. RRI/SEC 泵的自动启动条件

①正在运行中的一台泵跳闸，则该系列的另一台备用泵将自动启动。

②正在运行着的系列不可用时，另一备用系列的一台泵将自动启动（A 列 003PO 和 B 列 004PO 优先）。

③RRI 系统系列切换时，SEC 系统相应备用系列的一台泵将自动启动（SEC003PO 和 SEC004PO 优先），同样，当 SEC 系统系列切换时，RRI 系统相应备用系列的一台泵将自动启动（RRI003PO 和 RRI004PO 优先）。

④A 系列柴油机启动供电时，RRI 和 SEC 系统 A 系列的一台泵将自动启动（003PO 优先），同样，B 系列柴油机启动供电时，RRI 和 SEC 系统 B 系列的一台泵将自动启动（004PO 优先）。

⑤出现安注信号"SI"或安全壳喷淋信号"CS"时，RRI 和 SEC 系统备用系列的一台泵将自动启动（003PO 和 004PO 优先）。

4. 系统其他瞬态运行

（1）水生物捕集器的冲洗

正常情况下，冲洗阀会自动开启和关闭，对捕集器进行冲洗操作；在正常运行工况下，当出现捕集器高压差报警时，操纵员可在主控室打开冲洗阀冲洗。

（2）失去厂外供电

失去厂外供电时，SEC 泵由应急柴油机供电。

（3）最终热阱丧失的信号出现以后，操纵员需根据机组状态进入事故规程。

思考题

1. 压水型反应堆由哪几大部分组成？
2. 堆芯内有多少燃料组件？试述燃料组件的构成。
3. 控制棒组件按材料和功能各如何分类？
4. 简述 RCP 系统的构成和流程。
5. 简述稳压器压力控制原理。
6. 简述轴封水的流程（可用图表示）。
7. 画出蒸汽发生器水位整定曲线。
8. RCV 系统由哪几部分组成？
9. RRA 系统的启动过程主要包括哪些大项的操作？
10. 简述 REA 系统、RRI 系统和 SEC 系统的功能。

第 3 章　蒸汽及给水系统的运行

　　蒸汽及给水系统是核电站二回路的主要组成部分。通过蒸汽发生器完成了对一回路冷却剂的冷却，同时利用工质轻水在汽轮机中的热力循环实现了热能到机械能的转换，并最终由发电机将机械能转换为电能。

3.1　概述

1．热力循环原理

　　核电站是利用核能来生产电能的工厂，它首先将核能转变为热能并传给工质，工质通过主蒸汽管道把热能输送到汽轮机中做功，将热能转换为机械能，再经汽轮机带动发电机将机械能转换为电能。利用工质的物理性质，使工质从某一初态经若干个热力过程后又回到初态，从而实现能量的转换，这些热力过程的组合，称为热力循环。理想朗肯循环是一种无过热、无再热、无回热的基本热力循环。实际蒸汽动力装置的热功转换过程都是以朗肯循环为基础的，其基本原理如图 3.1 所示。

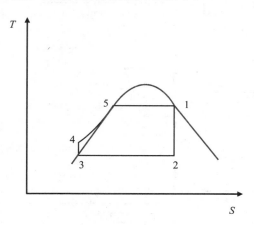

图 3.1　朗肯循环 T-S 图

主要的热力过程包括：4→1 蒸汽发生器 —— 定压吸热、1→2 汽轮机 —— 绝热膨胀、2→3 冷凝器 —— 定压放热、3→4 给水泵 —— 绝热压缩。为了提高热效率，核电站的蒸汽动力装置采用了加以改进的朗肯循环，增加了再热、回热等措施。再热循环指蒸汽在汽轮机中膨胀做功到一定压力后，又全部回到再热器中进行第二次加热，然后再回到汽轮机继续膨胀做功，直至终点。为了实现再热，核电站设置了汽水分离再热器。不仅实现了蒸汽再热，同时提高了蒸汽的干度，对汽轮机设备更加有利。回热循环是指对返回蒸汽发生器的给水进行加热。为此核电站设置了给水加热器。加热器的热源是从汽轮机蒸汽膨胀过程中抽出的一部分蒸汽。回热循环使得水的加热从较高温度开始，平均加热温度增高，提高了循环的热效率。从热量利用方面来看，减少了向凝汽器的放热损失；从加热方面来看，回热加热时加热器温差比热源直接加热时小，因而不可逆损失减小。

2. 汽回路运行

汽回路是热力循环的组成部分，是能量转换的第一步。核电站主蒸汽系统流程如图 3.2 所示。蒸汽发生器就如火电厂的锅炉一样，把反应堆产生的热量传给二回路的水，使水蒸发产生 6.71 MPa.a、282.9℃的饱和蒸汽，进入汽机高压缸做功。汽机设计的进汽压力为 6.11 MPa.a，温度为 276.7℃。蒸汽在高压缸膨胀做功后，压力降至 1.044 MPa.a，进入汽水分离再热器，去湿再热，压力降至 1.003 MPa.a，而温度升高至 268.1℃，成为过热蒸汽，通过 4 根进汽管从两侧进入两个低压缸做功，乏汽排到冷凝器，乏汽的压力为 5.8 kPa.a。高压缸、低压缸上布置有若干抽汽孔，抽出一部分做过功的蒸汽用以加热给水，回收热量，减少冷源损失，提高热经济性。在汽回路中还设有蒸汽旁路排放系统。汽回路做过功的乏汽排入冷凝器中被海水冷凝成水。

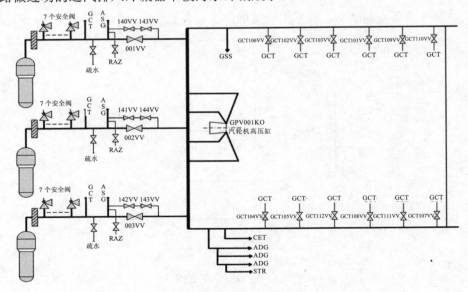

图 3.2　主蒸汽系统流程

3. 水回路运行

做功之后排入冷凝器的乏汽压力为 5.8 kPa.a，温度为 35.54℃，在参数不变的情况下，遇冷由汽转变成水，体积收缩，在冷凝器内形成真空，同时释放出汽化潜热。这部分汽化潜热由海水带出，最终排入环境。这部分汽化潜热占整个循环热量的 60% 左右。为避免冷凝器中的不凝结气体影响真空，核电站配置抽真空系统用以抽出不凝结气体。凝结的水由凝结水泵抽出，提升压力至 2.66 MPa.a，送入低压加热器（以下简称低加）加热，温度从 35.5℃上升到 140.5℃。三、四号低加的疏水由疏水泵送入三、四号低加之间的凝结水系统管线中，一、二号低加的疏水利用重力疏水到冷凝器，以减少热量和工质损失。四号低加的出水送入除氧器进行加热除氧。除氧器内的压力为 1.044 MPa.a，温度为 181.77℃，它将使水中的含氧量低于 5×10^{-9}。除去二回路水中的氧气是为了防止对设备产生腐蚀，特别是防止蒸汽发生器传热管受到腐蚀进而破坏核电站第二道安全屏障的完整性。除过氧的水通过四条下水管线进入给水泵。核电厂配备 3 台电动主给水泵（APA 泵）和 1 台启动给水泵（APD 泵），正常运行时投运两台电动主给水泵，第三台电动泵作为备用，3 台泵可以任意组合。给水经主给水泵升压后进到高压加热器，温度从 179.8℃升高到 226℃，通过给水调节系统进入蒸汽发生器，吸热蒸发进行下一次循环。水回路的基本流程如图 3.3 所示。

3.2 汽机旁路排放系统

3.2.1 系统功能与流程

1. 系统功能

反应堆功率要跟随汽机负荷变化。当汽机负荷锐减（如甩负荷、汽机脱扣）时，反应堆的功率控制不能像汽机负荷变化得那样快，瞬时出现堆功率与汽机负荷的不一致。这时，汽机旁路排放系统（GCT 系统）投入，维持一回路和二回路的功率平衡。故汽机旁路排放系统总的功能为：

当反应堆功率与汽机负荷不一致时，汽机旁路排放系统通过把多余的蒸汽排向冷凝器、除氧器和大气，为反应堆提供一个"人为"的负荷，从而避免核蒸汽供应系统（NSSS）中温度和压力超过保护阈值，确保电站的安全。

GCT 系统又分为向大气排放系统 GCT-a 和向冷凝器、除氧器排放系统 GCT-c，其具体功能为：

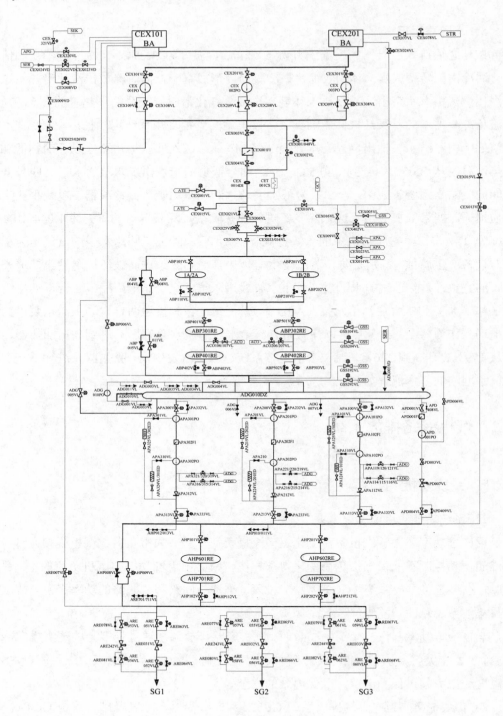

图 3.3　水回路流程

（1）向大气排放系统的功能

①当向冷凝器排放系统不可用时，才使用向大气排放。

②保持一回路平均温度在热停堆值。

③使一回路冷却，直至余热排出系统（RRA）投入。

④在瞬态过程中可避免蒸汽发生器安全阀开启。

（2）向冷凝器排放系统的功能

①允许汽轮机突然降负荷而不引起紧急停堆或蒸汽发生器安全阀动作。

②允许在某些工况下汽轮机脱扣而反应堆不紧急停堆。

③允许反应堆接受大于 10%额定负荷的阶跃变化和大于每分钟 5%额定负荷的线性变化。

④在紧急停堆期间，防止一回路升温使蒸汽发生器安全阀开启。

⑤允许汽轮机启动前对二回路暖管，还允许在手动棒控范围（0%～15%额定功率）内汽轮机加负荷。

（3）向除氧器排放系统的功能

在下列大范围负荷变化时，除向冷凝器排放还须向除氧器排放蒸汽：

①由满功率甩负荷至厂用电。

②满功率时，汽轮机脱扣而不紧急停堆。

③满功率时，汽轮机脱扣同时反应堆紧急停堆。

2．系统流程

汽机旁路排放系统由向冷凝器排放、向除氧器排放和向大气排放三部分组成，如图 3.4 和图 3.5 所示。

（1）向冷凝器排放系统

从主蒸汽母管两端引出两根排放总管，再由排放总管接出 12 根排放支管，从两侧进入冷凝器喉部的 4 个扩散器（也称减温减压装置）。每 3 根排放支管共用一个扩散器。在每根支管上有一个手动常开的隔离阀和一个气动排放控制阀。扩散器的冷却水来自凝结水泵出口的凝结水，经过一个手动隔离阀后分成两路进入冷凝器两侧的扩散器。每根供水管线上设有一个冷却水流量控制阀。

（2）向除氧器排放系统

由排放总管引出一根管道，然后分成 3 根支管，每根管线上有一个隔离阀和一个气动控制阀（ADG003VV、005VV、007VV）。其中控制阀 ADG003VV 和 ADG007VV 具有双重控制功能：在正常工况下，它们引入新蒸汽用来控制除氧器的压力；当收到旁路排放系统的排放信号时，它们快速开启，使新蒸汽排向除氧器。旁路排放信号优先于除氧器压力控制信号。

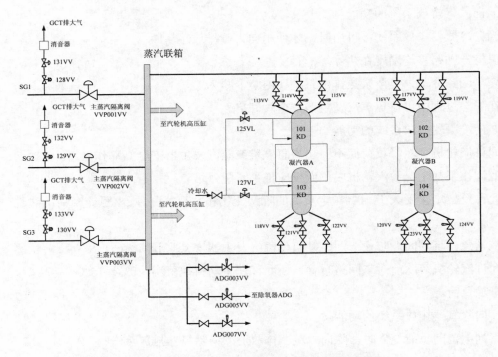

图 3.4　旁路系统排冷凝器和除氧器流程

（3）向大气排放系统

由3根独立的管线组成,在每根主蒸汽管道的主蒸汽隔离阀上游有一根排大气支管,每根支管装有一个电动隔离阀、一个气动排放控制阀及消音器。每个排放阀配有一个压缩空气罐,以便在空气压缩系统失灵后仍可保证排放控制阀工作6 h。

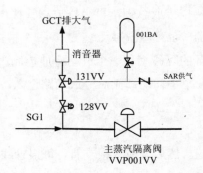

图 3.5　旁路系统排大气流程

3.2.2 系统的调节与控制

1. GCT 逻辑信号及控制模式

（1）逻辑信号

每个 GCT 的气动控制阀接收两类信号：一类是控制开启信号，包括调制信号及快开信号；另一类是逻辑允许信号。

其气动排放阀的控制原理见图 3.6。

在气动排放阀的供气管线上有 3 个电磁阀及 1 个气动定位器，电气转换器来的调制信号经气动定位器转换为开启排放阀开度的比例的气压，此空气源由压缩空气系统供给，经过 3 个电磁阀允许后去打开 GCT 排放阀。在某些瞬态情况下，快开信号直接作用在电磁阀 S3 上，使压缩空气经 S3 的 2-3 路通，再经逻辑允许信号电磁阀 S2、S1 的 1-3 路通，将 GCT 排放阀全打开。

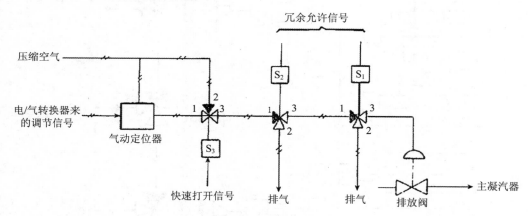

图 3.6　气动排放阀控制原理

考虑到安全因素，使用了一些逻辑允许的闭锁信号，此信号具有冗余，分 A/B 列，任一列信号产生，均导通电磁阀 S2、S1 的 2-3，使阀门排气后关闭。

下面分别介绍 GCT-c 四组排放阀的具体逻辑信号及模拟调制信号。

第 1、2 组 GCT-c 排放阀的快开信号及逻辑允许信号见图 3.7 和图 3.8。

其中：

P4 —— 反应堆紧急停堆信号；

温度模式 —— GCT-c 控制模式选择开关选在温度模式；

XU —— 温度定值阈值继电器；

C7A —— 2 min 之内汽机甩负荷 $\geqslant 15\% P_n$ 或 C8；

C7B —— 2 min 之内汽机甩负荷 $\geqslant 50\% P_n$ 或 C8+P16；

P12 —— 一回路平均温度低（＜284℃）；

C9 —— 冷凝器可用；

501CC —— 解锁/闭锁开关。

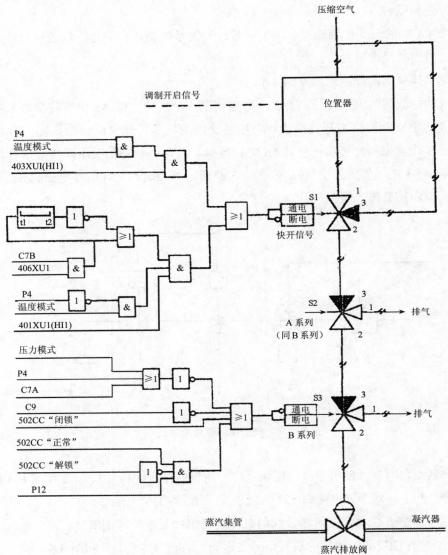

注：通电（ENERGIZED）意味着"3"通"1"不通；
断电（DE-ENERGIZED）意味着"1"通"3"不通；
501CC 用于 A 系列闭锁信号。

图 3.7　GCT 第 1 组阀逻辑信号

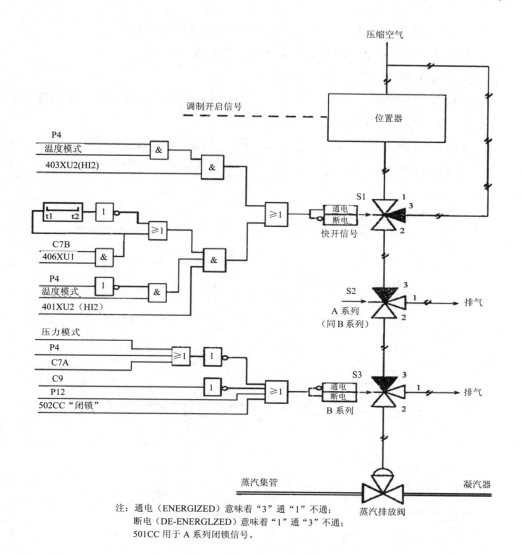

注：通电（ENERGIZED）意味着"3"通"1"不通；
　　断电（DE-ENERGLZED）意味着"1"通"3"不通；
　　501CC 用于 A 系列闭锁信号。

图 3.8　GCT-c 第 2 组阀逻辑信号

下面具体解释一下 GCT-c 各组阀门有关信号的意义。

对于第 1 组阀，快开信号有两种：

①有紧急停堆时，GCT-c 选在温度模式，403XU1 给出动作信号而产生 GCT 第 1 组阀快开信号。

②没有紧急停堆时，GCT-c 选在温度模式，401XU1 给出动作信号，同时无短电网快开闭锁信号，产生甩负荷信号 C7B 和 406XU1 动作，也给出 GCT-c 第 1 组阀的快开信号。

逻辑闭锁信号分两列，因为两列相同，只取其中一列信号进行说明。

有 4 种逻辑闭锁信号：

①GCT-c 不选在压力模式、甩负荷信号 C7A 没有出现且无 P4 信号。

②冷凝器不可用，意味着冷凝器不能接受蒸汽排放。

③502CC 放在闭锁位置，即手动闭锁。

④502CC 放在正常位置，同时有 P12 信号，意味着一回路过冷，也闭锁 GCT-c 第 1 组阀，但可用 502CC 解锁第 1 组阀的开启。

GCT-c 第 2 组阀的控制信号类同第 1 组，但温度动作阈值不同。

第 3 组阀的逻辑信号见图 3.9。

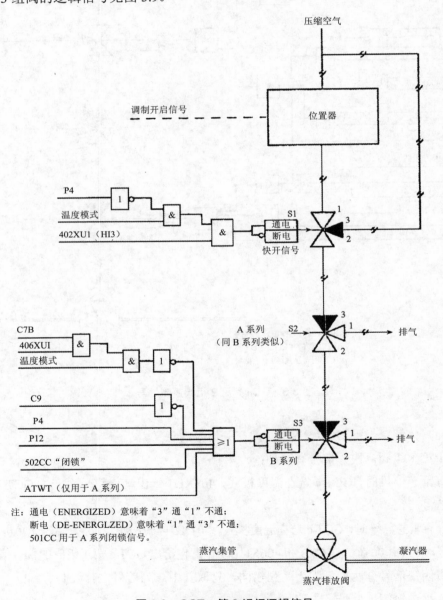

图 3.9　GCT-c 第 3 组阀逻辑信号

GCT-c 第 3 组阀增设了两种逻辑闭锁信号：

①ATWT，防止蒸发器烧干。

②P4，防止一回路过冷。

GCT-c 第 4 组排放阀控制信号见图 3.10。对于 GCT-c 第 4 组阀，只接受 GCT-c 系统来的快开信号。

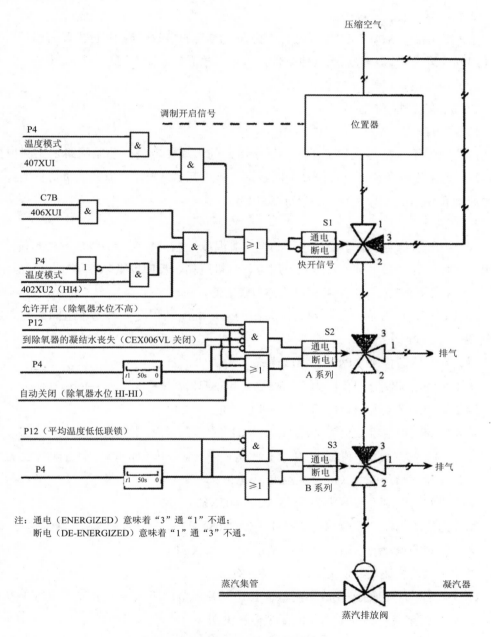

图 3.10　GCT-c 第 4 组阀逻辑信号

从安全的角度来看，有以下闭锁保护：

①防止反应堆过冷。

所有阀门在接收到低冷却剂平均温度信号（$T_{avg}<284℃$，即 P12）后闭锁，但第 1 组阀能够手动解锁，以便于堆启动的升温过程或停堆后的降温过程能够进行。第 3 组阀在反应堆紧急停堆时闭锁，以防止堆过冷引起安注。

②防止蒸汽发生器烧干。

第 3 组阀接收 ATWT 信号后闭锁，因为在 ATWT 的事故分析中，得出此时闭锁 GCT-c 第 3 组阀（最大一组）再加上其他条件，可使事故后果控制在可接受的范围内。

（2）控制模式

GCT-c 有两种控制模式：

1）压力模式

此模式用于维持蒸汽集管压力接近于给定的手动预定值，控制回路是比例积分回路。此通道用于低负荷手动控制棒期间或蒸汽排放开启情况下，以及低负荷长期运行及堆的启动和停闭中（此时 RRA 系统已退出）。

2）温度模式

GCT-c 开启信号取决于反应堆冷却剂实测温度、汽机负荷和最终功率整定值，此回路用于自控运行（如甩负荷、甩到厂用电、汽机脱扣、反应堆紧急停堆）。

2．GCT-c 1、2、3、4 组阀门的开启整定值

GCT-c 阀门的开启整定值决定了各阀的响应顺序及程度，参见各组阀的开启逻辑控制图。

（1）在有紧急停堆（P4）且温度模式下

第 1 组阀的调制开启范围为 3～5.5℃（403XU1）

第 2 组阀的调制开启范围为 5.5～8.1℃（403XU2）

第 4 组阀的快速开启值为 20℃（407XU1）

注：第 4 组阀在 GCT-c 控制方式时，只有快开信号。第 3 组阀禁止开启，以避免反应堆过冷。

（2）在没有紧急停堆（P4）且温度模式下

第 1 组阀的调制开启范围为 3～5.5℃（403XU1）

第 2 组阀的调制开启范围为 5.5～8.1℃（403XU2）

第 3 组阀的调制开启范围为 8.1～13.1℃（402XU1）

第 4 组阀的快速开启值为 14.9℃（402XU2）。

GCT-c 各组阀门的快开信号阈值取其调制开启范围所对应的上限，即对应着阀门 100%开启，其来自核岛控制系统的闭锁信号见图 3.11。

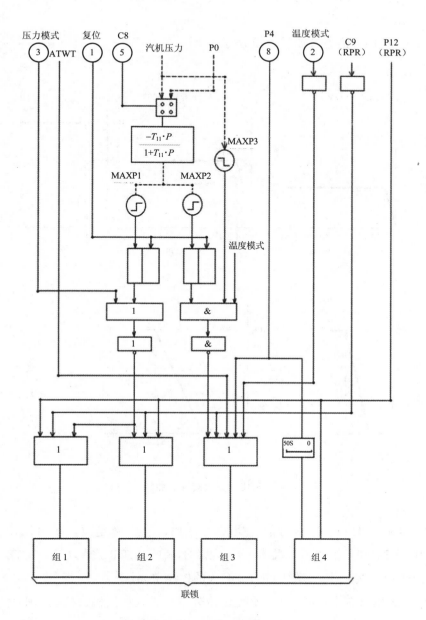

图 3.11　排放阀闭锁信号

从图 3.11 可看出，P12 信号闭锁 GCT-c 的 4 组排放阀，但对 GCT-c 第 1 组阀有一个解锁开关，图上未画出。C9 经过一个非门（即冷凝器不可用），闭锁 GCT-c 排冷凝器的 3 组阀门。当 GCT-c 控制模式不在温度模式时，闭锁第 3 组阀开启。紧急停堆 P4 时闭锁第 3 组阀。若 GCT-c 控制不在压力模式又没有 C7A 信号，也闭锁 GCT-c 第 1、2

组阀。GCT-c 在温度模式下,没有 C7B 信号或 406XU1 给出零的信号(汽机负荷>50%P_n)也闭锁第 3 组阀。

排放控制阀的开启方式如图 3.12 所示。

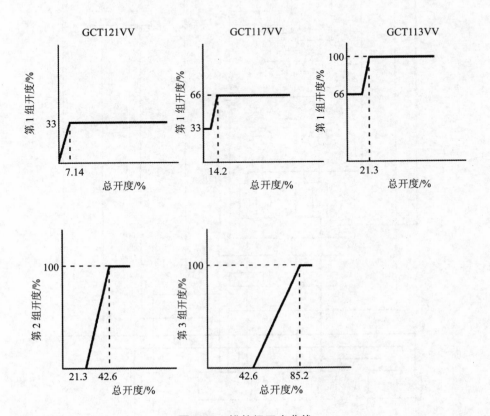

图 3.12 排放阀开启曲线

C7A、406XU1、C7B 信号的产生见图 3.13,它实际是取汽机进汽压力(来自 GRE022/023/024MP,正比于汽机功率),经微分环节 401DR 产生 C7A、C7B 而表明汽机甩负荷变化的大小,然后送往 GCT-c 有关的控制单元。

从图 3.13 也可看出,406XU1 不经过微分单元,只在汽机负荷在 50%P_n 状态发生变化。

关于最终功率整定值,后面章节会有详述,这里仅从 GCT-c 的角度再解释一下,见图 3.14。

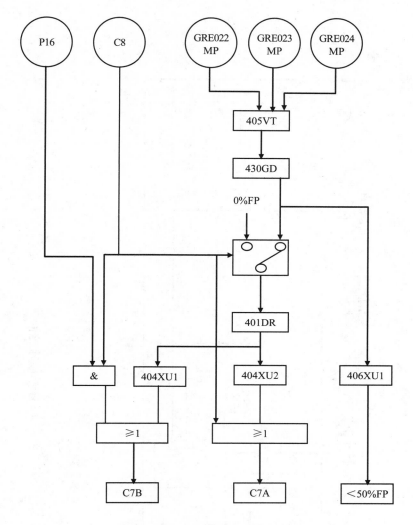

图 3.13　C7A 和 C7B 生成原理

　　当 GCT-c 处在压力模式时，如果 GCT-c 有阀门正在开启，最终功率整定值根据设定的压力经函数发生器产生，当 GCT-c 处在压力模式时，而 GCT-c 阀门没有开启；或者有跳堆信号或者汽机功率大于最终功率整定值时，最终功率整定值取值为 0。

　　当汽轮机跳机或超高压断路器跳闸时，在汽轮机负荷和设定值 30% 之间取小值，作为最终功率整定值。

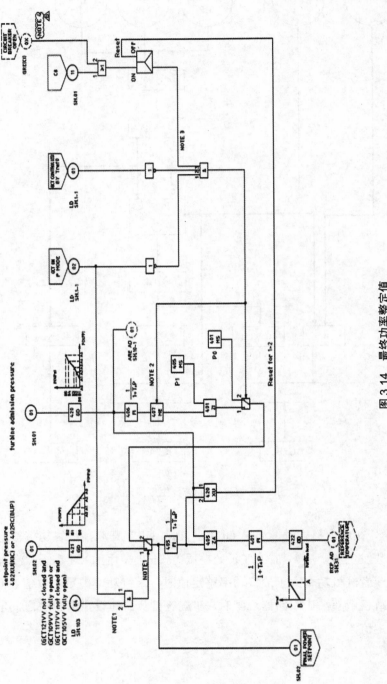

图 3.14　最终功率整定值

3.2.3 系统的运行

1. 正常运行

核电厂带功率稳定运行时,冷凝器蒸汽排放系统以及大气蒸汽排放系统都是正常关闭的,反应堆冷却剂系统的温度由温度棒控制系统进行控制。

2. 特殊的稳态运行

当反应堆处于热备用、热停堆、正常中间停堆和两相中间停堆而余热排出系统 RRA 未投入时,汽机旁路排放系统在压力模式下运行,导出堆芯余热和主冷却剂泵的产热量。若 GCT-c 排冷凝器不可用,可使用 GCT-c 排大气来完成此功能。若 RRA 系统投运,则 GCT-c 作为备用。

3. 特殊的瞬态运行

机组正常运行时的温度变化由温度控制棒系统来调节,但有些瞬态变化很大,仅靠温度控制棒难以匹配一、二回路的功率平衡,故这些瞬态就需 GCT-c 来起作用,平衡一、二回路功率。当由二回路整定出的 T_{ref}(温度参考值)与一回路冷却剂的实测参考值 T_{avg} 之差大于动作整定值 ΔT 时,GCT-c 就动作响应,当然这是指 $T_{avg} > T_{ref}$ 的情况;而当 $T_{ref} > T_{avg}$ 时,意味着一回路过冷,必须闭锁 GCT-c 的各排放阀。GCT-c 排冷凝器的控制系统工作原理见图 3.15。

下面分别讨论这些运行瞬态。

(1)冷凝器和除氧器蒸汽排放系统

①汽轮机甩负荷。

在汽机甩负荷时,堆芯提供的功率与汽机吸收的功率之间发生暂时的不平衡。因为调节棒的调节能力有限,根据设计,在阶跃甩负荷幅度大于额定负荷的 $10\% P_n$ 或线性变化超过 $5\% P_n$/min 时,GCT-c 就要投入运行,把多余的一回路热排出。在这样的条件下,根据反应堆冷却剂系统的平均温度偏差信号,图 3.17 示出了图 3.16 中各函数发生器的具体变化数值。从图 3.17 上的 402GD 看出,GCT-c 排冷凝器系统的温度死区是 3℃,即温差大于 3℃ 而且有阀的逻辑信号允许时,GCT-c 系统才响应。根据温度偏差信号 ΔT 的大小,结合上节中的各组阀定值,如果满足快开条件就依次快开各组阀,否则就分组依次地开启,直至全部打开各组阀,使一、二回路恢复到平衡稳定状态,以保证反应堆控制系统和稳压器的压力调节系统的安全运行。

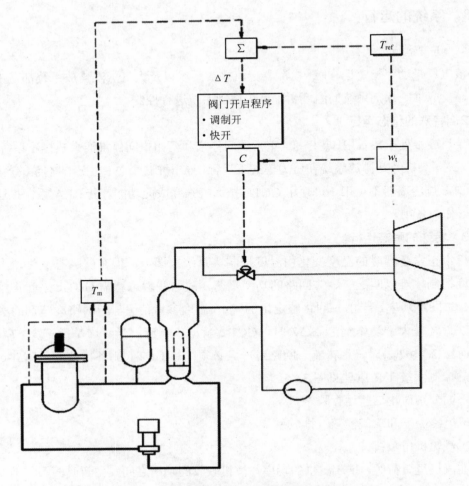

图 3.15　GCT 排冷凝器的控制系统工作原理

注：T_m：一回路实测值；w_t：二回路整定功率。

②带厂用电运行。

机组的高压出线开关断开，堆功率降到 $30\%P_n$ 时，汽机带厂用电运行（$5\%FP$ 左右），其余负荷由 GCT-c 带走。从图 3.16 可看出，最终功率整定值（$30\%P_n$）减去汽机负荷 $5\%FP$，剩余 25% 的功率偏差经 410GD 转化为温差，再经 403GD 转化为 GCT-c 开度信号，具体的 GD 数值见图 3.17，此 GCT-c 开度信号去调制开启 GCT-c 的有关阀门。从设计上讲对甩厂负荷运行没有时间上的限制，故机组可稳定在带厂用负荷的运行状态上，等待并网。若甩厂负荷时，最终功率整定值的值小于调节棒自动调节的范围（$15\%P_n$），GCT-c 的控制模式一般仍维持在压力控制模式。

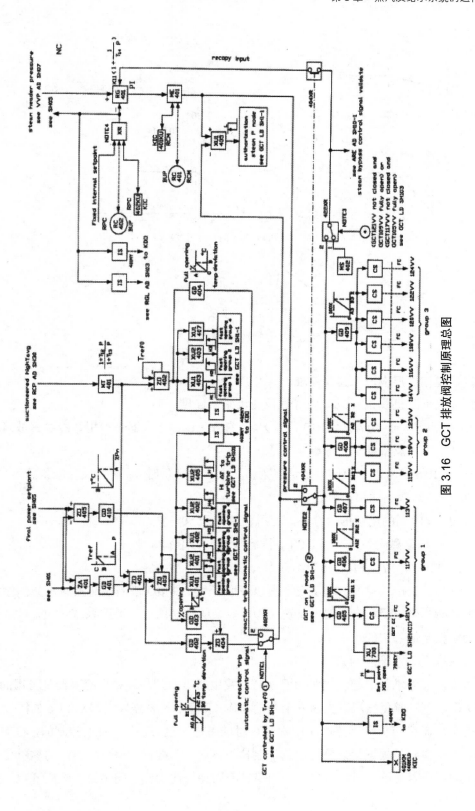

图 3.16　GCT 排放阀控制原理总图

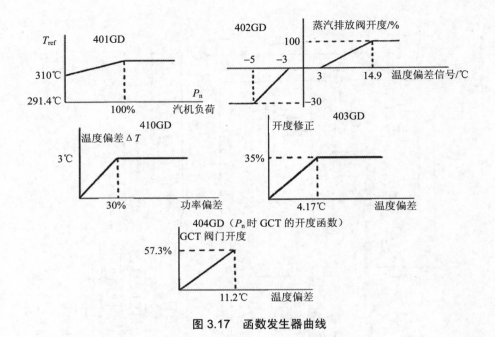

图 3.17 函数发生器曲线

③汽机脱扣而反应堆未紧急停堆。

下列情况下汽机脱扣（C8）将导致反应堆紧急停堆：

—— 核功率大于 10% P_n（P10 信号），且存在 P12、冷凝器不可用、冷凝器故障、手动闭锁之一，则反应堆紧急停堆。

—— 有 P16 信号，如果同时出现下列情况之一，则延时 1 s 后，反应堆紧急停堆：

a. 第 1、2 组阀的闭锁信号存在。

b. 第 3、4 组阀的闭锁信号存在，且甩负荷大于 50% P_n。

c. 任一手动隔离阀关闭（即 GCT-c 排冷凝器不可用）。

d. 无控制信号（$T_{avg}-T_{ref}>3℃$ 不存在）。

否则，汽机脱扣时并不引起反应堆紧急停堆。汽机脱扣而没有引起反应堆紧急停堆与汽机甩负荷和带厂用电运行时的情况类似，多余的蒸汽由汽机旁路系统导出，堆维持在最终功率整定值确定的水平上。

④反应堆紧急停堆（P4）。

反应堆紧急停堆将引起汽机脱扣而使蒸汽发生器压力升高。如果冷凝器是可用的，GCT-c 动作就可以避免蒸汽发生器安全阀的动作。反应堆紧急停堆引起 GCT-c 的排放是由冷却剂平均温度与控制回路产生的零负荷时的参考温度 $T_{ref,0}$ 之差来控制的，GCT-c 阀门打开的规律则是根据紧急停堆引起控制棒下落，一回路剩余功率与整定的零负荷之差所确定的。在紧急停堆时，为防止一回路过冷而使安注动作，闭锁第 3 组阀开启，第

1、2、4 组阀的开度由模拟开启信号和快开信号及逻辑信号复合控制。第 4 组阀没有闭锁是为了作为第 1、2 组阀的备用。

⑤以上各种情况下，GCT-c 压力模式下控制一般用于低负荷，此时，GCT-c 只根据实测母管压力与整定压力之差来控制 GCT-c 阀的开启，压力模式下无快开信号。

（2）大气蒸汽排放系统（GCT-c-a）

正常运行时，GCT-c 排大气系统的压力定值为 7.85 MPa.a。甩负荷时，只要 GCT-c 排冷凝器可用，GCT-c-a 一般是关闭的，否则 GCT-c-a 就要打开，在蒸汽发生器的安全阀动作之前，有排放 $10\%P_n$ 左右的能力。

4．启动和正常停堆

（1）GCT-c 排冷凝器

如果 GCT-c 排冷凝器可用，则在压力模式下，靠此完成机组正常启动和停闭。当 $T_{avg}<284℃$ 时，GCT-c 第 1 组阀可以解锁，以完成堆的正常启动和停闭。

机组启动时，随着反应堆临界及功率增加，汽机冲转、并网、带负荷，当反应堆功率大于 $10\%P_n$（C20），控制棒控制系统转到自动方式；当汽机旁路阀关闭时，将 GCT-c 的控制从压力模式转换到温度模式。

机组停闭时，机组逐渐减负荷到 $20\% P_n$ 左右，在此过程中 GCT-c 是在温度模式下。当机组负荷降到 $20\%P_n$ 左右时，操纵员调整压力定值，将 GCT-c 从温度模式切到压力模式下，此时 GCT-c 并没有开启，只作跳机后的准备。

一回路冷却过程中，操纵员应控制降温速率不超过 28℃/h，这是通过降低压力整定值手动进行的。当汽轮发电机组的电功率低于 12 MW 时，汽机脱扣，机组与电网解列，GCT-c 在压力模式下维持蒸汽发生器压力在 7.6 MPa。压力模式下只开 GCT-c 第 1、2 组阀，在热停堆以下状态，可只靠 GCT-c 第 1 组阀将一回路冷却到 RRA 投运的状态。

（2）GCT-c 排大气

GCT-c 排大气只有压力模式，它在 GCT-c 排冷凝器不可用时，完成 GCT-c 的上述功能，但它只能排 10%左右的额定蒸汽量，故一般用于堆的启停操作中。

3.3　二回路其他控制系统

3.3.1　凝结水抽取系统（CEX）

1．CEX 功能与流程

（1）系统功能

①与冷凝器抽真空系统（CVI）一起为汽机建立和维持真空。

②将进入冷凝器的蒸汽凝结成水。

③将凝结水从冷凝器热阱中抽出，升压后经低压加热器送到除氧器。

④接收各疏水箱来的疏水。

⑤向下列系统或设备提供冷却水和轴封用水：

a. 为 GPV 的汽机低压缸排汽口喷淋系统提供降温冷却水；

b. 为蒸汽旁路排放系统（GCT）提供降温冷却水；

c. 为新蒸汽和汽机疏水箱提供降温冷却水；

d. 为凝结水泵等提供轴封水；

e. 为辅助给水系统（ASG）的水箱提供凝结水。

（2）系统流程

凝结水抽取系统主要包括：两台冷凝器（CEX101CS、102CS）；三台凝结水泵（CEX001PO、002PO、003PO）；两个疏水扩容箱（CEX101BA、201BA）；凝结水过滤器 CEX001FI；除氧器水位控制阀 CEX025VL 和 026VL；再循环控制阀 CEX024VL；冷凝器补水控制阀 CEX022VD 及相应的管道。流程如图 3.18 所示。

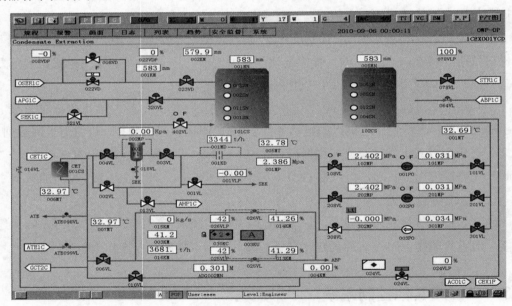

图 3.18　凝结水抽取系统流程

两台冷凝器共用一个热阱，三台凝结水泵（正常情况下两台运行，一台备用）从热阱出口取水，升压到 2.49 MPa.a 经泵出口逆止阀和隔离阀汇集于 3 台泵的出口母管。凝结水经过滤器 001FI（设有旁路阀 002VL）和孔板 004DI（并联轴封冷却器 CET001CS）后分两路：一路经隔离阀 006VL 及两个并列的除氧器水位控制阀 025VL 和 026VL 经 4

级低压加热器进入除氧器；另一路经再循环阀 024VL 返回冷凝器以保证泵的最小流量。在 024VL 上游设有冷却水和轴封水的供水支管。

所有向冷凝器的疏水都需经冷凝器内的疏水扩容箱 CEX101BA 或 CEX201BA 回到冷凝器。CEX101BA 设有喷水减温器，冷却水来自凝结水泵出口的再循环管线上。

2．CEX 相关控制

（1）冷凝器水位控制

冷凝器的水位由水位控制器自动控制补给水阀来满足水位的要求，原理见图 3.19。

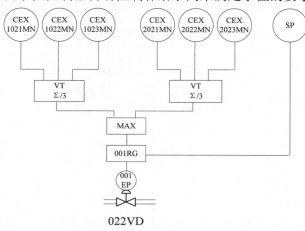

图 3.19　冷凝器水位控制

每台冷凝器装有 3 个水位计。每个水位计设有 6 个水位开关报警点，分别是高高高水位（HHHWL）、高高水位（HHWL）、高水位（HWL）、低水位（LWL）、低低水位（LLWL）、低低低水位（LLLWL）。冷凝器水位的实测值由冷凝器 3 个水位计（冷凝器 A 为 1 021MN、1 022MN、1 023MN，冷凝器 B 为 2 021MN、2 022MN、2 023MN）的测量值取平均，平均值作为冷凝器水位实测值。冷凝器正常水位为（1 950±115）mm。

冷凝器中贮水容积和水位的关系见图 3.20。

冷凝器 A、B 的实测水位取大值作为实测水位输出值，当实测水位与整定值水位有偏差时，偏差信号经 PI 调节器、001KU 处理后去控制补给水阀 022VD 的开度，向冷凝器补充除盐水，使实测值等于整定值。冷凝器的初始充水也是经补水阀来完成的。在 PI 调节器故障等情况下，可以通过 001KU 操纵员手动直接控制补给水阀。

在正常运行时，维持冷凝器水位等于整定值。当达到高水位时，所有进入冷凝器的外部系统水管道（包括补给水管道）将自动隔离。如果水位继续上升，将触发高高水位报警，同时操纵员应尽快使汽轮发电机减负荷并监视冷凝器水位，如果水位没有下降，则快速停运汽轮发电机组。

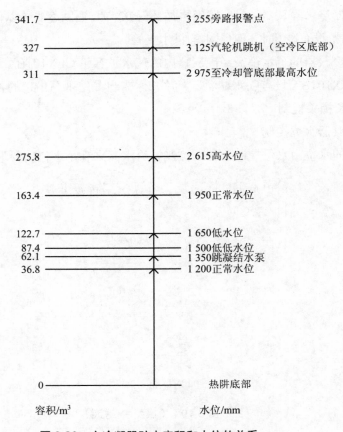

容积/m³	水位/mm
341.7	3 255旁路报警点
327	3 125汽轮机跳机（空冷区底部）
311	2 975至冷却管底部最高水位
275.8	2 615高水位
163.4	1 950正常水位
122.7	1 650低水位
87.4	1 500低低水位
62.1	1 350跳凝结水泵
36.8	1 200正常水位
0	热阱底部

图 3.20　主冷凝器贮水容积和水位的关系

造成冷凝器高水位的原因主要有：

①凝结水泵故障。

②除氧器水位控制系统或相应的控制阀失灵。

③冷凝器水位控制系统失灵。

冷凝器低水位报警是低于定值 1 650 mm，当冷凝器水位在低水位时，凝结水泵不允许启动。当达到低低低水位（1 350 mm）时，运行的凝结水泵自动脱扣。

当两台冷凝器水位任一液位高时（2 615 mm），将：

①自动关闭蒸汽转换器疏水箱疏水排放阀 CEX078VL。

②自动关闭补水隔离阀 023VD。

③自动关闭核岛蒸汽发生器排污再生水回水调节阀 320VL。

④自动开启核岛蒸汽发生器排污再生水排水阀 321VL。

⑤自动关闭除氧器溢放水电动阀 ADG005VL。

当两台冷凝器水位任一液位高高高时（3 255 mm），将联锁真空泵跳闸。

（2）凝结水再循环流量控制

为保证凝结水抽取泵有足够的最小流量，设有单根的再循环管。再循环流量由控制阀 024VL 控制，原理见图 3.21。实测值来自 0024VLP 测得的 024VL 阀门本身的开度信号，整定值由低压加热器后凝结水管线上流量信号 ABP001MD 经函数发生器 001GD 产生，二者偏差送 PI 调节器 002KU 控制 024VL 阀。操纵员也可以将 002KU 切换到手动模式，以手动方式控制 024VL 的开度。

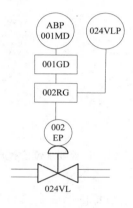

图 3.21　凝结水再循环开度调节原理

汽机负荷在 0~60% 时，除氧器水位控制器和再循环流量控制器共同作用，使经过两台凝结水泵的流量约为 550 kg/s。当汽机负荷大于 60%P_n 时，再循环流量全关，凝结水流量随负荷成比例增加，100%P_n 负荷时达到 960 kg/s（每台凝结水泵的额定工作状态：流量 552.6 kg/s，压头 215 bar）。

再循环管线不但保护凝结水抽取泵，并且在启动和低负荷运行时确保有足够流量通过轴封蒸汽冷却器。在电站启动期间，使进入冷凝器的水经凝结水金属滤网再循环，以便于该系统的清洗。

（3）除氧器水位控制

凝结水泵的凝结水输送流量是按除氧器的水位要求控制的，在汽机负荷 0~100%P_n 范围内，除氧器水位要维持在约 0.3 m。控制原理如图 3.22 所示。除氧器水位实测值由水位计 001/003/004MN 取有效平均值后给出，整定值为 0.3 m，两者的偏差送调节器，调节器的输出经自动/手动控制站 003KU，将阀门开启到要求的位置。在主控室还有一个可供操纵员选择的控制方案选择开关 030KC，可任选 A、B、C 三个方案之一。

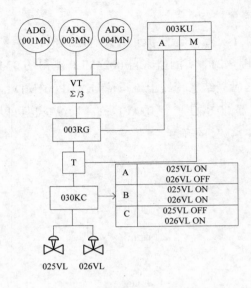

图 3.22　除氧器水位控制原理

在运行过程中，造成除氧器水位低的原因主要有：

①除氧器水位控制阀 025VL 和 026VL 或相关控制回路故障。

②汽机大幅度甩负荷。

③凝结水抽取泵运行不正常。

除氧器水位低的后果是所有的主给水泵将跳闸或被禁止启动。

图 3.23 所示为凝结水系统总的控制原理。

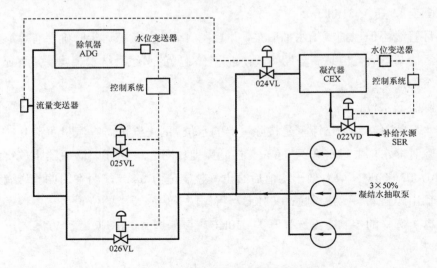

图 3.23　凝结水系统控制原理简图

3.3.2　除氧器系统

1．系统综述

（1）系统功能

除氧器的主要功能有：

①向电动主给水泵（APA）提供经过加热和除氧的水。

②维持汽动或电动给水泵、增压泵的净吸入压头，防止这些给水泵的汽蚀。

③除氧器具有一定储水空间，可以作为在蒸汽发生器需水量和凝结水给水量不匹配时的缓冲器。

④接收下列汽和水：

a. 给水泵的再循环管的回水；

b. 6# 高压加热器的疏水和排气；

c. 蒸汽发生器排污水用凝结水冷却时凝结水侧回 ADG；

d. 冷再热蒸汽（即抽汽）；

e. 辅助蒸汽（SVA）；

f. 由低压加热器来的主凝结水；

g. STR 蒸汽转换器的冷凝疏水。

⑤将不凝结气体排往冷凝器（正常运行）和大气（ADG 启动时）。

⑥在回路净化、启动或试验时，将水排往主冷凝器。

⑦在反应堆启动时，循环凝结水以便得到一个含氧量较低的水质。

（2）系统组成

除氧器系统由给水（或凝结水）系统、加热蒸汽系统、再循环系统、排气系统和卸压系统等组成。

1）凝结水系统

由低压加热器来的给水通过装在除氧器顶部的 4 个喷雾器进入除氧器水箱，与加热蒸汽混合、加热、除氧。除过氧的凝结水在水箱底部有 4 根下降管分别进入 4 台给水泵的升压泵入口。设有一 SER 供水管线，可在凝结水泵不能向除氧器供水时使用。

2）加热蒸汽系统

根据汽轮机不同的运行工况，采用不同的加热蒸汽汽源对除氧器贮水箱的水进行加热。

①辅助蒸汽。

用于启动工况，对除氧器贮水箱的水进行加热的蒸汽来自辅助蒸汽分配系统（SVA），由辅助锅炉供给。

②高压缸排汽。

用于正常运行工况,即除氧器加热蒸汽来自高压缸排汽(即冷再热蒸汽)。

③新蒸汽。

用于瞬态事故工况,如汽轮机脱扣、甩负荷或低负荷运行等工况。

其中高压缸排汽和新蒸汽汽源都是通过主蒸汽分配装置的鼓泡管上排出,蒸汽在水中向上流动,直到逸出液面到液面以上空间,与给水喷雾器喷出雾滴完成混合、加热、除氧过程。蒸汽经过水中和雾幕空间后,几乎全部被凝结成水,并将除氧器的水加热到该压力下的饱和温度,只有极少量的蒸汽与不凝结的气体一起由放气管排出。

在冷态启动时,为对贮水箱的水进行加热,由辅助锅炉来的蒸汽通过辅助蒸汽分配器耙管孔排出,加热贮水箱中的水,起到一定的除氧作用。

3)再循环系统

在冷态启动时,为对贮水箱的水进行有效的加热和除氧,设有一套再循环系统。当利用辅助蒸汽分配装置对水箱的水进行加热时,启动一台再循环泵(ADG010PO),由除氧器水箱底部吸水,经孔板(001KD)送至除氧器顶部一个喷雾器,增加了贮水箱内给水的扰动,达到均匀加热和缩短加热时间的目的。为保证凝结水达到最大扰动,要求再循环泵的吸水口远离启动时用的一个喷雾器。

4)排气系统

为及时排出除氧器中不凝结的气体而设置的系统。由 8 根放气管和 8 个孔板以及 2 个电动隔离阀(032VV、033VV)组成,其中一个隔离阀(033VV)通向大气,另一个隔离阀(032VV)通向两台凝汽器。只有在冷态启动时,除氧器为了加热给水,且水中含空气较多时,才开启向大气排放的隔离阀。当汽轮机正常运行时,应关闭排大气隔离阀(033VV),而开启通向凝汽器的隔离阀(032VV)。

5)卸压系统

除氧器正常运行压力为 0.27~0.93 bar.a。为防止除氧器超压而设置一套卸压系统,由 12 个结构完全相同的卸压阀组成,还有 1 个附加卸压阀,即共有 13 个卸压阀。它们的整定压力为 10.71 bar.a±3%。这些卸压阀还设计成在 10%超压时能排放出全部加热蒸汽量。

2. 除氧器相关控制

除氧器的水位控制已在上一节冷凝器相关控制中介绍过,这里不再叙述。下面对除氧器压力控制做详细介绍。

控制除氧器内的压力,一方面是保证除氧器正常工作,另一方面是保证主给水泵入口有一定的吸入压头,以防止主给水泵汽蚀。除氧器压力控制有自动和手动两种方式。自动时,通过控制器 001RG 的输出来调节新蒸汽阀 ADG003、007VV,保持 2.7 bar.a

的固定压力。手动时，通过 002KU 直接控制 ADG003VV 开度来控制除氧器压力。下面分几种工况来讨论除氧器压力控制，原理如图 3.24 所示。

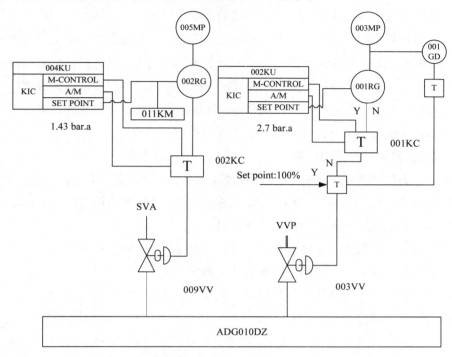

图 3.24　除氧器压力控制原理

（1）无负荷加热时的压力控制

启动时或短期停运时，为暖机或维持除氧器水温（相应压力对应的饱和温度为 110℃），用辅助蒸汽维持除氧器的压力为 1.43 bar.a。控制器（压力调节器）ADG003RG 即为此用。此时压力整定值由 002RG 内部生成，实测值由 ADG005MP 测出。

（2）低负荷时的压力控制

当负荷低于 30%时，除氧器压力由一单独的电子控制器 001RG（带固定整定值的比例/积分型）保持在 2.7 bar.a。这个控制器对新蒸汽阀 ADG003VV 和 007VV 起作用。

（3）正常运行时的压力控制

除氧器的压力由高压缸排汽（冷再热抽汽）压力决定，在 2.7～9.3 bar.a 范围内滑动。

这时系统能允许负荷发生最大为 10%FP 的阶跃下降而不需利用新蒸汽来保持除氧器的压力。

（4）甩负荷时的压力控制

汽机甩负荷时为了保持除氧器足以满足给水泵净正吸入压头的要求，必须由除氧器排放阀 ADG003VV 和 007VV 补入新蒸汽。

3.3.3　给水加热器系统

为了提高汽轮机热力循环的效率，降低给水吸热温差，核电站采用了给水抽气回热系统，即利用汽轮机抽汽对给水加热。核电站共采用了 7 级加热，包括 4 级低压加热、2 级高压加热和 1 级除氧器混合加热。低压给水加热器利用从汽轮机低压缸的抽汽对给水进行回热加热，除此之外，低压加热器系统还接收低压主汽门和低压调节汽门阀杆的漏汽和部分轴封蒸汽，充分利用它们的热能。高压给水加热器系统是利用汽机高压缸抽汽加热给水，并接收汽水分离再热第一、二级再热器的疏水。

1．加热器的水位和压力控制

为提高热力循环效率，设置了 6 级加热器，其中高压加热器 2 级、低压加热器 4 级。

加热器中水位控制实质是加热器疏水的水位控制。控制疏水的目的一方面是保证换热效果，另一方面是防止水经抽汽管进入汽机。

每台低压加热器设有一式两套水位开关，以保证下列功能：

①当高水位时报警，并隔离受影响的加热器。

②在一个加热器可重新投入使用以前，双重地证实水位已恢复正常。

③对水位开关进行带负荷试验。

1 号、2 号复合式加热器位于冷凝器喉部，1 号、2 号低加的疏水利用重力疏往冷凝器。3 号和 4 号低压加热器设有一个疏水系统（ACO），见图 3.25。4 号低加疏水经水位控制阀控制后送往 3 号低加本体壳侧。当 3 号低加的疏水水位升高至设定的低水位以上时，疏水泵自动启动以再循环方式运行。当水位进一步升高到正常水位以上时，疏水控制阀开启，再循环阀关闭，把疏水排入 3 号和 4 号低加之间的给水管内。当水位低于正常水位时，疏水控制阀关，再循环阀开。这样维持 3 号低加疏水在正常水位。若疏水水位达到高高水位，自动开启应急疏水控制阀，疏水直接送冷凝器，同时自动停运疏水泵以保持应急管线为溢流满水状态，防止疏水泵汽蚀。当疏水箱水位下降至高水位以下，应急疏水控制阀自动关闭，疏水泵自动启动。

在下列情况下，疏水泵将自动脱扣：

①扬程损失至额定的 50% 以下（经 1 min 延迟）。

②3 号低加水位低低。

③存在疏水泵禁止启动信号。

④汽机脱扣信号。

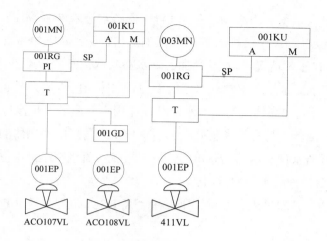

图 3.25　3 号、4 号低压加热器疏水控制原理图（A 列）

每台高压加热器也设有一式两套的水位开关，以保证下列功能：

①高水位时发出报警，提醒操纵员可能已发生传热管泄漏或疏水不畅。

②高高水位时报警，并开启通向冷凝器的应急高水位疏水控制阀。

③高高高水位时报警，并自动隔离受影响的加热器组（A 列或者 B 列）。

④低水位时报警，提醒操纵员蒸汽可能进入疏水冷却区。

⑤可进行带负荷试验水位开关。

6 号和 7 号高压加热器的疏水系统控制原理见图 3.26。

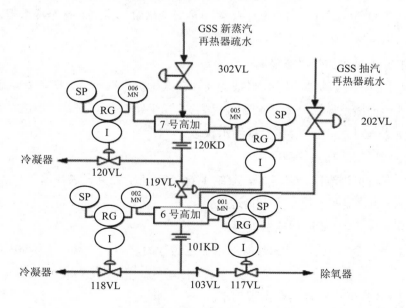

图 3.26　高压加热器疏水系统控制原理（A 列）

汽水分离再热器系统（GSS）的新蒸汽再热器疏水进入 7 号高压加热器内，会同 7 号高加的疏水经控制阀 119VL 排入 6 号高压加热器，6 号高压加热器同时再接收 GSS 抽汽再热器疏水。在正常情况下，6 号高加的疏水在其水位开关作用下，经调节阀 117VL 排向除氧器。当疏水流量超过正常疏水系统能力、加热器内水位升高超过正常工作水位 175 mm 时，在 6 号高加壳体上第二个水位开关作用下开启应急疏水控制阀 118VL，把超量的疏水排至冷凝器。另外，当负荷小于 30%FP、6 号高压加热器的压力不足以克服除氧器压力加除氧器水位静压头的总压力，使正常疏水流量减小，水位升高使应急疏水控制阀 118VL 开启，把疏水引向冷凝器。

如果水位继续上升超过应急水位，则发生"高 H3 水位"报警并自动隔离相应的加热器组。

加热器压力不受控制，随着负荷及抽汽状态的变化而变化。

2．加热器运行模式

正常运行时，所有加热器全部投入运行，但也可部分运行。

（1）所有加热器全部投入

在这种方式下，两组加热器旁路阀关闭，汽轮发电机最大连续出力 1 089 MW。

（2）1 号和 2 号复式加热器被隔离

所有低压复式加热器被隔离，汽轮机进汽阀全开，在这种运行方式下，当收到低压复式加热器隔离报警或低压加热器疏水接收到高高水位报警时，隔离加热器进出口阀，开启旁路阀 008VL，此时应投入备用凝结水泵，保持三泵运行（因对应的第 1、2 级加热器进入冷凝器的抽气增加），再停运 3、4 加热器疏水泵，将疏水排至冷凝器。将有缺陷的加热器隔离，然后将其他复式加热器复原。

（3）两组低压复式加热器被隔离

40%凝结水经过复式加热器，60%被旁通。在汽轮机进汽阀全开时，3、4 号低压加热器疏水自动转向凝汽器（开始将全部被隔离），当手动恢复一列时，不应重新启动疏水泵，以便使 ACO 应急疏水管线保持满水状态。

（4）一组低压复式加热器被隔离

此时，按汽轮机进汽阀全开考虑，凝结水 66.66%流量经复式加热器，33.33%旁通。3 号和 4 号低压加热器疏水用疏水泵输送。

（5）一列第 3、4 级低压加热器被隔离

按汽机主汽门全开考虑，有 50%凝结水通过运行的一列加热器，另有 50%凝结水被旁路。

（6）第 3、4 级低压加热器全部解列工况

当第 3、4 级低加全部解列时，来自第 1、2 复合式加热器给水全部旁路至除氧器，

若反应堆功率为 100%额定值，按主汽门全开考虑，机组连续运行时间不应大于 12 h，如大于 12 h，应降负荷至厂用电运行。

（7）一列高压加热器被隔离

当一列 6 号和 7 号高压加热器隔离时，65%的给水流量流经正在运行的一列 6 号和 7 号高压加热器，35%流量经旁路向蒸汽发生器供水，反应堆输出功率 100%。AHP 一列隔离，使机组热效率降低，会造成一回路热功率、平均温度的波动。一旦一列高压加热器退出运行，出于安全考虑，应该按照 5%/min 的速率降低汽机负荷。汽机负荷的最终值取决于运行的工况及给水温度降低值。如果之前汽机处于满负荷工况，则一列高加的退出将导致主给水温度降低 23℃，此时汽机负荷应降至满功率的 95%。如果之前汽机负荷小于满功率的 95%，则无须降负荷。

3.3.4 汽水分离再热器系统

1. 系统功能与组成

（1）系统功能

压水堆核电站蒸汽发生器产生的新蒸汽是饱和蒸汽，蒸汽随着在高压缸内的膨胀做功，其湿度不断增加，高压缸的排汽湿度高达 10%～15%。如果高压缸排汽直接进入中、低压缸做功，将对中、低压缸的叶片产生严重的冲刷腐蚀，同时也增加了湿汽损失，所以在高压缸和中压缸之间设置汽水分离再热器（MSR），其具体功能如下：

①除去高压缸排汽中的水分。

②提高进入中压缸的蒸汽温度，使之成为过热蒸汽。

（2）系统组成

1）再热蒸汽系统

从汽轮机高压缸排出的冷再热蒸汽沿着四根管道分两组从壳体底部进入两列（每列两根）MSR，如图 3.27 所示。冷再热蒸汽经过管道进入预分离器，进行初次汽水分离，然后蒸汽由下往上流动，经过分离板均匀分配后，蒸汽进入倒 V 形汽水分离单元进行第二次汽水分离，将湿度为 10%～15%的冷再热蒸汽分离干燥，经过预分离器与分离单元的蒸汽含湿量降为 0.5%。然后蒸汽继续往上流动，进入第一级再热器，加热蒸汽来自高压缸第一级抽汽。接着进入第二级再热器，加热蒸汽来自新蒸汽。最后从壳体顶部两个排出口引出后成为热再热蒸汽进入汽轮机中压缸。在额定负荷下，冷再热蒸汽的压力为 0.96 MPa.a、温度为 178.3℃、流量为 621 kg/s，热再热蒸汽压力为 0.94 MPa.a、温度为 270℃、流量为 534.8 kg/s。

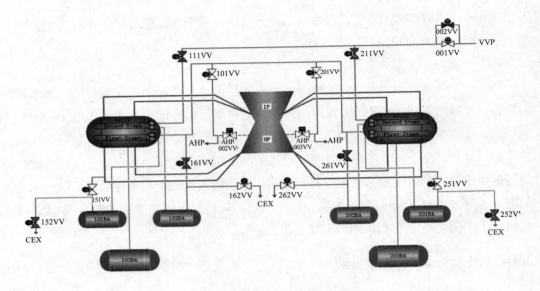

图 3.27 汽水分离再热器系统流程

2）加热蒸汽汽源（以 A 列为例）

第一级再热器（抽汽再热器）的加热蒸汽来自高压缸第七段抽汽，其压力为 2.7 MPa.a，温度为 228℃。抽汽管道上设有一个高压给水加热器抽汽逆止阀 AHP002VV、一个电动隔离阀 101VV 和一个流量测量孔板 101KD。

第二级再热器（新蒸汽再热器）的加热源来自新蒸汽，其压力为 6.3 MPa.a，温度为 278.8℃。在供汽管上设有一只气动调节阀 001VV 和旁路管线气动调节阀 002VV，以及流量测量孔板 102KD。

再热器的预热：新蒸汽经过 GSS002VV 进入第二级再热器，第二级再热器疏水排汽进入新蒸汽疏水箱 GSS102BA，从疏水箱引出的蒸汽通过 GSS161VV 进入第一级再热器进行预热。第一级和第二级再热器预热同时完成，都是由 GSS002VV 控制预热流量。第二级再热器管板温度小于 120℃时，GSS 系统需预热，当温度高于 140℃时停止。

3）疏水系统

每台汽水分离再热器的疏水包括 3 个独立的疏水系统：汽水分离器疏水系统、抽汽再热器疏水系统和新蒸汽再热器疏水系统。有 3 个疏水接收箱，以 A 列为例，它们分别为分离器疏水接收箱 103BA、抽汽疏水接收箱 101BA、新蒸汽疏水接收箱 102BA。

由分离器分离出来的水汇集在 MSR 壳体底部，利用重力自流至分离器疏水箱 103BA，通过疏水泵 190PO 送到除氧器。当疏水泵或除氧器不能工作时，在疏水箱高水位变送器的控制下，通过应急疏水阀 180VL 自动排到冷凝器。

新蒸汽再热器的疏水也利用重力疏至新蒸汽疏水箱 102BA，正常运行时，在水位变送器与控制阀 171VL 的作用下，将该疏水排到 7A 号高压加热器的疏水箱。当疏水箱水位上升时，水位变送器给出控制信号，紧急排水控制阀 175VL 根据信号自动开启，疏水排往冷凝器。

抽汽再热器的疏水也靠重力疏至抽汽疏水接收箱 101BA。正常运行时，在水位变送器与控制阀 112VL 的作用下，该疏水排到 6A 号高压加热器的疏水箱，当疏水箱水位上升时，水位控制器开启应急疏水阀 165VL，将疏水排到冷凝器。

4）再热器放气系统（以 A 列为例）

为保证再热器管束的安全运行，要防止再热器上、下管束温差超过 30℃，这也是为了排出不凝气体。为此在再热器的出口联箱上接有专门的放气管线，提供一股连续的放气流量使传热管的温差保持在可接受的水平。

抽汽再热器的放气管线包括通过 101BA 的一条排向冷凝器的管线及其控制阀 152VV，一条排向高压缸排汽的管线及其控制阀 151VV；新蒸汽再热器的放气管线包括通过 102BA 的一条排向冷凝器的管线及其控制阀 162VV，一条排向第一级再热器加热汽源的管线及其控制阀 161VV（图 3.27 未标注）。

在低负荷下（小于 30%FP），两级再热器的放气管线全开，阀门 152VV、162VV 开启；在高负荷下（大于 30%FP），抽汽再热器的放气管线排向高压缸排汽，阀门 151VV 开启，152VV 关闭；新蒸汽再热器的放气管线排向第一级再热器加热汽源，阀门 161VV 开启，162VV 关闭。

5）再热器卸压系统

为防止汽水分离再热器发生超压，在高压缸排汽管线上设置有卸压保护系统。包括一个安全阀 GSS011VV、两个爆破盘 GSS012VV/013VV（图 3.27 未标注）。

2. 系统运行

（1）正常运行

正常情况下，蒸汽从高压缸排出，先经过分离器，然后经过两级再热器。一级再热器的抽汽来自高压缸第七段抽汽，二级再热器加热汽源来自 VVP 主蒸汽系统，通过 GSS001/002VV 联合控制第二级再热器压力，达到加热高压缸排汽的功能。经过两级再热后，蒸汽进入中压缸。

一级再热器的冷凝水排入疏水箱 GSS101BA/201BA，然后经过疏水阀排入 6 号高加壳体（AHP），正常水位被自动维持在 350 mm。

二级再热器的冷凝水排入疏水箱 GSS102BA/202BA，然后经过疏水阀排入 7 号高加壳体（AHP），正常水位被自动维持在 400 mm。

MSR 壳体冷凝水由 MSR 底部收集，然后排入疏水联箱（GSS103BA/203BA），再经过疏水泵和疏水阀排入低加 ABP 出口，正常水位被自动维持在 700 mm。

（2）其他运行

一级再热器可以在带负荷的情况下隔离，这将会导致二级再热器独立运行，此时二级再热器压力被 GSS001/002VV 自动控制在 33 bar。

二级再热器也可以在带负荷的情况下隔离，这将会导致一级再热器独立运行，此时只有一级再热器抽汽加热高压缸排汽。

（3）再热器的隔离

当再热器发生故障时，可以对其实施隔离，但需要遵守下列原则：

①不允许单独隔离一列再热器（即一台再热器抽汽和新蒸汽两个再热级同时隔离）。

②同一再热级所属的新蒸汽再热器或抽汽再热器应同时隔离。

3．MSR 的启动

需要根据 MSR 的初始温度（通过测量管板温度来确定）来预热新蒸汽和抽汽再热器的管束。如果新蒸汽或抽汽再热器的管板温度分别低于 120℃，则需要预热。操纵员需要手动开启第二级再热器隔离阀 GSS111/211VV，并在控制器 900KG 上启动预热程序，系统自动开启加热气源 VVP 系统的旁路阀 GSS002VV，同时开启相应的放气阀 GSS161VV、261VV、152VV、252VV。当 MSR 二级再热器管板 GSS124MY＞120℃时，停止预热。再热器一般随汽轮机一起投入运行。

思考题

1. 简述二回路汽回路的运行。
2. 简述二回路水回路的运行。
3. 简述汽机旁路排放系统的功能。
4. GCT 由哪几部分组成？各有几个排放阀？
5. 机组特殊瞬态下，GCT 系统如何运行？（分不同状态描述）
6. 简述凝结水抽取系统的功能。
7. 除氧器有几个加热汽源？各在什么情况下使用？
8. 简述给水加热器系统的运行模式。

第4章　堆内外测量

堆内外测量包括核仪表系统（RPN）和堆芯测量系统（RIC）。核仪表系统是通过中子探测器测量压力容器外的中子泄漏而间接反映堆芯的中子通量相关参数。堆芯测量系统则包括堆芯温度测量、堆芯水位测量和堆内中子通量测量三部分，其总的功能是：提供反应堆燃料组件冷却剂出口温度信息、压力容器内水位信息及堆芯中子通量分布信息等。

4.1　堆外中子通量测量

4.1.1　系统的功能

堆外中子通量测量是由核仪表系统（RPN）完成的。核仪表系统用分布于反应堆压力容器外的一系列中子探测器来测量反应堆功率、功率变化率以及功率的径向和轴向分布等，是直接关系反应堆安全的重要系统之一，其功能如下：

①提供指示信号：通过连续监测反应堆功率、功率变化及功率分布，并对测得的各种信号加以显示记录，向操纵员提供反应堆装料、停堆、启动及功率运行时反应堆状态的信息。

②提供控制信号：向反应堆控制系统提供堆功率信号，移动控制棒。

③监测功能：通过功率通道信号的计算所得的值，来监测反应堆径向功率倾斜和轴向功率偏差。

④安全功能：向反应堆保护系统提供中子通量高和通量变化率高信号，触发反应堆紧急停堆。

4.1.2　系统的组成

核仪表系统（RPN）主要由探测器、测量仪表柜（4 个保护柜、1 个控制柜）以及相关显示设备组成（图 4.1）。

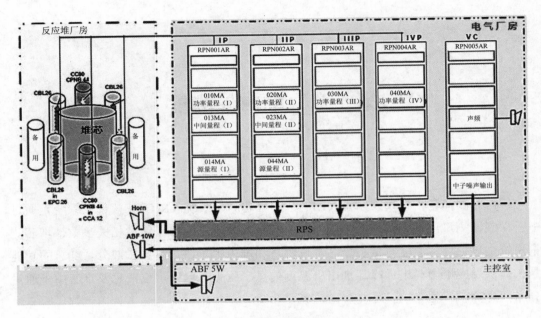

图 4.1 RPN 系统结构简图

1．探测器

反应堆从启动至满功率运行，其中子通量的动态变化范围达 10 个数量级以上，具体来说从额定功率的 10^{-9}% 至额定功率的 200%，使用一种探测器和电路是不可能满足要求的。因此核仪表系统采用 3 种不同量程的 8 个独立测量通道来测量反应堆功率：2 个源量程探测器、2 个中间量程探测器、4 个功率量程探测器。

探测器在反应堆堆坑的轴向布置和径向布置如图 4.2 和图 4.3 所示。两个源量程探测器（正比计数器 C.P）和两个中间量程探测器（补偿电离室 C.I.C）分别装在相同的两个圆筒形支架中，且位于 90°和 270°的轴线上。圆筒形支架整体位于堆芯下部，在其内源量程探测器安放在下面，中间量程探测器则在上面。4 个功率量程探测器（非补偿电离室 C.I.M.C）为长电离室，分 6 个灵敏段，其中 3 个用于堆芯下部测量，另 3 个用于堆芯上部测量。它们分别装在 4 个相同的圆筒形支架中，且分别位于 4 个象限内。另外在 0°和 180°轴线上留有两个备用探孔（P.R）。

2．仪表柜

仪表柜接收来自探测器的信号，进行滤波、放大处理后再送到 CPU 单元进行计算整定，最终转换成 4～20 mA 或者 0～10 V 标准信号送到 RPS 或者其他系统。

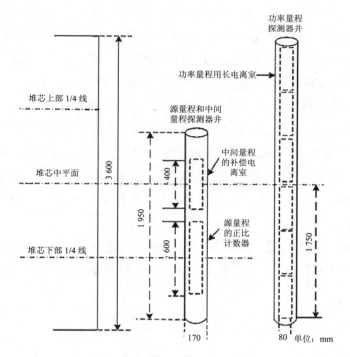

图 4.2 探测器轴向布置

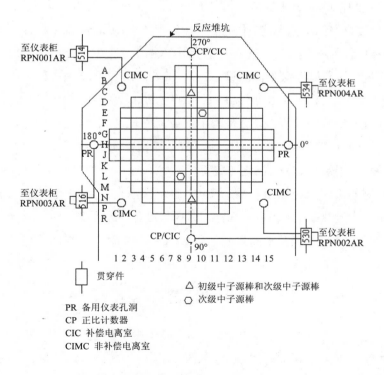

图 4.3 探测器径向布置

仪表柜中有 4 个保护柜，其中 001AR 和 002AR 从上向下为功率量程通道、中间量程通道、源量程通道，003AR 和 004AR 只有功率量程通道，4 个保护柜分别放在 4 个单独的房间，且 001AR 和 002AR、003AR 和 004AR 分别间隔开来，以此实现相同测量通道之间的物理隔离。另外还有 1 台控制仪表柜，主要有声响通道、反应性仪选择和切换通道以及中子噪声信号传输通道。仪表柜的每个通道都有两个部分：conditioning part 和 processing part，conditioning part 主要由供电模块、高压模块以及探头信号滤波及预处理模块组成，对向探头提供高压并接受探头的测量信号进行初步的滤波、放大处理；processing part 主要由电源模块、CPU 模块、模拟量输入输出模块、数字量输入模块组成，主要功能是对 conditioning part 处理后的探头信号进行计算整定处理，再转换成标准信号输出。

3．显示设备

显示设备位于主控室内的 BUP 盘上以及 KIC 系统中，操纵员通过观察这些显示设备进行反应堆的各项操作。显示设备主要有各种量程的显示仪表，记录仪表，视、听报警设备。

4.1.3　系统的工作原理

1．仪表量程

核仪表系统测量的中子通量最小为 $10^{-1}n/(cm^2 \cdot s)$，最大为 $7.4 \times 10^9 n/(cm^2 \cdot s)$。为了覆盖这 11 个数量级的测量范围，采用了 3 种量程的探测器，即源量程探测器测量 $0.1 \sim 2 \times 10^5 n/(cm^2 \cdot s)$ 范围内的中子通量、中间量程探测器测量 $2 \times 10^2 \sim 7.4 \times 10^9 n/(cm^2 \cdot s)$ 范围内的中子通量，功率量程探测器测量 $3.7 \times 10^6 \sim 7.4 \times 10^9 n/(cm^2 \cdot s)$ 范围内的中子通量，对应的核功率分别是 $(10^{-9} \sim 10^{-3})\% FP$、$(10^{-6} \sim 200)\% FP$、$(10^{-1} \sim 200)\% FP$。3 种探测器的量程有一定范围的重叠，这是为了保证反应堆从源水平到功率水平的整个范围内的控制和保护的连续性，读数互相校核，信号互相连锁。

2．源量程探测器——涂硼正比计数管

源量程探测器工作原理如图 4.4 所示。中心阳极是直径为 25 μm 的不锈钢丝，圆筒形阴极是由高纯铝制成的。阴极内表面涂以 ^{10}B 丰度为 92% 的硼，两电极之间相互绝缘。计数管内充以氩气（Ar）和少量的二氧化碳（CO_2）。入射中子与硼发生核反应：

$$\begin{aligned} {}_0^1n + {}_5^{10}B &\longrightarrow {}_3^7Li + {}_2^4He + 2.793\,MeV \\ &\longrightarrow {}_3^7Li + {}_2^4He + 2.316\,MeV \\ &\quad\quad {}_3^7Li + \gamma + 0.48\,MeV \end{aligned} \tag{4.1}$$

核反应产生的锂离子和 α 粒子使氩气电离，产生电子和正离子。在外电场的作用下，电子和正离子分别向阳极和阴极运动，形成电脉冲（称 α 脉冲）。γ 射线也产生电脉冲，

但其幅值较小，可用甄别放大器将它和反应堆内其他的γ射线产生的小幅度脉冲滤除，只放大α脉冲，从而得到只与中子通量成比例的计数。

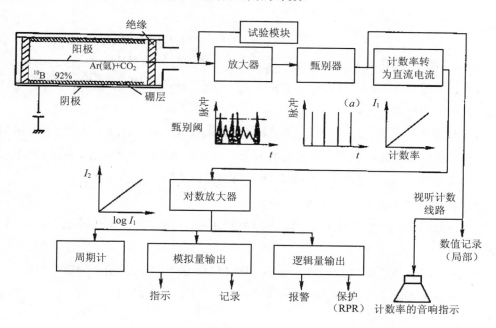

图 4.4 源量程探测器——涂硼正比计数管工作原理

源量程探测器——涂硼正比计数管的高压由专用高压电源经前置放大器供给。前置放大器将正比计数管的α脉冲和γ脉冲同时放大。甄别放大器和脉冲形成电路滤除γ脉冲，放大α脉冲并将其整形，输出标准的与中子通量水平成正比的脉冲信号。该信号一路经选择开关（选出两个源量程信号之一）和分频器输入给低频放大器，以驱动装在主控室的扬声器和反应堆厂房的扬声器。另一路经过对数放大器放大以扩展测量范围。对数放大器输出的模拟信号用于显示和记录。

周期计用于产生倍增时间信号。倍增时间 t_d 定义为功率变化一倍的时间。反应堆功率 P 的变化遵循指数规律：

$$P = P_0 \cdot 2^{t/t_d} \tag{4.2}$$

其中 P_0 为 $t=0$ 时的功率。上式取对数，则有

$$\ln P = \ln P_0 + \frac{t}{t_d} \ln 2 \tag{4.3}$$

上式求导数，则有

$$\frac{\mathrm{d}}{\mathrm{d}t}(\ln P) = \frac{\ln 2}{t_d} \tag{4.4}$$

由此得

$$t_{d} = \frac{\ln 2}{\dfrac{d}{dt}(\ln P)} \tag{4.5}$$

可见，倍增时间和功率对数的导数成反比。功率的对数信号由对数放大器输入，周期计只需将此信号求导，所以周期计实质上是一个微分单元，其输出信号与倍增时间成反比，送到显示仪表显示。

倍增时间反映了反应堆所处状态。例如，如果 t_d=−30 s，表示反应堆的功率 P 每 30 s 降低一半，因此反应堆在次临界状态；如果 $t_d = \infty$，表示功率 P 为常量，反应堆在稳定状态；如果 t_d=3 s，表示功率 P 每 3 s 增加一倍，反应堆在超临界状态。

源量程通道产生的逻辑信号如下：

① "停堆通量高"报警信号。阈值为 $3\varPhi_0$（$\varPhi_0$ 为停堆时的正常通量水平），可手动闭锁。

② "源量程紧急停堆"信号。由探测器 RPN014MA 和 RPN024MA 的测量通道产生，阈值为 10^5cps。该信号供给反应堆保护系统 RPS，当堆功率达到 $10^{-5}\% \ P_n$（P6）时可手动闭锁。

③ 通道的 "Test/Fault" 逻辑信号。当一个通道产生 T/F 信号时，自动闭锁该通道的紧急停堆信号，当两个通道同时出现 T/F 信号时，也发出一个紧急停堆信号。此信号在 P6 出现时也可手动闭锁。

④ "高压丢失"和"高压异常"报警信号。阈值为 50 V，高压超高限也是通过高压丢失报警实现的，高压超高限后会导致切断高压供电，导致高压为 0 产生超低限报警。两个源量程探测器高压电源的电压中只要有一个降至 50 V，则产生"高压丢失"报警信号；两个全降至 50 V 时，则产生"高压异常"报警信号。任何一个源量程紧急停堆信号被手动闭锁以后，这两个报警信号全被闭锁。探测器的高压电源在源量程紧急停堆手动闭锁后被切除。

⑤ "源量程信号丢失"报警信号。任何一个源量程计数率低于 2 cps 时产生"源量程信号丢失"报警信号，源量程紧急停堆手动闭锁后，此信号也被闭锁。

⑥ "报警闭锁"报警信号。手动闭锁"停堆通量高"报警信号时产生。

⑦ "保护柜门开"信号。Ⅰ P～ⅣP 任意一个机柜门打开在 KIC 中都会产生门开 KS 报警，任意两扇门打开会在 KIC 中产生 KA 报警。

⑧ "源量程高压切断"信号。即源量程通道闭锁信号，由 RPS 产生的源量程通道高压通断信号，P6 手动产生、P10 自动产生。

3. 中间量程探测器——γ补偿电离室

中间量程探测器工作原理如图 4.5 所示。所谓γ补偿电离室是由两个电离室组成的。外环电离室的内壁涂硼，称涂硼电离室。内环电离室不涂硼，称补偿电离室。两电离室充有相同的气体：氮气和 10%的氢气。γ补偿电离室有 3 个电极：与高压正极相连的称正高压电极，与补偿电压的负极相连的称负高压电极，两电离室之间的极板通过负载电阻 R 接地，称为收集电极。各电极之间是绝缘的。

涂硼电离室对中子和γ均敏感，在高压作用下产生中子电流 I_n 和γ电流 $I_{\gamma1}$，其原理与源量程探测器相同，不过当中子通量较高时，脉冲较多无法计数，只能监测电流。补偿电离室由于不涂硼，故仅对γ敏感，在补偿电压作用下只产生γ电流 $I_{\gamma2}$。流经负载电阻上的电流 I 为涂硼电离室电流 $I_n+I_{\gamma1}$ 与补偿电离室电流 $I_{\gamma2}$ 之差：

$$I = I_n + I_{\gamma1} - I_{\gamma2}$$

如果两电离室对γ的灵敏度相同，则 $I_{\gamma2}=I_{\gamma1}$，则输出电流 $I=I_n$。

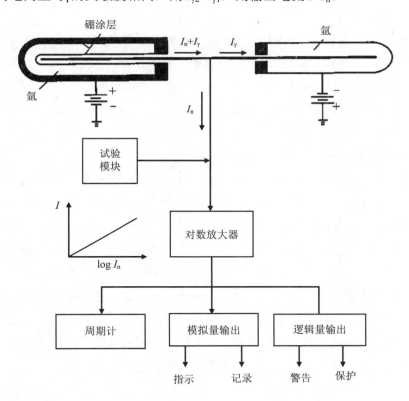

图 4.5　中间量程探测器——γ补偿电离室工作原理

中间量程模拟电路的对数放大器、周期计、模拟信号及内部报警逻辑信号的原理、功用或物理意义与源量程的相同或相似，不再赘述。不过中间量程探测器—— γ补偿电离室由两种电源供电：高压电源和补偿电压电源。中间量程逻辑信号输出电路向相关系统输送的逻辑信号有：

①中间量程紧急停堆信号。由探测器 RPN013MA 和 RPN023MA 测量通道产生。阈值为 25% P_n。P10 时该信号可手动闭锁。

②源量程紧急停堆手动闭锁允许信号 P6。阈值为 $10^{-5}\%P_n$，当反应堆功率达到 P6 阈值时，允许手动闭锁源量程紧急停堆信号，功率可继续提升到高于源量程紧急停堆阈值。

③提棒闭锁信号 C1。当功率升到 $10\%P_n$ 以上后，操纵员忘记闭锁中间量程紧急停堆信号，且功率达到 $20\%P_n$，或者当 $\overline{P_{10}}$ 且中间量程倍增时间低于 18 s 时则产生 C1，闭锁控制棒提升电路，防止功率继续增加而引起紧急停堆。

④ATWT 用 IRC 阈值信号。阈值为 $30\%P_n$。ATWT 为未能紧急停堆的预期瞬态，IRC 为中间量程通道，当功率达到 $30\%P_n$ 时中间量程通道发出该信号，它允许在主给水流量低于 6%时产生 ATWT 信号。

⑤通道的"Test/Fault"（T/F）的逻辑信号。当一个通道产生 T/F 信号时，自动闭锁该通道的紧急停堆信号，当两个通道同时出现 T/F 信号时，也发出一个紧急停堆信号，此信号在 P10 出现时也可手动闭锁。

⑥"保护柜门开"信号。ⅠP～ⅣP 任意一个机柜门打开在 KIC 中会产生门开 KS 报警，任意两扇门打开会在 KIC 中产生 KA 报警。

4. 功率量程探测器——非补偿长电离室

功率量程探测器工作原理如图 4.6 所示。探测器有 6 个敏感段，内部充以混合气体：1%氦+6%氮+93%氩。3 个布置在堆芯上半部，3 个布置在堆芯下半部。其工作原理为：在功率量程阶段，中子通量较大，在涂硼电离室产生的α粒子和γ射线都产生脉冲电流，但由于γ射线产生的脉冲电流相对于α粒子产生的脉冲电流可忽略不计，故探测器的输出电流就是α粒子产生的电流，该电流就表示堆芯相应部分的中子通量水平。

功率量程探测器每个敏感段均加约 550 V 的电压。6 个敏感段的信号均输出至失水事故监测系统 LSS。这些输出信号即代表堆芯相应高度上的功率水平。上部中间敏感段和下部中间敏感段的信号输出至松动部件和振动监测系统 KIR，该系统对 8 个中子噪声信号进行频谱分析，从而确定反应堆压力壳内构件的震动情况。

堆芯上、下部敏感段的信号分别由本身的平均放大器相加并平均，再经过各自的可变增益放大器放大，即代表堆芯上、下部的功率水平。放大器增益可变是为了能根据堆芯测量系统对测量结果进行校准。

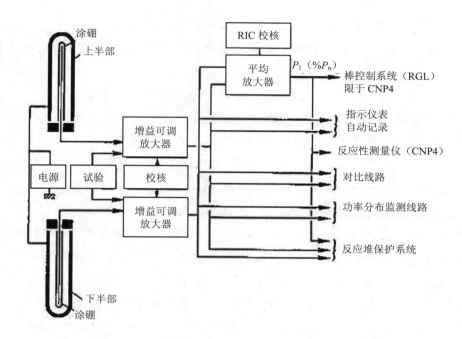

图 4.6 功率量程探测器——非补偿长电离室工作原理

堆芯上部通量减去堆芯下部通量，即为轴向通量偏差 $\Delta\Phi$，该信号一路输出至显示、记录设备、计算机以及 LSS，另一路输出至反应堆保护系统 RPS 用以计算超温 ΔT 保护和超功率 ΔT 保护的整定值。

堆芯上部通量与堆芯下部通量之和 Φ_{av} 代表反应堆功率，这个信号用于显示、记录并输出至 LSS。4 个功率量程通道的 Φ_{av} 中的最大值输出至长棒控制系统 RGL，用于平均温度开环控制。

功率量程通道产生的逻辑信号如下：

① "功率量程紧急停堆（低阈）"信号。阈值为 25% P_n，当反应堆功率达到 10% P_n（P10）以后，它可以手动闭锁。

② "功率量程紧急停堆（高阈）"信号。阈值为 109% P_n，它不可以被闭锁。

③允许信号 P10。阈值为 10% P_n，P10 有下列功能：

a. 允许手动闭锁中间量程紧急停堆；

b. 允许手动闭锁功率量程紧急停堆（低阈值）；

c. 闭锁源量程紧急停堆；

d. 建立允许信号 P7；

e. 允许校正核中子通量变化率紧急停堆整定值。

④允许信号 P8。阈值为 30% P_n，它允许单环路故障紧急停堆。

⑤允许信号 P16。阈值为 40% P_n，它允许汽机脱扣紧急停堆。

⑥闭锁信号 C20。阈值为 10% P_n，当堆功率小于其阈值时，其闭锁温度棒 R 自动提升方式。

⑦闭锁信号 C2。阈值为 103% P_n，它闭锁全部控制棒提升电路。

⑧"汽机负荷增加闭锁"信号。阈值为 96%，它使汽机进汽压力先停止增加然后再缓慢增加，以防止由于汽机负荷增加过快而引起反应堆功率超调。

⑨"保护柜门开"信号。Ⅰ P～ⅣP 任意一个机柜门打开在 KIC 中会产生门开 KS 报警，任意两扇门打开会在 KIC 中产生 KA 报警。

⑩"中子通量增加过快紧急停堆"信号（阈值为 5% P_n/2 s）和"中子通量减少过快紧急停堆"信号（阈值为 $-5\% P_n$/2 s）。这两个信号统称"中子通量变化过快紧急停堆"信号。前者用来限制弹棒事故后果，后者用来限制掉棒事故后果。当前中子通量水平与延迟环节输出的过去通量水平相减再加上校正信号，超过正、负阈值时就产生上述信号。为了防止甩负荷时误动作，加上主泵转速校正信号和平均温度校正信号。校正信号的极性、大小和延时加入的时间都是根据甩负荷时中子通量过渡过程曲线经试验决定的。堆功率低于 $10\%P_n$（$\overline{P_{10}}=1$）时，校正自动闭锁，任何功率下都可以通过选择开关手动闭锁。

4.2 堆芯温度测量

4.2.1 系统的功能

①提供 40 个堆芯温度信息。

②计算并显示饱和温度、饱和裕度及压力容器顶盖饱和裕度。

③探测反应堆径向功率不平衡。

④发现与自身棒组分离的棒束。

⑤供操纵员观察事故时和事故后堆芯温度和过冷度的变化趋势。

4.2.2 系统的组成

1. 40 只热电偶及其引出密封设备

40 只热电偶在堆芯的布置情况如图 4.7 所示。40 只热电偶分成两个系列，每列 20 只，其中 19 个测量堆芯出口温度，1 个测量压力容器顶盖温度，温度信号由热电偶导线管经 4 根热电偶支撑柱引出。

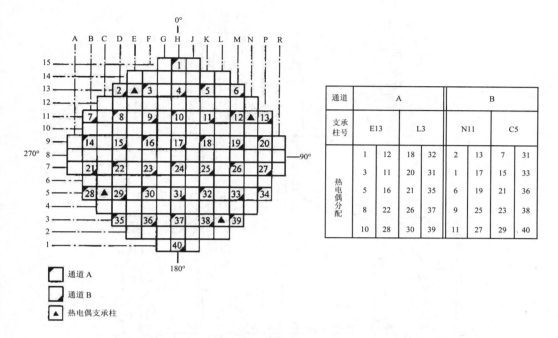

图 4.7　堆芯热电偶布置

　　热电偶在堆芯的安装情况如图 4.8 所示。热电偶的热接点固定在所测燃料组件水流出口处、上堆芯支撑板上方的角撑板上，热电偶导线穿入导线管。10 只导线管穿入 1 只热电偶支撑柱，热电偶支撑柱穿过压力容器头部连接器，导线管穿出热电偶支撑柱之外后，经过热电偶－导线管接头，热电偶经过连接器与同材料的延伸线相连，延伸线接往冷端箱。压力容器头部连接器焊在压力容器上，在热电偶支撑柱和压力容器头部连接器之间是可拆密封结构，在导线管和热电偶支撑柱之间是焊接密封结构。热电偶-导线管接头是热电偶和导线管之间的可拆密封结构。

2．两个冷端箱

　　冷端箱位于安全壳外。热电偶芯线与同材料延伸线相连，后者接到冷端箱端子上，再由转接铜线引至电气厂房的堆芯冷却监视机柜。冷端箱温度由电阻温度计探测，温度信号也输至堆芯冷却监视机柜，用以冷端温度补偿。

3．堆芯冷却监视系统

堆芯冷却监视系统由下列设备组成（每个系列）：

①一台带有电视显示的堆芯冷却监视机柜（热温度测量柜）。

②一台记录仪，安装在 RIC003AR 机柜内。

③一台远传显示器，安装在控制室。

④一个与 KIC 计算机相连接的接口。

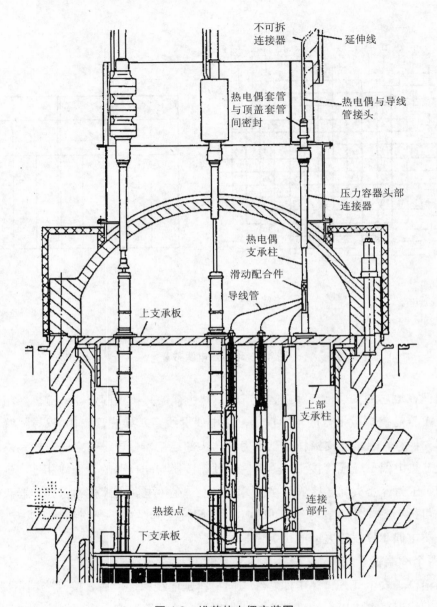

图 4.8　堆芯热电偶安装图

4.2.3　系统的原理

1. 热电偶测温原理

图 4.9 所示为热电偶测温原理。测温回路所产生的热电势 e 与热冷端温度差（$t-t_0$）成正比关系。在机柜中，根据所采用的热电偶种类、测得的热电势 e 和由电阻温度探测器测得的冷端温度 t_0，通过计算获得热端温度 t 的值。

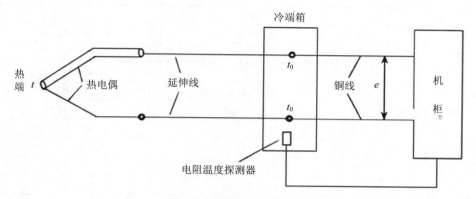

图 4.9 堆芯温度测量原理

2. 堆芯温度测量在堆芯冷却监视系统中的数据处理过程

（1）输入参数

①每列 19 个堆芯温度、1 个压力容器顶部温度，温度由热电偶采集。

②每列 1 个一回路压力（0～20 MPa）：A 列 RCP039MP、B 列 RCP037MP。

③每列 1 安全壳压力：A 列 ETY101MP、B 列 ETY104MP。

④每列 1 个窄量程压力容器水位：A 列 RCP090MN、B 列 RCP091MN。

⑤每列 1 个宽量程压力容器水位：A 列 RCP092MN、B 列 RCP093MN。

⑥每列 1 个参考水位：A 列 RCP094MN、B 列 RCP095MN。

⑦3 台主泵的状态。

⑧跳堆信号。

⑨安注信号。

模拟输入信号见表 4.1。

表 4.1 CCMS 模拟输入信号表

	A 列	B 列
	RIC001MT	RIC 004 MT
	RIC 003 MT	RIC 006 MT
	RIC 005 MT	RIC 007 MT
	RIC 007 MT	RIC 009 MT
19 个堆芯温度	RIC 009 MT	RIC 011 MT
	RIC 010 MT	RIC 013 MT
	RIC 012 MT	RIC015MT
	RIC014MT	RIC 017 MT
	RIC 016 MT	RIC 019 MT
	RIC 018 MT	RIC 021 MT

	A 列	B 列
	RIC 020 MT	RIC 023 MT
	RIC 022 MT	RIC 025 MT
	RIC 024 MT	RIC 027 MT
	RIC 026 MT	RIC 029MT
19 个堆芯温度	RIC 028MT	RIC 031 MT
	RIC 030 MT	RIC 033 MT
	RIC 032 MT	RIC 036 MT
	RIC 037 MT	RIC 038 MT
	RIC 039 MT	RIC 040 MT
1 个堆芯顶盖下的温度	RIC 035 MT	RIC 002 MT
20 个冷端补偿温度	每个热电偶一个冷端补偿	
1 个一回路宽量程压力	RCP 039 MP	RCP 037 MP
1 个安全壳压力	ETY 101 MP	ETY 104 MP
1 个压力容器窄量程水位	RCP 090 MN	RCP 091 MN
1 个压力容器宽量程水位	RCP 092 MN	RCP 093 MN
1 个参考水位	RCP 094MN	RCP 095MN

（2）信息处理

信号采集输入过程：40 个热电偶，经反应堆顶部的三段密封引出，分为两列，分别进入堆芯冷却监视系统的 A、B 两列中；一回路压力信号、安全壳压力信号、堆芯水位压差信号均被分为两列后，分别送入 I P 保护组和ⅣP 保护组的 RPC 机柜，由 RPC 机柜送往堆芯冷却监视系统的 A、B 两列进行处理。

饱和温度 T_{SAT} 按下式计算：

$$T_{SAT} = A + BL + CL_2 + DL_3 + EL_4 \tag{4.6}$$

式中 $L = \lg^{P_{\min}}$，A、B、C、D、E 为常数。

堆芯温度裕度 ΔT_{RICi} 计算公式为

$$\Delta T_{RICi} = T_{SAT} - T_{RICi} \tag{4.7}$$

其中，T_{RICi} 为 i 通道堆芯热电偶测出的燃料组件出口主冷却剂温度。

一回路的压力由相对压力传感器进行测量（$P_{测量}$），绝对压力（P_{RCPa}）是将安全壳的压力值（$P_{安全壳}$）加到一回路的相对压力上。

$$P_{测量} = P_{RCPa} - P_{安全壳} \tag{4.8}$$

所以

$$P_{RCPa} = P_{测量} + P_{安全壳} \tag{4.9}$$

则饱和裕度是 T_{SAT} 和堆芯最高温度 T_{RICmax} 的差值，ΔT_{SAT} 的计算公式为

$$\Delta T_{SAT} = T_{SAT} - T_{RICmax} \tag{4.10}$$

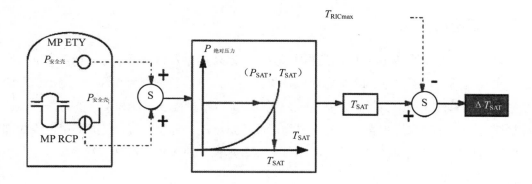

图 4.10　ΔT_{SAT} 的转换图

压力容器顶部饱和裕度是 T_{SAT} 和 $T_{RIC_{head}}$ 的差值：

$$\Delta T_{SAT_{head}} = T_{SAT} - T_{RIC_{head}} \tag{4.11}$$

热管段温度裕度 ΔT_{HLi} 按下式算出：

$$\Delta T_{HLi} = T_{SAT} - T_{HLi} \tag{4.12}$$

其中，T_{HLi} 为环路 i 的热管段温度值。

信号处理显示过程：堆芯冷却监视系统通过采集一回路压力信号、安全壳压力信号和堆芯热电偶的输入信号，计算堆芯饱和温度、堆芯饱和温度裕度和反应堆顶部饱和温度裕度，并由此推断出饱和裕度的状态，通过采集堆芯水位压差信号计算出反应堆压力容器水位和推断出压力容器水位的状态，并将这些计算结果发送到 KIC、BUP 和 PAMS 显示。

（3）输出信息

系统向操纵员提供不同的显示：

①报警：堆芯饱和裕度过低报警、堆顶饱和裕度过低报警、综合报警。

②模拟量：饱和裕度、液位、堆芯温度、堆顶温度等。

③逻辑量：各模拟量的状态信息及过程的状态指示等。

4.3　堆芯水位测量

4.3.1　系统的功能

①失水事故发生时监测堆芯淹没情况。

②正常充、排水时观察堆内充水情况。

③主泵启动时，监测堆芯压差。

4.3.2 系统的组成

堆芯水位测量系统主要由水位探测部分、数据处理部分和显示部分组成。水位探测部分主要包括 6 台差压计、12 只金属膜片隔离器以及压力传输管道与阀门。差压计分两个系列，每系列 3 台，包括 1 台宽量程差压计、1 台窄量程差压计和 1 台参考差压计。金属膜片隔离作为水压耦合器，安装得靠近取压点，既能传递压力，又能减少主冷却剂泄漏的危险，还可以保持参考液柱不变，数据处理部分属于堆芯冷却监视系统。

4.3.3 系统的原理

堆芯水位测量原理如图 4.11 所示。

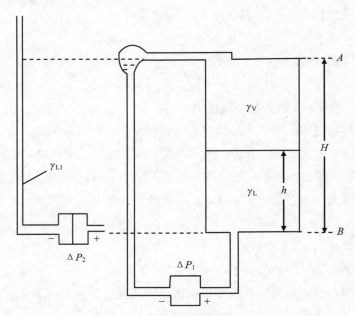

图 4.11 堆芯水位测量原理

正常运行时，压力容器内是充满水的。失水事故时，压力容器上部充满蒸汽，这时才有水位测量的必要。压力容器水位采用差压法测量，水位测量用的差压计的正压腔与压力容器底部相连，负压腔通过参考管与压力容器顶部相连，两腔的压力差 ΔP_1 为

$$\Delta P_1 = (H-h)\gamma_V + h\gamma_L - H\gamma_{L1} \qquad (4.13)$$

式中，H——压力容器水位测量高度；

h——压力容器水位；

γ_L——压力容器内水的重度；

γ_V——压力容器内蒸汽的重度；

γ_{L1} —— 参考管内水的重度。

参考管置于安全壳内,其中的水不流通,故其重度 γ_{L1} 只随环境温度而变。安全壳内温度在失水事故时升高,致使参考管内水的重度减小,造成测量误差。为了消除这个误差,采用了另外一台参考差压计,置于同一环境之下。其压差为 ΔP_2:

$$\Delta P_2 = 0 - H\gamma_{L1} \tag{4.14}$$

由式(4.13)与式(4.14)得

$$\Delta P_1 = (H-h)\gamma_V + h\gamma_L + \Delta P_2 \tag{4.15}$$

由此得水位 h 的表达式为

$$h = \frac{\Delta P_1 - \Delta P_2 - H\gamma_V}{\gamma_L - \gamma_V} \tag{4.16}$$

其中压力容器内蒸汽的重度 γ_V 可由一回路压力下的饱和温度计算出来,水的重度 γ_L 在主泵开动时由平均温度算出,不开动时由最高堆芯温度算出。

为了提高失水事故时的水位测量精度,两台差压计均在同一静压 2.5 MPa.g 下标定,以防静压效应引起测量误差。

每列两个测量差压计:宽量程差压计和窄量程差压计。主泵停运时,堆芯水位的测量值指示的是分层后的水位。至少一台主泵运行时,存在汽液混合,堆芯水位的测量值与含水率 τ_p 相关(流体中水的比例)。0 或 1 台主泵运行时,使用窄量程液位计,2 或 3 台主泵运行时使用宽量程液位计,压力容器水位(L_{VSL})计算公式为

$$L_{VSL} = \frac{\dfrac{\Delta P_{VSL}}{\Delta P_{VSL}^{100}} - \dfrac{\gamma_V}{\gamma_L}}{1 - \dfrac{\gamma_V}{\gamma_L}} \times 100\% \tag{4.17}$$

式中,ΔP_{VSL} —— 压力容器总压;

ΔP_{VSL}^{100} —— 压力容器饱和温度下的总压;

γ —— 平均重度;

γ_L —— 液体重度;

γ_V —— 蒸汽重度。

$$\Delta P_{VSL} = \Delta P_s + \Delta P_{DYN} \tag{4.18}$$

ΔP_s —— 压力容器上下静压;

ΔP_{DYN} —— 动态压力加成。

$$\Delta P_s = \sum_i \rho_i g H_i \tag{4.19}$$

i —— 不同密度的液体;

H_i —— 相应的液体高度。

$$\Delta P_{\text{DYN}} = \sum_i K_i \frac{1}{2} \rho_i v_i^2 \qquad (4.20)$$

K_i —— 压头损失系数；

v_i —— 流体速度。

当主泵停运时，$\Delta P_{\text{s}} = \rho g H$，$\Delta P_{\text{DYN}} = 0$；

当主泵运行时，$\Delta P_{\text{s}} = \rho g H$，$\Delta P_{\text{DYN}} = \sum_i K_i v_i^2$

考虑到实际测量的误差与修正：

$$\Delta P_{\text{VSL}} = \Delta P_{\text{M}} - (\Delta P_{\text{REF}} + E_{\text{c}}) \qquad (4.21)$$

式中，ΔP_{M} —— 测量值；

ΔP_{REF} —— 参考压力计；

E_{c} —— 测量误差。

$$\Delta P_{\text{VSL}}^{100} = C_i \gamma_{\text{VSL}}^{100} + g \times \left[\gamma_{\text{VSL}}^{100} (H - H_{\text{HEAD}}) + \gamma_{\text{HEAD}}^{100} H_{\text{HEAD}} \right] \qquad (4.22)$$

式中，C_i —— 主泵的压头损失系数；

$\gamma_{\text{VSL}}^{100}$ —— 压力容器饱和状态下的液体密度；

$\gamma_{\text{HEAD}}^{100}$ —— 压力容器顶部饱和状态下的液体密度。

$\gamma_{\text{VSL}}^{100}$ 与 $\gamma_{\text{HEAD}}^{100}$ 的取值如表 4.2 所示。

表 4.2　$\gamma_{\text{VSL}}^{100}$ 与 $\gamma_{\text{HEAD}}^{100}$ 的取值

$\gamma_{\text{VSL}}^{100}$	$T_{\text{RIC}} < T_{\text{SAT}}$	$T_{\text{RIC}} \geq T_{\text{SAT}}$
	γL_{RICmax}	γL_{SAT}
$\gamma_{\text{HEAD}}^{100}$	$T_{\text{HEAD}} < T_{\text{SAT}}$	$T_{\text{HEAD}} \geq T_{\text{SAT}}$
	γL_{HEAD}	γL_{SAT}

　　安全壳内温度上升时，传感器的水柱密度发生变化，导致堆芯水位的测量值也发生变化。参考差压计与测量差压计处于相同的环境中，保证受到的影响完全相同。参考差压计的信号用于校正测量差压计的指示。

　　总之，堆芯水位测量系统主要用于失水事故后，故采用了冗余技术，分 A、B 两个通道，每个通道用了 3 台差压计。其中宽量程差压计用来在主泵开动时监测堆芯压差，窄量程差压计用来在主泵未开动时监测堆芯水位，参考差压计用来消除宽、窄量程差压计输出信号中的参考液柱项，主泵运行或者不运行工况下的水位示意如图 4.12 所示。

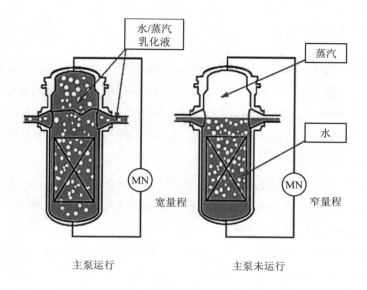

图 4.12　主泵运行或者不运行工况下的水位示意

根据主泵运行的台数，水位测量的宽窄量程可以进行切换，水位测量的量程的切换如图 4.13 所示。

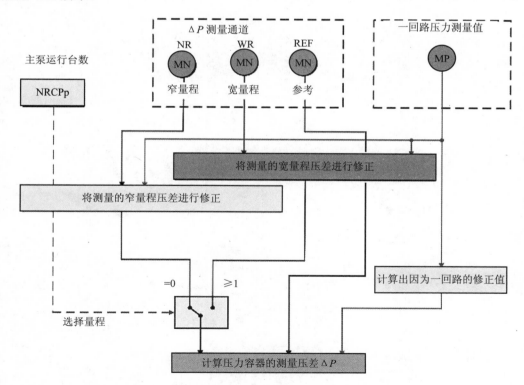

图 4.13　水位测量的量程切换示意

4.3.4 新型堆芯水位测量系统

反应堆堆芯水位测量系统除上述介绍的外，还有新型堆芯水位测量系统，与上述略有不同，下面简要介绍此类反应堆压力容器水位测量系统的功能及测量原理。

1. 新型反应堆堆芯水位测量系统的功能

系统提供反应堆压力容器内关键点是否被冷却剂淹没的信息，当水位低于一些关键点时向操纵员提供相应的提示信息。

反应堆压力容器水位测量系统不承担安全功能，但在事故工况下系统将对水位关键点进行持续监测，以便在事故期间和事故后，让运行人员了解反应堆冷却剂覆盖情况。

2. 新型反应堆堆芯水位测量原理

反应堆压力容器水位测量原理是利用水汽传热性能的显著差异，通过比较加热热电偶与未加热热电偶测得的温差判定测点是否被冷却剂淹没。

反应堆压力容器水位由 4 支热传导式水位探测器组件进行测量，4 支探测器组件分为 A、B 两个系列，每个系列包括 2 支探测器组件，每支水位探测器组件在轴向上布置两个水位测点。共测量包括压力容器上封头、热管段顶部、热管段底部和堆芯出口 4 个水位，反应堆压力容器水位测量系统径向布置示意如图 4.14 所示。

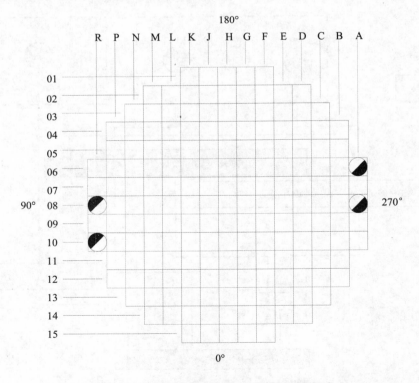

图 4.14　新型堆芯水位测量系统径向布置示意

导向管为水位探测器组件提供导向、保护与支撑，安装在压力容器顶盖处的密封结构为探测器组件提供密封。

每个系列的水位探测器组件的数据在堆芯冷却监视机柜中处理，并将实时信息在后备盘的常规指示仪表和ⅡC 上进行显示，当水位低于关键点时，系统通过后备盘和ⅡC 上进行指示。

4.3.5　交叉验证的处理

对两列的 4 个（L_{VSL}、ΔT_{SAT}）处理后只产生唯一的 1 个（L_{VSL}、ΔT_{SAT}）信息，这一过程包括两个步骤：

（1）一致性处理

一致性处理的目的和原则包括：

①去除与 4 个（L_{VSL}、ΔT_{SAT}）不一致的数值。

②存在两种不同的状态图：主泵运行和主泵停运，在其中定义了不一致区（由 L_{VSL} 和 ΔT_{SAT} 决定），不一致区如图 4.15 所示。

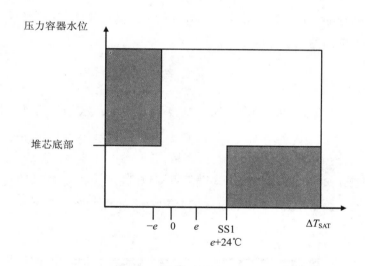

图 4.15　不一致区图示

主泵运行时，不一致处理的例子如图 4.16 所示，图 4.16 即为主泵运行的情况，消除一对 $L_{VSLa}/\Delta T_{SATb}$，它提供异常点的阈值。

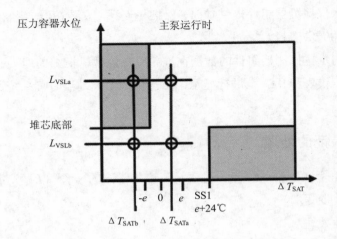

图 4.16 主泵运行时，不一致示例

（2）交叉验证

在进行一致性处理后，会留下 1 个、2 个或 4 个失效后的（L_{VSL}、ΔT_{SAT}）数据，交叉验证选择能代表一回路状态的参数。

交叉验证处理的原理：如果 L_{VSLa} 和 L_{VSLb} 的偏差未超出 $2\varepsilon'$（ε' 表示不确定度），则校验后的堆芯水位为两个水位的平均值：

$$L_{有效} = \frac{L_{VSLa} + L_{VSLb}}{2} \tag{4.23}$$

如果 L_{VSLa} 和 L_{VSLb} 的偏差超出 $2\varepsilon'$，则校验后的堆芯水位为两个水位中的较小值 $L_{有效} = L_{min}$。

如果一个液位指示进入不一致区，则该数值被去除，校验后的堆芯水位为剩下的具有一致性的数值。如果两个液位指示均进入不一致区，则由堆芯冷却监视仪器强制给出一个数值（前一个测量值）。压力容器水位交叉验证原理如图 4.17 所示。

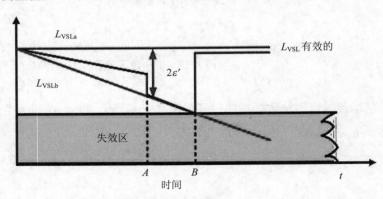

图 4.17 交叉验证原理

ΔT_{SAT} 的测量值也采用相同的处理方式，交叉验证原理如图 4.18 所示。

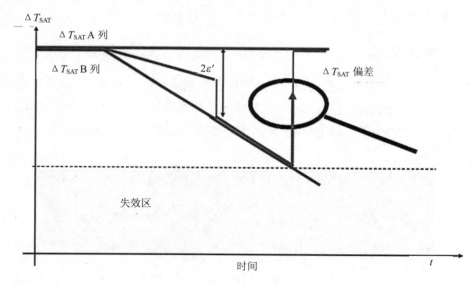

图 4.18　ΔT_{SAT} 的交叉验证

4.4　堆内中子通量测量

4.4.1　系统的功能

堆芯中子通量测量通过定期进行堆芯通量图测量，获得堆芯中子通量的三维分布情况，并对测量数据进行计算机处理，向 LOCA 监视系统 LSS 提供 LOCA 计算机所需的大量参数，向 RPN 功率量程通道提供通道校准所需的参数，因此堆芯中子通量测量能实现以下功能。

1. 启堆期间的作用

①检查寿期开始时堆芯功率分布是否与设计时期望的功率分布相符。

②检查用于事故工况设计的热点因子是否是保守的。

③校准 LOCA 机和堆外测量仪表的功率量程。

④探测反应堆在装料中可能出现的差错。

2. 正常运行时的作用

①检查燃耗对应的功率分布是否与设计所期望的功率分布相符。

②监测各燃料组件的燃耗。

③校准堆外核仪表。

④探测堆芯是否偏离正常运行。

⑤校准 LOCA 机和堆外测量仪表的功率量程（RPN）。

4.4.2　系统的组成

堆内中子通量测量系统共有 50 个燃料组件的测量通道。测量通道在堆芯内的布置如图 4.19 所示。每个测量通道都有特定的编号。测量通道内插入指套管（图 4.20），探测器在指套管内部移动，从而达到在堆芯整个高度上逐点测量中子通量的目的。

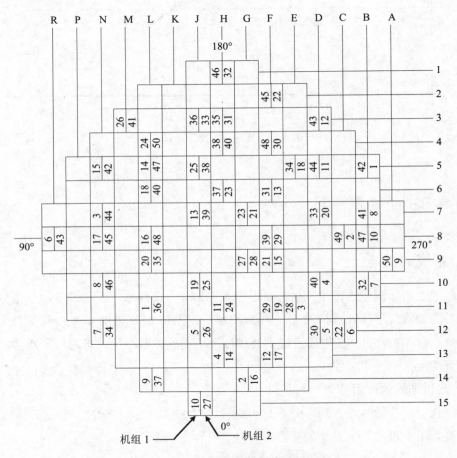

图 4.19　堆内中子通量测量通道布置

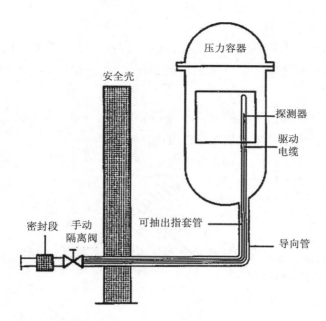

图 4.20　测量通道、指套管、探测器和导向管之间的关系

1. 指套管

指套管为空心圆管（图 4.21），端部由一锥形焊塞封闭，沿导向管插入测量通道，另一端在密封段处，换料时由测量通道内抽出，其作用是为测量探头提供一个通路，并与一回路介质隔离。

2. 导向管

导向管一端焊在压力容器下封头的套筒上，另一端焊在手动隔离阀上。指套管外壁和导向管内壁为一回路压力边界。

3. 手动隔离阀

手动隔离阀采用能自动减少间隙达到完全气密的球形外壳，阀座焊到密封段上。指套管抽出时它手动关闭，达到主冷却剂密封的目的。

4. 密封段

密封段用来保证导向管和指套管之间的静态和动态密封，共分两段，两段之间装有泄漏探测器。

5. 球检验阀

球检验阀的作用是在指套管内漏时阻止主冷却通过自动阀外泄，当指套管内漏时，小球会堵住通向自动阀的锥形孔。另一个作用是通过指套管泄漏探测报警，并阻止自动阀开启。

6. 自动阀

自动阀装在球检验阀和路选择器之间，由不锈钢制成。它们是常闭的，指套管断裂时隔断堆芯来的主冷却热剂，探测器到来前自动开启，抽出后自动关闭。

7. 驱动装置

驱动装置通过驱动螺旋形电缆来移动与其相连的探测器，由电动机、驱动轮、存贮卷盘、位置发送器、安全装置和加热元件组成。

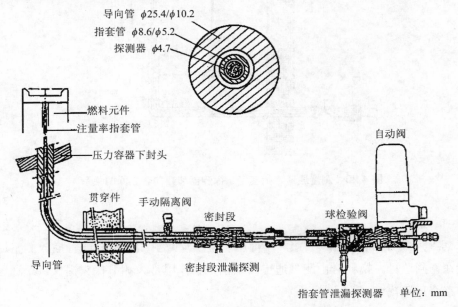

图 4.21　堆内中子通量测量系统密封装置

8. 传送装置

传送装置由组选择器、路组选择器和路选择器组成（图 4.22）。组选择器的作用是把探测器引入正常路径、救援路径、校准路径或贮藏路径。路组选择器的作用是接纳来自正常路径和救援路径的探测器。第 4 组的路组选择器另外接纳来自校准路径的探测器。路选择器的作用是把探测器引入 10 个测量通道之一，部分电厂现在已取消路组选择器。

9. 读出和控制机柜

读出和控制机柜共有 6 台，1 台公用，另 5 台对应于 5 只探测器驱动和传送装置，机柜上设有各种显示和控制设备。

10. 探测器

探测器是堆芯测量的敏感元件，又称微型裂变室。微型裂变室的中央灵敏电极涂有丰度为 93% 的铀的氧化物，两层同心包壳之间充以氩气。裂变室端部连接驱动、导电两用的螺旋形电缆。

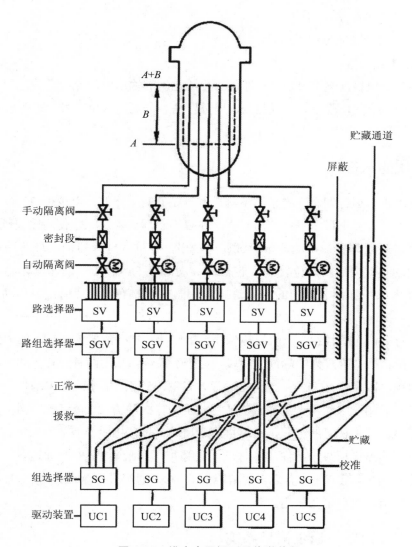

图 4.22　堆内中子探测器传送装置

4.4.3　系统的原理

1. 中子通量测量原理

热中子射入微型裂变室灵敏体内打在涂有二氧化铀的电极上，使 $^{235}_{92}\text{U}$ 核发生裂变。重的带正电的裂变碎片使氩气电离，产生电子-正离子对。电子和正离子在外加电磁场作用下向两极漂移而形成脉冲，脉冲叠加起来，则形成电流。微型裂变室的输出平均电流 I_0 为

$$I_0 = S_n \cdot \Phi \tag{4.24}$$

式中，S_n —— 微型裂变室对热中子的灵敏度；

Φ —— 测量区的热中子通量。

2．读出电路原理

微型裂变室电极间施有高压，与通量水平成比例的输出电流流经负载电阻。负载电阻由数只不同阻值的电阻串、并联而成，用分压法和分流法取出信号，进行放大再输往计算机或送往记录仪。

4.4.4　系统的运行

在反应堆正常运行期间，中子通量测量系统是间断工作的，至少每 30 个等效满功率天启用一次，设计上最多每周使用一次。在启堆物理试验期间，使用比较频繁。

启用时，驱动装置把探测器由贮藏通道抽出，经过各选择器插入堆芯进行测量。探测器由驱动装置处的初始位置到堆芯底部 A 处以每分钟 18 m 的速度移动，在堆芯长度区间 B 内以每分钟 3 m 的低速移动。达到堆芯顶部 $A+B$ 处反向低速移动，同时输送数据。

正常运行分两个阶段：第一阶段称顺序校准阶段，把探测器依次插入第 4 组通道中进行相互校准；第二阶段为实际读出阶段，这个阶段可以采用两种运行方式：组同步运行方式或组顺序同步运行方式。组同步运行方式下，5 组测量系统同步动作，无须操纵员干预即可完成测量工作，一个完整的通量测量工作大约需 2 h。组顺序同步方式下，操纵员可以停止同步程序的进程，然后再重新启动，以便操纵员有思考时间。

当控制和读出机柜某一部件故障时，可使用"一个通道由另一个通道备用"的工作方式，即用余下的 4 组测量装置之一对故障组的 10 个通道进行测量。5 组测量装置可以不全部同步使用，也可单独使用。

4.4.5　新型堆内中子通量测量系统

反应堆堆芯堆内中子测量系统除上述介绍的外，还有新型堆芯堆内中子测量系统，与上述略有不同，下面简要介绍一下此类中子测量系统的功能、测量原理及相关布置。

1．新型堆内中子通量测量系统的功能

新型堆内中子通量测量系统具有以下功能：

①采集自给能中子探测器的电流信号，实时测量堆芯中子通量，在线计算 DNBR 和 LPD，绘制通量图和运行图。

②结合反应堆其他工况数据，通过计算为堆外核测量系统提供功率量程校准参数。

③此类堆芯中子通量测量系统承担安全功能情况因具体设备而定，不要求考虑事故后执行功能。但系统中的探测器组件作为反应堆冷却剂的安全 2 级设备，需要按照

RCC-M 中安全 2 级设备的要求进行设计和制造。

2. 新型堆内中子通量测量系统的原理

新型堆内中子通量测量采用的探测器是自给能中子探测器。沿堆芯布置 44 个堆芯中子通量测量通道，每个测量通道沿堆芯活性段高度等距布置 7 个自给能中子探测器。

本系统采用的自给能中子探测器是铑自给能中子探测器，主要由探头和电缆组成，其结构如图 4.23 所示。探头由发射体、绝缘体、收集极组成。电缆采用铠装形式的双芯电缆，分别测量发射体产生的电流和本底芯线的电流。

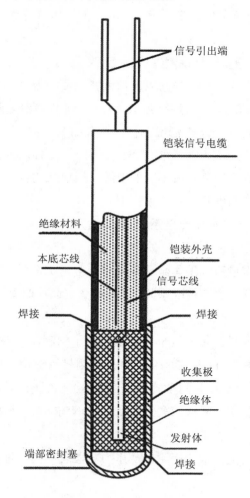

图 4.23　自给能中子探测器结构示意

铑自给能探测器主要的电流产生过程是：发射体材料铑（$_{45}Rh^{103}$）与中子发生辐射俘获反应（n，γ），产生 $_{45}Rh^{104}$ 同位素，并在随后进行 $_{45}Rh^{104}$ 的β衰变产生β粒子。β粒子以一定的概率逃脱发射体被收集体收集，发射体带正电，探测器输出一小电流。

在自给能中子探测器内，主要信号噪声是由中子和γ射线在信号芯线中引起的本底电流。用自给能探测器发射体芯线信号去本底芯线的信号，可实现本底补偿。

探测器的信号经过接插件、信号传输电缆传输到信号处理机柜，信号处理机柜完成信号和数字化处理。

信号调理部分采用线性变换测量，将电流测量范围分为若干个测量量程，量程切换由微处理器控制。当同一组测量点最大输出超过满量程的 94.4% 时，将测量通道切换到低灵敏度；当同一组所有测点输出低于满量程的 8.33% 时，将测量通道切换到高灵敏度量程。调理单元最终将测量信号变换为 1～10 V 的电压信号送入信号处理单元进行数字化处理。

3．新型堆内中子通量测量探测器的布置

为了便于探测器组件在堆内导向以及探测器电缆的敷设，探测器组件分为 4 组，第 1～2 组每组各 12 根，第 3～4 组每组各 10 根，共 44 根探测器组件。自给能中子探测器沿堆芯轴向分布如图 4.24 所示，沿堆芯径向布置如图 4.25 所示。

44 根测量堆芯中子通量和温度探测器组件分为 A、B 两列，在电气贯穿件外侧将温度信号和自给能探测器信号分开成不同的电缆，引出后的自给能中子探测器信号送到 4 个处理柜，温度信号送到堆芯冷却监视机柜。

4．与传统的系统中子通量测量系统的比较

（1）功能比较

传统的中子通量测量系统采集微型裂变室信号，计算堆芯三维功率分布，计算堆外核测量系统功率量程仪表通道校准系数。反应堆稳定运行期间，定期测量堆芯中子通量，离线计算。

此种类型的中子通量测量系统采集自给能中子探测器（SPND）信号，计算堆芯三维功率分布、燃料组件 LPD 和 DNBR、堆外核测量系统功率量程仪表通道校准系数。该系统兼容了传统的 LOCA 监测系统（LSS）的功能，计算运行图等。反应堆稳定运行期间可连续监测与堆芯安全紧密相关的 LPD 和 DNBR，并由离线改为在线计算。

（2）布置比较

传统的中子通量测量系统的探测器从压力容器底部插入堆芯，测量完成后从压力容器中抽出存放。

此种类型的中子通量测量系统的探测器从压力容器顶部插入堆芯，采用 Swagelok 固定密封，取消了压力容器底部开孔，降低了堆芯熔融物泄漏概率，满足三代核电设计要求。

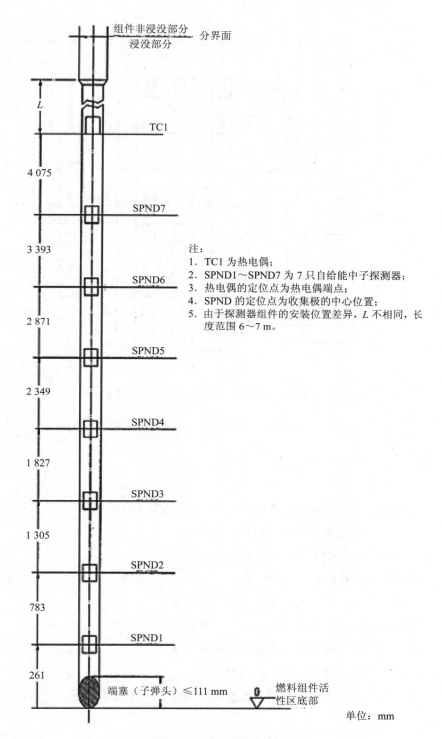

注:
1. TC1 为热电偶;
2. SPND1～SPND7 为 7 只自给能中子探测器;
3. 热电偶的定位点为热电偶端点;
4. SPND 的定位点为收集极的中心位置;
5. 由于探测器组件的安装位置差异,L 不相同,长度范围 6～7 m。

单位:mm

图 4.24 堆芯自给能中子探测器轴向布置示意

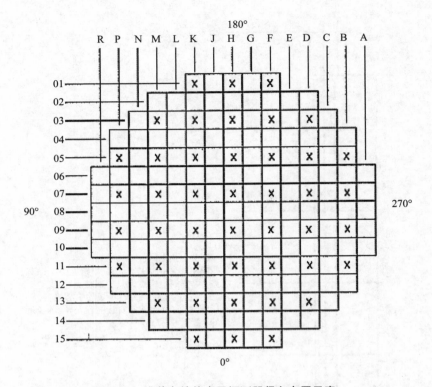

图 4.25　堆芯自给能中子探测器径向布置示意

思考题

1. 简述堆外中子通量测量系统 RPN 的系统功能及组成。
2. 简述堆芯温度测量系统的功能及组成。
3. 简述堆芯水位测量系统的功能及组成。
4. 简述堆芯水位测量系统的原理。
5. 简述新型堆芯水位测量系统的功能及原理。
6. 简述堆芯水位交叉验证中一致性处理的目的和原则。
7. 简述堆内中子通量测量系统的功能及组成。
8. 简述堆内中子通量测量系统的原理。
9. 简述新型堆内中子通量测量系统与传统堆内中子通量测量系统的区别。

第5章　反应堆控制

反应堆控制系统（RRC）的功能是：

①在稳态运行期间，维持主要运行参数尽可能接近核电站设计所要求达到的最优值，使电厂的输出功率维持在所要求的范围内。

②使核蒸汽供应系统（NSSS）能适应正常运行的各种瞬态工况，根据电网的要求和运行的需要，改变系统的运行状态，保持操作上的灵活性。

③在运行的瞬态或设备故障时，保持电厂主要参数在允许的范围内，以尽可能减少反应堆保护系统的动作。

在核电站中，不仅要通过控制反应性使一回路所产生的功率与二回路所吸收的功率相等，而且还需要满足核物理参数、热工参数、制造工艺、机组效率等各方面的要求。本章就反应堆控制方案的选择、一回路平均温度的控制原理、反应堆功率控制的基本原理及功率分布与梯形图的原理和应用进行具体介绍。

5.1　反应堆控制方案

5.1.1　反应堆的自稳性

反应堆的自稳性（或自调性）是指：不需借助任何外加的调节作用，反应堆本身具有在二回路功率变化后达到新的稳定状态的性能。这种稳定性对于反应堆安全是绝对必要的，它是靠慢化剂的负温度系数和燃料的多普勒效应来保证的。

下面分别讨论当二回路负荷变化时，在不借助外加调节作用的情况下，不具有自稳性的反应堆和具有自稳性的反应堆的性能：

对于一个具有正慢化剂温度系数的临界反应堆：当二回路用汽量增加时，一回路温度降低，引入一个负反应性，使反应堆次临界、中子通量减少，一回路功率下降，使反应堆无法维持运行；当二回路用汽量减少时，一回路温度升高，引入一个正反应性，使反应堆超临界、中子通量急剧增加，一回路功率急剧上升，危及反应堆安全，这是绝对不允许的。

而对于一个具有负慢化剂温度系数的临界反应堆：当二回路用汽量增加时，一回路温度降低，引入一个正反应性，使反应堆微超临界、中子通量增加，一回路功率上升，使一回路功率等于二回路功率后维持在临界状态；当二回路用汽量减少时，一回路温度升高，引入一个负反应性，使反应堆微次临界、中子通量减少，一回路功率下降，使一回路功率等于二回路功率后维持在临界状态。

因此，反应堆在临界后，必须保证主冷却剂具有负的反应性温度系数，使反应堆具有自稳性，进而保证反应堆的安全。但是，一个具有自稳性的反应堆，仅通过自身的稳定性调节，无法将一回路温度维持在反应堆设计要求的值上，因此，需引入调节系统。

5.1.2 控制方案

5.1.2.1 反应堆控制的目的

反应堆控制的基本目的是使一回路所产生的功率与二回路所吸收的功率相等，同时保证一、二回路的温度、压力等热工参数及堆芯功率分布等参数能满足各方面要求。

这些要求包括：

①一回路平均温度变化不能过大，以免一回路冷却剂容积变化过大，需要比较大的稳压器来补偿容积变化。

②避免上述同样原因使一回路排出的待处理的液体容积增加。

③蒸汽发生器出口压力不能过低，以免汽机效率降低、汽机末级叶片处蒸汽含水量过大。

④反应堆功率变化的速度必须满足一定的跟踪电网负荷变化的要求。

⑤避免跟踪电网负荷变化时控制棒组的移动过多，造成过大的堆芯功率分布畸变。

为了满足上述要求需要确定控制方案。

5.1.2.2 控制方案的选择

二回路功率 P_2 可由下式表示：

$$P_2 = h \cdot S \cdot (T_{av} - T_s) \qquad (5.1)$$

式中，h —— 蒸汽发生器传热系数。

S —— 蒸汽发生器传热面积。

T_{av} —— 一回路平均温度。

T_s —— 蒸汽发生器出口蒸汽温度。

假设蒸汽发生器传热系数 h 和传热面积 S 恒定不变，则二回路功率仅是 $(T_{av}-T_s)$ 的函数。当功率增加时，可用两种方法来满足二回路的功率需求：降低蒸汽发生器出口的蒸汽温度和提高一回路平均温度。根据这个关系，可以考虑三种控制方案。

1. 一回路平均温度不变的方案

降低蒸汽发生器出口的蒸汽温度以满足二回路的功率需求，维持一回路平均温度不变，这对一回路有利。但这个方案受到汽机效率和尺寸的限制。

根据卡诺原理，汽机效率 η 为

$$\eta = 1 - \frac{T_c}{T_h} \tag{5.2}$$

式中，T_c —— 热阱温度（冷凝器温度）。

　　　　T_h —— 热源温度（蒸汽发生器出口的蒸汽温度 T_s）。

当蒸汽发生器出口的蒸汽温度 T_s 降低时，相当于 T_h 降低，汽机效率会降低。因此 T_s 的降低受到汽机效率的限制。

换句话说，为了使汽机达到设计的满功率，必须有一个足够大的进汽压力，汽机尺寸就是按这个最低进汽压力设计的。蒸汽发生器出口的蒸汽温度 T_s 降低，也就是蒸汽发生器压力降低，由于后者不能低于设计要求的最低值，因此 T_s 的降低受到汽机尺寸的限制。

2. 蒸汽发生器压力不变的方案

蒸汽发生器压力不变，也就是蒸汽发生器出口的蒸汽温度不变，这对二回路有利。但这个方案必须提高一回路平均温度来跟踪二回路功率的增加，受到一回路的各种限制：

①一回路平均温度变化过大，使一回路冷却剂容积变化过大，需要比较大的稳压器来补偿容积变化。

②上述同样原因使一回路排出的待处理的液体容积增加。

③一回路平均温度变化过大，会使控制棒组的移动范围增大。如果二回路的功率迅速下降，由于主冷剂的温度系数是负的，会释放出大量的反应性，必须靠插入控制棒加以补偿。控制棒的过深插入会引起严重的堆芯通量分布畸变，甚至有产生热点而烧毁包壳的危险。

3. 折中方案

为了克服上述两种控制方案的缺点，大多数核电厂采用漂移一回路平均温度的折中方案。即随着机组功率上升，一回路平均温度逐渐增加，同时蒸汽发生器出口的蒸汽温度逐渐下降。

图 5.1 为 CPR1000 核电站采用的漂移一回路平均温度的折中控制方案下各主要参数

变化曲线。

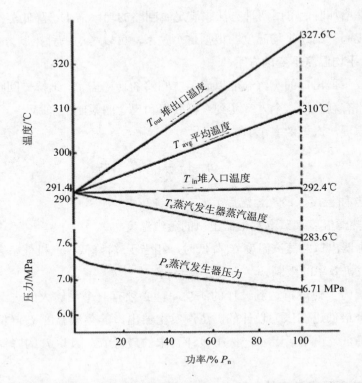

图 5.1 漂移一回路平均温度的折中控制方案下各主要参数变化曲线

一回路平均温度 T_{av} 随负荷增加，在 291.4～310℃ 范围变化。蒸汽发生器出口的蒸汽压力 P_s 和蒸汽温度 T_s 随负荷增加而逐渐降低。图中还给出了反应堆进、出口温度随负荷增加而变化的曲线。负荷在 0%～100% P_n 的范围内，堆进口温度只变化 1℃，所以又称这种方案为堆进口温度不变方案。

这种方案的优点是兼顾了一、二回路。

确定了一回路平均温度控制方案后，设计出的反应堆控制系统将维持一、二回路功率的匹配，即使一回路平均温度等于控制方案中的平均温度整定值。

5.1.3 反应堆 G 模式

核电站的反应堆控制有 A 模式和 G 模式两种：A 模式的主要特点是负荷基本稳定，堆内所有控制棒（除 R 棒外）都提出堆外，而由硼浓度变化来补偿氙毒和燃耗过程，不能跟踪负荷快速变化。G 模式的特点是能快速跟踪负荷变化，采用"灰棒""黑棒"和硼浓度的调节来共同完成对反应性的协同控制。

核电站的反应堆控制采用 G 模式，由于核电站需参与整个电网的调峰，这要求核电站具有快速负荷跟踪能力，而 G 模式运行可满足这一要求。

G 模式运行的核电站反应堆，维持正常运行是靠下述手段实现的：

①由功率补偿控制棒组的位置来改变反应堆功率水平。

②温度调节棒用来调整较小的反应性变化和轴向功率分布形状。

调节堆内可溶硼浓度补偿由于燃耗、氙浓度变化等引起的较慢的反应性变化。

1. 负荷跟踪

G 模式要求反应堆在80%循环长度内能进行功率变化的形式为12-3-6-3 的日负荷循环，即反应堆在 12 h 满功率运行后在 3 h 内功率线性变化到 30%NP；在 30%NP 工况下运行 6 h 后又在 3 h 内功率线性增长到满功率水平，以适应电网日负荷变化的要求，图 5.2 给出了典型的负荷跟踪变化，也可以采用其他可行的日负荷循环。由于两台机组共用一个硼循环系统，所以其中一个机组进行负荷跟踪时会受到另一个机组的影响。

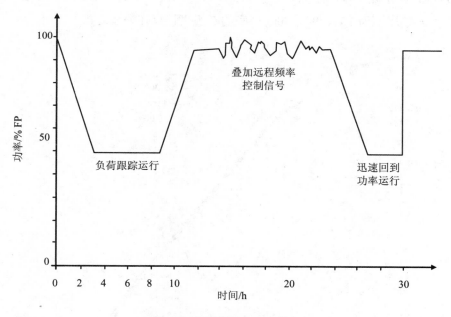

图 5.2　典型的负荷跟踪变化

负荷跟踪还应具有 5%FP/min 线性功率变化以及 10%FP 阶跃功率变化的调节能力。

2. 频率控制

机组在 G 模式运行方式下，可以补偿在指定的负荷跟踪运行时，由于汽轮机±8%负荷变化导致的反应性变化：

①由于汽机负荷的微小变化引起的小的频率变化（在 50 Hz 的基础上±20 mHz）可以由 R 棒自动调节。

②反应堆功率水平可以根据需要进行调节，以满足电网的需求，这种控制模式是通过功率补偿棒（G、N）和 R 棒的协调工作实现的。

3. 功率补偿棒组（G 棒组）

功率补偿棒组（G 棒组）又称灰棒组，它包括 4 组棒：G1、G2、N1 和 N2，其中仅 G1 和 G2 是灰棒。

灰棒组用于补偿负荷跟踪时的反应性变化。在一定燃耗下，对应于每个电功率水平有一个棒位（图 5.3）。功率水平与灰棒组棒位之间的关系曲线叫作有效标定曲线。如果运行要求功率补偿棒组相对于刻度曲线位置部分地或完全地抽出，则负荷跟踪能力降低。该曲线是根据实测的标定曲线推算出来的。在有效标定曲线上，灰棒组开始插入的功率称为有效插入功率，记为 P_g。灰棒组按叠步顺序插入。先插 G1 棒组，最后插 N2 棒组（图 5.4）。提升的顺序则刚好相反，先提 N2，最后提 G1。

叠步的目的是减少堆芯轴向功率分布扰动，提高微分价值。重叠步数（按 G1、G2、N1、N2 插入顺序）为 100、90、90（堆底的 5 步也计算在叠步之内）。

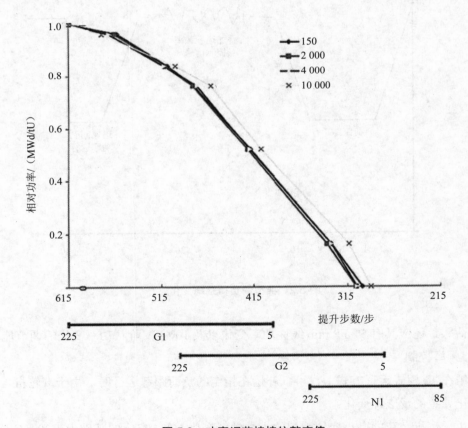

图 5.3　功率调节棒棒位整定值

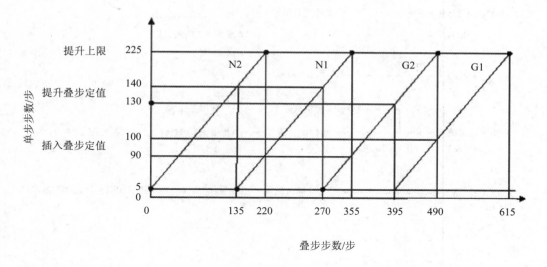

图 5.4　功率调节棒叠步

4. R 棒组

温度调节棒组是黑棒组，用于控制一回路冷却剂平均温度，对堆芯反应性进行精调。它可使一回路冷却剂平均温度最终达到控制方案中要求的整定值，但它不能补偿大范围的反应性变化。大范围的反应性变化是靠功率补偿棒组的提升或插入（抵消功率效应）、稀释或硼化（抵消氙效应）来补偿的。

R 棒组有一个相当于堆芯高度 1/10 的调解带，为了避免对功率分布产生不利影响，通常 R 棒组位于堆芯顶部这一个比较窄的范围内，此范围称为调节区（或称运行带、调节带），它只有 24 步（图 5.5）。在负荷跟踪时，R 棒应位于调节区中部。在带基本负荷运行时，R 棒组应位于调节区靠近顶部位置。

为了确保温度调节的 R 棒组具有足够的反应性引入的能力，以满足补偿堆芯反应性扰动的要求，并尽可能使轴向功率分布平坦，需要确定调节 R 棒组的最小插入深度（即咬量，调节区上限）。在设计咬量位置处，温度调节 R 棒组具有 2.5 pcm/步的微分价值，对应得积分价值小于 100 pcm。这样可以满足上述机动性要求，同时对轴向功率分布的扰动也能满足设计限值要求。核设计计算给出的 R 棒组的咬量的位置随堆芯燃耗的变化关系，图 5.6 所示为首循环 R 棒咬量随燃耗的变化。

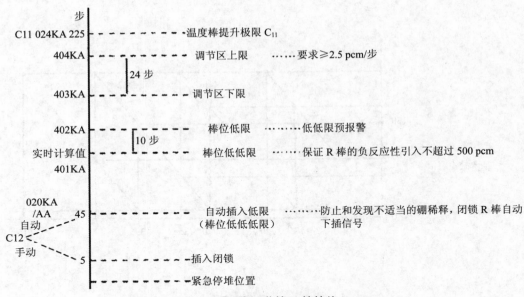

图 5.5 温度调节棒 R 棒棒位

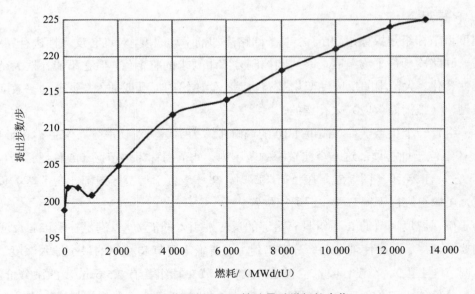

图 5.6 首循环 R 棒咬量随燃耗的变化

堆芯运行中还要限制 R 棒组的最大插入深度，以满足下述要求：

①停堆裕量。

②弹棒事故安全准则。

③核焓升因子 $< 1.65[1 + 0.3(1 - P_r)]$ （$0 < P_r < 1$）

$\qquad < 1.65$ （$P_r > 1$）（P_r 表示普朗特数）

基于上述要求，可以确定温度调节棒组插入限制随功率水平和燃耗的变化关系。一般温度调节 R 棒组的插入限值对应的负反应性引入为 500 pcm。在反应堆控制中，当温度调节棒组插入深度接近其限值时，将触发报警系统，在低-低限上方 10 步再设低限，作为提醒电厂运行人员的预警线。图 5.7 所示为不同燃耗下首循环 R 棒组插入限值随功率水平的变化。

R 棒组除了调节平均温度以外，还有两个用途：在负荷瞬变期间协助 G 棒组控制反应性，此时 R 棒组可能在短时间内超出调节区；另外，为了控制轴向功率分布，可能需要将 R 棒置于调节区以外几个小时。

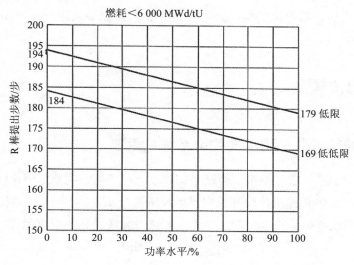

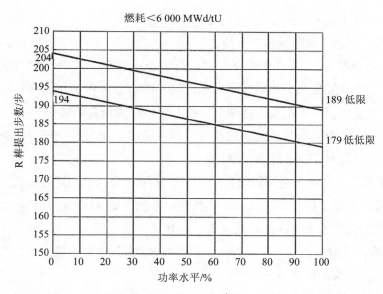

图 5.7　不同燃耗下首循环 R 棒组插入限值随功率水平的变化

5. 稀释或硼化

稀释或硼化的目的是补偿燃耗引起的慢速反应性变化和氙效应引起的大范围的反应性变化。其特点是对堆芯功率分布形状不起破坏作用。硼酸中天然硼的 ^{10}B 丰度为19.8%。另外，通过稀释或硼化可以维持 R 棒组在调节区内。

当堆芯轴向功率偏差为正时，即堆芯上部功率大于堆芯下部功率时，可以通过稀释使 R 棒下插，减少堆芯上部功率的比例，使堆芯上、下部功率趋向于相等。当堆芯轴向功率偏差为负时，通过硼化使 R 棒提升，增加堆芯上部功率的比例，使堆芯上、下部功率趋向于相等。

选定 G 模式后，需要设置控制 R 棒组的平均温度调节系统以及控制 G 棒组的反应堆功率调节系统。

5.2 平均温度控制

5.2.1 R 棒控制（即平均温度控制系统）原理

平均温度控制系统通过测量一回路平均温度，与平均温度整定值比较后，经调节器产生调节信号，驱动 R 棒组，改变反应堆的反应性，从而维持一、二回路功率的匹配，即使一回路平均温度等于其整定值。平均温度调节系统的平均温度偏差表达式为

$$e = T_{\text{ref}} - T_{\text{avg}} - K_1 \times K_2 \times \text{d}(P_1 - P_2)/\text{d}t \qquad (5.3)$$

式中，e —— 平均温度偏差；

T_{ref} —— 平均温度整定值，由二回路功率 P_2 决定；

T_{avg} —— 平均温度测量值最大值；

$\text{d}(P_1 - P_2)/\text{d}t$ —— 功率失配变化率，用于开环调节，以提高调节速度；

K_1 —— 考虑失配大小的系数，功率失配小的时候，对于相同变化率，闭环通道比较容易来得及进行调节，所以开环放大倍数取得小一些；

K_2 —— 考虑调节系统稳定性的系数，高负荷时，调节系统稳定性变差，所以开环放大倍数取得小一些。

如图 5.8 所示，平均温度测量值为由 3 个环路中选出的平均温度最大值，经由滤波器和超前滞后环节做了信号处理以后按负极性接入加法器 405ZO。极性的选择原则是增加时使执行机构向正方向运动的极性为正。设 R 棒提升为正、插入为负，平均温度增加时应插入 R 棒，故取其极性为负。接入加法器 405ZO 的被调节量（平均温度）信号所经过的控制回路称为闭环通道。

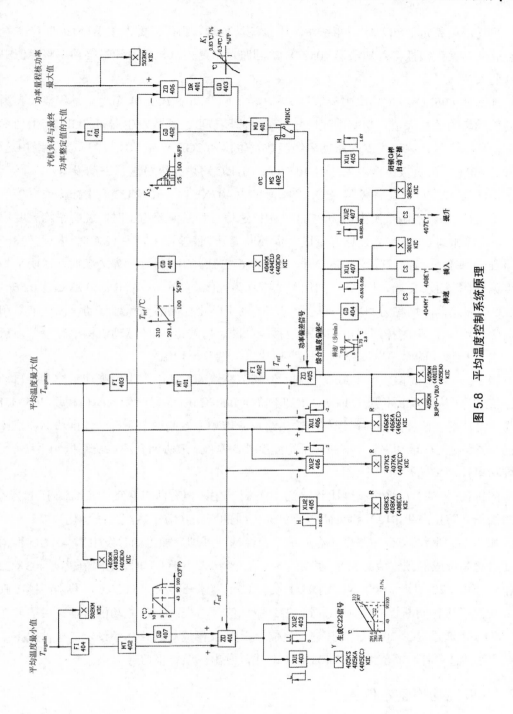

图 5.8　平均温度控制系统原理

平均温度整定值 T_{ref} 由二回路功率 P_2 经滤波处理，再经函数发生器 402GD 产生。它经滤波后按正极性接入加法器 405ZO。二回路功率是由汽机负荷和最终功率整定值中选择的大值。

加法器 406ZO 产生功率失配信号 P_1-P_2。一回路功率 P_1 是 4 个功率量程核仪表测得的核功率中的最大值。功率失配信号先经微分环节再经函数发生器 403GD 产生功率失配变化率信号，乘以由二回路功率经函数发生器 402GD 产生功率失配系数，经由选/切开关 401KC 按负极性接入加法器 405ZO，401KC 可由操纵员进行手动投退。

加法器 405ZO 产生偏差信号 E，经阈值模块 407XU1 和 407XU2 产生插棒或提棒信号（棒向信号），经函数发生器 404GD 产生棒速信号。当偏差为正时，说明平均温度偏低。偏差增加到 0.83℃时，R 棒开始以 8 步/min 提升。偏差在 1.73~2.8℃时，棒速在 8~72 步/min 变化。当偏差降到 0.56℃时，R 棒停止提升。相反地，偏差为负时，说明平均温度偏高，需插入 R 棒。±0.56℃的偏差范围称为死区（盲区），−0.56~−0.83℃及 0.56~0.83℃的偏差范围均称为回环。死区和回环有助于防止控制棒的频繁移动。棒速信号和棒向信号均输出至 R 棒逻辑电路，产生移棒脉冲，再转给 R 棒驱动机构电源设备，后者产生 R 棒移动的时序电流信号，移动 R 棒束，调节平均温度。

当 T_{ref} 与 T_{avg} 的偏差大于+1.67℃时，经阈值模块 405XU1 产生闭锁功率控制棒自动插棒信号。即从偏差 e 上升至 1.67℃始到下降至 0.56℃止，这段时间内阈值模块 405XU1 动作，将功率补偿棒的插棒闭锁信号输出给反应堆功率控制调节系统，禁止功率补偿棒下插。这是由闭环堆功率控制系统（平均温度控制系统）来协调开环堆功率控制系统（反应堆功率控制系统）的一个手段。

闭锁信号 C22 在平均温度比整定低 10℃时产生，但有两点修正：负荷低于 $43\%P_n$ 时的修正（防止产生 P12）和负荷高于 $90\%P_n$ 时的修正（防止蒸汽品质恶化）。

如图 5.8 所示，3 个环路平均温度最小值经滤波处理后加上函数发生器 407GD 根据二回路功率形成的预置值减去平均温度整定值，当结果小于 0℃时，则阈值模块 403XU2 动作，产生 C22 闭锁信号。NC-VDU 上设有 C22 闭锁开关 RGL202KC，若未闭锁，则 C22 使汽机进行间断性降负荷，直到 C22 驱动信号消失；C22 驱动信号消失后需要在 NC-VDU 上通过 RGL204KG 对其进行复位，否则 G 棒的二回路功率设定值会被保持；当结果小于 1℃时，阈值继电器 403XU1 动作，发出低温警报信号。

5.2.2 最终功率整定值

1. 产生工况

汽机旁路系统运行时，汽机进汽压力信号不能代表二回路总负荷。在这种情况下，人为设置一个功率数值，称为最终功率整定值。设置了最终功率整定值之后，反应堆即产生一个大于汽机负荷的功率,以便汽机负荷增加时快速跟踪。

如果超高压断路器断开或汽机脱扣之前汽机负荷大于等于 $30\%P_n$,最终功率整定值设置为 $30\%P_n$;若超高压断路器断开或汽机脱扣之前汽机负荷小于 $30\%P_n$,最终功率整定值设置为当时的汽机负荷值;当汽机旁路系统置压力模式时,最终功率整定值即为压力整定值所对应的功率。

2. 生成电路原理

如图 5.9 所示,汽机脱扣或主断路器断开时,P 型触发器触发,当 GCT 阀门不处于压力控制模式且反应堆未跳闸时,驱动记忆模块 401ME 记忆住当时的汽机负荷(由汽机进汽压力 GRE022/023/024MP 中的第二大值经 601GD 计算得到)。低选单元 401ZI 在记忆负荷和固定的 $30\%P_n$ 的负荷中选一个最低负荷,通过下游的信号选择开关输出最终功率整定值。这时汽机旁路系统置温度模式。

当汽机旁路系统置压力模式且"GCT121VV 未关闭及 GCT109VV 全开"或"GCT117VV 未关闭及 GCT105VV 全开"时,下游与门闭合驱动信号选择开关接受操纵员手动设定压力信号作为最终功率整定值。

当最终功率整定值重新小于汽机进汽压力下的负荷时,阈值模块 404XU1 动作,无汽机跳闸和无高压断路器打开状态存在时,复位最终功率整定值生成工况。

最终功率整定值信号一路直接输往汽机旁路系统,一路经加法模块和隔离模块转换为模拟电流信号输往反应堆功率调节系统。平均温度调节系统要求的输入信号是汽机负荷与最终功率整定值中的最大值,它是由高选单元输出的。在汽机正常工作时(不产生最终功率整定值时)高选单元的一个输入是设定值模块 401MS 产生的相当于 $0\%P_n$ 的信号,另一个输入是汽机进汽压力所代表的负荷,所以它选的一定是汽机负荷。

5.3 反应堆功率控制

5.3.1 G 棒控制原理

G 棒控制,即反应堆功率控制系统的原理如图 5.10 所示,它接收来自汽机调节系统的 G 模式接口信号。

1. 逻辑输入信号

① "汽机控制模式"80:它表明汽机调节系统是处于自动还是处于手动控制模式。

② "汽机控制方式"79:它表明汽机调节系统是否在负荷限制方式(B)下工作。

③、④、⑤ "超高压断路器断开"81、"汽机脱扣"C8、"排放系统置压力模式":这 3 个信号均表明汽机旁路系统投入运行。

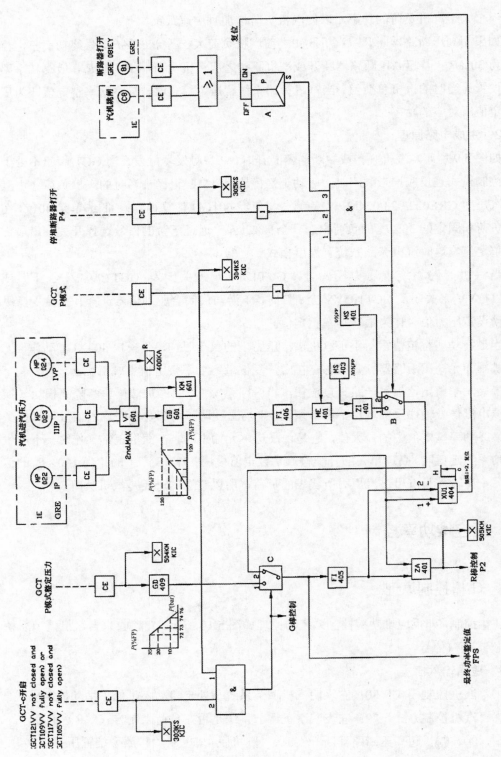

图 5.9 RGL 最终功率整定值生成原理

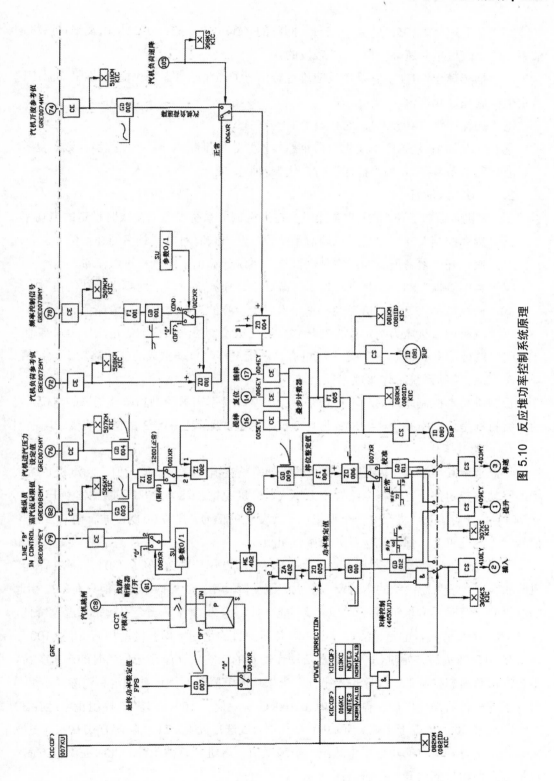

图 5.10　反应堆功率控制系统原理

⑥ "负荷速降" 105：它是由来自一回路的 C3、C4、C21、C22，以及来自汽机调节系统的 "汽机负荷速降" 信号 71 触发的。

⑦ "插棒禁止" 100：它是由反应堆过冷信号 C22 衍生的，表明反应堆平均温度比整定值低到超过允许值。

⑧ "插棒闭锁" 405XU1：它代表 R 棒正在提升。

⑨ "复位" 14：紧急停堆发生后再重新投入紧急停堆断路器后，使叠步计数器复零。

⑩、⑪ "提棒" 16 和 "插棒" 17：代表功调棒提升一步或插入一步。

2．模拟输入信号

① "汽机负荷参考值" 72：它是操纵员在汽机调节系统投自动模式时设定的电功率。

② "频率控制" 78：它是汽机调节系统投自动模式时对电网频率的补偿信号。

③ "汽机开度参考值" 74：它是汽机调节系统计算出来的汽机进汽流量。

④ "频率贡献" 83：它是汽机调节系统处手动模式下时对电网频率的补偿信号。

⑤ "操纵员蒸汽流量限值" 82：它是操纵员设置的汽机进汽流量最高值。

⑥ "汽机调节级压力整定值" 76：它是操纵员设置的汽机调节级进汽压力最高值。

⑦ "最终功率整定值"：它是在汽机旁路系统工作时自动生成的二回路功率设定值。

3．G 棒控制系统工作原理

反应堆功率控制系统的基本原理是根据二回路功率需求控制功率补偿棒的棒位。它的最终目标是使功率补偿棒的位置与功率需求对应，即满足图 5.3 的特性曲线。现根据图 5.10 说明其工作原理。

①高选单元 402ZA 从汽机负荷和最终功率整定值中选一个最大值。当汽机负荷大于最终功率整定值，且汽机旁路置压力模式、汽机脱扣（C8）、超高压断路器断开（81）3 个信号均不存在时，将产生一个使记忆单元复位的信号，开关 004XR 被置向右方，"0"信号接入高选单元，保证高选单元选中汽机负荷。

②当 C22 信号出现、操纵员未闭锁时，汽机即以每分钟 200% P_n 的速率降负荷。汽机降负荷时，按负荷跟踪的本意反应堆也应跟着降功率，G 棒应下插，但只有 C22 引起的汽机降负荷时反应堆不能跟踪，G 棒不能下插，因为 G 棒下插会引起平均温度降低，这与 C22 降负荷的目的是矛盾的（C22 降负荷的目的是使平均温度增加）。信号 100 是在 C22 引起降负荷开始时使一个触发器动作得到的，它使存储器记住当时的汽机负荷，不管汽机负荷怎样降低，G 棒也不下插。当平均温度降低原因已被确定和消除，操纵员采取了各种善后操作以后，再通过 RGL204KG 解除信号 100，恢复 G 棒组正常运行。

③通常 008XR 置于 2 端。当 LINE B=1 时，低选单元 002ZI 从限荷方式 B 决定的功率 2 和正常方式决定的功率 1 中选出一个最低值，以进行负荷跟踪。此时在汽机方面，也是按它们的最低值开、关进汽阀的。

④汽机限荷方式有两种：限制汽机进汽流量不超过操纵员设定的值和限制汽机调节级进汽压力不超过其整定值。低选单元 001ZI 从这两个值经过转换后的以电功率为单位的值中选最低值。汽机处于限荷方式（LINE B=1）时，信号 79 将开关 001XR 置于左方，选定的最低值接入低选单元 002ZI；汽机处于非限荷方式（LINE B=0）时，开关 001XR 位于右方，常数 1 200 MW 电功率信号接到低选单元 002ZI 的 2 端，保证其选定的一定是正常方式下的接在端子 1 上的值。

⑤当汽机接到负荷速降信号时，信号 105 将开关 006XR 置于右方，反应堆也从现有功率开始降负荷（信号 C22 引起的降负荷除外）。反应堆现有功率与汽机开度参考值 74（进汽流量信号）经转换的电功率相对应。逻辑信号 105 的值代表汽机是否正在负荷速降。汽机负荷速降有几种原因，即：

a. 偏离泡核沸腾裕量小（C3），超温 ΔT 保护动作前 1℃ 时产生。

b. 线功率裕量小（C4），超功率 ΔT 保护动作前 1℃ 时产生。

c. 轴向功率偏差超出运行区（C21），它可由 RGL201KC 闭锁。

d. 反应堆过冷（C22），它可由 RGL202KC 闭锁。

以上信号称反应堆降荷信号（意为一回路所发出的降荷信号）。反应堆降荷信号引起的降负荷是间断的，降降停停，一直降到信号消失或降至终值 8.5% P_n。

e. 二回路发出的降荷信号，包括 GSS RUNBACK、APA RUNBACK 或操纵员手动降负荷（KIC 或 BUP）。二回路降荷信号引起的降负荷是连续的，一直降到信号消失或降至设定的目标值（不同信号触发的降负荷速率和目标值是不一样的）。

汽机降负荷时，反应堆也跟踪功率，但信号 C22 引起的降负荷除外，前已述及。

当汽机未处于负荷速降工况时，开关 006XR 位于左方。

⑥当汽机调节系统投自动时，信号 80 将开关 005XR 置向左方，反应堆跟踪的是以电功率为单位的汽机负荷参考值 72，并纳入自动频率补偿信号即频率控制信号 78 经处理和转换成的电功率。对频率控制信号的处理和转换过程是：先进行滤波以消除高频干扰，再转换为电功率信号，转换时设了死区和限值，最后再经过开关 002XR 接到加法器 001ZO 上。

⑦当汽机调节系统处于手动时，开关 005XR 位于右方。选定的跟踪功率由汽机开度参考值 74 和此时的频率补偿信号即频率贡献信号 83 经处理和转换生成的电功率合成。频率贡献信号的处理和转换过程与频率控制信号相似。由于信号 74 中包括信号 83，所以在两者均转换为电功率以后，由加法器 002ZO 减去 83 分量。

⑧以上根据二回路工况和汽机调节系统工作方式/模式选择出来的待跟踪的功率送往加法器 005ZO，与临时增改的值即校正因子 007KU 相加得到功率整定值，经函数发生器 009GD 转换为功率补偿棒的棒位整定值。代表实际棒位的叠步计数器的输出信号

经滤波后与 009GD 的输出经滤波的信号在比较环节 006ZO 中比较。棒位偏差经开关 007XR 接到函数发生器 012GD，由其产生棒速和棒向信号送往 G 棒逻辑单元，以产生提插 G 棒的脉冲，输往 G 棒驱动单元，后者产生移动 G 棒棒束的时序电流信号。

⑨函数发生器 010GD 由功率整定值产生函数发生器 012GD 的死区棒位的步数，即用来动态给定 G 棒的死区，功率大时加大死区。函数发生器 012GD 同时具有提棒和插棒回环。与 R 棒束一样，死区和回环的设置可以避免 G 棒束因频繁动作而磨损。

⑩当选择开关 013KC 选择"校准"模式，且 016KC 置"有效"位时，将开关 007XR 置向右方，偏差信号送往校准用的函数发生器 011GD，其输出的棒速和棒向信号经过由 013KC 和 016KC 切换过来的接点送出。

⑪当平均温度比整定值低过 0.56～1.67℃时，平均温度控制系统经过阈值继电器 405XU1 向本系统发出禁止插棒命令，闭锁 012GD 后的插棒与门，使 G 棒不能下插。

⑫棒位整定值及实际值和校正因子在 KIC 上均有显示。

5.3.2 负荷速降

以某 CPR1000 核电机组为例，汽轮机组的快速降负荷主要由以下因素造成：

①操纵员决定快速降负荷 KIC（UNLOAD TURBINE SELECTED）。

②操纵员决定快速降负荷 BUP（GRE402CC）。

③GSS：MSR 再热器疏水系统要求 Run-Back。

④APA：电动给水泵运行工况要求 Run-Back。

⑤反应堆 RGL 系统要求 Run-Back。

汽轮机快速减负荷控制是保障机组设备及其安全运行的重要手段，这些信号都是通过硬接线送至 GRE 调节系统的。

（1）KIC 中手动快速降负荷（UNLOAD TURBINE SELECTED）

操纵员可以通过 DCS 操纵员站上的汽轮机控制画面中的 KCO125SY 来快速减负荷至 0% P_n，速率为 5%P_n/min，前提条件为必须投入 AC 负荷控制模式，且机组的负荷已经小于 20% P_n。

（2）BUP 中手动快速降负荷（GRE402CC）

操纵员还可以通过 BUP 操作站中的 GRE402CC 来快速减负荷至 10%P_n，速率为 50%P_n/min，前提条件为必须投入 AC 负荷控制模式（注意：不切到 BUP 控制模式就能操作）。

（3）GSS：MSR 再热器疏水系统要求 Run-Back

汽轮机共有两套 MSR 汽水再热分离器，每套均有两级加热器，第一级加热器汽源来自汽轮机高压缸第 7 级抽汽，第二级加热器汽源来自 VVP 新蒸汽。GSS101BA 或者

201BA 液位高 1，同时第二级加热器隔离；或者 GSS102BA 或者 202BA 液位高 1，同时第一级加热器隔离信号存在，且已投入 AC 负荷控制模式，则发出 Run-Back 信号，负荷降至 10% P_n，降负荷速率为 100% P_n/min。

（4）APA：电动给水泵运行工况要求 Run-Back

每台机组均配置有 3 台电动给水泵，单台给水泵容量为 50%，机组正常运行时一般有两台给水泵运行，当其中 1 台发生故障时，备用泵会立即启动，如果备用泵联锁启动不成功，而当前机组负荷又大于单台给水泵的出力，则发出快速减负荷 Run-Back 信号，负荷降至 50% P_n，速率为 200% P_n/min。

（5）反应堆 RGL 系统要求 Run-Back

当反应堆 RGL 系统要求 Run-Back 时，它将送出一串脉冲信号至 GRE 调节系统，脉冲信号将触发 Run-Back 功能，每个脉冲信号持续约 0.4 s，间隔 13.6 s，负荷降至 10% P_n，速率为 200% P_n/min。

5.4　功率分布与梯形图

一般所说的堆功率是指整个堆芯燃料组件发出的功率。实际上，堆芯各区域发出的功率是不同的，即功率在堆芯的分布是不均匀的。

堆芯的径向堆功率分布如图 5.11 所示，在核电厂压水堆中通过燃料棒、可燃毒物棒及控制棒的对称布置、换料和提棒方式来展平，在运行中变化不大。

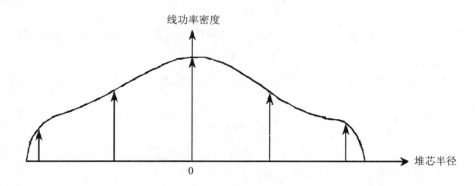

图 5.11　径向堆功率分布

典型轴向功率分布形式如图 5.12 所示。慢化剂的温度效应、可燃毒物效应、多普勒效应、功率水平、氙效应、钐效应、燃耗及控制棒的移动对其都有影响。它在运行时是变化的，是主要研究对象。

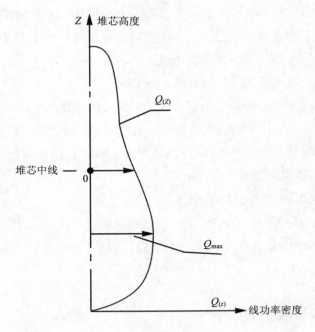

图 5.12　轴向功率分布

堆芯各高度上的线功率是堆芯高度 Z 的函数。

堆芯最大线功率 Q_{max} 与堆芯平均线功率 Q_{av} 之比称为热点因子 F_q，即

$$F_q = \frac{Q_{max}}{Q_{av}} \tag{5.4}$$

堆芯平均线功率 Q_{av} 为额定堆芯平均线功率密度 Q_{avn} 与相对堆功率 P_r 的乘积：

$$Q_{av} = Q_{avn} \cdot P_r \tag{5.5}$$

额定堆芯平均线功率为额定堆功率下燃料元件产生的功率（$0.974P_n$）除以燃料元件总长度：

$$Q_{avn} = \frac{0.974P_n}{n_1 n_2 L} \tag{5.6}$$

式中，P_n —— 额定功率，$P_n = 2\,895$ MW；

　　n_1 —— 堆芯燃料组件数，$n_1 = 157$；

　　n_2 —— 每个燃料组件的燃料元件数，$n_2 = 264$；

　　L —— 每个燃料元件的长度，$L = 366$ cm。

可以算出额定堆芯平均线功率 $Q_{avn} = 186$ W/cm。

堆芯最大线功率 Q_{max} 不能超过允许值，如设允许值为 Q'_{max}，设 $K = \dfrac{Q'_{max}}{186}$，则热点

因子 F_q 的最大值 $F_{q\,max}$ 为

$$F_{q\,max} = \frac{K}{P_r} \qquad (5.7)$$

或

$$F_{q\,max} \cdot P_r = K \qquad (5.8)$$

上式说明，为了保证堆芯内最大线功率不超过允许值，热点因子必须随功率增加而减小。

但是，热点因子是一个无法测量的量，必须找到一个可以测量的量来表征它，即轴向功率偏移和轴向功率偏差：

轴向功率偏移 AO 为堆芯上部功率 P_H 与堆芯下部功率 P_B 之差除以堆功率：

$$AO = \frac{P_H - P_B}{P_H + P_B} \qquad (5.9)$$

轴向功率偏移 AO 不能反映燃料元件的热应力情况。因为，即使 AO 相同，功率水平不同时，堆芯上、下部差值的绝对值也是不相同的，所引起的热应力和机械应力也是不相同的。所以必须引入能代表功率实际偏差的量，它就是轴向功率偏差 ΔI：

$$\Delta I = \frac{P_H - P_B}{P_n} \qquad (5.10)$$

不难得到

$$\Delta I = AO \cdot P_r \qquad (5.11)$$

5.4.1　梯形图概述

梯形图表示轴向功率偏差的允许值与相对堆功率的关系。梯形图有两种：一种叫正常运行图，源于对工况 I 的安全分析，是操纵员控制反应堆的主要依据之一；另一种叫超功率保护图，源于对工况 II 的安全分析，是反应堆保护系统设计的依据之一。下文所指梯形图都是正常运行图。

梯形图如图 5.13 所示，它由 *oa*、*ab*、*bc*、*cd*、*de*、*ef* 和 *fo* 各线围成。

（1）*oa* —— 左物理线（$P_r = -\Delta I$）

该线以下区域为不可能区。该线上各点代表全部堆功率均由堆芯下部产生。

（2）*fo* —— 右物理线（$P_r = \Delta I$）

该线以下区域为不可能区。该线上各点代表全部堆功率均由堆芯上部产生。

（3）*ab* —— 左限线

左限线是由 F_q-AO 斑点图换算而成的。F_q-AO 斑点图是表示 G 模式下运行工况 I 各种可能瞬变时热点因子 F_q 与轴向功率偏移 AO 的关系。

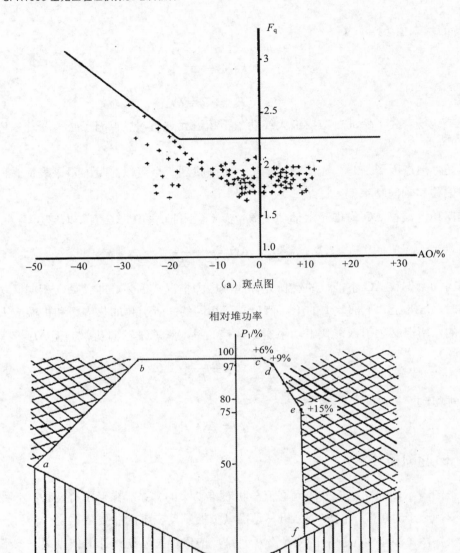

（a）斑点图

（b）梯形图

图 5.13　梯形图的由来

斑点图［图 5.13（a）］由仿真试验并通过大量计算得到，模拟在Ⅰ类工况运行瞬态下，根据各种可能的棒位、硼浓度、燃耗、负荷变化给出大量的运行状态点，每点均可在 F_q-AO 图上得到一个斑点。作这些斑点的包络线，使在包络线上的 F_q 总比同一 AO 下的计算得到的 F_q 大。

根据 $P_r = K/F_q$ 和 $\Delta I = AO \cdot P_r$ 可以求出斑点图上直线在梯形图上的映象直线 ab。

　　把轴向功率偏差限制在左限线以内的目的是防止大破口失水事故时烧毁燃料包壳。因为大破口失水事故时，堆芯下部也可能裸露出来并且可能持续相当长时间，如果堆芯下部裂变产物大量积累，会使下部包壳温度上升，加之冷却剂的丧失，包壳热量导不出去，其结果是包壳温度超过 1 204℃，发生锆水反应而烧毁。

　　（4）cdef —— 绝对限制线

　　折线 cdef 为绝对限制线，"绝对"的意思是指在任何情况下工作点均不允许超出该线以右。它由三条直线组成：

　　①ef —— $\Delta I = 15\%$，$15\%P_n \leqslant P_r \leqslant 75\%P_n$。它称为偏离泡核沸腾限制线，保证偏离泡核沸腾比（DNBR）> 1.35。

　　②de —— $P_r = -3.57\Delta I + 128.6\%$，$9\% \leqslant \Delta I \leqslant 15\%$。堆芯上部功率大于堆芯下部功率，裂变产物也是上部多于下部。如果此时发生中小破口 LOCA 事故，由于堆芯上部先失水，后重新淹没，裸露时间长于堆芯下部，所以可能导致包壳温度上升到 1 204℃，使包壳烧毁。

　　③cd —— $P_r = -1.00\Delta I + 106.0\%$，$6\% \leqslant \Delta I \leqslant 9\%$。防止主给水丧失、失流等Ⅱ类事故发生时导致 DNBR < 1.35 的情况发生。

　　以上这些包络线构成梯形图的边界，不同循环可能稍有不同，但同一循环这些限值不会调整。

5.4.2　梯形图应用

1. 梯形图的分区

　　梯形图在应用时还要进一步进行区域划分，区域是由内部限制线划分的（图 5.14）。各限制线及其划分的区域如下：

　　（1）参考线 ΔI_{ref1}

　　参考线 ΔI_{ref1} 是 ΔI_{ref}（100%FP）—— 100%FP 下的参考 ΔI 与坐标原点 O 的连线。ΔI_{ref}（100%FP）是通过试验得到的，试验条件为：

　　①反应堆在 100%FP 功率下运行。

　　②功率补偿棒 G1、G2、N1、N2 全部抽出堆芯。

　　③已经建立了氙平衡。

　　④温度调节棒 R 位于调节区中点。

　　参考线需定期修正，以反映燃耗加深导致的堆芯功率分布的变化。

　　（2）运行参考线 ΔI_{ref2}

　　这条线由两点的连线构成，即在 100%FP 时 $\Delta I_1 = \Delta I_{\text{ref}}$（100%）$-2\%$ 和在 0%FP 时

的 $\Delta I_2 = \dfrac{1}{2}\Delta I_1$ 两点连线。

ΔI_{ref2} 参考线±3%以内的区域为推荐的运行区。

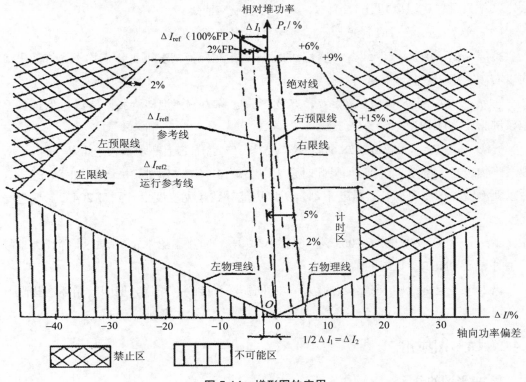

图 5.14 梯形图的应用

（3）右限线

右限线由参考线 ΔI_{ref1}+5%形成。运行点应限制在其左边，其目的是：

①抑制氙振荡。

限制过大的正向功率偏差，以避免产生不可控的振荡。

②限制中、小破口 LOCA 事故后果。

ΔI 为正表示裂变产物积累在堆芯上部的多于下部，当出现中小破口 LOCA 事故时，堆芯上部裸露达一定时间后，会使包壳温度高于 1 204℃。之所以取这条比绝对限制线更严格的限制线是因为此时功率补偿棒位于堆内，使径向功峰因子更大。

③抑制偏离泡核沸腾（DNB）。

以上所述的对 LOCA 的限制主要指功率大于 50%时。当功率小于 50%时，右限线主要限制 DNB。若正向功率偏差过大，当氙毒不平衡时发生失控提棒或失控稀释等事故就会导致 DNB。

（4）区域Ⅰ与区域Ⅱ

梯形图的包络线围成的区域称为区域Ⅱ。

右限线左边的梯形图区域称为区域Ⅰ。由于参考线需要定期修正，因此区域Ⅰ的边界是定期修正的。

在长期低功率运行或延长燃耗运行前，也要求重新测定参考线。首先测出所对应的参考轴向功率偏差ΔI_{ref}（$P_{\Delta Iref}$），它是在最大允许功率下，氙平衡后，R 棒在调节区中点，功率补偿棒组全部抽出堆芯测出的。测量参考轴向功率偏差时的功率称参考功率水平$P_{\Delta Iref}$（$P_{\Delta Iref} > 15\%P_n$）。测出$\Delta I_{ref}$（$P_{\Delta Iref}$）后，就可按照与上述相同的方法得到参考线、运行参考线和右限线。此时区域Ⅰ为左物理线、右物理线、左限线、右限线及参考功率水平线所围成的区域，如图 5.15 所示。

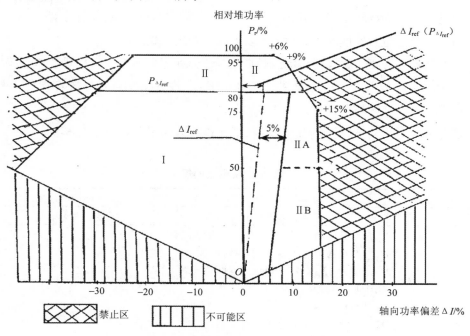

图 5.15　长期低功率运行的梯形图

正常运行点应处于区域Ⅰ内，当运行点超出左限线或右限线（如果功率高于 15%P_n）时，将产生 C21 信号，触发负荷速降。左限线和右限线都按 2%P_n 的裕度设置了预限线，超出预限线会产生报警信号提醒操纵人员。

区域Ⅱ包括区域Ⅰ，区域Ⅱ中除掉区域Ⅰ的区域进一步划分为Ⅱ$_A$（功率在 50%以上、$P_{\Delta Iref}$以下）、Ⅱ$_B$（功率在 50%以下）和Ⅱ（功率在 $P_{\Delta Iref}$以上）。

当需要离开区域Ⅰ进入区域Ⅱ时（需遵守下述规定）或测量修正区域Ⅰ时，需要将 C21 信号闭锁（通过 RGL201KC），以免引起负荷速降。需要强调的是，应使该过程尽可能短。

2．梯形图的规定

正常运行时工作点一般控制在区域Ⅰ。任何情况下均不允许超出区域Ⅱ。

在区域Ⅱ中，右限线、绝对线、15%功率线及50%功率线所围成的区域为计时区。当出现工作点落在此区内的情况，如果 G 棒插在堆内，为了减少出现不可控氙振荡的风险，必须计时。规定4个功率量程核仪表测量的并经计算出来的工作点有两个或两个以上进入此区即行计时，12 h 内累积计时时间不超过 1 h。在进入计时区之前，必须将 C21 信号闭锁，以免引起负荷速降。例如，寿期末发生紧急停堆后，若在氙峰下再启堆，由于硼稀释能力不足，为获得足够的正反应性，必须先行提升功率调节调棒，这时工作点可能进入区域Ⅱ。

如果功率大于50%FP，若要超出区域Ⅰ运行，必须先将功率补偿棒全部抽出，并且在此种情况下稳定运行在区域Ⅰ中达 6 h 以上，再超出区域Ⅰ。

在某些特殊情况下，如换料启动或长期低功率水平运行前后，可能需要重新确定区域Ⅰ，在新的参考功率水平下，功率补偿棒抽出堆芯，在 ΔI_{ref} 测量和修改新参数过程中，轴向功率偏差维持在区域Ⅱ内（区域Ⅰ未知）。

上述各种情况下对 ΔI 的限制以及 G 棒插在堆芯内的限制归总于表 5-1。

表 5.1　梯形图的规定

相对功率		功率补偿棒插入	功率补偿棒抽出
$P<15\%$		区域Ⅱ内无限制	区域Ⅱ内无限制
$15\%<P<P_{\Delta I \mathrm{ref}}$	$15\%<P<50\%$	①功率补偿棒位置 在区域Ⅰ内，任何 24 h 内，棒插入的时间限制为 12 h（在可以快速返回高功率水平时可以延长至 24 h） ②轴向功率偏差 ΔI 连续 12 h 内可能超出区域Ⅰ的累计时间不能大于 1 h	区域Ⅱ无限制
	$P\geqslant 50\%$	①功率补偿棒位置 在区域Ⅰ内，任何 24 h 内，棒插入的时间限制为 12 h（在可以快速返回高功率水平时可以延长至 24 h） ②轴向功率偏差 ΔI 严格限制离开区域Ⅰ	只有在功率补偿棒抽出且在区域Ⅰ内稳定 6 h 后才允许离开区域Ⅰ进入区域Ⅱ
$P>P_{\Delta I \mathrm{ref}}$		严格禁止在区域Ⅱ内	在区域Ⅱ允许停留，以便确定新 $P_{\Delta I \mathrm{ref}}$

3．ΔI 的控制

工作点在梯形图中的位置和 R 棒的棒位共同决定硼化和稀释策略。表 5.2 示出了这

种策略。一般来说，需要进行稀释的情况有两种：一是当 R 棒组达到调节区上限产生 RGL404KA 警报信号，为了把 R 棒拉回调节区，使其能完成平均温度控制；二是轴向功率偏差达到右限线产生报警信号，此时通过稀释使 R 棒下插，以减少堆芯上部中子通量。此外，当 R 棒达到调节区下限时会产生报警信号 RGL403KA，此时要加硼，以将 R 棒提到调节带中；当 R 棒达到棒位低低限时产生报警信号 RGL401KA，此时必须直接加硼，以防止通量畸变和保证停堆裕度。当工作点达到梯形图左预限线时，为了防止达到左限线引起汽机负荷速降也要加硼。

　　当 R 棒达到调节区上限而工作点达到左预限线时，则对硼浓度的改变要求正好相反；前者要求稀释，后者要求硼化。这时必须等待，停止提升功率。类似的，当 R 棒位达到低低限而工作点达到右预限线，则也要等待，停止提升功率。

表 5.2　硼化和稀释指南

ΔI \ R	左预警信号 RPN414KA	调节区中	右预警信号 RPN414KA
运行带上限 RGL404KA	暂停升功率 等待	稀释	稀释
调节区下限 RGL403KA	加硼	不动作	稀释
低低插入极限 RGL401KA	加硼	加硼	暂停升功率 等待 监视 R 棒

思考题

1. 反应堆控制的目的是什么？
2. 简述反应堆各控制方案的优缺点。
3. 反应堆控制的手段是什么？
4. 说明最终功率整定值的物理意义。它是在什么情况下产生的？数值是多大？
5. 说明最终功率整定值生成原理框图。
6. 简述平均温度控制系统工作原理。
7. 说明平均温度控制系统原理框图。
8. 说明反应堆功率控制系统原理框图。
9. 说明梯形图包络线的物理意义和由来。
10. 说明梯形图的线和区的物理意义。

第6章 反应堆保护

反应堆保护系统（RPR）的作用主要是保护三道核安全屏障（即燃料包壳、一回路压力边界和安全壳）的完整性。当运行参数达到危及三道屏障完整性的阈值时，保护系统动作触发反应堆紧急停堆，必要时启动专设安全设施。

6.1 概述

6.1.1 系统组成

广义上讲，反应堆保护系统包括核岛过程测量仪表、核仪表系统（RPN）、反应堆保护及安全专设驱动系统（安全级 DCS）以及所有专设安全系统（如 RIS、RCV、ETY 等）。

核岛过程测量仪表和 RPN 系统分别实现反应堆厂房与安全相关热工参数的测量和反应堆中子水平的测试，然后交给 DCS 运算处理，并进行逻辑运算形成保护指令，最终送至执行机构执行保护动作，如图 6.1 所示。

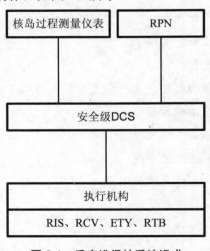

图 6.1 反应堆保护系统组成

6.1.2　设计准则

1．单一故障准则

单一故障准则是指要求某设备组合在任何部位发生可信的单一随机故障时仍能执行正常功能的准则。由该单一故障引起的所有继发性故障均应视为单一故障不可分割的组成部分，该准则要求保护系统内单一故障或单次事件引起的故障不应有损于系统的保护功能。

2．冗余性和独立性准则

冗余性是为了满足单一故障准则，冗余有整体冗余和部分冗余，各冗余通道之间应有独立性（电气独立和实体独立）。

为保证电气独立性，电源系统也应有冗余度，冗余性和独立性为在线周期试验和在线维修提供了手段。

3．多样性准则

多样性准则针对共模故障，可通过功能多样性和设备多样性来实现。

共模故障是指某一事件或条件均能导致同一类（采用同一技术或材料的）设备产生相同的故障。

4．故障安全准则

故障安全准则是在某系统中发生任何故障时仍能使该系统保持在安全状态的设计原则。

5．可试验性和可维修性准则

保护系统的冗余性和独立性为在线试验和在线维修提供了可能，对于整个保护通道，共有 T1、T2、T3 三种试验。

6.1.3　安全级 DCS 系统的结构

6.1.3.1　系统组成

安全级 DCS 系统由 RPC、ESFAC、SLC、CCMS、SR、RPCC、SFOC（S-VDU）等组成（图 6.2）。

RPC 即 Reactor Protection Cabinet 的简写，工艺系统的热工参数通过传感器的采集送到 RPC 机柜，在 RPC 完成阈值判断与停堆逻辑运算，并且将 1E 级探测器探测到的过程信号经过安全级 DCS 之后送其他系统与设备，实现控制、保护以及报警显示功能。

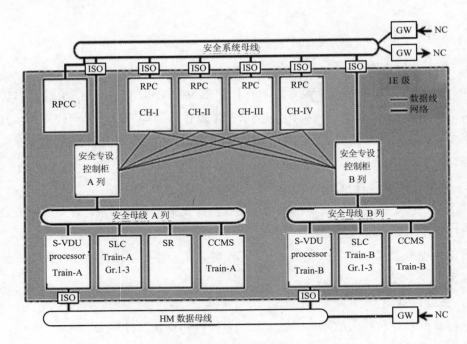

图 6.2　安全级 DCS 系统结构

ESFAC 即 Engineered Safety Features Acutation Cabinets 的简写，接受来自 RPC 的阈值计算结果及逻辑计算结果和 ECP 的手动信号，完成安全专设驱动的逻辑运算，并将运算结果送 SLC。

SLC 接受 SFOC 的手动操作指令以及 ESF 的自动指令，通过其机柜中的 PIF 卡与外部控制回路接口，驱动就地的执行机构、泵、风机。

S-VDU 实现人机接口，操纵员在 S-VDU 上进行操作，实现对设备的启停、调节或者闭锁与复位。

CCMS（Core Cooling Monitoring System）为事故后堆芯冷却监视系统，如进行主泵运行情况，堆芯热电偶有效性、饱和余量计算，一回路绝对压力的重要数据的计算和监视等。

RPCC 为反应堆功率控制系统，它通过计算反应堆的功率、控制棒的棒位和汽机的功率等条件来发出棒位控制指令到 RGL 系统。

6.1.3.2　工艺系统过程数据的采集

反应堆厂房与安全相关工艺系统的热工参数在安全级 DCS 中主要由 RPC 子系统采集（在 SR 控制柜中有几个模拟量数据的采集），其采样原理及阈值判断见图 6.3。重要的热工参数每个测点设置冗余配置的传感器，为了防止单一故障造成的设备不可用，设计时将冗余的测点按一定的规则分配在 RPC 的 4 个通道中，保证同一测量点送来的冗余传感器不同时出现在 RPC 的 4 个通道中的任意一通道中。

　　每个传感器的过程信号进入对应的 RPC 通道后，在 RPC 通道内实现阈值判断，并将其阈值判断结果送其他的 3 个 RPC 通道，同时接受其他通道的阈值判断结果，进行 2/4、2/3 或 1/2 的逻辑运算，以判断该通道是否进行停堆输出。

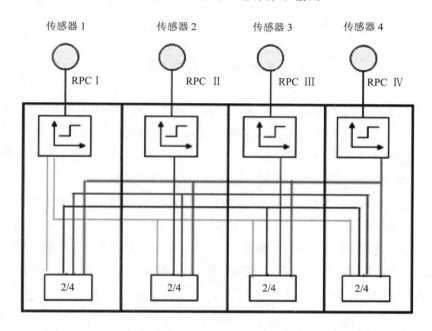

图 6.3　工艺系统过程数据采集示意

6.1.3.3　反应堆保护停堆的控制

　　如图 6.4 所示，实现反应堆保护共设置了 8 个停堆断路器，每个停堆断路器设置有"失电动作线圈 UV"和"带电动作线圈 SHTR"，当"失电线圈"失电或"带电线圈"带电时，停堆断路器断开。"失电线圈"接受自动停堆命令，这可满足失电安全准则；"带电线圈"接受手动停堆命令，这可满足多样化准则。

　　"失电线圈"接受来自 RPC 的自动停堆的指令与 ECP 上手动停堆、安注、喷淋的指令，以及 AT 试验时的指令动作，"失电线圈"连接 RPC 自动保护停堆逻辑的 DO 卡（该 DO 卡输出满足失电动作的原则）。带电动作线圈与 ECP 上手动停堆、安全壳隔离、安注操作开关连接。当反应堆启动时，可通过手动复位按钮使断路器复位。

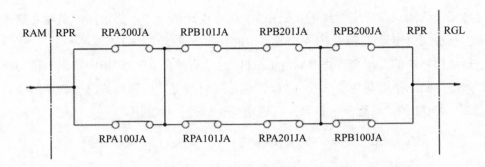

图 6.4 停堆断路器的动力电源回路结构

8 个停堆断路器共分为 4 对 2 列（A 列和 B 列）。其中 A 列有 RPA100JA 和 RPA101JA、RPA200JA 和 RPA201JA 两对；B 列有 RPB100JA 和 RPB101JA、RPB200JA 和 RPB201JA 两对。4 对停堆断路器分别受控于 DCS 中 RPC 子系统的 4 个保护通道，4 对停堆断路器实现的是反应堆 2/4 停堆保护逻辑，满足单一故障准则的要求和多样性控制的要求。

RPC 系统实现反应堆保护逻辑计算，并向停堆断路器发出停堆保护指令。RPC 系统共设置 2 列 4 个通道，其中 RPC Ⅰ 和 RPC Ⅲ 为 A 列，RPC Ⅱ 和 RPC Ⅳ 为 B 列。RPC Ⅰ 控制停堆断路器 RPA100JA 和 RPA101JA，RPC Ⅲ 控制停堆断路器 RPA200JA 和 RPA201JA，RPC Ⅱ 控制停堆断路器 RPB100JA 和 RPB101JA，RPC Ⅳ 控制停堆断路器 RPB200JA 和 RPB201JA。

6.1.3.4 安全专设的驱动与优选控制

如图 6.5 所示，4 个 RPC 通道各自完成安全专设驱动的阈值运算，并将阈值判断结果通过 Data LINK 发送到 ESFAC，ESFAC 内完成是否启动相应安全专设的逻辑运算，并将运算结果通过 Safty BUS 送到 SLC。SLC 实现功能：优先逻辑的运算、通过 PIF 卡与安全专设工艺系统接口。

安全专设的控制信号包括：来自 ESFAC 的自动启动安全专设的指令，来自 OWP、BUP 和 ECP、RSS 的手动控制指令。由于存在各种控制指令，所以需要对指令进行有限权限分级，防止同一时刻出现不一致的控制指令造成设备误动或拒动。安全级 DCS 的 SLC 系统中设置了指令优先级判断，分为软优先逻辑和硬优先逻辑。软优先逻辑中的优先权限为：自动控制指令优先于手动控制指令，远方控制指令（RSS）优先 BUP 上的操作指令，BUP 上的操作指令优先 OWP 上的操作指令。硬优先逻辑通过 PIF 卡来实现，PIF 卡作为 SLC 中直接与工艺系统接口的设备，不仅接受来自 SLC 中 CPU 的专设控制指令，也接受来自 ECP、BUP、ATWT 经过 RELAY 运算的硬逻辑指令，PIF 卡就实现软控制逻辑与硬控制逻辑优先权限的选择。

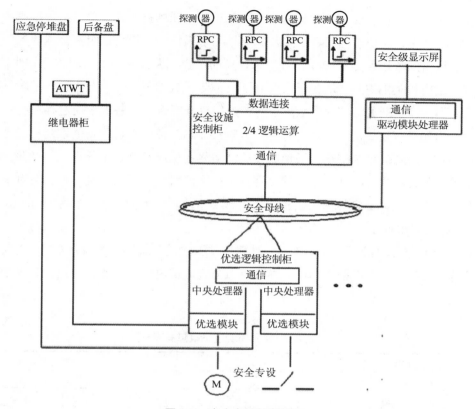

图 6.5 安全专设控制原理

安全级 DCS 的 SLC 中设置有 PIF 卡，通过 PIF 卡直接控制安全专设。为了满足工艺系统控制的需要，配合设备的动作特性，共设置有 4 种 PIF 卡，分别为：

①DPOJ-31 IPL01，ON/OFF 指令都有，该类型的卡件适用于开（启动）优先的设备，关（停运）设备需在一定条件下才能操作。

②DPOJ-31 IPL02，ON/OFF 指令都有，该类型的卡件适用于关（停运）优先的设备，开（启动）设备需在一定条件下才能操作。

③DPOJ-31 IPL03，只有 ON 指令，该类型的卡件适用于控制带电动作的设备。

④DPOJ-31 IPL04，只有 OFF 指令，该类型的卡件适用于控制失电动作的设备。

6.1.4 对保护系统可靠性的几点分析

6.1.4.1 冗余与系统的可靠性分析

为满足单一故障准则，保护系统广泛使用冗余技术，具体表现在，保护系统采用 A、B 两列，使保护系统本身部件遵守单一故障准则，而在保护系统的逻辑处理单元中，又大量使用 2/3、2/4 符合逻辑以保证每一个测量信号（或判据）满足单一故障准则。一般来讲，前一种冗余叫作整体符合逻辑，后一种冗余叫作局部符合逻辑。合理的局部——整体符合逻辑配置以及 2/3、2/4 符合逻辑种类的选择，大大提高了系统的可靠性。

符合逻辑种类的选择，取决于对符合逻辑故障模式的分析。一般来说，逻辑系统故障模式有两种：拒动故障和误动故障。前者是指符合逻辑的某些输入通道存在拒动性故障而可能引起符合逻辑的故障，这是一个危险性故障，有可能导致安全系统不能正常启动保护动作；后者是指某些输入通道产生虚假信号而引起符合逻辑的误动性故障，将导致保护系统的误动作，降低了电站的可用性。在保护系统的可靠性设计中往往对系统的拒动故障概率和误动故障概率恰当折中。对于压水堆，一般要求拒动概率低于 10^{-6} 次/（堆·a），误动概率低于 10^{-3} 次/（堆·a）。

假设 m/n 符合逻辑的各输入在某一时期内发生的拒动故障概率为 $q(T)$，而误动故障概率为 $p(T)$，那么根据概率论二项式分布公式可推出各符合逻辑的拒动和误动故障概率（表 6.1）。

表 6.1   常用符合逻辑故障概率一览

符合逻辑类型	拒动故障概率	误动故障概率
单通道（1/1）	$q(T)$	$p(T)$
二取一（1/2）	$q^2(T)$	$2p(T)$
二取二（2/2）	$2q(T)$	$p^2(T)$
三取一（1/3）	$q^3(T)$	$3p(T)$
三取二（2/3）	$3q^2(T)$	$3p^2(T)$
四取二（2/4）	$4q^2(T)$	$6p^2(T)$
三取三（3/4）	$6q^2(T)$	$4p^3(T)$

由表 6.1 可知，使用 2/3 和 2/4 逻辑可使综合故障率降低。

6.1.4.2   负逻辑与系统的可靠性分析

除了手动停堆命令以外，自动停堆逻辑部分采用负逻辑设计（正常运行时，停堆断路器的控制输出 DO 卡为 ON 状态；当 DCS 失电时，DO 卡的输出为 OFF 状态，造成停堆断路器动作）。这样一来，既可保证手动与自动命令的独立性，也可满足失电安全准则，提高了系统的可靠性。

6.1.4.3   保护的多样性与系统的可靠性分析

保护系统除了前面提到的三菱的 RPC 子系统以外，还采用了三菱的 DAC 系统。DAC 系统为硬逻辑系统，用于完成未能紧急停堆的预期瞬态（ATWT）保护的计算和保护的输出，不同于 RPC 的软逻辑保护系统，因而使反应堆保护的可靠性得到了进一步提高。

6.1.5　停堆通道的响应时间

停堆响应时间是指从紧急停堆工况发生到全部控制棒插入堆芯所经历的时间。这段时间 T 由下式几个时间组成：

$$T = T_0 + T_1 + T_2 + T_3 + T_4 + T_5 + T_6 \qquad (6.1)$$

式中，T_0——介质传输延迟时间；

T_1——探测器响应时间；

T_2——信号处理时间（从探测器输出到停堆断路器失电线圈失电）；

T_3——紧急停堆断路器打开时间（从停堆断路器失电线圈失电到保持勾爪线圈失电的时间）；

T_4——保持勾爪释放时间；

T_5——控制棒下落到缓冲器的时间；

T_6——控制棒从缓冲器到完全插入堆芯的时间。

其中 T_0 只有在 ΔT 保护通道中有，因为反应堆进、出口温度测量用的探测器是安装在主管道的旁通管路上的，所以 T_0 是指主冷却剂由主管道流至旁通管路的时间。相应的在事故分析中 $T_0 + T_1 + T_2 + T_3 + T_4$ 取为 6 s。

技术规格书要求从控制棒插入开始到进入缓冲段的时间 T_5 小于 2.15 s。

从控制棒开始插入到落入堆芯的时间 $T_5 + T_6$ 应小于 3 s，在有地震情况下应小于 4.25 s。

6.2　反应堆保护逻辑

6.2.1　RPN 系统提供的保护

1. 源量程紧急停堆

源量程核仪表提供的紧急停堆保护措施主要用以防止误稀释和误操作而引起的后果，其逻辑原理见图 6.6。

在没有闭锁和通道抽屉未抽出时，中子通量（计数率）增加到 10^5cps 时，即产生紧急停堆信号。某一通道抽屉抽出，说明该通道正在进行试验，故闭锁经该通道的紧急停堆信号。两个通道同时抽出是不允许的，故需紧急停堆。

当中间量程中子通量达到 $10^{-5}\%P_n$（源量程为 2×10^4cps）时，P6 出现，允许用闭锁开关闭锁源量程紧急停堆，使功率得以继续提升。

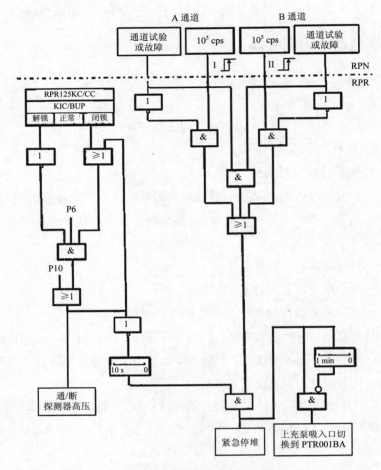

图 6.6　源量程紧急停堆逻辑图

当堆功率降到源量程紧急停堆阈值以下时，有时需启用源量程显示仪表，可将闭锁开关置向解锁位置一次。为了防止功率大于 $10\%P_n$ 时错误进行解锁操作而引起紧急停堆，故用 P10 信号来闭锁源量程紧急停堆。

当功率下降到 P6 阈值时，源量程高压电源接通，为了避免在接通高压电源启用源量程测量线路瞬间产生高于源量程紧急停堆阈值的峰值功率而引起误紧急停堆，闭锁电路中加有一个 10 s 延迟环节。

2．中间量程紧急停堆

中间量程紧急停堆的功用与源量程的相同，阈值为 $25\%P_n$。测量通道的抽屉试验时的闭锁和紧急停堆的原理也一样，P10 出现后允许手动闭锁，逻辑如图 6.7 所示。

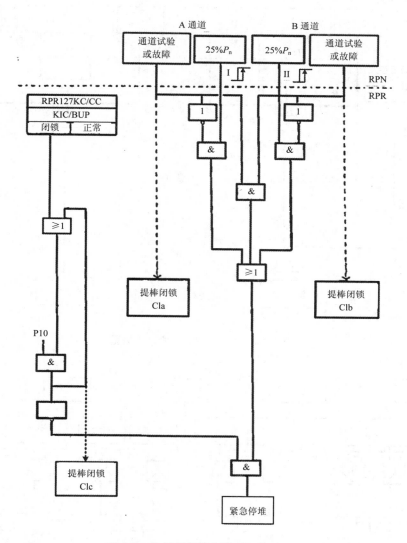

图 6.7　中间量程紧急停堆逻辑图

3．功率量程紧急停堆

功率量程紧急停堆（低阈）与中间量程的一样，是一种冗余；功率量程紧急停堆（高阈）是超功率保护的直接形式，不能闭锁，如图 6.8 所示。

4．中子通量变化率高紧急停堆

中子通量变化率高紧急停堆是为了防止弹棒或掉棒事故后果而设置的。当前功率与经时间常数为 2 s 的延迟环节的功率之差超过 $\pm 5\% P_n$ 时产生紧急停堆动作。这是一种瞬时信号，所以用记忆环节记忆之。现场设有记忆环节的复位开关，如图 6.9 所示。

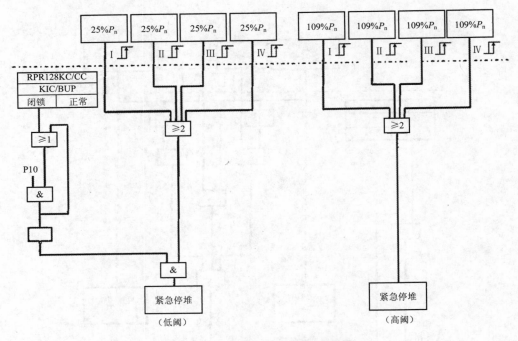

图 6.8　功率量程紧急停堆逻辑图

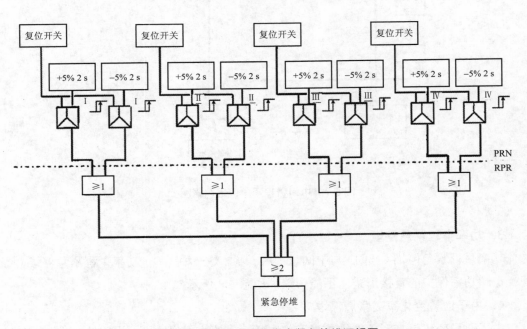

图 6.9　中子通量变化率高紧急停堆逻辑图

6.2.2 RCP 系统提供的保护

1．预防超压保护

3 个稳压器压力测量线路测得的压力有两个达到 16.45 MPa.g 时，则产生稳压器压力高紧急停堆保护动作，如图 6.10 所示。

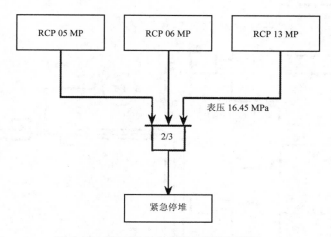

图 6.10 稳压器压力高紧急停堆逻辑图

稳压器水位监测系统提供另一种超压保护。当稳压器水位过高时，它将失去压力控制能力。因此，当稳压器水位达到 2.43 m 时，也按照 2/3 原则触发紧急停堆，并由 P7 允许，如图 6.11 所示。

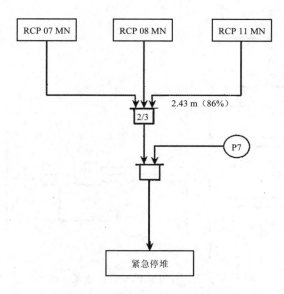

图 6.11 稳压器水位高紧急停堆逻辑图

2. 流量偏低保护

流量偏低保护用来防止由于堆功率不能及时导出而引起燃料和包壳温度上升。

（1）P7 允许的主回路流量偏低紧急停堆（图 6.12）

每个环路的 3 个测量线路中有两个流量低于保护阈值（88.8%）就产生流量偏低报警，在功率大于 $10\%P_n$ 时，通过 P7 按 2/3 原则产生保护动作。

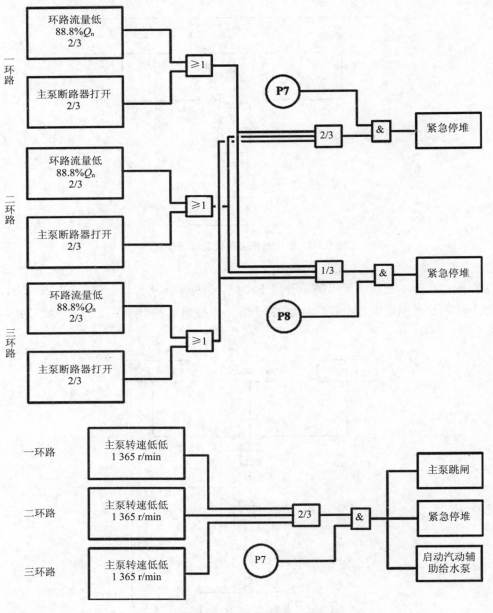

图 6.12　主回路流量低紧急停堆逻辑图

流量偏低的第一个先兆是通过每台主泵电源开关的位置测得的。主泵电源开关断开，也在 P7 允许下按 2/3 原则产生紧急停堆保护动作。

流量偏低的第二个先兆是通过主泵转速监测得到的。也在 P7 允许下按 2/3 原则产生紧急停堆保护动作。

转速偏低（也就是电源频率偏低）的紧急停堆信号接至主泵控制电路，使 3 台主泵断电（电源开关断开），因为继续供电会使主泵电动机由于飞轮惯性作用而在发电制动瞬态下工作。

（2）P8 允许的主回路流量偏低紧急停堆（图 6.12）

3 个环路中有一个主泵断路器断开或一台主泵流量低于保护阈值时，如果功率大于 30%P_n，则在 P8 允许下产生紧急停堆动作。

3. 压力偏低保护

压力偏低保护用来防止堆芯沸腾。

3 个稳压器压力测量线路中有两个压力低于保护阈值时，则在功率大于 10%P_n 时由 P7 允许产生紧急停堆保护动作，如图 6.13 所示。

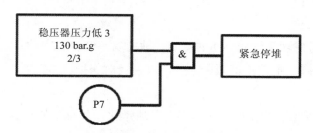

图 6.13　稳压器压力低紧急停堆逻辑图

4. 超温 ΔT 和超功率 ΔT 保护

（1）超温 ΔT

超温 ΔT 停堆保护的作用是防止堆芯发生偏离泡核沸腾，其整定值计算公式为

$$\Delta T_1 = \Delta T_0 \left[K_1 + K_2(P - P_0) - K_3 \frac{(1+\tau_3 S)}{(1+\tau_4 S)} \cdot \frac{1}{(1+\tau_1 S)} \cdot (T_{av} - T_0) + K_4 \left(\frac{\Omega}{\Omega_N} - 1 \right) - f_1(\Delta I) \right]$$

（6.2）

式中，$K_1 = 1.41$；

$K_2 = 2.16\%/0.1 \text{ MPa}$；

$K_3 = 4.36\%/℃$；

$K_4 = 0.35$；

$\tau_1 < 1 \text{ s}$；

$\tau_3 = 30$ s;

$\tau_4 = 4$ s;

T_{av} —— 平均温度，℃；

P —— 稳压器绝对压力（0.1 MPa）；

Ω —— 主泵转速，r/min；

$\Delta T_0 = 35.2$℃；

$T_0 = 310$℃；

$P_0 = 15.5$ MPa；

Ω_N —— 额定转速，1 485 r/min。

式（6.2）中各项的物理意义如下：

K_1 项：给出额定标准工况（$P = 15.5$ MPa、$T_{av} = 310$℃、$\Omega = 1\ 485$ r/min）下的裕度；

K_2 项：一回路压力减小时容易发生偏离泡核沸腾，把整定值减少一些，以便及时保护；

K_3 项：平均温度增加时容易发生偏离泡核沸腾，把整定值减少一些，以便及时保护；

K_4 项：主泵转速下降时一回路流量下降，冷却效果不良，把整定值减少一些，以便及时保护；

$f_1(\Delta I)$ 项：考虑功率轴向分布的影响，轴向功率偏差 ΔI 增加时，容易在局部高度上发生偏离泡核沸腾，把整定值减少一些，以便及时保护。

（2）超功率 ΔT

超功率 ΔT 停堆保护的作用是防止燃料芯块熔化，其整定值计算式为

$$\Delta T_2 = \Delta T_0 \left[K_5 - K_6 \frac{\tau_5 S}{1 + \tau_5 S} \cdot \frac{1}{1 + \tau_1 S} \cdot T_{av} - k_7 \frac{T_{av} - T_0}{1 + \tau_5 S} - K_8 \frac{1}{1 + \tau_7 S} \cdot \left(\frac{\Omega}{\Omega_N} - 1 \right) - f_2(\Delta I) \right]$$

（6.3）

式中，$K_5 = 1.086$；

$$K_6 = \begin{cases} 4.36\% / ℃ & 如果 T 上升 \\ 0 & 如果 T 下降 \end{cases}$$

$$K_6 = \begin{cases} 0.396\% / ℃ & 如果 T > T_0 \\ 0 & 如果 T < T_0 \end{cases}$$

$K_8 = 1.14$；

$\tau_5 = 11$ s；

$\tau_7 = 8$ s；

$T_0 = 310$℃；

$\Delta T_0 = 35.2$℃。

式（6.3）中各项的物理意义如下：

K_5 项：给出额定标准工况下的裕度；

K_6 项：平均温度增加过快时堆功率来不及导出，易于超功率，把整定值减少一些，以便及时保护；

K_7 项：平均温度高时不利于热量导出，把整定值减少一些，以便及时保护；

K_8 项：主泵转速降低时，由于平均温度调节系统的调节作用，温差实际值增加。但堆功率并没有因此改变，超功率 ΔT 保护不应因此而动作。所以，把整定值增加，增加的数量与实际值一致，以相互抵消；

$f_2(\Delta I)$ 项：轴向功率偏差增加时，容易引起局部超功率，把整定值减少一些，以便及时保护。

（3）ΔT 保护逻辑图

如图 6.14 所示，温差实测值与保护整定值相比较，增加到保护整定值以上后，阈值继电器动作。3 个环路中有两个阈值继电器动作则引发紧急停堆。

6.2.3　二回路系统提供的保护

1. 汽机跳闸紧急停堆（图 6.15）

当核功率大于 $40\%P_n$（即 P16 信号存在）时，发生汽机跳闸，如果同时存在 GCT 不可用信号，则产生反应堆停堆保护动作。它防止反应堆在功率生产和需求不平衡的情况下继续运行。

当存在以下任一信号时，则产生 GCT 不可用信号：

①至少有一个 GCT 排放阀上游手动隔离阀未全开。

②P 模式下达到 GCT-c 第 1 组阀快开定值 5.5℃。

③没有大于整定值的控制信号产生，即 $T_{avg}-T_{ref}>3℃$ 不存在。

当核功率大于 $10\%P_n$（即 P10 信号存在）时，出现下述条件之一，如果发生汽机跳闸，则产生反应堆停堆保护动作：

①一回路平均温度低低信号存在（P12）。

②凝汽器故障。

③凝汽器不可用。

④GCT-c 排放阀被手动闭锁。

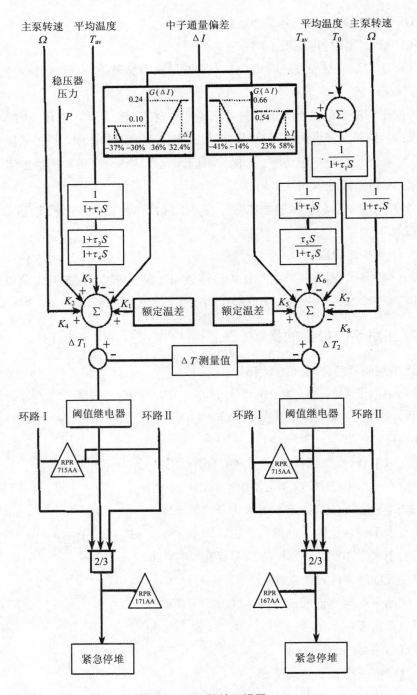

图 6.14 ΔT 保护逻辑图

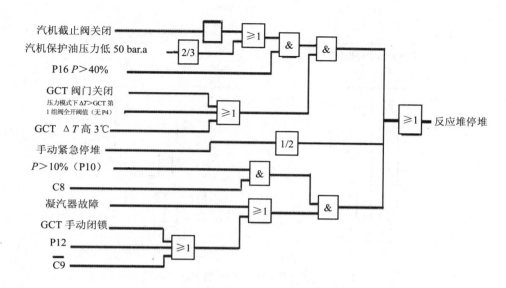

图 6.15　汽机跳闸引起紧急停堆的逻辑简图

"汽机跳闸"的定义：4 个汽轮机中压缸进汽截止阀中至少有两个全部关闭或 3 个保护油压力测量线路信号开关至少有两个低于保护阈值（分两组，1/2）。此时产生汽机跳闸信号 C8。

"冷凝器可用"的定义：冷凝器压力小于 50 kPa.a 和喷水总管压力大于 0.3 MPa.g。此时产生冷凝器可用信号 C9。

"凝汽器故障"的定义：存在以下任一信号时，则产生凝汽器故障信号：

①两台 CRF 泵跳闸延时 5 s。

②GCT125VL 或 127VL 开启后，喷淋水压力仍小于 0.3 MPa.g。

③凝汽器压力大于 23 kPa.a。

④GCT 排放阀控制电源丢失。

2. 蒸汽发生器水位偏低紧急停堆（图 6.16）

正常给水丧失后，二回路吸收一回路能量的能力降低，一回路压力和温度开始上升；同样，如果蒸发器水位调节系统出现故障（给水流量降低），引起汽水流量不平衡，从而造成蒸发器水位偏低，也会导致一、二回路发生传热故障，使一回路温度迅速上升。

只要有一台蒸汽发生器的 4 个水位测量线路中有两个测得的水位低于保护阈值（小于 −1.26 m），就产生紧急停堆动作。

只要有一台蒸汽发生器的两个水位测量线路之一测得的水位低于保护阈值（小于 −0.9 m）且同台蒸发器的两个汽水失配测量线路之一测得的蒸汽流量与给水流量之差超过保护阈值，就产生紧急停堆保护动作。

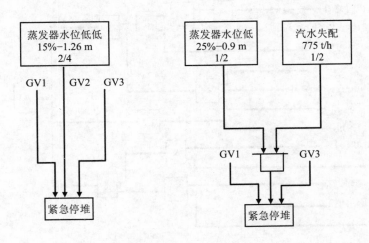

图 6.16　蒸汽发生器水位低紧急停堆逻辑图

3. 蒸汽发生器水位高高保护

蒸汽发生器水位高高出现的原因主要是给水流量控制系统故障，另外蒸汽管道破裂或蒸汽流量突然增加引起的假水位现象也可能产生蒸汽发生器水位高高信号。蒸汽发生器水位过高的危害有：蒸汽品质恶化；如果发生蒸汽管道破裂会引起安全壳瞬态超压和一回路过冷。

只要一台蒸汽发生器水位达到保护阈值，则在遵守 2/4 原则下，在 P7 允许时产生紧急停堆（图 6.17）。只要一台蒸发器水位高高，就会出现允许信号 P14，它使汽机跳闸和主给水隔离。

6.2.4　ATWT 保护

ATWT（Anticipated Transients without Trip）意为"未能紧急停堆的预期瞬变"。

反应堆保护系统对事故工况（特别是 II 类工况）的保护手段主要是紧急停堆。当紧急停堆保护发生故障时（如当参数达到紧急停堆保护阈值但没产生紧急停堆保护信号，或虽然产生了紧急停堆信号但紧急停堆断路器未断开）发生的各种预期瞬变就称为ATWT。未能引起紧急停堆的概率 ρ_{ATWT} 为紧急停堆概率 ρ_1 与紧急停堆保护故障概率 ρ_2 的积，即

$$\rho_{ATWT} = \rho_1 \rho_2 \tag{6.4}$$

式中，$\rho_1 = 1/$（堆·a），$\rho_2 = 10^{-5}/$（堆·a），所以 $\rho_{ATWT} = 10^{-5}/$（堆·a）。

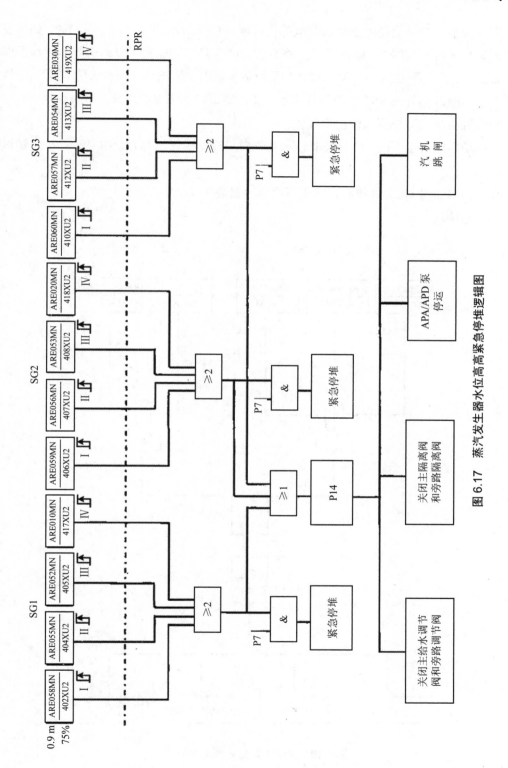

图 6.17　蒸汽发生器水位高高紧急停堆逻辑图

　　正常给水丧失可能是由于给水泵故障也可能是由于给水调节阀故障引起的。如果发生了丧失正常给水 ATWT，则由于二回路吸收一回路热量的能力下降而引起一回路温度和压力上升。为了限制这些后果，ATWT 保护系统采用了图 6.18 所示的保护逻辑。当堆功率大于 $30\%P_n$ 时，如果给水流量低于 6%NF，则采取如下保护动作：

　　①汽机跳闸，防止蒸汽发生器烧干。

　　②启动辅助给水系统。通过辅助给水系统向蒸汽发生器供约 6%NF 的水，以防蒸汽发生器烧干。

　　③闭锁第 3 组 GCT 排放阀，防止蒸汽发生器烧干。

　　④紧急停堆。

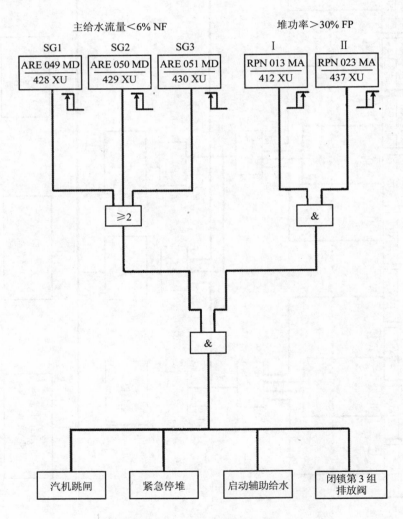

图 6.18　ATWT 紧急停堆逻辑图

6.2.5　其他停堆保护信号

另外，由手动或自动触发的安注信号以及手动或自动触发的安喷信号，也会触发反应堆紧急停堆保护。

6.3　允许信号

保护系统产生很多"允许"信号用于实施"允许"功能。所谓"允许"功能就是使某些保护功能生效或将其锁住。

表 6.2 列出了允许信号的名称、其出现与消失的条件和详细功能。

图 6.19 为允许信号生成框图，图中给出了产生各允许信号的阈值和其生成的逻辑。

表 6.2　允许信号

名称	来源	定值	功能
P4	RPA100JA/200JA，RPA101JA/201JA，RPB100JA/200JA，RPB101JA/201JA 断开，1/4，然后 AX/AY/BX/BY 四通道 2/4		1. 汽机跳闸； 2. $T_{avg} < 295.4℃$ & P4 关主给水阀； 3. 闭锁 GCT-c 第 3 组的开启，延时 50 s 闭锁第 4 组，允许开启第 1、第 2 组； 4. P4/C8 转换蒸汽流量大于 120%的定值从由 ΔP 决定切换至无负荷时的蒸汽流量； 5. 去 RIC，表示堆芯热电偶失效； 6. 闭锁 SI
P4 失去	RPA100JA/200JA，RPA101JA/201JA，RPB100JA/200JA，RPB101JA/201JA 闭合，3/4		1. 允许 SI； 2. 复归 $T_{avg} < 295.4℃$ & P4 关主给水阀信号； 3. 允许快开 4 组 GCT-c 阀门； 4. RGL 叠步计数器归零
P6	RPN013/023MA，1/2	$1*10E-5\%P_n$， $1*10E-10A$ $2*10E4cps$	允许手动闭锁源量程中子高通量跳堆和闭锁源量程探测器高压电源
P6 失去	RPN013/023MA，2/2	$< 1*10E-5\%P_n$	解除源量程中子高通量跳堆和允许源量程探测器高压电源供电（供电后延时 10 s，高通量跳堆信号生效）
P7	P10 或 P13	$\geqslant 10\%P_n$	1. 允许与下列任一信号相与产生跳堆： 1）环路流量低：88.8%Q_n，RCP025/026/027MD，RCP040/041/042MD，RCP052/053/054MD，2/3； 2）主泵跳闸：电源开关断开 2/3； 3）主泵转速低低：1 365 r/min，2/3；RCP140/141、RCP240/241、RCP340/341MC（1/2）；

名称	来源	定值	功能
P7	P10 或 P13	$\geq 10\% P_n$	4）任一蒸发器水位高高：75%（0.9 m）； ARE10/52/55/58MN（2/4）、ARE20/53/56/59MN； （2/4）或 ARE30/54/57/60MN（2/4）； 5）稳压器压力低：130 bar.g； RCP005/006/013MP（2/3）； 6）稳压器水位高高：86%（2.43 m）； RCP007/008/011MN（2/3） 2. 允许反应堆冷却剂泵转速低于 1 393 r/min， 2/3，超高压断路器跳闸，孤岛运行
P8	RPN010/020/030/ 040MA（2/4）	$\geq 30\% P_n$	允许与下列任一信号（1/3）相与产生跳堆： 1. 任一环路流量低于 88.8%Q_n： RCP025/026/027MD，RCP040/041/042MD， RCP052/053/054MD，2/3； 2. 任一主泵跳闸：电源开关断开
P8 失去	RPN010/020/030/ 040MA（3/4）	$\leq 30\% P_n$	闭锁下列任一信号（1/3）相与产生跳堆： 1. 任一环路流量低于 88.8%Q_n： RCP025/026/027MD，RCP040/041/042MD， RCP052/053/054MD，2/3； 2. 任一主泵跳闸：电源开关断开
P10	RPN010/020/30/ 040MA（2/4）	$\geq 10\% P_n$	1. 自动闭锁源量程（SC）通量高跳堆信号； 2. 禁止 SC 探测器重新带上高压电源； 3. 允许手动闭锁中间量程（IC）通量高跳堆 信号并允许闭锁 C1（20%P_n）禁止提棒信号； 4. 允许手动闭锁功率量程（PC）通量高低定 值跳堆信号（25% P_n）； 5. 允许校正中子通量变化率高； 6. P10+C8+P12/C9 非/凝汽器故障/GCT 手动闭 锁，停堆； 7. 组成 P7
P10 失去	RPN010/020/30/ 040MA（3/4）	$\leq 10\% P_n$	1. 允许功率量程（PC）通量高低定值跳堆信 号（25% P_n）； 2. 允许中间量程通量高停堆信号生效（25% P_n）； 3. 没有 P6 的手动闭锁信号，允许源量程通量 高停堆信号生效； 4. 允许禁止提棒信号 C1 生效； 5. 闭锁通量变化率高的校正
P11	RCP005/006/013MP，2/3	13.8 MPa.g （2/3）	1. 允许手动打开稳压器安全隔离阀 RCP017/018/019VP； 2. 闭锁主泵 1 号密封泄漏隔离阀的自动关闭； 3. 允许手动闭锁一回路低压（11.9 MPa.a）引 起的安注信号

名称	来源	定值	功能
P11 失去	RCP005/006/013MP，2/3	14.3 MPa.g（2/3）	1. 一回路低压引起的安注信号 11.9 MPa.a 生效； 2. 允许自动关闭 RCP 主泵 1# 轴封泄漏阀 RCP131/231/331VP； 3. 不允许手动强制开启 RCP017/018/019VP
P12	RCP030/033MT RCP045/048MT RCP057/060MT	284℃（2/3）	1. 允许手动闭锁［P12 或主蒸汽压力低（3.45 MPa.g）］＆蒸汽流量高（120%Q_f）形成的安注信号； 2. 蒸汽流量高（120%Q_f）时，引起安注和主蒸汽管线隔离； 3. 允许手动闭锁主蒸汽压力低低（3 MPa.g）形成的主蒸汽管线隔离信号； 4. 自动闭锁 GCT-c 第 1、2、3 组阀，但允许手动解锁 GCT-c 第 1 组阀； 5. P10+C8+P12 产生停堆信号
P12 失去	RCP030/033MT RCP045/048MT RCP057/060MT		1. P12 或主蒸汽压力低（3.45 MPa.g）＆蒸汽流量高（120%Q_f）形成的安注信号生效； 2. 允许开启 GCT-c 去凝汽器的排放阀； 3. 允许主蒸汽压力低低（3 MPa.g）形成的主蒸汽管线隔离信号生效
P13	GRE022/023/024MP（2/3）	≥12%P_n	构成 P7 信号
P14	ARE010/052/055/058MN ARE020/053/056/059MN ARE030/054/057/060MN	＞0.9 m（2/4）	1. 汽机跳闸； 2. ARE 管线隔离； 关 ARE031/032/033/242/243/244VL； 关 ARE052/056/060/054/058/062VL； 3. 主给水泵 APA001/002/003PO 跳闸； 4. APD 泵跳闸； 5. P14＆P7 引起反应堆跳闸
P16	RPN010/020/030/040MA（2/4）	＞40%P_n	1. P16＆汽机跳闸（C8）＆GCT-c 不可用延时 1 s 跳堆； 2. 允许在汽机跳闸时产生 C7B
P16 失去	RPN010/020/30/40MA（3/4）	＜40%P_n	1. 闭锁 P16＆汽机跳闸（C8）＆GCT-c 不可用延时 1 s 跳堆； 2. 形成 ADP 信号

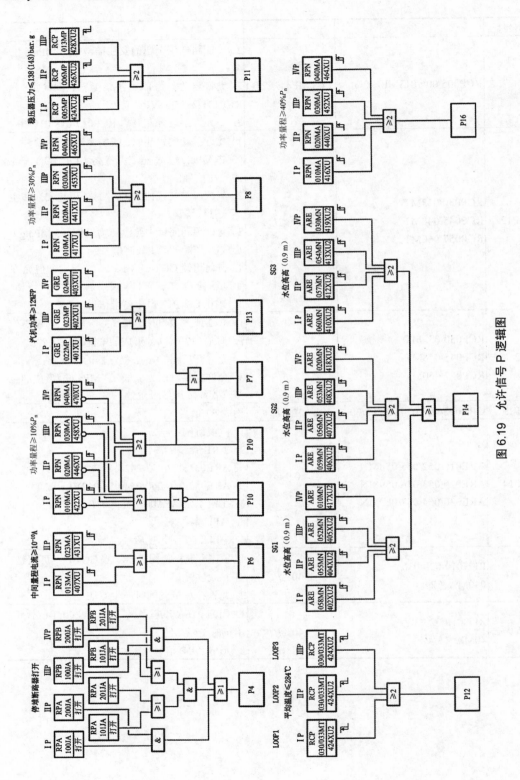

图 6.19　允许信号 P 逻辑图

6.4　闭锁信号

闭锁信号"C"既是保护系统的安全联锁装置信号，也是控制棒系统的联锁装置信号，当电厂出现某些异常工况而又要避免不必要的事故停堆时，可以通过该信号闭锁控制棒的自动和手动提升并使汽机减负荷。更确切地说，闭锁信号"C"限制反应堆功率以避免反应堆功率达到紧急停堆的整定值，并且像某些允许信号那样超过安全方向改变机组的状态。闭锁信号"C"主要用于反应堆调节系统（除 C9 信号用于反应堆保护系统外），表 6.3 就 C 信号的来源、功能做了一个简单的描述。

表 6.3　闭锁信号

名称	来源	定值	功能
C1	RPN013/023MA（1/2）	$>20\%P_n$ 或无 P10 时 T_d（倍增时间）<18 s	$10\%P_n$ 时忘记闭锁中间量程紧急停堆信号，产生闭锁控制棒的提棒信号
C2	RPN010/020/030/040MA（1/4）	$>103\%P_n$	闭锁全部控制棒的提棒信号
C3	偏离泡核沸腾裕量小	超温 ΔT 动作前 1℃	1. 闭锁手动和自动提棒信号； 2. 自动减负荷（速率：$200\%P_n$/min，每次持续 0.4 s，两次中间停 13.6 s）
C4	线功率密度裕量小	超功率 ΔT 动作前 1℃	1. 闭锁手动和自动提棒信号； 2. 自动减负荷（速率：$200\%P_n$/min，每次持续 0.4 s，两次中间停 13.6 s）
C7A	GRE022/023/024MP	$>15\%P_n$/2 min 或 C8	允许打开 GCT-c 第 1、2、4 组阀
C7B	GRE022/023/024MP	$>50\%P_n$/2 min 或 P16+C8	允许打开 GCT-c 第 1、2、3、4 组阀
C8	GSE216/217/218SP；GSE226/227/228SP	<5 MPa.g（2/3）	给出汽机跳闸信号至反应堆
	GSE112/122/132/142MM	关闭（2/4）	
C9 非	冷凝器真空度	>500 mbar.a	禁止开启 GCT-c 第 1、2、3 组阀；构成跳堆信号
	GCT 喷水管压	<0.4 MPa.a	
C11	R 棒棒位高限	225 步	闭锁手动、自动提 R 棒信号，并发报警
C12	R 棒棒位低限	45 步	闭锁插 R 棒信号
C20	RPN010/020/030/040MA	$<10\%P_n$	闭锁 R 棒自动动作（控制 R 棒运行方式）
C21	控制运行方式	ΔI 超出梯形图左限、右限	汽机自动减负荷（$200\%P_n$/min），并将汽机调节转入"手动"方式
C22	一回路过冷	$T_{avg}<T_{ref}$（设定值）	汽机自动减负荷（$200\%P_n$/min），并将汽机调节转入"手动"方式

6.5 保护系统运行

1．从冷停堆到热停堆的启动

在从冷停堆状态开始升温升压期间，到达热停堆状态（15.5 MPa、291.4℃）之前，启用下列保护功能：

①通过解除 P11 的手动闭锁，启用稳压器压力低的安全注入功能。

②通过解除 P12 的手动闭锁，启用蒸汽管道流量高与蒸汽管道压力低相符合的安全注入功能；启用蒸汽管道流量高与平均温度低相符合的安全注入功能。

③通过解除 P12 的手动闭锁，启用蒸汽管道压力低低的蒸汽管道隔离功能。

2．逐渐提升功率

在逐渐提升功率过程中进行如下操作：

①功率达到 P6 阈值后，手动闭锁源量程紧急停堆功能（图 6.6）。

②功率达到 P10 阈值后，手动闭锁中间量程紧急停堆，手动闭锁功率量程紧急停堆（低阈）（图 6.7、图 6.8）。

在功率达到 $10\%P_n$ 时，允许信号 P7 出现，它使下列紧急停堆功能自动产生（图 6.12）：

①两个环路主泵流量低。

②两个环路主泵转速低。

③两个环路主泵断路器断开。

④稳压器压力低。

⑤稳压器水位高。

⑥蒸发器水位高高。

在功率升到 $30\%P_n$ 时，允许信号 P8 出现，它允许下列紧急停堆功能自动产生（图 6.12）：

①一个环路主泵流量低。

②一台主泵的断路器断开。

在功率上升到 $40\%P_n$ 时，允许信号 P16 出现，它使汽机跳闸紧急停堆功能自动产生（图 6.15）。

3．功率下降

允许信号 P16 消失后，汽机脱扣导致紧急停堆功率被禁止。

允许信号 P8 消失后，一个环路故障紧急停堆功能被禁止。

允许信号 P10 消失后，上述 P7 允许的 6 种紧急停堆的功能被禁止。

中间量程中子通量测量通道中的允许信号 P6 消失以后，对应的源量程中子通量测量通道的高压电源通电，经过短时延时后，该源量程通道的紧急停堆功能被恢复。

4．从热停堆到冷停堆

在主回路降压冷却时，达到 P11 和 P12 阈值以下时，应手动闭锁相应的安注信号。如果必须恢复这些安注功能（如硼浓度不合适、中间停堆状态拖延过长）可手动进行。

思考题

1. 反应堆保护系统 RPR 的作用是什么？
2. 反应堆保护系统的设计准则有哪些？
3. 根据超温 ΔT 保护整定值的计算式说明各项的物理意义。
4. 根据超功率 ΔT 保护整定值的计算式说明各项的物理意义。
5. 解释中子通量变化率高紧急停堆逻辑图。
6. 反应堆主回路流量偏低和压力偏低保护是为了防止什么？
7. 防止主回路温度迅速上升的保护有哪些？
8. 防止主回路超压和温度迅速变化的保护有哪些？
9. 请说出允许信号 P6、P7、P8、P10、P16 的定值。

第 7 章　专设安全设施

专设安全设施作为核电厂安全保护的重要手段，在整个核电厂运行当中起着至关重要的作用。特别当主冷却剂系统（RCP）发生失水事故或二回路的汽水回路发生破裂或失效时，能够确保堆芯热量的排出和安全壳的完整性，限制事故的发展和减轻事故的后果，防止放射性物质扩散，保护环境，保护公众和电站人员安全。

7.1　概述

1．事故工况分类

①工况 Ⅰ　正常运行：压水堆核电厂在启动、调试、功率运行、换料或检修过程中所预计到的经常性或定期出现的工况。

②工况 Ⅱ　中等频率事故：核电厂在每年内都可能发生的预计运行事件或一般事故。

③工况Ⅲ　稀有事故：在核电厂规定寿期内可能出现的频率很低的事故。

④工况Ⅳ　极限事故：在核电厂规定寿期内预计不会发生的假想事故。

2．专设安全设施的定义

核电站由于其特殊性，为保证安全性，其设计必须满足下列总的安全要求：

①提供手段以确保在所有运行工况下、在事故工况期间和之后能实现安全停堆并维持安全停堆状态。

②提供手段以确保在所有运行工况下、在事故工况期间以及在停堆之后从堆芯排出余热。

③提供手段以减少可能的放射性物质释放，确保在运行工况期间和之后的任何释放不超过可接受的限值。

根据这些安全要求，在设计中确定了一系列的安全功能，实现了这些安全功能就能满足上述安全要求。专设安全设施就是指这样一些系统，在事故发生之后，依靠其功能保证核电厂安全功能的实现，将事故后果减到最小。

3．专设安全设施的功能与范围

专设安全设施的功能包括：

①防止放射性物质的扩散，保护环境、公众和电站工作人员的安全。

②当发生事故（Ⅲ类和Ⅳ类工况）时，保护核电厂与安全性密切相关设备的安全性。

③发生失水事故时，向堆芯注入含硼水。

④防止安全壳中氢气聚集，保证安全壳的安全性。

⑤事故中，向蒸汽发生器应急供水。

专设安全设施包括：

①安全注入系统（RIS）。

②安全壳喷淋系统（EAS）。

③辅助给水系统（ASG）。

④安全壳隔离系统（EIE）。

还有一些系统，如安全壳内大气监测系统（ETY）的混合取样和复合子系统、安全壳消氢系统（EUH），虽然不属于专设安全设施，但是用来协助专设安全设施完成其功能，或者为保证专设安全设施系统或其支持系统的良好运行提供必要的条件。下述设备在专设安全设施完成其功能中具有重要作用：

①安全壳完整性：包括贯穿件、气闸门、主蒸汽隔离、沙堆过滤器等。

②排出专设安全设施系统的热量：设备冷却水系统和重要厂用水系统。

③排出堆芯余热：汽机旁路系统等。

④通风：核岛相关的厂房通风。

⑤气源：仪用压缩气体和公用压缩气体系统。

⑥电源：应急柴油发电机、水压试验泵柴油发电机。

4．专设安全设施的设计准则

专设安全设施的设计中应遵循下列几项准则：

①设备必须高度可靠。即使在发生所假想的最严重地震时，专设安全设施仍能发挥其应有的功能。

②系统要有多重性。一般应设置两套以上执行同一功能的系统，并且最好两套系统要按不同的原理设计（多样性），这样即使单个设备故障也不至于影响系统正常功能的发挥。

③系统必须各自独立。原则上不希望共用其他设备或设施。对重要的能动设备还必须进行实体隔离。

④系统应能定期检查。在反应堆寿期内，要能够对系统及其设备的性能进行检验，使其始终保持应有的功能。

⑤系统必须备有可靠电源。在发生断电事故时，备用电源应在规定的时间内达到额定的输出功率。作为备用电源的柴油发电机组也应具有独立性、多重性和可检查性等特点。

⑥系统必须具有充足的水源。要在发生失水事故的情况下，自始至终都能满足使堆芯冷却和安全壳降压所必需的水量。

7.2 安全注入系统与安全壳第一阶段隔离

7.2.1 安全注入系统（RIS）的功能与流程

1. 功能

安全注入系统的主要功能为：

①在一回路小破口失水事故时或在二回路蒸汽管道破裂造成一回路平均温度降低而引起冷却剂收缩时，RIS 用来向一回路补水，以重新建立稳压器水位。

②在一回路大破口失水事故时，RIS 向堆芯注水，以重新淹没并冷却堆芯，限制燃料元件温度的上升。

③在二回路蒸汽管道破裂时，向一回路注入高浓度硼溶液，以抵消由于一回路冷却剂连续过冷而引起的正反应性，防止堆芯重返临界。

辅助功能为：

①在换料停堆期间，低压安注泵可用来为反应堆水池充水。

②用 RIS011PO 进行 RCP 系统的水压试验。

③在失去全部电源时为主泵提供轴封水（利用水压试验泵 RIS011PO，该泵由应急小柴油机供电）。

④在再循环注入阶段，低压安注泵从安全壳地坑吸水，RIS 在安全壳外的管段成为第三道屏障的一部分。

2. 流程

安全注入系统由高压安全注入（HHSI）、中压安全注入（MHSI）和低压安全注入（LHSI）三个子系统组成。

高压安注和低压安注系统流程如图 7.1 所示。

（1）高压安注系统（HHSI）

高压安注系统包括：

①3 台高压安注泵，它们同时也是 RCV 系统的 3 台上充泵，即 RCV001PO、002PO、003PO。

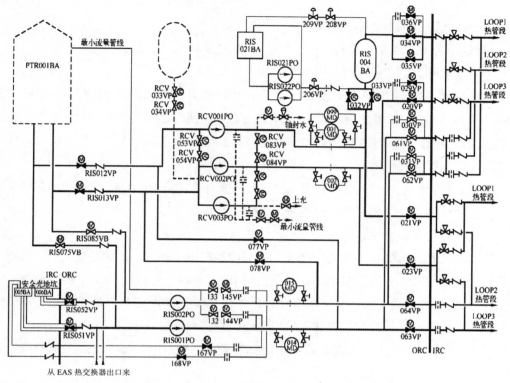

图 7.1　高、低压安注系统流程

②一个浓硼酸注入箱 RIS004BA。

③硼酸再循环回路（包括硼注入缓冲箱 RIS021BA，两台硼酸再循环泵 RIS021PO、022PO）。

高压安注泵也就是 RCV 系统的 3 台上充泵。在电厂正常运行时，它们作为 RCV 系统上充泵用于向 RCP 正常充水，其中一台运行、其他备用。在事故工况下，转而成为高压安注泵，两台泵运行，向一回路注入硼水。

高压安注泵有 3 条吸水管线：一是直接从换料水箱 PTR001BA 来的吸水管线；二是与低压安注泵出口连接的增压管线；三是从容控箱来的吸水管线，其在安注信号出现时即被隔离。

实际上，由于换料水箱与高压安注泵入口之间的管道上设置了逆止阀，它们在低压安注泵出口压力的作用下自动隔离，因此仅在低压安注泵增压失效时高压安注泵才直接从换料水箱吸水。

在每台泵出口设置了一个最小流量旁路管线，在电站正常运行期间此最小流量经轴封水热交换器冷却后再循环到泵的吸入口。3 台泵共用的最小流量旁路管线装有两只隔离阀，当接到安全注入信号时关闭这两个阀门。

HHSI 泵可通过 4 条管线将含硼水输送到 RCP 系统，这 4 条管线是：

①通过浓硼酸注入箱 RIS004BA 的管线。

这条管线由安注信号启动投入运行，HHSI 泵出口的水流过浓硼酸注入箱，将 7 000～7 700 μg/g 的浓硼酸溶液带入 RCP 冷管段，以便迅速向堆芯提供负反应性。该管线平常由入口阀门 RIS032VP、033VP 和出口阀门 RIS034VP、035VP、036VP 保持隔离，这些隔离阀在接到安注信号后立即开启（RIS036VP 除外）。

在冷、热管段同时注入时，打开阀 RIS036VP 并关闭阀 RIS034、035VP，含硼水从带有流量孔板的出口隔离阀旁路管线进入 RCP 冷段，可限制其注入流量。

②硼注入箱旁路管线。

这条管线在通过硼注入箱的管线发生故障的情况下才使用，正常是关闭的。当硼注入管线出现故障时，在控制室手动打开隔离阀 RIS020VP，通过此管线将 PTR001BA 的硼水注入 RCP 冷管段。与隔离阀 RIS020VP 并联安装的阀 RIS29VP 的管线上带有节流孔板，它用于在冷、热管段同时注入阶段以小流量向冷管段注入。

在 RCV 正常上充不可用时，可利用 RIS029VP 的管线代替，这时 RIS020VP 处于关闭状态。

③两条并联的热段注入管线。

这两条管线在冷、热段同时注入阶段时使用。它们是并联配置的，并且每一条管线分别向两个环路热管段注入，因此该管线可以允许单一能动或非能动故障。隔离阀 RIS021VP、023VP 分别由系列 A 和系列 B 母线供电，它们正常是关闭的，并由控制室手动操作。

④硼酸再循环回路。

为防止硼酸注入箱 RIS004BA 中的硼酸结晶，在高压安注泵的排出管设置了硼酸再循环回路，将浓硼酸不断地再循环。

两台并联的硼酸注入箱再循环泵 RIS021PO、022PO 由两条独立和冗余的电源系列供电，它们将约为 7 000 μg/g 的浓硼酸溶液在装有电加热管道中再循环。硼酸经由气动阀 RIS206VP 排放到硼酸注入箱 RIS004BA 的入口，通过 RIS004BA 后再经由串联设置的气动阀 RIS208VP、209VP 返回到缓冲箱。正常运行时，一台连续运行而另一台备用。

当安全注入启动时，再循环回路被隔离（关闭 RIS206、208、209VP）。

（2）低压安注系统（LHSI）

低压安注系统由两条独立流道组成，每条流道有一台低压安注泵（RIS001PO 和 002PO）。低压安注泵的出口通过隔离阀接到高压安注泵吸入联箱上，为高压安注泵增压。

低压安注泵与 RCP 冷、热段也有连管（与高压安注管线共用），其中两台低压安注泵分别连到第二和第三环路的热管段。当 RCP 系统压力低于低压安注泵压头时，低压安注泵也直接向 RCP 系统冷段或冷、热段注入。在冷、热段同时注入时，冷段注入流量改走装有节流孔板的旁路管线（RIS030VP、031VP）。

低压安注泵有以下两条吸水管线：

①直接注入阶段，两台低压安注泵通过两条独立管线从换料水箱抽水。

②再循环阶段，两台低压安注泵通过两条独立管线从安全壳地坑抽水。

在反应堆正常运行时，两台低压安注泵是不工作的，此时热段注入管线的隔离阀处于关闭状态，而冷段注入管线的隔离阀处于打开状态，泵的进口隔离阀也处于打开状态，相应管线由止回阀隔离，以便低压安注泵接到安注信号能迅速启动，从换料水箱抽水，并且在 RCP 压力迅速下降时能尽快直接向其大量注入。

在安全壳内侧，所有冷管段和热管段注入管线，都装有手动调节阀或节流孔板，以便进行流量平衡调节。所有冷管段注入管线与一回路冷管段之间都装有 3 个串联的逆止阀，所有热管段注入管线与一回路热管段之间都装有两个串联的逆止阀，而且这些阀门都尽可能靠近反应堆冷却剂管道，以实现安注管线在安全壳内侧的隔离和减少由于安注系统管道破裂而引起 LOCA 的可能性。

（3）中压安注系统（MHSI）

中压安注系统流程如图 7.2 所示。

中压安注系统主要由 3 个安注箱组成（RIS001、002、003BA），分别接到 RCP 三个环路的冷管段上。安注箱内存浓度约为 2 400 µg/g 的含硼水，用压力约为 4.2 MPa.a 的氮气覆盖。当 RCP 压力降到安注箱压力以下时，由氮气压将含硼水注入 RCP 冷段，能在短时间内淹没堆芯，避免燃料棒熔化。每个安注箱能提供淹没堆芯所需容积的 50%。

安注箱的隔离由每条注入管线上的两个串联的逆止阀来保证，为了对止回阀的泄漏进行试验，还设置了试验管线。每条管线上还设有一个电动隔离阀（RIS001、002、003VP），正常运行时是打开的。在正常停堆期间，当一回路压力低于 7.0 MPa.a 时，关闭此隔离阀，防止安注箱向 RCP 注入硼水。

两机组共用的水压试验泵（9RIS011PO）除用于一回路水压试验外，也用来从换料水箱向安注箱充水。此外，在全厂断电（Blackout）的情况下，试验泵还用于提供主泵的轴封水。

气动隔离阀 RIS136、138、139 和 140VB 在用水压试验泵给中压安注箱充水时才打开，RIS014、015 和 016VZ 也仅在向中压安注箱充氮气加压时才打开。

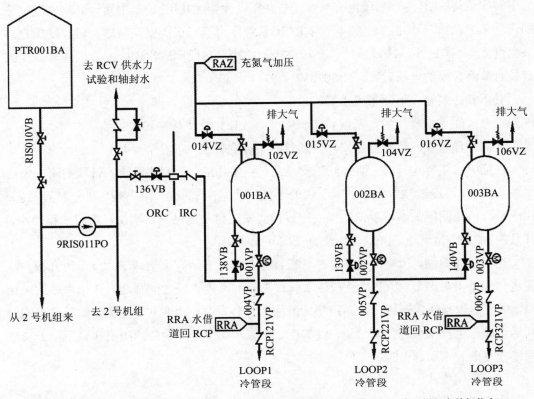

图中阀门状态对应 RIS 系统的备用状态，▷◁ 表示阀门在开启状态，▶◀ 表示阀门在关闭状态

图 7.2　中压安注系统流程

7.2.2　安注信号的产生与安注系统投入后的运行

1. 安注信号的产生

安注系统通过以下信号启动：

①稳压器压力低低（11.93 MPa.a，2/3 逻辑，P11 未闭锁）。

这是来源于一回路的安注信号。当一回路的压力边界（包括 SG 的传热管）发生破口时，PZR 的压力和水位会下降，由此导致燃料元件熔化和包壳烧毁的风险，所以启动安注。

在机组功率运行时，一回路压力维持在 15.5 MPa.a 左右，P11 不存在，自动安注的启动是可以实现的。当一回路卸压到 13.9 MPa.a 时，P11 出现，如果是可控的卸压，可以手动闭锁安注的启动（这在机组降温降压时会遇到）；如果是不可控的卸压，则不能手动闭锁安注。

②主蒸汽压力低（3.55 MPa.a，2/3 逻辑）+两台 SG 蒸汽流量高（高于定值 20%）。

③回路平均温度低低（P12，即 $T_{avgmax}<284℃$）+两台 SG 蒸汽流量高（高于定值 20%）。

④主蒸汽管道间主蒸汽压差高（$P>0.7$ MPa.a）。

这 4 个信号均来源于二回路，它们针对不同的运行工况：

①机组带负荷工况。

当蒸汽管道发生破裂时，蒸汽压力下降，蒸汽流量增加，一回路平均温度下降。由于压水堆慢化剂的负温度系数，冷却剂温度的急剧降低便引入了正反应性，为保证足够的停堆深度，需引入负反应性，故要启动安注，注入 7 000～9 000 μg/g 的高硼水。设计上设置了两路冗余的信号。

②机组不带负荷工况。

当主蒸汽隔离阀关闭，发生蒸汽管道破裂事故时，堆芯的保护是依靠第 3 个信号（蒸汽管道间主蒸汽压差高）启动安注来实现的。

a. 安全壳内压力高（高工信号 Max2=0.13 MPa.a，2/3 逻辑）。

该保护作为探测安全壳内发生破口（一回路或安全壳内蒸汽管道）时的安注启动，也作为其他保护的后备冗余。

b. 手动安注信号。

2. 安注系统投入后的运行

（1）安注信号触发的自动动作

①反应堆紧急停堆。

②汽机脱扣。

③安全壳第一阶段隔离（CIA）。

④安注系统投运。

⑤电动辅助给水泵启动，ASG 投运。

⑥ARE 主给水隔离，主给水泵（APP/APA）停运。

⑦DVH（上充泵房应急通风）启动。

⑧RRI 和 SEC 备用泵启动。

⑨DVK（核燃料厂房通风）和 DVW（安全壳外贯穿房间通风）切换到碘过滤器。

安注系统启动后，将有一系列的确认和控制。

（2）冷端直接注入阶段

1）高压安注系统的动作

①启动第二台 HHSI 泵。

②打开 RIS012/013VP，高压安注泵从换料水箱取水。

③打开高浓度硼水注入罐 RIS004BA 的前后隔离阀 RIS032/033/034/035VP。

④隔离硼酸再循环回路。

⑤隔离容控箱 RCV002BA，即关闭 RCV222/223VP。

2）中压安注系统的动作

①确认安注罐 RIS001/002/003BA 的隔离阀（RIS001/002/003VP）开启。

②当一回路压力降到低于安注罐压力时，确认安注罐水位下降。

3）低压安注系统的动作

①确认 LHSI 泵从换料水箱取水线上的隔离阀 RIS075/085VB 开启。

②确认 LHSI 泵出口到 HHSI 泵入口线上的隔离阀 RIS077/078VP 开启。

③启动两台 LHSI 泵 RIS001/002PO。

④确认 LHSI 泵从安全壳地坑取水线上的隔离阀 RIS051/052VP 关闭。

⑤确认 LHSI 泵到换料水箱的最小流量线上的隔离阀 RIS132/133/144/145VP 开启。

所有以上动作在设计上要求自动完成，操纵员在执行事故诊断 A0 时加以确认。

安注启动以后要加以控制，首先判断安注是误安注还是"真"安注，然后判断安注是否还有必要，再据 PZR 水位和 ΔT_{SAT} 决定能否转入上充-下泄模式。在安注信号出现 5 min 后，连锁消除，操纵员方能手动复位。

另外，需要说明以下几点：

①当 RCP 压力下降到 4.2 MPa.a 左右时，即 RCP 压力低于安注箱压力时，安注箱内硼溶液开始注入 RCP 冷却剂中。

②当 RCP 压力下降到 1.5 MPa.a 左右时，即 RCP 压力开始低于 LHSI 泵出口压力时，低压安注管线上开始有硼溶液注入 RCP 冷却剂中去。

③当 RCP 压力降至 1.5 MPa.a 时，手动关闭 RIS01/02/03VP，防止安注箱内的氮气进入一回路。

④当 LHSI 泵单泵流量超过 300 m³/h 时，自动隔离小流量线（即关闭 RIS132/145VP）。

⑤当换料水箱水位达到 L02（5.9 m）时，做以下调整，准备转到冷端再循环注入阶段：

a. 自动关闭 RIS012/013VP；

b. 自动开启 LHSI 泵到地坑的小流量线，即开启 RIS167/168VP；

c. 自动关闭 LHSI 泵到换料水箱的小流量线，即关闭 RIS132/145VP。

（3）冷端再循环注入阶段

随着安注泵不断地将换料水箱中的硼溶液注入一回路，换料水箱的水位持续下降。当换料水箱的水位到达 LOW3（2.1 m）时，换料水箱中剩下 200 m³ 的硼溶液，如果此时仍需要安注，则需要将 LHSI 泵的吸水口转向安全壳的地坑，即转入冷端再循环注入阶段。当然，此时安全壳地坑中由于冷却剂通过破口喷放以及换料水箱的水位经喷淋等原因已经积累了足够的水，可以满足 LHSI 泵的运行要求。

此时，各部件的配置主要特征有：

①LHSI 泵从地坑吸水的阀门（RIS051/052VP）开启。

②LHSI 泵从换料水箱吸水的阀门（RIS075/085VB）关闭。

③LHSI 泵到换料水箱的小流量线上另外两个隔离阀（RIS133/144VP）关闭。

④轴封注水线继续保持运行。

另外需要说明的是，当 LHSI 泵的单泵流量超过 300 m³/h 时，LHSI 泵到地坑的小流量线将自动被隔离，即关闭 RIS167/168VP。

（4）冷热端同时再循环注入阶段

从上文可知，从安注动作开始一直在向一回路冷端注入硼水，不管这硼水来自换料水箱还是安全壳地坑。这样就有一个问题，对于冷端破口来说，随着冷端的连续注入，反应堆容器内的硼浓度会不断增加，而安全壳地坑内的硼浓度会不断减少，从而可能导致反应堆容器内出现硼结晶的不良后果。因此，有必要向一回路热端注入，用冷却水反冲堆芯，以终止汽化和硼酸在反应堆容器内的浓缩，从而防止出现硼结晶。

但对于热端破口来说，保持冷端注入会使反应堆容器内的硼浓度轻微增加一些，如果转到热端注入，反而会由于物理现象的复杂性产生一些不良影响。因此，对于热端破口，最好是维持向冷端注入。

然而，实际运行中往往不能肯定地确定破口的位置，因此在这种情况下，我们采用冷热端同时注入的方法。即安注动作 12.7 h 后，通过手动操作将安注转到冷热端同时再循环注入阶段。冷热端注入流量的分配概括地说，是以热端注入为主、冷端注入为辅。

此时，各部件的配置主要特征有：

①LHSI 泵向热端注入的阀门（RIS63/64VP）开启。

②LHSI 泵向冷端注入的主通道阀门（RIS61/62VP）关闭，旁路阀门（RIS030/031VP）开启。

③HHSI 泵向热端注入的阀门（RIS021/023VP）开启。

④HHSI 泵向冷端注入的主通道阀门（RIS034/035VP）关闭，旁路阀门（RIS029/036VP）开启。

⑤两个系列的 HHSI 泵出口分离，即关闭 RIS083/084VP。

⑥轴封注水线隔离（即关闭 RCV060VP）。

同样，当 LHSI 泵的单泵流量超过 300 m³/h 时，LHSI 泵到地坑的小流量线将自动被隔离，即关闭 RIS167/168VP。

（5）长期再循环注入阶段

安注动作 24 h 后，通过手动操作将安注转到长期再循环注入阶段。与冷热端同时再循环注入阶段相比，该阶段的主要变化为分离两个系列的 HHSI 泵的吸水口，即关闭 RCV053VP/054VP、关闭 RCV373/374VP。这样做的目的主要是考虑系统运行 24 h 后可能出现的非能动故障，以便探测泄漏及隔离泄漏。

所谓非能动故障，按照法国规则 RCC-P 中的定义，是指在流体系统中，流体承压边界的破坏或影响系统内部流量的机械故障。实际上，非能动故障仅指失水事故后再循环阶段中由于输送污染介质的专设安全设施中水泵或阀门密封损坏引起的泄漏。规定 30 min 内的容许泄漏率为 200 L/min 左右。

另外需注意，在 HHSI 泵吸水口分离之前，如果有一台 LHSI 泵不可用，则相应系列的 HHSI 泵必须在实施分离之前预先停闭。

7.2.3　安全壳第一阶段隔离

伴随安注信号的一个自动动作是安全壳第一阶段隔离（CIA），其目的是当一回路中出现破口时，参与对裂变产物的屏蔽。

CIA 信号仅来源于：①安注信号出现；②手动。

CIA 信号通过一双稳态记忆单元输出，该 CIA 信号被记忆下来。如果需要重新打开 CIA 关掉的阀门，则需要首先复位记忆单元，该操作无时间延迟限制。复位后，CIA 关掉的阀门继续保持关闭，但操纵员可以在主控室重新开启这些关掉的阀门。

CIA 信号产生后，将同时关闭位于安全壳贯穿管道上的一批阀门。原则上这些阀门的关闭短期内不会导致安全壳内重要设备的损坏，目的是防止放射性物质通过这些管道扩散到安全壳外侧的系统中去。

CIA 信号分为 A、B 两个系列。一般情况下，CIA 信号 A 列控制安全壳内侧隔离阀门的执行机构，B 系列控制安全壳外侧隔离阀门的执行机构。

CIA 关闭的阀门主要涉及以下系统：

①REN、安注箱、泄压箱、RPE 001BA、PZR 液相和 RRA 热交换器下游取样。

②RPE、工艺疏水、含氢废气、反应堆冷却剂疏水和化学废水排放管线及 1/2/3/4/14PO。

③RAZ、安注罐及卸压箱等的氮气供应管线。

④RCV、下泄、RRA 净化回水及一号轴封回水管线。

⑤REA、REA130VD 除盐水补给管线。

⑥APG、SG 排污管线。

⑦RIS、安注罐逆止阀泄漏试验及安注罐补水管线。

⑧RRI、泄压箱及过剩下泄的冷却。

⑨ETY、安全壳内大气监测（KRT8/9/28MA）和换气管线。

7.3　安全壳喷淋系统与安全壳第二阶段隔离

7.3.1　安全壳喷淋系统（EAS）的功能与流程

1．功能

安全壳喷淋系统的功能包括：

①在发生导致安全壳内压力和温度升高的事故（LOCA 或二回路管道破裂事故）时，通过排放冷凝蒸汽，对安全壳降温降压，来保证其完整性。

②疏导堆芯余热。

③降低安全壳内的裂变产物浓度（放射性碘的捕捉）和限制金属腐蚀及灭火。

2．流程

为保证喷淋的可靠性，每台机组的喷淋系统由两条相同的管线（系列 A 和系列 B）组成，每个系列能保证 100%的喷淋功能。两个系列分别由 LHA 和 LHB 供电。

每条管线由下列设备组成：

一台喷淋水泵（EAS001PO/002PO）、一个化学添加剂喷射（EAS001EJ/002EJ）、一个热交换器（EAS001RF/002RF）、两条位于安全壳顶部不同标高的喷淋集管以及共同的化学剂回路。

两条管线共用的化学剂回路包括一个化学添加剂箱 EAS001BA 和一台搅混泵 EAS003PO。

此外，还有两条管线共用的连接 PTR001BA 的喷淋泵试验管线。

系统流程如图 7.3 所示。

与 RIS 类似，EAS 供水分两个阶段：第一阶段（直接喷淋）从换料水箱 PTR001BA 取水，第二阶段（再循环喷淋）从安全壳地坑取水。

7.3.2　安全壳喷淋信号与安全壳喷淋系统投入后的运行

1．喷淋信号的产生

EAS 启动信号来源有两个，一个是自动信号，另一个是手动信号，即：

①安全壳压力太高（HI4，即 0.24 MPa.a）。

②手动控制。

需要说明的是：

①安全壳的压力由 ETY 系统的 4 个探测器测量，按 2/4 原则触发保护动作。

②由安全壳压力太高，触发的自动喷淋信号的手动复位（解锁）可以立即进行。

③安全壳的压力保护定值及由此触发的主要保护动作见表7.1。

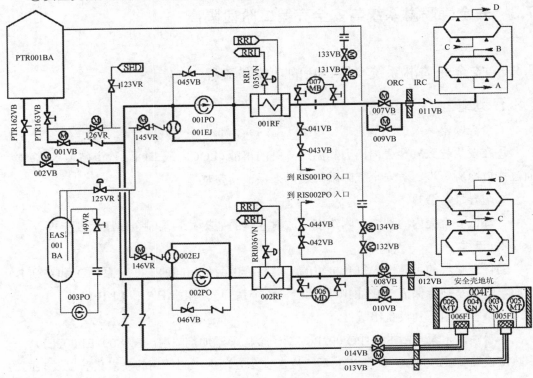

图 7.3　EAS 系统流程

表 7.1　安全壳压力保护信号

信号	压力定值/MPa.a	触发的主要保护动作
HI1	0.12	报警信号 隔离 ETY
HI2	0.13	安注启动 安全壳第一阶段隔离 紧急停堆 汽机脱扣 应急柴油发电机启动 主给水泵跳闸 主给水隔离 ASG 启动
HI3	0.19	主蒸汽管道隔离
HI4	0.24	紧急停堆 安全壳第二阶段隔离 喷淋系统启动 一应急柴油发电机启动

④为防止喷淋系统的意外手动启动,对于每个系列均设置两个按钮。这两个按钮必须同时按下才能触发 EAS 的一个系列动作。

2. 喷淋系统的运行

(1) 备用状态

此状态下系统的主要特征有:

①换料水箱到喷淋泵入口之间的阀门(即 EAS001/002VB)保持开启状态。

②下列阀门均关闭:

a. 安全壳隔离阀。

b. 地坑到喷淋泵吸水口间的阀门。

c. 化学添加物回路隔离阀(即 EAS125VR,145/146VR)。

d. 热交换器冷却水侧 RRI 的阀门。

e. 试验回路阀门。

③NaOH 溶液的搅拌泵(EAS003PO)运行(即每 8 h 运行 20 min)。

(2) 直接喷淋状态

喷淋信号产生时,喷淋系统启动。若此时换料水箱的水位不低于 L0W3 定值(2.1 m),则 EAS 回路以"直接喷淋"方式启动,即喷淋水由喷淋泵从换料水箱抽取。

主要特征有:

①两台喷淋泵(EAS001/002PO)启动。

②安全壳隔离阀开启(EAS07/08/09/010VB)。

③热交换器(EAS001/002RF)冷却水侧的 RRI 阀门开启,即热交换器投入。

注意:NaOH 注入回路的投入有 5 min 延迟,即 EAS125VR、145/146VR 延迟 5 min 开启。

注入 NaOH 的目的是降低安全壳内气态裂变产物的浓度,尤其是降低碘浓度,从而降低气载放射性水平,注入 NaOH 也可以中和硼酸,从而限制金属的腐蚀。那么也就是说,这 5 min 的延迟是为了操纵员诊断事故,判断喷淋系统的启动是由于一回路破口,还是二回路或者是误启动,从而确定 NaOH 的注入是否必要。

注入 NaOH 可以降低气载放射性水平,主要原理如下:

NaOH 不存在时,碘与水之间的反应如下式所示:

$$3I_2 + 3H_2O \rightleftharpoons IO_3^- + 5I^- + 6H^+ \tag{7.1}$$

达到一种动态平衡。

加入 NaOH 后有如下反应:

$$2NaOH + I_2 = NaI + NaIO + H_2O \tag{7.2}$$

即由于反应式（7.2）的存在，使得反应式（7.1）的反应平衡向右移动，即更多的碘溶于水中。

（3）再循环喷淋阶段

当换料水箱水位到达 LOW3 定值时，喷淋系统需自动转入再循环喷淋阶段，即喷淋泵由换料水箱抽水转换到从地坑抽水。此时换料水箱到喷淋泵的隔离阀（EAS001/002VB）关闭，地坑到喷淋泵隔离阀（EAS013/014VB）开启，NaOH 注入回路隔离（EAS145/146VR 关闭）。

再循环喷淋阶段有时可延续几个月的时间，一回路释放到安全壳内的热量就是通过热交换器排向 RRI 系统，然后再由 SEC 系统排向大海的。

由于喷淋流量比较大，一定时间以后，运行一个系列就足够了。

另外，EAS 热交换器是专设安全设施中唯一的冷源，所以当 RIS 处于再循环注入阶段时，需要 EAS 同时运行，以冷却地坑的水，导出热量。

（4）特殊工况

为了保证在失水事故（LOCA）后的长期余热排除，在应急堆芯冷却系统（低压安注）和安全壳喷淋系统之间配备连接管道，使得有可能在失水事故后大约两星期，一个系统的泵可以用于支援另一系统，即所谓 H4 规程。

安全壳喷淋系统和应急堆芯冷却系统的每一系列通过一根固定的管子相连接，叫"H4 连接"。该管子装备有两个手动阀，对 A 列而言，这两个阀门的编号为 EAS041VB 和 EAS043VB；对 B 列而言，该两个阀门的编号为 EAS042VB 和 EAS044VB。

7.3.3 安全壳第二阶段的隔离

1. CIB 的功能

安全壳第二阶段隔离（CIB）实现对裂变产物的包容。与 CIA 相比，此时不再考虑对安全壳内重要设备的影响。

CIB 完善了 EAS 的功能，当发生 LOCA 事故并危及安全壳完整性时，保证对裂变产物的包容。

2. CIB 信号的产生

CIB 保护信号的产生与 EAS 投运标准相同（而且同时触发），即 CIB 信号来源于下述两种情况：

①安全壳压力太高（HI2，即 0.24 MPa.a）。

②手动控制。

CIB 保护信号的记忆及复位，原理上与 CIA 信号相同，所不同的是 CIB 信号的复位分两级，即 CIB 信号可以部分复位，也就是说 CIB 关闭的阀门分为两部分，第一部分的阀门由 CIB①信号控制，第二部分的阀门由 CIB②信号控制，相应地，就有 CIB①复位和 CIB②复位。CIB②复位按钮仅复位（解锁）②部分的阀门，而 CIB①复位按钮则复位（解锁）①、②两部分的阀门。

3. CIB 所产生的动作

CIB 在 CIA 的基础上，实现了除专设安全设施系统、主泵轴封水等以外的几乎所有贯穿安全壳的管线的隔离。

涉及的系统有：

①SAR：仪表用压缩空气分配系统。

②DEG：核冷冻水系统。

③REN：核取样系统。

④RRI：设备冷却水系统。

对于 CIB 关闭掉的 RRI 系统的阀门来说，涉及一回路主泵电机、轴承及热屏的冷却管道以及余热排出系统（RRA）热交换器的冷却管道等。

7.4　辅助给水系统

7.4.1　辅助给水系统（ASG）的功能与流程

1. 功能

（1）正常功能

辅助给水系统为失去主给水供应时向 SG 二次侧提供给水的后备系统。

在下列情况下 ASG 可代替主给水系统 ARE：

①启动和 RCP 升温。

②热停堆。

③向冷停堆过渡，RRA 投运之前。

此外，ASG 的电动泵用于 SG 二次侧的充水和保持水位（初次充水和冷停堆后的再充水），ASG 的脱气装置用于向 ASG 和 REA 系统的贮水箱供应除盐、除氧水。

（2）安全功能

当正常给水系统（CVI、CEX、ABP、APA、ARE）之一失效时，ASG 投入运行，以排出堆芯余热，直到 RRA 投运为止。余热通过 GCT 排放。

2. 流程

辅助给水系统分为两大部分：分属各机组的部分（1ASG 或 2ASG）和两个机组共用的部分（9ASG）。

图 7.4 所示为分属各机组的部分的流程简图，图 7.5 所示为两个机组共用部分的流程简图。

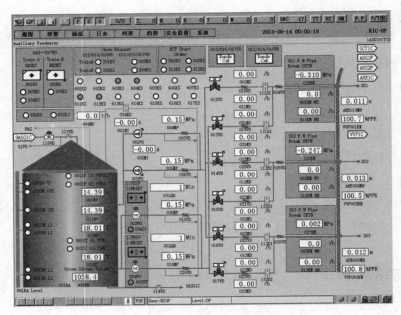

图 7.4　1ASG 或 2ASG 流程

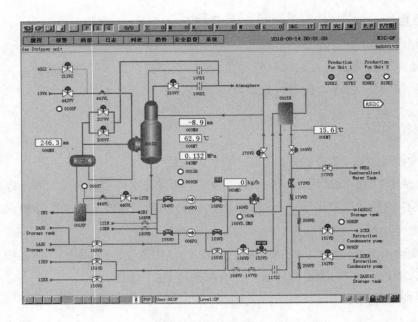

图 7.5　9ASG 流程

（1）分属各机组的部分（1ASG 或 2ASG）

它包括一个辅助给水贮存箱（ASG001BA）、两台电动辅助给水泵（ASG001PO、002PO）、两台汽动给水泵（ASG003PO、004PO）及其驱动汽轮机（ASG001TC、002TC），以及与 3 台蒸汽发生器相连的给水管线（装有流量调节阀 ASG012VD～017VD）。

为满足单一故障准则，辅助给水泵设计成两个独立的系列，各有 100%容量：

①A 系列：一台电动泵（50%容量），一台电动泵（50%容量），可由应急电源供电。

②B 系列：一台汽动泵（50%容量），一台汽动泵（50%容量），由主蒸汽系统（VVP）旁路供汽。

辅助给水泵从 ASG001BA 水箱（内装除盐除氧水）吸水。电动给水泵 ASG001PO、002PO 的出口管道相接后分成三路，经过流量调节阀 ASG012、014、016VD 及限流孔板，分别与汽动给水泵 ASG003PO、004PO 出口经流量调节阀 ASG013、015、017VD 后的三条分流管线相连接，然后分别接入三台蒸汽发生器的主给水管道（靠近入口处），进入蒸汽发生器。

ASG001BA 可由两个机组共用部分的除氧装置补水，经过除氧处理的水通过 ASG115VD、ASG113VD 进入水箱。水箱内储存的水也可通过 ASG114VD 去除氧器进行再除氧处理或加热。

在紧急情况下，如果 ASG 水箱中的除盐除氧水用尽，可从消防水分配系统（JPD）向 ASG001BA 补生水，这时需去掉盲板法兰，现场手动操作接通该补水管线。

（2）两个机组共用的部分（9ASG）

这是一套除氧装置，包括一台除氧器（ASG001DZ）、两台循环泵（ASG005PO、006PO）、一台再生式热交换器（ASG01EX）、加热用蒸汽冷凝水贮存罐（ASG002BA）及冷却器 ASG001RF、三通控制阀 ASG160VD。

两台 100%流量的除氧给水泵分别由两台机组 360 V 交流应急电源系统供电，正常情况下一台工作，另一台备用。

由 SER（常规岛除盐水分配系统）或 SED（核岛除盐水分配系统）来的除盐水，通过再生式热交换器 9ASG001EX 初步加热后进入除氧器 ASG001DZ 内进行除氧处理，分别供给 ASG 和 REA 水箱。

除氧器内的水由循环泵抽出经 ASG160VD 分配，在 ASG001EX 冷却后供给 1ASG001BA、2ASG001BA（以 SER 为水源）或 REA 水箱（以 SED 为水源），或者回除氧器循环加热、除氧。

ASG001BA 的水也可由循环泵 006PO 驱动，通过 ASG165VD、166VD、153VD 和 01EX，进入除氧器进行再处理。

由 SVA 来的蒸汽通过 ASG001DZ 内的加热器，加热要除氧的水，其冷凝水进入

ASG002BA 及 ASG001RF，由 SRI 的冷却水冷却后通过 STR 系统回收。

1、2 号机组 CEX 系统凝结水泵的出水管线与除氧装置的出口管线相连，可用冷凝器的水作为 ASG 水箱的补充水源。

当除氧器 9ASG001DZ 和两台机组的 CEX 系统都不能利用时，急需情况下，可由 SER 不经除氧为 ASG001BA 应急供水。此时直接启动循环泵，手动切换泵的吸入管线至 SER 贮存水箱。

7.4.2　辅助给水系统的启动信号及运行

1. 辅助给水系统启动信号的产生

为便于下面的叙述，首先说明几个缩写符号的意思。它们是：

MFP：电动主给水泵，即 APA 系统的泵；TAFP：汽动辅助给水泵；MAFP：电动辅助给水泵。

总体上来说，ASG 的启动来源于两类事故：一类是引起主给水隔离的事故，一类是主给水本身丧失的事故。ASG 启动信号较多，在这些信号中，有的要求启动两台 MAFP，有的要求启动两台 TAFP，而有的则要求启动所有的辅助给水泵。下面我们来说明这些信号。

（1）安注信号

安注信号直接启动两台 MAFP。同时，安注信号使 MFP 跳闸并且隔离 ARE 的主阀及旁路阀。MFP 的跳闸信号确认两台 MAFP 的启动。

（2）某台蒸汽发生器高高水位（P14 出现）

当蒸汽发生器水位太高时，旋叶式分离器及干燥器将无法正常工作，蒸汽可能带水进入汽轮机，导致汽轮机叶片损坏。当蒸汽发生器水位达到窄量程 75% 时，出现 P14 信号，触发汽机脱扣，MFP 跳闸和 ARE 的主阀及旁路阀关闭等。主给水泵的跳闸信号将触发两台 MAFP 启动。

（3）MFP 跳闸

来自给水回路的信号引起 MFP 的跳闸。在确认 MFP 跳闸之后，两台 MAFP 将自动启动。

（4）凝结水泵供电母线电压低

当厂外电源丧失时，凝结水泵停转，主泵也将减速，则一回路的过热将很严重。电压降低是通过对凝结水泵及主泵的供电系统母线（LGA、LGD、LGE）的测量而获得的。

如果凝结水泵的供电母线失电（$U < 0.65U_n$，U_n 为额定电压），一定时间延迟（6 s）后，两台 MAFP 启动。

（5）主泵转速低低

主泵供电母线失电后，转速将降低，由于主泵惯性飞轮的存在和自然循环的作用，一回路冷却剂流量将维持一定的时间，为了疏导余热，需要继续维持蒸汽发生器的给水。如果堆功率≥10%RP，这一事故不会对机组产生危害。

（6）某台蒸汽发生器水位低低

例如，主给水泵的跳闸或凝结水泵的丢失等正常给水丧失事故下，蒸汽发生器的导热能力将下降。表征蒸汽发生器导热能力的参数可以是其水位或者其给水流量，因此当某台蒸汽发生器水位低低（窄量程 15%）信号出现后，延时 8 min，两台 MAFP 及两台 TAFP 将自动启动。

（7）某台蒸汽发生器水位低低且其给水流量低

此信号出现时，立即启动两台 MAFP 及两台 TAFP。

（8）ATWT 信号

ATWT 又称 ATWS，意为未能紧急停堆的预期瞬态（Anticipated Transient Without Trip/Scram），详见 6.2.4 节。该信号是两个信号的组合，一个是两台蒸汽发生器给水流量低信号，另一个是中间量程测得的堆功率>30%RP 信号。

ATWT 信号出现后，启动两台 MAFP 和两台 TAFP。

ATWT 信号除可触发 ASG 启动外，还可触发紧急停堆、汽机脱扣及闭锁 GCT 第 3 组排放阀的开启。

（9）手动控制

MAFP 及 TAFP 均可手动控制。

另外，需要说明的是，紧急停堆时 ASG 不一定启动。当发生紧急停堆（P4）时，汽机脱扣，给水加热回路停运，进入蒸汽发生器的给水相对变冷，就维持一回路平均温度 $T_{avg}=291.4℃$ 来说，给水流量显得过大，可能造成一回路过冷，因此，当紧急停堆并出现一回路平均温度低（$T_{avg}<295.4℃$）信号时，隔离 ARE 的主阀，旁路阀极化运行，保持一定的开度（相应于 $10\%Q_n$ 的给水流量），但不会触发 ASG 启动。

2．辅助给水系统运行

机组在正常发电运行时，ASG 系统的四台泵应该处于备用状态，与泵相对应的六只调节阀（ASG012/014/016/013/015/017VD）保持 100%开度。

机组在正常的启动或停闭过程中，如前所述，在适当的情况下代替主给水向蒸汽发生器提供给水。

另外，ASG 系统的脱气装置可投运也可停闭，视 REA 的需要或 ASG 水箱的需要而定。

在这里，我们主要看一下 ASG 在事故情况下启动后的运行。

当 MAFP 接到启动命令后将引起下列动作：

①两台 MAFP（ASG001/002PO）启动。

②蒸汽发生器排污隔离。

当 TAFP 接到启动命令后将引起下列动作：

①TAFP 汽轮机的进汽隔离阀开启。

②蒸汽发生器排污隔离。

ASG 系统启动后，便以最大流量向蒸汽发生器供水，因此操纵员有必要根据当时的实际情况调节辅助给水流量，或停运多余的泵，以维持蒸汽发生器的水位。

思考题

1. 简述专设安全设施的定义、功能及范围。

2. 专设安全设施的设计准则有哪些？

3. 安注系统是按哪些事故工况设计的？

4. 自动安注启动后，有哪些动作需要确认？

5. 安全壳保护的压力值有哪些？相应触发的主要保护动作有哪些？

6. 喷淋系统启动后，为什么加 NaOH 的装置要延迟 5 min 投入？

7. 喷淋系统如何捕捉碘？

8. CIA、CIB 的触发信号是什么？各自的功能有哪些？

9. MAFP 和 TAFP 的启动信号有哪些？

第8章 主控室操控

  环境保护部核与辐射安全中心全范围验证模拟机参考 CPR1000 机组建造，CPR1000 机组操纵员主要通过位于前方的 4 块 POP 大屏幕和一、二回路操纵员终端的各自 5 台非安全级操纵员站 NC-VDU 和安全级操纵员站的两个 S-VDU 来实现机组的监测和控制。在 KIC 不可用的情况下，可由后备盘来监视和控制机组。当主控室不可用时，可通过应急停堆站 RSS 来控制机组。机组操纵员对模拟机和真实电站的操控，需掌握必备的电站 DCS 系统配置结构和操控台人机界面，正确建立机组运行趋势，熟练使用报警、电站运行程序、运行技术规范和图纸等主控室文件，并在主控室中遵守操纵员的行为规范，履行职责，在生产活动中的充分发挥协调作用，这对保证核电厂的可靠与安全运行至关重要。

8.1 DCS 系统配置结构

8.1.1 DCS 系统概述

1. 概念

  DCS 是 Distributed Control System（分布式控制系统）的英文缩写，在国内自控行业又称集散控制系统。在核电领域，DCS 是数字化控制系统（Digital Control System）的英文简称，指以微处理芯片构成的、以数字处理技术为特点的智能化电子设备和计算机系统，它除了具有常规测量仪表的测量和控制功能外，还具有极强的数据处理和通信能力。它能将现场的信息通过计算机网络连到主控室，使电厂操纵员有可能对全厂各部分的设备进行集中监视、控制与管理。同时使得生产、运行、管理、维修、安全保卫、计划调度及行政部门都有可能及时有效地利用这些信息，实现全厂信息共享，极大地提高了核电厂运行的安全性、可靠性及管理效率。

  DCS 分散控制，集中管理，可靠性高。它把数据采集及过程控制功能分解开来，由多个控制站来实施，独立工作，避免集中控制产生的风险（即危险分散），而将显示操作部分高度集中（集中管理），所以具有控制功能强、效率高、与生产过程之间协调性好、可靠性高的特点。

2．设计准则

（1）单一故障准则

其任何部位发生单一随机故障时，仍能保持所赋予的功能（由单一随机事件引起的各种继发故障，均视作单一故障的组成部分）。

CPR1000 数字化仪控系统的单一故障准则考虑：

①安全级仪控系统采用冗余结构，满足单一故障准则。

②冗余仪控系统及其相应的支持系统也要求采用冗余的设计。

（2）多样性准则

多样性应用于执行同一功能的多重系统或部件，即通过多重系统或部件中引入不同属性来提高系统的可靠性。采用多样性原则能减少某些共因故障或共模故障，从而提高某些系统的可靠性。

CPR1000 数字化仪控系统的多样性考虑：

①采用两种不同的软硬件平台，分别用于安全级和非安全级仪控系统。

②数字化保护系统采用功能多样性设计，对保护变量进行合理分组，每个事故的触发事件尽量采用不同测量原理的变量，防止软件共模故障造成的影响。

③多样化保护系统（ATWT）是数字化保护系统由于共模故障而失效的后备。

④常规后备盘是以计算机为主的监控制方式的多样性后备。

⑤保留了手动触发停堆和专设动作的系统级命令。

（3）故障安全准则

核电厂安全级为重要的系统和部件的设计，应尽可能贯彻故障安全准则，即系统或部件发生故障时，电厂应能在无须任何触发动作的情况下进入安全状态（如反应堆失电落棒）。

（4）独立性准则

为了提高系统的可靠性，防止发生共因故障或共模故障，系统设计中应通过功能隔离或实体隔离，实现系统布置和设计的独立性。

CPR1000 保护系统设置有 4 个独立通道，4 个独立通道的设备分别布置在不同的房间内，实体上、功能上完全隔离。安全级与非安全级之间的信号传递都采用了光电隔离的措施。

（5）纵深防御准则

CPR1000 数字化仪控系统的纵深防御考虑：

①正常运行时，若出现异常运行，由电厂控制系统进行调节来使电厂恢复正常运行。

②当发生预期设计瞬态事件时，由保护系统来触发执行安全功能。

③当发生设计基准事故时，由保护系统来触发执行安全功能。

④当发生严重事故时，考虑严重事故措施以降低堆芯熔化和限制放射性后果。

（6）定期试验、维护、检查准则

应在核电厂的寿期内对与安全有关的重要构筑物、系统和部件进行标定、试验、维护、修理、检查或监视，以保持它们的执行功能。

（7）控制的优先级准则

电站的执行机构或其他被控的对象，可完成的功能是多种的，因而其接受的命令来源是多样的。优选的关系体现在（图 8-1）：

①不同安全级功能间的优先原则：安全级功能优先于非安全级功能。

②同一级安全功能间的优先原则：设备保护优先于自动指令，自动指令优先于手动指令。

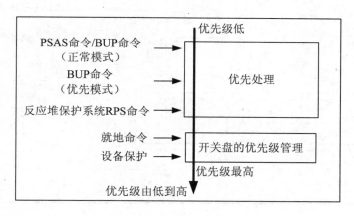

图 8.1　控制的优先级准则示意

3．DCS 层级

根据电站仪控设备实现的功能要求，电站仪控系统划分为 4 个处理层级：

LEVEL 0-I/O 层过程仪表级，包括各种测量装置（传感器、变送器、限位开关等）和各种执行机构（电磁阀、电动机、断路器、泵等）。

LEVEL 1-过程控制层，即能自动、独立实现电站控制及保护功能的设备，如电气厂房 L15 米机柜及其内设备。主要功能是数据采集、信号预处理、逻辑处理、控制算法运算、产生自动控制指令、通信等。主要控制和监视电厂的不同系统，由基于电厂的保护、控制和专用监测系统组成。

LEVEL 2-操作监视层，用于操作控制和信息显示，包括用于操作人员在仪控单元上实现对工艺过程和设备状态的监控和对设备的操作的常规设备和计算机化的设备。

LEVEL 3-高级应用（信息管理）层，来自 DCS 系统的电站信息平台，包括用于支持电站的管理应用功能如定期试验、管理员软件等。

8.1.2　DCS 系统结构

1. DCS 系统结构图

DCS 系统结构如图 8.2 所示。

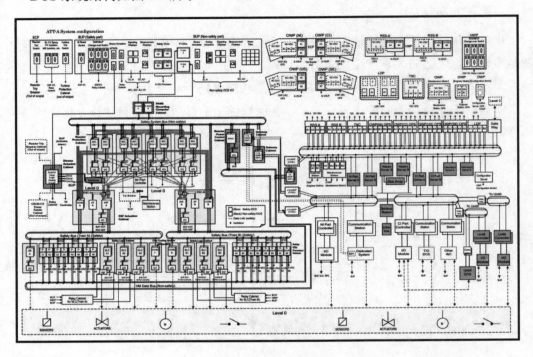

图 8.2　DCS 系统结构

2. DCS 安全分级

仪控系统和设备根据其执行的功能对安全的重要性分为安全级和非安全级（NC 级），其中安全级又分为 1E 级和 SR 级。

（1）安全级

为达到稳定状态在短期阶段执行安全功能所直接必需的仪控系统和设备为 1E 级，为达到安全状态在中、长期阶段（手动操作阶段）执行安全功能所必需的电气、仪控系统和设备为 SR 级。

1E 级的系统有：

①反应堆保护系统：包括紧急停堆系统和专设安全设施驱动系统。

②堆芯冷却监视系统（CCMS）。

③PAMS I 类变量监视系统等。

SR 级的系统有：

①除 I 类变量外的 PAMS 变量监视系统。

②主控室的 BUP 盘。

③用于反应堆辅助系统，如化容系统、余热排出系统等的控制系统等。

（2）非安全级（NC 级）

不属于 1E 级或 SR 级的设备都被定义为 NC 级。

DCS 系统设备分为 3 个抗震等级：抗震等级 1、抗震等级 2、无要求。主要设备的抗震等级和安全分级见表 8.1。

表 8.1　DCS 系统主要设备的抗震等级和安全分级分类

设备 （Equipment）	抗震等级 （Seismic Categoy）	安全分级 （Remarks）
反应堆保护机柜（RPC）	1	安全级
专设安全设施驱动机柜（ESFAC）	1	安全级
安全逻辑机柜（SLC）	1	安全级
堆芯冷却监视系统（CCMS）	1	安全级
安全相关机柜（SR Cabinet）	1	安全级
继电器机柜（Relay Cabinet）	1	安全级
多样性驱动机柜（DAC）	1	安全级
功率控制机柜（RPCC）	1	
核岛机柜（NI Cabinet）	1	部分核岛机柜属于安全级
常规岛机柜（CI Cabinet）	1	部分常规岛机柜属于安全级
操作台（OWP）	2	S-VDU part 安全级控制显示屏属于安全级
后备盘（BUP）	1	安全级（S-VDU、Safety Switch 安全级开关和按钮、Lamp part 灯）
紧急操作台（ECP）	1	安全级
远程停堆站（RSS）	1	S-VDU part 安全级控制显示屏属于安全级
技术支持中心（TSC）	—	
核岛/常规岛服务器 （NI/CI Part Server）	1	
历史服务器（Historical Server）	—	
事故后监测系统 （PAMS Recording Computer）	1	
网关（Gateway Processor）	1	

平台安全分级介绍：

以中心模拟机为例，MELTAC（日本三菱提供）适用于安全级 DCS，HOLLiAS-MACS（广利核提供）适用于非安全级 DCS，以下情况例外：

①反应堆功率控制功能使用 MELTAC 平台。

②ECP 的控制、显示等设备使用 1E 级设备。

③BUP 的控制、显示等设备使用安全或/和非安全级的设备。

④用于 PAMS 记录计算机及其网关的安全级系统总线使用三菱工业用计算机平台。

⑤对于 DAC 的设计，使用基于多样化硬接线技术（MELNAC 平台或继电器逻辑）。

3．DCS 系统间通信

（1）Subsystem 结构

CPR1000 DCS 系统粗略地分为以下三部分，称为 Subsystem：

①Safety protection system（RPC，ESFAC，SLC，S-VDU）。

②Non-classified system。

③Main control system（OWP，BUP，TSC，LDP，RSS）。

另外，Non-classified system 分为以下系统：

PICS（HOLLiAS）、RPCC（MELTAC）、GW（MR、HOLLiAS）、P-VDU（MR）、ATWS（MELNAC）。

（2）网关

安全相关系统和非安系统通过三组冗余的网关相连：

①L1aGW 负责将数据从 Non-classified Level-1 system（HOLLiAS）传递到 Non-classified Level-1 system（MELTAC）。

②L1bGW 负责将数据从 Safety Level-1 system（MELTAC）传递 Non-classified Level-1 system（HOLLiAS）。

③L2GW 负责将数据从 Non-classified Level-2 system（HOLLiAS）传递到 Safety Level-2 system（MELTAC），用于从非安画面调取安全级控制面板。

8.1.3　LEVEL 1 层

LEVEL 1 过程控制层的仪控功能按照生产工艺过程划分原则进行划分，主要完成系统级、设备级的过程控制和监测，由安全级和非安全级系统平台共同支持。

1．安全保护系统

（1）反应堆保护机柜 RPC（Reactor Protection Cabinet）

反应堆保护机柜为 1E 级设备，分为 A、B 两列，4 个通道，相互之间实现物理和电气隔离，属于主从冗余。RPC 的功能是采集现场来的模拟量信号和数字量信号，进行模拟量信号的阈值计算，把阈值计算的结果送 ESFAC 机柜驱动安全专设设备，同时接受其他 3 个通道的逻辑信号，进行 2/4 逻辑计算后，输出信号到停堆断路器，事故情况下实现反应堆自动跳堆。

这些机柜采用微处理技术并且能够自己检测微处理器的状态从而保证高度的可靠性。

（2）专设安全设施驱动机柜（ESFAC）

ESFAC 为 1E 级设备，由双重的冗余序列（TrainA 和 Train B）组成。接受 RPC 系统模拟量阈值计算结果和现场开关量信号，进行安全专设驱动逻辑计算，形成系统级指令，至 SLC 机柜驱动现场安全专设设备。

这些机柜采用微处理技术并且能够自己检测微处理器的状态从而保证高度的可靠性。

（3）安全逻辑机柜（SLC）

SLC 机柜均为 1E 级设备，由双重的冗余序列（Train A 和 Train B）组成。SLC 接收系统级 ESFAC 逻辑驱动信号及其他系统和设备来的信号（包括控制室手动指令）完成部件级的逻辑控制，并从 DO 输出卡件输出驱动信号至 PIF 卡控制现场安全级设备。

这些机柜采用微处理技术并且能够自己检测微处理器的状态从而保证高度的可靠性。

（4）安全 VDU 处理器机柜（SFOC）

SFOC 的功能为一方面处理来自触摸屏的手动指令信号，通过网络将其 SLC 等设备实现对现场安全级设备的控制；另一方面将监视信号送到 SVDU 实现状态监视。

（5）堆芯冷却监视系统（CCMS）

CCMS 的主要任务就是计算堆芯的过冷度和反应堆压力容器的水位。这个功能是归为 1E 级的，另外，CCMS 也实现一些 SR 的控制和监视功能。

CCMS 也分为冗余的两列，每列采用冗余的 CPU 结构。

（6）安全相关机柜（SR）

实现安全相关级系统或设备的控制，在 1E 级平台 A 列增加一组 SRC，B 列该部分功能由 CCMS 来完成。

SR 的 CPU 采用主从式冗余配置，其输入输出信号是单列的，但其供电是双路。

（7）继电器机柜（Relay Cabinet）

继电器逻辑机柜接收从 ECP 或 BUP 来的手动操作指令，完成硬接线逻辑变换，与 SLC 输出信号一起输入 PIF 卡进行优先选择最后输出。

（8）多样性驱动机柜（DAC）

DAC（Diverse Actuation Cabinet）设计成将发生在相关组件上的预期的事件合理最优

化，这些机柜包含常规的硬件设备如模拟电路、固态电路等，不同于数字安全仪控系统。

2. 非安全相关系统

（1）反应堆功率控制机柜（RPCC）

RPCC 系统实现机组的正常运行功能，因此被分类成非安全相关系统。RPCC 主要实现以下功能：

①自动控制反应堆温度。

②跟随二回路自动调整反应堆功率。

③报警功能。

④限制机组向使反应堆保护系统动作从而跳堆。

⑤监测设备的正常运行。

⑥产生 R 棒、G 棒自动提插及棒速指令。

（2）核岛机柜（NI Cabinit）

核岛机柜接收核岛现场来的信号、操纵员控制台来的手动操作指令及电站控制系统来的监视指令。这些基于微处理器技术的机柜通过自我诊断来保证高可靠性。

（3）常规岛机柜（CI Cabinit）

常规岛机柜接收常规岛现场来的信号、操纵员控制台来的手动操作指令及电站控制系统来的监视指令。这些基于微处理器技术的机柜通过自我诊断来保证高可靠性。

（4）通信站（Communication station）

通信站负责安全级 DCS、TG，非安全级 DCS 以及第三方仪控系统之间的通信。

8.1.4 LEVEL 2 层

图 8.3 为 LEVEL 2 层系统结构。

1. 操纵员工作站（Operators Work Place）

每台机组有 4 个操纵员工作站（NI、CI、US 和 SE），每个操纵员工作站外形详叙如下：

（1）OWP（NI/CI）

电站信息在 OWP 可视屏上显示，正常情况下，在 NC-VDU 上通过鼠标操作，在 S-VDU 上通过触摸屏操作。

（2）OWP（US）

OWP（US）正常只能用来监视机组，可以通过用户名和密码来改变用户权限，实现与 OWP（NI/CI）相同的操作功能。

（3）OWP（SE）

OWP（SE）正常只能用来监视机组，可以通过用户名和密码来改变用户权限，实现与 OWP（NI/CI）相同的操作功能。

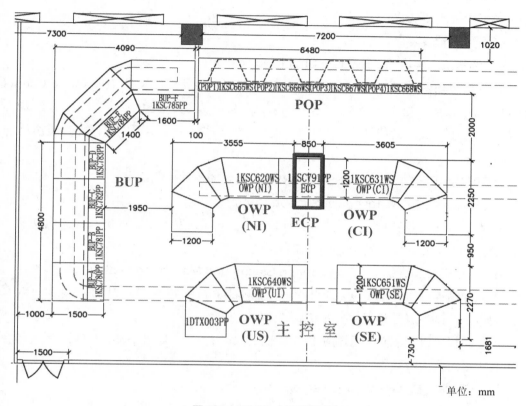

图 8.3　LEVEL 2 系统结构

2. 后备盘（Back Up Panel）

每台机组有一个后备盘，后备盘依据功能和结构划分为 6 个区，其功能是当 KIC 系统因故障不可用时，作为 KIC 的后备继续提供操作和监视功能，并能保持机组稳态运行 4 h，超过 4 h，KIC 仍不能恢复使用，则后撤。

3. 应急控制盘（Emergency Control Panel）

每台机组有一个应急控制盘，应急控制盘放置在一回路操纵员工作站和二回路操纵员工作站中间，用于在紧急情况下由操纵员手动停堆和手动启动专设安全设施，采用硬接线方式从主控室直接连到驱动机构或 LEVEL 1 的自动化处理级上。

在该设备上主要包括下列硬接线控制按钮：

①反应堆跳堆。

②安注。

③安全壳隔离第一阶段。

④安全壳隔离第二阶段。

⑤安全壳喷淋。

⑥辅助给水启动。

⑦主蒸汽管线隔离。

4. 远程紧急停堆站（Remote Shutdown Station）

每台机组由两列 COWP（RSS-A、RSS-B）和一列硬件控制盘（Hardware Control Panel）组成，当主控室完全不可用时，也就是 KIC 系统、BUP 系统、ECP 系统均不可用，如发生火灾，此时通过远程操作和就地操作的配合，实现停堆，保证机组的安全性。

MCR/RSS 切换开关位于 RSS-A 和 RSS-B 中间的硬件控制盘上。

5. 技术支持中心（Technical Support Center）

技术支持中心是在核电站发生紧急情况下，可以供现场专家评价和诊断电站的场所，以便对电站的管理、安全提供咨询和帮助。

6. 工程师站和维护站（Engineering Station and Maintenance Station）

工程师站提供工程师工具，通过应用工程师工具，使用者可以维护 HolliAS DCS 系统结构信息，产生运行时间数据库和启停系统。

维护站提供维护工具，通过应用维护工具，使用者可以监视 HolliAS DCS 系统装置状态和快速定位故障装置。

7. 实时服务器（Real-Time server：NI/CI Part Server）

实时服务器收集和分发实时电站数据和将数据存入自己的数据库。

8. 计算服务器（Calculation server）

计算服务器接受从两组实时服务器来的信息，处理记录并为整个机组提供实时数据。

9. 历史服务器（Historical Server）

历史服务器收集从 NI/CI Part Server 来的信息并将它们永久保存在硬盘，操纵员可以从历史服务器的 VDU 上进行访问。

10. 事故后监测系统记录计算机（PAMS Recording Computer）

事故后监测系统记录计算机通过安全系统母线（the Safety System Bus）从 RPCs 收集事故后监测系统参数。

事故后监测系统记录计算机可以在 BUP 盘上的 VDU 显示历史趋势。此外，还可以显示在 Safety-DCS 上产生的报警。

8.2　人机界面

8.2.1　DCS 画面

由于核电厂操作的复杂性，DCS 人机界面操控系统在与电厂工艺系统保持一致的基础上，为了满足不同的功能需求，设立了一整套不同类型的系统操作画面，以减轻操纵员的负担和人因失误。CPR1000 的 DCS 系统主要包括以下画面类型：

1．YST-状态画面

YST-状态画面并没有控制功能，只能进行监视，其是为满足某段事故或总体规程操作时所需监测的信息表示。可以通过画面的链接辅助规程来执行，也可通过 YFU 等画面链接来操控设备。

YST-状态画面实例见图 8.4。

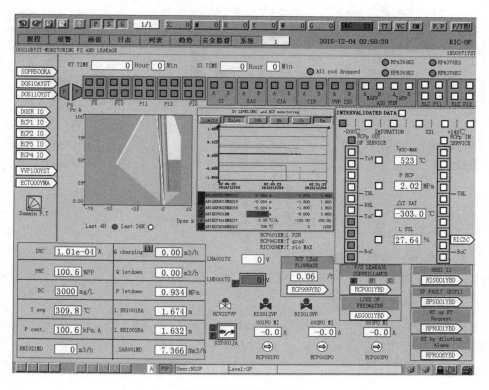

图 8.4　YST-状态画面

2. YCD-命令画面

YCD-命令画面用于对工艺过程发送命令并收集相应的反馈信息，以工艺系统的流程图为基础，包括系统流程、阀门和泵的状态以及模拟量、逻辑量等内容。与运行规程和报警卡一起使用，用于控制和监视电厂系统设备。

YCD-命令画面实例见图 8.5。

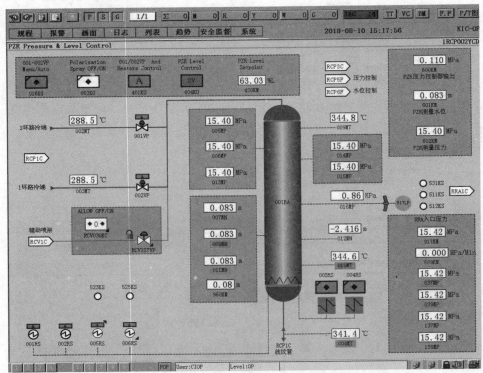

图 8.5　YCD-命令画面

3. YFU-跟踪画面

YFU-跟踪画面主要分为主设备跟踪画面、主功能跟踪画面和定期试验跟踪画面。

主设备跟踪画面可对主要设备进行详细跟踪，用独立画面来展示与主设备相关的信息，如主泵跟踪画面。

主功能跟踪画面主要用于单机组、系统、设备或 SOP 程序完成某一特定功能时所需监控的画面，如启动、停机过程。

定期试验跟踪画面用于在定期试验时监控需要的信息，并可点击画面上的操控模块来完成具体的操作。

YFU-跟踪画面实例见图 8.6。

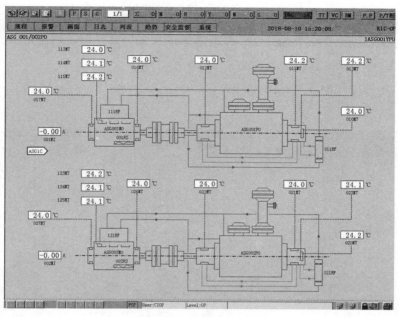

图 8.6 YFU-跟踪画面

4．YMA-辅助监视画面

YMA-辅助监视画面专门供协调员使用，作为总体运行规程和 SOP 程序的配套画面，供协调员对机组总体状态进行监视。

YMA-辅助监视画面实例见图 8.7。

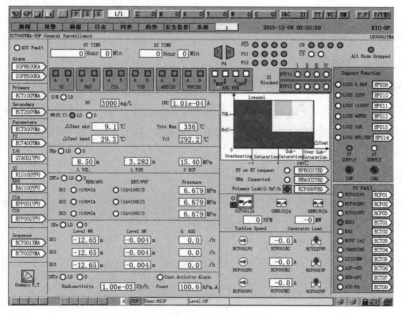

图 8.7 YMA-辅助监视画面

5．YBD-分解辅助画面

YBD-分解辅助画面主要用于某一综合逻辑的逻辑分解功能，利用逻辑的自动诊断功能将诊断结果显示在 YBD 及相关 YST 画面上。

YBD-分解辅助画面实例见图 8.8。

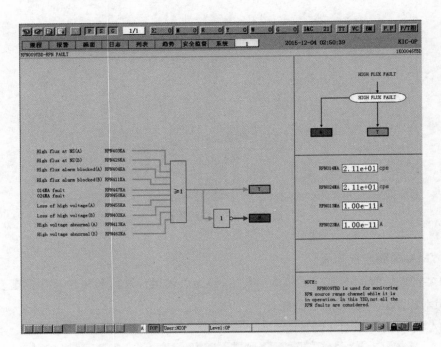

图 8.8　YBD-分解辅助画面

6．YLD-电厂总体画面

YLD-电厂总体画面主要用于显示电厂的总体状态，分为核岛、常规岛、电气和重要参数显示等几部分。内容包括：电厂主回路的示意图、电厂主要执行器和重要设备、显示电厂主要参数的历史值和当前值、系统报警提示和安全功能的状态。

YLD-电厂总体画面实例见图 8.9。

7．YSY-DCS 系统生成画面

YSY-DCS 系统生成画面为 DCS 系统提供日志功能、报警列表、动态功能逻辑图等。
YSY-DCS 系统生成画面实例见图 8.10。

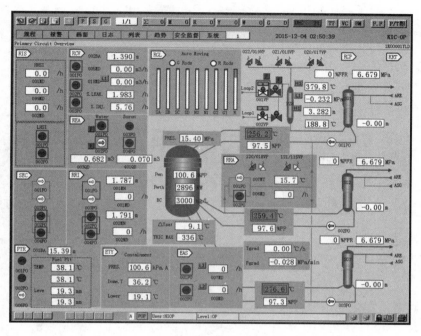

图 8.9 YLD-电厂总体画面

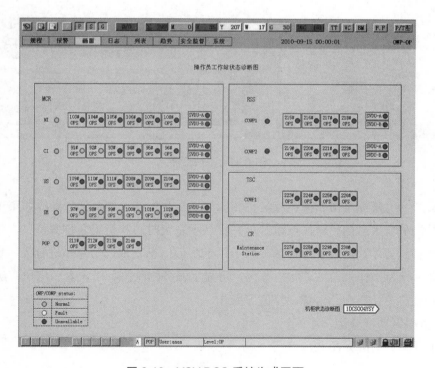

图 8.10 YSY-DCS 系统生成画面

8.2.2 系统页面

1. 总体介绍

系统页面采用类似于 Office 的页面布局，总体分为 3 个功能区：页眉区、主显示区和页脚区。详见图 8.11。

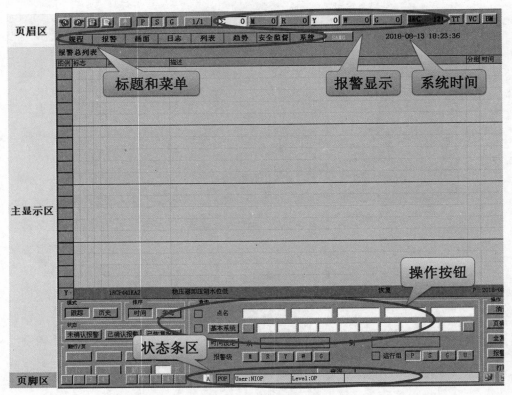

图 8.11 系统页面

页眉区可用鼠标点击相应图标进行相应的显示和操作，主要分为标题和菜单栏、报警显示栏、系统状态栏和操作按钮等，并可显示系统时间和机组名称等。

主显示区又称数据显示操作区，用于显示图形信息、数据信息和进行人机操作。

页脚区分为操作按钮区、状态条区，可显示服务器状态、用户名、用户等级等，并可对报警信息进行查询、消音、复位等操作。

2. 页眉区功能介绍

系统页面页眉区如图 8.12 所示。

图 8.12　系统页面页眉

：点击此按钮，打开当前窗口的前一幅画面。

：点击此按钮，打开当前窗口的后一幅画面。

：点击此按钮，弹出系统按顺序记忆最近打开的流程画面名称，可以选择打开某一画面。

：系统按顺序记忆打开的所有画面，点击此按钮显示当前窗口中前一幅流程图。

：单击该按钮，切换到电厂画面列表。通过此列表可以打开图形画面。

：P/T 图（图 8.13）主要用于显示反应堆冷却剂压力和 T_{avg}（强迫循环）或 T_{RIC}（自然循环）之间的关系曲线，以及与电厂运行工况一致的可接受运行区（图 8.13 中的深灰色区域）。当 P/T 图可用时，按钮为绿色背景，不可用为灰色背景。

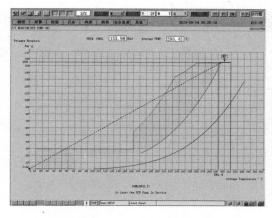

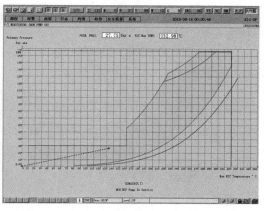

至少一台主泵运行时的 P/T 图显示画面　　　　　　　无主泵运行时的 P/T 图显示画面

图 8.13　P/T 图

标题和菜单区：可点击相应标题查看相应内容或进行相关操作。

运行组分配、厂状态指示和报警指示区的功能见"8.4.5 报警页面与报警卡"。

3．页脚区功能介绍

页脚区如图 8.14 所示。

图 8.14　系统画面页脚

网络图标：表示 OPS 与 MNET A、B 的网络连接指示器。图 8.14 中第一个网络标识[图标]为连通状态，表示与 MNET A 网连接正常。第二个网络标识[图标]为未连通状态，表示与 MNET B 网的连接不正常。

声音图标：图 8.14 中的锁是否打开表示操纵员是否被值长授予了静音权限，喇叭上是否有红色圆圈标识标志是否处于静音状态。

可用 OPS 和屏幕鼠标切换图标：一个 OWP 可以设置 4～6 个操作屏幕，左侧 4 个屏幕按钮显示可用的 OPS，右侧 5 个屏幕按钮用于切换鼠标至该屏幕的屏幕中央。

POP 图标：POP 画面切换按钮，点击该按钮选择想切换画面的 POP1-4 中的屏幕，则在该 OPS 屏幕上弹出对应的 POP 画面选择列表，可用鼠标点击需要显示的画面。

DSC 通信图标 A：表示与非安服务器间的通信，通信正常则为绿色条纹从左至右闪烁，通信异常则显示灰色背景，表明该 OPS 不可用。

用户名和权限图标：User 为用户名，Level 为登录级别，OP 为操纵员级别，Read 为只读模式。

8.2.3　控件

图符库和操作窗口是人机界面 HMI 的重要组成部分，其操作特性可直接影响核电厂运行人员对电厂运行状态的操作和监视。以下将对常用控件的图形和操作方法进行简单介绍。

1．常见操作窗口

常见操作窗口如表 8.2 所示。

表 8.2　常见操作窗口

图型符号	功能	图型符号	功能
	泵 （Pump）		开关 （Switch）
	电动阀 （Motor Driven Valve）		三通电磁阀 （Solenoid Three Way）
	止回阀 （Check Valve）		气闸门 （Damper）
	电动控制阀 （Motor Driven Control Valve）		气动控制连续控制阀 （Motor Driven Continue Control Valve）
	设定值 （Set-Value）		设备切换控制器 （Switchover）
	群组控制器 （Function Group Controller）		步序控制器 （Step Controller）
	子环控制器 （Subloop Controller）		变压器有载调压器 （Level Adjusters for Transformers）

 在工艺流程图中表示调节阀，其中 为运行方式显示，见表 8.3。

表 8.3　运行方式显示

编号	图符状态	状态描述	背景
1		手动状态	白色（显示文本：M）
2		自动状态	绿色（显示文本：A）

为仪表故障指示，见表 8.4。

表 8.4　仪表故障指示

编号	图符状态	状态描述	外框架	背景
1		仪控故障——F 故障，并没有确认	红色	闪烁 2 Hz（外框架 F）
2		仪控故障——F 故障发生后还未确认时故障恢复	红色	闪烁 0.5 Hz（外框架 F）
3		仪控故障——F 故障，并且已经确认	红色	无闪烁（外框架 F）
4		仪控故障——O 故障，并且已经确认	红色	闪烁 2 Hz（外框架 O）

2. 窗口基本特征介绍

窗口基本特征如图 8.15 所示，从上到下依次为：窗口名称、设备名称、设备描述、特殊操作区、信息显示区、设备图示、常规操作区和确认操作区。

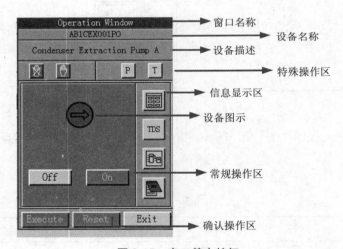

图 8.15　窗口基本特征

（1）特殊操作区

本区域包含以下特殊操作命令：

：禁止 LEVEL 2 操作，即 RO 无法操作该设备。

：允许 LEVEL 2 操作，即允许 RO 操作该设备。

P：挂牌检修命令选择。当现场设备需要挂牌检修时，现场检修人员通知操纵员在操作面板上对设备进行 Padlock 操作，此时图符上有对应的标识，NC-VDU 和 S-VDU 的图符窗口上除有 Padlock 标志外，没有其他变化；LEVEL1 的逻辑不发生任何变化。

T：测试状态选择按键：On Test。提供操纵员手动命令选择测试状态。On Test 功能为当现场设备需要测试时，现场测试人员通知操纵员在操作面板上对设备进行 On Test 操作，此时 NC-VDU 图符上有对应的标志，图符在 NC-VDU 和 S-VDU 的窗口上除有 On Test 标志外，没有其他变化。当发生 On Test 动作后，操纵员可以对设备进行操作。LEVEL 1 仍正常进行运算。设备关联的工艺报警的 On Test 信息进入报警列表及相应分类报警列表和 On Test 报警列表。

（2）常规操作区

本区域实时显示当前对象图符状态，提供对对象的常规操作，如开、关，启、停，0、1 等命令选择。

（3）确认执行操作区

通常，本区域包含以下操作命令选择：

Execute：确认执行命令按键，点击"特殊操作区"或"常规操作区"内的命令按键后，只有单击此执行命令按键确认执行操作命令，此操作命令方可有效。

Reset：复位命令选择按键，单击此按键，复位 O 报警，O 报警立即消失。

Exit：退出本操作窗口选择按键，单击此命令选择键，当前操作窗口关闭。

（4）信息显示区

本区域由上到下依次为细节指示窗口、技术数据单、动态功能图和记事本窗口，包括以下操作及信息：

细节指示窗口：在操作窗口中，打开细节指示窗口（Detail Window）。细节窗口又按照设备属性分为模拟量和开关量两种不同的细节窗口。

TDS 技术数据单：设备技术数据单主要目的是为操纵员提供系统流程图中需要操作和监视的设备的静态信息显示。

动态功能图：动态功能图主要用于故障分析，帮助操纵员找出屏蔽命令的原因（如无过程允许或存在自动和保护信号）以及错误控制顺序的原因等。操纵员根据此信息采取正确措施而维持电厂的运作。

记事本窗口：记事本用于操纵员记录设备运行的相关信息，记事本内的内容跟随相应图符显示。有权限的用户在同一记事本中可对旧的记录删除后追加记录，此记事本在所有 OWP 上显示、可读和打印。

3. 控件功能及操作介绍

（1）模拟量类控件介绍

鼠标左键点击工艺流程图上的调节阀动态元素就可以弹出模拟量控件手操器，模拟量手操器为软手操，提供手动、自动运行方式切换，手动调整输出值等功能。操作界面如图 8.16 所示。

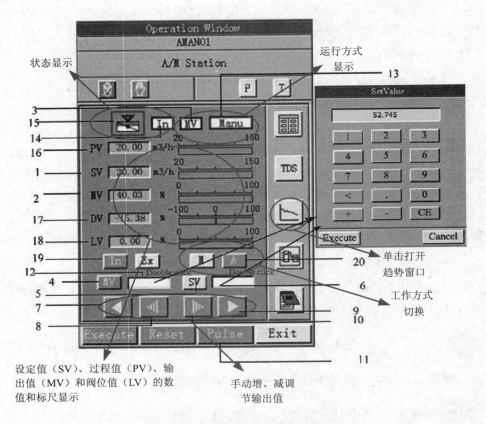

图 8.16　模拟量类控件操作界面

参数定义：

1 ——SV 设定值，即调节模块的整定值；

2 ——MV 输出值，即输出到执行机构的需求开度；

3 ——MV/SV 状态显示，MV 与 SV 被选择状态的显示；

4 ——MV 切换按钮，选择 MV 可直接改变输出到执行机构的需求开度；

5 ——SV 切换按钮，内部整定值状态下，选择 SV，可直接设定调节器的整定值；

6——SV 模式时，设定并显示 SV 目标值，非 SV 模式时，只显示 SV 目标值，双击可打开数值输入窗口；

7——快减脉冲按钮，点击 Pulse 后，可用此键快速减小输入值（SV 或 MV）；

8——慢减脉冲按钮，点击 Pulse 后，可用此键缓慢减小输入值（SV 或 MV）；

9——快增脉冲按钮，点击 Pulse 后，可用此键快速增加输入值（SV 或 MV）；

10——慢增脉冲按钮，点击 Pulse 后，可用此键缓慢增加输入值（SV 或 MV）；

11——脉冲方式选择，是否选择脉冲模式进行输入（SV 或 MV）；

12——MV 模式时，设定并显示 MV 目标值，非 MV 模式时，只显示 MV 目标值，双击可打开数值输入窗口；

13——手动、自动状态显示；

14——内部/外整定值状态显示；

15——象形图符；

16——PV 过程值，被调量的实时值；

17——DV 偏差值，$DV=（SV-PV）/（PV_{max}-PV_{min}）\%$；

18——LV 阀位值，当没有阀位值反馈信号时，LV 不可见；

19——内部/外部整定值切换按钮；

20——手自动切换按钮。

模拟量控件的控制模式分为：

①自动-外部整定值模式：点击"EX"，然后点击"Execute"键生效命令，调节器将进入外部整定值模式。调节器以固化的整定值为 SV 值，进行运算调节。

②自动-内部整定值模式：点击"IN"，然后点击"Execute"键生效命令，调节器将进入内部整定值模式。RO 可手动输入 SV 值，使调节器以 RO 输入的 SV 值为目标进行调节运算。

③手动模式：点击"M"，然后点击"Execute"键生效命令，调节器将进入手动控制模式。此模式下，RO 可手动输入 MV 值，以直接控制下游执行机构。

（2）开关量类控件介绍

开关量类控件（图 8.17）主要用于控制阀门开启、关闭，泵、风机、压缩机等电机驱动设备的启动或停运等，如开启 RCP131VP 时点击"OPEN"，然后点击"Execute"生效命令。

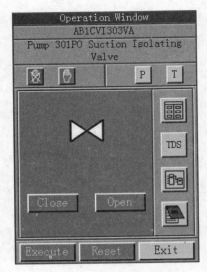

图 8.17　开关量类控件

8.3　趋势分析

8.3.1　趋势概述

趋势图是以数值或曲线图形的方式展现记录的数据点的信息。"趋势"菜单下包括"时间趋势""X–Y趋势""对数趋势图""棒图"和"自定义趋势组"5个菜单项，如图8.18所示。

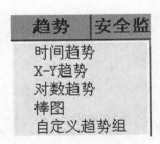

图 8.18　"趋势"菜单

8.3.2　时间趋势

单击菜单条上的"趋势"按钮，选择"时间趋势"命令，打开的趋势图如图 8.19所示。

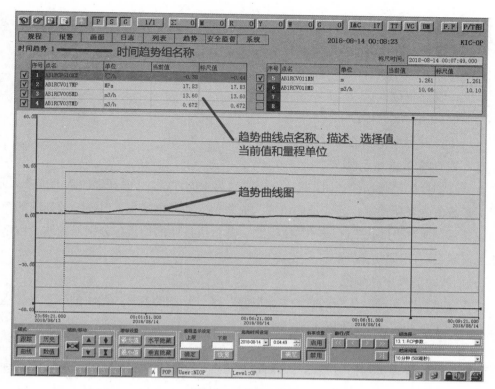

图 8.19　趋势图页面

趋势画面分为 4 个部分：显示标题、点信息区、图形显示区和屏幕按钮区。

（1）显示标题

显示当前趋势组名称。

（2）点信息区

显示变量信息，如图 8.20 所示。系统逐行显示趋势组内各个变量信息，包括变量序号、变量名称、单位、当前值和标尺值。每个变量的序号背景颜色应与其对应的曲线颜色一致。按照从左到右的顺序依次说明。

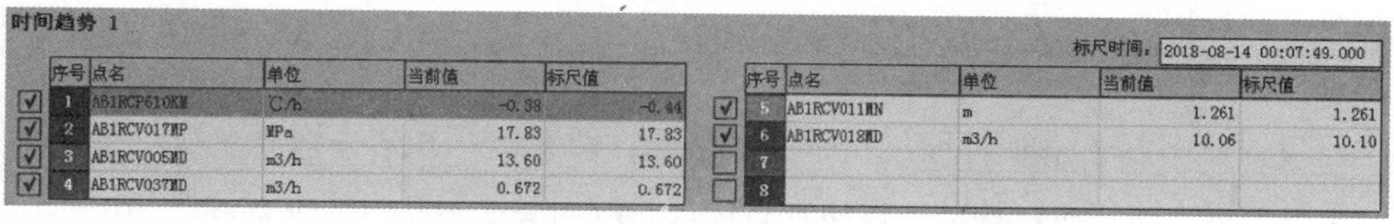

图 8.20　点信息区

选择按钮：勾选 ☑ 表示在图形显示区显示该点的数据信息，不勾选☐表示在图形显示区不显示该点的数据信息；

序号：表示该点在组中的序号；显示背景为该曲线的图例颜色。选中该序号行信息，则对应的曲线图也以较粗的线条显示；

点名：变量名称和其试验或隔离属性；

单位：物理单位；

当前值：当前实时值；

标尺值：游标所指示的当前位置的值。

（3）趋势图/数据显示区

第一次切换到趋势曲线图时，默认选中序号为 1 的曲线，且曲线以较粗的线条显示。反应变量数值的变化情况，当变量的值变为无效值（如超电量程）时，无效期间的数据以虚线显示。通过"模式"区域对"曲线"/"数值"按钮的切换，分别以曲线或数字显示该点在设定时间段的值。

1）曲线绘制顺序和颜色

曲线显示按时间顺序从左到右绘制。以颜色区分不同的变量，曲线的颜色与该点信息区说明一致，并区别于其他变量的颜色。

2）曲线的横坐标

曲线的横坐标代表当前显示曲线的时间段，通过选择"时间间隔"窗口来更改所显示曲线的时间段。系统自动在时间轴的每 1/4 位置处显示时间和日期刻度值，分为两行显示，第一行显示时间，在显示间隔为 50 ms、500 ms 或 1.5 s 时，时间显示到毫秒，其他显示间隔下，时间显示到秒。时间格式为 HH：MM：SS 或 HH：MM：SS.mmm，根据精度而定。第二行显示日期，格式为：YYYY/MM/DD。

历史方式下横坐标可以通过"设定起始时间"人为输入。曲线推移时，时间刻度和日期会及时更新。

3）曲线的纵坐标

曲线的纵坐标代表曲线显示量程。曲线显示区左侧的坐标轴代表曲线的物理刻度。当选中某曲线时，纵坐标的刻度颜色与所选曲线颜色一致，曲线加粗，坐标值相应变为所选曲线的量程。

4）游标

曲线窗口中有一个垂直标尺和一个水平标尺即游标。开始分别放在最左边和最上边，操纵员可拖动该游标移动。移动垂直标尺时间要显示其对应位置的时刻，并且在趋势组信息的游标值显示区显示这个时刻下 8 条曲线的值。

曲线从历史方式切换到跟踪方式时，游标自动移到曲线窗口最左侧，在跟踪方式下，操作人员仍可操作游标，如果游标所在位置无曲线显示，则游标值不显示任何内容。

选中某个变量，点击"最大值"或"最小值"按钮，垂直标尺和水平标尺会移动到当前屏幕上显示的该变量曲线的最大值或最小值处。该操作只能在历史方式下进行。

（4）屏幕按钮区

选择对应的菜单项以不同方式来筛选查看所需的数据信息，包含翻页、设定时间、选组、切换等按钮，如图 8.21 所示。

图 8.21　操作按钮

1）趋势组选择

在"组选择"的下拉菜单中选择要显示的组的名称。

2）跟踪方式

通过选择"模式"中的"跟踪"按钮可以设置为跟踪方式显示。跟踪方式显示曲线时，首先从左到右显示出全屏时间 3/4 的历史曲线，然后跟踪显示最新的数据。当跟踪显示到时间轴的终点时，曲线向左平移 1/4 继续跟踪。时间刻度值随着曲线平移立即更新。跟踪方式显示时，不能移动时间轴，相应按钮显示为灰色不可操作状态。可以切换"时间间隔"进行时间长度的选择。

3）历史方式

通过选择"模式"中的"历史"按钮切换到历史方式显示，查询 180 d 内的历史趋势。配合翻页按钮使用。历史方式显示时，可以进行时间轴的移动操作，也可以切换"时间间隔"进行时间长度的选择。

4）数值方式

选择"模式"中的"数值"方式，趋势将切换至数字显示方式。

数值列表画面也同样分为 4 个部分：显示标题、点信息区、数值信息区和屏幕按钮区。

显示标题：显示趋势组名、当前屏幕第一条信息时间。

点信息区：显示变量组中各变量名、量纲。

数值信息区：逐行显示时间、变量组中各变量的各个时刻的数值信息。变量名和量纲的颜色与数值显示时颜色一致。时间标签统一使用黑色。

屏幕按钮区：基本与曲线页面的按钮区相同，包括模式、翻页、设定起始时间、组选择、时间间隔选择，没有曲线设定和量程设定按钮，而是多了"打印""停止"等按钮。

5）曲线上、下移动操作

选中组中的一条曲线，单击"▲"或"▼"按钮，曲线朝屏幕上部和下部移动，同时物理刻度随之改变。单击按钮一次，移动 1/4 曲线显示画面大小，只对模拟量的趋势显示有效。

6）曲线放大、缩小操作

首先选中组中的一条曲线，然后单击"◆"或"✕"按钮，曲线的纵坐标比例发生放大或压缩。

7）最大值、最小值操作

首先选中组中的一条曲线，然后单击"最大值"或"最小值"按钮，游标自动移动到当前曲线对应的最大值或最小值，并在点信息区标识该数值的多少。

8）设置起始时间

在历史方式下，操作人员通过"起始时间设定"按钮可以设置曲线的起始时间。设置起始时间后，根据选择的时间长度显示从起始时间开始的历史数据。

9）设置时间间隔

通过选择不同的"时间间隔"，设定曲线的显示时间范围。

10）设定量程

操纵员可选中某条模拟量曲线，直接填写"上限"和"下限"，修改其显示量程。

11）恢复曲线

在放大或缩小操作后，单击"▶◀"按钮，可将缩放和移动后的曲线还原到初始位置和大小。

8.3.3　*X-Y* 趋势

单击"趋势"菜单中的"*X-Y* 趋势"，打开页面如图 8.22 所示。

系统支持以下 10 挡数据调整数据显示时间长度（间隔）：10 min（500 ms）、20 min（1 s）、30 min（1.5 s）、40 min（2 s）、1 h（3 min）、1 h 40 min（5 s）、4 h（12 s）、6 h 40 min（20 s）、20 h（60 s）、40 h（120 s）。

8.3.4　对数趋势图

单击"趋势"菜单中的"对数趋势图"，打开页面如图 8.23 所示。

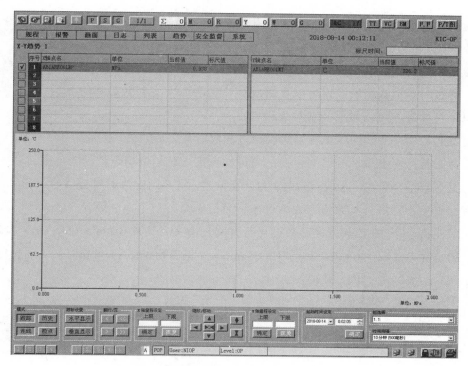

图 8.22 X-Y 趋势界面

图 8.23 对数趋势图界面

对数趋势指时间趋势曲线的物理量量程取以 e 为底的自然对数（ln）或取以 10 为底的对数（lg）的方式进行显示。

点击"趋势"菜单中的"对数趋势"子菜单，进入对数趋势显示页面，默认显示 lg 模式，通过对数模式切换按钮可以互换自然对数趋势和 lg 对数趋势的显示。

每个页面最多可以显示 8 条对数趋势曲线。

对数趋势中，曲线的纵坐标是对物理量程取对数之后的值，因此缩小、移动操作的取值或范围是针对纵坐标的值而言的；而量程设定依然是指物理量程的范围。

当某个点的当前值（未取对数时）为非正数时，将其当前值的对数值显示为负无穷，该点在曲线上不打点，其数值方式下也显示为负无穷。

系统支持以下 10 挡数据调整数据显示时间长度（间隔）：10 min（500 ms），20 min（1 s），30 min（1.5 s），40 min（2 s），1 h（3 min），1 h 40 min（5 s），4 h（12 s），6 h 40 min（20 s），20 h（60 s），40 h（120 s）。

8.3.5 棒图

单击"趋势"菜单中的"棒图"，打开页面如图 8.24 所示。

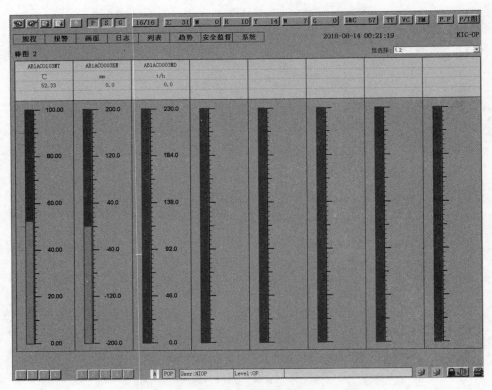

图 8.24　棒图界面

棒图并不是指控制棒的棒位显示，而是可以棒状图像（百分比）显示任意参数，在棒状图的上方有相应参数名称及实际的数值显示。

每组可以显示 8 个参数，允许建立 100 个组。

8.3.6　自定义趋势组

单击菜单条上的"趋势"按钮，选择"自定义趋势组"命令，打开页面如图 8.25 所示。

自定义趋势组画面分为 4 个区域：工艺基本系统列表区、组名称定义区、筛选工艺点区域和组内点列表区。

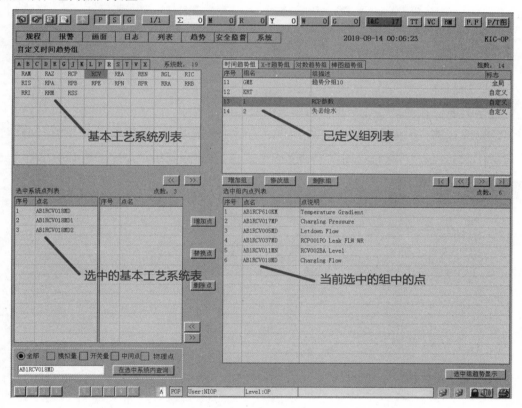

图 8.25　自定义趋势组界面

（1）工艺基本系统列表区

①工艺系统列表：在此区域显示出当前数据库中的所有工艺系统名称。

②信息标题栏：所有工艺系统、系统总数，如图 8.26 所示。

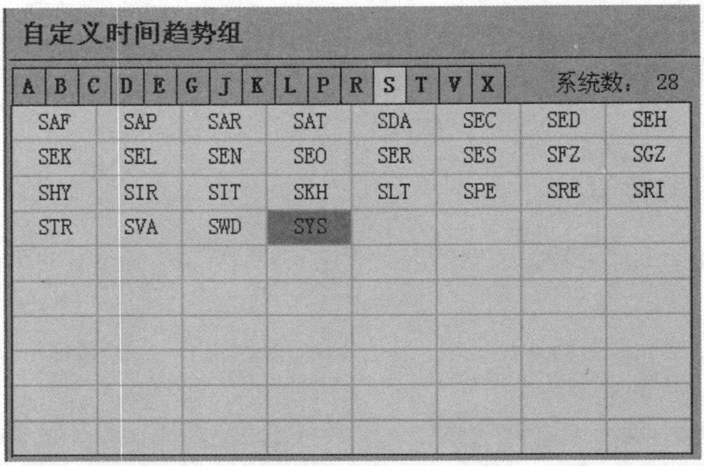

图 8.26　所有工艺系统

（2）组名称定义区

①组列表：在此区域显示出当前定义的所有组的名称。

②信息标题栏：标题栏如图 8.27 所示，显示 4 个选项卡，分别用于定义"时间趋势组""X-Y 趋势组""对数趋势图""棒图趋势组"，且显示当前组类型中的所有组总数（每种方式均可以建立 100 个组）。

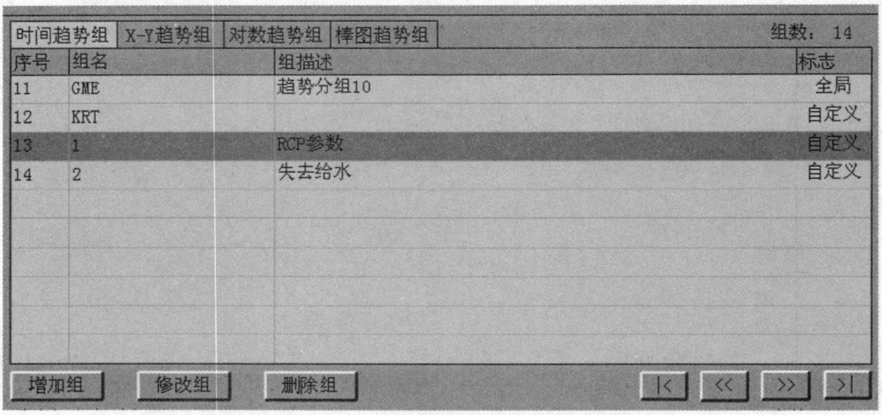

图 8.27　组名称定义区

增加组：添加自定义趋势组，弹出组名称定义对话框。

删除组：选中组列表中要删除的组名，单击该按钮则删除选中的组。

修改组：改变当前组的名称及描述，在弹出的"改变自定义组"窗口，更改"组名"和"组描述"字段，鼠标左键单击"确定"按钮，更改完毕。

翻页按钮："前翻页" / "后翻页"，单击按钮，向前或向后翻页操作。

（3）筛选工艺点区域

按照信息输出格式显示各种信息，如图 8.28 所示。

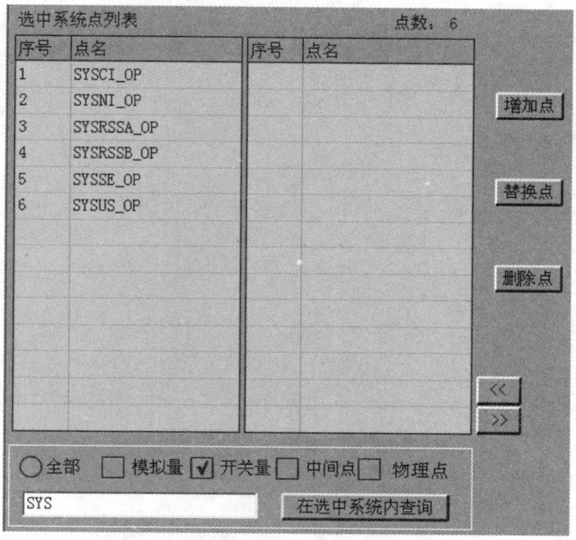

图 8.28　筛选工艺点区域

全部：在此区域显示所有点的信息。

模拟量：筛选出所有模拟量信息。

开关量：筛选出所有开关量信息。

中间点：筛选出内部中间量点。

物理点：筛选出外部物理点。

在选中系统内查询：全部、中间点、物理点恢复成选中状态，按照输入的点名查找。

增加点：将选中的点名添加到右下方的选中列表显示区。

删除点：删除右下方列表中的选中点名。

替换点：替换右侧选中的信息。

（4）组内点列表区

选择对应的趋势组后，在组内点列表区显示每个趋势组所包含的点，如图 8.29 所示。

选中组趋势显示：切换到该组的趋势曲线画面。

（5）建立自定义组举例

现在举例说明如何建立一个自定义组，步骤如下：

1）创建自定义组

首先单击"增加组"按钮建立一个自定义组，需要填写"组名"和"组描述"，添加后选中该组，如图 8.30 所示。

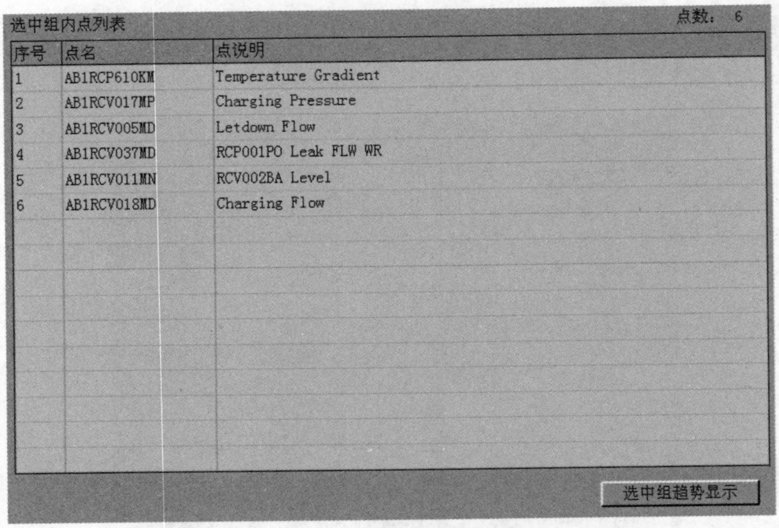
选中组内点列表
点数： 6
序号
点名
点说明
1
AB1RCP610KM
Temperature Gradient
2
AB1RCV017MP
Charging Pressure
3
AB1RCV005MD
Letdown Flow
4
AB1RCV037MD
RCP001PO Leak FLW WR
5
AB1RCV011MN
RCV002BA Level
6
AB1RCV018MD
Charging Flow
选中组趋势显示

图 8.29　组内点列表区

增加自定义组
组名
组描述
确定
取消

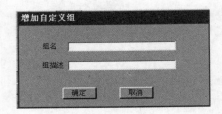

图 8.30　添加自定义组

2）向组内加入点信息

选中添加的组名，在“所有工艺系统”区中选择一个基本系统，然后在左下方的列表框中选择需要添加的标签点，单击“增加点”按钮，将该点添加到右下方的组内点列表中。

重复第2）步操作为自定义组添加完成相关点。

8.4　报警管理

8.4.1　概述

报警系统的作用是将核电厂运行过程中的故障以视觉和听觉的信号展示出来，以提醒操纵员注意。因为DCS的使用，主控室的报警分为计算机化报警（KIC报警，KA）和常规报警（BUP报警，AA）两部分。计算机化报警卡程序以HTML格式存在于主控

KIC 的计算机中，同时主控室有纸质备份文件；而常规报警的报警卡程序（如后备盘报警卡、就地报警卡等）只以纸质文件的形式存在。当主控室 KIC 有效时，采用 KIC 报警系统，无效则转入 BUP 运行模式，采用 BUP 报警。

核电厂系统报警主要分为工艺报警、临时报警和 I&C 故障报警三大类，下面将对三大类报警进行介绍。

8.4.2 工艺报警

工艺报警是记录所有具有报警属性的工艺点的报警信息，工艺点的报警属性是在数据库组态时进行定义，如模拟量报警限值/报警级、开关量报警属性和报警级等。工艺报警按照报警对象的状态和属性进行分类，如图 8.31 所示。

图 8.31　工艺报警

（1）报警总列表

操纵员必须监视和管理的报警信息。

（2）分类报警列表

分类报警列表是报警总列表的子集，报警级别按照严重程度分为 5 个颜色的子列表：

紫色报警列表 M：最高级别报警（如进入 SOP 事故程序等）。

红色报警列表 R：表明一重要事件的发生，要求操纵员必须紧急处理。

黄色报警列表 Y：表明一事件的发生，但不是很紧急的事件。

白色报警列表 W：表明已经自动动作，向操纵员提供信息。

绿色报警列表 G：表明触发了自动保护，此时操纵员必须检查并确认相应的自动保护正在或已正确动作。

各类颜色分类的报警显示："*"表示当前处于该报警级的报警条数。当报警包含有未确认的报警信息时，颜色按钮快闪；当报警信息全部被确认时，颜色按钮高亮显示；当不含报警信息只含有未恢复报警时，颜色按钮慢闪；当报警全部恢复时，颜色按钮灰色显示。

（3）试验报警列表

显示保存处于试验状态系统的点的报警信息。

可以通过"系统""系统操作""系统试验隔离"命令，设置某一基本系统为试验属性，并可在"列表""基本系统列表"中查看点的试验属性。

（4）抑制报警列表

系统自动判断报警的抑制条件是否满足，或者是否被设置了隔离状态，如果满足，报警被转移或存储到抑制报警列表；如当抑制条件不再满足，自动回到对应的分类报警中；如报警消失，自动从抑制报警列表中消除。抑制报警包括：

①与电厂工况关联的报警抑制功能。

②报警之间抑制。

③9 号机组报警抑制功能。

④设备隔离报警抑制功能。

（5）存储报警列表

操纵员可以选择储存报警纵列表和分类列表中经过确认的报警，以减轻操作负担，图例标示为 C。紫色报警和 DOS 报警不可被存储。

（6）DOS 报警列表

保存具有 DOS 属性的报警信息，图例标志为 D。

8.4.3　临时报警

临时报警为系统在线运行时，由操纵员临时定义报警参数而产生的报警，分为模拟量临时限值报警（TT）、模拟量临时比较报警（VC）和开关量临时报警（BM）。临时报警的定义仅对当前的 OWP 有效。

8.4.4　I&C 故障报警

I&C 故障报警按钮如图 8.32 所示。

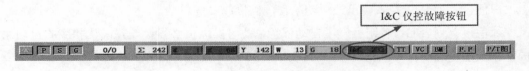

图 8.32　I&C 故障报警按钮

I&C 故障反映仪控系统相关设备故障，由系统诊断产生，显示为"仪控故障列表"，包括：

单一功能故障（F）：由物理点的通道故障等引起的功能性故障，如超电量程。

操作故障（O）：操纵员的操作跟踪，需要操纵员执行 RESET 复位命令才能重新进行设备的操作功能，如设备状态偏差等。

高级故障（S）：设备故障中需要操纵员监视的仪控故障，表示为 S 故障，如 KVM 故障、OPS 故障等。

维护故障（M）：需要维护工程师监视的仪控故障。

F 故障和 O 故障分配为设备所属的运行组（P/S/G），S 故障和 M 故障都分配为 U 运行组。操纵员级别的用户监视 F、O 和 S 故障，维护工程师级别的用户可以监视所有 F、S、O 和 M 故障。

8.4.5　报警页面与报警卡

报警页面分为显示标题、信息显示区和屏幕按钮区三部分，如图 8.33 所示。

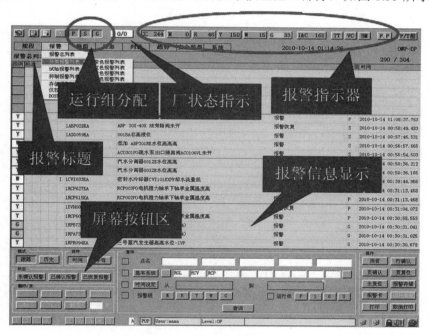

图 8.33　报警页面

在中部的报警信息显示区域，每条报警信息占一行，按报警发生/恢复时间的排序进行显示。每条报警信息包括：

①报警状态显示图例：位于每条报警信息的最前面的代标志的色块，标志报警信息的级别和状态：图例 2 Hz 快闪表示未确认报警、图例静止平光显示报警已确认、图例 0.5 Hz 慢闪表示未确认而已恢复的报警。

②报警标志：@表示报警处于试验状态；C 表示组合报警；I 表示当前值为无效数

据（当前值不是报警值）；#表示报警处于隔离标志；D 表示 DOS 报警。

③变量名：即 KA 名。

④变量描述：即报警事件说明。

⑤变量所属运行组：P、S、G、U。

⑥报警发生日期和时间。

页眉部分包括：运行组选择、厂状态指示器、报警指示器、临时报警指示器和首出报警指标器，见图 8.34。

图 8.34　报警页眉

运行组包括 P（一回路报警）、S（二回路报警）、G（公共区域报警）和 U（必须监视区域）。因为 U 运行组为必须监视区域，所以只列出 P、S、G 三个选择按钮，可以通过按下相应按钮来显示相应运行组和 U 运行组的报警。

电厂状态指示器可显示当前电厂的状态计算值和操纵员选择值，当计算值有变化时，指示器报警进行提示。

报警指示器为各类报警提供快捷的访问方式和显示报警统计信息，并通过背景闪烁和高亮等显示手段提示报警信息的变化。

临时报警指示器为"TT/VC/BM"的 3 个色块按钮指示器，当含有未确认的报警信息时，指示器蓝色快闪；报警全部确认，指示器蓝色高亮显示；报警全部恢复，指示器灰色低亮显示。

首出报警指示器"F.F"为首出故障指示器，当没有首出故障事件时，按钮以灰色背景显示；当检测到首出故障发生时，按钮以绿色背景显示。点击调出首出故障画面，该画面记录了首个安全动作命令的产生或原因的产生、时间等信息。

屏幕按钮区提供了不同的方式来筛选查看所需的报警信息，并包含翻页、打印和报警抑制、报警确认/复位等按钮，见图 8.35。

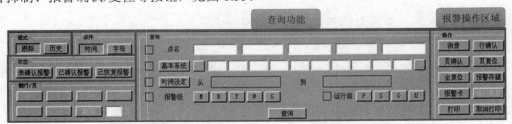

图 8.35　屏幕按钮区

当报警发生时，选中一条报警信息，单击屏幕按钮区"报警卡"按钮，即可弹出该点关联的报警卡页面，如图 8.36 所示。

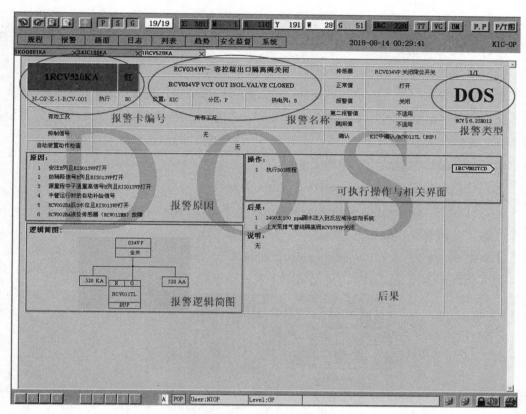

图 8.36　报警卡页面

弹出的页面上显示报警名称、报警发生原因、可执行的操作以及后果等。

8.5　运行程序

8.5.1　运行程序概述

常见 CPR1000 机组的核电运行程序采用数字化运行程序和纸质版运行程序共存的方式。核电厂运行程序包括正常运行程序和事故运行程序：正常运行程序包括 S、I、G、GS、K、D、PT、报警卡（KA/AA）、再鉴定程序等；事故运行程序采用 SOP 事故处理程序。

主控室保存的纸质版运行程序包括：

①系统运行程序（S）。

②总体程序（D/G/GS）。

③报警卡（KA/AA）。

④控制点程序（DHP/SHP/RHP）。

⑤FCA 运行图册。

⑥SOP 事故程序。

数字化运行程序是主控室数字化的产物，拥有比纸质程序更加直观、简练的导航画面，使操纵员经由链接，可以直接通过画面来下达指令，并针对机组启动或停运等需要经常性、跨系统的监视和操作需求，设计了专门的功能跟踪画面。以某核电厂为例，其根据运行任务最终确定的数字化程序包括：

①系统运行程序（System operating instructions）。

②总体程序（General operating instructions），包含 D/G.GS 程序。

③数字化报警卡（KA）。

④SOP 事故程序（SOP operating instructions）。

数字化程序调用见图 8.37，下面将对主要程序进行介绍。

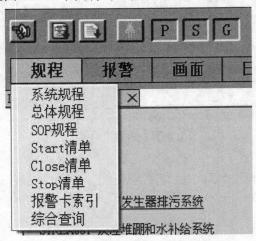

图 8.37　程序调用菜单

8.5.2　系统运行程序

图 8.38 为 S 程序的总画面，按照系统分类分为一回路、二回路、辅助系统和通风系统四大类。

以 S-1-COR-001 逼近临界和临界程序为例，系统运行程序结构，即数字化程序操作页面，由页眉和执行步骤组成，除了正常操作步骤，操作页面的快捷链接还可以调用其他程序。

现场操作单执行 S 程序除了页眉页脚的相应功能外，提供了可执行程序必备的操作方式（图 8.39）。

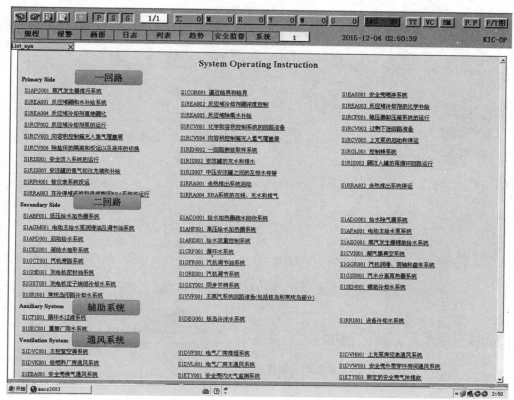

图 8.38　S 程序总画面

Start：开始执行本节程序，当前用户允许在 Tick box 打勾。

Stop：停止执行本节程序。

Close：关闭正在执行的程序。

Reset：复归，复归以后所有 Tick box 清空。

Notebook：为本节程序创建注释。

Print：打印。

Save：保存。

Tick box：为了同纸质版程序的操作习惯一致，以减少人因失误，数字化程序的计算机画面设置了可以打勾的 Tick box，逐项执行，逐项打勾。

此外还在程序画面的右侧设立了相关操作页面的快捷方式，通过链接迅速定位操作画面或监测参数，方便程序的执行。在需要现场操作的情况下，在程序中以蓝色加粗字体呈现，增加了程序的完整性，减少主控和现场操作的沟通失误。

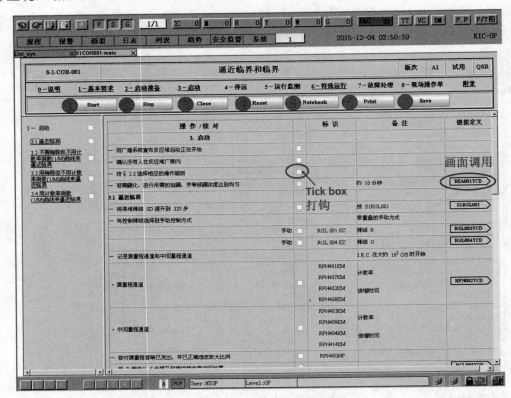

图 8.39　操作页面的快捷方式

8.5.3　总体运行程序

总体运行程序包括：核岛总体运行程序（G 程序）、常规岛总体运行程序（GS 程序）和大修停机程序（D 程序）（图 8.40）。

总体运行程序的操作流程如图 8.41 所示。

8.5.4　事故运行程序

SOP 事故程序采用状态导向法，利用"闭环原理"重复验证，能够有效减少人因失误或减少人因失误带来的后果。图 8.42 为 SOP 事故程序的起始页面，SOP 事故程序将在第 11 章为大家详细介绍。

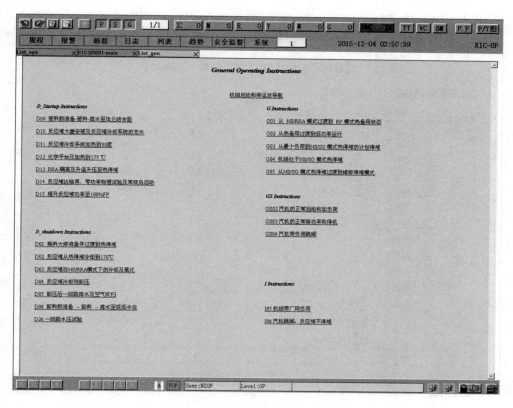

图 8.40　总体程序画面

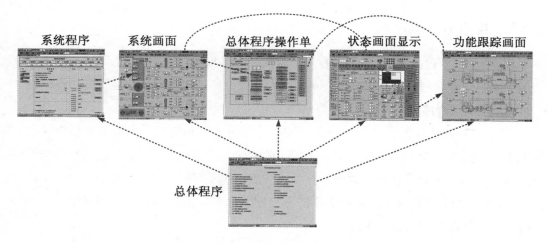

图 8.41　总体程序的操作流程

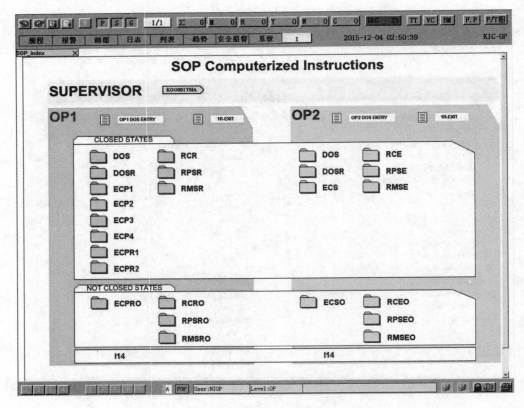

图 8.42　SOP 事故程序的起始页面

8.5.5　其他运行程序

其他运行程序主要包含报警卡程序、控制点程序和运行图册程序。其中报警卡程序已在 8.4 节报警管理中进行了详细介绍，下面简要介绍控制点程序和运行图册程序。

1. 控制点程序

实施控制点程序的目的是在机组不同的停堆模式下和模式改变前检查机组状态与运行技术规范的一致性，确保运行技术规范的遵守，适用于参与对运行技术规范一致性的验证、检查、监督等运行、维修及技术支持活动的所有生产人员。控制点程序主要包含 11 个动态控制点程序（DHP）、8 个静态控制点程序（SHP）和相应的检查程序（RHP 和 IHP），详见表 8.5 和表 8.6。

表 8.5 动态检查点

DHP：动态检查点	
DHP001	由 NS/RRA 模式向 MCS 模式过渡
DHP002	在 MCS 模式下一回路由"微开"状态向"充分打开"状态过渡
DHP003	在换料停堆模式下进行燃料装卸操作
DHP004	从换料停堆模式向维修停堆模式过渡
DHP005	在维修停堆模式下一回路由"充分打开"状态向"微开"状态过渡
DHP006	从 MCS 向 NS/RRA 过渡
DHP008	在 NS/RRA 模式下一回路升温（T>90℃）
DHP008	从 NS/RRA 模式向 NS/SG 模式过渡
DHP009	在 MCS 模式下一回路水位过渡到低于 10.21 m（LOW-LOI-PJC）
DHP010	反应堆临界操作
DHP011	反应堆自动停堆后重返临界

表 8.6 静态控制点

SHP：静态控制点	
SHP001	RRA 冷却的正常停堆模式
SHP002	维修停堆模式下的一回路"未充分打开"状态
SHP003	维修停堆模式下的一回路"充分打开"状态
SHP004	MCS 模式一回路"充分打开"状态下一回路水位低于 10.21 m
SHP005	MCS 模式一回路"未充分打开"状态下一回路水位低于 10.21 m
SHP006	在换料停堆模式下有燃料装卸操作期间
SHP007	在换料停堆模式下没有燃料装卸操作期间
SHP008	反应堆完全卸料模式

机组上行执行程序流程见图 8.43。

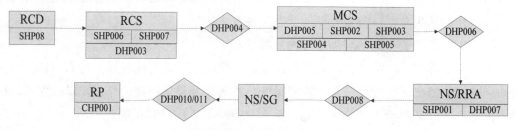

图 8.43 机组上行执行程序流程

机组下行执行程序流程见图 8.44。

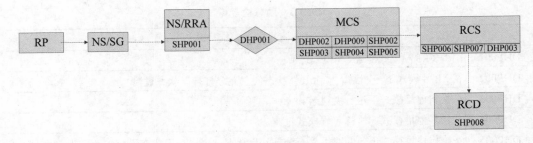

图 8.44 机组下行执行程序流程

2. 运行图册程序

运行图册程序旨在提供机组运行的参数和曲线，可为机组人员提供该循环机组的基本参数、基本理论参数、正常运行曲线和图以及乏燃料水池内乏燃料组件衰变热计算。

8.6 主控室职责与文件体系

主控室是生产运行的指挥中心，各机组以当班运行值长为中心，组织机组的正常生产运行及异常情况下机组安全状态的控制。各生产运行支持和保障部门必须服从值长调度，及时提供支持。主控室只接受两个渠道的命令，一是电厂总经理、生产一部经理和运行处处长的命令，二是电网调度命令。但在事故应急状态下，接受应急总指挥和运行指挥的命令。

8.6.1 主控室在生产活动中的协调作用

（1）主控室与单个现场运行人员的沟通协调

在日常运行或大修活动中，有大量的运行操作需要在设备现场实施。由于主控室是所有指令的发出者，所以主控室必须也有必要随时协调现场运行人员正在进行的活动，使现场操作的结果总是以符合预期的状态反映在主控室。

（2）主控室负责不同的现场运行人员的活动

在实际工作中，时常遇到一项工作需由同一区域（或是不同区域）几名现场运行人员共同完成的情况。这时也只有主控室操纵员才能起到整体协调的作用，以确保活动的时序正确，并验证每一步骤结果正确，从而使得整个工作过程正确完整。

（3）主控室与值长、副值长之间的协调

值长根据生产计划或从运行处管理层获得指令，均通过主控室去下达和执行，主控室操纵员根据机组状态需要向副值长申请一些隔离维修操作，而副值长在准备一些隔离操作前，也必须通过主控室了解机组目前的状态是否适合将要进行的隔离操作。

（4）主控室负责隔离、解除隔离操作指令的下达

副值长准备好隔离或解除隔离指令操作单后必须经过主控室检查确认不与机组运行冲突，然后由主控室向现场运行人员下达可以操作的指令。

（5）主控室与待召 On-call 值班人员之间的协调

在机组出现一些异常情况需要 On-call 维修或技术人员介入处理时，首先通过主控室确认，之后由主控室通过电站内通信系统以电话或传呼形式通知相关人员并向其介绍详细情况。

（6）主控室与维修人员试验、介入等工作的协调

其他单位进行任何试验或介入工作之前均需报告主控室（介入工作许可证底页还必须在主控室操纵员签字同意后留在主控室），在主控室进行风险评估并同意后方可开工。而且在工作期间，根据机组状况主控室有权随时中断这些试验和介入工作。

（7）现场疑难沟通交流中心

根据电站的生产管理原则，在所有生产活动中，无论是运行、维修还是技术服务人员，只要在工作中遇到疑难问题或与预计情况不一致的现象发生，都应首先向主控室报告，以便第一时间确认发生的问题是否影响机组的安全稳定运行。同时也可向主控室寻求直接援助或通过主控室寻求更进一步的支持，因为主控室在日常生产中实际上也起到一个联络中心的作用。

（8）与电网调度联系协调中心

电网调度指令均可直接下达到主控室，机组状态信息由值长或由值长授权操纵员随时向调度汇报。

（9）火灾、急救协调中心

凡厂区内的任何火警或人员伤亡，均由现场目击者通过应急电话向主控室报告，由主控室操纵员根据程序分别协调联系一级、二级干预人员（运行人员组成）和厂区消防队（三级干预）、职业医疗中心以及 120 急救部门赴现场实施灭火和救人行动。

（10）事故处理协调中心

机组发生任何故障或事故而将导入事故程序应用时，主控制室在事故的处理中起着决定性的作用。首先，事故的诊断、初期处理、事故定级、应急水平的确定均由在主控室活动的应急状态下的运行控制组实施或建议实施，应急指挥部做出的任何决策也以来自主控室的数据收集和分析为依据。应急状态下各行动小组的协调也通过主控室进行，使得无论发生何种事故，整个电站都能在应急指挥部指挥下围绕主控室的活动有效地控制事故后果，抑制事故的扩大。

8.6.2 主控室的各类信息源

主控室是生产运行的指挥中心,操纵员需接受从"人""文件"和"设备"获取的各种信息。量大而杂、无法预期是主控室信息的特点。

1. 从"人"获取信息

"人"是获取信息的主要来源,处于生产运行的各个部分的人员都是信息的有效来源,其中以运行值成员为主。主控室操纵员可以获取现操、隔离办、机组长、值长、安工、工作负责人、另一名操纵员、白班值、各专业处和来自电网的各类信息。

2. 从"文件"获取信息

来自文件的信息主要源自主控室的文件体系,主要包含规程、运行技术规范、报警卡、流程图、模拟图和逻辑图等。

3. 从"设备"获取信息

从"设备"获取信息主要源自 KIC 巡盘、POP 盘和 BUP 盘以及相关报警信息显示等。在巡盘时要记住主要设备的正常参数,并清楚正常的参数范围以及主控设备正常所应置的状态。需多做比较分析,对同样的参数要相互比较,对一切微小的异常保持警惕,提高对异常的敏感度。

4. 操纵员掌控要求

面对主控室量大而杂的信息,需要主控室操纵员对主控的掌控拥有整体控制和精细管理两个层面的能力,练就扎实的基本功底。

整体控制能力是在机组出现状态较大变化时操纵员必须具备的本领,这样才能将机组重要参数状态控制在理想范畴,而不出现大的偏差。

精细管理能力是机组处于稳定运行时,维持机组工作在最佳状态所进行的一系列工作的总和,其中,主控操纵员的精细管理起着重要作用,主要包括:主控室操纵员必须始终保持对机组运行参数、状态的监视,确保电站系统和设备处于正常运行状态;对于出现的异常、缺陷,应能够及时识别,并且采取正确、有效的行动。

操纵员基本功能有:密切监视、精确控制、保守决策、团队协作及扎实的基础知识,详见表 8.7。

表 8.7 主控室操纵员基本功

基本功	主控室操纵员要求
密切监视	◇基于参数的重要性,以一定频度监视电厂参数; ◇经常性巡视主控盘台; ◇对关键参数状态保持警觉; ◇识别有降级趋势的设备参数或异常;

基本功	主控室操纵员要求
密切监视	◇确认和报告系统的自动动作或响应，包括电厂没有按照预期响应时所采取的干预行动； ◇瞬态时，增加关键安全参数的监视频度； ◇相信仪表指示，采取行动前使用多种不同手段确认参数状态
精确控制	◇当改变反应性、运行模式和系统配置时，要使用详细的运行文件来指导，并审慎执行； ◇同一时间只使用一种方式改变反应性； ◇维持系统和参数在要求限值内，确保系统运行在设计范围之内，避免安全运行的裕量不足； ◇积极发现并提出规程中存在的错误或不足； ◇清楚如果没有正确执行将导致不可接受后果的关键步骤； ◇有效地应用防人因失误工具； ◇操作设备前要预计设备的响应，操作过程中和操作后确认设备响应与预期一致； ◇当决定根据参数的趋势在自动动作之前采取手动干预时要有合理可靠的判断； ◇当自动动作没有动作时要采取手动干预； ◇确保及时准确记录系统状态的变化，以保证其他人了解电厂状态的变化
保守决策	◇当由于设备故障或类似异常引起运行瞬态时，要避免添加正反应性，尤其是通过提升控制棒； ◇清楚机组状态，并知道当电站或设备控制不能维持时相应的干预措施，包括抑制恶化的趋势、制定监视的手段、停运设备和反应堆； ◇当出现不正常的、非预期的或可能导致运行裕度下降的工况和情形时保持质疑，并在继续前解决这些问题； ◇当出现非预期变化趋势时，查明原因并预计该异常将如何影响机组状态和运行
团队协作	◇必要时，向运行值成员通报参数状态，包括参数名称、当前值、变化趋势以及需要采取的行动； ◇当一个行动不适合当前状态时，要表明自己的观点； ◇善于主动询问以获得必要信息； ◇当执行一项相互协作的任务时，清楚自己的职责； ◇执行准确和详细的交接班，包括系统配置和设备状态的变化，确保接班人员清楚机组状态； ◇协调就地和主控的活动，以达到期望的结果
知识扎实	◇理解燃耗对堆芯反应性系数的影响以及用于正确控制反应堆的措施，引入正反应性要特别关注反应性系数； ◇能够使用系统性方法分析问题和解决问题； ◇在首次进行反应堆达临界操作前，观察一次反应堆启动过程； ◇培训时，识别并使用适用于监视堆芯反应性的指示仪表； ◇全面理解电厂知识； ◇行动前，理解怎么做和为什么这么做； ◇理解系统和设备的设计和功能； ◇操作设备前，确保理解它的功能与其他设备间的相互影响； ◇经常性回顾系统流程图，以达到巩固电厂基础知识的目的

8.6.3 主控室的文件体系

主控室的文件体系主要包含运行技术规范、运行程序和图纸三部分。主控室文件是操纵员控制机组的重要工具和信息来源，成熟的文件体系可降低运行出错的概率。其相关文件体系见图 8.45。

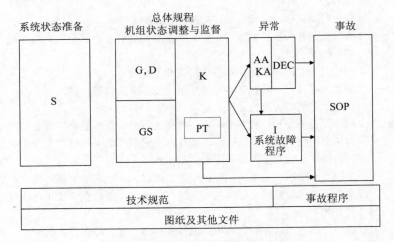

图 8.45 主控室文件体系

1. 运行技术规范

运行技术规范是在机组正常运行期间，为确保公众与工作人员的安全必须遵守的最低技术规则。运行技术规范分为定义、反应堆运行模式、蒸发器冷却停堆模式、RRA 冷却正常停堆模式、维修停堆模式、换料停堆模式、反应堆完全卸料模式、总则共 8 个部分，其中总则部分规定了运行技术规范的作用、运用原则、6 个运行模式定义和出现不可用情况下应采取的措施。

技术规范集中了机组正常运行过程中应该遵守的技术规定，其作用有三：一是限定了反应堆正常运行的边界，以确保机组运行在安全限值和事故假设的范围之内；二是规定了三道屏障相关的控制、保护系统及专设安全设施的可用性，这些措施可确保各类事件和事故处理程序的可操作性；三是当出现所需的系统或设备不可用，或某一安全相关的参数异常变化时，规定应采取的措施。这些规则的执行确保重要的安全系统在异常或事故工况下能够正确运行，严格遵守运行技术规范是保证机组在整个寿期内安全的、坚定不移的原则。所有不符合运行技术规范的运行情况都必须以电厂运行事件的形式向国家核安全局报告。但运行技术规范不适用于异常或事故工况，在这种工况下的安全保证是通过事故程序来实现的。事故程序覆盖的异常或事故工况下的安全目标优先于运行技术规范的安全目标，但是对于事故程序中未涉及的设备和参数，运行技术规范依然适用。

运行技术规范的详细内容将在第 10 章进行介绍。

2．运行程序

运行程序的主要内容已在本章第 5 节进行了介绍，使用运行程序是一种重要的预防错误的工具。对于操纵员来说，应充分理解行动的依据和预期的系统响应，并以其关于系统相互作用的知识补充运行程序的指导。程序的使用并不是一成不变的，应当有使用的技巧和灵活性：

正常运行期间，不存在立即干预的要求，而且所使用的正常运行程序非常完善，因此程序的使用要求是先拿程序，依据程序一步一步操作下去。

故障运行要求操纵员首先遵循故障处理原则，然后按照程序执行。即先稳定机组状态，然后按照适用的故障应对程序执行。核电的宗旨是安全经济运行，在保证安全的前提下（即保证各安全参数不超过运行技术规范的要求）争取经济效益。故障处理与操纵员的基础知识积累、运行经验是紧密相关的。

如果机组发生的是事故而不是故障，操纵员应当立即从事故程序架上取出事故诊断程序，进行相应的安全动作确认并正确诊断，选取后续程序执行。需明确：第一，大部分事故程序首页就有启动应急状态的要求，从某种意义上来讲，这比执行程序本身更重要，主控应当在第一时间正确执行这些通信要求；第二，事故程序中，操作相对集中，众多操作应当有节奏地执行，有快慢，有先后。

3．图纸

图纸也是运行人员获取信息的重要来源。主控室保存有各个系统的流程图、模拟图和逻辑图的纸质版图纸。

系统流程图包含该系统的管道及其流向、阀门、泵、仪表等各种设备。根据图纸，可以跟现场设备连接关系对应起来，还可辅助我们找到各系统之间的相互接口关系，但图纸不能反映现场设备的具体位置及高度。

模拟图和逻辑图的使用有利于操纵员保持对核电安全相关设备和参数的敏感性，预估操作风险，分析处理遇到的问题和故障等。

4．其他文件

真实电站主控室还包含消防行动卡、定期试验监督要求、应急响应条件和应急行动水平、化学技术规范及解释规范。

8.7　人因工具卡与行为规范

为减少人因失误和加强对运行人员行为管理，各核电运行单位制定了相关的运行人员行为规范并推行人因工具卡的使用，下面选取具有代表性的人因工具卡和主控室操纵员行为规范进行介绍。

8.7.1　人因工具卡介绍

当前核电厂报告中的事件中人因失误占到 70%以上，人因失误是指人员无意识的错误，导致运行、安全或管理问题，或者违反了核电厂的程序、政策或管理预期。熟悉度和关注度是导致人因失误的两个因素，人因失误又分为知识型失误（Knowledge-Based Error）、规则型失误（Rule-Based Error）和技能型失误（Skill-Based Error）。各核电运行单位针对电厂人因失误，推行人因工具卡的使用，常用的工具卡主要有 6 种（图 8.46），其改善的因素和对应的失误类型见表 8.8。

图 8.46　人因工具卡

表 8.8　人因工具卡的作用

	工具卡	改善的因素	技能型失误	规则型失误	知识型失误
1	工前会	熟悉度		√	√
2	使用程序	关注度、熟悉度	√	√	√
3	明星自检	关注度	√		
4	监护操作	关注度	√		
5	三段式沟通	关注度、熟悉度	√		
6	质疑的态度	熟悉度		√	√

1．工前会

两人以上，改变设备或现场状态的作业，开工前作业负责人必须召开工前会，共分 6 个步骤：第一步审查人员和文件准备，确认开工前提条件全部满足；第二步介绍并讨论关键步骤；第三步评估风险和制定预案；第四步预想最坏情景和后果；第五步讨论交流相关经验反馈；第六步明确各人分工和责任。

2．使用程序

使用程序分 4 个步骤：第一步准备程序，确保要执行的程序与任务相符；第二步理解程序，需完整和准确地理解程序的要求与内容；第三步执行程序，严格按照程序要求和内容执行；第四步反馈结果，及时反馈程序执行结果及异常。

3．明星自检

明星自检（STAR）是工作执行过程中最有效防止失效的方法，分 4 个步骤：第一步停（Stop），停下来，聚焦待执行操作；第二步想（Think），就位后预想要领和预案；第三步做（Act），确认后执行预想操作；第四步查（Review），操作后确认与预想相符，不符合预期时，需执行预案。STAR 为 4 个操作步骤的英文首字母的组合。

4．监护操作

一旦失误会带来严重后果的操作必须监护。操作前，明确监护点，确定操作人和监护人，其中，监护人的操作授权高于或等于操作人的授权（现场岗位只要求都具有该项操作的授权即可）：第一步操作者口述操作指令，指向设备；第二步监护者确认所指设备，核对指令；第三步操作者获得监护者同意后操作。

5．三段式沟通

三段式沟通是为了避免口头交流失误，完整、清晰、简要地传递信息，分为三步：第一步发送人发送信息，要求复述；第二步接受人复述信息，要求确认；第三步发送人确认接收人复述正确。必要时向接令人提一两个问题，确认接令人已理解并完整地接收了指令，双方以"OVER"结束沟通。

6．质疑的态度

质疑的态度分为三步：第一步审核来源，确保采用的信息来自合格、可靠的渠道；第二步自我验证，确保信息与内在经验、知识和期望相符；第三步独立核实，用独立、合格的信息渠道支持和确认信息。任何行动前必须执行前两步，当信息不一致、高风险和非预期变更时，必须继续第三步独立核实。

8.7.2　主控室操纵员行为规范

RO-1：进行稀释、硼化或者换水操作时，一回路操纵员不得将当前画面切换至其他画面且不能离开一回路工作站，直至确认操作完成，并且重要参数稳定。

RO-2：正常功率运行工况下 4 个主控室大屏幕的设置（面对 POP，从左至右排列）：

①ΔI 画面。

②一回路总体监视画面（YLD）。

③二回路总体监视画面（YLD）。

④电气系统总体监视画面（YLD）。

RO-3：屏幕/画面使用规范：

正常运行期间，无任何操作时，操纵员工作站 5 个屏幕使用原则如下：

①一回路操纵员工作站（5 个屏从左到右排列）：

a. 第一屏：报警；

b. 第二屏：趋势；

c. 其余第三至五屏操纵员可根据工作任务自行设定。

②二回路操纵员工作站（5 个屏从左到右排列）：

a. 第一至三屏操纵员可根据工作任务自行设定；

b. 第四屏：趋势；

c. 第五屏：报警。

RO-4：执行程序时，需先操作、后打勾，逐项操作、逐项打勾。

RO-5：在打开操作控件执行设备操作时必须执行"自唱票"：

读出程序中操作指令的设备编码（机组码+系统码+设备编号+设备代码）和状态要求。

在操作画面中找到相应设备，打开操作控件，复诵该操作控件顶端的设备编码并核实正确。

复诵状态要求后，进行操作。

读出操作指令的音量要能够使另一名操纵员听清。

RO-6：主控重要操作必须执行监护制：

操作前，明确操作人及监护人，监护人的操作授权高于或等于操作人的授权，并且两人均已明确了操作的目的及要领。

操作人持操作程序与监护人共同阅读（或在操纵员 OWP 上共同阅读数字化程序）。

操作人读出设备编码（机组码+系统码+设备编号+设备代码），音量要能够使监护人听清，操作人找到设备所在画面，打开操作控件，复诵操作控件顶端的设备编码并核实正确。

监护人核实操作人已正确打开设备操作控件，读出设备的状态要求，音量要能够使操作人听清。

操作人大声复诵设备的状态要求，音量要能够使监护人听清，然后实施操作。

监护人核实操作设备及其状态正确。

RO-7：与另一名主控室操纵员进行信息交流时，双方先暂停手中的工作，面对面地进行沟通，并根据信息的复杂程度，必要时通过提一两个问题，确认信息已被双方完整、准确地相互传递。

RO-8：重大设备启动必须调出相应画面或自建参数趋势跟踪图表，监视相关参数。

在设备启动后 30 min 内，必须保持对该画面/图表的连续监视，画面/图表不允许被切换或覆盖。30 min 后定期监视该画面/图表，直至相关参数稳定。

RO-9：未获得另一回路操纵员以及机组长（或值长）许可的情况下，严禁在自己的操作站上操作另一回路设备。

RO-10：KIC 中的报警处理原则：

①定位新出现或消失的报警。

②确定该报警的管理归属（一回路操纵员或二回路操纵员）。

③由负责处理报警的操纵员消音。

④确认报警。

对于新出现报警，继续执行下述两步操作：

①调出数字化报警卡。

②按报警卡流程处理。

RO-11：电话作为一种交流工具，存在信息交流不完整的可能。因此要求交流中使用普通话，双方复述对方提问和回答中的重要信息，直到满意对方的提问和回答后，回答"OVER"，仅当双方都回答"OVER"后方可挂机。

8.7.3　模拟机培训行为规范

为了进一步增进模拟机教学的效果，培养操纵人员在主控室和模拟机室操作的规范化行为，特制定模拟机培训行为规范。

（1）模拟机主控室管理

操纵员应养成使用程序的良好习惯，使用过的程序应及时回收或整齐地放到文件架上，不得将程序放到控制台面上或乱扔乱放，以免影响操作。

对待报警要及时响应，并根据轻重缓急做出正确处理。

日志和白板记录要清晰、准确、工整。

培训人员的包裹存放于休息室，任何个人物品不得带入模拟机主控室。

（2）人员行为管理

培训人员应严肃认真、精神饱满地对待模拟机培训，以在实际机组操作的心态完成各项操作。

在模拟机室不得谈论与工作无关的事情。

培训人员在模拟机室行为得体、仪态端庄，不能有影响机组操作的行为。

操纵员广播时，声音洪亮，用词准确，语调掌握得当。

培训人员不得随意摆弄鼠标、开启/关闭操作界面。

观察人员不允许干扰操作人员的操作和监盘，更不许直接进行操作。

确保信息交流的有效性。对接到的信息必须重复，并给出明确的答复。发出的指令一定要明确、清楚、信息充分，切忌模棱两可。

（3）遵守相关考勤制度。

思考题

1. 简述常用的 DCS 集散控制系统与核电 DCS 数字化控制系统的区别。

2. 简述核电 DCS 系统的设计要求。

3. 安全级系统与非安全级系统的主要区别是什么？

4. 简述控制室的主要设备及其功能。

5. 电厂不同状态下运行程序的使用要求有哪些异同？

6. 简述主控室的职责。

7. 主控室的工具资料有哪些，在什么情况下使用？

8. 常用的核电工具卡有哪些，其作用是什么？

9. 本章所列的 6 张人因工具卡是否均适用于操纵员主控室操作？

第 9 章　机组正常运行

正常运行工况是核电厂的主要运行方式，操纵员必须遵照运行总则和技术规格书，正确使用各种程序，使机组始终处于技术规格书要求的运行限值内，并且避免达到安全系统整定值，防止超出安全限值。掌握机组正常运行时控制机组的技术能力是本章的学习目标。由于机组正常运行工况涉及的技术内容广泛，按照全范围模拟机培训需求，并考虑课时、学时限制等实际情况，本章仅选择了机组正常运行工况中的部分关键点展开论述。

9.1　反应堆标准运行模式与机组启停

9.1.1　反应堆标准运行模式

运行技术规格书将反应堆不同的运行标准工况和标准状态划分为 6 个"运行模式"，分别是：反应堆功率运行模式（RP）、蒸发器冷却正常停堆模式（NS/SG）、RRA 冷却正常停堆模式（NS/RRA）、维修停堆模式（MCS）、换料停堆模式（RCS）、反应堆完全卸料模式（RCD）。每个运行模式包括了多个运行标准工况和标准状态，它们有相近的热力学和堆物理特性，以及相似的运行条件和运行目标。各运行模式的主要参数范围见表 9.1。

把反应堆运行模式及运行标准工况的温度、压力限制标注在 $P\text{-}T$ 图上，则构成了 RCP 运行标准工况 $P\text{-}T$ 图（图 9.1）。正常运行时，对于核电厂从 RCD 模式到 RP 模式之间的各种运行标准工况，温度和压力都必须控制在各限制线规定的范围内。关于 RCP 运行标准工况 $P\text{-}T$ 图上的各限制线简要说明如下。

表 9.1　反应堆运行模式和运行标准工况对照表

运行模式	运行标准工况	一回路冷却剂装载量	一回路压力/MPa.a	一回路平均温度/℃	压力控制	温度控制	控制棒棒位	一回路硼浓度/(μg/g)	核功率
反应堆完全卸料模式(RCD)	所有核燃料在KX厂房(燃料厂房)						无要求		0
换料停堆模式(RCS)	换料停堆工况	水闸门未就位: ≥15 m; 水闸门就位: ≥19.3 m	大气压力	$10 \leq T \leq 60$		RRA PTR 备用	所有棒在堆内	2 300~2 500	0
维修停堆模式(MCS)	一回路充分打开维修冷停堆工况	≥LOW-LOI-RRA	大气压力	$10 \leq T \leq 60$		RRA PTR 备用	所有棒在堆内	2 300~2 500	0
	一回路微开维修冷停堆工况	≥LOW-LOI-RRA	大气压力	$10 \leq T \leq 60$		RRA PTR 备用	所有棒在堆内	2 300~2 500	0
	一回路卸压但封闭维修冷停堆工况	≥LOW-LOI-RRA	$P \leq 0.5$	$10 \leq T \leq 60$	RCV013VP	RRA SG 备用	所有棒在堆内	2 300~2 500	0
RRA冷却正常停堆模式(NS/RRA)	正常冷停堆工况	一回路满水, 稳压器单相状态	$0.5 < P \leq 3$	$10 \leq T \leq 90$	RCV013VP	RRA SG 备用	SB/SC/SD 抽出 其他棒在堆内	$C_{B为}$~2 500	0
	单相中间停堆工况	一回路满水, 稳压器单相状态	$2.4 \leq P \leq 3$	$90 \leq T \leq 180$	RCV013VP	RRA SG 备用	SB/SC/SD 抽出 其他棒在堆内	$C_{B为}$~2 500	0
	RRA运行条件(RRA连接)双相中间停堆工况	一回路满水, 稳压器双相状态	$2.4 \leq P \leq 3$	$120 \leq T \leq 180$	稳压器	RRA SG 备用	SB/SC/SD 抽出 其他棒在堆内	$C_{B为}$~2 500	0

运行模式	运行标准工况	一回路冷却剂装载量	一回路压力/MPa.a	一回路平均温度/℃	压力控制	温度控制	控制棒棒位	一回路硼浓度/(μg/g)	核功率
蒸发器冷却 正常停堆模式 (NS/SG)	RRA运行条件（RRA隔离）双相中间停堆工况	一回路满水，稳压器双相状态	$2.4 \leq P \leq 3$	$160 \leq T \leq 180$	稳压器	SG	SB/SC/SD抽出 其他棒在堆内	$C_{B冷} \sim 2\,500$	0
	蒸发器冷却双相中间停堆工况	一回路满水，稳压器双相状态	$2.4 \leq P \leq P11$ 或 $160 \leq T \leq P12$		稳压器	SG	SB/SC/SD抽出 其他棒在堆内	$C_{B冷} \sim 2\,500$	0
	热停堆工况	一回路满水，稳压器双相状态	$P11 \leq P \leq 15.5$ 和	$P12 \leq T \leq 294.4$	稳压器	SG	SB/SC/SD抽出 其他棒在堆内	$C_{B热} \sim 2\,500$	0
反应堆功率运行模式 (RP)	反应堆临界阶段	一回路满水，稳压器双相状态	15.5 ± 0.1	$291.4 \binom{+3}{-2}$	稳压器	SG	S棒全部提出 其他棒满足FCOR要求	逼近临界硼浓度	~0
	热备用	一回路满水，稳压器双相状态	15.5 ± 0.1	$291.4 \binom{+3}{-2}$	稳压器	SG	S棒全部提出，R棒处于调节带内，G棒不低于有效定棒位	临界硼浓度	$<2\%P_n$
	功率运行工况	一回路满水，稳压器双相状态	15.5 ± 0.1	$291.4 \leq T \leq 310$	稳压器	SG	S棒全部提出，R棒处于调节带内，G棒不低于有效定棒位	临界硼浓度	$2\%P_n \leq P \leq 100\%P_n$

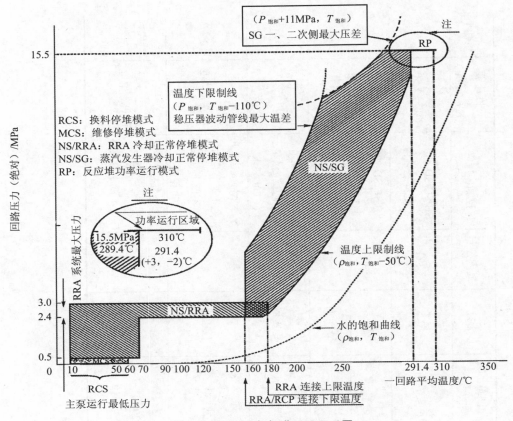

图 9.1　RCP 运行标准工况 *P-T* 图

1. 饱和曲线

RCP 运行标准工况 *P-T* 图上的饱和曲线就是水的饱和曲线，曲线上方为液态，下方为气态。一回路的冷却介质在任何情况下都应工作在饱和曲线的上方并保持一定距离，只有一回路稳压器内的冷却剂是工作在饱和曲线上的。这里需要指出的是，蒸汽发生器的二回路侧冷却介质大多数情况下都工作在饱和曲线上，零功率时二回路冷却介质温度近似等于一回路冷却介质温度，压力为此温度下的饱和压力。

2. RCP 系统运行温度上限线

从核安全角度考虑，除稳压器外，一回路任何部位都不允许出现沸腾现象，尤其在元件表面。另外也要避免主泵运转时泵吸入口局部汽化，造成主泵叶片汽蚀。故限制一回路运行时的冷却剂平均温度应比运行压力所对应的饱和温度低 50℃。由于零功率工况平均温度与入口温度基本相同，故

$$T_{av} = T_{SAT} - 50 \tag{9.1}$$

式中，T_{av} —— 一回路冷却剂平均温度，℃；

T_{SAT} —— 一回路运行压力下对应的饱和温度，℃。

3. RCP 系统运行温度下限线

RCP 系统的稳压器作为压力控制设备工作时,其内的冷却剂温度大于系统其他部位。稳压器和一回路管道之间连接波动管的热应力随温差增大而加大。为限制热应力给波动管造成的损害,规定一回路运行温度最低不得低于运行压力对应的饱和温度(即稳压器内冷却剂的温度)110℃:

$$T_{av} = T_{SAT} - 110 \tag{9.2}$$

4. RCP 系统额定运行压力限制线

RCP 系统的额定运行压力为 15.4 MPa.g,它受一回路设计的机械强度限制。为了防止超压对设备造成破坏,在稳压器上有 3 个安全阀,其动作压力分别整定在 16.6 MPa.a、17.0 MPa.a、17.2 MPa.a。

5. 蒸汽发生器管板两侧最大压差限制线

蒸汽发生器内 U 形管的管板是一开有许多小孔的平板,由于受机械强度和应力的限制,板两侧的压差限制为 11.0 MPa。管板一回路侧为稳压器压力,二回路侧为一回路水温所对应的饱和压力(零功率时),因此该限制线符合:

$$P_{RCP} = P_{SAT} + 11 \tag{9.3}$$

6. 主泵运行最低压力限制线

主泵的最低运行压力规定大于 2.3 MPa.g。一是为保护主泵 1 号轴封,主泵启动前必须使轴封的两端面分离,使其泄漏量大于 50 L/h,达到润滑、冷却轴封的目的,为满足这一条件,轴封两端压差必须大于 1.9 MPa;二是有效避免主泵叶轮汽蚀。

7. RRA 系统运行参数限制线

RRA 系统设计的最高运行温度为 180℃,最高运行压力为 2.9 MPa.g。当一回路进行升温升压操作时,RRA 必需在此限值之前隔离、退出运行。此外,规定了 RRA 连接到 RCP 系统最低温度为 160℃,这是为了避免反应堆容器在整个寿期内发生脆性断裂。因为在 RRA 系统投运后,RCP 压力意外升高时,RRA 系统有两个不同定值的安全阀进行超压保护(定值分别为 3.9 MPa.g 和 4.4 MPa.g)。否则 RCP 压力升高保护只有依靠稳压器安全阀(最低压力为 16.6 MPa.a),这在反应堆容器寿期末是很危险的。

8. GCT 排大气阀整定值限制线

蒸汽发生器是一、二回路共有的设备,其二回路侧的运行状况直接影响着一回路。二回路侧最大运行压力为 7.6 MPa.a,这是由 GCT 系统的大气排放阀整定值来保证的,对应的饱和温度为 291.4℃。

实际上 291.4℃这个数值有+3℃和−2℃的裕度,前者是考虑不引起蒸汽发生器安全阀开启,后者用于保证在较高硼浓度时慢化剂温度系数是负的。

9. 硼结晶温度限制线

硼酸在水中的溶解度随温度升高而增加，为防止低温时一回路水中硼酸结晶而析出，限制一回路冷却剂温度不得低于 10℃。硼酸在此温度下的溶解度为 3.51%（相当于硼浓度为 6 140 μg/g）。

10. 主泵启动温度限制线

RCP 系统冷却剂温度超过 70℃时，要求至少有一台主泵运行，以避免启动第一台主泵时造成 RCP 系统超压。这是因为随着第一台主泵的启动，滞留在主泵泵腔的轴封水及一回路主管道内的水被泵入堆芯及蒸汽发生器，该部分水因与一回路高温水混合同时被蒸汽发生器二次侧水加热而膨胀，如当冷却剂温度大于 70℃时启动主泵，此膨胀作用可能导致 RRA 安全阀开启（此时一回路为单相）。

11. 其他限值

60℃：MCS 和 RCS 模式下，要求温度低于 60℃，从而保证为维修和换料人员提供一个合适的工作环境，同时保证堆池内不出现气泡。

90℃：一回路排气最大温度限值，可保证一回路在没有汽化危险的情况下进行排气操作。

0.5 MPa：低于该限值，则不能保证控制棒驱动机构正常运行所需的水润滑。

在大多数时间里，机组处于正常功率运行状态。在循环寿期末，机组需停机并后撤到 MCS 模式，对部分燃料组件进行更换。在燃料寿期中，有时为了检修某个设备需要使机组处于 NS/SG、NS/RRA、MCS 及 RCS 模式。在正常运行中，会由于设备故障或人因引起反应堆及汽机跳闸，机组状态也会因而发生变化。当发生这些状态的变化时，核电厂操纵员必须严格遵循相关的运行规程来控制机组，使之始终满足技术规格书的要求。图 9.2 描述了机组启动和停运所使用的基本规程。G 规程为核岛系统启停用的规程，GS 规程为常规岛启停用的规程。然而对每年的换料大修，机组上实际采用的是 D 规程。在机组启停过程中，应严格遵循运行技术规格书的要求。为了有效推动工作，实际工作中采用了 RHP/DHP/SHP 规程，它们都是技术规格书的浓缩。在机组状态发生重要变化时，只有相应的状态控制点文件（DHP）签署后，机组状态才允许改变；机组处于某些状态时，要求签署相应静态控制点文件（SHP）；安全检查规程（RHP）是 DHP 执行前 48 h 必须执行的，它由安工负责推动。另外，由于一些核安全功能相关的设备在主控室无法确认，为了强制性保证这些设备始终处于正确状态，实际工作中采用了行政隔离的管理手段。

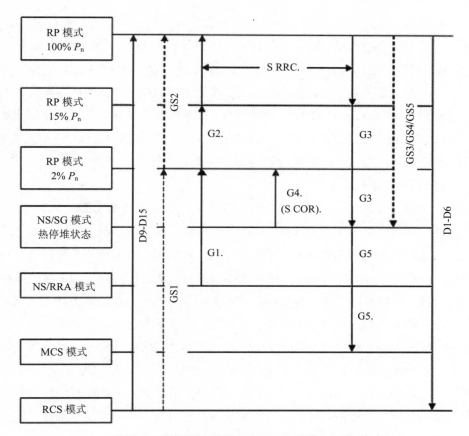

图 9.2 各标准状态间过渡时使用的基本规程

9.1.2' 机组启动

1. 装料及装料后反应堆水池排水

低低水位检修工作完成以后，将反应堆水池充水到 19.5 m 左右，这时反应堆水池、堆内构件池、燃料传输池和乏燃料池之间相通，各闸板都已去掉，签署 PT9DHP03（在换料停堆模式下进行燃料装卸操作），进行堆芯重装料操作。

装料的过程为：用燃料厂房吊车将一盒燃料组件垂直吊离支座，竖着在水下移动到传输池小车上，然后将组件水平放到小车上。小车与燃料一起从传输池通过传输管进入构件池。在堆内构件池，组件竖起后由装料机在水下移到堆芯上部并插到预定位置上。

装料结束，签署 PT9DHP04（从换料停堆模式向维修停堆模式过渡），开始堆水池排水。排水前要确认堆水池上面的 PTR 撇渣滤网和水下照明灯已被移走。

排水过程为：先用 PTR002PO 排水至 12.16 m，再用 PTR005PO 排至该泵可运行的最低水位，最后用 RPE 管排掉堆池残余水。PTR002 及 PTR005PO 排水均排向 PTR001BA。

压力容器内部的水通过切换 RCV030VP 联通位置排向 TEP 系统。

排水结束后，装上假封头，对池壁面进行去污。然后装上压力容器封头。签署 PT9DHP05，确认稳压器人孔关闭后，解除 E 类行政隔离，实施 F 类行政隔离。

如果蒸汽发生器需要拆除堵板，那么需要签署 PT9DHP09（在维修停堆模式下一回路水位过渡到低于 10.21 m），排水到 LOI 水位。完成拆除堵板操作后，再重新充水，签署 PT9DHP05（在维修停堆模式下一回路由"充分打开"状态向"微开"状态过渡），确认稳压器人孔关闭后，解除 E 类行政隔离，实施 F 类行政隔离。

2．一回路充水排气

这一步主要任务是对一回路进行充水、静排气、升压和动排气及联合排气。

充水前一回路水平面为 10.83 m，在压力容器法兰面下面。向一回路充水方式为：先用低压安注泵充水至 RCP012MN 读数为-2 m，然后用上充泵充水至读数为 0 m。在充水过程中，打开主泵壳排气阀、一回路测温管线排气阀、压力容器顶部排气阀和稳压器顶部排气阀，发现有连续水从排气阀流出时关闭相关阀门，此过程为静态排气。在充水过程中注意中子通量变化及硼浓度变化，以便及时发现意外稀释。待满水后，实行 K 类和 J 类行政隔离。签署 PT9DHP06（从维修停堆模式向 RRA 冷却正常停堆模式过渡）。

在充水结束后，通过调节 RCV013VP，提升一回路压力到 25 MPa.g。检查主泵启动条件满足后，启动一台主泵，20～30 s 后停这台泵。降压到 0.3 MPa.g，等待约 2 h，让回路中气泡尽可能释放出后，打开一回路测温管线排气阀、压力容器顶部排气阀、稳压器顶部排气阀及 RCV005FI 的排气阀，直到有连续水流出现时关闭，此过程为动排气。然后对另外两个环路进行上述同样的动排气。

最后，如果残气量没有达到标准，则进行联合排气。联合排气方法为：启动 3 台主泵，等最后一台主泵运行 20～30 s 后，停运 3 台主泵，然后对回路降压排气。检验残气是否达标的方法为：一回路压力从 0.7 MPa.g 升到 2.5 MPa.g 过程中，RCV002BA 水位下降小于 63.5 cm，则认为 RCP 系统中残气小于 21 m³。

达标后，机组进入正常冷停堆工况。

根据机组情况，条件满足后，可将 SB、SC 和 SD 棒提到堆项，R、N2、N1、G2、G1、SA 置于 5 步，解除 D 类行政隔离。如果堆芯已改变，则这两项操作到热停堆时 RGL 试验完成后再执行，但所有控制棒要提出到 5 步。

如果 RCP 温度大于 70℃，则必须有一台主泵在运行。

3．对 RCP 进行净化、升温和加药

在 PT9DHP07 签署后，机组可以升温离开正常冷停堆。启动 3 台主泵和所有 PZR 加热器对 RCP 进行加热，升温速率由 RRA 调节阀（RRA024/025VP）限制在 28℃/h 以下。利用 RCV 系统的净化单元对 RCP 进行净化（利用 RCV-RRA 净化回水管线）。

当一回路温度升高到80℃时,开始注入氢氧化锂和联氨,并用氮气吹扫RCV002BA,目的是减少一回路氧含量。用联氨除氧必须在一回路温度达 120℃之前完成。氢氧化锂可以在完成了 RCP 硼稀释之后注入,以免浪费。

开始升温时,用 ASG 电动泵调整 SG 水位到零功率水位。从这一阶段开始对二回路进行冲洗并投运辅助系统。一回路大于 90℃之前,解除 G 类行政隔离。从 120℃开始可投运 APG。

4. 继续升温和稳压器建立汽腔

一回路平均温度大于 120℃时,就允许开始建立 PZR 汽腔。建立汽腔的方法为:投入 PZR 加热器及关闭其喷淋阀,使 PZR 内水变为饱和状态并部分汽化形成汽腔。PZR升温速率要求≤56℃/h。为了避免气泡形成时产生快速升压现象,事先将上充和轴封调至允许的最小值,并使下泄阀 013VP 留有较大的裕度,以便在形成汽腔时顺利地排出RCP 的水,并维持 RCP 的压力基本不变。

汽腔形成的判断方法:下泄流量突然增大,如果 RCV013VP 全开,一回路压力陡增;波动管温度 RCP004 MT 上升,最终与汽相和液相温度一致;RCP012MN 指示开始下降。此时要求操纵员采取措施验证汽腔形成。

验证汽腔形成之后,将 RCV13VP 置于控制 RCV 下泄孔板下游压力方式。然后加大下泄流,将 PZR 水位降到 17.6%(PZR 最低水位定值)。最后,将 RCV046VP 转为自动控制状态。这时一回路压力由 PZR 喷淋和加热控制。建汽腔过程中有一回路超压及孔板下游汽化等风险,事先要做好风险防范。

5. 隔离 RRA 系统

当 RCP 温度在 160~180℃,可以用 GCT 大气排放阀来控制 RCP 温度时,可将 RRA系统隔离。首先签署 PT9DHP08。

隔离 RRA 的过程主要包括冷源切换(从 RRA 到 GCT),RRA 系统的降温、降压、隔离,入口阀门密封试验等操作。详见规程 S-RRA02。

隔离完成以后,解除 B(但阀门保持开启)/C 类行政隔离,实施 H/L 类行政隔离,并恢复 RRI 的备用状态。

6. 继续对 RCP 进行升温升压, 直到热停堆工况

从 180℃开始,升温所产生的冷却剂比容变化十分明显,过剩的冷却剂通过RCV030VP 排往 TEP 系统。用 PZR 的压力手动控制器(RCP401KU)提升 RCP 压力,使 RCP 压力与温度同时增加。注意应维持在 *P-T* 图上规定的范围之内。

在升温过程中,如果升温速率太大,RCP 水因比容增大而膨胀得太快,PZR 水位上升,这时应减小升温速率,即减缓 RCP 水的膨胀,使下泄管线能排走上充流量和通过主泵轴封向一回路的注水,同时还能排掉 RCP 水膨胀的那部分体积,使 PZR 水位稳定。

这时，也可以在允许范围内提高 RCP 压力，增加下泄流量。

当 RCP 压力升高到 7.0 MPa 时，进行 RCV121/221/321VP 的密封性试验，打开中压安注箱的隔离阀；当 RCP 压力升到约 8.5 MPa 时，关闭一个下泄孔板隔离阀；达到热停堆工况前关闭第二个孔板，仅保持一个运行；当 RCP 压力升高到 14.3 MPa.g 时，要注意 P11 信号消失；当一回路温度大于 275℃时，进行一回路泄漏率试验（如果一回路曾被打开）；当一回路温度大于 284℃时，核对 P12 信号消失。在 P11 或 P12 信号消失后，如果由于正常操作，一回路压力下降到 138 MPa.g 以下时 P11 又出现，或温度下降到 284℃以下 P12 信号又出现时，要注意闭锁 P11 及 P12，防止发生误安注。

注意：在 15.5 MPa 和 275℃时进行 RCP 密封性试验，用 PZR 的压力控制器手动提高一回路压力到 15.8 MPa.a，由 GCT 排大气压力设为 6.1 MPa 来维持一回路温度稳定。维持一回路压力 15.8 MPa.g、温度 275℃ 2 h，测量一回路泄漏。如泄漏率合格，降一回路压力到 15.5 MPa，然后继续一回路升温。否则检查原因，并使一回路降温降压进行修理。

在本阶段整个升温升压过程中，用 RCV 净化单元为 RCP 系统进行净化，要定期调节 RCV061VP，维持主泵轴封水流量在正常范围（每台 $1.4 \sim 3 \ m^3/h$）。

RCP 压力为 15.4 MPa.g、温度为 291.4℃时，机组就处于热停堆状态。RCP 的氧含量合格后，将容控箱上部供气由氮气切换为氢气。如果进行过堆内组件的操作，则需在热停堆时进行落棒试验及 RGL 试验。合格后，将 SB、SC、SD 提到堆顶，其余棒在 5 步，并解除 D 类行政隔离（打开相关供水阀门）。

7. 反应堆达临界

对紧急停堆后达临界，需签署 PT9DHP011。对换料后达临界，需签署 PT9DHP010。

对紧急停堆后达临界，按 F-COR001 执行。首先根据停堆时间长短及准备达临界时间进行反应性平衡计算，确定达临界方案、临界时 R 棒及 G 棒位置、达临界过程中对一回路硼化或稀释的总量及速率。最后，根据达临界方案，先稀释或硼化，然后提 G 棒达临界。

对换料后首次达临界及升功率，要按照机组物理启动质量和安全计划进行。首先要进行零功率物理试验，主要有以下内容：操纵员在堆芯燃料管理工程师的指导下采用稀释及提 G 棒的方式使反应堆达到临界状态；由燃料管理工程师确定零功率水平，然后在零功率水平下进行 R 棒及其余控制棒价值的刻度工作，确认燃料多普勒系数及慢化剂温度系数等。之后分别在 $8\%P_n$、$30\%P_n$、$48\%P_n$、$75\%P_n$、$87\%P_n$ 及 $100\%P_n$ 功率平台进行堆芯通量图测量、热平衡测量等物理试验，并对 RPN 系统参数进行修正。

8. 机组稳定在热备用状态

零功率物理试验后，在核功率达到 $2\%P_n$ 之前，要完成 GCT-a 向 GCT-c 的转换、

ASG 向 ARE 的转换。因为 ASG 的供水总量有限，故堆功率不能大于 $2\%P_n$。此时二回路的状态应该是：油系统完好、汽机盘车运行、水回路在线完毕并化验水质合格、CET 投运（由 SVA 供汽）、CVI 投运。

转汽的操作过程是：首先保证一回路功率足够，进行 VVP 主蒸汽管道至 GSE 阀门前的暖管操作，暖管合格后，打开主蒸汽隔离阀；检查真空合格、确认凝汽器可用后，置 GCT-c 为压力模式，实施转汽。转汽完毕后，将 GCT-a 恢复为外部运行模式。

转水的操作过程是：首先启动第一台 APA 泵，待水质合格、满足供水条件后，实施转水，并将 APA 泵置于自动。转水完毕后，将 ASG 或 APD 置于备用，并将 APG002KG 置于"Normal"。

由于低功率时蒸汽发生器水位调节系统响应较慢，从现在开始要关注 SG 水位（特别在堆功率为 $25\%P_n$ 之前），尽量减少影响 SG 水位的不必要的扰动（如蒸汽用量、给水流量及一回路功率变化等），防止因 SG 水位低低或高高而发生跳堆。

9．手动提堆功率到 $10\%\sim13\%P_n$

完成上述转水和转汽操作后，可以缓慢提升堆功率。堆功率达到 $8\%P_n$ 时，进行汽轮机冲转前的检查 PT9CHP001；堆功率达到 $9\%P_n$ 时，进行 ARE 大阀调节阀的验漏、开启大阀的隔离阀；堆功率大于 $10\%P_n$ 时，检查 C20 信号消失、P10 和 P7 信号出现，立即闭锁中间量程和功率量程的"中子通量高"紧急停堆信号。

通过调节逐渐降低 GCT-c 压力定值或手动控制 G 棒，使 $|T_{av}-T_{ref}|<0.8℃$，将 R 棒转为自动控制。再利用校正因子或调硼逐步调整 G 棒整定值，使其与 G 棒实际棒位一致，将 G 棒转为自动控制。之后，通过调整 GCT-c 压力定值提升 G 棒以提升功率至满足汽机冲转要求（约 $13\%P_n$）。

注意：在机组实际操作中，为了防止汽机冲转或并网过程中 GCT-c 全关造成 R 棒、G 棒的扰动，一般在并网后 GCT-c 全关后才将 R 棒和 G 棒恢复自动。

10．汽机冲转、并网及升负荷

汽机冲转条件满足后（通过 CHP001 规程验证），启动汽轮机冲转控制逻辑。冲转过程中注意关注汽机的各项参数并检查各个转速平台相关系统的正确动作。当同步条件满足后，选择负荷开关并网方式并执行并网操作，检查 GSY001JA 闭合。并网后，汽机负荷自动升到 50 MW。然后，操纵员设定目标负荷和升负荷速率，自动提升负荷。升负荷的速率最大限值为 50 MW/min。如果堆芯被重新组合，则堆功率升速受 $3\%P_n$/h 限制（详见运行技术规格书）。

随着汽机负荷的升高，GCT-c 将逐渐关闭；汽机负荷升到 12% 时，P13 信号出现；堆负荷升到 $18\%P_n$ 后，主给水大流量调节阀开始参与水位调节；电负荷升到 25% 后，将 GCT-c 切至温度模式（GCT-c 阀门全关时才可切换）；启动第二台 APA 泵，并将第三台

APA 泵置于备用状态；堆负荷升到 30%P_n 时，P8 信号出现；堆负荷升到 40%P_n 时，P16 信号出现。堆负荷升到 96%P_n 时，汽机调节系统（GRE）中的反应堆压力模式起作用，操纵员根据规程减慢升速速率（0～0.3%P_n/min），释放压力模式，缓慢升至满功率。

注意：在提升负荷到 100%P_n 的过程中，要保持 R 棒的位置处于调节带内，关注 ΔI 控制，使之处于允许的区域中。同时注意检查各个功率平台相关系统的正确动作。

9.1.3　机组停运

1．降负荷到低功率平台

设定目标负荷和降负荷速率（必须小于 5%/min），启动降负荷。堆功率降到 40%P_n 以下时，P16 信号消失，停运第一台 APA 泵；堆功率降到 30%P_n 以下时，P8 信号消失；电功率降到 110 MW 时，通知电网调度，机组将要解列。在降功率过程中要注意 R 棒位及 ΔI 控制，不要违反技术规格书，同时注意检查各个功率平台相关系统的正确动作。

2．降负荷到汽机跳闸

负荷降到 110 MW 时，设定目标负荷为 0 MW，降负荷速率为 50 MW/min，继续降汽机负荷。当汽机负荷低于 50 MW 时，可以执行停机操作。堆功率降到 20%P_n 时，将 GCT-c 切换到"压力模式"，并注意压力定值大小；堆功率降到 18%P_n 时，确认主给水大流量调节阀处于关闭状态，然后手动关闭大阀隔离阀；汽机负荷低于 12%FP 时，P13 信号消失；堆功率低于 10%P_n 时，P10 信号消失，P7 信号也消失，而 C20 信号出现；C20 信号出现后，将 R 棒与 G 棒转手动控制。

注意：实际操作中，为了防止 R 棒被 C20 闭锁动作造成温度波动，可在 C20 出现之前主动将 R 棒和 G 棒都转为手动控制。

汽机停机后，随着汽机转速的下降，确认如下自动动作：顶轴油泵启动、电动盘车马达启动、汽机由盘车装置带动至稳定转速。汽机停机后，二回路接着进行辅助系统的停运操作。

3．降功率到热备用状态

一回路硼化或插入 G 棒，降低核功率到 2%P_n 以下，使机组处于热备用状态。这时 SG 的供水可由 ARE 或 ASG（或 APD）提供，由 GCT-c 或 GCT-a 排出热量。

4．从热备用到热停堆

一回路首先硼化到热停堆硼浓度值（与氙毒有关），然后手动将 R 棒插入 5 步，再手动将 G1、G2、N1 和 N2 插入 5 步，这时机组处于热停堆状态。然后机组可根据计划向冷停堆过渡、维持在当前状态或返回热备用。检查源量程仪表投运。

5．硼化、降温和降压

若降温降压的目标工况是正常冷停堆，则将一回路硼化到正常冷停堆所对应的硼浓度。若目标工况是换料冷停堆或维修冷停堆，则目标硼浓度为 2 300 μg/g，但首先要使一回路硼化到 2 300 μg/g。接着开始一回路降温降压，降温速率由 GCT 控制在 28℃/h 之内。对换料大修，在降温过程中，可利用 TEP 系统给 RCP 进行除气，降低一回路的氢浓度和放射性水平。对一回路的除气，实际在停堆前通过对 RCV002BA 氮气吹扫时已经开始。用 TEP 系统给 RCP 进行除气是将 RCV 下泄流引到 TEP 除气器除去氢气、放射性等气体后返回 RCV002BA。用氮气吹扫 RCV002BA 是将 RCV002BA 气源从氢气切换到氮气，然后提高 RCV002BA 水位，使 RCV002BA 压力升高而排气到 TEG 系统，接着降低 RCV002BA 水位，使氮气进入 RCV002BA。反复上述操作，使一回路氢浓度及放射性气体量下降。

当一回路平均温度降低到 284℃ 时，检查 P12 信号出现，要手动闭锁相应安注信号。当一回路压力降到 13.8 MPa.g 时，检查 P11 信号出现，要手动闭锁相应安注信号。当一回路压力下降到大约 8.5 MPa.g 时，打开第二个下泄孔板（实际上，早在热停堆时为了保证除气流量的要求就已经开启），使下泄流量保持在正常值，而后可以根据需要适时开启第三个孔板。当一回路压力降到 7.0 MPa.g 时，关闭中压安注箱的隔离阀。当一回路压力降到 4.0 MPa.g 时，进行中压安注箱止回阀试验，并实施 B 类行政隔离。在降温降压过程中，要保证压力与温度在 P-T 图限制线内，主泵轴封注入水流量在正常范围内。

6. RRA 系统投入运行

当 RCP 平均温度低于 180℃、压力低于 2.7 MPa.g 时，开始投入 RRA。一般选择 RRA 投运温度在 170℃、压力在 2.5 MPa.g 这个平台。首先，解除 H 类和 L 类行政隔离，实施 C 类行政隔离。RRA 系统投入运行过程主要包括：RRA 系统准备（包括 RRI 冷却水的准备），RRA 系统升压、升温，硼浓度调整，冷源的平稳切换（从 GCT 到 RRA）。RRA 与 RCP 连接后，一回路冷却由 RRA 完成，但必须保持两台 SG 可用（停堆后 48 h，且一回路温度低于 90℃，只要求 1 台 SG 可用）。大修时，在 RRA 投运后，要调整硼溶液，使一回路硼浓度最终达到 2 300 μg/g。

7. 稳压器汽腔淹没

汽腔应尽可能久地维持，但最迟在 130℃ 时消失。淹没汽腔的方法为：关闭通断式加热器、用比例式加热器和喷淋阀保持压力在 2.5 MPa，减小下泄流量，手动控制 RCV046VP 增加上充流量至最大值，使 PZR 水位上升。当汽腔接近消失时，为防止突然超压，适当调小上充流量，并将一回路压力控制切换到 RCV013VP 控制。此时，要求操纵员采取措施验证汽腔消失。汽腔消失的验证方法为：一回路压力梯度明显增大；下泄流量突然增大；013VP 开度增大；汽相温度下降并接近液相温度。确认汽腔消失以后，逐渐开大喷淋阀，使 PZR 内温度下降趋势与一回路一致。稳压器内的温降速率限制在 56℃/h 之内。

注意：淹没汽腔过程中也有超压、孔板下游汽化、主泵轴封注水流量低等风险，事先要做好风险防范。

8．一回路氧化

当一回路冷却剂温度降到 170℃后，铟科镍栅格组件的金属腐蚀产物会溶入冷却剂，这种产物（尤其 ^{58}Co）会增加大修期间一回路放射性水平。但如果在 90℃以下时将一回路快速氧化，可以阻止这一现象。所以在大修停机过程中，从 170℃开始以 28℃/h 最大冷却速度冷却一回路，在 80℃时通过 REA 加药系统向一回路注入 H_2O_2（强氧化剂），同时对 RCV002BA 进行空气吹扫，使一回路冷却剂快速氧化。

9．由 RRA 冷却至冷停堆

若目标工况是正常冷停堆，则可以在温度低于 90℃时结束冷却，可以保留一台冷却剂泵运行。实施 G 类行政隔离。若目标工况是换料冷停堆或维修冷停堆，首先签署 PT9DHP01。在一回路温度低于 50℃时，取样验证硼浓度大于 2 300 μg/g 后，停运最后一台冷却剂泵。在停运最后一台泵前要实施 D 类行政隔离。然后断开主泵和 PZR 加热器电源开关。当一回路压力降到 0.7 MPa.g 时，隔离 1 号轴封回水管线。当一回路压力降到 0.35 MPa.g 时，插入停堆棒组到堆芯，然后在一回路温度低于 40℃时，断开停堆断路器，停运 RRM。当一回路压力降到 0.3 MPa.g 时，停运上充泵。主泵轴封水由 RCV002BA 继续供给。开通 RCV-RRA 净化回路，继续对 RCP 进行净化。此时已达到 MCS 模式。

10．一回路排水

当 PT9DHP02（维修停堆模式下一回路由"微开"状态向"充分打开"状态过渡）签署合格后，开始一回路排水。在排水前要确保 RCP090/091/098/300MN 等 RCP 无压状态时水位计在线正确。排水是通过下泄转向 TEP 来实现的，在排水时要注意一回路排水与 TEP 接收的水体积一致，同时要注意一回路就地水位计与主控室记录仪或指示表读数一致。在 RCP012MN 读数为 0 m 及一回路放射性水平合格后，打开稳压器人孔。然后排水至压力容器法兰面下。如果要排水至 LOI（RRA 投运时一回路可达到的最低水位）对一回路进行吹扫或装 SG 水室堵板，则在排水前要求 PT9DHP09（在维修停堆模式下一回路水位过渡到低于 10.21 m）签署合格。在 LOI 状态运行时要求时间尽量短，并密切注意水位及 RRA 泵运行状态参数变化情况。在达到大开口之后，立即解除 F 类行政隔离，实施 E 类行政隔离。

11．压力容器开盖、堆水池充水及卸料

一回路水位在压力容器法兰面下一定水位时，开始进行压力容器顶盖开盖准备。实施 P 类行政隔离，解除 K 类和 J 类行政隔离。开启顶盖的过程为：顶盖提升的同时向堆水池充水，使顶盖与水面保持一小距离。在堆水池水位高于 13 m 后，大盖可快速提升

并移开。换料水池充到 19.5 m 后，将堆内上部构件移到构件池支架上。充水过程中泵的选择是：首先用 PTR002PO 充水到 10.5 m；其次用 RCV 上充泵充水检查控制棒驱动机构脱开；最后 RIS01/02PO 快速充水到 19.5 m。当 PT9DHP03（在换料停堆模式下进行燃料装卸操作）签署合格后，可进行卸料操作。卸料时堆水池、构件池、传输池和乏燃料池连通，池之间的闸门都打开，水位均为 19.5 m 左右。卸料是将燃料组件从堆芯抽出，用装料机在水下送到构件池小车上，小车与组件移动到传输池，再用燃料厂房吊车将组件放于乏燃料池格架上。

堆芯完成卸料后，依次用 RRA 泵、PTR005PO 及 RPE 管线对水池进行排水，排水到 10.5 m 后，安装假大盖。其后有关部门就可进行该状态下的一回路大修工作。

9.2　稳压器建汽腔与灭汽腔

9.2.1　稳压器汽腔建立

1. 稳压器建立汽腔的条件

技术规格书的《RRA 冷却正常停堆模式（NS/RRA）》有关三道屏障中的章节中指出："只有当一回路温度大于 120℃，才允许形成稳压器的汽腔，且必须在离开 RRA 前形成。"

RRA 连接的工况下，一回路压力一般控制在 2.5 MPa.g 左右，当稳压器中形成汽腔，意味着在稳压器中的一回路冷却剂温度达到了饱和温度，即 226℃（2.5 MPa），若一回路温度低于 120℃，则稳压器与一回路管道之间的温差可能超过 110℃的限制。如此大的温差，会给稳压器与一回路连接的缓冲管带来非常大的热应力，并将造成严重的后果。因此通常将开始建汽腔时的一回路温度选择在 130℃左右。

2. 稳压器汽腔形成过程的热力学原理及模型

在 2.5 MPa.g 下，一回路冷却剂的饱和温度大约是 226℃，稳压器内冷却剂经历了单相液体自然对流传热工况、泡核沸腾和自然对流混合传热工况、充分发展泡核沸腾传热工况 3 个阶段。如图 9.3 所示，分别对应 A 点以前、AB 段和 BC 段。其中，A 点又叫泡核沸腾起始点。

在 A 点之前，在稳压器开始建立汽腔时，由于换热表面过热度低，冷却剂整体过冷度较大，不足以在换热表面生成很多气泡，即使生成气泡，也仅局限于某些点上，且不能脱离表面上浮，液体的换热主要取决于自然对流作用。该阶段主要的换热方式是自然对流换热和很少的局部沸腾换热，以自然对流换热为主。在该阶段，换热系数较小，稳压器上部冷却剂的温度上升速率较小。

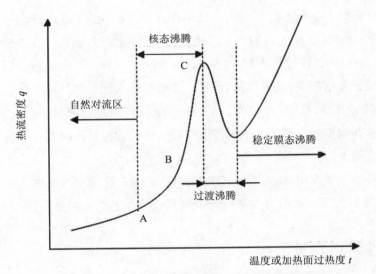

图 9.3 大面积池式沸腾热流密度与温度的曲线图

在 AB 阶段，随着稳压器内冷却剂整体温度的上升，与换热面接触的冷却剂温度逐渐加大，开始进入核态沸腾阶段。脱离换热表面的气泡逐渐增多，大部分的气泡并且在上升过程中发生凝结，这种对冷却剂的搅混作用随着气泡的增多而越加明显。该阶段的换热方式有自然对流换热和泡核沸腾传热，其中，泡核沸腾传热的效果越来越明显。相比对流换热而言，搅混作用使得稳压器内部换热系数大幅提高。

B 点之后，稳压器内部进入充分发展的泡核沸腾阶段，冷却剂换热系数进一步提高。当稳压器内冷却剂整体温度达到系统压力下的饱和温度时，加热器的热量理论上都是用来使得饱和的冷却剂吸收热量，成为气体。在 2.5 MPa.g 压力下，饱和水与干饱和蒸汽的比容之比大约为 1∶64，在这一阶段，由于体积剧增，一回路压力调节相对困难，这也是 RCV013VP 最有可能全开、一回路压力最容易超出 *P-T* 图的阶段。

稳压器建汽腔时，RCP001/002VP 在手动全关情况下，有一固定开度，保持一定的连续喷淋流量，以防喷淋管线遭受热应力冲击，同时，也是为了均匀一回路和稳压器内的化学性质。在建立汽腔的过程中，在定性分析的情况下，暂不考虑这部分喷淋流量对稳压器建立汽腔的影响。

在大约 2.5 MPa.g 的压力下，冷却剂在饱和之前，吸收热量，体积增大。水加热汽化为蒸汽时，体积将增大近 100 倍，在汽腔形成的过程中，将有大量的水被排出。稳压器总体积约为 40 m³，满功率运行时汽空间大约是 15 m³，水空间体积大约是 25 m³。假设稳压器初始处于单相，6 组加热器全投，不考虑热损失，计算一回路下泄增大的流量。

进行近似定量计算的相关数据为：水的密度（液态）：934.9 kg/m³（130℃）、907 kg/m³

（161.5℃）、840.3 kg/m³（220℃）、832.4 kg/m³（226℃）、827.3 kg/m³（230℃）。226℃时水的汽化潜热为 1 840 kJ/kg。加热器功率：01～04RS 的功率为 216 kW，05～06RS 的功率为 288 kW。水的比热容为 4.25 kJ/（kg·K）（120℃）、4.65 kJ/（kg·K）（226℃）。

1 h 内，RS 可以提供的热量为 1 440×3 600 kJ。1 h 内，加热稳压器内冷却剂上升 Δt℃，根据能量守恒二者相等，可得：1 440×3 600=4.4×40×934.9×Δt 六组加热器全投的情况下，稳压器内冷却剂升温速率为 Δt=31.5℃/h。一回路冷却剂从 130℃到 161.5℃的 1 h 内，因水体积膨胀排水速率为 40×（934.9-907）=1 116 kg/h；水膨胀排出水体积速率为 1 116/920=1.2 m³/h，这部分水将通过下泄流量排出。图 9.4 为稳压器建立汽腔的模型示意图。

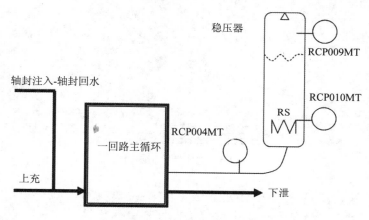

图 9.4　稳压器建立汽腔的模型示意图

3. 稳压器建立汽腔的关键操作

①初态检查，以确认稳压器建汽腔的条件满足。

②将 RCP001/002VP 手动关闭（相关画面见图 9.5 及图 9.6，下同）。

③调节上充流量控制阀 RCV046V 以及 RCV310VP 阀门，以降低上充、下泄流量，同时保证 RCV013VP 较大的调节裕度。

④手动投运四组通断式加热器，观察加热效果，可以根据升温速率来投运比例式加热器。

⑤为防止 RCV002RF 下游温度高，可以适当手动增大 RRI155VN 冷却水阀门开度。

⑥检查稳压器液相、汽相、波动管温度上升情况，接近饱和温度时，需选择时机适当退出部分加热器。当温度达饱和温度时，稳压器内介质饱和，汽腔开始形成，RCP012MN 指示下降。

⑦验证汽腔形成后，可切换 RCV013VP 的控制模式为 RCV 模式。

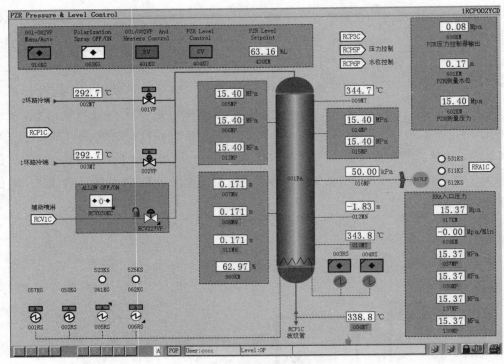

图 9.5　稳压器控制画面

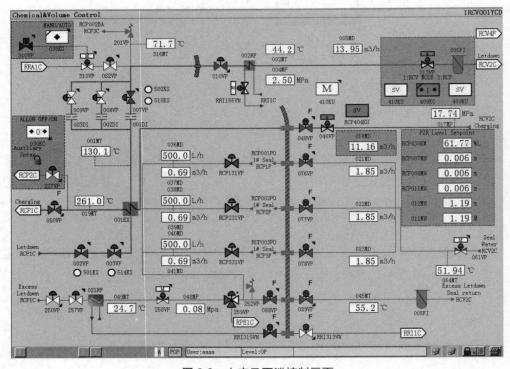

图 9.6　上充及下泄控制画面

4．稳压器汽腔形成的验证

在汽腔形成时，可以观察到以下下泄流量和温度的变化：

①下泄流量突然增加，与上充流量不匹配。

②波动管温度上升，最终与稳压器液相、汽相温度趋于一致，在所建参数趋势图上可以看到三线合一；液相、汽相温度不变并且 RCP012MN 液位下降。

形成稳定汽腔后的验证：

①手动调节上充流量，一回路压力变化不明显。

②手动微开喷淋阀，一回路压力下降明显。

5．稳压器建立汽腔的风险控制

一回路超压：在建立汽腔过程中随着稳压器内温度的升高，水的体积膨胀，由于一回路是封闭的，膨胀的水体积将随下泄流排出，从而造成下泄流量逐渐增大，当稳压器汽腔形成时下泄流量增大很快，如果不及时退加热器和控制下泄流就会造成 RCV013VP 全开，失去一回路压力的控制能力，造成一回路压力不可控升高而超 *P-T* 图、RRA 及 RCV 下泄管线超压安全阀动作等。故在汽腔即将开始产生时，要适时停运部分加热器，减少气泡的产生，减缓汽化过程产生的膨胀效应。同时要提前开大 RCV310VP 或减少上充流量，保证 RCV013VP 的调节裕度。

下泄流温度高：当下泄流量增大时，由于温度调节阀 RRI155VN 的调节滞后性会造成下泄流的温度高，甚至下泄流汽化，旁路除盐床、管道的热冲击和振动。故要适时手动干预 RRI155VN 的开度。

9.2.2　稳压器汽腔湮灭

1．稳压器汽腔湮灭的条件

由于水的不可压缩性，在水实体情况下，上充流量和下泄流量的微小偏差都会引起一回路压力的较大变化，因此稳压器汽腔湮灭操作应该尽可能晚地进行；受稳压器波动管温差（110℃）的限制，最迟应在 $T_{avg} > 120$℃之前完成稳压器的汽腔湮灭操作。

2．稳压器汽腔湮灭的热力学原理

人为迫使上充流量与下泄流量不匹配，增大上充流量，减少下泄流量，使稳压器水位上升。稳压器水位上升过程中，蒸汽受到压缩导致一回路压力上升。此外，一回路中温度较低的水进入稳压器，蒸汽冷凝而逐渐消失，又会缓解由于水位上升而导致的正压力效应。故在汽腔湮灭过程中要时刻关注一回路压力的变化。当汽腔即将湮灭时，要转换一回路压力的控制方式。

3．稳压器汽腔湮灭的关键操作

①调整 RCV310VP 的开度，使下泄流量保持在 10 m³（相关画面见图 9.5 及图 9.6，

下同）。

②将 RCV046VP 置于手动控制，逐步增加上充流量至 27 m³，人为迫使上充流量和下泄流量不平衡。

③验证稳压器水位上升，稳压器波动管线和稳压器液相、汽相温度下降，手动维持一回路压力的稳定。

④当冷态标定的 RCP012MN 指示为 2.24 m 时，将 RCV013VP 切换至"RCP"模式（RCV409KC）。

⑤为保证 RCV013VP 的调节裕度，调整 RCV310VP 阀门开度。同时为避免汽腔完全湮灭时下泄流量的突然增加和一回路压力的波动，调整上充流量使之稍大于下泄流量。

⑥当下泄流量明显增大等于上充流量时，表明稳压器汽腔已完全湮灭。

4. 稳压器汽腔湮灭的验证

①由于 RCP007/008/011MN 是热态标定的，其显示值要大于此时稳压器的实际水位，当 RCP007/008/011MN 显示 3.8 m（100%）时，稳压器内的实际水位大约为 0.86 m；而 RCP012MN 是冷态标定的，其显示值要小于此时稳压器的实际水位，当 RCP012MN 显示 2.24 m 时，稳压器内的实际水位大约相当于稳压器喷淋管嘴水位。

②当下泄流量突然增加，等于上充流量时，表明稳压器的汽腔已经湮灭。

③通过开大稳压器喷淋阀至全开开度，一回路压力不变也能证明稳压器的汽腔已经湮灭。

④通过检查稳压器波动管温度的上升验证稳压器和一回路已经建立水循环（通过稳压器的喷淋管线）。

5. 稳压器汽腔湮灭风险控制

随着稳压器汽腔体积的缩小，稳压器内的喷淋和加热对于一回路压力控制的贡献越来越小，上充流量和下泄流量的不平衡带来的活塞效应使稳压器压力越来难以控制，如果不在稳压器汽腔完全消失以前将 RCV013VP 切换至"RCP"模式，或者切换后 RCV013VP 工作不正常，都有可能在汽腔湮灭后导致一回路压力剧烈变化，以致超出 RRA 运行范围。故应在稳压器汽腔湮灭前后密切监视一回路的压力、下泄流量、RCV013VP 的动作情况，避免出现一回路压力的波动。

由于上充流量与下泄流量不匹配，导致容控箱水位不断下降，这时要考虑到 REA 自动补给不能频繁启停，避免泵的损坏，同时自动补给启动后注意观察硼浓度变化。

9.3　蒸发器冷却正常停堆模式与 RRA 冷却正常停堆模式的转换

9.3.1　NS/SG 模式向 NS/RRA 模式过渡

1．NS/SG 模式下一回路降温降压的控制

（1）一回路降温的控制

①降温手段：GCT-a 或 GCT-c。

②降温机理：通过调节 GCT-a（或 GCT-c）阀门的开度，控制蒸汽发生器内的饱和压力，使 GCT-a（或 GCT-c）带出的热量＞主泵运行带来的热量+堆芯余热+一回路设备的显热。

③速率限制：28℃/h（避免瞬变发生）。

④相关要求：首先需要对一回路进行硼化，以满足技术规格书的相关要求。如果目标工况是为了换料停堆或维修停堆，则还需要对反应堆冷却剂进行氮吹扫和除气。当一回路压力、温度在 P11、P12 以上时，GCT-a 用于保护二回路防止超压，特别是在给水管道破裂、蒸汽管道破裂或蒸汽发生器传热管破裂的情况下，GCT-a 在事故的第一时间动作，因此，它的控制和调节部分是必不可少的。当一回路压力、温度在 P11、P12 以下时，对 GCT-a 自动功能的可用性不再要求。GCT-a 的容量足以导出余热，从而保证二回路压力不会超过其计算值。P12 信号出现后，闭锁由于蒸汽管道流量高和蒸汽管线压力低或平均温度低低引起的安注信号和主蒸汽管压力低低引起主蒸汽管线隔离信号。P12 信号出现后，解除 P12 信号对 GCT-c 的闭锁。

（2）一回路降压的控制

①降压手段：稳压器喷淋。

②降压机理：向双相饱和态的稳压器内喷入过冷水，将使稳压器汽相凝结收缩，导致稳压器内压力降低。

③速率限制：避免瞬变发生。

④相关要求：在控制稳压器喷淋阀的开度时注意密切监视降压过程；P11 信号出现后，闭锁"稳压器压力低安全注入"信号；一回路压力下降至 8.5 MPa 左右时，需要手动开启第二个下泄孔板，以满足下泄流量要求；压力下降至 7 MPa 左右时，需要手动关闭中压安注罐的隔离阀。

2．行政隔离

行政隔离是保障机组核安全的其中一个手段，尤其在与核安全相关的设备的合适状态不能从主控室得到核实的情况下，必须通过行政隔离的方式确保其处于应有的状态。

　　行政隔离分为两大类：一类为永久性行政隔离，是满足技术规格书要求的设备处于可用状态所必须执行的隔离（也称"A 类"行政隔离），如"A 类-ASG""A 类-DWS"等；另一类为特殊状态下的行政隔离，是机组处于特定状态下所要求的隔离，如防止反应堆冷却剂意外稀释的"D 类"、防止安全壳意外喷淋的"G 类"等。

　　"A 类"行政隔离仅当有工作隔离或进行定期试验时，在得到值长的许可后，才可解除隔离。工作许可证交回后或定期试验结束时，就应立即恢复这类行政隔离。因此，对于"A 类"行政隔离，只有当技术规格书不要求其可用性时（如机组换料大修），才可以对其进行隔离检修（如预防性维修）。当系统或设备完成功能再鉴定且合格后，应立即恢复行政隔离。

　　特殊状态下的行政隔离的实施与解除，都必须在其要求的特定条件下进行。停堆期间所涉及的行政隔离如图 9.7 所示。

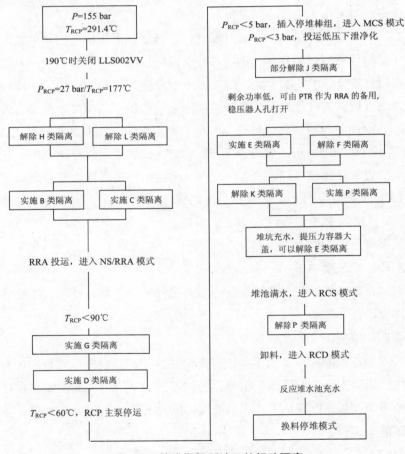

图 9.7　停堆期间所涉及的行政隔离

下面重点介绍 4 种特殊状态下的行政隔离:

(1)"B 类"行政隔离

该隔离的目的是在反应堆冷却剂系统人为卸压期间防止 RIS 安注罐意外投入。隔离条件:在停堆阶段,当一回路压力降到 7 MPa 时,关闭 RIS 安注罐电动隔离阀;在压力降到 4 MPa 时,进行逆止阀 RCP221VP 开启试验;在即将进入 NS/RRA 模式前,实施此行政隔离。在启堆阶段,离开 NS/RRA 模式后,立即解除此行政隔离,但保持阀门关闭;在 RIS 逆止阀试验(TRIS040/041/042)后,一回路升压到 7 MPa 时才可开启电动隔离阀。检修停堆工况下的特殊情况:一旦安注罐没有压力,就可以解除隔离。在安注罐重新加压之前,隔离必须再次实施(表 9.2)。

表 9.2　B 类行政隔离

B 类行政隔离				
标识	设备名称	状态	位置	说明
RIS001VP	RIS001BA 隔离阀	LC	R111	
RIS002VP	RIS002BA 隔离阀	LC	R121	
RIS003VP	RIS003BA 隔离阀	LC	R131	
LLE307	RIS001VP 电源开关	LD	L406	
LLE305	RIS002VP 电源开关	LD	L406	
LLD501	RIS003VP 电源开关	LD	L408	

注:LC 表示"关闭上锁";LO 表示"开启上锁";LD 表示"断开上锁",下同。

(2)"C 类"行政隔离

该隔离的目的是在一回路处于 NS/RRA 模式时,避免一回路系统由于意外的安全注入而超压。在每次停堆期间,在 NS/SG 模式下,当一回路硼浓度大于冷停堆要求后,在即将进入 NS/RRA 模式前,实施隔离。在每次启动期间,在离开 NS/RRA 模式之后(一回路压力约 2.7 MPa),立即解除此行政隔离(表 9.3)。

(3)"H 类"行政隔离

该隔离的目的是防止 RRA 系统超压(由于意外地打开 RCP-RRA 电动隔离阀)。在反应堆冷却剂升温期间,在 RRA 系统与 RCP 已隔离而 RCP 压力尚未上升以前,应实施此类隔离。在每次反应堆冷却剂降温期间,RRA-RCP 联接管线打开之前应解除此类隔离(表 9.4)。

表 9.3　C 类行政隔离

C 类行政隔离				
标识	设备名称	状态	位置	说明
RIS032VP	RIS004BA 上游隔离阀	LC	NA312	
RIS033VP	RIS004BA 上游隔离阀	LC	NA312	
RIS034VP	RIS004BA 下游隔离阀	LC	W217	
RIS035VP	RIS004BA 下游隔离阀	LC	W217	
RIS036VP	RIS004BA 下游旁路隔离阀	LC	W217	
RCV096VP	H3 状态下 RIS-RCV 管线隔离阀	LC	W217	修改 A 类-LLS（解除此隔离时恢复 A 类-LLS）
RCV222VP	上充泵再循环管线隔离阀	LO	NA214	
RCV223VP	上充泵再循环管线隔离阀	LO	NA214	
LLE303	RIS032VP 电源开关	LD	L406	
LLD508	RIS033VP 电源开关	LD	L408	
LLE302	RIS034VP 电源开关	LD	L408	
LLD507	RIS035VP 电源开关	LD	L408	
LLE301	RIS036VP 电源开关	LD	L406	
LLD304	RCV222VP 电源开关	LD	L408	
LLC501	RCV223VP 电源开关	LD	L405	

表 9.4　H 类行政隔离

H 类行政隔离				
标识	设备名称	状态	位置	说明
LLC303	RRA001VP 电源开关	LD	L405	确认阀门关闭
LLB503	RRA021VP 电源开关	LD	L408	确认阀门关闭
LLC304	RRA014VP 电源开关	LD	L405	确认阀门关闭
LLC510	RCP212VP 电源开关	LD	L405	确认阀门关闭
LLB504	RRA015VP 电源开关	LD	L408	确认阀门关闭
LLD201	RCP215VP 电源开关	LD	L408	确认阀门关闭

（4）"L 类"行政隔离

该隔离的目的是在 RRA 系统停运时，保证在 RRA 系统运行期间使用过的管线的安全壳的隔离。RRA 系统停运后，当 RRA 回路温度近似等于安全壳的温度（即低于 50℃）时，应进行隔离。它构成"H 类"隔离后的 RRA 系统保护的第二阶段。同时保证 EBA 停运后其安全壳外侧隔离阀处于关闭状态。在 RRA 系统启动之前应解除隔离（表 9.5）。

表 9.5 L 类行政隔离

标识	设备名称	状态	位置	说明
	L 类行政隔离			
LLA411	RRI011VN 电源开关	LD	L405	确认阀门关闭
LLA410	RRI022VN 电源开关	LD	L405	确认阀门关闭
LLB502	RRI012VN 电源开关	LD	L408	确认阀门关闭
LLB501	RRI021VN 电源开关	LD	L408	确认阀门关闭
RRI011VN	RRA001RF 冷却水上游隔离阀	LC	W215	
RRI012VN	RRA002RF 冷却水上游隔离阀	LC	W215	
RRI021VN	RRA001RF 冷却水下游隔离阀	LC	W215	
RRI022VN	RRA002RF 冷却水下游隔离阀	LC	W215	
EBA002VA	安全壳外侧隔离阀	LC	W413	
EBA004VA	安全壳外侧隔离阀	LC	W413	
EBA014VA	安全壳外侧隔离阀	LC	W513	
EBA016VA	安全壳外侧隔离阀	LC	W513	

3．RRA 相关的限制要求

①RRA 投入运行的温度范围为 160～180℃，压力范围为 2.4～3.0 MPa.a。

②在 RCP037/039/137/139MP 读出的压力必须＜2.7 MPa.g（504KA 报警消除），才能解除 RCP212VP、RRA001VP、RCP215VP 和 RRA021VP 阀的闭锁。

③不允许在小流量管路上同时运行两台泵。

④泵的连续启动限于 5 次，并且相继的两次启动必须间隔 30 min。

⑤反应堆冷却剂冷却速率正常不应超过 28℃/h。

⑥RRA 与 RCP 连接时，禁止稀释操作。

⑦RRA 运行流量限制如下：

RCP 充压（P＞0.1 MPa.a），两台 RRA 泵运行，Q=1 800 m^3/h；1 台 RRA 泵运行，Q=1 350 m^3/h。

RCP 卸压（P=0.1 MPa.a），若 RCP 水位高于压力壳法兰面，1 台或两台泵运行：700 m^3/h≤Q≤1 350 m^3/h；若 RCP 水位低于压力壳法兰面，1 台泵运行（另 1 台泵可用），700 m^3/h≤Q≤1 000 m^3/h。

4．RRA 投运的关键操作

①实施 B、C 类行政隔离，解除 H、L 类行政隔离，在线投运冷却水系统（RRI）。

②隔离 PTR-RRA 连接管线（图 9.8，下同）。

③通过 RCV 的低压下泄管线对 RRA 系统进行第一次升压。

④启动一台 RRA 泵均匀 RRA 系统并进行取样，化验 RRA 系统内的硼浓度，如果 RRA 系统内的硼浓度大于一回路的硼浓度，进行下一步操作，否则，经过计算后向一

回路加硼，目的是避免投运 RRA 时对一回路造成误稀释。

⑤开启 RRA 入口阀，对 RRA 系统进行第二次升压。

⑥轮流启动 RRA 泵，并通过低压下泄管线对 RRA 系统进行加热，避免 RRA 投运时对相关设备带来的热冲击。

⑦当 RRA 预热完成后，开启 RRA 出口阀，调整 RRA024/025VP 的开度，实现堆芯余热导出方式的转移。

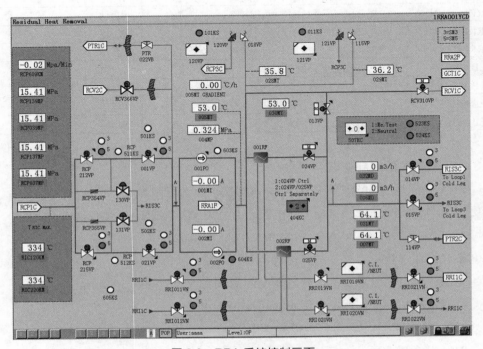

图 9.8　RRA 系统控制画面

9.3.2　NS/RRA 模式向 NS/SG 模式过渡

1. 技术规格书对 RRA 退出的要求

NS/RRA 模式与 NS/SG 模式都存在 RRA 运行条件下的双相中间停堆工况，其区别是 RRA 系统隔离与否。由于 RRA 系统隔离，产生了除冷却方式不同的区别之外，更由于一回路系统脱离了 RRA 安全阀的保护，产生了一系列对保护要求不同的区别。为了保证反应堆的安全，保证技术规格书的遵守，在隔离 RRA 系统之前，需要执行运行状态过渡前的状态检查，其中之一就是执行试验规程"TDHP008"。检查关键点为：

①反应性相关：包括硼浓度、控制棒棒位、硼化与稀释。

②余热导出功能相关：包括一回路水装量、各温度压力水位测量仪表、一回路循环、

一回路冷却剂的补给（包括 RCV、PTR、RIS 等）、冷源（包括 RRI、SEC、PTR、RRA、VVP 等）。

③放射性屏蔽相关：包括一回路完整性监测、安全壳气闸门、贯穿件、安全壳隔离阀、放射性测量通道、敏感区域的屏蔽、放射性排放处理等。

④辅助支持功能相关：动力电源、控制电源、压缩空气、反应堆保护通道与应急停堆盘、机组控制系统、火灾监测与保护、通风与空调系统等。

除了要满足技术规格书对于 RRA 系统退出的要求之外，还要满足上述"RRA 相关的限制要求"。

2．RRA 退出的关键操作

①稳定一回路温度压力，执行 DHP008。

②热负荷转换至 GCT-a（图 9.9），隔离 RRA014VP、RRA015VP。

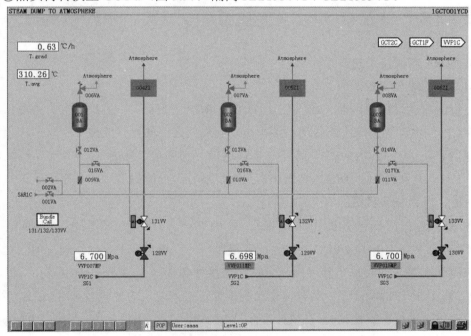

图 9.9　GCT-a 系统控制画面

③逐渐减少低压下泄流量，利用 RRA 热交换器对 RRA 系统进行冷却。

④系统温度下降 60℃后，切换 RRA 泵，并进一步减少低压下泄流量继续冷却，直至 RCV310VP 全关。

⑤当 RRA 热交换器上游温度低于 50℃后，关闭 RRA 入口隔离阀。

⑥降低下泄流压力，微开 RCV310VP，使 RRA 系统降压。

⑦执行 RRA 入口隔离阀泄漏试验，确认隔离阀的严密性能完好。

⑧停运 RRA 泵，通过自然冷却后，在线 RRA 系统处于正常状态。

⑨解除 B 类和 C 类行政隔离，实施 H 类、L 类行政隔离。

3．RRA 退出的几点注意事项

①GCT-a 在负荷转换时的冷却能力很差，在 RRA 冷却退出之前一定要保证 GCT-a 冷却的有效投入。在进行热负荷转移时，有两种不同的方法：调小 RRA024/025VP 将 GCT-a 缓慢憋开；关小 RRA024/025VP 的同时逐渐手动开启 GCT-a。这两种方式各有优缺点：憋开方式会使一回路产生较大的温度梯度，但会保证瞬态发生时一回路温度自动控制；调开方式反之。操作者应该根据机组当时的实际情况综合评价。

②RRA 系统退出的标志是 RRA 的入口隔离阀关闭，在此之前 RRA 连入一回路，均要遵守 RRA 连入一回路的相关规定。

③RRA 的出口隔离阀关闭会有信号传递到 ASG 系统使辅助给水泵启动，为了避免一回路温度梯度过大及其对蒸汽发生器水位的影响，操作人员需要对此瞬态有预期判断，以做出及时响应。

4．RRA 系统技术改造

（1）死管段与锅炉效应

在机组启动过程中，当 RRA 退出运行并与 RCP 隔离后，一回路继续升温升压，热量由 RCP 侧电动隔离阀不断传递到两个电动隔离阀之间的死管段液体中，单液相存在超压风险，称为"锅炉效应"。另外 RRA 进口"死管段"现象已经多次导致核电站 RCP212/215VP 和 RRA001/021VP 阀座密封面以及管道内壁的腐蚀，并影响了这些阀门的密封性，严重威胁机组的安全稳定运行。

技术改造：在机械方面用不锈钢管从 RCP 一回路热管段引入一回路压力至 RCP212/215VP 与 RRA001/021VP 之间的死管段，并设置常开手动隔离阀，消除死管段中水的沸腾现象。同时每个隔离阀与主管路连接处各加一个 3 mm 的限流孔，以限制 RRA001/021VP 的泄漏流量。另外冷态工况下通过接入专门的试验装置对 RRA 系统 4 个入口隔离阀进行密封性试验。在仪控方面从 RRA001/2PO 出口管段压力表 RRA004MP 引出压力监督信号并设置报警值，连续监督 RRA 系统的压力变化情况，判断 RRA 系统泄漏，以保证系统处于安全的压力和温度范围内。

（2）入口电动隔离阀控制改造

RRA 系统入口管线上增设两个压力变送器（RCP137MP 和 RCP139MP），其引压管分别从原来的 RCP037MP 和 RCP039MP 的隔离阀 RCP823VP 和 RCP832VP 后引出。增设这两个压力变送器用于与 RCP037MP 和 RCP039MP 一起参与 RRA 入口隔离阀的控制，如图 9.10 所示。

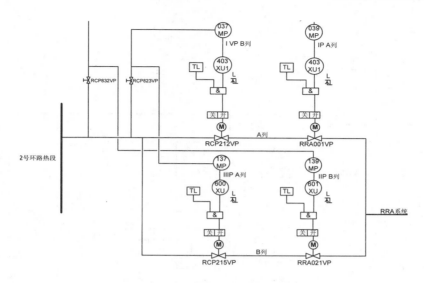

图 9.10　RRA 系统入口电动隔离阀控制改造

其中 RRA 入口隔离阀 RCP212VP、RRA001VP 为 A 列电源供电，RCP215VP、RRA021VP 为 B 列电源供电。压力变送器 RCP039MP/137MP 由 A 列电源供电，RCP037MP/139MP 由 B 列电源供电。且从每根引压管引出的两个压力信号分别送往 A 列和 B 列的阀门进行连锁控制。在单一压力变送器发生故障后，余热排出系统入口 4 个隔离阀仍然能够依靠其余完好的压力变送器在主控完成与 RCP 的连接功能。

9.4　机组从冷态热备用向热态热备用过渡

9.4.1　汽水回路启动顺序

核电厂热备用工况属于反应堆功率运行模式，技术规格书对热备用工况的基本要求为：核功率小于 2%，一回路压力为（15.5±0.1）MPa.a，温度为 $291.4\begin{pmatrix}+3\\-2\end{pmatrix}$ ℃。如果机组刚达临界，二回路基本处于冷备状态，蒸汽发生器由辅助给水系统（ASG）供水，靠大气旁路系统 GCT-a 排出反应堆热量，这种状态称为冷态热备用。如果二回路各个系统及其支持系统启动完毕，则可建立起蒸汽发生器由主给水系统（ARE）供水、靠排冷凝器旁路系统 GCT-c 冷却的闭式循环，这种状态称为热态热备用。机组从冷态热备用向热态热备用的过渡主要以常规岛操作为主，涉及各个汽、水系统及油系统等。图 9.11 及图 9.12 描述了整个常规岛及辅助支持系统的启动顺序，各系统的详细操作细则需要分别参考相应的系统运行规程。在接下来的章节里将重点介绍几个关键操作点。

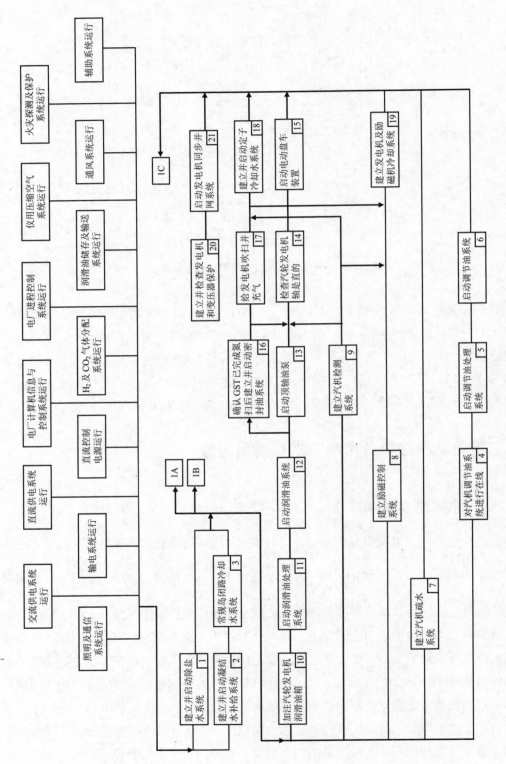

图 9.11 常规岛系统及辅助支持系统启动顺序（1）

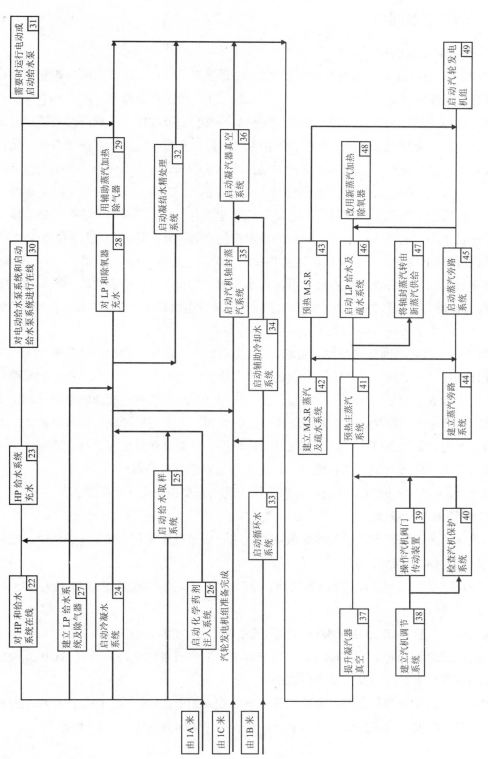

图9.12 常规岛系统及辅助支持系统启动顺序（2）

9.4.2　VVP 系统暖管

1. 暖管时机的选择

VVP 暖管是打开主蒸汽隔离阀的必要条件,暖管完成后打开主蒸汽隔离阀从而实现核蒸汽供应系统向二回路供汽,再经过一系列的二回路操作机组即可并网。VVP 暖管是机组启动过程中的一项重要操作。VVP 系统规程中提到,VVP 主汽阀下游的蒸汽管道的暖管在一回路温度为 260℃,而且余热和主泵热量足够时才能进行,如果余热不足,暖管要在临界以后进行。临界前暖管,如果停堆时间较长,堆芯余热和主泵热量不足,必将造成暖管时间较长。临界过程中暖管,逼近临界(S COR)规程中说明:必须避免可能发生温度急剧变化的任何操作。如果主蒸汽母管上可能的泄漏会造成一回路温度或在暖管过程中不可避免的超调会引起一回路温度的急剧变化,这是不允许的。所以要在临界后进行 VVP 暖管。一般在机组达到热备用工况后进行 VVP 暖管操作。规程中对暖管的速率有要求,饱和蒸汽的温度上升率应小于 100℃/h。机组冷态启动,汽机进汽管的温度约为 40℃,升至 291℃约 3 h(大修后启动及发电机转子抢险后启动 VVP 暖管时间都为 3 h),不会占用过多的关键路径时间。

VVP 暖管时对二回路状态也有要求。根据实际工作经验在汽轮机电动盘车投运后执行该操作较为适宜。其一,汽轮机电动盘车的成功启动是二回路主要系统投运的重要标志。如果不能成功启动,则要进行维修工作,过早 VVP 暖管有可能影响维修工作的开展;其二,汽轮机主汽阀(两个并联隔离阀、调节阀)由于蒸汽冲刷,很有可能造成其不严密。该阀的漏气造成暖管后的蒸汽进入汽轮机。如果电动盘车未启动会造成汽轮机上下加热不均,引起汽轮机偏心度增加,更不利于电动盘车的启动。

综上分析,VVP 暖管最佳时机为热备用工况汽轮机电动盘车投运后。

2. 暖管的主要步骤

①确认主蒸汽隔离阀下游管线的所有蒸汽用户的进汽隔离阀关闭,包括 STR、GSE、GSS、ADG、GCT、CET 等。

②当反应堆冷却剂温度达到 120℃时,开启 VVP 管道的疏水隔离阀 130/131/132VV(图 9.13,下同)。

③120℃时进行 ASG003/004PO 的进汽管线暖管及 GCT-a 的准备。

④蒸汽管道暖管时应保持反应堆冷却剂温度接近所要求的值,并监视 RCP 系统的温度波动及其结果对蒸汽发生器水位的影响。

⑤保证二回路侧饱和蒸汽温度的上升速率不大于 100℃/h,并在 KIC 计算机上监视汽机进汽管的温度。当主蒸汽隔离阀上下游的压力平衡时开启主蒸汽隔离阀。

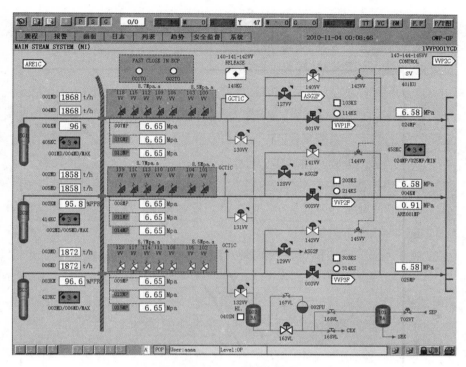

图 9.13　VVP 系统控制画面

另外，开启旁路预热调节阀时应缓慢，并关注一、二回路参数的变化情况，避免造成大的扰动，以及因为暖管而引起的一回路功率的变化。图 9.14 为 VVP 暖管的压力-温度-时间的对应关系图。A 曲线为饱和温度下对应的饱和压力曲线。B 曲线为管线压力上升与时间的对应曲线。A、B 曲线之间的相互联系通过纵坐标压力表示。将升压（升温）速率控制在 B 曲线以下则可以保证升温速率小于 100℃/h。

3．暖管的主要风险及预防措施

①暖管容易产生一回路过冷的风险。

②暖管初期由于阀门前后压差大而暖管速率超过限制。

③负反馈导致核功率超过 $2\%P_n$，致使 ASG001BA 液位降低违反技术规格书。

④易导致蒸汽发生器水位与一回路冷热的相互影响。

预防措施：

①VVP 暖管时，要时刻关注 GCT-a 的开度、一回路的温度梯度、蒸汽发生器的水位。

②暖管速率不能太快。开始主阀前后压差太大，开启速度一定要缓慢，随着压差的减小可以逐渐开大阀门。

③控制核功率不能超过 $2\%P_n$，注意关注 ASG001BA 的液位，及时补水。

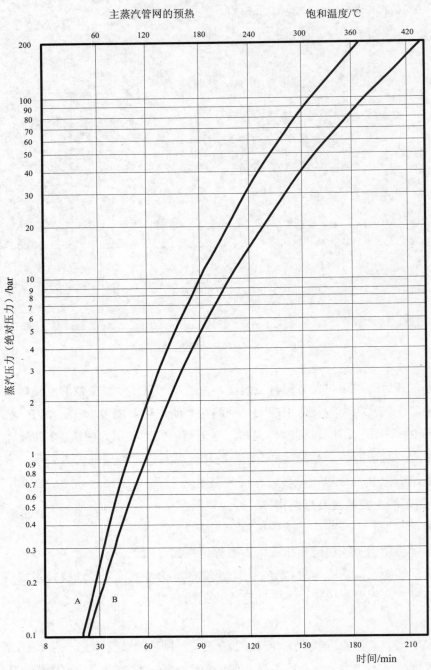

图 9.14　主蒸汽管线暖管温度-压力-时间关系

9.4.3 转汽

1. GCT-a 排放切换至 GCT-c 排放

当 VVP 主蒸汽隔离阀开启且其他条件满足时，即可准备 GCT-a 至 GCT-c 的排放切换，且该项操作应尽早进行。但操作不当则有 SG 水位失控而停堆的风险。关键步骤如下：

①关闭 GCT-c 阀，将其控制选于"压力模式"，观察允许开启指示灯亮，并将压力设定值调整至略高于实际压力后，由"EXT"切至"INT"（图 9.15，下同）。

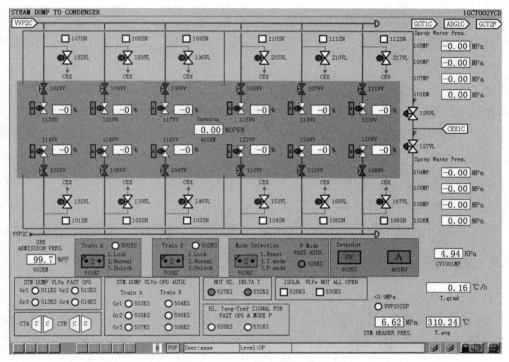

图 9.15　GCT-c 系统控制画面

②在密切注视 SG 水位变化与 GCT-c 阀门状态的同时，将 GCT-c 切至自动。如发现 GCT-c 开启则应立即切回手动后将其关闭，并检查压力定值设置是否得当。

③GCT-c 投自动时，可以选择两种操作方式：

调开方式：微微调整 GCT-c 压力定值向实际压力接近，直至低于实际压力值，每操作一次需等待一定时间以观察 GCT-c 的实际响应情况，主动使 GCT-c 平缓地开启，GCT-a 将会缓慢关闭，最后将 GCT-a 切至"EXT"后投自动以作为 GCT-c 的备用。

憋开方式：微微调整 GCT-c 压力定值向实际压力接近，直至等于或微微大于实际压力值，此时 GCT-c 仍处于关闭状态。随后微微调大 GCT-a 的压力定值迫使 GCT-a 关闭，实际压力升高，GCT-c 缓慢开启，最后将全关的 GCT-a 切至"EXT"后投自动以作为 GCT-c 的备用。

④调整 GCT-c 压力定值以达到所要求的 VVP 压力或最终功率整定值信号。

由于 PI 调节器的积分超调影响，调开方式或憋开方式都有弊端：调开方式会导致 GCT-c 过大开启瞬态，而憋开方式会导致 GCT-c 过小开启瞬态，这对于一回路温度梯度及蒸汽发生器水位都会产生影响。故操作时选择哪种方式，需要具体分析当时的机组状态。

2．GCT-c 排放切换至 GCT-a 排放

同理，机组下行时，如二回路需要及时停运，则需准备 GCT-c 至 GCT-a 的排放切换。操作关键如下：

①根据机组状态，将 GCT-a 压力定值选择于"EXT"或"INT"。如选择"INT"，则调整压力定值略高于实测值，并保证 3 个定值的一致性。确认 GCT-a 在"自动"。

②采用调开或憋开方式使 GCT-c 关闭，GCT-a 开启，并注意观察 GCT-a 三个阀门开启的一致性。

③GCT-c 完全关闭后将其置"EXT"，确认 VVP 压力低于 GCT-c 开启压力，将 GCT-c 切置自动，同时监视 GCT-c 未开启。

注意：GCT-a 与 GCT-c 之间进行切换操作时，尽量保证一、二回路相对稳定。

9.4.4 转水

1．ASG 供水的特点

ASG 供水时，水位调节没有自动方式，只能通过手动调节：当 ASG 电动泵供水时，则只能调节阀门的开度；当由 ASG 汽动泵供水时，既可调节阀门的开度，也可调节汽动泵的转速来调节给水流量，但实际机组中通过调节转速的方式很少用到。

ASG 供水时的给水流量，有宽、窄量程两种仪表来监测：窄量程的最大流量为 25 t/h，宽量程的最大流量为 60 t/h。当给水流量小于 25 t/h 时，适于用窄量程来监测，当给水流量超过 25 t/h 时，窄量程上仍显示为 25 t/h，此时就必须用宽量程来监测。

当启动 ASG 泵时，会发出一个 ASG 阀门全开的信号，如果不复归这个阀门全开信号，则 ASG 的阀门就一直保持在全开位置，无法调节其开度。故当一台 ASG 电动泵运行时由于出力不足需手动启动另一台电动泵，务必要复归阀门全开信号，避免给水流量不受控制，从而对一回路重要参数产生影响。另外，由 ASG 供水时，还要关注 ASG 水箱液位，及时补水，防止违反运行技术规格书的规定。

2．手动调节 SG 水位的策略

本教材第 2 章介绍了蒸汽发生器的热工水力特性，如低负荷时水位的变化并不能直观反映给水阀门调节的结果，而水装量的变化却非常直观地反映了给水流量的变化。因此，手动调节 SG 水位时，对放大的宽量程所测的水装量要加以关注。

SG 水位较高，需要降低水位时，如果水装量在上升，则表明给水流量过大，须尽快降低给水流量直到水装量开始下降为止；如果水装量在减小，则表明不需调节给水流量，只需等待，最终 SG 水位会自动降下来。

SG 水位较低，需要升高水位时，如果水装量在上升，则表明不需调节给水流量，只需等待，SG 水位会自动升上来；如果水装量不变或下降，则表明给水流量过小，须尽快增加给水流量，直到 SG 水装量开始上升为止。

若要稳定 SG 水位，如果水装量下降，则应增加给水流量；如果水装量上升，则应减小给水流量。调节给水流量使水装量保持稳定，则 SG 水位会稳定。

3．ASG 供水转到 ARE

由于除氧器水温高于 ASG 辅助给水箱水温，故转水时务必关注一回路温度梯度、功率、蒸汽发生器水位等重要参数的变化及趋势，同时要注意：

①每台 SG 应分开转水，不要同时对 3 台 SG 进行转水，以免顾此失彼。

②对要转水的 SG，应尽量先维持其水位稳定，水位来回波动时不要急于转水。

③转水前应测试 ARE 是否可以供水，方法是：开启 ARE 的旁路调节阀约 5% 的开度，观察水装量的变化，如果水装量有显著上升，则表明 ARE 可以供水，水装量没有变化，则说明 ARE 并不能供水，这时就要查找原因，如给水泵的压头是否足够。常见的错误是在 VVP 隔离阀开启后没有及时将给水泵的转速置于自动控制，导致给水泵的压头很低，从而无法供水。如果给水泵的压头足够，则应检查 ARE 的在线情况，确保调节阀的前后隔离阀都处于开启状态。

操作相关控制画面如图 9.16、图 9.17 所示。

4．ARE 供水转到 ASG

同理，机组下行时，如二回路需要及时停运，则需准备将 ARE 供水转到 ASG。转水过程与上述类似，每台 SG 应分开转水，转水前应维持 SG 水位稳定。在启动 ASG 泵后，复归阀门全开信号，将阀门全关。另外转水前也需要测试 ASG 供水情况。

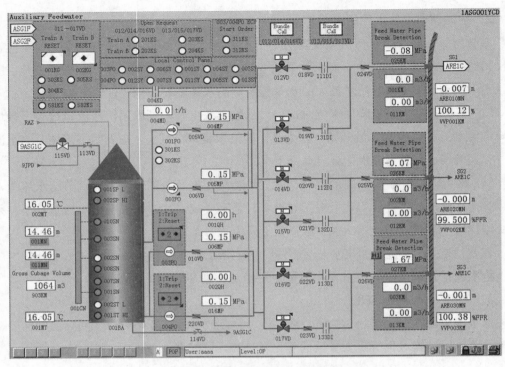

图 9.16　ASG 系统控制画面

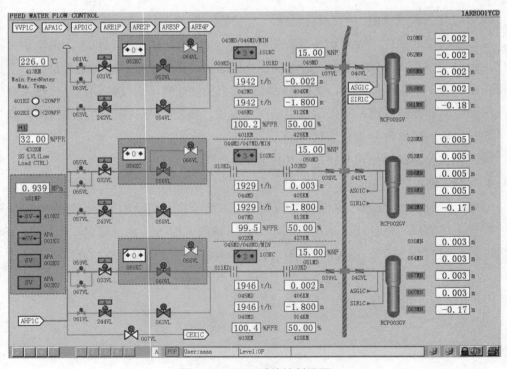

图 9.17　ARE 系统控制画面

9.5　机组从热态热备用向满功率运行过渡

9.5.1　关键步骤及注意事项

1. 关键步骤

机组从热态热备用向满功率运行过渡时，一、二回路操纵员参考的规程主要为 G2/GS2 规程。在堆机分离阶段，升功率的主要手段为手动提升控制棒，之后过渡到堆跟机模式，功率的控制切换至二回路操纵员。本节将重点描述堆机分离阶段（即一回路升功率、二回路汽机冲转、并网、升功率至 GCT-c 全关）的过程。

关键操作步骤为：

①一回路操纵员通过提棒提升核功率。注意提功率期间应通过调整 GCT-c 的整定值，以满足第 5 章中反应堆控制方案的要求。G 棒及 R 棒的系统控制画面如图 9.18、图 9.19 所示。

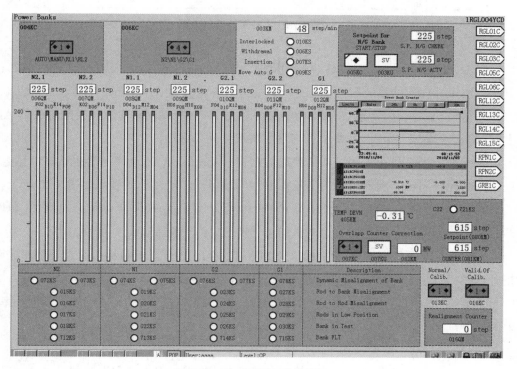

图 9.18　G 棒系统控制画面

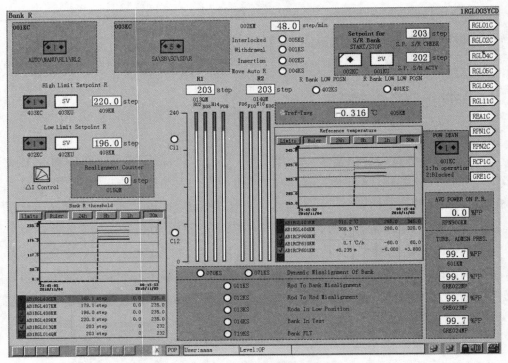

图 9.19　R 棒系统控制画面

②二回路操纵员在稳定 SG 水位的同时，执行汽机冲转前状态点检查程序 CHP010，以满足汽机冲转前的系统配置要求。

③待核功率到 9%P_n 左右（须小于 P10 信号），一、二回路操纵员要配合进行 ARE 大阀试漏，以防止 P10 信号叠加蒸汽发生器水位高高跳堆。

④一回路操纵员在大阀试漏结束后继续提升功率，10%P_n 功率平台确认 P10 信号出现，同时注意闭锁中间量程和功率量程通量停堆保护。闭锁控制画面如图 9.20 所示。

⑤核功率到达 13%P_n 左右时，待 CHP010 检查签字完成后，操纵员通知值长、电网，开始执行冲转并网，期间要关注汽机的运行情况。汽机控制画面如图 9.21 所示。

⑥并网成功后，汽机自动带上约 50 MW 的负荷，设置汽机目标负荷及升功率速率，提升功率，直至 GCT-c 全关。

⑦继续上行时，注意蒸汽发生器大小阀门的切换、GCT-c 的模式切换、轴向功率偏差的控制。

2. 汽机启动中重要技术限制与参数监测

①蒸汽品质：对于蒸汽品质的控制，需要在蒸汽发生器出口和汽机截止阀之间对蒸汽取样进行监测。限制参数包括阳离子电导率、钠、二氧化硅等。

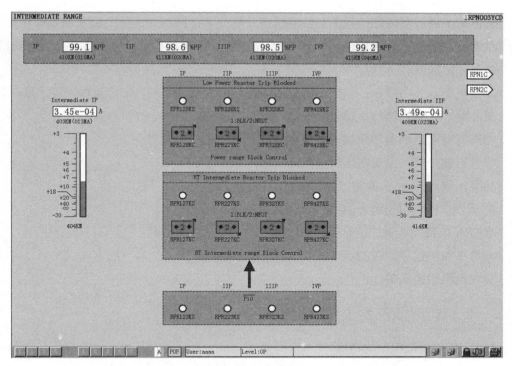

图 9.20 RIC 中间量程及功率量程停堆闭锁系统控制画面

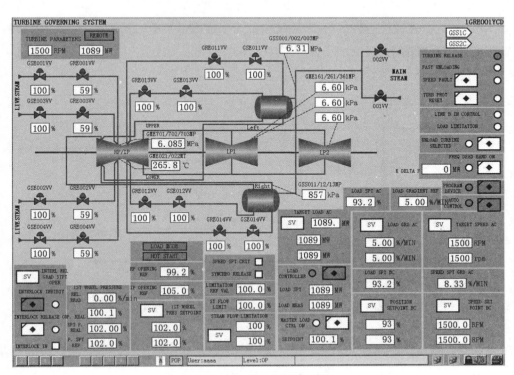

图 9.21 GRE 系统控制画面

②汽机金属温度限制：目的是限制瞬态弹性变形，同时为了防止出现热疲劳断裂。金属温度限制点包括进汽箱金属温差限制、HP 缸金属温差限值、HP 转子温差限制、LP 缸金属温差限制等。

③汽机动态监测限制：包括汽机转速限制、汽缸胀差限制、轴承振动、转子振动和转子偏心度，注意报警值、建议跳闸值、绝对跳闸值。

④汽轮发电机润滑油系统和轴承温度限制，注意跳机值。

⑤汽机轴封蒸汽系统的运行。

⑥凝汽器真空度、LP 排汽压力，注意跳机值。

⑦部分汽机阀门关闭下的运行，注意相关疏水阀的开启。

⑧CRF 单泵投运下的运行。

⑨给水加热器停运时的运行。

⑩发电机相关保护。

9.5.2 低负荷时蒸汽发生器水位的调节

1. 低负荷水位控制的特点

低负荷时，给水温度相对较低，对于负荷微小的变化，对应的空泡率将产生很大的变化。因此，低负荷时，微小扰动引起的蒸汽发生器中水体积的收缩和膨胀效应却非常显著。所以，在蒸汽发生器水位调节系统中，为了提高低负荷时对调节系统的稳定性，可以降低调节系统的增益。

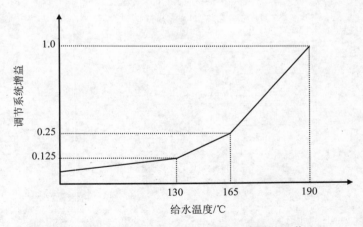

图 9.22　蒸汽发生器水位调节中的变增益环节

如图 9.22 所示，当给水温度低于 130℃时，调节系统增益≤0.125；当给水温度在 130～165℃时，增益从 0.125 增加到 0.25；当温度为 165～190℃时，增益从 0.25 增加到

1.0。小增益在增加调节稳定性的同时带来了另一个问题：调节能力减弱。即在低负荷水位自动控制时，任何因素引起的水位的小波动，调节系统都要经过相当长的时间才能调节到整定水位，如果水位波动稍微剧烈一些，则调节系统极有可能在水位达到保护定值时都无法把水位调节到一个有利的趋势。在这种情况下，若不及早人为手动干预，就可能导致水位保护动作。因此在低负荷情况下，操作人员不能完全依赖蒸汽发生器水位自动调节功能，必须时刻加以关注。

按照运行程序要求，进行转水操作后需要将旁路调节阀转为自动控制状态。为保证无扰切换，转自动前需将水位手动稳定至需求目标值。在后续的提棒升功率过程中，务必确保缓慢，以补偿低负荷下蒸汽发生器水位调节性能的不足。

2．蒸汽发生器水位控制的几点建议

（1）对水位异常的认识

勿将蒸汽发生器水位异常看作孤立的现象，一回路温度变化、二回路蒸汽负荷变化、给水系统状态变化等都要影响蒸汽发生器水位。如果蒸汽发生器水位异常需要干预时，尤其要及时稳定一、二回路的负荷，避免对手动干预造成额外的影响。

（2）判断干预时机

何时采用手动干预最为恰当？这是业内探讨较多的问题。一般来说，首先应确认自动调节是否有效。例如，当蒸汽发生器水位下降时，要观察给水流量是否大于或即将大于蒸汽流量。如果是，根据蒸汽发生器的热工特性，窄量程水位会在瞬态虚假水位之后上升，而这个瞬态长短则取决于当时的冷却剂温度、负荷水平、给水温度、扰动类型等，务必做到沉着冷静去判断。当判断确实存在给水流量变化严重滞后、水位下降至危险区间且不能出现拐点时，必须果断及时做决定，切勿瞻前顾后，优柔寡断。

（3）掌握干预方式

由于三台蒸汽发生器共用一个给水母管和蒸汽母管，ARE 系统外界的大部分扰动瞬态将造成三台蒸汽发生器水位变化方向一致，且大小相近。此时应考虑通过调节给水泵转速进行干预，且务必做到所有运行给水泵都打手动。

当扰动造成单台蒸汽发生器水位相对于其他两台偏差较大时，则考虑将此台蒸发器对应的大小阀门都打手动。并且低功率（默认值为小于 20%）时，大阀先手动，小阀后手动；高功率（默认值为大于 20%）时，小阀先手动，大阀后手动。切勿顺序颠倒，或者一个手动，一个自动，避免复制信号带来的干扰。在调节单台蒸汽发生器水位时，将会对另外两台蒸汽发生器造成一定扰动，但只要控制好干预幅度不造成震荡发散，另外两台蒸汽发生器水位都能自动衰减至正常。

务必要避免给水泵转速与大小阀同时手动调节，此种状态往往无法缓解，极易造成震荡发散，上述两个运行事件都可说明。

（4）控制干预幅度

无论手动控制转速或者手动控制阀门开度，干预的幅度都要加以控制，注意给水流量、蒸汽流量、汽水偏差及蒸汽给水母管压差。避免急躁情绪，瞬时开过大或者关过小，造成震荡发散。另外在接近跳堆值时需要考虑冷水效应。例如，水位下降至−1 m 时，如果给水流量增加过程中变化过急，则会由于冷水效应加速窄量程水位的下降，从而引发跳堆。一般干预时使给水流量大于（或小于）蒸汽流量几十吨即可。

（5）建立安全理念

良好的安全理念是保证蒸汽发生器水位的重要屏障。任何可能引起蒸汽发生器水位异常的重大操作都要提前预知，做好风险分析和策略管理。处理紧急瞬态时要克服心理障碍，勇于承担，切勿患得患失，丧失良机。另外，建立良好的再培训体系能有效降低紧急干预过程中低级错误的发生概率。

9.5.3　P 模式下 GCT-c 的瞬态影响及向 T 模式转换

1. GCT-c "P 模式" 运行对 R 棒、G 棒的影响

GCT-c 在"P 模式"下运行对一回路温度控制功率调节所产生的影响主要来自 GCT-c 对最终功率定值的改变。当 GCT-c 在 P 模式时，最终功率整定值信号由 GCT-c 的压力定值决定，但前提是 GCT-c 阀门必须有开启信号，否则该功率信号取自于汽机进汽压力。而这两者之间在低功率阶段存在较大差异。另外，GCT-c 在 "P 模式" 运行时的低功率阶段，能造成 GCT-c 忽开忽关的扰动较多。由此可见，很容易造成最终功率定值的阶跃变化。

一回路温度控制取功率定值信号来产生温度参考值。当功率定值阶跃变化时，温度参考值也随之变化。尽管此时一回路温度相对稳定，也会观察到温度偏差在大幅度变化。如果 R 棒已投自动，则会随之移动，导致实际温度变化。

反应堆功率调节系统在 GCT-c 置 "P 模式" 时，棒位参考值由最终功率定值与汽机负荷之大选值来决定。由此可见，如 G 棒已投自动，则最终功率定值的变化也会导致 G 棒的随动。

以上原因，就是在机组冲转、并网、升负荷的低功率阶段（如 R 棒、G 棒已投自动）无异常扰动时，有时观察到 R 棒、G 棒"奇怪"移动的主要原因之一。而在实际机组上，很少出现这种现象。一方面，因为实际机组比模拟机的控制要平缓得多；另一方面，在机组上操纵员一般保留 R 棒、G 棒在手动，并严密监视 RCP 温度、功率变化，根据实际情况来手动调整。等待合适的时机才将 R 棒、G 棒投自动。

2．GCT-c"P模式"运行对一回路热工水力参数的影响

当GCT-c投运并参与调节时，很容易造成蒸汽发生器水位、一回路压力温度等重要参数的波动。经对各种现象分析，其原因有三：

①GCT-c调节系统响应速度的相对迟缓，使GCT-c实际开度到需求开度有一定延时。针对这一点，在改变蒸汽负荷时要尽量平缓以便GCT-c能及时响应。

②GCT-c的实际调节能力不足：低负荷下GCT-c承担的负荷很少，而突然增加一个大于该负荷的蒸汽用户，则GCT-c即使立即响应而完全关闭，也避免不了对VVP压力、SG水位、RCP温度的影响。

③人为干预不当。

机组上主要采用增加GCT-c调节能力来减小上述对机组的影响：

①GSS系统启动暖管瞬间负荷可达4%以上（正常暖管消耗蒸汽很少），实践证明当核功率为$6\%P_n$时（由GCT-c排放）启动GSS能基本避免对各参数的冲击。

②汽机启动冲转时或通过临界转速区时，蒸汽消耗量可高达12%左右，所以当核功率为$12\%P_n$时（由GCT-c排放）冲转可基本消除对SG水位、一回路温度的影响。

3．并网后低功率阶段，GCT-c频繁动作的主要因素

①在50～300 MW阶段，GSS152VV处于温度控制模式，该阀调节时的开度变化会导致GCT-c开度的变化，有时它们的开度变化会形成"共振"现象并成发散趋势。这种情况下，一般不干预GCT-c，而是将GSS152VV投手动来稳定蒸汽负荷。

②并网后GRE上位机的"频率死区"功能未投入。电网频率有微小变化，均会造成GRE调节的随动，从而使蒸汽负荷随时变化，导致GCT-c频繁动作。将"GRE死区"功能投入后即可消除这方面的扰动。

③大修后首次临界核功率升速受限，且低功率阶段汽机效率低（5%电功率大约消耗10%核功率）。加上人为偏差，致使一、二回路功率提升过程中不匹配，也会造成GCT-c动作。

4．GCT-c"P模式"向"T模式"切换

在机组并网后升负荷过程中，GCT-c"P模式"切换至"T模式"的时机需要把控。规程上明确指出汽机功率约为25%时可进行此项操作。但也有操纵员在核功率$25\%P_n$时进行切换，甚至有少数操纵员认为只要GCT-c完全关闭也可提前切换。其实这两种做法都具有一定风险。因为GCT-c"T模式"开启必须要有C7A信号，但由于低负荷阶段二回路热效率很低，当核功率为$25\%P_n$时汽机功率大约不到20%。如果此时发生甩厂荷事件，厂用负荷约5%，实际甩负荷不到15%，很难产生C7A信号而无法开启GCT-c，这将产生较大后果。可见汽机功率25%时切换可减少机组甩厂荷不成功的风险。

GCT-c"P 模式"向"T 模式"切换时一定要确认 GCT-c 完全关闭后方可进行。操作时直接将选择开关置"T",并将 GCT-c 压力定值置"EXT"。

9.5.4 升功率的技术规格书要求

1. 芯块-包壳相互作用（PCI）

芯块-包壳相互作用通称 PCI（Pellet-Cladding Interaction）。这是 LWR 燃料破损原因之一。为了推迟和减轻在运行中发生这种作用，燃料棒设计必须满足多项相关准则，而且还根据燃料棒设计制订了相应的运行技术规格书。PCI 破坏程度与温度、应力和碘的累积量相关，温度越高、应力越大、碘越多越严重。这正是较高燃耗下运行中燃料棒所具备的条件。

芯块直径为 8.19 mm，包壳内径为 8.36 mm，两者之间初始冷态直径间隙为 0.17 mm。在运行开始时（0 时刻），包壳热膨胀到 8.37 mm，芯块热膨胀到大约 8.26 mm。后者膨胀量为前者的数倍，这是一个有害的现象。随着运行时间增加，包壳在内外压差作用下向里蠕变，直径减小，直至大约 1 100 h 与芯块接触为止。此外，芯块直径在密实和肿胀这两种效应综合作用下，呈现先快速减小而后缓慢增加的变化趋势。在几百小时以内，芯块密实效应起主导作用，即在温度和辐照下发生热密实和辐照密实效应，初始小气孔消失，密度增加，而体积减小。在芯块完全密实之后，肿胀效应起主导作用，即气体和固体裂变产物引起芯块肿胀，体积增加，大致随燃耗直线变化。芯块和包壳直径的反向变化使两者之间的间隙不断减小，直到闭合。接触后，包壳直径随芯块变化，继续增加，包壳受到拉应力。

如果堆功率提升速率快而且幅度大，包壳局部产生过应力和过应变，这是因为芯块热膨胀量比包壳大得多。同时燃料棒内的裂变产物碘（碘对铬有强腐蚀作用）的存量增加，有助于包壳内表面上某些点（如原始制造缺陷）萌生微裂纹。在过大的拉应力下，这种萌生裂纹扩展甚至贯穿管壁，形成破口，释放裂变产物。相反，如果堆功率从某一功率 P_1 大幅度降到 P_2，芯块与包壳的间隙又出现（因不同热膨胀），运行一段时间后间隙又闭合（因反向变化）。这时如果快速提升功率并超过 P_1，包壳更容易破裂，尤其在较高燃耗下包壳延性降低时。

总之，运行初期不会发生 PCI 破坏，只有在芯块与包壳接触后才有可能发生 PCI 破坏，因此要对功率提升幅度和提升速率加以限制。

2. 技术规格书要求

在连续运行时堆芯热输出必须保持在低于 102%RP（包括测试误差，RP 为额定功率）；功率提升速率不得超过 5%RP/min。为减轻 PCI，附加限制如下：

（1）在换料后或组件换位后的功率提升

在 15%RP 和 100%RP 之间，功率提升速率必须限制在 3%RP/h（图 9.23）。

在过去的带功率运行的 7 d 之内，如果反应堆在 P 功率下已累计运行 72 h 以上，当功率再提升到 P 的过程中提升速率不受 3%RP/h 的限制，但在功率继续提升超过 P 时，提升速率仍限制为 3%RP/h。

如果控制棒插在堆内，只要功率水平高于 50%RP，控制棒提升速率必须限制为 3 步/h。而当控制棒提升到某一特定位置后，在功率 P＞50%RP 时，控制棒从全插入位置再提到这一位置的速率不受这个限制（只要功率不超过 P）。

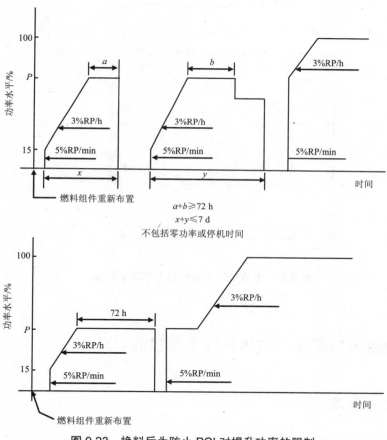

图 9.23 换料后为防止 PCI 对提升功率的限制

（2）低功率运行后的功率提升

在前 30 d 功率运行期间，从反应堆至少持续 72 h 的"最大功率"以上提升功率时，必须将功率提升速率限制在 3%RP/h。

可以阶跃升高 10%RP，然后保持 3 h，最后以 3%RP/h 提升功率（图 9.24）。

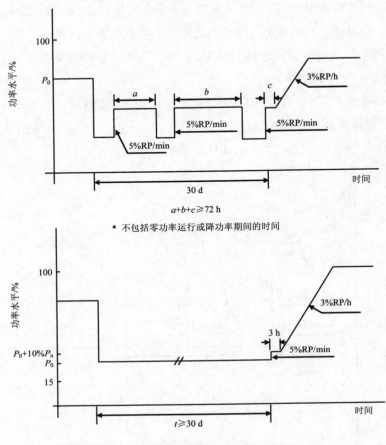

图 9.24　长期低功率运行后提升功率的限制

9.6　机组从满功率运行向热停堆工况过渡

9.6.1　降功率策略

1. RP 模式下的技术规格书要求

RP 模式下，技术规格书要求：轴向功率偏差必须保持在梯形图的范围内。在任何情况下，超出区域Ⅱ的运行都是严格禁止的。技术规定随相对功率水平 P（即额定功率的百分数）、慢化剂温度系数 α_m 和功率补偿棒的插入而变化：α_m 为正时，参见堆芯物理试验规定；α_m 为负时，如 $P\Delta I_{ref}$ 已确定，应用表 9.6 的规定。

表 9.6　ΔI 控制表

相对功率		功率补偿棒插入	功率补偿棒抽出
$P<15\%$		区域 II 内无限制	区域 II 内无限制
$15\%\leqslant P<P\Delta I_{ref}$	$15\%\leqslant P<50\%$	功率补偿棒 ——在区域 I 内，任何 24 h 内，棒插入的时间限制为 12 h（在可以快速返回高功率水平时可以延长至 24 h） 轴向功率偏差 ΔI ——在连续 12 h 内超出区域 I 的累计时间不能大于 1 h	区域 II 内无限制
	$50\%\leqslant P<P\Delta I_{ref}$	功率补偿棒 ——在区域 I 内，任何 24 h 内，棒插入的时间限制为 12 h（在可以快速返回高功率水平时可以延长至 24 h） 轴向功率偏差 ΔI ——禁止离开区域 II，严格限制离开区域 I	在区域 II 内无限制，但只有在功率补偿棒抽出且在区域 I 内稳定 6 h 后才允许离开区域 I 进入区域 II
$P\geqslant P\Delta I_{ref}$		严格禁止 II 区内运行	在区域 II 允许停留，以便确定新 $P\Delta I_{ref}$

若 $P\Delta I_{ref}$ 不确定，测量 ΔI_{ref} 时，在某些特殊情况下如换料启动或长期低功率水平运行，可能需要重新确定区域 I，在新的参考功率水平，功率补偿棒抽出堆芯，在 ΔI_{ref} 测量和修改新参数（如 C21 保护）过程中，轴向功率偏差维持在区域 II 内（区域 I 未知）。在 ΔI_{ref} 测量或允许离开区域 I 时，C21 可能需要闭锁，但必须强调，应使该过程时间尽可能短。

相关要点解释：

①在区域 I 内，任何 24 h 内，功率补偿棒插入的时间限制为 12 h（在可以快速返回高功率水平时可以延长至 24 h）。

在大于 30%RP 低功率水平的负荷跟踪或频率控制运行期间，在任何 24 h 内，如果功率补偿棒组插入运行的持续时间大于 12 h，就会对轴向功率分布产生扰动，并且在堆芯的上部形成燃耗荫蔽现象，这在堆芯安全分析中是没有考虑的。

例外情况：对于极特殊的运行需要（可以迅速返回上限功率的情况），功率补偿棒插入的低功率水平运行可延长到 12 h 以上，但无论如何不得超过 24 h。在大于 12 h 的低功率水平运行之后，要求持续 7 d 上限功率水平运行。在此期间，禁止日负荷跟踪，但允许频率控制。这是由于持续的上限功率水平运行能够消除堆芯上部形成的燃耗荫蔽，恢复正常的轴向功率分布，而且 7 d 是必须的包络时间。

②在功率水平小于 50%FP 且功率补偿棒插入情况下，在连续 12 h 内超出区域 I 的累计时间不能大于 1 h。

在功率小于 50%FP 时，包壳温度超过 ECCS 准则的可能性（在中、小 LOCA 时）要比超过 DNB 准则的可能性小，因此只要把运行点控制在区域 Ⅱ 右边界内就可以满足安全的要求。计时的目的是减少出现不可控氙振荡的风险。如果超过 1 h，那么在发生功率陡涨事故的情况下，堆芯上部会超出线功率密度安全限值。在功率补偿棒抽出情况下，超出区域 Ⅰ 不需计时。

③在功率水平小于 15%FP 时区域 Ⅱ 内无限制。

C21 信号起保护堆芯作用，它依靠降功率来达到目的。当堆芯功率比较低时，C21 失去应有作用，因此 $P<15\%FP$ 时不再设置 C21 信号。

④在功率水平大于 50%FP 且功率补偿棒抽出情况下，只有稳定 6 h 后才允许离开区域 Ⅰ。

在区域 Ⅰ 内稳定是为了缓解氙振荡，最终遵守区域 Ⅱ 相关的安全限值。

2. 降功率策略选择

根据上述技术规格书的要求，操纵员在执行降功率操作之前需要确定降功率策略，选择插棒降功率或者硼化降功率。两者的主要区别是 G 棒是否下插。插棒降功率操作较为简单，这里不进行论述。下面将重点介绍硼化降功率。

实现过程：

①根据机组的状态数据（初始功率、目标功率、硼浓度、R 棒棒位、降功率速率、毒物价值、硼价值）计算在整个硼化降功率过程中需要加入的硼酸总量及流量。

②在硼化降功率过程中，通过不断增加校正因子始终保持 G 棒在堆顶。

②可以适当用 R 棒来抑止 ΔI 右偏。当 ΔI 右偏出预警线报警并可能进入区域 Ⅱ 时，可以闭锁 C21。

④当 ΔI 开始向左并返回区域 Ⅰ 时，通过适当提 R 棒将 ΔI 拉直，防止其振荡再次进入区域 Ⅱ。

经验总结：

①硼化降功率操作之前，对 ΔI 要有充足的准备和认识，明确影响 ΔI 的因素有哪些，分别如何影响、如何控制。一般来说，随着降功率的进行，堆芯出口温度降低，使 ΔI 向右移。另外下部积氙较多，也使 ΔI 右移。为保证后续过程中更加有利地控制 ΔI，可事先尽可能将 R 棒棒位提升，待降功率过程中 ΔI 右移时，可通过下插 R 棒控制 ΔI。

②在降功率的过程中不断增加校正因子，保证 G 棒整定棒位始终为 615 步，保证 G 棒不插入堆芯，否则即违反技术规格书要求。校正因子亦不能一次增加过多，防止机组甩负荷时，G 棒不能下插至要求棒位。故需要在硼化降功率的过程中多次少量地增加校正因子。

③降功率期间要尽量减少硼化，多利用氙毒，否则后期将消耗大量水来置换硼，且

效果较慢。在刚开始降功率时主要依靠硼化降功率，此时速率较慢，后续待氙毒增加，利用毒物的积累可加快降功率速率。

9.6.2 ΔI 控制方法

1. 插 G 棒降功率过程中 ΔI 的控制

G 棒在堆芯内的移动是按叠步程序进行的，在降功率过程中，首先插入的是 G1 棒，当 G1 棒插到一定位置后，G2 开始下插，随后是 N1 棒。因此，在用 G 棒降功率时，堆芯上部功率的降低先于堆芯下部，ΔI 朝着负的方向偏移。另外，上部功率的降低先于下部功率的降低，导致了上部氙毒的增加先于下部氙毒的增加，从而使得 ΔI 进一步向负的方向偏移。随后，当控制棒在堆芯下部移动时，ΔI 向负的方向偏移的趋势得到抑制。

因此，通过插 G 棒降功率所引起的 ΔI 变化趋势，单从降功率过程中 ΔI 的控制而言，它使得 ΔI 的控制更容易。但是，如果不采取适当的方法进行补偿，势必使得 G 棒插入过深以及 ΔI 变化过大，这就对要在规定的时间内将 G 棒提出堆芯以及随后 ΔI 的控制带来了困难。因此在通过插 G 棒降功率过程中，应根据 ΔI 的变化逐渐地提出 R 棒，并利用氙毒的积累及适当的硼化，将 ΔI 控制在 $\Delta I_{\text{ref2}} \pm 3\%$ 的范围内（当然初始 ΔI 也应在此范围内）并减少 G 棒的插入。这样，一方面，减少了降功率过程中堆芯上、下部功率变化的差异从而减少了由此而引起的上、下部氙毒变化的不一致，减小了后续 ΔI 控制的难度；另一方面，由于 R 棒棒位较高，而 G 棒插入也不是很深，这就不难在规定的时间内将 G 棒提出堆芯，同时留有足够的 R 棒的裕量以补偿 G 棒提升过程中 ΔI 的变化。

2. 硼化降功率过程中 ΔI 的控制

由于受堆芯上、下部硼的价值不同，以及温度效应的影响，在硼化降功率时，堆芯上部功率的下降小于堆芯下部功率的下降，这样使得 ΔI 向正的方向偏移。同时由于堆芯上、下部功率下降速率不一致，导致堆芯上、下部氙毒的变化速率不一致，堆芯上部氙毒的积累速率小于堆芯下部氙毒的积累速率，这使得在积毒过程中，ΔI 进一步向正的方向偏移，从而使得后续的 ΔI 控制变得比较困难。

在计划降功率前一两天（或更早），将运行点置于 $\Delta I_{\text{ref2}} \pm 3\%$ 的范围内，R 棒置于较高的位置（二者应互相兼顾）。在降功率过程中，根据 ΔI 的变化，通过适时地插入 R 棒使 ΔI 控制在 $\Delta I_{\text{ref2}} \pm 3\%$ 的范围内，这样就可以减少堆芯上、下部功率变化的不一致，从而减少由此引起的堆芯上、下部氙毒变化的不一致，使后续 ΔI 容易控制。当反应堆功率达到目标内功率并运行一段时间（6～8 h）后，开始解毒，这时 ΔI 会向负的方向偏移，可通过适当提升 R 棒来控制，但应注意 R 棒不宜提得过高，以便为以后的功率提升留出足够的裕量。

3. 低功率运行一段时间后升功率过程中 ΔI 的控制

低功率运行一段时间后，G 棒已提出堆芯，功率的提升是通过稀释进行的。由于受堆芯上、下部硼价值的不同以及温度效应的影响，升功率过程中 ΔI 是向负的方向偏移的，尤其是寿期末的低功率运行后升功率。

为了避免由于堆芯上、下部氙毒分布的变化而导致后续 ΔI 控制上的困难，在升功率过程中，应通过 R 棒的提升来控制 ΔI 的变化。因此需要有足够的 R 棒来补偿 ΔI 的变化。这就要求在低功率运行期间或升功率前维持 R 棒于较低的棒位，同时要避免升功率前存在氙振荡现象。如果 ΔI 迅速地向负的方向偏移而 R 棒已提至堆顶，应暂停升功率，待氙毒的变化变缓或转向后，再继续升功率。在升功率过程中或升功率结束后，如果 ΔI 即将达到左绝对线（报警出现），必须降功率以避免超出这一限值。不允许闭锁 C21。当氙（Xe）振荡使 ΔI 向正向偏移时（此时升功率应已结束），应尽量通过 R 棒等手段抑制其发展和恶化。若 R 棒下插余度有限，而反应堆已在新的功率水平稳定达 6 h 以上，则可以闭锁 C21，允许 ΔI 超出区域 I 右限，但绝对禁止超出右绝对线。

4. 突发性插棒降功率后的 ΔI 控制

（1）12 h 内故障解决，功率升回原水平

降功率终止时 ΔI 应在较负的位置。随着氙毒的增加，可以通过修正 G 棒定值（增加）和提升 R 棒来将 ΔI 向正方向纠正同时抑制氙振荡。一旦升功率条件成熟，应尽可能快地提升，以减少正在快速积累的氙毒，有利于 ΔI 的控制和减少废水生产量。

（2）24 h 内可以升回原功率水平

在这种情况下，G 棒允许 24 h 内抽出，但之后 7 d 必须维持功率不变以消除上部燃耗阴影。此时，限制条件只有 ΔI 和 R 棒位。ΔI 较负而 R 棒棒位低时，可硼化提棒纠正；R 棒棒位较高时可修正 G 棒定值提升 G 棒纠正。ΔI 较正而 R 棒棒位高时，可稀释插棒纠正；R 棒棒位较低时可减少 G 棒修正值，插 G 棒修正，但不得将 G 棒插至刻度棒位以下。否则，只有降功率。

（3）反应堆将在新功率水平长期运行（大于 24 h）

G 棒必须在 12 h 内抽出堆芯。氙毒上升时校正 G 棒（甚至可以考虑硼化）快速将 G 棒抽出。如 ΔI 向右趋势过急，可下插 R 棒校正。必要时可通过控制堆芯温度协助控制 ΔI。若 G 棒抽出后估计 6 h 内 ΔI 将在 R 棒无余度情况超出区域 I，则应硼化降功率至 50%FP 以下。根据规范要求，50%FP 以下 G 棒全抽出时 ΔI 允许在区域 II 运行，同时闭锁 C21。

5. 紧急停堆后重新临界升功率过程中 ΔI 的控制

（1）寿期初

寿期初由于下部剩余功率还大，提升功率时 ΔI 不会向正偏移，向负的偏移可由棒

的提升补偿，即使在氙（Xe）较大时启动，也可通过修正 G 棒定值来实现，所以控制起来难度较小。

（2）寿期中或寿期末

满功率运行时，由于堆芯功率分布不均匀（下部大于上部），使得堆内氙毒的分布也是不均匀的（下部大于上部）。紧急停堆后，堆芯下部氙毒积累的速率及幅度均大于上部。在这种情况下，为了迅速达临界及升功率，通过 G 棒的提升来补偿氙毒所引入的负反应性，往往会出现 ΔI 向正的方向偏移（尤其是寿期末，由于同时受到燃耗的影响，使得 ΔI 向正的方向偏移得更厉害），并极有可能进入区域Ⅱ，而且在区域Ⅱ停留时间过长而违反技术规格书。

在停堆后氙毒较高时，若反应堆仍处于次临界，则不要急于启动，否则后面 ΔI 将无法控制而被迫降功率甚至退回次临界。在 6 h 之前或 14 h 之后氙毒较低时启动时，应先将 R 棒置于高位（调节带顶部），预留较大余度以利于后面插棒抑制 ΔI 正向偏移。临界后，应尽快进行稀释以补偿氙毒所引入的负反应性。如果条件许可，在 50%FP 以下阶段尽快提棒（辅以稀释）升功率，使功率尽量达到较高水平以消毒。

9.6.3 关键步骤及注意事项

1. 关键步骤

机组从满功率运行向热停堆工况过渡时，一、二回路操纵员参考的规程主要为 G3/GS3 规程。在堆机分离之前，机组功率主要由二回路操纵员控制，一回路操纵员要依据 S-RRC 程序的要求进行 ΔI 监视，并在一些功率平台确认保护相关信号灯指示是否正确。堆机分离后，GCT-c 打开，一回路最终通过插棒来实现向热停堆的过渡。

关键操作步骤：

①二回路操纵员选择降功率速率及目标负荷（110 MW），开始插棒降功率操作。期间当负荷达到 70%时检查 GSS 的运行情况。当负荷达到 40%时可停运一台 APA 泵。当负荷达到 30%时检查 GSS、ABP、AHP、GPV、ADG 系统的相关疏水阀开启。20%负荷之前，GCT-c 由 T 模式转换为 P 模式运行（机组下行时 GCT-c 的模式转换为一操作难点，下文中将有详述）。降至 10%之前，要确认蒸汽发生器大阀关闭，并将其对应隔离阀关闭。

②汽机负荷将至时，发出停机指令，确认汽门关闭，并检查 GCT-c 阀门是否正常排气。之后检查 GGR、ABP、ACO、AHP、GSS、GME、GPV 的运行情况是否正确。

③负荷降至 20%以下时，为确保机组稳定性能，一回路操纵员要将 R 棒、G 棒打手动控制。降至 10%以下时，需要确认 P10、P7 信号灯状态正确、中间量程及功率量程停堆信号恢复。闭锁 C21、C22 信号。

④一回路操纵员按照程序要求继续下插 G 棒、R 棒，功率低于 P6 信号时确认信号灯指示正确。热停堆之前，要确保一回路硼浓度满足技术规格书要求。

2. GCT-c "T 模式" 向 "P 模式" 的切换操作

该切换操作可分为两种情况：

（1）GCT-c 无开度时的切换

该情况一般出现在正常降功率过程中，汽机功率降至 25% 左右切换较为理想（G 规程要求核功率 20%P_n 时切换），具体操作如下：

①GCT-c 置 "手动" 关闭，将 GCT-c 压力定值设定于 7.5 MPa.g 后由 "EXT" 切至 "INT"。

②将选择开关由 "T 模式" 切换至 "P 模式"，GCT-c 允许开启逻辑灯亮，将 GCT-c 置 "自动"，注意 GCT-c 阀未开启。

③汽机功率接近 10% 时暂停降功率，调整 GCT-c 压力定值接近实测值后，将 R 棒、G 棒置 "手动" 控制。调整压力定值的目的是避免 GCT-c 开启时 VVP 压力波动太大造成 SG 水位低低跳堆。

④维持核功率不变，继续降汽机功率至解列，观察 GCT-c 逐渐开启。

（2）GCT-c 有开度时的切换

切换时应注意对 SG 水位调节、一回路温度调节、功率调节的影响，具体操作如下：

①将 GCT-c 压力定值暂置 "INT"，缓慢调节压力定值至 "T→P"，允许切换灯亮。

②将 R 棒、G 棒控制投 "手动"，避免切换过程中造成的信号突变使棒移动。

③确认 GCT-c 第 3 组阀全部关闭。

④将 GCT-c 由 "T 模式" 切至 "P 模式"。确认 GCT-c 第 1、2 组允许开启逻辑灯亮。SG 水位、RCP 温度波动不大。

⑤待各参数基本稳定后，如有必要将 R 棒、G 棒投回 "自动"，则缓慢调整 GCT-c 压力定值使功率定值至需求值，或通过稀释、硼化、手动改变棒位等手段使 "自动" 条件满足。

思考题

1. 写出 6 种运行模式的名称及其主要特征（温度、压力、功率等）。
2. 描述 *P-T* 图各限制线的意义。
3. 描述机组冷态启动的主要过程。
4. 描述机组停运的主要过程。
5. 描述稳压器建立、湮灭汽腔的主要步骤。

6. 什么是行政隔离？NS/RRA 与 NS/SG 模式的切换涉及哪些行政隔离？

7. 描述机组从冷态热备用向热态热备用过渡时，汽水循环回路相关系统的启动顺序。

8. 描述机组从热态热备用向满功率过渡的关键步骤及注意事项。

9. 描述机组降功率策略的选择。

10. 描述机组硼化降功率操作的主要步骤。

第10章　机组故障及瞬态运行

核电机组从设计、建造到运行检修的过程虽然都有严格的质量保证体系，确保机组能够安全稳定地长期运行，保持较高的可用率。但是，在机组实际运行过程中，不可避免地会产生各种类型的缺陷和故障，这些缺陷和故障有些是显性的，对机组的稳定运行造成影响，可能直接导致停机停堆。有些则是隐性的，可能长期潜伏，但随时可能爆发，在这些故障中，有些不对机组安全运行产生直接的影响，有些则可能产生核安全方面的隐患。因此需要操纵员不但具备控制机组正常运行的能力，而且具备一定的故障处理能力。

10.1　技术规范

10.1.1　运行技术规范的作用

技术规范就是《核电厂最终安全分析报告》（FSAR）的第16章，是机组正常运行时所必须遵守的技术条件。严格执行技术规范，可以保证在出现误操作或故障、事故时，起重要作用的系统和设备能够按照其设计要求发挥其重要作用。

机组在设计时确定了：

①遵守三道屏障完整性相关的物理限值，确保安全限值的有效性。

②保护系统与专设安全设施设计的事故假设，这种假设尤其针对一个事件正在发展的机组状态。这些设计中采用的规定，在运行时都应该予以遵守。

技术规范集中了机组正常运行过程中应该遵守的技术规定，以确保安全限值得以遵守。只有严格遵守这些规定才能保证整个运行寿期内的安全。

运行技术规范的第一个作用就是限定了反应堆正常运行的边界，以确保机组运行在安全限值和事故假设的范围之内。

运行技术规范的第二个作用是规定三道屏障相关的控制、保护系统及专设安全设施的可用性，这些措施可确保各类事件和事故处理规程的可操作性。

运行技术规范的第三个作用是当出现所需的系统或设备不可用，或某一安全相关的参数异常变化时，规定应采取的措施。

10.1.2　技术规范的主要内容

技术规范分为 8 个部分：定义、反应堆运行模式、蒸发器冷却停堆模式、RRA 冷却正常停堆模式、维修停堆模式、换料停堆模式、反应堆完全卸料模式、总则。

1. 定义

技术规范中给出了一些专用名词的确切定义，共 30 条，如 AO、ΔI 等。本书仅给出下文中涉及的名词的定义。

可用：一般来说，如果可以证明某一设备或系统能及时地执行设计赋予的特定功能，同时又具备所要求的性能水平，则认为（部件、设备或系统的）安全功能是可用的，特别是该系统或设备功能所必需的仪控设备和辅助设备是可用的。与该设备或系统相关的《安全相关系统和设备定期试验监督要求》或《启动物理试验监督要求》中定期试验至少已正常完成（试验周期、裕度、运行模式都得到遵守）且其结果是满意的。一个可用的设备不一定是在运行状态。

不可用：安全功能不能满足上述可用性定义中所规定的所有条件时，则视其为不可用。

注：对某一要求监测的参数的仪表的不可用进行处理时，应使用其他方法来检查该参数是否仍维持在要求的范围内，否则认为该参数已超过规定限值。

不可用分为单一随机不可用、累积随机不可用和计划性不可用三种。

①单一随机不可用：在一个给定的运行模式及机组的理想状态下，绝不应该存在影响机组安全的不可用。如果发现存在一个这样的不可用，由于它是影响机组安全的唯一一个不可用，因而称之为单一随机不可用。

②累积随机不可用：如果正运行的机组在同一时间存在两个或更多的单一随机不可用，则相应的状态就称作累积随机不可用。

③计划性不可用：出于预防性维修的目的，将某一设备或系统退出运行而导致的不可用，称为计划性不可用。这一不可用的产生与诸如设备状态降级等的外部事件无关。

后备状态：在对安全起重要作用的设备不可用的事件中，定义后备状态为这样一个运行工况，该工况下，尽管存在不可用性，但机组可以具有最大安全裕度。

安全期限：容许的安全期限是从发现不可用时开始，到机组达到指定的后备状态的时间。因此它是机组在初始运行模式停留的时间与机组从初始运行模式转移到后备状态所需的时间的总和。

限制条件：限制条件是指允许机组在不严格符合规范情况下运行的条件。这些限制条件一般均有相应的预防措施并且只能在预定的运行要求下（运行—维修—监督）严格地限时执行。执行运行限制条件等同于导致一个第一组事件。

特殊规定：特殊规定允许机组不遵守一般规定的运行（要求或限制的特例情况）。该"变通"下安全要求是得到保障的。

下面给出主要的保护和安全系统自动动作的整定值，以免达到安全限值。主要包括以下内容：

①反应堆紧急停堆的逻辑关系和阈值。

②P6、P7、P8、P10 和 P16 的定值及相关的动作。

③产生安注信号的逻辑关系和阈值。

④产生主蒸汽管道隔离的逻辑关系和阈值。

⑤启动 EAS、安全壳隔离、主给水隔离、启动 ASG、安注再循环和喷淋再循环等的定值。

⑥P11 和 P12 信号的定值及相关的动作。

⑦稳压器的安全阀、RRA 的安全阀和蒸汽发生器安全阀的功能和定值。

2. 6 个运行模式

这一部分是技术规范的重点，它定义了在各种不同工况下为保证核安全三要素而必须要求可用的设备或系统。当机组出现不满足技术规范的不可用时，则必须记为 I0，并根据技术规范所定义的安全期限将机组退到具有最大安全裕度的后备状态。

凡是超出了运行技术规范的事件（除核电厂厂长的决策和特许申请）都被称为核电厂运行事件（Lisencing Operational Event），核电厂必须在规定期限内以书面报告（Lisencing Operarional Event Report）的形式向国家核安全局（NNSA）汇报。

以下一些例子可以用来简单了解各个模式下的要求：

①在进行堆芯装料时，反应堆 8 m 气闸门故障卡死在关闭位置，此时进行装料操作的工作人员提出，为了更方便人员和工具的出入，提高工作效率，要求将反应堆 0 m 气闸门全打开（内门和外门）。这种情况是不可以的。根据技术规范，在此种工况下，为保证安全壳的完整性，0 m 气闸门的内门和外门间的联锁可解除，但两道门中至少有一道保持关闭。

②某次大修，机组处于维修冷停堆工况，RCV002PO 正在维修，RCV003PO 已实施隔离并准备做解体检修，此时发现 REA004PO 齿轮箱处向外漏油，且有更加严重的趋势，运行人员应如何处理？维修冷停堆工况下对补水的要求是非常严格的，必须有两个补水通道可用，即 RCV 的 A、B 两列各有一台泵可用或 RCV 的 A 列泵（RCV001PO）和 REA 的 B 列泵（REA004PO）可用且至少一个 REA 硼罐的硼浓度大于 7 000 μg/g。REA004PO 的齿轮箱漏油说明该泵的可用性被破坏，此时应尽快恢复 RCV003PO 的在线以保证该补水通道的可用性。

③机组启动过程中，堆功率已达 40%P_n，较大的氙毒使轴向通量偏差 ΔI 向右偏进入运行梯形图的区域Ⅱ，G 棒未全提出堆芯，持续运行了 50 min，稀释使堆功率达 48%P_n，ΔI 仍在区域Ⅱ，G 棒仍无法提出，怎么办？

对此种情况，技术规范中有两点要求：

a. 在 50%P_n 以下，G 棒处于未全提出位置时，ΔI 可以进入区域Ⅱ，但此种方式的运行在连续 12 h 内不能超过 1 h，也就是说，如果 ΔI 在区域Ⅱ出不来，G 棒必须在 1 h 内完全提出堆芯。

b. 功率大于 50%P_n 后，G 棒必须完全提出堆芯。

由此可见，此时运行人员唯一的选择就是降功率，10 min 内将 ΔI 退出区域Ⅱ。

④功率运行，运行人员作 LHP 定期试验，发现燃油喷射泵故障，仓库无备件，紧急采购要至少 3 d 的时间，此时应如何处理？

由技术规范 RP 模式可知，一台柴油机不可用，机组应当在 3 d 内退到 RRA 模式，如果附加柴油机替代该不可用应急柴油机，则事件视为第二组事件。其维修期限应遵守替代期限。如果在替代期限内不可能修复，则开始向 NS/RRA 模式后撤。

⑤功率运行，VVP011MP 上漂，技术规范对其有何要求？

VVP011MP 上漂同时引发了 3 个不可用性，查 SIP 图（"过程仪表系统模拟信号图"）和技术规范可知：

a. 它导致 RPR 的主蒸汽隔离和蒸汽管道破裂的保护降级，不可用条款为 RPR1a。如果没有自动旁通，需立即手动旁通，自动或手动旁通后，作为第二组事件。如果一个测量通道不可用，检修必须在 1 个月内完成。如果在发现该测量通道不可用时，机组状态（允许信号）处于不需要该测量通道参与的某保护的状态，则禁止将反应堆置于需要该保护的状态。

b. 它导致 GCT132VV 失去自动调节能力，不可用条款为 GCT-a 不可用，3 d 内机组开始向 NS/SG 模式后撤。

c. 它导致事故后监测系统（PAMS）的一个通道不可用，不可用条款为 PAMS1，要求检修必须在 1 个月内完成。

3．总则

总则部分包括运行技术规范的作用、运用原则、6 个运行模式的定义和出现不可用情况下应采取的措施。在此先介绍几个概念：

①第一组事件：涉及的范围包括：超出运行中应遵守的与核安全相关的重要设计假设；反应堆停堆保护与专设安全设施系统的不可用。该组事件的发生将导致三道屏障（燃料包壳、一回路压力边界、反应堆厂房）损坏的风险增加及可能导致超出设计限值的放射性后果。

②第二组事件：与该组事件相关的设备和系统必须保持其可用性，因其不可用性将直接影响对异常情况的监控、诊断及处理。实际上，不属于第一组的所有事件均归入第二组。

③后撤时间：确定后撤时间时，考虑了遵守由事件导致的机组风险增量所确定的时间限值的同时，还包括了机组后撤到后备模式所必需的时间、在可能的情况下进行诊断、控制和修复设备的时间以及进行分析准备后撤所需的最短时间。

技术规范不适用于异常或者事故工况。事故工况下的电厂核安全是由执行相应的事故处理规程来保证（AD/OPS/506）的。

遵守技术规范，也是机组正常运行期间保证核安全的最基本要求，它可确保电厂始终处于所研究的事故范围内。任何对技术规范的偏离，甚至是暂时的偏离都必须得到NNSA 的批准。

核电厂厂长承担电厂的全部安全责任，一旦出现无法满足技术规范的情况，厂长或他的应急值班代表有权作出偏离技术规范的决定，其条件是他认为其决定有利于电厂核安全。在作出决定以前，厂长必须收集各方人员（安全技术顾问等）的意见，也可以征询电厂核安全委员会（PNSC）的建议，以确保其决定的正确性。事后，电厂必须将当时的实际情况、风险和处理情况等以书面形式向 NNSA 汇报。

机组运行时，会遇到多组事件累积或累计的情况。这时应采取以下措施：

（1）在 RP、NS/SG、NS/RRA 模式下第一组事件累积

①后撤模式的选择：机组后备模式应选择所有事件的后备模式中最接近维修停堆模式（MCS）的一个；如果其中有一个为电源方面的事件，对后备模式的选择有困难时，机组的后备模式应选择为稳压器双相 RRA 冷却正常停堆模式（NS/RRA）。

②后撤时间的选择：在不同系统同时出现两个第一组事件累积时，机组开始后撤到后备模式的操作必须按以下规定执行：

如果两个事件开始后撤时间较短的一个小于等于 8 h，则在 1 h 内开始执行；

如果两个事件开始后撤时间较短的一个大于 8 h 小于等于 24 h，则在 8 h 内开始执行；

如果两个事件的开始后撤时间均大于 24 h，则在 24 h 内开始执行。

当不同系统同时出现超过两个以上第一组事件累积时，机组必须在 1 h 内开始执行后撤。

（2）在 MCS、RCS、RCD 模式下第一组事件累积

①当发生不同系统的第一组事件累积时，机组须在 24 h 内开始执行后撤；必须进行安全分析以确定机组后撤至一种最合适的模式。

②在 RP 模式下第二组事件累积。

③在不同系统上同时存在 5 个第二组事件累积时，机组应在 24 h 内开始向 NS/SG

模式后撤；在不同系统上同时存在 5 个以上第二组事件累积时，机组应在 1 h 内开始向 NS/SG 模式后撤。

④在 NS/SG、NS/RRA、MCS、RCS、RCD 模式下第二组事件累积。

⑤在不同系统上同时存在 5 个第二组事件累积时，必须在 24 h 内消除累积；在不同系统上同时存在 5 个以上第二组事件累积时，必须在 1 h 内消除累积。

（3）随机事件情况下所采取的措施

1）第一组随机事件

对于这类事件，规定了从发现异常的初始模式到反应堆后撤到后备模式过程中所有可能采取的措施。确定后撤时间时，考虑了遵守由事件导致的机组风险增量所确定的时间限值的同时，还包括了机组后撤到后备模式所必需的时间、在可能的情况下进行诊断、控制和修复设备的时间以及进行分析准备后撤所需的最短时间。技术规范规定，对于第一组事件，一般给定开始后撤时间或修复时间。在该期限内：

①消除事件。

②或按照技术规范要求的模式开始反应堆的后撤（开始后撤期限）。

③或规定的缓解措施（针对性预防措施已实施以限制反应堆的参数）已执行，则允许机组维持在相同的运行模式中。

2）第二组随机事件

与此相关的事件一般只规定了设备的修复时间或者应采取的缓解措施。必须在规定的期限内进行修复。若不可能修复，应尽早（但不得超过给定的期限）采取有效的缓解措施或手段，确保机组恢复到相应的安全状态。

3）事件的发现与持续时间

以下规定同时适用于第一组和第二组事件。

事件的持续时间从发现不能满足安全功能要求的设备异常的时刻开始计算，可以用任何方法（定期试验、报警信号、监督检查、预防性维修）发现这一异常。当某一设备需进行预防性维修时，事件的持续时间从该设备被隔离退出运行的时间开始计算。

当某一事件中不可用的设备或系统的维修已结束，且再鉴定试验的结果满意，或者反应堆已达到不需要该设备或系统的安全状态时，就意味着该事件已结束。

在不可用设备或系统的维修过程中，当预计事件的持续时间将超过开始后撤时间或允许的维修时间时，应在尽可能短的时间内实施后撤或采取相应的缓解措施。

一旦发现有一个设备不可用，必须确保其要求可用的冗余设备的可用性（遵守定期试验的周期、试验合格、无隔离、在线正确等）。

必须保证导致一个要求的安全功能不可用的原因或条件，不会导致产生另一个要求的安全功能不可用的风险。

10.2　故障及瞬态处理流程

10.2.1　机组监视

CPR1000 机组操纵员对机组的监控主要依靠 4 个大屏幕和一、二回路操纵员终端的 6 个显示器来完成，在 KIC 不可用的情况下，由后备盘来监视和控制机组。当主控室不可用时，还可以由应急停堆盘来进行机组监控，并实现安全停堆。

在机组正常运行时，操纵员需要不断巡盘，并通过报警、趋势等手段发现机组异常，实现对机组监视。具体主要通过以下方式：

（1）报警 KA/AA

报警的出现意味着机组运行的过程中出现了偏差或者状态发生了转变，因而对任何的报警都必须毫不例外地做出响应，但是响应的方式、时机或者程度应有不同。

（2）声音提示

"报警铃声"往往是操纵员对报警的第一感知，由此，操纵员将开始报警响应的工作过程。

除了报警铃声以外，在主控室还设计了一些声音提示，方便操纵员及时了解机组出现的异常。

（3）参数的扰动

有些故障在发生的初期是没有报警的，但是操纵员也可以通过机组上的参数变化来发现，尤其是一些与 NSSS 系统相关的参数。

10.2.2　故障处理的一般方法

1．机组故障规程介绍

当机组出现故障时，操纵员需要根据故障的实际情况选择合适的程序进行故障处理。一般情况下常用的故障处理程序有：

（1）I 程序

I 程序主要用来处理一些预期的运行事件（故障），主要故障程序见表 10.1。

（2）S 程序

在 S 程序的第六章"特殊运行"中，也有一些与机组故障的处理相关的内容。例如，S-CRF-001 程序第六章中有关于一台 CRF 泵跳泵的处理，在 S-GRE-001 程序第六章中有关于一个 GRE 或者 GSE 阀门异常关闭后的处理。

表 10.1 机组故障程序

序号	编号	名称	备注
1	I-＊-CEX-001	冷凝器海水泄漏	
2	I-＊-CVI-001	冷凝器异常漏气	
3	I-＊-KIC-001	主控室工作站不可用	
4	I-＊-LAB-001	220 V 直流电源 LAB 配电盘失电	
5	I-＊-LBJ-001	110 V 直流电源 LBJ 配电盘失电	
6	I-＊-LBM-001	110 V 直流电源 LBM 配电盘失电	
7	I-＊-LCE-001	机组 48 V 直流电源（常规岛 A 列）配电盘失电	
8	I-＊-LMC-001	失去 LMC 220 V 交流电源	
9	I-＊-LNA-001	220 V 交流重要负荷电源系统第一保护组操作	
10	I-＊-LNB-001	220 V 交流重要负荷电源系统第二保护组操作	
11	I-＊-LNC-001	220 V 交流重要负荷电源系统第三保护组操作	
12	I-＊-LND-001	220 V 交流重要负荷电源系统第四保护组操作	
13	I-＊-PCI-005	机组带厂用负荷	机组瞬态
14	I-＊-PCI-006	汽机跳闸、反应堆不停堆	机组瞬态
15	I-＊-RCP-001	投运的主泵不足 3 台时反应堆的运行	
16	I-＊-RCP-002	反应堆冷却剂泵故障	
17	I-＊-RCP-003	主泵全停后在满水状态下启动第一台主泵	
18	I-＊-RCP-006	反应堆容器密封环泄漏的操作	
19	I-＊-RCP-007	RCP 旁路环路维修	
20	I-＊-RCP-009	稳压器安全卸压阀不正常	
21	I-＊-RCV-002	化学和容积控制系统故障	
22	I-＊-REA-001	反应堆冷却剂补给异常	
23	I-＊-REA-002	ADP 后主泵停止时将上充泵吸入口切回 RCV002BA	
24	I-＊-RGL-001	控制棒系统故障	
25	I-＊-RPN-001	核仪表运行故障	
26	I-＊-RRA-001	余热排出系统在启动期间失灵或故障	
27	I-＊-RRC-001	核蒸汽供应系统控制装置和安全设施故障	
28	I-＊-RRI-001	缓冲箱水位在补水运行时缓慢下降	
29	I-＊-RRI-005	缓冲箱中水位上升	
30	I-＊-RRI-006	自动换列时系列间隔离阀未开启	
31	I-＊-RRI-008	RRI 系统放射性异常	
32	I-＊-VVP-001	一个蒸汽发生器安全阀意外开启	

（3）A 程序

报警的出现就表示机组的运行与预期发生偏差，这种偏差可能是机组参数的正常变化，也可能是故障引起的，所以报警卡中也对机组的故障处理有相应指导。

（4）临时编写操作单

在机组实际运行过程中，也经常出现某些故障没有程序的指引，此时可能需要操纵员临时编写操作单来进行故障的处理。

（5）瞬态控制导则

对于机组出现某些突发性瞬态事件，采用依据纸质文件指引、逐项操作、逐项记录的方式无法满足控制这些事件所需的响应速度，为了运行人员在处理此类瞬态事件时有所依据、提高运行人员处理此类突发事件的响应能力、降低机组跳机跳堆的风险，需要编写瞬态控制导则指导运行人员的操作，瞬态控制导则的原则是不能扩大事件的后果。

2. 故障处理的组织机构

当机组出现故障时，操纵员在按照自己的职责进行故障处理的同时，应该尽快启动和调动各种故障处理的力量。这主要有两方面的重要意义：

第一，启动组织上的纵深防御体系。

如果出现故障时操纵员未能及时通知相关人员启动纵深防御体系，那么一旦操纵员出现了误判或者人因失误，将导致机组的状态进一步恶化和复杂化。而且，组织各职能人员对故障进行综合分析，可以得到比较全面的风险分析和风险应对措施。

第二，对故障进行高效的处理。

只有及时启动和调动各种故障处理力量，才能充分发挥各职能人员的技术、知识、经验优势，以便在最短时间内拿出最恰当的处理方案。

故障处理的组织机构主要包括以下两个：

（1）运行值

运行值由以下人员组成：值长、机组长、副值长、主控室操纵员、运行技师、高级现操、中级现操、初级现操。

注：安工是运行控制组不可缺少的重要组成部分。

在任何时候，运行值都是机组故障时处理的绝对主要力量。运行值人员具有调动快速、便于沟通、协作性好、技术力量雄厚、大局感强等优点。所以作为操纵员，首先必须清楚各个岗位人员的职责与作用。以便能够在机组故障的情况下，准确及时地调动值内的故障处理资源和力量。

操纵员必须避免机组上出了任何问题，都直接启动外部专业部门进行处理的现象。

（2）专业部门

核电厂的组织和分工非常明细，各个部门和专业各有所长。如何使用好这些专业支持力量，是操纵员必须掌握的一项基本知识和技能。

要使用好各个专业部门的支持力量，就首先要对各个部门人员的分工和职责有清楚的了解。在故障处理过程中，操纵员经常需要调动的专业支持人员包括：仪表、静机、转机、电气、性能、辐射防护、化学、服务。

此外，操纵员还必须清楚各专业处相关子专业的分工和职能。例如，仪表处分为逻辑科、模拟科、计算机科，静机处分为管阀科、容器科，转机处分为主机科、辅机科，电气处分为高压科、低压科等。各个子专业的职能也有不同，分别负责管理不同的设备或者电厂功能区域，需要操纵员都必须有所了解，以便能够在需要这些专业人员支持的时候能够在最短时间内找到合适的值班待命人员。

3. 机组故障处理的一般原则

以下给出机组故障处理的基本思路和原则：

（1）稳定机组

虽然核电机组从设计、安装到运行检修的过程都有严格的质量保证体系，确保机组能够安全稳定地长期运行，并保持较高的可靠性。但是机组实际运行过程中，不可避免地会产生各种类型的缺陷和故障。

有些缺陷和故障是显性的，对机组的稳定运行造成影响，甚至可能直接导致停机停堆。

有些缺陷和故障是隐性的，并不对机组的稳定运行造成影响，但是可能长期潜伏，到了一定的工况或条件，就会直接影响机组的安全运行，或者在核安全方面有潜在的较大安全风险。

总之，机组上的故障和故障模式是千变万化的，但是作为操纵员对这些缺陷和故障处理的第一个大的原则是万变不离其宗的，那就是"稳定"。

"稳定"的本质是"平衡"，包括能量的平衡、反应性的平衡、水汽的平衡、容器进出水的平衡、泄漏与补偿的平衡等。

对"稳定"的理解必须避免几个误区：

1）"稳定"并不等于说机组的参数不发生变化

平衡可能是静态的平衡，也可能是动态的平衡，因为在某些情况下需要一种动态的平衡，或者必须要经过一个动态才能平衡。

例如，当除氧器水位控制系统从仪表 ADG002MN 到执行机构 CEX025/026VL，任何一个环节出现问题，都会对除氧气水位造成影响。如果故障出在 ADG002MN 上，那么我们要做的就是首先保持功率的稳定，然后在通过手动控制 CEX025/026VL 使除氧器的进出水平衡，最终是机组恢复稳定。但是如果是因为 CEX025/026VL 其中一个阀门因故障而关闭，那么操纵员首先要做的可能就是尽快从高功率降低负荷到 60% 左右（对应 CEX025/026VL 一个阀门的最大供水能力），如此才能使机组恢复稳定。

2）"稳定"并不一定需要操纵员的干预

有些故障的发生必须要操纵员的干预才能使机组恢复稳定。例如，蒸汽发生器水位控制系统的故障就需要操纵员尽快采取适当的措施进行干预，才能使蒸汽发生器水位恢复稳定，从而避免停机停堆。又如，一台 CRF 泵跳闸时，操纵员必须及时降低功率，才能避免冷凝器真空降低发生停机停堆。

而有些故障的发生并不需要操纵员的干预，操纵员只需要确认机组的自动动作是否正确，当自动动作不正确时，才需要进行手动干预。例如，一台 CEX 泵跳闸时，备用的 CEX 泵会自动启动，操纵员只需要确认备用泵是否正常启动即可达到稳定。当备用泵没有自动启动时，操纵员需要尝试手动启动，如果手动启动不成功，则需要快速降负荷到 50%才能使机组稳定。

总之，"稳定"是一个比较丰富的概念，不能孤立和片面的理解。这是操纵员在故障处理时必须掌握的一项知识和技能。只有先把机组稳定住，才能为后续的故障处理创造条件，避免机组参数的继续恶化，甚至发生跳机跳堆，造成电站损失。

在故障发生时，尤其可能造成机组参数发生剧烈快速变化的故障发生时，操纵员一般是来不及使用程序指引自己进行故障处理的，也可能得不到同伴或者团队的支持。这时候就需要操纵员根据自己的知识、技能和经验，对当前机组的现象进行独立分析，尽快拿出应对措施。

在故障发生时，我们可能无法立即判断出故障的根本原因所在，此时进行干预有一个简单原则，那就是"什么参数（状态）发生变化了，就控制什么参数（状态）"。

经过操纵员系列化标准培训的操纵员都应该知道对应于当前的机组状态，机组各个参数应该是多少，机组上的设备应该是什么样的状态。这就是机组运行的标准状态，或者期望的最佳状态，这是由技术规范以及相关的程序规定好的。那么一旦机组参数或者设备状态发生了偏差，操纵员应该能够识别这种与预期状态的偏差，并且知道通过什么手段来恢复机组到预期的最佳状态，即使不能恢复到预期的最佳状态，也应该采取措施使偏差对机组安全和稳定的影响减到最小或者得到缓解。

比如蒸汽发生器水位出现了偏差，操纵员可能无法一下子精确诊断问题出在什么地方。但是操纵员应该知道当前负荷水平对应的正常水位应该是多少（负荷与水位的曲线），而且知道控制蒸汽发生器水位的手段有调节大阀、调节小阀、调节水汽压差、调节给水泵转速、改变负荷等。那么应该正确使用这些手段先把蒸汽发生器水位稳定在设计的正常水位值，再查找和处理可能的故障。

（2）启动运行团队的纵深防御体系

故障发生后，操纵员采取了初步的紧急稳定措施后，应该尽快启动运行团队的纵深防御体系，这包括及时通知机组长、值长、安工等。当然，通知的时机可以根据机组情况和故障的情况灵活掌握，目的是防止操纵员的人因失误。

（3）故障的初步诊断和确认

通过各种手段相互验证来确认故障，如交叉比较、冗余对照等。

（4）使用程序，进行故障处理

根据诊断和分析的结果，选择合适的程序来进行控制和处理（IRRC、IRGL、IRPN 等）。目的是避免操纵员的人因失误和技能上的不足，保证故障处理的完整性。

（5）组织现场操纵员、隔离经理、维修人员等对故障进行精确定位

首先要精确定位故障，才能对故障进行全面的风险分析，并拿出针对性的处理措施，且保证处理过程中带来的风险得到有效的控制。

（6）分析故障的存在对机组的潜在影响，拿出解决方案

应用 SIP 图、流程图、逻辑图等技术支持文件以及技术规范，进行全面细致的风险分析，拿出解决方案和预防措施。

（7）故障处理的跟踪

通过记录 I0、记录重大缺陷、记录主控日志等手段来对故障进行跟踪和管理。

（8）恢复

必须注意故障设备处理好之后的再鉴定环节，并且注意恢复正常运行过程中的"无扰"。

以上只是针对故障的一般处理方法和流程，很多特殊的故障还有自己的特殊之处，因而不可盲目照搬，如卡棒故障、卡阀故障、RPN 故障等。

处理故障的过程根据故障的不同而千差万别，操纵员必须灵活掌握和运用，这离不开扎实的知识、技能和丰富的经验，这些才是故障处理的基础。

10.3 阀门故障

10.3.1 气动调节阀原理

1. 调节阀的基础知识

通过改变阀瓣的形状（或加装节流阀笼）使之与阀座配合，通过控制流体的通流面积，实现对阀门下游流量（或压力）控制的目的，满足这种功能的阀门称为调节阀。调节阀在管道中起到可变阻力的作用，它通过节流效应和相应信息的反馈来调节流量或压力。液体在调节阀中流动，由于紊流和黏滞会将一部分机械能转变成热能。

（1）阀门"安全位置"的概念

气动阀门在气动头尚未进气或气动头卸压后自动回复的稳定位置称为该阀的"安全位置"。

（2）"失气关"和"失气开"的概念

"失气开"气动阀在气动头没有进气时，阀门在弹簧的作用下完全开启。当气动头

充气后在隔膜上产生的作用力压缩弹簧使阀门关闭。

"失气关"气动阀在气动头没有进气时，阀门在弹簧的作用下完全关闭。当气动头充气后在隔膜下产生的作用力压缩弹簧使阀门打开。

（3）气动阀手动"中性点"的概念

气动阀设置了手动操作机构后，大大提高了运行系统的安全可靠性；增加了气动阀在失去控制气源后的应变能力。但是同时又带来了手动机构在阀门上的定位问题，也就是通常所说的气动阀"中性点"（NEUTRALPOINT）问题。当气动阀手轮机构设置在某一点（或区）时，既不影响远程控制阀门全开又不影响其全关，这个点（或区）就称为这个气动阀的手轮"中性点"，或者叫作"空位点"。气动阀的"中性点"是由手动机构的添置带来的，因此没有手动机构的气动阀不存在"中性点"问题。

气动调节阀是工业领域自动化控制过程中的执行元件，是自动调节系统中一个重要的环节。核电站系统回路中介质流动是由泵和阀门控制的，其流量主要由阀门来控制，而调节阀可以连续和比较精确地调节流量，因而调节阀常被用来调节介质的流量和压力、维持水位稳定等，是电厂保障机组稳定、经济运行的重要组成部分。调节阀具备远程操作和控制功能（控制室），并能根据机组的状态需要来控制阀门，以满足现场的需要，提高工作效率和故障处理的响应时间。由于生产过程对调节对象有各种各样的特性要求，因此调节阀配有各种附属装置来满足这种需要，如为了改善调节阀的静态和动态特性应配用的阀门定位器、各类气动仪表等。气动调节阀的工作动力——气源压力，一般都是由供气系统通过空气过滤器和空气减压器等来供给的。当气源中断时则应用了气动保位阀，实现对调节阀行程的自锁；为了使电动仪表配用于气动执行机构，就需要引用电气转换器，将电流信号转换成气压信号等。总之，附件的作用在于使调节阀的功能更完善、更合理、更齐全。

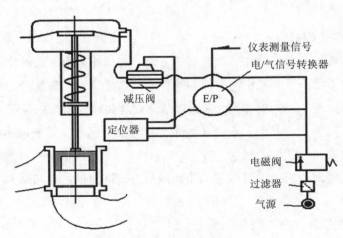

图 10.1　气动调节阀控制原件图

2. 阀门重要部件的基本工作原理

（1）定位器

气动调节阀随动定位器（也叫存续器）是利用力平衡的原理起到校准阀门启闭状态和根据需要调整阀门启闭状态的作用的仪器，其工作原理如图 10.2 所示。

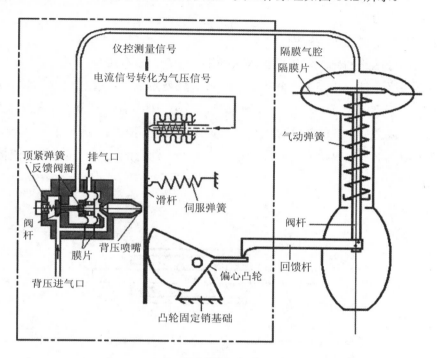

图 10.2 气动调节阀随动定位器工作原理

当进入控制波纹盒的信号压力增加时，控制波纹盒的推力增大，推动滑杆向左移动，使其与背压喷嘴间的距离减小，背压室压力升高迫使胶膜向左移动，并打开反馈阀门，使背压空气补入气动头隔膜气腔，气腔压力升高，会使调节阀阀杆下移，通过与之相连的伺服操纵杆带动伺服凸轮顺时针方向偏转，滑杆向右移动，当伺服弹簧的拉力与控制波纹膜盒的推力相平衡时，随动定位器则在新的平衡位置上稳定下来，阀门的开度与控制信号的压力之间成对应的比例关系。

（2）接触式控制箱及阀位传感器

接触式控制箱用以安装行程结束装置和阀位传感器，其手柄通过连杆与阀杆相连，当阀门位移时，连杆使手柄发生偏转，使受手柄控制的凸轮轴带动凸轮转动，当阀门开（关）到一定位置后，凸轮触动微动开关切断闭锁电磁阀电源，使进入气动头的气源切断，结束阀门的开（关）动作。接触式控制箱阀位传感器在控制箱的凸轮轴上，还装有一个肩形齿轮。凸轮轴的转动使肩形齿轮带动阀位电位计旋钮转动，改变电位计电阻值将调节阀门的阀位以电信号输出。

（3）电/气转换器

电/气转换器作为调节阀的附件，主要是把电动控制器或计算机的电流信号转换成气压信号，送到气动执行机构上去。当然它也可以把这种气动信号送到各种气动仪表。

其结构特点为：

①电路部分主要是测量线圈。

②磁路部分磁路的磁钢为铝镍钴永久磁钢，它产生永久磁场。

③气动力平衡部分由喷嘴、挡板、功率放大器及反馈波纹管和调零弹簧组成。

电/气转换器的动作原理是力矩平衡原理。当 0～10 mA（或 4～20 mA）的直流信号通入测量线圈之后，载流线圈在磁场中将产生电磁力，该电磁力与正、负反馈力矩使平衡杠杆平衡。于是输出信号就与输入电流成为一一对应的关系，同时将电流信号变成对应的气压信号（图 10.3）。

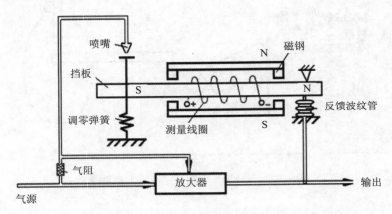

图 10.3　电/气转换器（E/P）结构

（4）控制信号放大器

信号放大器本质上是一种气动放大器。它与气动薄膜式（或气动活塞式）执行机构配套使用，用以提高执行机构的动作速度。当仪表远距离传送压力信号或执行机构气室的容量很大时，由于将产生较明显的传递时间滞后，因此，使用这种附件能显著提高执行机构的响应特性。图 10.4 所示为一种典型的气动放大器的结构，它还是以力平衡原理工作的。当由调节器或阀门定位器来的控制信号压力输入气室 A 时，在膜片组件 1 上产生一个向下的推力，膜片组件向下移动，打开阀芯 2，此时，气源压力由阀芯、阀座之间的间隙流入反馈气室 B，同时经由输出端被送到执行机构，当膜片的上、下两侧所产生的作用力相平衡时，输入信号与输出信号将保持一定的比例关系。

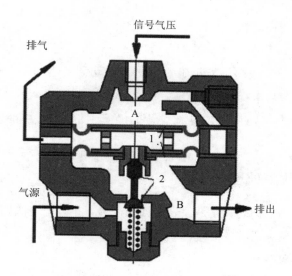

图 10.4 控制信号放大器的工作原理

10.3.2 气动调节阀故障原因分析

核电厂的气动调节阀应用广泛,而且型号很多,但是调节阀门的故障模式大同小异。对于运行反应堆操纵员来说,常遇到的故障主要是阀门拒动故障、阀门失电/失气恢复"安全位置"故障等。

当阀门不再响应来自调节器的手动调节信号或自动调节信号时,说明发生了阀门拒动故障,这也是对于主控操纵员来说最常见的故障之一。

阀门拒动的原因可能有很多,但是总的来说,分为两个大的方面,即静机方面的问题和仪表方面的问题,之所以分为这两个方面,主要是因为方便及时寻求静机和仪表专业人员的支持。

(1)静机方面的问题

①盘根卡涩;盘根卡涩可能是因为盘根太紧、阀杆生锈、润滑不好。

②阀笼与阀瓣卡死。

③气动头隔膜(或活塞)及密封圈损坏。

④长期不动作已经锈蚀(实)。

这些原因可能导致阀杆动作的阻力大于阀门气动头的驱动力而发生拒动。

(2)仪表方面的问题

①信号回路问题。

②电气转器问题。

③气源和减压阀问题。

④定位器及反馈杆问题。

⑤漏气。

这些原因可能导致阀门不能正确响应来自自动调节器的自动调节需求指令或者来自操纵员的手动调节需求指令。

阀门失电或者失气则自动恢复到设计的"安全位置"，可能的原因较多，不在此赘述。

10.3.3 阀门的故障处理

无论是静机方面的问题，还是仪表方面的问题，一旦出现阀门不能正确响应调节需求，那么故障的现象和后续的处理基本相似。

（1）故障的现象解释

一旦阀门被卡住不能正确响应来自自动调节器的自动调节需求指令或者来自操纵员的手动调节需求指令，存在"扰动"时，调节系统的"被调量"就会发生偏差。由于此时"执行机构"阀门拒动，则"调节量"不会发生变化，由此"被调量"与整定值之间的偏差就会越来越大。对于"比例式"调节系统，偏差越大，则阀门的开度需求变化越大，偏差与阀门开度需求的变化成一定的比例。而对于"比例积分式"或者"比例积分微分式"调节系统，即使微小的偏差，随着时间的推移，在积分环节的作用下，阀门的开度需求也会不断变化，直到阀门的开度需求达到饱和（0%全关或者100%全开）。

例如：

在降功率的过程中，如果 ARE031VL 发生卡阀故障，不能响应蒸汽发生器水位调节系统的调节信号，那么 SG1 的给水流量保持不变（不考虑水汽压差的变化）。随着负荷的降低，SG1 的蒸汽流量降低，给水流量与蒸汽流量的不平衡导致 SG1 的水位上升。当实测水位上涨到高于水位整定值时，在闭环 PID（比例积分微分）调节器和水汽流量差开环通道的共同作用下，ARE031VL 的开度需求不断减少。由于此时阀门不能响应开度需求的变化，给水流量不会发生改变，无法将 SG1 水位调回到整定值，因而水位实测值和水位整定值的偏差不断增加，在闭环 PID（比例积分微分）调节器和水汽流量差开环通道的共同作用下，ARE031VL 的开度需求继续减少，直到0%（阀门需求开度为全关）。

在升功率的过程中，如果 ARE031VL 发生卡阀故障，那么现象与如上所述刚好相反，读者可以自己分析。

不难看出，在发生上述卡阀故障时，如果操纵员不进行及时的干预，那么最终的结果必然是停机停堆。

（2）故障处理

卡阀故障的处理基本工作流程与一般的故障处理相同，以下仅针对卡阀故障的处理特点介绍几点：

1）稳定机组

首先停止负荷变化，减少其他扰动，其次通过采取措施恢复平衡并恢复相关参数到额定值。

恢复平衡的措施有很多种，需要操纵员根据情况灵活选择，以下介绍几种：

①"干扰量"平衡法。

由于"执行机构"此时拒动，也就是"调节量"此时不变，要使系统恢复平衡，可以采取措施改变干扰量，使其与被调量匹配，进而达到实现平衡的目的。

例如：

当 ARE 主给水调节阀发生卡阀故障时，给水流量不变，此时可以通过改变汽机负荷进而改变蒸汽流量的办法使之与给水流量匹配，调节蒸汽发生器水位。

当 CEX025/026VL 发生卡阀故障时，也可以通过改变汽机负荷的方法来进行除氧器水位调节。

当 RCP001/002VP 发生卡阀故障时，可以通过调节 PZR 加热器的投入量来进行匹配和平衡（应该注意：所有 PZR 加热器全部投入也不足以补偿一个喷淋阀的全部开启）。

②改变"阻力特性"。

我们知道，阀门之所以能够起到调节流量的作用，是因为其可以通过改变阀瓣的位置来改变阀门的流通面积，进而改变管线的"阻力特性"，最终实现流量调节。

例如：

当 ARE 主给水调节大阀（ARE031VL）发生卡阀故障时，在一定范围（18%FP）内，我们可以通过调节主给水调节小阀（ARE242VL）来进行蒸汽发生器水位调节。因为通过调节 ARE242VL 在此时也能起到改变管线"阻力特性"的作用。

当 RCV013/046VP 发生卡阀故障时，我们可以通过现场操作其旁路手动调节阀来进行调节。此外，在系统管线上还有隔离阀，虽然为了保护隔离阀，防止其隔离不严，一般不允许使用隔离阀进行流量调节，但是在必要的紧急情况下，也可以根据情况使用。

③改变"动力特性"。

管线中的流量大小除了受到管线"阻力特性"的影响外，还受到"动力特性"的影响。通过改变"动力特性"，也可以进行一定的流量调节。

例如：

当 ARE 主给水阀发生卡阀故障时，可以通过调节"水汽压差"来进行给水流量调节。

当 CEX025/026VL 发生卡阀故障时，可以通过改变运行的 CEX 台数以及调节 CEX024VL 来改变 CEX 泵出口的压力，进而实现流量调节，如图 10.5 所示。

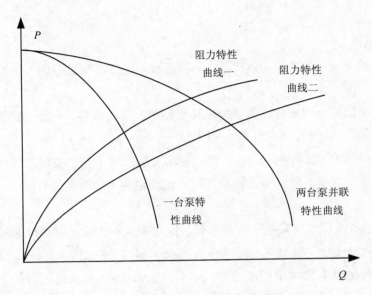

图 10.5　"阻力特性曲线"和"动力特性曲线"

以上通过举例介绍了 3 种发生卡阀故障时常用的平衡方法原理，在使用的过程中必须根据不同的系统特点、不同的机组状态灵活应用，切不可"死搬硬套"。

2）卡阀故障处理的风险控制

前面我们介绍了卡阀故障的基本原理，那么以下几点必须清楚：

①当阀门在关闭的过程中发生卡阀时，并不代表阀门不能开启；反过来当阀门在开启的过程中发生卡阀时，并不代表阀门不能关闭。

②当阀门卡在某个位置时，并不代表阀门不会再次动作，当阀门因为某阻力卡在某一位置时，随着阀门开度需求与实际开度偏差的增加，气动头的驱动力也越大，当驱动力大于阻力时，阀门将再次动作。

因而建议一旦发现卡阀故障，应尽快将阀门的开度需求放在与实际开度一致的位置，防止再次发生扰动。

③在阀门在线维修的过程中，阀门误动的风险很大，必须采取措施进行控制。

例如：

当阀门由于盘根太紧或者阀杆生锈卡在某一位置时，静机人员通常采取的措施就是松盘根或者加松动剂，此时一旦故障消除，则阀门会立即按照开度需求响应，如果此时开度需求与阀门的实际开度偏差较大，则将发生较大扰动。

当由于仪表方面的原因阀门拒动时，如果要进行在线处理，那么阀门的开度需求或者反馈环节可能发生较大的变化，如果不对阀门进行必要的开度固定措施，那么也会发生较大的扰动。

④故障修复后，阀门的重新投入运行风险仍然很大，必须采取措施进行控制。

3）阀门开度固定的措施

当发生卡阀故障时，要将阀门的开度固定在某个开度，就必须清楚阀门的工作原理和结构，通常这种措施为了保证稳妥都采用机械锁死的方式，最好由静机人员配合运行人员完成。以下介绍几种常用的机械锁死方法供参考：

①有些阀门本身带有锁死装置。如 CEX025/026VL 可以通过安装在阀杆上的上下两个螺母来进行锁死，详见该阀门的相关资料。

②改变阀门的中性点，并对阀门气动头放气。气动头失气后，在不发生阀门机械卡涩的情况下，阀门将恢复"安全位置"，通过破坏中性点，阻止阀门恢复"安全位置"，保持在当前状态。

不同的阀门"安全位置"不同，有些是全开（RCV046/013VP），有些是全关（ARE主给水调节阀），有些是原位（CEX025/026）。

③使用专用工具。即通过专用的"卡子""千斤顶"等手段使阀门强制处于某一位置。

以上介绍了气动调节阀的工作原理，并通过举例介绍了发生卡阀故障时的处理方法。读者在学习的过程中最关键的是要掌握原理，并根据机组上的实际情况灵活运用，切不可盲目照搬，并应多与专业部门的人员沟通，才能保证卡阀故障处理的安全和稳定。

10.4　仪表故障

10.4.1　控制原理与仪表

1．自动调节的作用

在生产过程中，为了保持被调量恒定或按某种规律变化，采用一套自动化装置来代替运行人员的操作，此过程称自动调节。

采用自动调节的目的：

（1）提高整个电厂及其系统和设备的安全可靠性

安全可靠是对生产过程的首要要求，尤其对核动力生产过程更加重要，因为核安全是要优先考虑的。对于复杂的系统和设备，靠人来操作和监视，不仅劳动强度大，而且难以胜任。自动调节能保证生产过程处于良好的运行状态，实现机组设备的自动启、停，当出现事故或异常时，还可自动处理或发出警报，避免事故发生与扩大。

（2）提高电厂经济性

自动调节能确保机组处于良好的运行状态，自动跟踪负荷变化，使机组具有优良的瞬态响应特性，减少启、停时间，降低事故概率，从而提高电厂经济指标。

（3）减少运行人员，改善劳动条件

自动调节把运行人员由繁重的体力劳动中解放出来，大量操作和监视工作均可在控制室内进行，只需少量人员在现场巡视。

2．有关自动调节的术语

调节对象：被调节的生产过程中的设备的局部或全部。

被调量：表征生产设备运行情况而需要加以调节的物理量。

校正量：用来改变被调量使其维持在期望范围内或按某种规律变化的物理量。

干扰量：可能引起被调量变化的各种物理量。

开环通道：调节系统中不包括被调量的支路。

闭环通道：调节系统中包括被调量的支路。

伺服通道：调节系统中包括执行机构的支路。

执行机构：直接改变校正量的设备。

3．调节系统的组成

自动调节系统由起调节作用的全套自动化仪表装置（广义地称为调节器）和被其控制的生产设备（即调节对象）组成。换言之，自动调节系统是由调节器与调节对象组成的，如图 10.6 所示。

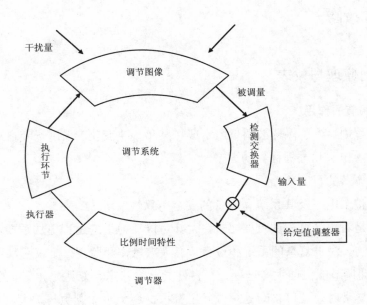

图 10.6　调节系统组成原理

调节器包括检测变换环节、调节环节和执行环节（又称执行机构）三部分。

检测变换环节（检测变换器或变送器）将被调量、干扰量、校正量或其他有关物理量检测出来，改变为量程统一的电或气信号，送往调节环节。

调节环节输入的是被调量与其给定值的偏差，信号经放大及运算（比例、积分、微分）产生使执行机构移动的输出信号。

执行机构根据调节器输出信号的极性和大小动作，改变校正量，从而实现对被调量的调节作用。

比较环节和整定值生成环节属于调节器内部元件，但在调节系统中的作用比较特殊。比较环节将被调量与给定值相比较，输出的偏差信号是调节器据以动作的主因。为了明显和突出它的作用，一般绘于调节环节之外；整定值可能是固定的，也可能是由外界变量决定的，如果是后一种情况，则整定值生成环节常以函数发生器的形式绘出。

4．自动调节系统的分类

在实际生产过程中，自动调节系统是多种多样的，从不同的角度，可以有不同的分类方法。例如，按被调量受到干扰后能否恢复为整定值，可分为无差调节系统和有差调节系统；按整定值不同，可分为定值调节系统、程序调节系统和随动调节系统；按调节系统的结构，可分为开环调节系统、闭环调节系统、复合调节系统和串级调节系统。

（1）开环调节系统

开环调节系统的原理见图 10.7。图中，水箱水位 N 为被调量，假定需要维持为恒定值。放水流量 Q_s 为干扰量，由流量变送器 MD 测出。给水流量 Q_e 为校正量，由调节器 R 通过执行机构 V 阀改变。如果调节器 R 的特性已经事先整定，能按干扰量放水流量 Q_s 改变执行机构 V 阀开度，使校正量给水流量 Q_e 精确等于 Q_s，则从原理上说可以达到维持水箱水位的目的。在这种调节系统中，被调量水位 N 并没引入调节器，故称为开环调节系统。

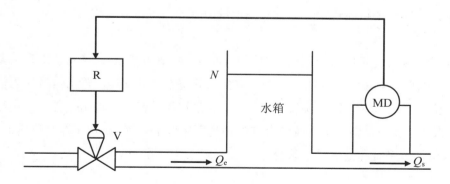

图 10.7　开环调节系统原理

开环调节系统就是一个没有被调量反馈信息而只按干扰量进行调节的系统。

开环调节系统的优点是调节迅速。因为它只需根据干扰量的变化即可进行调节，不必等待被调量的变化。另外，由于没有被调量的反馈信号，调节动作一次即告结束，动作非常简捷。开环调节系统的缺点是不准确。因为它未纳入被调量信息，不能感受被调量的变化，因而也不能按被调量的要求而动作。所以，开环调节系统不能单独应用。

（2）闭环调节系统

闭环调节系统的原理见图 10.8。被调量水位 N 由变送器 MD 测出，与整定值 N_0 比较，偏差信号送往调节器 R，改变执行机构 V 阀开度以增、减给水流量，维持水箱水位为给定值。

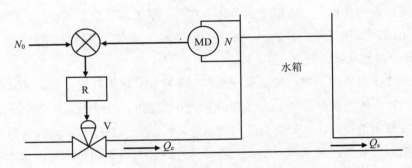

图 10.8　闭环调节系统原理

闭环调节系统就是按被调量进行调节的系统。它的优缺点与开环调节系统正好相反，调节精确，但动作缓慢。

（3）复合调节系统

复合调节系统是指开环调节、闭环调节和（或）伺服调节相互配合使用的调节系统。它至少包括两个通道：开环调节通道和闭环调节通道。前者包括干扰量信息，后者包括被调量信息。此外还可能包括一个具有校正量信息的伺服调节通道。

（4）串级调节系统

串级调节系统包括两只或两只以上调节器，如图 10.9 所示。该系统中有主调节器 R1 和辅调节器 R2。主调节器的输入是被调量与其整定值的偏差，输出信号作为辅调节器 R2 的整定值。辅调节器的输入是校正量与其整定值的偏差，输出信号决定执行机构的位移。大亚湾核电站的调节系统中有许多都是串级调节系统，如稳压器水位调节系统、蒸发器水位调节系统和励磁调节系统等。

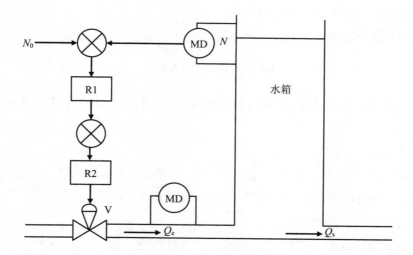

图 10.9　串级调节系统原理

5．调节器

常用的调节器有比例调节器、比例积分调节器、比例微分调节器和比例积分微分调节器。

（1）比例调节器（P 调节器）

比例调节器的输出 $\Delta\mu$ 与输入 Δe 成比例，即

$$\Delta\mu = K\Delta e \tag{10.1}$$

其中 K 为比例系数。

比例系数 K 的倒数称比例带，以 δ 表示，即

$$\delta = \frac{1}{K}$$

由此得到

$$\Delta\mu = \frac{1}{\delta}\Delta e$$

比例带是表示调节器比例作用强弱的常数。其物理意义为：输出做全量程范围变化时，输入的变化占其全量程变化范围的百分数。换言之，如果调节器的输入范围大于比例带，则调节器的输出 $\Delta\mu$ 与输入 Δe 就不再成比例了。此时，它失去了比例特性。比例带在数值上等于使调节器输出变化百分之百的偏差范围。

比例调节器的优点是结构简单、价格低廉、调整方便。

但是，由比例调节器组成的调节系统是有差调节系统，被调量存在静差。所谓静差是指过渡过程结束达到稳定状态以后，被调量仍与整定值不一致。

（2）比例积分调节器（PI 调节器）

比例积分调节器的动态方程为

$$\Delta \mu = \frac{1}{\delta}\left(\Delta e + \frac{1}{T_i}\int\Delta e \mathrm{d}t\right) \tag{10.2}$$

其中，T_i 为积分时间常数，简称积分时间。对于阶跃输入，上式即可改写为

$$\Delta \mu = \frac{\Delta e}{\delta} + \frac{\Delta e}{\delta}\cdot\frac{t}{T_i}$$

比例项 $\Delta e/\delta$ 为常数，积分项 $\Delta et/\delta T_i$ 随时间增加。当由阶跃输入开始计算的时间 t 增加到 T_i 时，积分项即与比例项相等。也就是说，PI 调节器的积分时间就是积分作用增长到等于比例作用所需要的时间。

比例积分调节器由于引入了积分项，可以消除静差。因为无论偏差多么小，只要时间足够长，积分作用总会引起执行机构运动，而执行机构的运动总是朝向减少偏差方向的，所以最后总能将偏差消除。

应该着重说明的是，采用积分作用以后，调节器的输出即执行机构的位置不再存在由单独比例作用所构成的静差，执行机构将一直移动到偏差消除。

（3）比例微分调节器（PD 调节器）

比例微分调节器的动态方程为

$$\Delta \mu = \frac{1}{\delta}\left[\Delta e + T_\mathrm{d}\frac{\mathrm{d}(\Delta e)}{\mathrm{d}t}\right] \tag{10.3}$$

其中，T_d 为微分时间常数，简称微分时间。

对于斜坡输入，Δe 线性上升，$\mathrm{d}(\Delta e)/\mathrm{d}t$ 为常数，设为 C，则上式可改写成：

$$\Delta \mu = \frac{Ct}{\delta} + \frac{CT_\mathrm{d}}{\delta} \tag{10.4}$$

微分项 CT_d/δ 为常数，比例项 Ct/δ 随时间增加。当由斜坡输入开始计算的时间 t 增加到 T_d 时，比例项与微分项相等。也就是说，PD 调节器的微分时间就是比例作用增长到等于微分作用所需的时间。可见，微分作用使调节器动作提前。图 10.10 给出了 PD 调节器在等速输入下的动态特性。

微分时间的长短是微分作用强弱的象征。微分时间越长，微分作用越强。适量地引入微分作用，可减少被调量的动态偏差，有抑制振荡、提高系统稳定性的效果。但是 PD 调节器的应用有时受到限制，原因是它不允许被调量的信号中含有干扰成分，因为微分作用对干扰的反应是很灵敏的，容易引起执行机构误动作。因此，它通常用于迟延较大的温度调节系统中。

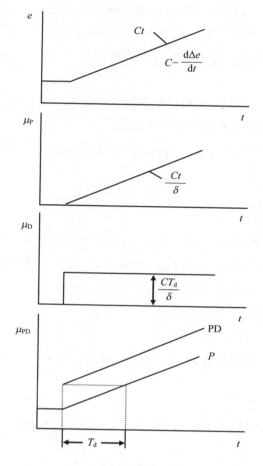

图 10.10　PD 调节器在等速输入下的动态特性

（4）比例积分微分调节器（PID 调节器）

比例积分微分调节器的动态方程为

$$\Delta \mu = \frac{1}{\delta} \left[\Delta e + \frac{1}{T_i} \int \Delta e \mathrm{d}t + T_\mathrm{d} \frac{\mathrm{d}(\Delta e)}{\mathrm{d}t} \right] \tag{10.5}$$

在迟延不大的调节对象上采用 PI 调节器，基本上已能满足各项性能指标的要求。但在大迟延对象上，有时就要引入微分调节作用。比例、积分、微分三种作用全部引入的 PID 调节器可以得到满意的调节质量。

10.4.2　VOTER 介绍

核电站调节系统在设计时采用 VOTER 功能，即对于测量相同的参数的不同仪表信号进行选择，以剔除故障的仪表信号。例如，对于采用 VOTER 的某个系统测量流量时，一共有 4 块表，当其中 1 块表由于故障或者其他原因示数超出其余 3 块表一定数值时，那么该块表的仪表信号会被剔除。当然对于不同系统测量不同数值，VOTER 的具体功能不相同。但该功能的使用，大大减少了仪表故障对调节系统造成的影响，减轻了操纵员的负担。

现在核电站 DCS 技术采用 VOTER 功能，但是并非所有与调节系统相关的仪表都具有此功能，尤其对于 NSSS 以外的调节系统。

这些系统的仪表故障仍然会对调节系统及机组造成较大的影响，因而操纵员必须掌握针对这类故障的处理方法。

10.4.3　逻辑退化

在反应堆众多保护控制中，每个保护动作都会有相应的动作逻辑。以蒸汽发生器水位控制为例，当 4 个仪表中有 2 个仪表大于 0.9 m 就会产生 P14 信号。而在核电厂运行过程中，仪表测量通道由于实验或者意外总会有一定时间处于不可用状态，这样就会使保护逻辑产生退化，保护逻辑发生变化，大体分为 6 类。

第一类：1/2 逻辑退化：

2 个可用，逻辑实际输出 1/2；1 个可用，逻辑实际输出 1/1；2 个不可用，直接触发逻辑动作。

第二类：2/3 逻辑退化：

3 个可用，逻辑实际输出 2/3；1 个不可用，逻辑实际输出 1/2；2 个或者 3 个不可用，直接触发逻辑，产生动作。

第三类：2/4 逻辑退化：

4 个可用，逻辑实际输出 2/4；1 个不可用，逻辑实际输出 2/3；2 个不可用，逻辑实际输出 1/2；3 个或者 4 个不可用，直接触发逻辑，产生动作。

第四类：2/4 的 P/C 信号逻辑退化：

对于 P 信号来说，4 个可用，逻辑实际输出 2/4；1 个不可用，逻辑实际输出 2/3；2 个不可用，逻辑实际输出 1/2；3 个或者 4 个不可用，直接触发逻辑，产生信号。

对于 C 信号来说，4 个可用，逻辑实际输出 3/4；1 个不可用，逻辑实际输出 2/3；2 个不可用，逻辑实际输出 2/2；3 个或者 4 个不可用，逻辑实际输出 C 信号完全不可用。

第五类：2/3 的 P 信号逻辑退化：

3 个可用，逻辑实际输出 2/3；1 个不可用，逻辑实际输出 1/2；2 个或者 3 个不可用，直接触发逻辑，产生信号。

第六类：特殊结合逻辑退化：

特殊逻辑退化根据不同的保护系统，其定式有所不同，如蒸汽发生器水位低和汽水失配等，由于种类较多在这里不一一列举了。

有两个需要注意的方面，在上述的逻辑退化中，如果一个输入是多个仪表计算的结果，那么在逻辑退化时就需要单独考虑每个仪表的不可用。

还有对于每一个通道，如果一个仪表信号不可用，那么它参与的计算结果也认为不可用。

10.4.4　仪表常见故障原因

电厂冷却使用各式各样的自动化仪表，仪表常见问题主要有：

1．压力控制仪表的常见问题

压力控制仪表在运行中极易发生快速震动，一旦出现这种状况，工作人员应该先检查自身的操作，很有可能是操作失误引起的，确定没有问题之后，再检查引压导管，查看相关线路是否连接不严。

2．流量控制自动化仪表的常见问题

若流量控制自动化仪表指示数值达到最小，现场检测仪表也没有问题，就说明显示仪表出现故障，若现场检测仪表指示数值也达到最小，应该先检查调节阀的开度，如果开度显示为零，就说明调节器和调节阀之间出现故障，如果调节阀开度没有问题，有可能是系统压力不足、操作不当、系统管路堵塞等引起的。若流量控制自动化仪表指示数值达到最大，检测仪表指示数值也最大，则应先调整调节阀，如果数值降低，就说明是工作人员操作不当造成的；如果数值没有降低，再检查流量控制仪表的调节阀，查看引压系统是否正常；如果数值不停波动，就改为手动控制；如果波动变小，就说明是 PID 设置错误的问题；如果波动不变，就说明是工作人员操作不当造成的。

3．温度仪表的常见问题

与其他仪表相比，温度仪表更容易出现波动和异常。在检查过程中，若温度仪表的指示数值快速波动，就说明是温度仪表自身出现故障；若温度仪表的指示数值一直不变或降不下去，就说明是温度仪表部件损坏而造成的故障；若温度仪表的指示数值毫无变化，就说明是仪表的相关线路接触不严或短路引起的故障，要对线路进行检查，查看电线是否损坏，一旦发现问题及时更换。温度仪表还会出现指示数值缓慢且波动太大的情况，有可能是工艺操作的问题，因此，要不断完善工艺操作水平，使工艺操作更适合仪表原理及应用方式。

为了使核电厂自动化仪表更好地运行，必须根据真正需求来配置完备的自动化仪表，对其进行定期管理及维护，及时发现问题并采取有效的解决措施。

10.4.5 仪表故障处理

仪表发生故障时，要仔细分析原因，交叉验证，准确定位故障仪表。机组出现任何异常，均应先停止负荷变化和正在进行的操作，根据现象初步判断故障原因（主要手段有：查报警卡、交叉验证等）。

先判断该仪表是用于控制还是只用于保护，若只用于保护，则对机组无立即的影响，不用马上干预；若用于控制，则根据实际情况决定是否需要马上干预，还是先去拿 IRRC 规程严格按规程操作，这应根据故障仪表对机组影响的后果而定。如该故障不立即干预将造成机组大的扰动甚至有停机停堆风险，则应该立即采取干预措施。如该故障虽对控制系统产生影响，但不会马上有严重的后果，则可先判断后拿 IRRC 规程，严格按规程操作。正确的做法是："能保证机组稳定的情况下尽量执行行为规范要求，按规程操作；在清楚故障情况和干预手段的情况下紧急时可以提前干预；若对故障干预没有 100%把握，则必须按规程执行，以免错误的干预带来更严重的后果。"

另一名操纵员可以及时通知机组长、值长和安工。在一个操纵员处理故障时，另一名操纵员则应全面承担其整个机组稳定的责任，仔细巡视主要参数，不能两个人都陷入故障处理而忽视了对机组的监控。

取 IRRC001 进行处理（包括故障原因的进一步确认，自动动作的确认，需要的干预操作如放手动等）。由于 IRRC 规程概括性很强，要视具体情况灵活判断。根据相关报警，消除机组其他影响。

通知仪表人员到场处理，通知时应告诉具体的故障设备和故障情况。

查 SIP 图、技术规范，记 IO，通知值长和 STA 并请求确认。无论对该设备的 IO 情况是否熟悉，都不能只靠自己的记忆判断该设备故障是否有 IO，而应该多去查相关的资料，主要是 SIP 图、RPR 图、技术规范相关的条款。如果有 100%的把握知道故障设备非 QSR 设备（如 ADG002MN、CEX01/05/06MN）则可以不查，但对于那些不能完全肯定的设备则必须勤查，如 GRE044 MP 等。记 IO 时，应该完整地填写 IO 的条款，包括后备状态、后撤时间、设备不可用的时间（具体到 min）、备注等。且 IO 的条款必须让值长和安工确认，操纵员是没有权限决定 IO 的，但应该提出自己的看法。

如果故障仪表用于 RPR 保护，则应确认保护通道处于安全位置。主控注意相关报警和指示的检查验证。一般的安全位置为 RPR 保护信号发出的位置，但注意 ETY/PTR 的特殊性。ETY101－104 MP 的安全位置为高 4 信号不发出，其他信号都发出；PTR 水位计的安全位置为低水位和低低水位都不发出。

故障处理的跟踪（包括根据上次 RPRT1 试验时间改写 IO、IO 改写后通知值长和安工确认、跟踪仪表的处理情况等）。

故障仪表修复后，询问仪表工作完全结束，故障原因清楚，主控室检查相应的指示正确、报警消失，如果可以验证的也可以手动验证（如 RCV018 MD 处理完后可以手动调 046VP 验证），确认正常后可以把相关的控制放自动（放自动前注意调节测量值等于参考值），最后通知值长和安工，并消除 IO。

10.5　跳泵故障

10.5.1　核电厂常用泵简介

在核电厂一、二回路及其核辅助系统和非核辅助系统中，只要有液体输送的地方，就离不开泵。与其他工业用泵一样，按照工作原理可将泵分为叶片泵、容积泵和其他类型的泵，分述如下：

1. 叶片泵

①离心泵：液体流出叶轮的方向与主轴垂直，或装有离心式叶轮的泵。在核电厂中，这类泵中占有很大的份额，如主泵、主给水泵、高压安注泵、安全壳喷淋泵、凝结水泵等。

②轴流泵：液体流出叶轮的方向与主轴平行，或装有轴流式叶轮的泵。

③混流泵：液体流出叶轮的方向与主轴不垂直也不平行，或装混流式叶轮的泵。一般可作为大容量机组的循环水泵。

④旋涡泵：是一种特殊类型的离心泵，叶轮是一个圆盘，四周铣有凹槽的叶片呈辐射状排列。

2. 容积泵

①往复泵：利用活塞或活塞杆在泵筒内做往复运动，将低压液体高压排出。具有代表性的是核电厂水力试验泵。

②回转泵：利用转子旋转，使泵体空间容积发生周期变化，从而使得液体流出。核电厂多为油泵，输送密度大的流体。

3. 其他类型的泵

①喷射泵：靠流体的高速喷射产生动力压头。

②真空泵：利用机械、物理、化学方法对容器进行抽真空，从而获得动力，多用于气体传输。

10.5.2　泵故障原因分析

核电厂几乎所有泵都为电动泵，其在核电厂具有广泛的应用，下面以电动泵为例进行泵故障原因分析。

一台电动泵主要是由通过轴连接的驱动电机和泵，以及泵的进出口管线组成的。

泵的故障类型和模式较多，我们在此主要分析泵的跳闸故障。

根据以往的运行经验，泵的跳闸故障主要分为以下三类原因：

（1）电气原因

泵是由电机驱动的，电机和其供电回路的故障将导致泵停止运行。

①电气开关故障。电气开关本身接触不良、没有推入到位、被误碰等均有可能使泵跳闸。

②电气回路断线。

③电机故障。泵的供电开关一般都设有相应的保护，包括过电流保护、过负荷保护等。当电机发生相间短路、接地等故障时，在过电流保护的作用下，开关将会自动跳闸。当电机发生缺相运行、匝间短路等故障时，故障电流值可能达不到过电流保护动作定值，则通过过负荷保护动作使开关自动跳闸。

（2）电机原因

除了电机本身的电气故障外，机械回路的一些故障也可能通过电气保护表现出来。

①泵的惰转（泵轴抱死、叶轮被异物卡住等）。

②泵过载。

③泵转动部件润滑不良，导致阻力增加。

（3）仪控原因

核电厂很多重要的泵都设置了相应的保护信号，如轴承温度高、入口压力低、吸入口水位低、进出口压差低、润滑油压低等。

这些仪控信号的正常或者不正常动作，都有可能导致泵的跳闸。

10.5.3 跳泵故障处理

当发生跳泵故障时，首先应稳定机组，稳定的操作分为以下几个步骤：

①当跳闸的泵有备用泵，而且具备自动投运功能时，检查并确认备用泵自动启动。

例如：

当运行的 CEX001/002PO 中的一台跳闸时，CEX003PO 将自动启动，此时操纵员必须确认 CEX003PO 自动启动，并检查其运行正常，则机组仍然保持稳定运行。

②当跳闸的泵有备用泵，而备用泵自动投运失败，或者没有备用自动投运功能时，操纵员应该及时手动启动备用泵。

例如：

当运行的 CEX001/002PO 中的一台跳闸时，CEX003PO 因为某原因没有自动启动，此时操纵员必须立即手动启动 CEX003PO，并检查其运行正常，则机组仍然保持稳定运行。

当运行的 RCV002PO 跳闸时，由于 RCV 泵没有备用自动投入功能，所以操纵员应该按照程序及时启动 RCV001PO。

③当跳闸的泵有备用泵，而备用泵自动或者手动启动不成功，或者本身就没有冗余的备用泵时，操纵员应该及时采取平衡措施。

例如：

当运行的 CEX001/002PO 中的一台跳闸时，CEX003PO 因为某原因没有自动启动，而且操纵员手动启动 CEX003PO 失败，机组将无法在 50%FP 以上长期运行。操纵员必须立即采取降负荷措施，直到负荷水平小于等于 50%FP，则机组恢复稳定运行。

当运行的 CRF001/002PO 中的一台跳闸时，由于 CRF 系统没有设置备用泵，此时冷凝器的真空将逐渐上升，甚至有可能跳机跳堆。操纵员必须立即采取降负荷措施，直到冷凝器的真空能够维持（约 60%FP），则机组恢复稳定。

由于核电站各个系统的泵各有特点，因而发生跳泵故障时稳定机组的措施也各有不同，应该根据实际情况灵活运用。当稳定后按照故障处理一般原则进行处理，这里不再赘述。

10.6　电网或汽机故障

10.6.1　电气系统与电气保护

1. 厂用电电压等级和标志

厂用电的电压等级结合了国外核电站的建设经验和我国的实际情况，除设置了 6.6 kV 级中压交流母线、380 V 级低压交流母线外，还设置了 220 V 级低压交流母线和 220 V、110 V、48 V、24 V 级的低压直流母线。

厂用电各系统以 3 个字母来表示。第一个字母 L 表示电气系统，第二个字母的含义如表 10.2 所示。

表 10.2　厂用电系统

第二个字母	电压等级	意义	数量	备注
G	6.6 kV	正常母线	11	OLHZ 除外
H		应急母线	9	
K	380 V	正常母线		
L		应急母线		
M	220 V	正常母线		
N		不停电电源		
A	230 V	直流电源	4	
B	125 V	直流电源		
C	48 V	直流电源		
D	30 V	直流电源	1	

第三个字母表示各个系统。

此外，在各厂用电系统前用数字 1、2、9 和 0 分别表示 1 号机、2 号机、两机公用和全厂共用的系统。例如，系统 1LKR 和 0LKP 分别表示不同的 380 V 低压系统。

2. 中压厂用电系统

中压厂用电电压为 6.6 kV，这是根据标准额定绝缘电压等级为 7.2 kV 配电装置的最佳开断容量而选定的。

根据配电的目的，分为四类：

第一类为机组辅助设施。机组正常运行所必需的辅助设施，如给水泵、循环水泵和反应堆冷却剂泵（主泵）。这些辅助设施由配电盘 LGA、LGD、LGE 和 LGF 供电。

第二类为永久性辅助设施。机组停运期间需要电源的电站物项和辅助设施。这些辅助设施由配电盘 LGB 和 LGC 供电。

第三类为共用辅助设施。两个机组共用的辅助设施，如照明、公共服务设施等。这些辅助设施在机组停运期间需要保持供电，并由配电盘 9LGI 供电。全厂公用辅助设施，如空压机、海水淡化等，并由配电盘 0LGI 供电。

第四类为应急辅助设施。核安全和电站主要物项保护所必需的辅助设施。由配电盘 LHA、LHB 供电。

6.6 kV 系统供电方式分为 4 种，如图 10.11 所示。

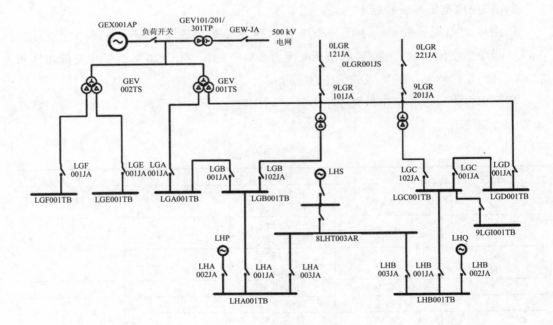

图 10.11　6.6 kV 系统供电简图

①本机组经发电机出口处两台厂变供电。

②500 kV 高压电网经主变和两台厂变供电。

③220 kV 辅助电源（9LGR）经辅助变压器供电。

④柴油发电机组（LHP、LHQ）供电 LHA、LHB。

3．低压交流配电系统

电站中大部分厂用负荷是通过低压配电系统供电的。低压交流配电系统有两个电压等级：380 V 及 220 V。

（1）380 V 系统

380 V 低压配电盘向功率小于 160kW 的用电设备供电。每个配电盘由中压母线通过装在低压配电盘内干式 6.6 kV/380 V 变压器供电。核岛系统的变压器容量为 630 kVA，常规岛和其他辅助变压器容量为 800 kVA 或 630 kVA。

380 V 交流配电系统分成两大类：

1）LK*系统

该系统接有一般的厂用负荷，同核安全无关。全厂以 LK*标识的 380 V 母线共有 51 段，其中 1 号机 16 段，2 号机同样为 16 段，其余的为 9+0，有 19 段。

大部分的 LK*系统是经过变压器从 6.6 kV 母线上接入的，所以，按其接入的中压母线性质分成以下三类：

①从 LGA、LGD 来的机组母线 LKA、LKB、LKQ、LKR、LKT。

②从 LGB、LGC 来的永久母线 LKC、LKB、LKE、L kJ、LKF、LKG、LKP、LKS、LKU、LKH。

③从 9LGI 来的公用母线 9LKI、9LKP、0LKS、9LKK、9LKN、0LKO、0LKQ、0LKU、0LKY、0LKW、0LKM、0LKR、0LKT、0LKU、0LKX、0LKZ。

2）LL*系统

该系统上接有重要的应急负荷。LL*母线均从应急母线 LHA、LHB 得到供电电源。全厂共有 32 段 LL*母线，其中 1 号机、2 号机各为 15 段，9+0 有两段，其中 0LLM 为 TC 楼柴油发电机母线，正常情况下，从 0LKR 取得电源。

LL*母线按从 LHA、LHB 来的不同电源分为 A 列、B 列。

①A 列：从 LHA 接入，包括 LLA、LLB、LLE、LLI、LLN、LLG。

②B 列：从 LHB 接入，包括 LLB、LLD、LLJ、LLO、LLW。

除此之外，尚有 LLP、LLR 两紧急母线：

①LLP 为汽轮发电机紧急照明系统。

②LLR 为常规岛紧急照明系统。

（2）220 V 系统

220 V 交流配电系统分为两大类：

1）LM*系统

LM*系统为允许短时失电进行切换等操作的负荷供电的母线。

①LMA 为核岛所有可短时间断进行切换后再恢复供电的负荷的供电母线。

②LMC 为常规岛控制仪表电源。

③LMD 为常规岛防结露加热器及盘柜照明电源。

2）LN*系统

LN*系统为不间断供电的 220 V 母线，全厂共有 17 段 LN*母线，其中 1 号机、2 号机分别为 6 段，9+0 有 5 段。

①LNA、LNB、LNC、LND 为独立的 4 组反应堆保护电源。

②LNE 为 A 列不间断电源，接有计算机和数据处理系统（KIT）、棒控制系统等重要负荷。

③LNP 为 B 列不间断电源，接有计算机和数据处理系统（KIT）、安全注入系统（RIS）等重要负荷。

④9LNF、9LNK、0LNL、0LNM、0LNK 为两机共用及 BOP 范围不间断电源。

4．直流配电系统

直流配电系统向所有控制和信号系统及通过直流/交流逆变器向重要的和永久的 220 V 交流系统供电。

核电站设置的独立直流系统如下：

（1）220 V 直流系统

①LAA：向 4 台逆变器提供 220 V 直流电源，逆变器供电给 220 V 交流不间断电源系统 LNE（A 列）。

②LAB：汽轮发电机不间断润滑油泵电源系统，向汽轮发电机重要辅助设备和应急照明供给 220 V 直流电源。

（2）110 V 直流系统

①LBA-LBB：110 V 直流电源和配电系统，向 6.6 kV 和 380 V 交流配电盘控制供电，供给 RAM、RPR 和 RCP 驱动装置控制电源，并向 220 V 交流系统 LNG（A 列）/LNH（B 列）供电。

②9LBG：110 V 直流电源系统（核辅助电气厂房），向两机组共用的 6.6 kV 和 380 V 交流配电盘控制设备供电。

③LBP：110 V 直流电源系统，向 220 V 交流系统 LNP（B 列）供电。

④LBM：110 V 直流电源系统，向 380 V 配电盘控制和指示设备供电，并为常规岛

机组提供跳闸电源。

⑤LBJ：110 V 直流电源系统，用于 LGB/LGC 进线开关切换，并为常规岛机组提供跳闸电源。

（3）48 V 直流系统

①LCA-LCB：机组 48 V 直流电源和配电系统，向集中布置的控制、自动控制和信号电路以及计算机逻辑信号采集电路、电磁阀和自动阀供电。

②9LCD：公用 48 V 直流电源系统（核辅助厂房）。

5．电气保护

电气保护能反映电力系统中电气元件发生的故障或不正常运行状态，并使断路器跳闸或发出信号。核电厂电气保护应用范围广泛，对重要的电气主设备提供保护，将电气故障引起的危害减至最小。电气保护包括主开关站和输电线路的保护（GEW）、发电机和输电保护（GPA）、6.6 kV 厂用电保护、辅变（9LGR）保护、控制棒驱动机构电源系统（RAM）的保护、柴油机（LHP/Q）的电气保护及发电机励磁调节系统（GEX）的保护等。其中，GPA 和 GEW 保护种类较多、结构复杂、配合密切，基本包含上述其他系统的保护类型。

（1）跳闸功能分类

保护装置的跳闸功能根据故障性质的不同可分为三类：

第Ⅰ类：故障性质要求保护迅速动作，瞬时跳闸，从系统中切除发电机。这些保护动作后将引起高压开关、汽轮机主蒸汽阀、汽轮机紧急停机阀、灭磁开关和发电机负荷开关跳闸，并通过汽机保护系统（GSE）保护出口继电器启动主变（TS）至辅变（TA）慢速切换的倒电功能。

第Ⅱ类：故障性质不如Ⅰ类保护紧迫，这些保护动作后先使汽机脱扣，再经正向低功率闭锁继电器闭锁，待汽轮发电机的输出功率降到闭锁继电器的动作值之后，灭磁开关；经过发电机负荷开关禁止跳闸闭锁继电器，在不满足闭锁条件时，跳开发电机负荷开关，若满足闭锁条件，闭锁装置启动，禁止负荷开关跳闸，并自动将跳闸信号切换到高压开关使其跳闸。

第Ⅲ类：多数由电网故障引起，要求在最短时间把故障部分从整个系统中隔离开来，使损害减到最小。这类保护动作之后只跳高压开关，发电机负荷开关仍闭合，发电机与系统解列，只带"厂用电"负荷运行，以便在系统故障清除以后，迅速恢复供电。

（2）保护装置分类

根据跳闸功能的分类，将发电机和输电保护装置分为三类：

Ⅰ类保护：发电机差动保护；主变压器差动保护；发变组差动保护；厂变 A 差动保护；厂变 B 差动保护；发电机定子接地保护（100% 和 95%）；26 kV 母线接地保护；主

变瓦斯保护；分接头瓦斯保护；厂变 A 瓦斯保护；厂变 B 瓦斯保护；主变零序过流保护；主变高压侧过流保护；厂变 A 高压侧过流保护；厂变 B 高压侧过流保护。

Ⅱ类保护：发电机低电压保护（Ⅱ段）；发电机低频保护（Ⅱ段）；发电机逆功率保护；汽机联跳；发电机失磁保护；主变过激磁保护。

Ⅲ类保护：发电机低电压保护（Ⅰ段）；发电机低频保护（Ⅰ段）；发电机高周保护；发电机负序保护（Ⅱ段）；发电机滑极保护。

10.6.2　汽机保护

1．汽机保护系统的功能

汽机保护系统的功能是当汽轮发电机组发生任何预定的机械故障时，为汽轮发电机组提供安全停机的手段，防止事故发生、扩大和损坏设备，并将汽机脱扣信号传送到反应堆停堆逻辑线路中。

汽机保护所考虑的各种机械故障限于以下可预见的事态：

①汽机必须停机以防止或减轻主设备的损伤。

②运行人员没有时间考虑另外的操作，因为任何延迟都可能使事态迅速恶化。

2．汽机保护系统的组成和原理

为确保汽机保护系统的安全性和可靠性，汽机保护系统设置了两个独立的保护通道，由独立的电源供电。所有的保护信号都重复配置到两个独立的通道中，而且进入单一通道的一个脱扣信号就可使两个紧急脱扣阀都动作，这样保证在任一通道出现故障时，另一个通道仍能实现保护脱扣功能。对有些保护信号可进行带负荷试验。

汽轮发电机组的脱扣是通过切断供向汽机蒸汽阀门操作装置的动力油，同时排出操作装置内的残留油，使蒸汽阀门在弹簧作用下快速关闭来实现的。这可独立地由下列两个途径完成：

①使紧急脱扣阀动作。

②使位于每个蒸汽阀门操作装置内的卸压电磁阀通电。

汽机保护系统工作原理如图 10.12 所示。从汽机调节油系统（GFR）来的液压动力油分成两路，一路直接送往汽机高、低压缸截止阀和调节阀的操作装置，由汽机调节系统控制阀门的开度，以便根据不同的负荷要求调节汽机进汽量；另一路经过两个紧急脱扣阀后，作为保护油，送至高、低压调节阀和截止阀操作装置顶部的卸压电磁阀，用于控制动力油进、出阀门操作装置的油动机活塞，使高、低压截止阀和调节阀开启或关闭。

引发紧急脱扣阀动作的信号分两类：一类是机械/液压引发的脱扣，包括手动脱扣、超速飞锤脱扣、润滑油压力低脱扣，其特点是脱扣信号直接作用在紧急脱扣阀的触发板机上；另一类是电气所引发的脱扣，其特点是感受机构把测出的各种保护参数先转变为电信号，经脱扣继电器使紧急脱扣线圈通电引发脱扣。另外脱扣继电器的信号经主蒸汽阀脱扣继电器（SVTR）送阀门操作装置顶部的卸压电磁阀，引发脱扣。来自汽机调节系统的脱扣/试验信号直接送卸压电磁阀。

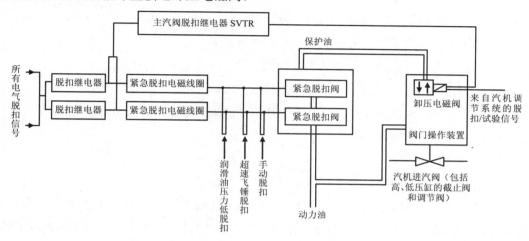

图 10.12　汽机保护系统工作原理

10.6.3　甩厂用电

1. 定义

机组在 $100\%P_n$ 稳定运行时由于某种原因超高压断路器突然跳闸，机组与电网解列，机组的负荷只剩厂用负荷。

2. 原因

一台机组带厂用负荷，故障出现在主系统的外侧厂外电网，使得机组与主网分开，厂用电继续由机组供电，避免反应堆紧急停堆。

机组带厂用负荷可能出现在：失去同步；三相负荷不平衡保护第三阶段；低电压保护第一段；频率低保护第一段；频率高；零序电流保护第一段（主变）；P7 存在，同时 2/3 主泵低速；GEW 继电器故障；手动断开主变高压侧两个断路器。

3. 稳定标志

从设计上讲机组是应能承受这一相当恶劣的瞬态工况的。机组达到稳定状态的主要标志是：$T_{avg}=T_{ref}$（297℃）；热功率=$30\%P_n$；G 棒在整定棒位；R 棒在调节带；PZR/SG 的水位和压力等于整定值。

4. 主要现象

①功率从额定负荷甩负荷稳定在 34 MW。

②汽轮发电机组转速瞬间升高后回到额定转速。

③G 棒下插至整定棒位对应 $30\%P_n$ 的整定棒位。

④R 棒下插，甩负荷后约 70 s R 棒开始提升。

⑤中子通量先上升后下降。

⑥T_{avg} 先上升后下降，最终稳定在 297℃。

⑦PZR 水位先升后降，最后稳定在整定值附近。

⑧PZR 压力先升后降，最低到 14.6 MPa.a，又回升至 15.5 MPa.a。

⑨SG 水位先下降，之后上涨，最终稳定在 0 m。

⑩GCT-c 四组阀门全部开启，后来快开信号消失，依靠调制信号控制开度。

⑪GRE 转到下位机控制。

5. 现象解释

①发电机与电网解列，带厂用电运行。

②开始时，汽机转速迅速上升是因为动力矩大于阻力矩，但由于加速度的限制，一般只会略超过额定转速；最终 GRE 下位机的非同步倾斜度（频率补偿）作用使汽机转速回至额定转速。

③G 棒整定棒位对应 $30\%P_n$ 的整定棒位，以每分钟 60 步的速度下插，约 80 s 后 $T_{ref}-T_{avg}-K_1K_2\mathrm{d}(P_1-P_2)/\mathrm{d}t>1.67℃$，G 棒暂停下插，当 $T_{ref}-T_{avg}-K_1K_2\mathrm{d}(P_1-P_2)/\mathrm{d}t<0.56℃$ 时 G 棒又继续下插，从 100%FP 到 30%FP，G 棒的行程约 270 步，速度为 60 步/min，但整个行程大约需要 650 s。

④由于 T_{ref} 突然降到 297℃，$T_{ref}-T_{avg}-K_1K_2\mathrm{d}(P_1-P_2)/\mathrm{d}t<-0.83℃$，R 棒下插，甩负荷后约 70 s，$T_{ref}-T_{avg}-K_1K_2\mathrm{d}(P_1-P_2)/\mathrm{d}t>0.83℃$，R 棒开始提升，这并不是因为 $T_{ref}>T_{avg}$，而是因为 $K_1K_2\mathrm{d}(P_1-P_2)/\mathrm{d}t<0$ 可以补偿 T_{ref} 与 T_{avg} 间的偏差。

⑤中子通量先上升后下降。上升有两个原因：汽机转速上升，频率上升，RCP 转速突增，短时间内改变了一回路内冷水和热水的比例分布，RCP 泵到堆芯之间管段冷水被迅速压入堆芯，使堆芯下部的冷水比例在短时间内有所增加，引入少量慢化剂的正的温度反应性；另外流速突增，燃料表面温度有所下降，也引入了很少量的 DOPPLER 效应的正反应性。这使得堆芯中子通量在很短时间内是高于额定值的，随后 G/R 棒快速下插，中子通量也就急剧下降。甩负荷后约 70 s，R 棒开始提升，功率下降速率逐渐减缓。

⑥T_{avg} 的变化取决于一、二回路功率的匹配，先上升后下降，最终稳定在 297℃，这是由于 GCT-c 在此特殊工况下存在 3℃ 的温度死区。

⑦在甩负荷后约 10 s 内，T_{avg} 上升，PZR 水位也由于膨胀而上升，随后，T_{avg} 下降，PZR 水位也由于收缩而下降。最后稳定在 297℃ 对应的定值附近。

⑧在甩负荷后几秒内，PZR 水位上升较快，PZR 压力也快速上升（活塞效应）。之后喷淋和加热器在 RCP401KU 的自动控制下将压力最终稳定在 15.5 MPa.a。

⑨SG 水位先是由于 SG 压力上升被压缩而下降，之后 GCT-c 开启，SG 压力迅速下降，水位上涨后稳定在 0 m。

⑩GCT-c 四组阀门全部开启（$\Delta T=310-297+3.5=16.5℃$满足四组阀快开的条件），迅速带走一回路热量。后来快开信号消失，依靠调制信号控制开度。

⑪GRE 转到下位机控制，应尽量投自动。

6. 主要处理过程

一、二回路操纵员执行 I5 规程，具体步骤如下：

①确认带厂用负荷成功（高压断路器跳开、负荷开关处于合闸位置、汽机未跳闸、GCT-c 开启）。

②要求隔离经理断开 GEW 隔离开关。

③如果 GCT-c 在 T_{avg} 方式，则核对 R 棒、G 棒动作正确，核功率在 $30\%P_n$，全部调节系统在自动方式，GCT-c 动作正确且 VVP 主蒸汽联箱压力稳定，发电机电压在 26 kV 且负荷在 30～40 MW，汽机转速在额定转速；T_{avg}、SG 水位、PZR 压力、PZR 水位、ADG 水位与整定值相符，GSS 动作正确。

④GCT-c 在 P 方式，则核对发电机电压在 26 kV 且负荷在 30～40 MW，汽机转速在额定转速；T_{avg}、SG 水位、PZR 压力、PZR 水位、ADG 水位与整定值相符，GSS 动作正确。

⑤在上述过程中，ADG 系统中的水箱如果达到高高水位会自动关闭 CEX025/26VL/ADG003VV/CEX006VL，为了避免高高水位消失时 ADG003VV 突然开启的大量进汽导致 SG 水位高高（虚假水位）加 P7 导致跳堆，需将上述阀门置手动关闭信号消失后调节开启。

⑥上述过程中，R 棒是根据温度偏差 $e=T_{ref}-T_{avg}-K_1K_2d(P_1-P_2)/dt$ 动作的，R 棒刚开始下插是由于 T_{ref} 突变减小使 $T_{avg}>T_{ref}$ 和 $K_1K_2d(P_1-P_2)/dt$ 是正的（因为 P_1 开始不变，P_2 则迅速下降至 $30\%P_n$），R 棒最低插到 123 步。之后上提是因为 P_1 不断下降而 P_2 不变，$K_1K_2d(P_1-P_2)/dt<0$。LOLO 限报警消失之后立即进行大流量稀释补偿 Xe 毒，预防 C11 出现，因为仅靠提升 G 棒不能补偿 Xe 的变化，如果不进行大流量稀释必然会造成 C11 的出现。

⑦如果甩厂用电的原因明确且已消除，则可尽快并网升功率，这样的话又有一个消毒的过程，就可以减少稀释量。大流量稀释时要注意开第二组孔板且稀释流量不能大于上充流量。

⑧密切联系电网，尽快准备同期（先合 GEW 隔离刀闸，主控自动同期后合 GEW 另一个开关），同期后尽快将机组向上进行升功率。否则密切监视汽机的相关参数，防止跳堆。

10.6.4 跳机不停堆

1. 定义

在汽轮机组带负荷的情况下，由于 GSE 或 GPA 保护动作或误动，导致汽机跳闸，但反应堆没有跳闸。

2. 稳定标志

①反应堆保持功率运行或热备用状态。

②汽机安全停运，辅助系统运行正常。

③G 棒在整定棒位；R 棒在调节带；PZR/SG 的水位和压力等于整定值。

3. 主要现象

①GSE 报警出现且导致高压缸和低压缸进口隔离阀全部关闭；ABP/AHP/ADG 抽汽隔离阀自动关闭；ACO/GSS 疏水泵自动停运；GSS 阀门关闭。

②GSY001JA 断开并确认。

③确认励磁开关断开。

④GSS 的放气阀开启；GSS 再热器加热汽源切换。

⑤疏水器旁路阀自动打开。

⑥汽机转速下降；润滑油泵启动；确认 GHE 油泵自动启动；确认盘车启动；核对盘车啮合。

⑦C7A/C7B 信号出现。

⑧C8 信号触发。

4. 主要处理过程

一、二回路操纵员执行 I6 规程，程序提供了保证汽轮机组安全停运，且保证反应堆安全的功率运行，具体步骤如下：

（1）汽机跳闸后的确认

检查高压缸和低压缸进口隔离阀全部关闭；确认停机；检查 GSY001JA 断开并确认；确认励磁开关断开；核对 ABP/AHP/ADG 抽汽隔离阀自动关闭；确认 ACO/GSS 疏水泵自动停运。

确认疏水器旁路阀自动打开；核对汽机转速从额定转速下降；确认 GHE 泵自动启动；确认 GGR 油泵启动；核对盘车啮合。

检查低压缸温度、氢气温度正常。

（2）稳定机组

①稳定一回路：停机前热功率大于 30%P_n，则 G 棒自动下插使中子通量下降，最终与 100%P_n 甩厂用电成功后一致，即 $T_{avg}=T_{ref}$（297℃），热功率=30%P_n，G 棒在整定棒

位，R 棒在调节带，PZR/SG 的水位和压力等于整定值；如果停机前热功率小于 $30\%P_n$，则中子通量不变，G 棒不动，R 棒自动，PZR/SG 的水位和压力等于整定值。

②稳定二回路：主要是稳定 ADG 水位、稳定 SG 水位、稳定 GSS。

ADG 水位：确认 CEX006 VL 开启，ADG 如果达到高高水位会自动关闭 CEX025/26 VL/ADG003 VV/CEX006 VL，为了避免高高水位消失时 ADG003 VV 突然开启的大量进汽导致 SG 水位高高（虚假水位）加 P7 导致跳堆，需将上述阀门置手动关闭信号消失后调节开启（停机后可能会多次出现 ADG 水位高高报警）。

SG 水位：维持 SG 水位在整定值附近，否则手动调节（保留一台 APA 泵运行）。

（3）后续处理

确认汽机参数正常且保持转速在盘车转速；GSS 可以考虑停运；如果跳机原因查明，将 GCT-c 转到 P 模式，调整 GCT402KU 至合适状态，可结束 I6，进入 GS2 进行重新冲转并网。

10.6.5 小电网故障

1. 定义

当发生台风等外部破坏力时，电网供需平衡被破坏，引起电网频率、电压波动，如果不加以控制，最终将使整个电力系统崩溃。当电网某部分发生故障、造成电网甩掉部分负荷时（断路器自动重合闸不成功），电网就变成了小电网。如广东（香港）电网负荷到达极限解列崩溃，使得大亚湾核电站带小电网甚至只带厂用电，本地网与大电网解列，使得机组与大电网的连接变成向本地网供电，且本地网的负荷小于机组的输出功率。

2. 原因

输电线路自动跳闸大多是线路上发生故障引起的，也有少数是继电保护偶然现象造成线路绝缘子瞬间闪络，线路断路器跳闸无电压后，经过很短时间故障能够自动消失。为此，在输电线路上采用自动重合闸装置，当线路发生瞬间故障时，断路器跳闸后该装置动作可自动将断路器重新合上，使线路在极短的时间内恢复运行，从而大大提高了供电的可靠性。但是由于某些故障的特殊性，如重复雷击、熄弧时间较长等，或由于断路器和重合闸装置的缺陷，都会使断路器不能合闸成功，从而造成小电网运行。

3. 主要现象及其解释

小电网故障导致小电网的频率上升，汽机转速也上升且有未跳堆、未跳机、汽机转速未下降、GSY 负荷开关未断、汽机转速上升、发电机功率下降等现象。由于电网频率的增加使得一次调频动作（± 0.25 Hz），使汽机减负荷。汽机转速（在负荷下降时）的上升要求主汽门关小，C7A 或 C7B 出现，GCT-c 阀门开启，因为 10% 的负荷阶跃机组可以接受，其结果是使得汽机负荷的实际值小于其目标负荷。由于目标负荷较高以及升负荷速率存在，这时 GRE 系统的自动调节又要求汽机增加负荷，最终二者的作用平衡到某一功率水平上（可能高于电网要求的负荷），所以此时汽机仍然是超速的小电网。具体现象如下。

①汽机转速快速上升，但由于超速 103% 的存在，一般不会超过 103%。

②GRE 仍处于负荷自动控制。

③可能出现 C7A/C7B，允许 1、2、3 组阀开启。

④主泵超速的作用导致一回路温度有所上升。

⑤各个交流电源频率（使用者反映在电流振荡上）增加后再降低。

4．主要处理过程

处理时无规程可依，一、二回路处理措施重在检查和跟踪。

（1）二回路

①立即调出转速监视画面，用 GRE 下位机将转速降至额定转速，关注频率变化。

②切回负荷屏画面，将目标负荷改为当前值。

③询问电网故障原因及恢复的时间；报告值长、安工。

④机组稳定后即 GCT 关闭后复位 C7A/C7B。

⑤上位机由手动转为自动控制，上位机负荷转到当前负荷按自动负荷控制。

（2）一回路

①稳定机组，考虑氙毒的影响，争取 12 h 内将 G 棒提出堆芯。

②关注 ΔI。

③R 棒一旦提至 LO-LO 棒位以上便开始大流量稀释，若到厂用电维持核功率还要使用校正因子。

④通知值长和安工。

10.6.6　短电网故障

1．定义

当电网线路发生保护范围内的短路或接地故障时，断路器自动断开，随后进行一次自动重合闸，如果故障属于瞬态故障，在重合闸期间故障已经消失（如雷击引起短路），则重合闸成功，电网恢复正常，机组也恢复正常运行，我们称这种现象为短电网故障。

2．短电网故障的现象

短电网故障时，机组的有功、无功、电压、汽机转速均随之出现瞬间波动，但波动后又恢复正常，未发生停堆、停机、GSY001JA 断开、甩厂用电等现象。期间闪发大量电气报警，还出现其他一些报警闪发，如 GEX 报警等。虽然不会导致主要的系统保护动作，但有可能引起一些厂用设备保护跳闸，如 CTE 等系统停运。汽机转速先急剧上升，随后恢复正常，负荷瞬间波动又回到原负荷，可能出现 C7A/C7B，允许一、二、三组阀开启。

3. 短电网故障的现象处理

发生短电网故障瞬间，作用在汽轮发电机轴上的阻力矩减少，而汽轮发电机动力矩不变，汽轮发电机转速快速上升，在"超加速限制"（达不到超速限制动作转速）和"非同步倾斜度"调频的作用下，GRE 阀门关小，汽机转速下降。之后由于超高压断路器合上，作用在汽轮发电机组大轴上的阻力矩增加，汽轮发电机转速下降，在"同步倾斜度"调频的作用下汽轮发电机组的转速上升，之后由上位机的自动负荷控制环节作用重新恢复汽轮发电机组的负荷在目标负荷。

当发生短电网故障时，由于 GRE 阀门迅速关小，高压缸进汽压力减小，触发 C7A/B 信号，GCT-c 第 1、2、4 组阀门快开，当汽机负荷小于 50%时，GCT-c 第 3 组阀门快开，带出一回路多余的热量。当故障消除后，汽机负荷快速上升，因 GCT 阀关闭需要一定的时间，随着汽机负荷快速上升有可能发生因高蒸汽流量及低蒸汽压力而引发的安注动作，在设计上，特别引入了一个延时保护回路，当汽机负荷再大于 50%时，闭锁信号使GCT-c 第 3 组阀门关闭，并闭锁 GCT-c 第 1、2 组阀门快开。第 1、2 组阀在汽机负荷大于 50%一定延时后，禁止快开的信号消失。

在短电网故障期间，G 棒不会动作，首先汽机控制不会转到下位机控制，所以 G 棒的整定值来自汽机负荷参考值，该值不会变化，虽然频率控制作用会作用于负荷参考值，但是由于时间很短，而 G 棒的运动速度只有 60 步/min，因而 G 棒的动作会有所延迟，基本上不会动作。

4. 处理措施

发生短电网故障时，由于故障的发生和恢复都很快，对于 500 kV 侧故障时间为0.18 s，对于 400 kV 侧故障时间为 10 s，所以操纵员基本来不及做出任何反应，机组已经恢复正常运行，期间任何失误的人为干预反而可能使得故障后果更加严重。

发生短电网故障时，操纵员首先要通过机组现象对故障进行准确判断，当故障消失后，要检查机组恢复到正常运行状态，机组各项主要参数逐渐恢复正常值并最终稳定。

思考题

1. 请说明技术规范的主要内容和作用。
2. 请说明机组故障处理的一般原则。

3. 请简述阀门卡涩故障处理的一般流程。

4. 请说明调节系统的组成。

5. 仪表逻辑退化分为几类？每一类是如何退化的？

6. 发生跳泵故障应如何进行处理？

7. 6.6 kV 系统供电方式具体分为哪几种？

8. 简述跳机不跳堆的主要现象。

第11章　机组事故运行

CPR1000 机组对于反应堆设计基准事故的处理规程采用状态导向法（SOP），其规程体系基于有限的核蒸汽供应系统（NSSS）状态进行导向，不需对初因事件进行鉴别，理论上可应对所有初因事件导致的事故工况，减少人因误差，提升了核电厂的事故处理能力。

11.1　状态导向法（SOP）

11.1.1　状态导向法的发展历程

1976 年，EDF（法国电力）开始"现实性"事故的研究，作为设计基准的补充。1980 年开始，事件导向法程序应用于现场。事件导向法建立在由包络假设阐述的常见事故清单（事件类型的程序）的基础之上。

1979 年，三哩岛事故暴露出了所使用程序的局限性。其中，两个极为明显的缺陷为：①此程序文件（事件程序和事故程序）数量非常大；②此程序未考虑叠加事故的处理。

1980 年，开始了 SOP（状态导向法）原理的研究。

1986 年，编写出了 SOP 规程，在模拟机上进行试验。

1990 年，PENLY 1 号机组启用 SOP 程序，因 PENLY 是第一次使用 SOP 程序，即 SOP0.0 版程序，PENLY 成为参考机组。从 1991 年开始，其他的 P′4 机组相继过渡到使用 SOP 程序。结合机组的技术改造和经验反馈，SOP 需要进行优化和改进。

1991 年，改进 SOP 的研究正式启动，改进的内容主要是：①延伸了初始状态覆盖的范围（RRA 连接）；②延伸到失去简单的源项；③技术补充；④PENLY 的经验反馈：同质化的要求（在不同的 ECP 中，相同的序列尽量一致）、规范化的要求（为了方便执行，用定义人机工程学规范来建立程序）、简单化的要求（减少程序数量）、易于理解的要求（为了让操纵员熟悉，进行原因解释和相同控制模块的介绍）、系统化的要求（用合并简单准则的方式来避免重复执行操作单）。

1998 年，3 月 18 日经法国运行技术委员会的批准，900 MW 系列机组向 SOP 的转换计划正式启动，其预期的转换期限为此后两年。

1999 年，900 MW 系列机组开始使用 SOP。

2003 年，EDF 全部机组切换 SOP 完毕。

11.1.2 状态导向法（SOP）和事件导向法（EOP）的比较

EOP 和 SOP 两个程序在结构上的差别如图 11.1 所示。从状态导向法程序的结构图可以看出，SOP 程序体现了闭环控制的特点：行动—监督—重新定向—行动。程序始终在监控状态功能，始终在对操纵员行动的有效性进行验证。在初始诊断失误或者操纵员在执行过程中发生差错时，程序的"重新定向"能及时地识别程序适用性及干预的有效性。这种"自动纠错"功能减轻了错误地使用和执行程序所带来的后果。

事件导向法应用过程中逐渐表现出很难适应复杂情况或难以确定的情况，而三哩岛事故更加暴露了使用事故程序的局限性。例如下面这些情况，事件导向法就很难去处理：初始事件没有包括在程序中、专设安全系统部分或全部失效、初始事件众多且同时发生或顺序发生、在执行程序过程中人为失误等。

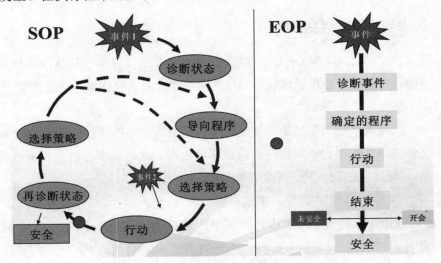

图 11.1 SOP 与 EOP 的结构差别

面对类似上述复杂情况，事件导向法程序中对进行的诊断从不质疑，当发生诊断错误时，程序本身无法进行再判断；不存在故障设备替代功能的概念；没有考虑设备恢复问题；既没有预先考虑叠加事故，也不能处理叠加事故；事件和事故的控制很大程度上取决于对事件诊断的准确性，诊断的所有困难或人为失误都可能带来对核安全的负面影响，甚至更严重的后果，并且，EOP 对事件的诊断仅局限在事件或事故初期，即在第一步控制操作实现之前，这对事故处理时机的要求非常严格。

　　SOP 程序经过对三哩岛事故的分析，在包括非预计的事件、叠加事件、人为差错的研究基础上开发得到。在 SOP 程序中，在任何时间进行机组状态的诊断都是可实现的，即使是在事件或事故开始后相当长时间，SOP 定期重复的结构都能够保证正在使用的控制策略是有效的。SOP 控制手段不是建立在对初始事件的诊断上，而是建立在对机组当前状态的诊断上。状态决定了正确的操作（操作总是串行的），执行到出口，再开始新的状态检查（循环的基本概念）。

11.2　六大状态功能

11.2.1　热工水力图

　　把一个用于描绘机组安全运行的综合模型叫作"总体运行图"。这个总体的综合模型可以基于安全的观点来描述机组功能，称为"功能总体图"。它集中了热工水力现象（通过热工水力图来建模）和其他物理现象（中子、裂变产物、机械/热冲击）。这些物理现象能相互影响，这种相互影响在模型中由于功能之间导向关系的存在而被表现出来。

　　对于一项给定的功能，它所发生的变化可以影响其他的功能，同样，其他功能又能反过来影响它所代表的物理现象。根据对物理知识（研究结果、模型上的实验）的认识，鉴于遇到的或未遇到的安全风险，每个现象（与图形的某个功能相适应）可以分解为一个限定数量的可能的物理配置。例如，燃料棒和一回路流体的热交换过程，如果堆芯是满水的则热传递效果很好，如果堆芯是排空的则热传递效果非常差。在某一确定的时刻，机组的总体状态是基于整个基础功能的物理配置的一种特殊组合。分析结果表明：每个功能的配置数量是限定的，由此构成的总体运行图的功能数量也是限定的，则总体状态数量是限定的。

　　我们感兴趣的能够主导物理现象的敏感部件有：燃料元件、一回路及其延伸、二回路及其延伸（蒸汽发生器、蒸汽管道）、安全壳内部容积。这些部件都被屏障包容着：燃料包壳、一回路压力边界及其延伸、二回路压力边界及其延伸、安全壳本身。传统的物理法则质量守恒、能量守恒、动量守恒适用于遇到的各种不同类型的物质（水、裂变产物、硼），也适用于能量。这些能量通过具体物理现象表现出来：能量生产、转移/输送、储存/消耗，这个能量的产生与导出过程见图 11.2。这些物理现象可以在我们感兴趣的能够主导物理现象的敏感部件的各部分出现，并可以穿过在燃料和安全壳间三道屏障组成的界面。

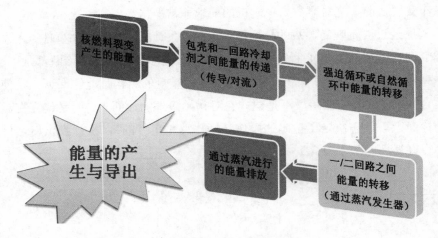

图 11.2　能量的产生与导出

热工水力图是根据质量和能量在机组各个部分（从燃料直到系统外部）的运行路径逐步构建起来的。通过系统和全面的方法可以将所有已知的物理组态，以及它们之间的相互关系和对安全的显著影响突出显示在热工水力图中（图 11.3）。热工水力图是增强对事故工况和事故处理程序概念理解的一个工具。

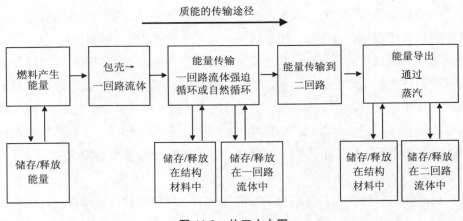

图 11.3　热工水力图

11.2.2　六个状态功能

在分析和考虑了相互关系后，对总体运行图进行了综合和概括：只有 6 个必需的和充分的功能被规定为代表机组的总体性能，这些功能被称为状态功能。

在构成热工水力图的功能集合中，有 6 个功能被称为"状态功能"。6 个状态功能详尽地描绘了在给定时刻机组所有可能状态的特征，相对于故障/事故的数量，状态功能的数量是可数的。这 6 个状态功能或者可以直接测量，或者可以通过组合找到其他的功能。图 11.4 描述了从真实状态到 6 个状态功能的转化关系。

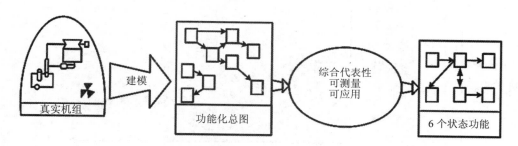

图 11.4　从真实状态到 6 个状态功能的转化

表 11.1 描述了状态功能和安全功能的联系及代表性物理参数。表 11.2 描述了状态功能及特征物理参数阈值。

表 11.1　状态功能和安全功能的联系及代表性物理参数

状态功能和安全功能的联系			
功能状态	特征	特征物理参数	安全功能
一回路状态 — 次临界度（S/K）	核功率水平	中间量程（功率测量）	反应性（R）
一回路状态 — 功率的导出（WR（P，T））	一回路内部能量	ΔT_{SAT}	冷却（C）
一回路状态 — 一回路水装量 IEp	堆芯→一回路流体的转移；通过一回路进行的运输；往蒸汽发生器的转移	压力容器水位	冷却（C）
二回路状态 — 二回路水装量 IE$_S$	放射性材料未扩散到环境中	蒸汽发生器水位	包容
二回路状态 — 蒸汽发生器完整性 INTs	一回路流体的能量的排出；能量的排放	蒸汽发生器压力的平衡 蒸汽发生器的放射性	包容
安全壳状态 — 安全壳完整性 INTe	放射性材料未扩散到环境中	安全壳内压力 安全壳内剂量率	包容

目前，SOP 程序中一回路水装量 IEp 的降级条件正在修订过程中，主泵运行过程中一回路水装量 IEp 的降级与否可能会发生变化，这是 SOP 程序中六大状态功能参数正在面临的一大变化。

表 11.2　状态功能及特征物理参数阈值

特征物理参数	定值		
	未降级	部分降级	降级
中间量程（功率测量）	中间量程通量 $3\%P_n$　$3\times10^{-5}A$ $100P6$　$10^{-8}A$ 20 min　停堆后时间		
ΔT_{SAT}	$-\varepsilon$　$+\varepsilon$　$140℃$　ΔT_{SAT}		
压力容器水位	主泵运行　主泵停运 TOV　THL		
蒸汽发生器宽量程水位	3 个蒸汽发生器水位＞ -10 m	1 个或 2 个蒸汽发生器水位＞ -10 m	3 个蒸汽发生器水位＜ -10 m
蒸汽发生器放射性	3 个蒸汽发生器放射性＜ 100 IA（REN/APG） IA+100（KRT/VVP）	1 个或 2 个蒸汽发生器放射性＜ 100 IA（REN/APG） IA+100（KRT/VVP）	3 个蒸汽发生器放射性＞ 记录仪满量程
蒸汽发生器压力平衡	$\Delta P_{SG}＜10$ bar 如 P12 以下安注未闭锁， $P_{SG}＞40$ bar	$\Delta P_{SG}＞10$ bar 如 P12 以下安注未闭锁，$P_{SG}＜$ 40 bar	3 个蒸汽发生器水侧或汽侧 破口
安全壳压力	1.2 bar　P　安全壳		
安全壳剂量率	$P_{安全壳}＜1.2$ bar 且没有 KRT099KA	$P_{安全壳}＞1.2$ bar 或 KRT099KA 出现	剂量率＞0.02 Gy/h （KRT022 MA/023 MA）

11.3 堆芯冷却监视

11.3.1 堆芯冷却监视系统的作用

堆芯冷却监视系统可实现以下功能：

①计算 T_{RICmax}。

②产生热电偶失效信号。

③计算 ΔT_{SAT}。

④计算堆芯水位 L_{VSL}。

⑤交叉验证 A/B 列的 ΔT_{SAT} 和堆芯水位的测量值。

⑥显示（KIC 和 BUP）。

11.3.2 堆芯冷却监视系统的显示画面

堆芯冷却监视系统 A 列显示画面的显示参数，见表 11.3。

表 11.3 堆芯冷却监视系统 A 列参数

初始参数	检验参数
一回路相对压力	用百分数显示堆芯水位
T_{RICmax}	堆芯 ΔT_{SAT}
$\Delta T_{SAThead}$	饱和状态（指示灯）
$T_{RIChead}$	
报警	

堆芯冷却监视系统 A 列显示画面如图 11.5 所示。

堆芯冷却监视系统 B 列显示画面的显示参数，见表 11.4。

表 11.4 堆芯冷却监视系统 B 列参数

初始参数	检验参数
一回路相对压力	用百分数显示堆芯水位
T_{RICmax}	堆芯 ΔT_{SAT}
$\Delta T_{SAThead}$	饱和状态（指示灯）
$T_{RIChead}$	两个条状显示的堆芯水位
报警	

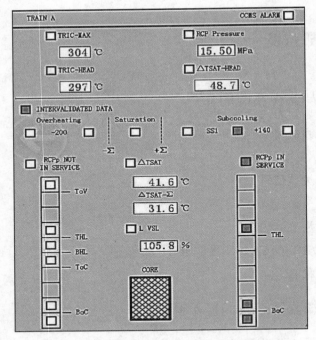

图 11.5 堆芯冷却监视系统 A 列的显示画面

堆芯冷却监视系统 B 列显示画面如图 11.6 所示。

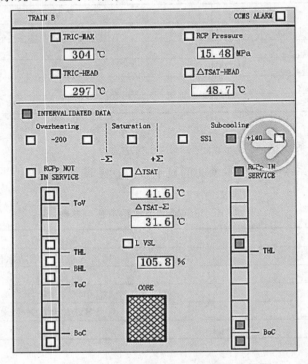

图 11.6 堆芯冷却监视系统 B 列的显示画面

需要注意的是，堆芯冷却监视系统显示的堆芯水位特征值依据主泵运行状态的不同而有不同的监视和显示。

（1）主泵运行时

①THL：热管段顶部。

②BOC：堆芯底部。

（2）主泵停运时

①TOV：压力容器顶部。

②THL：热管段顶部。

③BHL：热管段底部。

④TOC：堆芯顶部。

⑤BOC：堆芯底部。

11.3.3　堆芯冷却监视系统上显示数据的生成原理

（1）堆芯水位测量原理

使用宽量程液位计，压力容器的水位计算公式如下：

$$L_{\text{VSL}} = \frac{\dfrac{\Delta P_{\text{VSL}}}{\Delta P_{\text{VSL}}^{100}} - \dfrac{\gamma_{\text{V}}}{\gamma_{\text{L}}}}{1 - \dfrac{\gamma_{\text{V}}}{\gamma_{\text{L}}}} \times 100\% \tag{11.1}$$

（2）T_{RICmax} 的生成

由第 4 章堆芯温度测量的原理可知：

$$\Delta T_{\text{SAT}} = T_{\text{SAT}} - T_{\text{RICmax}} \tag{11.2}$$

（3）堆芯冷却监视系统使用的测量值

①逻辑输入：在 A 列和 B 列上，堆芯冷却监视系统接收来自 3 台主泵供电开关的状态信息。

②模拟输入，见第 4 章表 4.1 CCMS 模拟输入信号表。

堆芯冷却监视系统信息生成总体构造如图 11.7 所示。

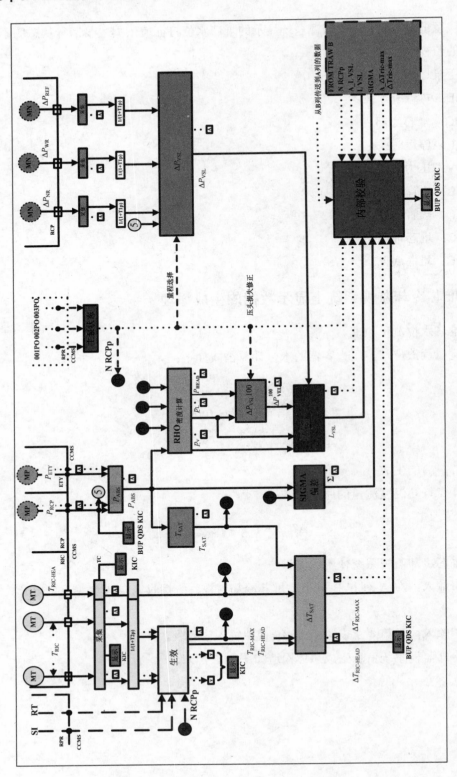

图 11.7　堆芯冷却监视系统信息生成总体构造

11.4　状态导向法覆盖的范围及结构

11.4.1　状态导向法（SOP）覆盖的范围

表 11.5 介绍了 SOP 所覆盖事故的范围。

表 11.5　SOP 覆盖事故范围

SOP 覆盖事故范围			
	压力容器未打开		压力容器开口
安工/值长监测	SPE		SPE O
热工水力问题	ECP 4		ECP RO
	ECP 3、ECP 2	ECPR 2	
支持功能和核蒸汽供应系统的缺陷	ECP 1	ECPR 1	
	DOS （通过 SG 稳定）	DOS R （通过 RRA 稳定）	DOS R
正常工况	正常运行程序		
	RRA 没有连接	RRA 已连接 一回路关闭	一回路未关闭

其中，EOP 程序体系与 SOP 程序体系的类比关系如图 11.8 所示。

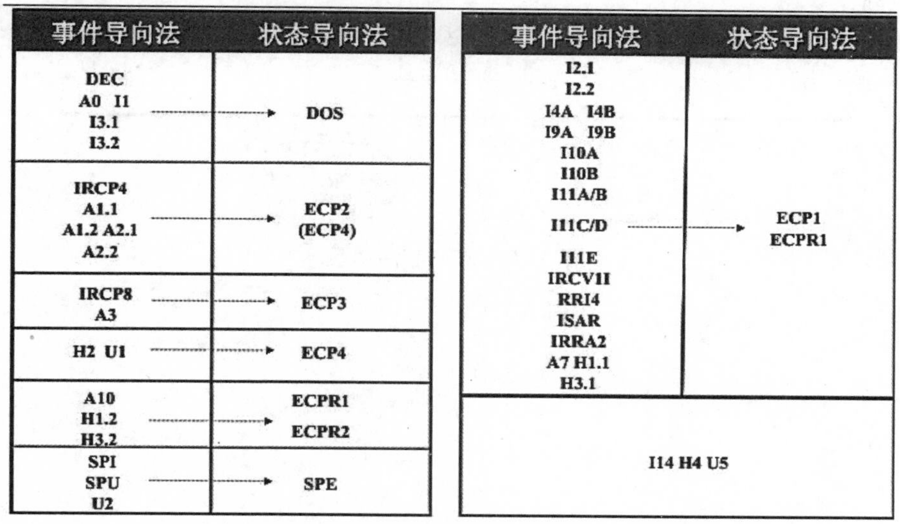

图 11.8　EOP 程序体系与 SOP 程序体系的类比关系

11.4.2 SOP 程序的总体结构

图 11.9 与图 11.10 分别介绍了 SOP 程序体系以及 SOP 程序的总体结构。

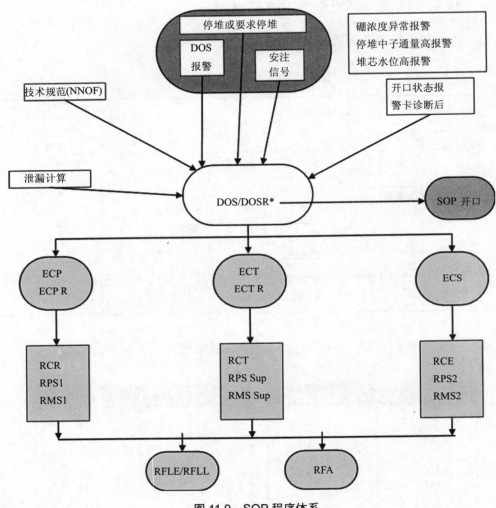

图 11.9 SOP 程序体系

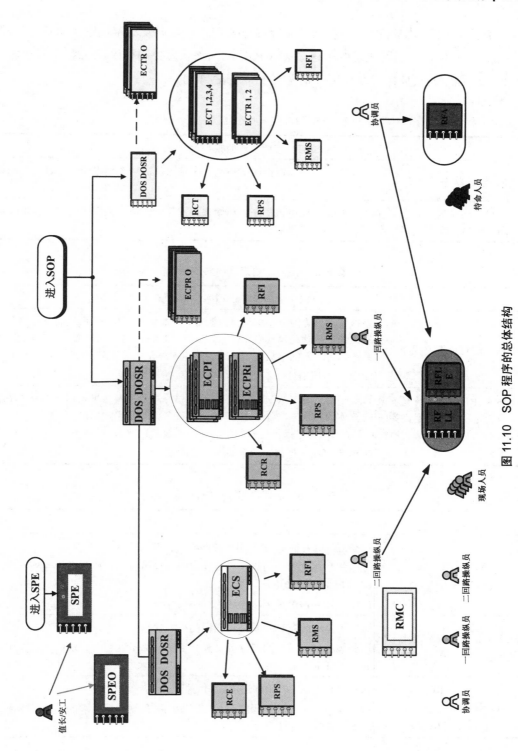

图 11.10 SOP 程序的总体结构

值长、安工（SS/STA）连续状态监视规程（SPE），定向及稳定程序（DOS），协调员程序（ECT），一回路状态控制程序（ECP），二回路状态控制程序（ECS），其他操作单等各个程序的具体内容及作用分别见表 11.6～表 11.11。

表 11.6　SS/STA 连续状态监视规程（SPE）

SS/STA 连续状态监视规程	
SPE：连续状态监视规程	使用该程序的初始状态覆盖从满功率到维修冷停堆（一回路关闭）
SPE O：连续状态监视规程，一回路未关闭（维修停堆和换料停堆）	使用该程序的初始状态覆盖一回路未关闭时的维修停堆和换料停堆

表 11.7　定向及稳定程序（DOS）

DOS（定向及稳定程序）	
DOS（定向及稳定程序）	该程序用于确定从功率运行直到 GV 冷却状态下 NSSS 系统的整体物理状态，确认自动动作（自动停堆，安注，EAS，安全壳隔离一、二阶段），并选择将进入的事故规程，或者稳定 NSSS 系统状态； DOS 也可用于处理不适宜的或多余的安注
DOS R：RRA 连接情况下定向及稳定程序，一回路关闭或未关闭（维修停堆、换料停堆）	该程序用于确定从 RRA 连接直到维修停堆和换料停堆状态下 NSSS 系统的整体物理状态，确认自动动作（自动停堆，安注，EAS，安全壳隔离一、二阶段），并选择将进入的事故规程，或者稳定 NSSS 系统状态； DOS 也可用于处理不适宜的或多余的安注

表 11.8　协调员程序（ECT）

协调员程序	
ECT 1、2、3、4 （机组状态控制）	这些规程与对应 ECP 适用相同的机组状态； 这些规程包含了一回路操纵员和二回路操纵员规程所要求的各项操作，并与 ECP 平行使用； ECT 规程按照严重程度递增的顺序来分级
ECT R 1、2（RRA 连接下机组状态控制，$P_{\mathrm{rcp}} < 27\ \mathrm{bar}$）	这些规程与对应 ECP R 适用相同的机组状态； 这些规程包含了一回路操纵员和二回路操纵员规程所要求的各项操作，并与 ECP R 平行使用
ECT RO （一回路未关闭时，机组状态控制）	该程序与对应 ECP RO 适用相同的机组状态； 该程序包含了一回路操纵员和二回路操纵员规程所要求的各项操作，并与 ECP RO 平行使用

表 11.9　一回路状态控制程序（ECP）

		一回路状态控制程序
ECP：一回路机组控制程序	ECP 1：物理状态没有降级	此规程覆盖的事故有： 失去支持功能（电源、冷源或气源）； 不适宜和/或多余的安注； 火灾（消防行动单）； 失去 NSSS 正常运行功能（NNOF）； 不可控稀释事故； 一回路放射性升高； 3 台 SG 失去 ASG 给水； 安全壳没有降级情况下的 RCV 破口
	ECP 2：物理状态部分降级	此规程覆盖的事故有： 一回路破口或二回路破口（安注投运或未投运）
	ECP 3：物理状态部分降级	此规程覆盖的事故有： SG 传热管破裂（安注投运或未投运）； SG 传热管破裂+SG 蒸汽管道破裂
	ECP 4：物理状态降级	安全壳状态和/或水装量严重降级的事件由这本程序覆盖
ECP R：RRA 条件下一回路机组控制程序（P_{rcp}＜27 bar）	ECP R1：物理状态未降级	进入 ECP R1 是经过 DOS R 或 ECP 1 或 ECP R2（完成一回路密封性测试后） 此规程覆盖的事故有： 丧失支持功能（电源、冷源或压缩空气）； RRA 功能故障； 火灾； 丧失 NNOF； 稀释事故
	ECP R2：物理状态降级	进入此规程是经过 ECP 2、3、4 或 ECP R1（如果物理状态降级）或直接由 DOS R 进入，如果状态严重降级，需要执行 ECP 4
ECP RO：一回路开口情况下一回路机组控制程序	ECP RO：通过 DOS 进入 ECP RO	此规程覆盖的事故有： 丧失支持功能（电源、冷源或压缩空气）； 稀释事故； RRA 功能故障； 也覆盖了物理状态降级的情况

表 11.10　二回路状态控制程序（ECS）

	二回路状态控制程序
ECS：二回路控制程序	一、二回路操纵员使用的文件； 文件规定了和 ECP 或 ECP R 同步执行的二回路的控制
ECS O：一回路开口情况下二回路控制程序	一、二回路操纵员使用的文件； 该文件和 ECP RO/ECT RO 同步执行

表 11.11　其他操作单

使用者	操作单名称	
值长/安工	SPE：永久状态监测规程； SPE O：一回路开口永久状态监测规程	
协调员	RCT：机组控制操作单； RCT O：一回路开口时机组控制操作单	DSAL：现场操作跟踪文件； RPS：支持功能丧失操作单；
一回路 操纵员	RCR：反应堆操纵员操作单； RCT O：一回路开口时机组控制操作单	RPS O：一回路开口时支持功能丧失操作单； RMS：支持功能投运操作单； RMS O：一回路开口时支持功能投运操作单；
二回路 操纵员	RCE：二回路操纵员控制操作单； RCE O：一回路开口时二回路操纵员控制操作单	RMC：打钩记录本，记录及标识； RMC O：一回路开口时记录及标识； RFI：火警操作单； RFI O：一回路开口时火警操作单
现场人员	RFLL：现场在线操作单； RFLE：现场电气操作单	
On-call 人员	RFA：应急值班人员操作单	

11.4.3　SOP 程序人员角色/分工

上述表格中介绍了不同人员使用的各种程序文件的具体作用，而具体人员的角色分工在表 11.12 中列出。

表 11.12　异常-事故情况下不同人员的角色作用/分工

角色	角色分工
值长/ 安工 （15～20 min 内 不干预）	作为值长，火灾情况下（火警报警、电话报警）优先提取 DOIS 规程（火灾及救护定位文件）。 通过向运行值下达关系到堆芯和安全壳安全的操作，确保自己作为独立冗余人员。 SPE 或 SPE O 规程允许下列操作： （1）根据机组的物理状态，确保与安全相关的各项行动得以实现； （2）执行安全系统和安全壳系统的监测： ①如果机组状态需要，可要求改变 ECP 规程、ECP RO 序列或 ECS/ECS O 序列； ②负责管理 SG 状态； ③负责安全系统的恢复； ④能够要求执行与安全相关的重要行动（投运安注、开启稳压器排放管线、解除 SG 隔离等）； ⑤让人隔离到反应堆厂房地坑的再注入管线，以及恢复安全壳（协调员身边参与）

角色	角色分工
协调员 （监控操纵员的行动，核实所执行的规程与机组状态相符，处理支持系统故障的叠加及支持系统的恢复）	（1）利用正在执行的 ECP/ECPR 规程控制相应的机组状态，如果需要，在此规程（ECT i、ECT Ri 及相应操作单）帮助下，与一回路操纵员重新定位机组状态； （2）利用正在执行的序列控制相应的二回路状态； （3）通过操纵员控制主要操作的实现； （4）确保与其他部门的联系； （5）执行值长/安工商议后要求的行动； （6）根据规程要求，让值长启动应急； （7）为了调整运行值的工作负荷，在各种可能的操作方法中，安排那些需要优先做的操作； （8）如果需要，会比操纵员更精细地监测重要系统的可用性； （9）管理支持功能的不可用，及火警行动单（在初始事故或叠加事故中）； （10）在叠加事故中，管理蓄电池的起始放电和整流器的切换； （11）在 RMC 或 RMC O 上标识支持功能丧失报警； （12）管理支持功能的重新投运； （13）控制一回路 NSSS 系统功能不可用和二回路 SG 状态的标识； （14）负责安全系统的恢复
一回路操纵员 （操纵和监视一回路和安全壳，处理初始的支持系统故障）	（1）在此规程（DOS、DOS R、ECP i、ECP Ri 和相关操作单）帮助下，控制和监测一回路和安全壳状态； （2）要求二回路操纵员控制一回路温度或 RRA 相关操作； （3）管理 NSSS 系统功能一回路部分的不可用； （4）管理支持功能的不可用，及作为初始事故时的火警行动单； （5）在协调员不在或作为初始事故时，在 RMC 或 RMC O 上标识支持功能丧失报警； （6）利用正在执行的规程控制一回路相关状态，如果需要，可在此规程（ECP i、ECP Ri、ECP RO）的帮助下与协调员重新定位
二回路操纵员 （操纵和监视二回路）	（1）在此规程（DOS、DOS R、ECS、ECS O 和操作单）帮助下，控制和监测二回路状态； （2）应一回路操纵员的要求，利用蒸汽发生器或 RRA 控制一回路温度； （3）管理 NSSS 系统功能二回路部分的不可用； （4）管理 SG 状态； （5）利用正在执行的序列控制二回路相关的状态，如果需要，在此规程（ECS 或 ECS O）帮助下，与协调员重新定位； （6）在火灾情况下（火警报警或电话报警），提取 DOIS，直到值长到来
现场人员	应协调员和操纵员的要求，在 RFLL 或 RFLE 操作单帮助下，在现场实施具体的操作（在线、调节、电气盘操作等），执行操作后，向发出者汇报这些行动的执行情况
应急值班人员	应协调员或操纵员的要求，在 RFA 操作单的帮助下，执行一些特殊操作（如模拟 P4 信号），然后向发出者汇报这些行动的执行情况

11.5 定向及稳定程序（DOS）

1. DOS 程序的适用范围和分类

DOS 程序适用于所有的机组初始标准状态，主要目标是提供必要的信息，选择适应于故障或事故条件下机组状态对应的运行程序。

RRA 连接状态和 RRA 未连接状态下，各种目标间的相对逻辑有很大的不同，因此 DOS 有两个程序：

①RRA 未连接状态下的 DOS 程序。

②RRA 连接状态下的 DOS R 程序。

根据一回路是否开启，DOS R 又分解为两个子程序：DOS R 和 ECP RO。

2. DOS 程序的使用准则

进入 DOS 程序的准则（表 11.13）包括：安注启动（至少一列状态灯亮）；自动停堆或自动停堆需求；出现标志"DOS"的报警；根据技术规范要求，一回路泄漏率或一/二次侧间的泄漏率异常；根据技术规范要求，出现一个 NSSS 系统需要的正常运行 NSSS 功能不可用等。

表 11.13　进入 SOP 的准则

进入 SOP 的准则
安注信号；
自动停堆或自动停堆需求出现；
标有"DOS"的报警；
一回路或一/二回路间的泄漏率异常（通过技术规范）；
JDT 报警（火灾）；
技术规范（如正常核热功能（NNOF）：RCV 下泄不可用）；

DOS 三个动作
（1）检查和确认可能的自动动作（自动停堆、安注、安全壳第一阶段隔离、EAS 启动、安全壳第二阶段隔离）； （2）对设备物理状态进行初始诊断，引导选择要执行的程序（ECP i）； （3）稳定机组

3. DOS 程序的稳定序列

DOS 程序包含一个"降负荷"稳定序列,以实现 P10 以下停堆后进入 ECP 2 或 ECP 3 程序。表 11.14 即为 DOS 程序稳定序列的进入准则、稳定策略及退出准则。

表 11.14 DOS 程序稳定序列

	稳定:通过蒸汽发生器稳定序列	
进入准则	无安注;无状态功能的降级;无一回路高放射性;无一回路泄漏;无一、二回路间泄漏;未丧失支持功能;没有稀释;无 NNOF 不可用;控制棒下落;一回路在 P-T 图内	
稳定策略	T_{RIC} 稳定,P_{RCP} 稳定,$-4\text{ m}<N_{PZR}<1.4\text{ m}$,$C_B=C_{B 初始}$(初始硼浓度)	
退出准则	(1) 安注或重返临界或新的 DOS 报警出现→DOS 重定向进入 ECP i; (2) 一回路超出 P-T 图,或一回路稳定且 ASG 水箱水位不足或控制棒与当前状态不符→ECP 1; (3) 一回路不稳定或 SG 水位不在整定值→继续序列"稳定"; (4) 参数稳定且与技术规范一致→退出 SOP	

4. DOS 程序的作用及结构

DOS 通过检查和确认可能的自动动作(自动停堆、安注、安全壳第一阶段隔离、EAS 启动、安全壳第二阶段隔离),对设备物理状态进行初始诊断,引导选择要执行的程序(ECP i),实现机组稳定(图 11.11)。

11.6 事故控制策略

1. SOP 的目标

SOP 程序的目标是:保护堆芯安全,限制排放,保护电站设备的安全。在压水堆核电站故障或者事故工况下,机组控制由三部分组成:①连接到后备状态(这是总体目标,目的是在故障或事故期间,限制排放和/或可能的降级风险);②遵守核安全规定(优先考虑的是堆芯安全,以及屏蔽);③尽可能地降低电站生产设备损坏的后果(没有优先级要求)。

2. 控制策略

根据 SOP 的目标,机组故障或者事故工况中有必要设计及使用"控制策略"。策略是将机组带到后撤状态的一种方式,遵循安全的要求(堆芯和安全壳的保护)并尽可能限制生产设备的后果。控制策略分解为三个步骤:观察、决策与行动。通过对机组物理状态的识别,确定操作目标;根据设备或系统的可用性,利用可以使用的方法采取行动,控制机组状态。表 11.15 描述了控制策略的过程。

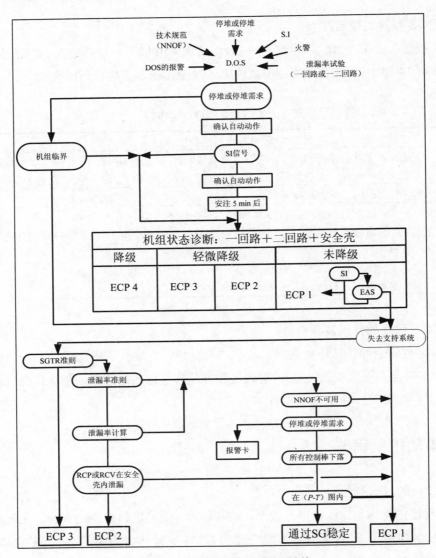

图 11.11　DOS 程序的总体结构

表 11.15　控制策略

观察阶段		决定阶段		行动阶段
机组状态		同时控制状态功能		利用可使用的方法
6 个状态功能				
一回路	S/K			
	WR（P，T）	6 个功能 ①掌握功能目标 ②决定控制的方式		核蒸汽供应系统功能 利用可用的系统进行控制
	IEp			
二回路	IEs			
	INTs			
安全壳	INTe			

　　针对不同的事故工况，机组有不同的控制策略，根据六大状态功能的降级与否、降级程度，所有工况的策略归结为 8 种类型的控制策略。这 8 种策略根据一回路水装量的降级与否（图 11.12 是水装量降级与否的判断标准）又可分为两大类：

①干预水装量优先策略。

②非干预水装量优先策略。

　　表 11.16 是根据水装量划分的 8 个控制策略，表 11.17 描述了不同的控制策略对应的控制目标。

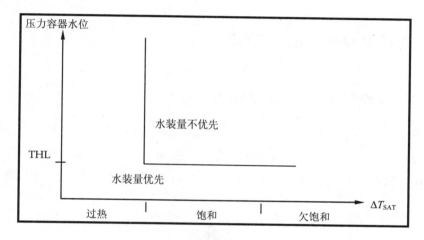

图 11.12　水装量降级与否的判断

表 11.16　八大控制策略（依据水装量划分）

非干预水装量优先策略	干预水装量优先策略
1：稳定	
2：稳定控制核功率或硼化	
3：控制 ΔT_{SAT}	7：优先恢复一回路水装量
4：平缓后撤	8：堆芯最终保护
5：快速后撤	
6：重建余热导出	

表 11.17　控制策略及控制目标

状态功能（FE）	运行策略	目标
6 个状态功能参数不降级	稳定	使机组重新返回正常运行区域，或在后备状态等待
6 个状态功能参数不降级,有系统不可用或小泄漏	平缓后撤	后撤到后备状态，以进行维修处理或进行正常运行控制
某些状态功能参数降级	快速后撤	尽快后撤到后备状态，以减少事故后果
一回路流体严重过冷：WR（P,T）降级（$\Delta T_{SAT}>140℃$）	降低 ΔT_{SAT}	避免对压力壳的冷冲击（NDTT），返回到 P-T 图的正常范围

状态功能（FE）	运行策略	目标
因二回路而失去余热导出：WR（P, T）功能降级	恢复余热导出	通过充-排方式，导出堆芯余热
次临界度异常：S/K 功能降级	稳定-控制核功率	硼化到冷停堆硼浓度，以返回次临界
一回路水装量危机：IEp 降级	优先恢复一回路水装量	最少重建一回路水装量到热管段顶部，然后快速后撤
堆芯排空：IEp 严重降级	堆芯最终保护	采取一切可用手段给堆芯补水，避免或延迟堆芯的融化

11.7　状态控制程序（ECP/ECS）

11.7.1　控制策略与对应状态控制程序

控制策略和操作序列间都有相应的对应关系：每个序列都采用一个相应的策略。在考虑优先级的基础上，采取与机组状态相关的一系列操作行动。图 11.13 是八大控制策略的二维图，SOP 的目标就是通过采取不同的控制策略，使机组状态向靶心靠近。

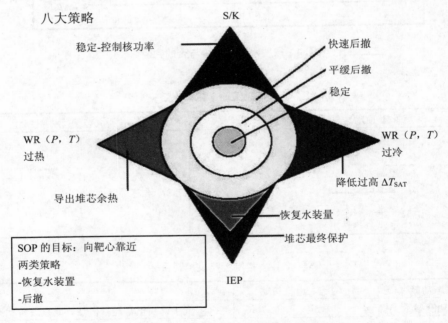

图 11.13　八大控制策略二维图

在机组控制程序（ECP）中，不同的序列有不同的策略，见表 11.18。

表 11.18　策略与程序的对应关系

策略	程序			
	ECP 1	ECP 2	ECP 3	ECP 4
稳定	X	X	X	X
稳定-控制核功率	X	X	X	X
平缓后撤	X	X	X	
快速后撤		X	X	X
降低 ΔT_{SAT}		X	X	X
恢复余热导出				X
恢复一回路水装量				X
堆芯最终保护				X

11.7.2　状态控制程序的结构

ECP/ECS 程序由初始定向程序（IO）和序列（SEQ）两部分组成。

初始定向程序（IO）包括：人员通知，人员警告，重要信息提醒，自动动作确认，一些操作模块 MOP，逻辑判断，最后进入 SEQ，或者进入 ECT/ECP/ECS 规程，总体结构大致是线形的。

序列（SEQ）由 3 个部分，即"控制（a）—系统监测（s）—再导向（r）"组成，这 3 个部分构成一个循环，总体结构呈环形，每个序列都有自己的专用底色，其中，协调员和操纵员们的相同序列为同样的底色。

11.7.3　状态控制程序的序列

关于状态控制程序的序列有以下说明，序列结构见图 11.14。

①序列的编码规则：

字母"a、b、c…"用于"控制"部分的页码；

字母"s"用于"系统监测"部分的页码；

字母"r"用于"再导向"部分的页码。

②"序列目标"：矩形框，位于序列的开头部分，用于对序列要达到的目标进行解释。

③当目标没有达到时，执行者将停留在同样的序列里循环执行"控制、系统监测、再导向"。

④执行者不用因为一个要求的行为未完成而停留不动。

⑤所有要求的行动都是一个接一个的，不会同时要求执行几个命令。

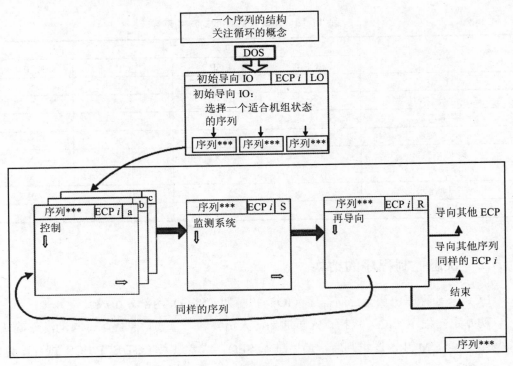

图 11.14　ECP 序列的结构

1．控制（a）

（1）控制模块

控制模块是控制部分的基本元素。模块允许达到的短期目标，即是模块标题定义的目标，可提供不同的方法、采取不同的干预行动达到既定目标。在控制模块中，不同的备用功能被直接整合在一起，当一个控制模块开始执行后就不能被中止。

（2）投运功能模块

通过"核蒸汽供应系统的功能有可用性"的测试进入。若核蒸汽供应系统的功能被登记为不可用，此时如果替代功能存在，将被导向寻求替代功能（专用表格 RMC 用于登记核蒸汽供应系统功能）的模块。图 11.15 是 ECP 序列中投运 NSSS 功能模块结构图。

2．系统监测（s）

（1）系统的监测功能

基于一个简易的准则，它阐明被利用的核蒸汽系统的功能，对投运/退出运行等信息具体表达、宣布不可用、失效（只用于 HHSI）。

"功能性的信息"的监督在执行的行动中得到实现。

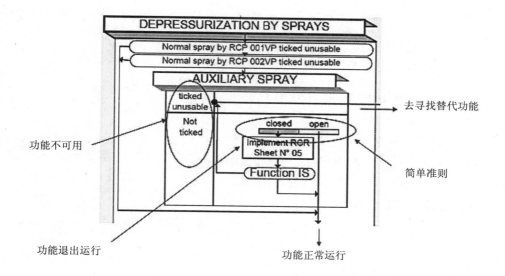

图 11.15　ECP 序列中投运 NSSS 功能模块结构

（2）系统的监测

这是一个定期的监测（每个循环都被执行），其目的为：

确认失效的系统（在序列中被使用的系统），确认达到了一个要立即采用行动的阈值，确保核蒸汽供应系统为完成它们的功能而必需的一些供给。

"系统的监测"在监测部分被实现。

（3）高效的监测

这种监测只用于安全系统，对安全系统的监测要么在执行的行动中实现，要么在监测系统中实现。这些不同的监测允许：

①防止每个循环都执行一次操作单（投运的功能）。

②防止尝试投运已经不可用的系统。

③如果某一项功能已退出运行则导向一个投运的操作单。

这些监测根据每个使用者（操纵者）角色的不同而被安排在一个设计好的序列，分配在 ECP、ECT 和 ECS 中。对于安全系统的监测在操纵员和协调员中是冗余的。

3．再导向（r）

在每个完整的循环中，再导向模块允许：

①更换序列，如果正在执行的序列已经不再适应机组的状态。

②确认正在执行的序列是否适应机组的状态。

③完全离开 SOP 程序，如果 ECP 1 或 ECP R1 在执行中，如果一回路操纵员决定通过"再导向"来更换 ECP 程序，他要通知协调员，以便协调员也执行 ECT i 的再导

向并确认要更换的新的 ECP/ECT 程序。如果协调员决定更换 ECT 程序，用与上述同样的原则。

再导向包括两部分：在 ECP 中再导向及在序列间再导向。

11.7.4 一回路状态控制程序（ECP 1）

1. ECP 1 程序简介

当一回路状态无降级且安全壳内状态正常时，执行 ECP 1 程序，本序列的目标是稳定核蒸汽供应系统（NSSS）在标准状态范围内。

2. ECP 1 程序覆盖范围

ECP 1 程序覆盖了机组从 $100\%P_n$ 至 RRA 未连接的中间停堆状态，一回路压力大于 27 bar.g。

3. ECP 1 程序覆盖的事件

①丧失支持系统功能的事件，例如，丧失电源或者丧失流体系统，导致一些 NSSS 功能不可用。

②导致至少一个 NSSS 正常运行功能（NNOF）不可用的事件，这种不可用导致不能使用正常运行规程，在这种情况下根据技术规范进入 DOS，再进入 ECP 1。

③不可控的稀释，这种情况下反应堆的功率示数依旧低于 10^{-8}A（如果高于 10^{-8}A，操纵员将被引导进入 ECP 2）。

④一回路放射性高事件（REN/RCP 上剂量率＞2×10^{-3}Gy/h）。

⑤蒸发器失去全部给水。

⑥RCV 系统破口（破口流量 $Q＞2.3$ m³/h），并且这种破口并没有导致安全壳降级。

⑦不适当的安注（SI）：误安注；多余的安注。

⑧误安喷。

4. ECP 1 程序结构图

ECP 1 程序结构见图 11.16 和图 11.17。

5. ECP 1 程序的序列（SEQUENCE）

（1）序列 1：维持功率运行或降功率

进入准则：反应堆功率运行并且堆功率大于 P10。

序列目标：根据事件的情况和/或记录的不可用，维持核蒸汽供应系统在功率运行；或者当要求向后备状态过渡时进行降功率，在降功率的情况下，目标是降到 P10 以下，然后由操纵员手动停堆。根据设计工况，P10 以下停堆不会产生不利影响。

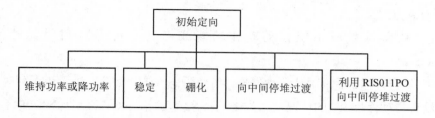

图 11.16　ECP 1 程序结构

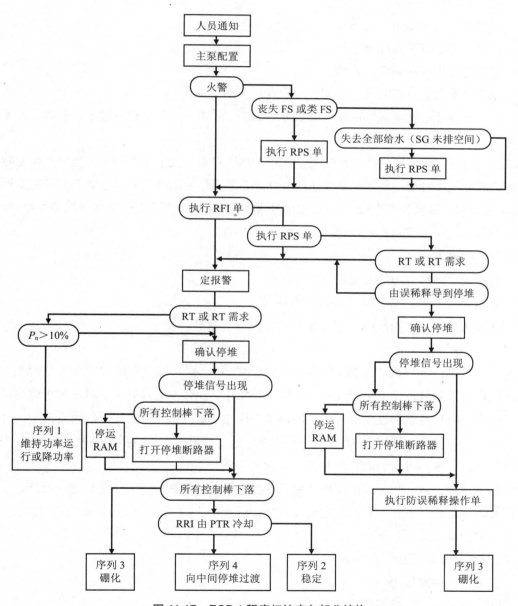

图 11.17　ECP 1 程序初始定向部分结构

主要控制方式：

①利用核蒸汽供应系统自动动作功能或当其不可用时利用其替代功能（substitution）。

②在功率小于 P10 后再确认自动停堆，避免瞬态冲击；注意：进入该序列时功率大于 P10，没有自动停堆 RT 的情况（如失去支持系统功能、RCV 破口、NNOF 不可用）。

（2）序列 2：稳定

进入准则：

①没有被检测出不可控稀释。

②自动停堆且所有棒落下。

③没有要求过渡到中间停堆。

④后撤状态达到或若来自中间停堆则有更多的要求。

⑤没有预先后撤的强制准则（ASG 水箱水位、喷淋不可用、稳压器水位高和下泄不可用）。

序列目标：将核蒸汽供应系统稳定在根据标准状态定义的 $P\text{-}T$ 图内。当一回路完整性特征被确认（对于一些情况或安注信号已触发）或相应准则缺失而怀疑一回路完整性（安全壳放射性或泄漏 $>2.3\ \text{m}^3/\text{h}$，安注信号未触发）时，且当没有一个状态功能降级时，将一回路稳定在标准状态区域内。

主要控制方式：

①稳定一回路压力和温度在 $P\text{-}T$ 图内。

②如果超出 $P\text{-}T$ 图右侧，则 28℃/h 冷却。

③如果超出 $P\text{-}T$ 图左侧，则可能利用一次辅助喷淋。

（3）序列 3：硼化

进入准则：在序列"维持功率运行/降功率"和序列"稳定"的再定向中，探测到有误稀释事件并且堆功率小于 $10^{-8}A$，自动停堆且至少有一束棒被卡住时，要求硼化或者可能为了向后备状态过渡要进行冷却而要求硼化。在序列 2"稳定"的再定向中：开始向后备状态过渡，且 C_B 小于要求的硼浓度，且之前没有必须的后撤准则（如 ASG 水箱液位低、喷淋不可用、PZR 液位高、下泄不可用等）。

序列目标：将一回路硼浓度硼化到后备状态要求的硼浓度。为了达到这个目标，重要的行动就是进行硼化，并且稳定温度，以便阻止由于冷却而导致的反应性的增加。

主要控制方式：

①稳定一回路温度。

②稳定一回路压力。

③正常硼化、直接硼化或者紧急硼化。

（4）序列 4：向中间停堆过渡

进入准则：

①在"初始定向"或者序列 1"降功率"的要求下，立即向中间停堆过渡。

②已达到必要的后撤准则（如 ASG 水箱液位低、喷淋不可用+下泄不可用等。

③已硼化完毕。

序列目标：冷却并将一回路降压至中间停堆状态，防止在压力容器的顶部形成汽腔，并减小瞬态对设备材料或一回路的影响，过渡到后撤状态将通过 ECPR1 来处理

主要控制方式：

①平稳后撤：冷却速率 28℃/h（至少一台主泵运行）；

　　　　　　　冷却速率 14℃/h（无主泵运行，靠近 P-T 图左侧）。

②快速后撤：在蒸发器失去给水或者失去 SEC 时，以 56℃/h 的速率冷却。

（5）序列 5：利用 RIS011PO 向中间停堆过渡

进入准则：丧失 RCV 泵和 RRI 泵而失去主泵热屏和主泵轴封注入。

序列目标：主泵轴封注入和热屏同时不可用的情况，在保护主泵轴封完整性的目标下，将反应堆带到冷管段温度为 190～200℃ 的后备状态，尤其是同时丧失 LHA 和 LHB 的事故（LLS 运行），利用 RIS011PO 维持轴封注入。

主要控制方式：要么通过 RIS011PO（由 LLS 供电），要么通过主泵轴封注入，要么通过上充（若启动 LLS 失败）来维持稳压器水位；冷却速率选择 28℃/h。

6. 核热功能

核蒸汽供应系统（NSSS）功能（核热功能）的定义：采用某种运行操作方法（全部或部分基本系统），对某些物理参数采取行动，最后达到运行功能目标。

为达到每个运行功能目标，需使用设计上确定的特定的 NSSS 控制功能来完成这些运行任务。在相应状态下，采用那些最通常使用或最有效的方法，这就是所谓"NSSS"的基础功能。当这些基础功能有不可用时，使用替代手段。根据在总体状态中的功能、特征、有效性的程度、使用的便利性等，"NSSS"功能根据优先顺序被分级。事实上，在越严重和越复杂的状态下，允许使用的控制方法越困难、越原始。

其中，有 5 项核热功能被称为正常核热功能（NNOF），这 5 项核热功能是由技术规范规定的，丧失其中之一就无法使用正常程序进行机组的后撤。这 5 项核热功能是：主泵、正常喷淋、上充、下泄、硼化。

NSSS 功能的可能状态见表 11.19。

表 11.19　NSSS 功能状态

NSSS 功能的状态	意义表征
NSSS 功能运行（投运）	此 NSSS 功能满足简单准则，这个准则能够代表其已实现它的功能
NSSS 功能退出运行	此 NSSS 功能不满足简单准则
NSSS 功能不可用 （unusable/unavailable）	此 NSSS 功能不可使用是由以下原因导致的： 某一个支持功能失效；某一个设备损坏影响其功能
NSSS 功能完全不可用 （definitely unusable）	在维持包容性的范围内（一回路放射性上升），某一设备已无法修复而影响其功能

执行正常运行程序所必不可少的设备就是所谓的"NNOF"设备。在有 NNOF 设备不可用的情况下，依据技术规范的规定，需要执行 SOP 事故程序。例如：RCV3（上充管线不可用）技术规范中的要求是：如果能证实，在上充管线能建立超过 6 m^3/h 的流量；尽快硼化到冷停堆所要求的硼浓度；24 h 内机组开始向 MCS 模式后撤。否则，作为 NNOF"上充管线不可用"，1 h 内执行 DOS，硼浓度大于冷停堆要求的硼浓度 24 h 内机组开始向 MCS 模式后撤，如表 11.20 所示。

表 11.20　NNOF 不可用的技术规范规定

事件	所采取措施
RCV3 上充管线不可用	第一组 如果能证实，在上充管线能建立超过 6 m^3/h 的流量；尽快硼化到冷停堆所要求的硼浓度；24 h 内机组开始向 MCS 模式后撤； 否则：作为 NNOF"上充管线不可用"，1 h 内执行 DOS，硼浓度大于冷停堆要求的硼浓度 24 h 内机组开始向 MCS 模式后撤

7. 支持功能与替代功能管理

支持功能的定义：一个支持功能是一个基础系统的部分和全部，这个系统通过提供各种对于使用或监督来说是必要的介质（电源、空气、冷却水）直接或通过其他支持功能对一项或几项核热功能的可用做出贡献。支持功能设备能保证一个或几个 NSSS 设备功能的实现。失去一个支持功能设备，会导致至少一个 NSSS 设备失去其功能。

对作为初始事件的支持功能丧失，由 DOS 程序导向至 ECP 1，根据 ECP 1 的初始导向执行 RPS 操作单，运用 RPS 的"丧失支持功能"操作单诊断确认失去的支持功能，采取特殊行动，宣布相应支持功能不可用，在 RMC 中记录后撤状态，选择后撤序列。RPS 操作单的结构如图 11.18 所示。

一项支持功能的重新投运需要使用协调员的 RMS，选择投运支持功能的操作单，然后，协调员要求一回路和二回路操纵员执行相应的 RMS 操作单。

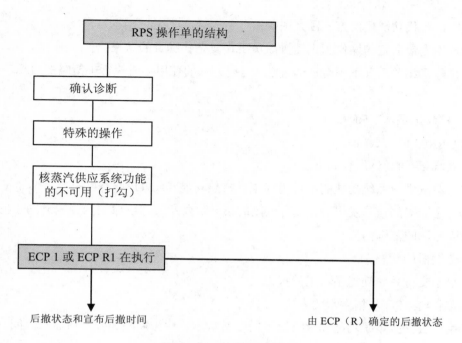

图 11.18 RPS 操作单结构

处理叠加事故时，可能存在一个系统的失效，为达到控制目标，在基础的控制功能不可用时，就需要使用替代手段。替代功能的定义是：一个系统（功能），为了达到运行目标，取代一个不适宜的、无效的，或不可用的系统的功能，见图 11.19。

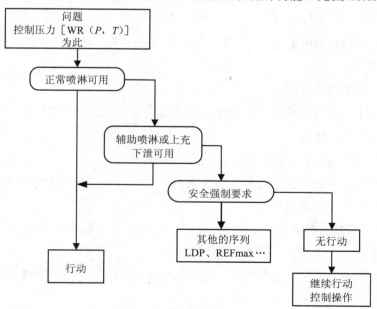

图 11.19 替代功能图解

通常，替代功能受两方面因素限制：

①理论上最适宜的操作和不使操纵员工作复杂化综合的结果。

②排除了相关工况下不合适的方法，这些方法的使用会对执行中策略的目标产生安全隐患。

8．打勾记录本（RMC）

（1）RMC 记什么

RMC 记录的具体内容如下：

①核蒸汽供应系统功能的不可用和正常核热功能（NNOF）不可用。

②安全壳隔离信号发出后，没有关闭的第一阶段和第二阶段安全壳隔离阀（在早期的安全壳监测的范围内）。

③蒸发器的状态。

④显示支持系统功能不可用的报警。

⑤重新给 ASG 水箱供水的方式。

⑥由失去支持系统功能和火灾给出的后备状态、后撤期限和开始后撤的时间。

⑦历史记录：自动停堆时间、安注启动时间。

⑧初始硼浓度、初始的 REA 硼箱体积、计算出的硼化体积和最终的 REA 硼箱体积。

⑨特殊的在线（P12 以下闭锁安注、REA205VB 开启……）。

（2）为什么记

①减轻操纵员的工作负担，避免他在每个序列中重复这些操作单（一个核蒸汽供应系统功能的不可用的事件）。

②保存状态功能的历史记录（功能完全不可用的事件，如由于技术准则导致的退出运行，主泵振动高）。

③保存蒸发器的历史记录。

④当某个功能很弱或者不再可用时，可能利用这个功能的替代系统（从"通过喷淋降压"过渡到"排水降压"）。

⑤避免在每个循环尝试恢复运行。

⑥避免再次执行已经执行过的"丧失支持系统功能操作单"和"火灾操作单"（出现标志丧失支持系统功能的报警）。

⑦避免由于按计划切除初始的丧失支持系统功能或者切除火灾而导致的丧失其他的支持系统功能。

⑧查找"按计划切除"是否登记，确定是否火灾操作单已经全部被执行或者没有被执行。

（3）RMC 登记职责的分工

1）一回路操纵员

①核蒸汽供应系统功能中一回路和与一回路相关部分（按程序中提示登记的信息）。

②安全壳第一阶段和第二阶段隔离时未关闭的阀门。

③协调员不在时，登记丧失支持系统功能的报警。

④后备状态和后撤期限。

⑤自动停堆时间、SI 启动时间。

⑥初始硼浓度、初始的 REA 硼箱体积、计算出的硼化体积和最终的 REA 硼箱体积。

⑦特殊的在线（如隔离 RRA 或 RCV 的破口）切除计划已经开始（由于火灾 FAIOP）。

⑧在 SFS 或 SFZ 出现的火灾。

2）二回路操纵员

①核蒸汽供应系统功能中二回路部分（按程序中提示登记的信息）。

②蒸发器的状态（注意：一个蒸汽发生器没有登记则被认为是可用的）。

③给 ASG 水箱补水的方式。

④特殊的在线（如 P12 以下闭锁安注）。

3）协调员

记录报警（指示一项支持功能的丧失），从而可以在支持功能监督模块中使用这些记录，验证其他人的登记。

不同角色人员 RMC 的记录见表 11.21。

表 11.21　不同角色人员 RMC 的记录

	核蒸汽供应系统功能（NF）	安全壳隔离阀	蒸发器状态	支持系统功能
一回路操纵员	登记（一回路）	登记	/	登记（协调员不在）
二回路操纵员	登记（二回路）	/	登记	
协调员	检查	检查	检查	登记

11.7.5　一回路状态控制程序（ECP 2）

1. ECP 2 适用范围

初始状态从功率运行一直到中间停堆 RRA 连接条件满足，RRA 未连接。

2. ECP 2 所覆盖的物理状态特征参数

①$\Delta T_{SAT} > 140℃$。

②堆芯饱和。

③主泵运行时堆芯水位 < ToV。

④安全壳压力>1.2 bar。

⑤安全壳放射性高报警出现。

⑥ΔP_{SG}>10 bar。

⑦P12 以下安注没有闭锁时 P_{SG}<40 bar。

⑧停堆 20 min 之内，核功率>3%P_n，或停堆 20 min 后，核功率>100 倍 P6。

⑨至少一台 SG 的宽量程低于−10 m。

⑩P11 闭锁前出现安注，而安注后 P11 出现（此时安注的出现可能是稳压器安全阀误开引起）的。

⑪安注以后，ΔT_{SAT}<30℃（不能确定安注是多余的）。

⑫主泵轴封泄漏导致安全壳状态降级。

3. ECP 2 所覆盖的事故

ECP 2 所覆盖的典型事故为一回路破口和二回路破口、安注自动投运或没有投运。

4. ECP 2 的控制目标

ECP 2 的控制目标为：使用最切合核蒸汽供应系统（NSSS）状态的操作，后撤到安全状态。

除非有冷态超压风险（ΔT_{SAT}>140℃），否则一回路的功能目标的操作优先次序如下：

①控制核功率。

②控制余热的导出。

③控制水装量。

5. ECP 2 程序结构图

ECP 2 程序结构见图 11.20 和图 11.21。

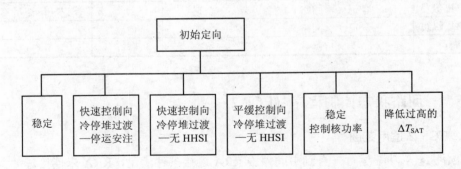

图 11.20　ECP 2 程序结构

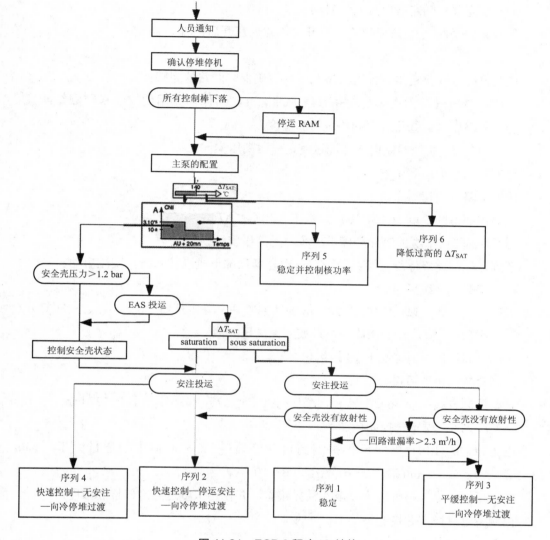

图 11.21 ECP 2 程序 IO 结构

6. ECP 2 程序的序列

（1）序列 1："稳定"

进入准则：当机组物理状态参数没有降级，再加上下列条件之一：

①在安注信号曾触发的情况下，一回路完整性条件满足；

②一回路完整性破坏准则没有达到（安全壳有放射性或一回路泄漏率>2.3 m³/h，而安注未触发）时，将一回路稳定在标准状态范围内，所有的物理状态参数不降级。

通常情况下，本序列用于以下事故：

①安全壳外二回路破口且安注启动。

②PZR 安全阀（与/或保护阀）误开启，并卡在开启位置。

③安注过量。

控制目标：稳定机组在标准状态范围内，确保一回路的完整性。

主要控制方式：①在满足安注管线的冲洗准则后停运无用的安注（防硼结晶）。②控制一回路压力。③稳定一回路压力和温度。

（2）序列 2：快速控制向冷停堆过渡，停运高压安注

序列目标：停运高压安注。

控制策略：快速后撤。

主要控制方式：以 56℃/h 冷却，降压（30℃＜ΔT_{SAT}＜45℃）。

（3）序列 3：平缓控制向冷停堆过渡，无高压安注

序列目标：向冷停堆过渡并防止在压力容器顶部形成汽腔和防止安注启动。

控制策略：平缓后撤。

主要控制方式：以 14℃/h 或 28℃/h 的速率冷却，降压（15℃＜$\Delta T_{SAT\,大盖}$＜30℃）。

（4）序列 4：快速控制向冷停堆过渡，无高压安注

序列目标：后撤时避免 EAS 投运。

控制策略：快速后撤。

主要控制方式：以 56℃/h 冷却，降压（20℃＜ΔT_{SAT}＜35℃）至 P＜27 bar。

（5）序列 5：稳定—控制核功率

进入准则：RPN 中间量程探测到自动停堆后 20 min 内中子通量大于 3%Pn（3×10P^{-5}A），或 20 min 后大于 100 倍的 P6（10^{-8}A）。

序列目标：尽快将机组恢复至次临界状态，并使硼浓度达到冷停堆硼浓度。

控制策略：稳定并控制核功率。

主要控制方式：

①稳定一回路温度，避免一回路温度下降引入反应性，同时，稳定一回路压力，避免硼化流量导致一回路压力上升，硼浓度高于冷停堆硼浓度后，再定向允许恢复后撤操作。

②大流量硼化（大流量硼化操作模块）。

（6）序列 6：降低过高的 ΔT_{SAT}

进入准则：ΔT_{SAT}＞140℃。

序列目标：控制热量的导出（P/T），防止波动管发生 NDTT，稳定一回路降压和温度。

主要控制方式：①稳定一回路温度 T_{RIC}。②停运 HHSI（或者 HHSI 通过旁路注入）。

③降压（考虑到稳压器安全阀管线）。

11.7.6 一回路状态控制程序（ECP 3）

1. ECP 3 适用范围

ECP 3 操作导则的适用性与机组初始标准状态相关，从功率运行直到 RRA 运行条件的中间停堆，RRA 未连接。

2. 进入 ECP 3 的准则

①一、二回路之间存在破口（蒸汽发生器有放射性），且反应堆的物理状态没有达到进入 ECP4 的降级水平，也就是说，一回路水装量没有受到威胁（压力容器水位＞THL）。

②至少一台 SG 可用。

③安全壳内放射性没有明显增加（安全壳内剂量率＜0.02 Gy/h）。

3. ECP 3 覆盖的事件

ECP 3 是专门处理蒸汽发生器传热管破裂（SGTR），或者蒸汽发生器传热管破裂（SGTR）与主蒸汽管线破裂（MSLB）叠加事故的程序，主要事故如下：

①蒸汽器的 U 形管破裂事故无安注。

②蒸汽器的 U 形管破裂事故+蒸汽管线或给水管线破口。

③蒸汽器的 U 形管破裂事故+其他事故。

需要注意的是，进入 ECP 3 时，至少有一个蒸汽发生器可用。

4. ECP 3 覆盖的机组物理状态参数特征

①一回路水装量没有降级（反应堆压力容器水位＞THL）。

②至少一台蒸汽发生器可用。

③安全壳内没有明显的放射性释放（安全壳剂量率＜0.02 Gy/h）。

④至少一台蒸汽发生器有放射性（SGa）（放射性高于 REN-APG 通道读得的初始值的 100 倍，或者，放射性高于 KRT-VVP 通道读得的初始值+100 cps），或者在 DOS 中根据放射性准则已经隔离了一台蒸汽发生器。

5. ECP 3 程序的目标

ECP 3 程序的目标是通过最适合机组状态的操作将机组后撤到 RRA 连接的状态，目的是限制排放。除了一回路处于冷态超压（$\Delta T_{SAT}＞140℃$）的风险下外，一回路控制的功能目标优先顺序是：

①控制核功率。

②控制余热排出。

③控制一回路水装量。

当一回路压力降到 27 bar.g 后，后续的后撤操作将在 ECP R2 中完成，并在 ECP R2

中完成连接 RRA 的操作。但是，连接 RRA 的操作只有在 $\Delta T_{SAT} > \varepsilon$ 时才被授权（避免 RRA 泵气蚀风险），为了避免在程序切换过程中恢复 ΔT_{SAT} 的操作被延迟，只有当 $\Delta T_{SAT} > \varepsilon$ 时，才允许 ECP 3 程序切换到 ECP R2 程序（在所有的文字部分和图中，有放射性的蒸汽发生器被标记为 SGa）。

6. ECP 3 程序的结构图

ECP 3 程序的结构如图 11.22 和图 11.23 所示。

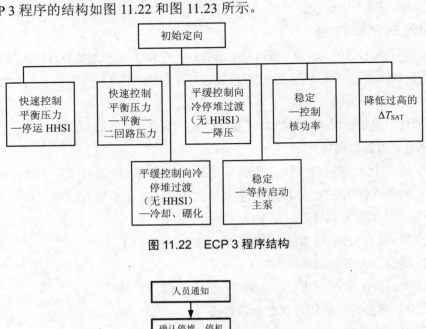

图 11.22　ECP 3 程序结构

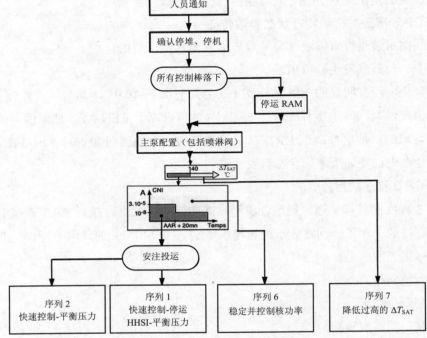

图 11.23　ECP 3 程序 IO 结构

7. ECP 3 程序的序列

（1）序列 1：停运 HHSI

序列目标：停运 HHSI，考虑到进入 ECP 3 程序的特殊条件（至少一台 SG 有放射性或者一台 SG 在 DOS 中根据放射性准则已被隔离），这一序列控制的主要目标是平衡一回路和二回路的压力，以停止泄漏。如果存在几个放射性的 SG，将一回路压力与压力最高的 SGa 平衡，以避免在压力平衡的序列中出现倒灌的风险。

控制策略：快速后撤。

主要控制方式：

①快速冷却或者以最大速率冷却（当 MSLB+SGTR），然后以 56℃/h 冷却。

②根据 ΔT_{SAT}（和/或）L_{PZR} 停运安注。

（2）序列 2：没有 HHSI 运行下向冷停堆过渡

序列目标：减少并停止一、二回路之间的泄漏（PRCP=PSGa）。

控制策略：快速后撤。

主要控制方式：

①以 56℃/h 冷却。

②降压（20℃＜ ΔT_{SAT} ＜35℃）。

（3）序列 3：冷却和硼化

序列目标：冷却至 177℃，通过硼化补偿冷却收缩。

控制策略：平缓后撤。

主要控制方式：

①以 28℃/h 冷却，当 ΔT_{SAT} ＜ ε 时，以 56℃/h 冷却。

②调整 $Q_{上充}+Q_{轴封}=12$ m^3/h。

③平衡压力。

（4）序列 4：降压

序列目标：降压后通过 ECP R2 进行后撤。

控制策略：平缓后撤。

主要控制方式：

①通过喷淋或充排水以 0.5 bar/min 的速度降压，直至 P＜27 bar.g。

②有放射性的蒸汽发生器的液位 L_{SGa} ＞-0.7 m（窄量程）。

③故障蒸发器通过 APG 降压。

④调整蒸汽发生器水位至 L_{PZR} ＞30%。

（5）序列 5：稳定——等待启动主泵（RCPp）

序列目标：等待在无破损的环路上启动主泵。

控制策略：稳定。

主要控制方式：

①稳定一回路在 $P\text{-}T$ 图内（$\Delta T_{SAT} > 20℃$）。

②根据启动主泵的准则，启动主泵。

（6）序列 6：稳定——控制核功率

进入准则：在中间量程 IRC 探测到自动停堆后 20 min 内中子通量大于 $3\% P_n$（3×10^{-5}A），或 20 min 后大于 100 倍 P6（10^{-8}A）。

序列目标：重新返回次临界并硼化至冷停堆硼浓度。

控制策略：稳定并控制核功率。

主要控制方式：

①稳定一回路温度（T_{RIC}）和一回路压力。

②大流量硼化或根据需要控制。

（7）序列 7：降低过高的 ΔT_{SAT}

进入准则：$\Delta T_{SAT} > 140℃$。

序列目标：返回（$P\text{-}T$）图内，防止压力容器发生 NDTT。

控制策略：降低过高的 ΔT_{SAT}。

主要控制方式：

①稳定 T_{RIC}。

②无条件（立即）停运 HHSI。

③降压（考虑到稳压器安全阀管线）。

11.7.7　一回路状态控制程序（ECP 4）

1. ECP 4 适用范围

机组状态从功率运行到冷停堆（一回路关闭）。

2. ECP 4 所覆盖的事故

①一回路大破口事故［在安全壳内，一回路水装量降级和（或）堆芯过热］。

②主泵运行堆芯水装量小于 THL；主泵停运，堆芯水装量小于 ToC。

③3 台蒸汽发生器不可用（根据二回路蒸汽发生器水位和蒸汽发生器压力参数准则）。

3. 进入 ECP 4 状态参数降级

①安全壳内放射性高（定值为 0.02 Gy/h）。

②没有可用或可再用的蒸发器排出一回路热量。

③堆芯出口过热（$\Delta T_{SAT} < -\varepsilon$）。

④水装量降级（主泵停运时 L_{VSL}<THL 或主泵运行时 L_{VSL}<BoC，在 DOS 中如果 BoC<L_{VSL}<THL，要求停运主泵）。

4. ECP 4 程序的结构图

ECP 4 程序结构见图 11.24 和图 11.25。

5. ECP 4 程序的序列

（1）序列 1：稳定——等待

序列目标：延缓稳压器安全阀的开启，等待至少有一个 SG 恢复可用。

控制策略：稳定。

主要控制方式：

①在没有蒸发器冷却的情况下，控制主要是限制热源（停运主泵、停运加热器）。一旦有一台蒸发器可用或可再用，以 28℃/h 冷却是可能的，以便保持机组在标准状态。一旦蒸发器的液位回到窄量程可见，使机组达到后撤状态的更大冷却速率也是可能的，且没有水位重新回到不可用定值以下的风险。操纵员因此退出这个序列转向 TCS 序列。

②如果 t>T_0+20 min 或 T_{RIC}>330℃，则需离开本序列。

（2）序列 2：向冷停堆过渡——停运高压安注

序列目标：停运高压安注。

控制策略：快速后撤。

主要控制方式：

①控制 HHSI（与 ECP 2 相同）。

②如果 T_{RIC}<150℃，停运主泵。

③以 56℃/h 速度冷却（如果 MSLB+SGTR，则以最大速率冷却）。

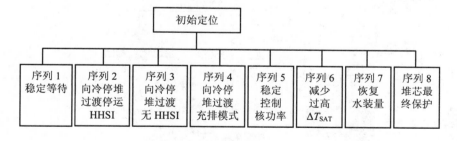

图 11.24 ECP 4 程序结构

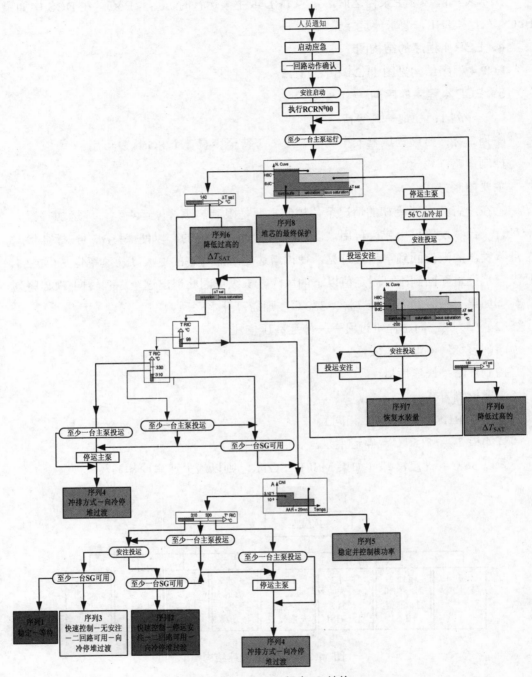

图 11.25　ECP 4 程序 IO 结构

（3）序列 3：向冷停堆过渡——二回路可用且无 HHSI

序列目标：最快速度后撤以便能够过渡到 ECP R2。

控制策略：快速后撤。

主要控制方式：

①以 56℃/h 速率冷却（如果有 MSLB+SGTR，则以最大速率冷却）。

②降压（30℃＜ΔT_{SAT}＜45℃）。

③可能通过稳压器安全阀降压。

（4）序列 4：向冷停堆过渡——充排模式

序列目标：达到进入 ECP R2 的准则：L_{VSL}＞THL 且有明显的欠饱和且 P＜27 bar。

控制策略：恢复对反应堆余热的排出。

主要控制方式：

①停运主泵和加热器。

②打开稳压器安全阀。

③投运安注。

（5）序列 5：稳定/控制核功率

进入准则：在中间量程 IRC 探测到自动停堆后 20 min 内中子通量大于 3%P_n（3×10⁻⁵A），或 20 min 后大于 100 倍 P6（10⁻⁸A）。

序列目标：重新返回次临界并硼化至冷停堆硼浓度。

控制策略：稳定并控制核功率。

主要控制方式：

①稳定一回路温度（T_{RIC}）和一回路压力。

②大流量硼化或根据需要控制。

（6）序列 6：降低过高的 ΔT_{SAT}

进入准则：ΔT_{SAT}＞140℃。

返回 P-T 图内，防止压力容器发生 NDTT。

低过高的 ΔT_{SAT}。

即）停运 HHSI。

到稳压器安全阀管线）。

恢复水装量

运行点（L_{VSL}、ΔT_{SAT}）带到一个较轻微降级的区域。

复水装量。

主要控制方式：

①停运主泵，破口处以流水混合物形式排放。

②最大流量安注。

③最大速率冷却。

④如果 $T_{RIC}>340℃$，则打开稳压器安全阀。

（8）序列 8：堆芯最终保护

序列目标：所有的手段全部是为了阻止、推迟和限制堆芯熔化。

控制策略：堆芯最终保护。

主要控制方式：

①如果主泵在运行，则不用停运（维持强迫对流），除非 $\Delta T_{SAT}<-200℃$（这时有蒸汽发生器管束损坏的风险）。

②最大流量安注。

③终极速率冷却。

④打开稳压器安全阀。

11.7.8 二回路状态控制程序（ECS）

1. 二回路状态控制程序简介

ECS 程序是在事故情况下，二回路操纵员对机组进行控制所使用的程序。当一回路操纵员使用 ECP/ECP R 规程时，二回路操纵员同时使用 ECS 程序，将机组控制在安全状态。ECS 程序适用于所有一回路封闭情况下发生事故时对机组状态的控制。在一回路开口的事故情况下，用规程 ECS O 对机组状态进行控制。

ECS 程序中二回路操纵员控制的状态功能参数有两个：

①二回路完整性：INTs——KRT 放射性、蒸发器压力、蒸发器压差。

②蒸发器水装量：IEs——蒸发器宽量程液位。

其中，二回路参与一回路控制，即：参与控制一回路剩余功率的导出，也就是控制一回路的 ΔT_{SAT}（控制 T_{RIC}）。

2. ECS 程序结构图

ECS 程序结构见图 11.26。

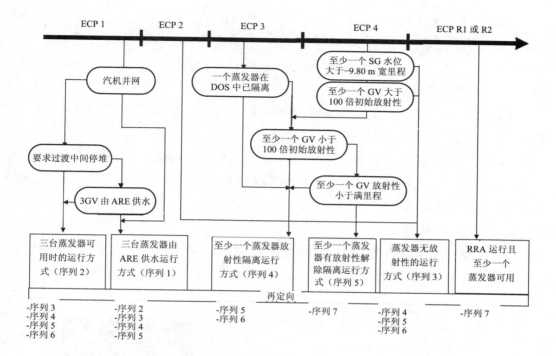

图 11.26　ECS 程序结构

3. ECS 程序的序列

ECS 根据蒸汽发生器的状态和 RRA 的状态，确定了 7 个不同的序列，见表 11.22。

表 11.22　ECS 的操作序列

RRA 状态	序列编号	ECS 序列的标题
RRA 没有连接	S1	用由 ARE 供水的 SG 来控制
	S2	用 3 个可用的 SG 来控制
	S3	用没有放射性的 SG 来控制
	S4	控制，伴随着至少一台有放射性而隔离的 SG
	S5	控制，伴随着至少一台有放射性又解除隔离的 SG
RRA 连接	S6	通过 RRA 和至少 1 台可用的 SG 来控制
	S7	通过 RRA 和至少 1 台有放射性又解除隔离的 SG 来控制

序列 1：3 台蒸汽发生器由 ARE 供水运行方式（稳定或降低汽机负荷，蒸汽发生器由 ARE 供水）。

序列 2：3 台蒸汽发生器可用时的运行方式（通过 3 个可用的蒸汽发生器稳定和/或过渡到后备状态）。

序列 3：蒸汽发生器无放射性的运行方式（稳定和/或过渡到后备状态，蒸汽发生器无放射性）。

序列 4：至少一个蒸汽发生器放射性隔离运行方式（稳定和/或过渡到后备状态，至少一个蒸汽发生器放射性隔离）。

序列 5：至少一个蒸汽发生器有放射性解除隔离运行方式（稳定和/或过渡到后备状态，至少一个蒸汽发生器有放射性并解除隔离）。

序列 6：至少一个蒸汽发生器可用 RRA 运行方式（通过 RRA 过渡到后备状态）。

序列 7：至少一个蒸汽发生器放射性解除隔离 RRA 运行方式（将可再用的放射性蒸汽发生器解除隔离并冷却一回路）。

4．蒸汽发生器的管理

ECS 程序中，蒸汽发生器的状态由蒸汽发生器的水位和蒸汽发生器的放射性共同决定，可根据图 11.27 来判断。

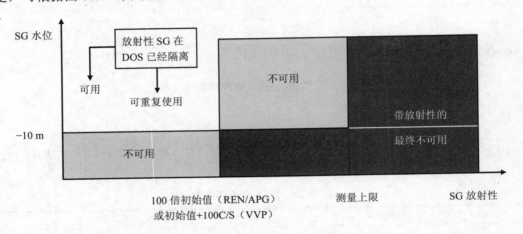

图 11.27　蒸汽发生器的状态

图 11.27 中，蒸汽发生器的状态定义为：

（1）蒸汽发生器无放射性

蒸汽发生器可用：蒸汽发生器无破口且水位高于 -10 m（宽量程）。

蒸汽发生器不可用水侧隔离：蒸汽发生器水位高于 -10 m（宽量程）且 ASG 退出运行。

蒸汽发生器不可用水侧未隔离：蒸汽发生器水位低于 -10 m（宽量程）且 ASG 运行。

蒸汽发生器绝对不可用：蒸汽发生器水侧或汽侧破口（$\Delta P > 10$ bar 或 $P < 40$ bar/P12 初始未闭锁）后，蒸汽发生器将会被完全隔离。

（2）蒸汽发生器有放射性

蒸汽发生器可再用：蒸汽发生器放射性水平介于 100 倍的初始放射性（REN/APG）/初始放射性+100C/S（KRT/VVP）及满量程之间且蒸汽发生器水位＞−10 m（宽量程）。

蒸汽发生器放射性确定不可用：蒸汽发生器放射性水平大于满量程或放射性水平在100 倍初始放射性（或初始放射性+100C/S）之间且水位低于−10 m（宽量程）。

（3）特殊情况

蒸汽发生器可再次被使用：当不再有蒸汽发生器可用或当有极限冷却要求时，可以解除未登记最终不可用蒸汽发生器的隔离。

蒸汽发生器的状态在 RMC 中进行记录，见表 11.23。

需要注意的是，如果无蒸汽发生器的状态已经被宣布，则认为蒸汽发生器是可用的。

表 11.23　蒸汽发生器状态记录

蒸汽发生器状态的记录（只标记 SG 的最后状态，擦掉同一列上或多个其他的叉号）		
蒸汽发生器的状态	不可用	绝对不可用
SG1		
SG2		
SG3		

5. ECS 程序中的冷却方式

ECS 程序中的冷却方式见表 11.24。

表 11.24　ECS 程序中的冷却方式

冷却速率	特殊说明	方式/方法
稳定		稳定温度在当前值
14℃/h	避免压力容器上部汽化	通过 GCT 以 14℃/h 降温
28℃/h		通过 GCT 以 28℃/h 降温
56℃/h		通过 GCT 以 56℃/h 降温
快速冷却		将完好 SG 的 GCT-a 定值调整到 51 bar（RCM）放自动
最大速率冷却		将可用 SG 的 GCT-a 100%全开
极限冷却		将可用和放射性较低 SG 的 GCT-a 100%全开

6. ECS 序列结构及执行规则

根据一回路操纵员执行的 ECP i 或 ECP Ri 程序选择一份二回路操纵员序列。ECS 操作序列结构也分为三部分：

①二回路运行操作。

②系统的监测。

③再导向（操作序列之间）。

示例见图 11.28。

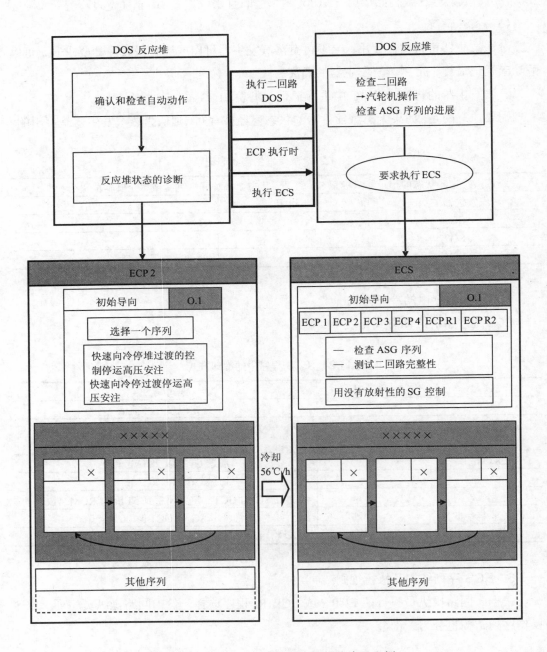

图 11.28　一、二回路执行程序操作步骤示例

11.7.9　中断原则

事故程序执行过程中，当观察到一些特殊状况，或被要求中断程序时，需要遵循的原则是中断原则，见表 11.25。

表 11.25　中断原则

观察/要求		执行者	行动（完成模块或操作单后）
DOS/DOS R 中 SI 或 EAS 自动启动		OP1/US	重新从头开始执行 DOS/DOS R
在执行 ECP（R）i 期间，SI 自动启动	在 IO 中 [ECP（R）1 例外]	OP1/US	完成 IO 后直接进入序列的 REO，随后应用 RCR/RCT00
	在序列中	OP1/US	直接去 REO，然后应用 RCR/RCT00
在执行 RPS 或 RMS 期间，SI 自动启动		OP1/US	当正在执行的 RPS 或 RMS 完成后，立即进入序列的 REO
在执行 ECP（R）i 期间，EAS 自动启动（除了 ECP（R）1）（不考虑误喷淋启动，真正的喷淋晚于安注，安注启动后进入的序列都有 EAS 监视模块）	在 IO 中	OP1/US	完成 IO 后直接进入序列监视部分的 EAS 模块，随后进入 REO
	在序列中	OP1/US	直接进入监视部分的 EAS 模块，随后进入 REO
在执行 RPS 或 RMS 期间，EAS 自动启动（不考虑误喷淋）		OP1/US	当正在执行的 RPS 或 RMS 完成后，立即进入序列监视部分的 EAS 模块，然后进入 REO
停运主泵准则满足		OP1/US	直接去监视部分的主泵模块，停运主泵之后到 SEQ 的 REO，因为主泵的状态可能会影响到再导向的诊断结果
协调员发现了重要事件（如：失去或恢复一个 SF），由于协调员不执行操作，所以协调员有权利随时中断循环		US	定位到合适的模块（如：监视 SF 并且应用 RPS 或 RMS）
应协调员要求 [注意：由协调员来评价在当时或等待时机 OP 是否能够打断循环（如 P11 以下闭锁 SI）]		OP1/OP2	在正在执行的模块完成后，执行协调员的指令，然后回到原来的地方
应协调员要求使用 RPS 或 RMS（注意：由协调员根据热工水力参数（SGTR、SLB、LOCA 等事故）来评价在当时或等待时机 OP 是否能够打断循环）		OP1/OP2	在正在执行的模块完成后，执行协调员的指令，然后回到原来的地方
要求修改冷却速率		OP2	定位到控制温度模块，调整冷却梯度，再回到原来正在执行的模块或者回到序列开始（在忘记时）
要求极限冷却		OP2	再定位到 ECS 序列的 REO，以便将可再使用的 SG 解除隔离
如果 US 要求 OP1 确认更换规程或序列		OP1	在完后正在执行的模块后，定位到 REO 的开始

观察/要求		执行者	行动（完成模块或操作单后）
如果 OP1 要求 US 确认更换规程		US	完成当前的模块，然后再定位到 REO
值长/安工根据 SPE 发出要求	更换规程	US	定位到 REO 以便进行确认
	停运主泵	US/OP1	定位到主泵监视模块，然后到 REO
	在完成 SPE 要求执行的某个操作后	US/OP1	定位到 REO 以便再定向到更合适的序列去
ECP R2 中要求隔离 RRA		OP2	定位到 RRA 运行区域的模块中
如果值长根据 SPE 要求硼化		OP1/US	定位到 REO，然后进入"稳定核功率"的序列
NX 现操汇报房间的信息或者 RCV 破口定位后（ECP 1 里面）		OP1/US	定位到 "监视 RCV 泄漏"模块的监视页
在探测到新情况更适用 SPE 某个章节后		CE/SI	定位到相应章节
探测到某个状态功能参数降级		US/OP1/OP2	OP1/US 定位到 REO；如果探测到二回路参数降级，OP2 定位到相应模块：放射性监测、完整性、二回路水装量，然后所有人定位到 REO（如果二回路参数未降级，OP2 继续执行其操作）

思考题

1. 简述核电机组六大状态功能，并分别说明这六大状态功能降级与轻微降级的阈值。

2. 简述 ECP 1～ECP 4 分别能够应对哪些工况，并说出它们与六大状态功能的关系。

3. 画出 SOP 程序之间联系结构的基本简图。

4. 简述八大策略的内容，并描述它们与六大状态功能的关系。

5. 名词解释：NF、NNOF、SF、替代。

6. DOS 程序包含哪些内容？

7. ECS 程序包含哪些序列？

8. 简述 CCMS 系统的功能。

9. 简述中断循环的原则。

第 12 章　严重事故管理与严重事故模拟机

《核动力厂设计安全规定》（HAF102）中定义了设计扩展工况：不在设计基准事故考虑范围的事故工况，在设计过程中应该按最佳估算方法加以考虑，并且该事故工况的放射性物质释放在可接受限值之内。设计扩展工况包括没有造成堆芯明显损伤的工况和堆芯熔化工况。严重性超过设计基准事故并造成堆芯明显恶化的事故工况被称为严重事故。严重事故的主要风险有：放射性从安全壳旁路直接通过蒸汽发生器排放到环境；安全壳地基熔穿、安全壳超压失效、氢气爆炸、蒸汽爆炸等。由于严重事故的后果风险较大，可能危及防止放射性物质释放的屏障的完整性，福岛核事故后，对严重事故管理的研究及严重事故模拟机的开发愈发受到业内重视。

12.1　严重事故概述

严重事故即堆芯严重损坏事故，并有可能破坏安全壳的完整性，从而造成环境放射性污染及人身伤亡，带来十分巨大的损失。现有核动力厂基于纵深防御思想，设置了多道屏障及专设安全设施，采取了严格质量管理和操纵员选拔培训制度，同时，核动力厂选址也有严格要求，因而核动力厂抵御外来灾害和内部事件的能力很强。只有在连续发生多重故障，包括操纵员失误等，使核动力厂长期失去热阱，才会导致严重事故。

严重事故的发生频率虽然低，但并不是不可能发生的。截至 2017 年年底，世界商用核动力厂积累有 17 000 堆·a 的运行历史，其间发生过 3 次严重事故（三哩岛事故、切尔诺贝利事故和福岛核事故），发生频率达到约 $4×10^{-4}$/（堆·a）。从一些分析工作也得出，有的核动力厂发生严重事故的频率大于 10^{-4}/（堆·a），比各个核电发展国家希望达到的 $10^{-5}\sim10^{-6}$/（堆·a）的概率要大得多。这说明，单纯考虑设计基准事故，不考虑严重事故的防止和缓解，不足以确保工作人员、公众和环境的安全。因此，认真研究严重事故，采取对策来防止严重事故的发生和缓解严重事故的后果，是十分必要的。

研究分析发现，导致堆芯严重损坏的主要始发事件与核动力厂的设计特征有十分密切的关系。但归纳起来，共同的主要始发事件大致是：失水事故后失去应急堆芯冷却、失水事故后失去再循环、全厂断电后未能及时恢复供电、一回路系统与其他系统结合部的失水事故、蒸汽发生器传热管破裂后减压失败、失去公用水或失去设备冷却水。始发事件中如考虑外部事件，还应加上地震、水淹（如海啸、洪水等）和火灾。

12.1.1 严重事故的物理过程

堆芯熔化导致大量放射性释放的过程可以分为两个不同的类型，即高压熔化过程和低压熔化过程。低压过程以主系统冷却剂丧失为特征，若应急堆芯冷却系统失效，由于冷却剂不断丧失，造成元件裸露升温，锆包壳与水蒸气发生化学反应放出热量与氢气堆芯水量进一步减少后，堆芯开始自上而下地熔化，直至将压力容器下封头熔穿，熔融物随后与安全壳底板混凝土相互作用，释出 CO_2、CO、H_2 等不凝气体，从而造成安全壳晚期超压失效或底板熔穿。高压过程一般以失去二次侧热阱为先导事件。主系统在失去热阱后升温升压，直至到达稳压器释放阀开启定值后，阀自动开启排汽。如二次侧不能恢复热阱，一次侧又失去强迫注水能力，则释放阀会持续启闭循环，使主冷却剂不断丧失，堆芯在较高压力下开始裸露，随后开始熔化。此后的过程，有可能与低压过程相似。但也有可能发生压力容器下封头熔穿等，由于主系统存在高压发生熔融物质喷射弥散，熔融的小颗粒与空气中的氧发生热化学反应，又加上小颗粒与空气的接触面积大，加强了传热，造成"直接安全壳加热"，使安全壳超压失效。压力容器熔穿之前，裂变产物从破损或熔融元件释出后，在主系统内会有迁移、沉移和再悬浮过程。主系统压力边界破损后，裂变产物进入安全壳后又会经受类似的运输过程。这个运输过程十分复杂，与源项的确定有密切关系，有待于仔细研究。分析表明，若安全壳能维持一段较长时间（3 d以上）的完整性，大部分裂变产物因重力而沉降，释出的源项会大大降低。

安全壳作为最后一道放射性屏障，其功能至为重要。在各种安全壳失效模式中，特别重要的是事故发生前的意外开口、安全壳旁路和晚期失效。

12.1.2 堆芯熔化过程

在压水堆的 LOCA 事故期间，如果冷却剂丧失并导致堆芯裸露，燃料元件就会由于冷却不足而过热并发生熔化。当冷却剂系统管道发生破裂时，高压将迫使流体流出反应堆压力容器，这种过程称为"喷放"。对大破口来说，喷放过程非常迅速，只要 1 min，堆芯就会裸露。对于小破口来说，喷放是很慢的，并且喷放将伴随着水的蒸干。在瞬态过程中（如全厂断电），蒸干和通过泄压阀的蒸汽释放将导致冷却剂装量的损失。

在堆芯裸露后，燃料中的衰变热将引起燃料元件温度上升。由于燃料元件与蒸汽之间的传热性能较差，此时燃料元件的温度上升较快，如果主系统压力较低，将导致包壳肿胀。包壳肿胀会导致燃料元件之间的冷却剂流道的阻塞，这将进一步恶化燃料元件的冷却。在这种情况下，堆芯和堆内构件之间的辐射换热成为冷却堆芯的主要传热机理。

如果燃料温度持续上升并超过 1 300 K，则锆合金包壳开始与水蒸气相互作用，引发一种强烈的放热氧化反应。当燃料温度继续增加到大约 1 400 K 时，堆芯材料开始熔化。熔化的过程非常复杂，且发生很快。当燃料棒熔化的微滴和熔流初步形成时，它们将在熔化部位较低的区域内固化，并引起流道流通面积的减少。随着熔化过程的进一步发展，部分燃料棒之间的流道将会被阻塞。流道阻塞使得燃料元件冷却更加不足，同时由于燃料本身仍然产生衰变热，在堆芯有可能出现局部熔透的现象。之后，熔化燃料元件的上部分会倒塌，堆芯熔化区域不断扩大。熔化材料的大部分最终将到达堆芯下部支撑板，并将停留在那里一段时间，直到堆芯支撑板也被破坏。

从总体上看，在堆芯损坏期间与燃料有关的主要过程包括 3 种不同的重新定位机理：熔化的材料沿棒的外表面的蜡烛状流动和再固化；在先固化的燃料芯基体硬壳上和破碎的堆芯材料上形成一个碎片床；在硬壳中的融化材料形成熔坑，随后硬壳破裂，堆芯熔融物落下。

当包壳的温度达到 1 473～1 673 K 时，控制棒、可燃毒物棒和结构材料会形成一种相对低温的液相。这些液化的材料可以重新定位并形成局部肿胀，导致堵塞流道，从而引发堆芯的加速升温。当温度为 2 033～2 273 K，如果锆合金没有被氧化，那么它将在约 2 030 K 时熔化，并沿燃料棒向下重新定位；如果在包壳外表面已经形成一种明显的氧化层，那么任何熔化的锆合金的重新定位将可能被防止，这是因为氧化层可保留固体状态直到堆芯达到更高的温度（2 973 K），或直到氧化层的机械破坏、或直到氧化层被熔化的锆合金溶解。

当温度高于 3 000 K 时，UO_2、ZrO_2 层将开始熔化，所形成的含有更高氧化浓度的低共熔混合物能溶解其他与之接触的氧化物和金属。在此工况下，堆芯内蒸汽的产生量对堆芯材料的氧化速率起决定性的作用。上述的重新定位机理明显地涉及一种全面的堆芯几何结构变形，堆芯下部区域中的流道面积的减少限制了堆芯通道中冷却剂的流量，这将导致蒸汽流量的不足。在全面积堵塞的情况下，由于没有蒸汽，氢气也就不产生。值得指出的是，从高温堆芯区域内消除金属的锆合金这种重新定位机理，对限制温度逐步升高是有效的，对自动催化氧化而快速产生氢气的限制也是有效的，随着 Zr 的液化和重新定位，堆积的燃料芯块得不到支撑而可能塌落，并在堆芯较低的位置形成一个碎片床。堆芯熔融物的下落和碎片床的形成将进一步改变先前重新定位后堆芯材料的传热和流体特性；而在上腔室和损坏的上部堆芯区域之间由自然循环而导出热量将终止。在这种状态之始，在沿棒束的空隙中，由先前熔化物构成的一层硬壳（第一次重新定位机理）被一层陶瓷颗粒层覆盖。而陶瓷颗粒层由上部堆芯区域的倒塌而形成（第二次重新定位机理），还存在着能导致熔化物落入下腔室（第三次重新定位机理）的风险，从而对压力容器的完整性构成严重的威胁。

12.1.3　压力容器内的过程

当堆芯熔化过程发展到一定程度，堆芯熔融物将落入压力容器的下腔室，在此过程中，也有可能发生倒塌现象，这样堆内固态的物质将直接落入下腔室。堆芯熔融物在下落的过程中，若堆芯熔化过程较慢，首先形成碎片坑，然后以喷射状下落；若堆芯熔化过程较快，堆芯熔融物将有可能以雨滴状下落。在前一种形式下，由堆芯熔融物与下腔室中的水或压力容器内壁接触的部位较为单一，而且热容量较大。相对后一种过程来说，事故发展的激烈程度和后果将较大。若在压力容器的下腔室留存有一定的水，在堆芯熔融物下降过程中将有可能发生蒸汽爆炸。若堆芯熔融物在下降过程中首先直接接触压力容器的内壁，将发生消融现象，这将对压力容器的完整性构成严重的威胁。一旦堆芯熔融物大部分或者全部落入下腔室，下腔室中的水将很快被蒸干，这时堆芯熔融物与压力容器的相互作用是一个非常复杂的传热过程，是否能有效冷却下腔室中的堆芯熔融物将直接影响到压力容器的完整性。

1．碎片的重新定位

由于裂变产物衰变而产生的功率和由重新定位物氧化产生的化学能，堆芯碎片将会继续升温，直至结块的内部部分熔化，所形成的一种熔化物坑由固态低共熔颗粒层支撑，并由具有较高熔化温度的物质形成的硬壳覆盖。随着熔融物在下腔室中的流动，熔坑可能增长，低共熔物可能被熔化，直至由于坑的机械应力和热应力的作用而断裂。另外，熔坑上部的覆盖层可能由于热应力作用而裂开，并且落入熔坑中。在这种情况下，重新定位机理和下腔室中的熔融物坑的溢出有关。

堆芯碎片进入压力容器下腔室的重新定位过程中，大份额的堆芯材料与下腔室中的剩余水相互混合，这种相互作用将是附加热、蒸汽以及随后的氢气的一个重要来源。在堆芯碎片重新定位中所涉及的几种主要现象有：

①堆芯碎片-水的相互作用和主系统压力的增加：可能发生的爆炸、熔融燃料和水在压力容器下腔室的相互作用将使得燃料分散成很小的颗粒，这些小颗粒在压力容器下腔室形成一个碎片床，同时由于大量冷却剂蒸发，将导致主系统压力上升。

②堆芯碎片-压力容器下封头贯穿件的相互作用：堆芯熔融物可能首先熔化贯穿管道与压力容器的焊接部位，从而导致压力容器失效。

③下腔室中碎片床的冷却：下腔室中碎片床的冷却特性取决于碎片床的结构及连续对压力容器的供水能力。如果碎片床能被冷却，事故将会终止。如果不能被冷却，碎片床将在压力容器下腔室中再熔化，并形成一个熔融池，这将引起压力容器下封头局部熔

化。压力容器下封头被熔穿后，熔化的燃料将进入压力容器下方的堆坑。若堆坑中充满水，就有可能发生压力容器外的蒸汽爆炸，从而严重损害安全壳。与此同时，也可能形成另一些碎片床，并散布在整个安全壳的地苤上，如果能提供足够的水，这些碎片床是可以被冷却的。

2．熔落燃料与冷却剂的相互作用和蒸汽爆炸

当一种液体进入另一种液体，并且第一种液体的温度比第二种液体的沸腾温度高时，第二种液体作为第一种液体的冷却物可能发生快速蒸发，从而可能引发爆炸。蒸汽爆炸是一种声波压力脉冲，由快速传热引起。在压水堆的严重事故过程中，有可能发生压力容器内和压力容器外两种典型的蒸汽爆炸。

假定在高压下有熔化的堆芯碎片滴落进入下腔室中的剩余饱和水中，就有可能引起压力容器内蒸汽爆炸。如果爆炸强度足够，将推动金属块或者飞射物冲破压力容器进而冲破安全壳。这类爆炸在 WASH-1400 中被假设为早期安全壳故障的一种可能的来源。然而在小 LOCA 事故中，剩余的冷却剂水必须是饱和的，并且在饱和水中的蒸汽爆炸不可能很强烈。这就可以合理假定：强烈的压力容器内蒸汽爆炸冲破安全壳的可能性非常小，可以忽略不计。

假定熔化的堆芯碎片滴落进安全壳堆坑的水中就有可能引起压力容器外的蒸汽爆炸。压力容器外的蒸汽爆炸多半会发生，并可能大区域散布碎片，但它产生能损坏安全壳的飞射物的可能性极小。在此过程中产生的大量蒸汽有可能引发安全壳超压而失效。

在低压下压力容器外蒸汽爆炸由三个阶段组成。熔融燃料初始是在冷却剂水池之上，接着落入水池，随着大的熔化的燃料单元的分散，在燃料和冷却剂之间产生粗粒的混合物。这时因为在交界面的主要传热方式是膜状沸腾，而且膜中还带有不凝结气体，因而它们对水的传热相当缓慢。第二个阶段为冲击波触发阶段。这个阶段常常假设发生在压力容器的内表面。一个压力脉冲带着燃料和水进入临近液-液接触面，快速传热开始，随着更多的燃料破裂，更高压蒸汽快速形成，强烈的传热过程迅速升级。接着这种冲击波穿过粗粒的燃料-冷却剂混合物，并将燃料破碎成小的单元，这些小单元可以把它们储存的能量迅速传递给冷却剂。这种能量释放增强了冲击波，冲击波在爆炸的过程中通过混合物连续增强（第三个阶段），然后高压蒸汽沿四周扩散，并把热能转化为机械能。

熔融燃料储存的能量只要已释放进入冷却剂水池，就有一部分转化成冲击波能。这种转化的量值对于考虑总冲击波对反应堆系统的影响显然是非常重要的。

3．下封头损坏模型

在压水堆的严重事故过程中，下封头故障的模型和时限对随后的现象和源项分析有着重要的影响。在对下封头故障分析中，温度场起着决定性的作用。为了确定从碎片至

下封头底部容器壁的热流密度，对温度场的计算至少需要一种二维处理。如果碎片是固态的，那么可利用瞬态的热传导方程进行计算；如果不是，则需要用液态区域的自然对流模型进行计算。只要确定了热流密度，就能解用于容器壁中温度分布的瞬态热传导方程。各种损坏模型的基本特性如下：

①喷射冲击。由喷射冲击引起的消融是一种压力容器损坏的势能。高温喷射对钢结构侵蚀的特点是在冲击停滞点上有快速的消融率。这种现象是早期反应堆压力容器损坏的一种潜在因素。

②下封头贯穿件的堵塞和损坏。堆芯碎片将首先破坏下封头贯穿件管道。如果堆芯熔融物的温度足够高，那么在该管道壁可能发生熔化或蠕变断裂。数据表明，管壁损坏多发生在仪表管道上，并且许多管道都被碎片堵塞。

③下封头贯穿件的喷出物。堆芯熔化破坏贯穿件管子，并且碎片积累的持续不断的加热可能引发管道贯穿件焊接处损坏。考虑到碳钢和铟科镍的热膨胀系数，系统压力也可能会超过管子和压力容器封头之间的约束应力。

④球形蠕变断裂。在压水堆中堆芯碎片和压力容器壁之间的直接接触引发对下封头的快速加热。加热和由提升系统压力或堆芯碎片重量引起的应力可能导致球形蠕变断裂，使得下封头发生故障。压力容器壁的平均温升是相当慢的，并且还取决于碎片的外形和可冷却率。导致压力容器损坏的时间取决于系统应力、压力容器壁厚、堆芯碎片的衰变热以及堆芯碎片与压力容器壁之间的接触。

4．自然循环

在严重事故期间，自然循环已被视为压水堆中的一个重要现象。当燃料熔化并开始阻塞冷却剂流道后，由于反应堆堆芯中的径向梯度，堆芯中心区域中的过热蒸汽比堆芯外围的蒸汽要热得多和轻得多。密度梯度形成压力容器内的自然循环流动。高密度蒸汽往往引起向下流，并向上返回堆芯中部，替代较热的上升蒸汽。上升蒸汽在上腔室内快速返回至外侧，并通过把热量传递给结构物而成为较冷的蒸汽。

自然对流一方面使得堆芯的温度分布趋于均匀，另一方面使得蒸汽在堆芯内的分布更均匀，从而增加了金属和蒸汽的氧化反应速率，导致更严重的包壳氧化。

12.1.4　安全壳内的过程

安全壳是在核反应堆和环境之间的实体屏障，它在各种事故工况下起着防止或缓解放射性物质对环境的可能释放的作用。安全壳被设计成能承受最大热载荷和最大机械载荷，这些载荷可以由设计基准事故（DBA）确定。虽然安全壳能够抗住由于 DBA 引起的压力和温度增加所产生的载荷，然而如果当严重事故使压力和温度的增加超过设计基准限值的话，那么安全壳的强度必须依靠安全裕度。《反应堆安全研究》（WASH-1400）

对安全壳失效模式作了分类,包括蒸汽爆炸、安全壳隔离故障、由于蒸汽燃烧产生的超压、由于蒸汽和不凝结气体产生的超压故障、地基熔穿、安全壳旁路。

1. 安全壳早期失效

安全壳早期失效是指堆芯熔融物熔穿压力容器之前或者之后很短时间内安全壳的失效。由于其启动厂外应急程序的警报时间很短,而且安全壳内放射性物质的沉淀时间很短而导致更大的放射性物质的释放,因此对严重事故分析来说,早期失效就显得更加重要。导致安全壳早期失效的主要原因有:安全壳大气直接加热、氢气燃烧、安全壳隔离失效等。

(1) 安全壳大气直接加热

某些常在压水堆 PSA 中所考虑的假想事故序列(如小 LOCA、全厂断电)会发生当主冷却剂系统仍处于高压时堆芯就严重熔化的现象,并且能导致反应堆压力容器失效,这能引发熔化的堆芯快速喷射进入反应堆堆坑,随后在安全壳中将分散成极细的雾沫状热物质并扩散,这样会在安全壳中引发复杂的质量和能量转换过程,并导致明显的安全壳压力和温度的增加。这可能造成安全壳的一种早期失效,并且由于同时产生的放射性气溶胶会引起放射性源项的增强,从而威胁公众的安全。这种过程称为安全壳大气直接加热(DCH),是安全壳压力上升的主要原因。

涉及 DCH 的主要问题有:压力容器损坏之前的系统压力、压力容器损坏的模型、下腔室中熔融物的质量、系统中熔融物和气体的成分、熔融物的温度等。

(2) 氢气的分布与燃烧

在压水堆严重事故过程中,反应堆堆芯金属物质的氧化过程会产生氢气。在堆芯部分或全部裸露时,堆芯中的锆会被加热到很高的温度,这时氧化过程会显得更加重要。另外压力容器中的钢也会和蒸汽发生反应。所有的这些反应都是放热反应,因此也会进一步加大氢气的产生量。除了金属-水的相互作用产生氢气外,熔化的堆芯-混凝土的相互作用(MCCI)也会产生氢气。

了解可燃气体在安全壳中的分布,对评估能导致氢气、蒸汽和空气混合物点火的压力和温度是必须的。有关氢气从快速降压燃烧到爆炸的分布、燃烧和转变的基本数据,已通过小规模实验获得,但大规模试验所获得的数据是有限的。实验表明,氢气燃烧发展造成的压力对氢气浓度极其敏感。在一座大型压水堆核电厂的安全壳中,在氢气浓度达到 4%～10%的区域下(相当于锆合金 100%氧化),氢气的燃烧将产生一个约 $1.44P/P_0$ 的压力峰值。其中 P_0 为燃烧之前的初始压力。

由于存在不同的燃烧模型,因此评估由于氢气燃烧而引起的安全壳内部结构和设备的压力和温度的变化较为困难,下面仅简单介绍几种不同燃烧方式的特征。

①扩散燃烧。由一个连续供给氢气流的稳定燃烧,其特点在于压力峰值较小从而

可以忽略。但由于燃烧时间较长，引起的局部热流密度较高。在有点火器的情况下发生扩散燃烧的可能性较大。安装点火器的目的是降低氢气的扩散区域和降低氢气的浓度。

②快速减压燃烧。燃烧以相当慢的速度从点火处在氢气、蒸汽和空气形成的混合气体中蔓延，其特点在于适度的压力增加和短时间的高热流密度。氢气燃烧的速率和燃烧氢气的总量决定了作用于安全壳的压力和温度。

③爆燃。燃烧以超声波的速度在氢气、蒸汽和空气的混合气体中扩散，其特点在于极短时间内形成高峰压力。爆燃形成的标准可细分为两种类型：第一类是爆燃的直接形成；第二类是快速降压燃烧-爆燃的转变，这种转变中燃烧蔓延速度从次声波逐步上升至声波。

（3）安全壳隔离失效

许多管道和电缆要穿过安全壳壁，人员和设备也需要进出安全壳，穿过壳壁的管道和设备为安全壳贯穿件。贯穿件的设计要考虑局部应力集中造成的管道破裂，一般采用双层带膨胀段的准柔性结构。为防止事故下放射性物质通过贯穿件流出安全壳，所有的流体管道在贯穿安全壳的区段均设有隔离阀，一般采用两个串联的阀门，以满足单一故障准则。

安全壳隔离失效是指发生事故时，安全壳事先存在破口或者安全壳隔离系统失效。由于安全壳早期失效的前几种原因的概率很低，因此安全壳隔离失效对早期失效的贡献相对较大。当事故发生时，隔离阀必须关闭以使安全壳和环境隔离。如果安全壳中存在一个不能隔离的孔洞或者隔离阀关闭失效，安全壳的泄漏率会超出设计规定的泄漏率。核电厂的运行记录表明曾经出现过多次安全壳隔离失效的实例，当然出现隔离失效并不意味着安全壳泄漏率一定超出法规允许值很多，但其潜在的环境后果将会比较严重。

2. 安全壳晚期失效

如果安全壳不发生早期失效，在熔融堆芯熔穿压力容器后，仍然存在长期危及安全壳完整性的因素，也就是说，安全壳存在晚期失效的可能性。这些因素主要包括：晚期可燃气体的燃烧、安全壳逐步超压以及地基熔穿。晚期可燃气体的燃烧与早期失效所描述的没有太大区别，只是需要考虑另外一种气体：堆芯熔融物与混凝土相互作用产生的一氧化碳。无论是安全壳逐步超压还是地基熔穿，都与碎片床的冷却以及熔融堆芯碎片与混凝土的相互作用有关。

（1）碎片床及其冷却

在堆芯碎片从主系统排放到堆坑或者地基区域之后，若这些区域中存在水，碎片能在极短的时间内骤冷。骤冷产生蒸汽，从而增加安全壳内的压力，压力的上升量取决于蒸汽的产生速率。

　　碎片床的可冷却性取决于水的供给量及其方式、堆芯碎片的衰变功率、碎片床的结构特性等。由于堆芯碎片物的最终冷却是终止严重事故的重要标准，碎片床的可冷却特性是目前学术界研究的热点。在安全壳内的碎片床的状态和结构取决于事故的过程，以及电厂对严重事故的管理方式。碎片床可能是液态的，也可能由固态颗粒组成，也有可能是由不同的多孔介质特性组成的分层结构，也有可能是三维的堆状结构等。不同结构状态的碎片床的可冷却特性差异较大。对于液态碎片床来说，相关试验研究表明，对碎片床采取顶端淹没不能最终冷却碎片床，原因在于在碎片床的上表面形成了一层硬壳，从而阻碍冷却剂侵入碎片床的内部。若能从液态碎片床的底部提供冷却剂，剧烈的熔融物与水的相互作用会形成多孔的固态碎片床，而且具有很高的空隙率，这样的碎片床是很容易被冷却的。对于分层多孔碎片床来说，若上层的碎片具有很小的颗粒和较低的空隙率，采用顶端淹没将难以冷却，仍然需要从底部淹没，从而达到最终冷却。总之，碎片床的冷却是一个非常复杂的传热过程，强烈地受到碎片床颗粒的尺寸、冷却剂穿过碎片床的方法、碎片床的厚度、系统压力等可变因素的影响。

　　（2）堆芯熔融物与混凝土的相互作用

　　研究堆芯熔融物与混凝土的相互作用的主要目的是评估安全壳的超压，除了气溶胶的形成和沉积外，超压由逐渐形成的气体和产生的蒸汽造成，而气溶胶作为源项的可能贡献者则来自保持在碎片中的裂变产物。此外也是为确定对安全壳可能的结构损坏，损坏由熔化坑的增长和碎片对地基的贯穿造成。

　　由堆芯碎片造成的混凝土破坏取决于事故发展的序列、安全壳堆坑的几何形状以及水的存在与否。可能的现象有：

　　①熔融堆芯落入安全壳底部之后，将与任何存在的水相互作用。如果碎片床具有可冷却特性，并且可以持续提供冷却水，那么冷却碎片床是可能的。

　　②如果水被蒸发，则堆芯熔融物将保持高温，并开始侵蚀混凝土，产生气体并排出。

　　③在堆坑中的水被蒸发之后，碎片床将重新加热，并将产生较大的辐射热流密度。在这种情况下，混凝土将被加热、熔化、剥落，发生化学反应并释放出气体和蒸汽。

　　混凝土的消融速率取决于传给混凝土的热流密度和混凝土的类型，而且有很明显的非均匀特性。由于混凝土的消融过程中产生气体，气体的运动将促进堆芯熔融物与混凝土之间的对流换热，从而加速混凝土的消融。在混凝土的消融过程中发生吸热化学反应，其所需的能量比熔融物的衰变热要大。与此同时，在混凝土的消融过程中产生蒸汽和一氧化碳，这些气体可与堆芯熔融物中的金属发生放热化学反应。因此，在长时间的侵蚀期间，碎片基本上可以保持在恒定的温度下。

3. 安全壳旁路

在某些事故工况下，安全壳可能被完全旁路。如果发生事故后，一回路冷却剂以及放射性裂变产物不进入安全壳与空气混合，而是直接排放到外部环境中，这就是安全壳旁路事故。典型的事故情景是严重事故下的蒸汽发生器传热管破裂，放射性物质将通过破管蒸汽发生器蒸汽管道的释放阀排到环境当中。

12.2 严重事故管理

12.2.1 基本要求

由于核电厂的严重事故可能带来非常严重的放射性物质泄漏的后果，对严重事故的管理是当今核工业界一个极为重要的课题。若采取恰当的严重事故管理，不但可以大大降低放射性物质向外界的释放量，而且在事故发生的初始阶段就有可能加以终止。

严重事故管理，即严重事故的对策，包括两方面的内容：第一，采用一切可用措施，防止堆芯熔化，这一部分称为事故预防；第二，若堆芯开始熔化，采用各种手段，尽量减少放射性向厂外的释放，这一部分称为事故的缓解。事故管理的主要注意力放在获得安全的主要手段即事故预防上。

IAEA《核电厂安全：设计》对严重事故预防和缓解的要求包括：

①使用概率论方法、确定论方法并结合合理的工程判断来确定可能导致严重事故的重要事件序列。

②对照一套准则审查这些事件序列，以确定哪些严重事故应该给予考虑。

③对于所选定的事件序列，应该评价设计和规程能否修改来减少其发生的可能性和减轻其后果。如果这些修改合理可行，就应该付诸实施。

④应考虑核电厂的全部设计能力，包括可能在超出预定的功能和预期的运行工况下使用某些系统（安全系统和非安全系统）和使用附加的临时系统，使得严重事故返回到受控状态或减轻它们的后果。应证明这些系统在预期环境条件下可以起到这些作用。

⑤对于多堆厂址，可以考虑使用其他机组可用的手段和可能的支持，前提是不会危害其他机组的安全运行。

⑥对有代表性的和主导性的严重事故，应该制定相应的事故管理规程。

从核电厂的基本特征和事故现象出发，事故管理的基本任务依次是：

①预防堆芯损坏。

②中止已经开始的堆芯损坏过程，将燃料滞留于主系统压力边界之内。

③在一回路压力边界完整性不能确保时，尽可能长时间地维持安全壳的完整性。

④万一安全壳完整性也不能确保，应尽量减少放射性向厂外的释放。

根据这些任务，对事故管理对策的设想归结为确保三项安全功能：为了防止或及早中止堆芯损坏过程，应当首先确保停堆能力，始终维持反应堆处于次临界状态；同时应确保堆芯的冷却以带走衰变热，为此可采用的手段有二次侧补泄过程、一次侧补泄过程及辅助喷淋等；为了维持放射性包容能力，应当考虑安全壳隔离措施和必要的减压措施等。

12.2.2　严重事故的预防

事故预防是事故管理中的首要任务，重点为采用各种手段防止堆芯熔化、防止伤害公众并限制或减轻核电厂的财产损失。

事故预防的关键在于尽力降低严重事故的发生概率。为做到这一点，应该从技术和组织两个范畴来考虑。其中组织范畴主要是利用运行经验，抓好人因，利用制度抓好管理；技术范畴是利用在役检查、维修、电厂安全性评价，保障机组硬件设备的可利用性和可靠性，同时利用核安全研究技术预先寻找和评价各种预防对策、措施。

12.2.3　严重事故的缓解

严重事故的缓解措施是向操纵员提供一套建议，提示在堆芯熔化状态下的应急操作行动。进入事故缓解的时机是：所有预防性事故干预手段均已失效，放射性的前两道屏障已经丧失，第三道即最后一道屏障安全壳已经受到威胁。

严重事故缓解的基本目标是尽可能维持已损坏堆芯的冷却，实现可控的最终稳定状态，尽可能长时间地维持安全壳的完整性，从而为厂外应急计划赢得更多的时间，并尽量降低向厂外的放射性释放，尽量避免土壤和地下水的长期污染。实验与分析均表明，堆芯熔化之后，放射性物质在安全壳内的沉降与滞留有非常明显的时间效应，因此尽量避免安全壳早期失效并尽量推延失效时间极有意义。

1. 防止高压熔堆

从事故缓解的角度考虑，为了防止高压熔堆危及安全壳的早期完整性，应当及早将它转变为低压过程。研究表明，将一回路转为低压过程可以通过操纵员动作（适时地开启稳压器安全泄压阀）或者自然过程（自然循环冷却）来实现。安全阀开启后主系统将迅速转入低压，下封头失效时主系统压力将小于 1.2 MPa，而在相应未开阀的高压瞬变序列下，下封头失效时的压力将接近安全阀的开启整定值，即 15 MPa 以上。

即使没有能动补水，单纯的泄压过程不但可以防止高压熔堆，其本身还有延缓堆芯熔化的效果。这是因为减压过程中堆芯冷却剂的闪蒸使混合液位上升，燃料元件上部可以获得气液两相流的额外冷却，从而延缓过热过程。压力下降到 5 MPa 以下还可以引入非能动安注箱注水，有效利用这一部分水源载出热量。

一回路降压的方法需要注意的问题是稳压器安全阀打开的时机，如果太早，势必引起一回路冷却剂装量的更多流失，使得堆芯早期加热更加明显。

2. 安全壳热量排出与减压

安全壳内压与安全壳内聚集的热量有一定的关系，安全壳的减压过程也就是热量的排出过程。

喷淋是安全壳排热减压的重要手段。喷淋有两方面的作用，一是使得安全壳内水蒸气凝结以维持较低的压力；二是通过喷淋及其添加剂洗消放射性碘和气溶胶，从而降低可能泄出的放射性。通过对喷淋作用的机理分析，表明取小流量喷淋间歇式运行方式较好，这可以保证在安全壳压力不超过设计定值的前提下节省换料水箱的水资源，有利于从总体上延缓喷淋作用的时间，从而推延安全壳的超压时间。

实际上，简单的喷淋注射并没有从安全壳内排出热量。安全壳内热量的排出要进一步依靠再循环喷淋，此时堆坑内积聚的较热的冷却剂被喷淋泵吸出，其热量通过热交换器传给设备冷却水，被冷却了的冷却剂重新注入主系统或者喷淋到安全壳。因此对于安全壳排热来说，喷淋再循环是重要的冷却手段。法国压水堆核电机组的设计中，考虑了喷淋或安注的再循环失效问题，使安注泵和喷淋泵互为备用，提高了两个系统的可利用性。在最极端的情况下，可以考虑动用移动式泵和热交换器实现再循环。当然这一方案需要在安全壳上预留接口，并保证正常及一般事故情况下的有效隔离。

喷淋及再循环是一种有效的排热减压措施，但其启用也有比较大的副作用。除含碱喷淋液对设备的腐蚀及善后工作复杂外，若喷淋在事故后较晚投入，此时锆已大部分氧化，其他金属也会与水蒸气反应缓慢产生氢气，喷淋使得水蒸气快速凝结可能导致安全壳内氢气分压大幅度上升，是指可能进入爆燃区。因此喷淋晚期的投入一定要谨慎。

另一种可用的安全壳排热减压措施是利用安全壳风冷系统。有些核电厂风冷系统设计成安全系统，事故下可以自动切换到应急运行状态，降低风机转速，加大公用水流量，同时使气流先除湿再通过活性炭吸附器。对于这一类核电厂，风冷系统的投入要优先于喷淋。另外有不少核电厂的风冷系统仅用于排出正常运行时主系统设备所产生的热量，不属于安全级设备，设计容量也较小，因而在事故分析中不考虑其贡献。在严重事故缓解阶段，如其支持系统能够保障，不妨考虑择机投入。至少可以载出相当一部分停堆后的衰变热，有利于减轻其他缓解系统的压力。

对于自由空间较大、结构热容量也较大的安全壳，还可以在事故后一段时间内采用姑息法，即在一定期间内不采取排热措施，而集中精力于努力恢复正常的冷却通道（如再循环）。对于这一类安全壳，其超压失效时间通常长达数天，在此期间，安全壳内吸热和外界环境的换热已不可忽略，它们对于抑制安全壳内压上升有明显作用。

3．消氢

为了消除氢燃和氢爆的威胁，应当考虑完善的氢气缓解措施。

①安全级的消氢系统：该系统将安全壳大气抽出一部分，使之通过被加热到 800℃左右的金属触媒网，以促使氢和氧化合而达到消氢的目的。目前的系统存在若干不足，其触发点为 2%左右氢浓度，系统的进风口较小，无法解决氢的局部浓聚问题，而分析恰恰表明，氢的局部浓聚，在一定隔室内燃烧产生火焰加速，是最具有威胁性的。此外，该类氢气复合设备的体积较大，需要电源和冷却水的支持，发生多重故障时将失去功能。

②氢气点火器：美国研制的一种氢气点火器是一种类似矿山安全灯那样的装置，将这种小型装置布置在恰当的隔室内，点火器的微小电火花可以使可能存在的氢气和氧气化合。

③非能动氢气复合器：这种复合器的工作原理在于催化氢气和氧气复合。不需要任何电源、气源或控制，只要安全壳的浓度达到启动阈值（典型阈值为 1%～2%），氢气复合器则会自动启动，直至氢气浓度下降到一定阈值。

④事故发生后向安全壳注入惰性气体稀释氢气浓度是一个很好的氢气缓解措施。惰性气体可以选择液态或气态氮，也可以选择液态或气态二氧化碳。

⑤事故后维持安全壳内一定的蒸汽压力使得安全壳处于蒸汽惰化状态，可以有效防止氢燃或氢爆。

4．安全壳过滤排气减压

在安全壳预计将发生超压失效时，以可控方式排出部分安全壳内的气体可以达到减压的目的。采取这一措施将人为破坏安全壳的密封完整性，怎样减少向厂外的放射性释放是问题的关键，因此排出的气体应当经过适当形式的过滤。目前国际上研制出若干类型的过滤减压装置。瑞典为沸水堆设计了卵石床过滤器，法国则设计了沙堆过滤器，我国目前的二代改进型机组常用湿式过滤器。

（1）沙堆过滤器

沙堆过滤器箱体是一个竖直的圆柱体，安装在核辅助厂房的顶部，两个机组共用。过滤器的核心部分是厚度约为 0.8 m、颗粒度为 0.6 mm 的砂层，只有机械去除的作用。沙堆过滤器只能在事故发生 1 d 以后采用，对安全壳早期超压不起作用，对惰性气体基本没有效果。另外沙堆过滤器投入使用后将成为额外的辐射源，必须考虑屏蔽，结构上有困难。为防止砂层板结和水蒸气在管壁冷凝，正常运行时需以干热空气保养，连接管道还必须预热，维护工作量很大。

（2）湿式过滤器

我国二代改进型机组的湿式过滤器布置于 EUF 系统。该系统分别从两个机组的安全壳大气引出一根吸气管线，经过两台远距离手动安全壳隔离阀合并为一根管线。合并后的管线首先进入有质量浓度为 0.5%的氢氧化钠和 0.2%的硫代硫酸钠的除盐水文丘里水洗器。经过水洗作用，大部分气溶胶和碘滞留在容器内，气体继续向下一级金属过滤器进行再次过滤。两级过滤后的气体进入排放管线，排放管线上设置有阀门、限流孔板、爆破膜和辐射检测仪。当系统压力超过爆破膜整定压力时，爆破膜破裂，排放气体通过辐射检测仪，最终从烟囱排向环境。湿法过滤器大大提高了对严重事故后安全壳排放气体的过滤效果，避免了潜在的放射性扩散。

5. 安全壳及堆坑淹没

如果水源有保障，事故又发展到极为严重的阶段，向安全壳大量注入冷水是推迟安全壳晚期失效的一种可能措施。大量冷水注入安全壳，计算表明升温速率是很低的，不采用任何其他措施，也可维持安全壳在失效压力以下几十小时至数百小时。但是对于堆功率较大而安全壳较小的核电厂，安全壳淹没措施受到某些限制，效果并不显著，而负作用可能较大。因此能否采用这一缓解措施，说到底是一个电厂特异性问题。

如果不可能或因其他原因不采用安全壳淹没措施，则为防止熔融堆芯在下封头失效之后侵蚀安全壳底板，淹没堆坑仍是有益的。熔融物跌入堆坑时与水作用将使得熔融物温度显著下降。由于水池的存在，蒸汽在水中上升时可得到较好冷却，气溶胶上升经过水层也能获得有效的洗刷效果。

（1）AP1000 熔融堆芯滞留设施 IVR

将熔融堆芯滞留在压力容器内（In-Vessel Retention, IVR）是 AP1000 非能动 AP1000 核动力厂采用的一项重要的应对严重事故策略。它保证第二道屏障压力容器不被熔穿，避免了堆芯熔融物和混凝土底板发生反应，使放射性向环境释放的概率降到最低。

为了将熔融堆芯滞留在压力容器内，在发生堆芯熔化的严重事故情况下，堆腔淹没系统将水注入堆腔，淹没堆腔的水，从金属保温层底部的入水口进入压力容器和金属保温层之间的夹缝，从外部冷却反应堆压力容器有效地冷却堆芯熔融碎片。外部冷却压力容器的水吸收热量后，产生泡核沸腾形成两相混合流体，有效地冷却堆芯熔融碎片，使堆芯熔融碎片滞留在压力容器内，如图 12.1 所示。

（2）EPR 堆芯熔融物收集系统

为了应对堆芯熔化的严重事故，EPR 设计了堆芯捕集器，冷却堆芯熔融物，使用了耐特高温保护材料，保证混凝底板的密封性。在反应堆厂房内设有专门的堆芯熔融物扩散区，用来冷却从压力容器内流出的堆芯熔融物。

如图 12.2 所示，反应堆地坑底部和四周壁，以及堆芯捕集器表面有一层很厚的牺牲性混凝土，以保护核岛基础底板免受任何损害。堆芯熔融物从反应堆堆坑到堆芯熔融物扩散区的转运，是通过一个称为"可熔塞体"的非能动装置，它在反应堆压力壳下方，在堆芯熔融物热效应下自动熔化，实现熔融物向扩展区的转运。

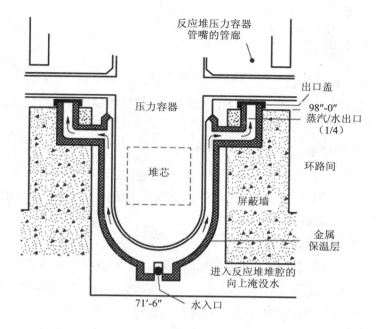

图 12.1　AP1000 熔融堆芯滞留设施

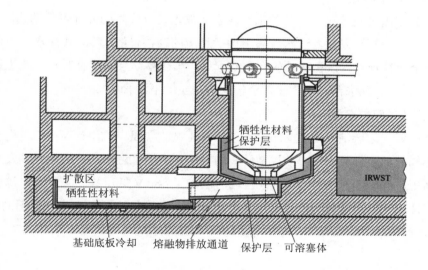

图 12.2　EPR 堆芯熔融物收集系统

堆芯捕集器扩展区面积为 170 m²。通过重力非能动或由安全壳排热系统的泵将换料水箱的水送入通道。通过上部水的蒸发和下部带大量散热片金属结构的冷却，实现熔融物的冷却。在几小时内冷却效应使熔融物固定，几天后完全固化。实验证明，能够排出大约 200 t 熔融物所带的热量（约 35 MW）。冷却产生的蒸汽进入安全壳，通过安全壳载热系统实现冷凝。

12.2.4 PF 改进项

后福岛时代，我国众多核电厂积极响应国家核安全部门对"类福岛事故"应对的技术改造要求，提出并实施了相应的整改方案。其中与严重事故管理直接相关的几项技术改造为：

1. 一次侧临时注水及安全壳临时喷淋

主要考虑在全厂断电发生后二次侧排热不可用的工况。利用车载式移动泵通过 H4 管线一次侧临时注水进行"充-排"操作，保证堆芯热量导出。此外为防止安全壳超压，还设置了移动式安全壳临时喷淋泵。

2. 二次侧临时补水和注水

事故工况下为了能够长时间通过辅助给水泵供水、GCT-a 释放阀排气导出堆芯余热，需要保证 ASG 水箱水量的充足供应。通过移动泵进行二次侧临时补水改进，可增强 ASG 水箱事故工况下的补水能力。临时接口设置一般在厂房外部，通过移动式补水泵（手抬机动消防泵或消防水车）和消防水带为 ASG 水箱进行补水，外部临时接口正常时末端用闷盖堵死。

另外为了满足向蒸汽发生器的临时注水要求，设置临时的外部可移动式注水手段，在目前已有的向蒸汽发生器注水管线上增加相应的连接管线。移动式注水手段包括车载移动泵、金属软管、接口和相关的阀门及管道。车载移动泵通过临时补水改进设置在厂房外的接口从 ASG 水箱取水，注入至辅助给水泵的下游管线接口。

3. 移动式应急电源

为了降低应急柴油发电机、LLS 系统（水压试验泵发电机组）存在的发生重大自然灾害等未知外部事件时出现"共模故障"的风险，增加了可移动式应急柴油发电机组作为全厂断电后 6.6 kV 中压电源的备用，同时增加了 380 V 低压移动式应急电源作为 LLS 系统丧失情况下的可替代电源。6.6 kV 中压移动应急电源主要考虑为电动辅助给水泵、安注泵、安喷泵等进行供电，同时可为 DCS 和直流系统进行复电。

12.3 严重事故管理导则（SAMG）

12.3.1 严重事故管理导则（SAMG）的基本结构

随着核电发展和核电技术水平的提高，公众及国家监管部门对核安全水平的要求也逐渐提高。在国家核安全局 2016 年 10 月 26 日发布的新版《核动力厂设计安全规定》

（HAF102）中，要求核电厂在设计中必须考虑设计扩展工况来确定额外的事故情景，并针对这些事故制定切实可行的预防和缓解措施。严重事故管理导则（SAMG）是严重事故下用于主控室和技术支持中心的可执行文件，是较为完整的、一体化的针对严重事故的指导性管理文件。SAMG 的使用可使电厂事故管理范围和能力得到扩展，是现有应急运行规程的扩展，是在管理上对严重事故缓解能力的一个重大改进。建立严重事故管理导则，达到在可能发生的严重事故工况下对压力容器和安全壳第三道屏障的保护，有针对性地缓解严重事故后果，进而减少对电厂外环境的放射性释放，最后使事故机组恢复到稳定受控状态。

国内多数核电厂 SAMG 主要采用西屋用户集团通用 SAMG 的导则结构和主要逻辑，同时参考了 AP1000 SAMG 和 EPR OSSA（严重事故运行策略）的结构和内容，着重强调在严重事故过程中主控室（MCR）和技术支持中心（TSC）人员应该采取的四类行动：

①防止堆芯损坏。

②如果堆芯已经损坏，则终止堆芯的进一步恶化，并保证熔融物在压力容器内滞留。

③尽可能长时间地维持安全壳的完整性。

④场外放射性裂变产物释放最小化。

SAMG 包括主控室使用部分和技术支持中心使用部分。主控室使用部分包括 TSC 人员就位之前的初始响应导则（SACRG-1）和 TSC 人员就位之后的处理导则（SACRG-2）。TSC 部分则包括初始阶段严重事故的诊断（DFC）和处理导则（SAGs）、安全屏障受到严重威胁时的诊断（SCST）和处理导则（SCGs）、严重事故缓解后的长期监督（SAEG-1）和出口导则（SAEG-2）。导则实施过程中，TSC 可以借助一些计算辅助曲线（CA）来得到一些重要参数或判断电厂的状态。典型核电厂 SAMG 文件体系如图 12.3 所示。

12.3.2　主控室严重事故导则（SACRGs）

主控室严重事故导则（SACRGs）包括两个部分：

①SACRG-1，主控室严重事故初始响应导则。

②SACRG-2，技术支持中心正常运作后的主控室严重事故导则。

1. SACRG-1，主控室严重事故初始响应导则

SACRG-1 是主控室操纵人员在 TSC 技术支持组人员就位前（指到达岗位且做好执行 SAMG 的准备）的严重事故初始响应及处理导则。在 TSC 技术人员就位之前，能导致堆芯损坏的事故情景的数量十分有限。此外，出现堆芯损坏事故工况而 TSC 尚未运作的时间应该比较短，因此，SACRG-1 采取的主要行动仍是事故规程的主要对策。当

TSC 运作后，严重事故管理的责任会转给 TSC，就可以以预定的方式对可能的行动进行全面评价。

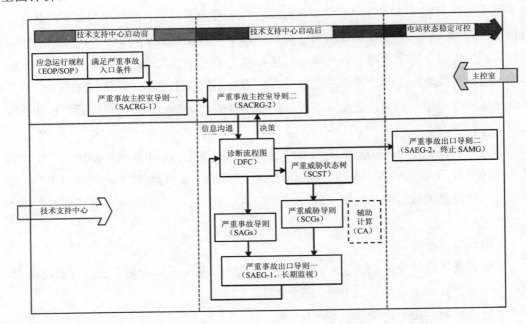

图 12.3　SAMG 的文件体系

SACRG-1 的主要内容为：将尚未自动动作的部分专设安全系统由自动模式改为手动模式以控制其自动动作的负面影响；采取向 RCP 注水的行动来保护反应堆压力容器；投运安全壳喷淋系统和通风系统防止安全壳超压失效，同时还应保持足够高的安全壳压力以使安全壳处于蒸汽惰化状态，防止发生氢气燃烧。采取一些限制裂变产物释放的行动，如隔离任何贯穿安全壳边界的闲置流动路径、保持蒸汽发生器水位以及隔离可能的二次侧释放路径；监视并记录严重事故相关的参数以便于 TSC 到位后的信息交接。

在 TSC 就位之前，SACRG-1 需要指导主控室人员对导致堆芯损坏事故进行缓解。因此，SACRG-1 需要重点关注能快速导致堆芯损坏的事故，这类事故主要有 LLOCA（Large Loss of Coolant Accidents）和 ATWS（Anticipated Transient Without Scram）。

在 LLOCA 事故中，在堆芯损坏后 1 h 内可能威胁安全壳裂变产物边界的原因有氢气燃烧、安全壳自动隔离失败、自动重启损坏的设备或者系统可能会造成意料之外的严重威胁、压力容器失效。SACRG-1 中对 LLOCA 的缓解措施有：控制没有启动的自动驱动设备、向 RCP 注水以恢复堆芯冷却从而防止 RPV（压力容器）失效、确认有效的安全壳隔离、建立有效的安全壳冷却。

在 ATWS 事故中，RCP 压力快速上升，冷却剂通过稳压器安全阀流失，由于 RCP

压力过高造成 RCP 注水流量不足。在堆芯损坏后 1 h 内可能威胁安全壳裂变产物边界的原因有 SG 传热管泄漏、RCP 高压。SACRG-1 中对 ATWS 的缓解措施有：控制 RCP 压力、控制 SG 水位、控制二次侧压力边界的隔离、确认有效的安全壳隔离、建立有效的安全壳冷却。

对于事故进程较缓慢的严重事故，主控室可以在 TSC 就位后交给 TSC 处理。

2. SACRG-2，技术支持中心正常运作后的主控室严重事故导则

SACRG-2 为严重事故下 TSC 正常运作后的主控室响应导则。TSC 到位后应立即与主控室运行人员进行沟通，接收运行人员根据 SACRG-1 记录的严重事故相关参数并了解已执行的策略，然后执行严重事故诊断和处理导则。当 TSC 确认已了解电厂状态并可以推荐严重事故应对策略时，TSC 可宣布正常运作并建议主控室运行人员由 SACRG-1 转到 SACRG-2。SACRG-2 的主要目的是指导主控室运行人员向 TSC 提供电厂的重要参数并有效地执行 TSC 推荐的严重事故应对策略。SACRG-2 的主要内容为：查找放射性的释放途径；评估仪表的响应和设备的状态；将取样结果、关键水源水位等信息传递给 TSC；执行 TSC 推荐的策略等。只有 TSC 确认电厂状态稳定受控时，主控室运行人员方可退出 SACRG-2。

12.3.3　严重事故诊断流程图（DFC）

技术支持中心严重事故诊断流程如图 12.4 所示。它是 TSC 技术支持组人员用于早期或较轻严重事故工况诊断的流程图，在流程图上可以根据电厂参数是否超出 DFC 上的设定阈值决定进入哪个严重事故导则（SAGs）。DFC 的第一步是监视严重威胁状态树（SCST），如果相关的电厂参数超过了 SCST 的定值，则直接进入严重威胁导则（SCGs）。DFC 的第二步开始进入一个循环，即 TSC 根据电厂参数是否超出 DFC 诊断参数决定进入哪个 SAGs。

在使用 DFC/SCST 的同时，需要周期性地监视一些系统参数，用于监视执行 SAGs 或者 SCGs 后的长期效应。这些参数在 SAGs 和 SCGs 的附录中分别给出，并在技术支持中心长期监督导则（SAEG-1）进行监视。DFC 最后一部分是核查 SAMG 是否继续，如果反应堆达到稳定、受控的状态，则可以进入严重事故管理导则终止导则（SAEG-2），退出 SAMG。

1. 稳定受控状态及诊断参数选取

DFC 提供了判定电厂何时处于稳定受控状态的主要方法。稳定受控状态确定为：堆芯返回可冷却状态；安全壳温度和压力与环境相近；没有正在进行的大量裂变产物释放；电厂余热能有效排出，预计电厂工况不会变化。

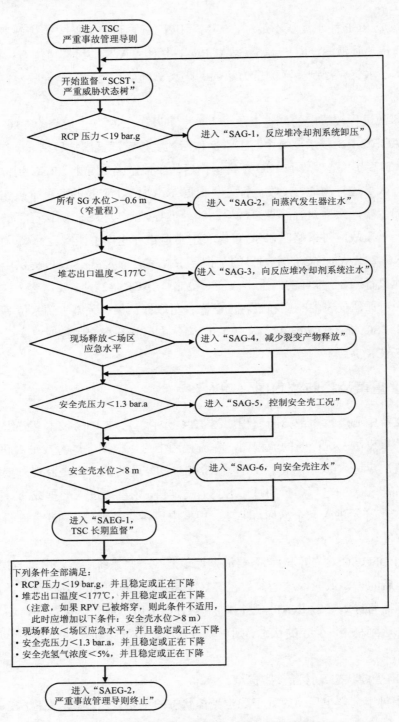

图 12.4　严重事故诊断流程图（数据为典型定值）

DFC 应该规定要监测能指示稳定受控状态的参数,使得可以据此来启用一些行动来达到这个稳定工况。表明堆芯可冷却状态的参数是较低的堆芯温度和 RCP 温度,或者在堆芯还处于反应堆压力容器内时,反应堆压力容器被水淹没。如果堆芯已经到了压力容器外面,可以用安全壳水位来确定堆芯是否被浸没。用来确定安全壳是否处于稳定受控状态的参数是与环境相近的安全壳压力和温度以及不可燃的氢气浓度。场内和场外辐射监测系统可以用于判定从电厂释放的裂变产物是不是很大。用于判定堆芯或安全壳工况有没有快速变化的参数是 RCP 压力和温度以及安全壳压力。它们是排出足够热量并确保不会发生重大变化的指示。低的 RCP 压力也保证在反应堆压力容器失效时不会发生立即威胁安全壳裂变产物边界的动态安全壳工况(即高压熔堆)。除了这些考虑之外,大量证据表明,如果在堆芯重定位到下封头之前不能恢复压力容器内堆芯冷却,则浸没反应堆压力容器下封头可以推迟或防止反应堆压力容器失效。防止反应堆压力容器失效将排除压力容器外严重事故现象对安全壳的威胁。安全壳水位是唯一可用于诊断此工况的参数。

如前所述,DFC 也是确定电厂已经回到稳定受控状态的主要工具。稳定受控状态所需工况已从通用严重事故研究中规定。可以用来判定电厂是否已经达到稳定受控状态的电厂工况和电厂参数列于表 12.1。

表 12.1　稳定受控状态所需的电厂工况和电厂参数

准则	电厂工况	电厂参数
稳定受控堆芯状态	堆芯碎片被冷却	堆芯温度
		RCP 温度
		RPV 水位
	堆芯次临界度	RCP 硼浓度
		堆芯中子指示
稳定受控安全壳状态	安全壳热量排出	安全壳压力
		安全壳温度
	安全壳大气不可燃	安全壳氢气
		安全壳压力
	RCP 压力低	RCP 压力
稳定受控裂变产物释放	SG 水装量超过 U 形管	SG 水位
	安全壳隔离	安全壳隔离状态
		流出物辐射水平
		现场释放水平
	安全壳压力低	安全壳压力
为防止快速变化的排热	RCP 压力低	RCP 压力
	RCP 欠热	RCP 压力和温度
	安全壳欠热	安全壳压力和温度

在表 12.1 列出的参数中，下列几个参数不包含在 DFC 中：

①由于主控室人员容易监测而 TSC 独立评定有潜在困难，安全壳隔离参数不包括在 TSC 的 DFC 中，而包括在主控室严重事故导则（SACRG-1 和 SACRG-2）中。

②当堆芯保持在反应堆压力容器内时，反应堆压力容器水位和堆芯温度两者都提供堆芯状态指示。根据仪表监测，在发生堆芯损坏后，堆芯温度比反应堆压力容器水位更可靠。在堆芯损坏后，如果堆芯出口热电偶指示的堆芯温度可能不可靠，堆芯温度还可以从 RCP 温度指示来推断。

③堆芯临界对于裂变产物边界不是长期威胁。在压水堆中，如果堆芯在压力容器内再淹没，其布置接近初始几何构形，而向 RCP 注入比停堆要求的硼浓度低的水时，堆芯临界才可能是一个问题。即使发生这种情况，该过程是自抑制的，并被注水速率所控制。

④安全壳温度对于安全壳裂变产物边界是一个长期威胁。一些严重事故工况可能导致在安全壳较低压力下的安全壳高温。这些工况包括有堆芯混凝土相互作用和高压熔堆事件这样一些严重事故情景。安全壳温度高有两个潜在威胁：过长时间暴露在高温下使安全壳贯穿件密封材料性能退化；安全壳内仪表过长时间暴露在高温下可能受到不利影响。高到足以威胁安全壳裂变产物边界的安全壳温度将伴随着超过设计基准值的安全壳压力。缓解安全壳高温的可能行动包括：用水覆盖所有压力容器外的堆芯碎片以冷却堆芯混凝土相互作用产生的气体，提供安全壳热阱来冷却安全壳大气。由于在 DFC 中已经监测安全壳高压力和安全壳低水位，为高温采取的行动与为水位不够或高安全壳压力采取的行动是相同的，因此认为在 DFC 中考虑安全壳温度是冗余的。

⑤安全壳氢气对于安全壳裂变产物边界是一个长期威胁。如果电厂没有安装能动的氢气控制系统，早期处理氢气问题的措施是有限的，可能的措施是有控制地利用潜在点火源提前消耗掉安全壳内的氢气。但利用潜在点火源点火的可操作性很差，因为无法获知那些氢气浓度正在开始升高的隔间位置。此外，由于非能动氢气复合器的安装，预计氢气风险将基本消除。由于以上原因，在 DFC 中不对安全壳氢气浓度进行诊断。但在 SCST 中有诊断氢气的过程，如果发现存在氢气严重威胁（假如非能动复合器失效，其可能性很低），可以在 SCG 中使用安全壳排气手段以缓解氢气威胁。综上所述，在 DFC 中包含的电厂工况/参数为：RCP 压力、蒸汽发生器水位、堆芯出口温度、现场释放水平、安全壳压力、安全壳水位。

DFC 的下一步是评价电厂工况，以确定是否可以终止 SAMG。如果电厂没有处于稳定受控状态，则 DFC 监测返回第一个参数。如果判定已经处于稳定受控状态，则 SAMG 将指示 TSC 对终止 SAMG 和启用长期恢复行动进行评价。判定是否处于稳定受控状态的参数包括：

①RCP 压力——预计高压熔堆不会发生。

②堆芯出口温度——表明预计堆芯不会进一步移动（如果 RPV 已经失效，则使用安全壳水位来代替此参数）。

③现场释放水平——表明没有正在进行的重大释放（没有重大释放同时说明 SG 水位满足诊断要求）。

④安全壳压力——表明预计不会有重大裂变产物泄漏和离安全壳威胁还有很大裕度。

⑤安全壳氢气——表明预计不会有氢气燃烧（在 SCGs 中有对氢气的诊断要求，在此也作为退出条件之一）。

2. 诊断优先级

DFC 中参数的优先级主要是按照严重事故进程的时间序列来确定的。以下对 DFC 中参数的优先级进行说明：

①对反应堆冷却剂系统（RCP）进行卸压，是为了防止高压熔堆（防止造成安全壳早期失效）和 SG 传热管蠕变断裂。同时 RCP 卸压也为后续的缓解措施，如向 SG 注水、向一回路注水等，提供有利的反应堆工况。因此，在 SAGs 中 RCP 卸压的优先级最高。

②诊断蒸汽发生器的水位，是因为严重事故工况下蒸汽发生器传热管容易大面积破裂，容易造成严重事故早期裂变产物的直接对外排放。在这种情况下，需要及时向 SG 注水以保证 SG 的水装量，防止或者减少裂变产物从 SG 释放。因此，蒸汽发生器的水位诊断具有第二优先级。

③对 RCP 进行注水是在排除可能的严重事故早期严重后果后，对堆芯冷却能力尝试重新恢复，淹没堆芯熔融物以清洗裂变产物，从而防止事故的进一步恶化，而且向 RCP 注水对于后续的缓解措施，如减少裂变产物的释放、控制安全壳工况和淹没安全壳，都具有积极作用。因此，向 RCP 注水行动具有第三优先级。

④减少裂变产物的释放。一旦堆芯损坏，裂变产物将从包壳裂隙中释放出来，需及时采取措施减少裂变产物的释放以减少对公众的辐射风险。当诊断了优先级更高的参数，采取了相关措施防止裂变产物早期大量释放和堆芯进一步恶化后，关注场内剂量，减少裂变产物的释放具有第四优先级。

⑤控制安全壳工况是对反应堆第三道屏障的控制和保护，防止安全壳因超压失效造成裂变产物大量释放。安全壳超压失效一般需要较长时间，相应地具有较长的有效缓解时间。在诊断完优先级更高的参数后，仍有足够时间诊断安全工况，因此，控制安全壳工况具有第五优先级。

⑥向安全壳注水，其主要目的是淹没安全壳，防止熔融堆芯熔穿地基进入环境，以

及长期冷却堆芯。淹没安全壳是严重事故导则最后的缓解措施。因此，淹没安全壳具有最后的优先级。需要注意的是，DFC 诊断参数虽然有优先级之分，但可以同时监视几个参数并同时执行几个相应的导则。

12.3.4 严重事故导则（SAGs）

典型的严重事故导则系列（SAGs）包括以下 6 个：

①SAG-1，反应堆冷却剂系统卸压。

②SAG-2，向蒸汽发生器注水。

③SAG-3，向反应堆冷却剂系统注水。

④SAG-4，减少裂变产物的释放。

⑤SAG-5，控制安全壳工况。

⑥SAG-6，向安全壳注水。

这 6 个处理导则诊断和入口先后是按导则号为顺序的，但又可以同时执行几个导则的相关对策和行动。每个 SAG 中都包含：目的、进入条件、计算辅助和参考资料、识别可用的对策、识别和评价这些对策的负面效应、评价如果不采取这些对策的负面效应、识别执行对策的优先顺序、识别这些对策的限制、确定对策、确定是否需要其他的缓解行动、评价实际对策的效果及是否需要采取其他对策、识别长期关注、出口、工作单。具体的执行流程如图 12.5 所示。

值得注意的是，当从 DFC 中引用时，TSC 应该评价实施被引用导则中所含的各种严重事故管理对策的收益和负面效应，然后确定是否实施任何对策。若负面效应大于正面收益，则可不实施任何对策。

1．SAG-1，反应堆冷却剂系统卸压

（1）导则的作用

RCP 卸压可以带来多方面的作用：首先，堆芯熔融物可以被滞留在压力容器内；其次，压力容器高压失效的后果可以被缓解；再次，RCP 边界的蠕变破裂可以被阻止；最后，更多的潜在注入水源可以被使用。

1）防止压力容器失效和高压熔融物喷射

如果 RCP 进行了降压并且反应堆压力容器被水淹没，那么反应堆压力容器不会失效。对于阻止压力容器失效这两个条件都是必要的。一旦反应堆压力容器失效被阻止，所有威胁安全壳完整性的压力容器外事故现象都被阻止。

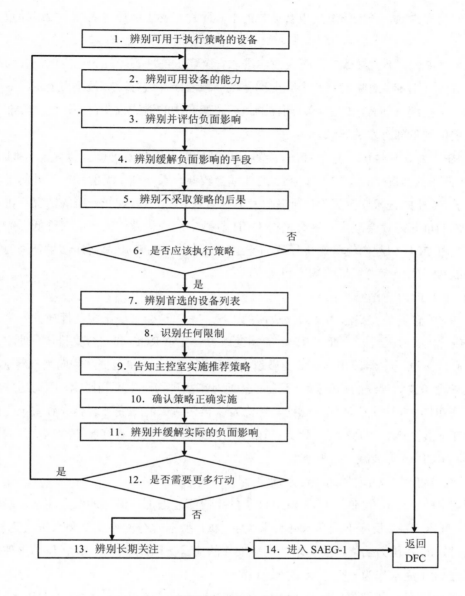

图 12.5　SAGs 的流程

　　如果 RCP 压力在压力容器失效时上升，会发生高压熔融物喷射现象（HPME）。在高压熔融物喷射过程中，高速气体携带熔融物碎片飞出堆坑之外，飞入仪表管道或其他安全壳部件中。高压熔融物喷射会导致多种安全壳失效方式。第一种安全壳失效假设堆芯碎片飞入安全壳上部空间。由于堆芯碎片传热面积的增加，堆芯碎片会将储存的热量传给周围环境并导致显著的安全壳压力上升。这个压力上升高于安全壳热阱容量的几倍，并能导致安全壳失效，这个现象被称为安全壳直接加热（DCH）。即使压力载荷不会导致安全壳失效，产生的氢气也会被热的堆芯碎片点燃引起压力尖峰，最终导致安全壳失效。

即使 HPME 不会导致安全壳失效，进入安全壳上部堆芯碎片的重定位也会为严重事故管理带来困难。对喷射到安全壳上部区域的堆芯碎片进行冷却是不可能的，除非这些碎片重定位到下部有水的区域。同样的，对裂变产物的清洗也变得不可能，除非堆芯碎片重定位到下部有水的区域。

在 RPV 失效前对 RCP 进行卸压，伴随 HPME 的安全壳失效可以被缓解甚至被阻止。在 RCP 低压的情况下，RCP 气体喷射的速率会较低，因此减少喷射到堆坑外的堆芯碎片。由于 DCH 同进入安全壳上部堆芯碎片总量直接相关，在 RCP 低压的情况下进入安全壳上部的堆芯碎片会减少，这会使得 DCH 导致安全壳失效的概率大大降低。需要注意的是，由 DCH 引起的氢气燃烧导致的安全壳失效并不能被 RCP 降压缓解，因为氢气燃烧更取决于安全壳内氢气的浓度和蒸汽的总量。

2）防止 RCP 管道蠕变破裂

当 RCP 管道处在高温和持续大载荷的工况下，管道会表现出塑性性质并发生蠕变破裂。热管段、稳压器波动管和 RPV 的蠕变破裂会导致 RCP 向安全壳排放，使安全壳压力升高。蒸汽发生器传热管的蠕变破裂会导致安全壳旁通和裂变产物向大气释放。

热管段和波动管线的蠕变破裂不会必然地对事故进程产生不利影响，因为这些蠕变失效会使 RCP 向安全壳卸压。然而，蒸汽发生器传热管的蠕变破裂会导致安全壳的旁通和潜在的裂变产物大量释放。因此，在严重事故管理中应该着重保护蒸汽发生器传热管。降低 RCP 压力会减少蠕变破裂的概率。

3）允许低压注水/增加高压注水流量

随着 RCP 压力的降低，可向 RCP 注水的手段随之增加。潜在的低压注水手段包括安注箱、低压安注、反应堆硼和水补给系统泵、核岛除盐水分配系统泵和水压试验泵等。

同时，RCP 压力的降低也会增加高压安注的流量。因此，降低 RCP 压力可使低压注水/增加高压注水作为一个严重事故管理的策略。

即使 RCP 的压力降低到允许低压注水，注水行动的开始也会使 RCP 内的压力升高，这会阻止低压水源的进一步注水。

最后需要注意的是，除非安注箱被隔离，否则当 RCP 压力降低到安注投入压力时，安注箱将会自动向 RCP 内注水。安注箱的自动注水可能会带来氢气产生等负面影响，然而通过降压带来的好处要大于注水所带来的负面影响。

（2）导则的负面影响

对 RCP 进行卸压除了会带来好处，还会带来一些负面影响，这些负面影响会加速裂变产物向环境的释放。为了阻止 RCP 卸压过程中的负面影响，需要对卸压进行限制。

RCP 卸压开始后短期内可能产生的负面影响有以下几个：

1）氢气燃烧

堆芯裸露之后，堆芯会被加热，燃料包壳同堆芯内出现的蒸汽发生氧化反应。燃料包壳的显著氧化直到 900℃才会发生。包壳氧化的产物之一是氢气，氢气会在 RCP 内聚集。如果 RCP 处于高压或接近正常运行压力，大量的氢气将会被包容在 RCP 内。当 RCP 向安全壳内排气时，这些氢气就会被排入安全壳。这会导致安全壳内氢气浓度快速上升。如果出现任何点火源，就会发生安全壳内的氢气燃烧。缓解安全壳内氢气浓度过高的有效手段为向安全壳内注入蒸汽或降低安全壳压力。然而，由于 RCP 卸压造成的氢气燃烧不会威胁安全壳的完整性，氢气燃烧的负面影响不会阻止 RCP 卸压。当 RCP 卸压开始后，应该监测安全壳内氢气浓度，以便确定氢气浓度的限制。

2）裂变产物从蒸汽发生器释放

在 SG 有破口并且有其他可用 RCP 卸压手段的情况下，不推荐使用破裂的 SG 对 RCP 进行卸压。然而，如果这是仅有的 RCP 卸压手段，则需要考虑以此卸压来保证压力容器内的堆芯碎片滞留。SG 水位需要维持在 DFC 要求的高度，以便对释放的裂变产物进行清洗。需要注意的是，在 RCP 降压期间需要额外给水以维持 SG 水位。裂变产物会通过破裂的传热管或一、二次侧之间的泄漏进入二次侧。如果此时蒸汽通过主蒸汽管线阀门释放，那么裂变产物也会被释放到环境中。TSC 必须意识到场内和场外的放射性后果。影响从破裂的 SG 释放的裂变产物总量的因素包括裂变产物的总量和种类、裂变产物向 SG 的泄漏率、水位在破口之上的高度等。在严重事故过程中这些因素都无法准确地定量化，因此除非执行了 SG 卸压的行动，否则从 SG 的裂变产物释放也无法定量化。导则推荐使用完整的或故障的 SG 进行 RCP 卸压，然而如果 RCP 不卸压的后果较 SG 释放的后果更为严重，可以采用破裂的 SG 进行卸压。一旦 SG 卸压开始，可以通过多个途径监测裂变产物释放，包括就地的放射性监测、蒸汽管线放射性监测和厂外放射性监测。如果这些监测显示放射性水平过高，破裂的 SG 将被隔离。

3）丧失蒸汽发生器水装量

SG 通过水的相变带走 RCP 的热量，SG 的蒸汽会离开系统，因此除非建立向 SG 的注水，否则 SG 的水位会持续下降。如果 SG 存在泄漏或破口，下降的水位会降低裂变产物清洗的效果，这将增加裂变产物向环境释放的总量。同时，如果 SG 水位下降到管板以下，SG 传热管将面临蠕变破裂的危险。最小的维持水位在传热管以上的 SG 给水流量可以通过衰变热进行估算。

4）裂变产物从安全壳释放

从 RCP 释放的气体带有大量裂变产物，任何从 RCP 向安全壳释放路径的打开都会导致这些裂变产物向安全壳的输送。如果安全壳隔离没有成功，这些裂变产物不会在安全壳内逗留，而是立即释放到外界大气。缓解行动包括重新建立安全壳隔离、使用安全壳喷淋减少安全壳裂变产物和使用非释放的方法对 RCP 进行卸压。

5）蒸汽发生器传热管蠕变破裂

当蒸汽发生器传热管处于高温、大压差的环境中时，它会表现出塑性性状并由于蠕变破裂而失效。由于 SG 传热管提供裂变产物的边界，在严重事故中维持传热管的完整性是严重事故管理的一个目标。如果利用任何空的 SG 进行卸压，那么随着传热管两侧压差的增加，传热管蠕变破裂的危险也随之增加。有水的传热管不存在这个负面影响，因为水会限制传热管的温度。由于是否利用一个热的空 SG 进行卸压可能显著影响公众的安全，在严重事故中这个决定是由 TCS 来进行确定的。

（3）主要的缓解行动

用于 RCP 卸压的主要缓解行动如下：

①利用稳压器安全阀对 RCP 进行卸压。

②利用稳压器辅助喷淋对 RCP 进行卸压。

③利用向大气的蒸汽排放阀对 RCP 进行卸压。

④利用向凝汽器的蒸汽排放阀对 RCP 进行卸压。

（4）导则决策的关键点

SAG-1 导则中有两个决策的关键点：

1）是否应该建立 RCP 卸压的决策

由于如果不进行 RCP 卸压，发生 RCP 失效或高压熔堆引起的后果是不可接受的，而其负面效应能够被其他后续导则缓解，因此在本导则中要求进入 SAG-1 后 TSC 必须建立 RCP 卸压的决策。

2）RCP 卸压是否足够的决策

一旦建立 RCP 卸压，其带来的负面影响将被评估，然后决策是否需要进行进一步的卸压。如果稳压器安全阀、蒸汽发生器等主要卸压手段被采用来进行 RCP 卸压，那么 RCP 卸压的速率已经相当快，额外的卸压手段不会对事故进程有显著影响。然而，如果采用了替代的卸压手段，RCP 卸压速率可能比较小。这时，通过使用其他卸压手段来增加卸压速率可以争取更多的事故缓解时间。这样 TCS 可以先处理 DFC 中更为紧要的威胁，之后再使用其他手段来增加卸压速率。

2. SAG-2，向蒸汽发生器注水

（1）导则的作用

向 SG 注水有多方面的作用：首先，如果 SG 传热管被水覆盖，可以降低传热管蠕变破裂的危险；其次，装有水的 SG 可以为 RCP 提供热阱；最后，可以对从 SG 传热管破口释放的裂变产物进行清洗。

1）保护 SG 传热管边界

SG 传热管不仅是 RCP 的压力边界，其失效还会旁通安全壳导致裂变产物向环境直接释放。SG 传热管的厚度会随着使用时间的增加而变薄，并且会形成裂隙。如果传热管处于高温、高压差的环境中，传热管会发生蠕变破裂。高传热管温度可以在以下情形中发生：热的堆芯气体向传热管的自然对流；堆芯底部区域产生的蒸汽驱动堆芯上部热的气体加热传热管。

为了阻止 SG 传热管的蠕变破裂，可以采取如下措施：降低一、二侧压差；向蒸汽发生器注水以限制传热管温度；限制堆芯蒸汽产生速率（仅在向堆芯注水时可行）。降低一、二侧压差和限制堆芯蒸汽产生速率将在其他导则中进行描述，本导则描述通过向 SG 注水来保护传热管。

2）恢复 RCP 热阱

蒸汽发生器被设计用来在正常运行和事故工况下为 RCP 提供热阱。如果事故工况下 SG 不能为 RCP 提供热阱，RCP 中的能量将会从 RCP 破口或稳压器安全壳进行释放。恢复 SG 的水装量并使用 SG 作为 RCP 热阱将会减少 RCP 水装量的流失。

3）清洗易挥发性裂变产物

在 SG 传热管边界有破口的情况下，裂变产物可以通过蒸汽释放阀直接进入环境。可以用水覆盖破口来减少裂变产物的释放。当含有裂变产物的气体通过 RCP 进入 SG 时，SG 中的水将通过多个自然过程减少气体中的裂变产物。这些自然过程包括沉降、惯性冲击、扩散和热泳。这些过程的作用是清除气体中的放射性物质。需要注意的是，水不会减少惰性气体向环境的释放。

（2）导则的负面影响

向 SG 注水还会带来以下一些负面影响，这些负面影响会加速裂变产物向环境的释放。为了阻止这些负面影响，需要对 SG 注水速率和降压速率进行限制。

1）SG 的热冲击

如果 SG 在严重事故进程中被蒸干，SG 传热管温度会超过 500℃。向热的干 SG 注入冷水会使传热管和其他部件产生显著的热应力，这些热应力可能导致 SG 壳侧或传热管的失效。SG 壳侧失效会减少进入 SG 的水而增加安全壳内的水，传热管的失效会导致安全壳的旁通和潜在裂变产物向环境的释放。

2）裂变产物释放

如果向一个有传热管破裂的 SG 供水，由于水的汽化，SG 的压力会上升并导致安全阀打开。那么，散布在 SG 中的裂变产物就会释放到周围环境。同样的，如果在 SG 注水前需要对 SG 进行卸压，那么裂变产物也会从 SG 释放到周围环境。除非知道 SG 中裂变产物的浓度，否则很难对这一行为的影响进行量化。

如果同时存在破裂的和完整的 SG，TSC 可以选择向哪一个 SG 进行注水，裂变产物的释放是 TSC 决策的主要影响因素。TSC 应当遵循裂变产物释放最小的注水策略。TSC 应当确保至少一个完整的 SG 可以用来降温，因此至少应当向一个 SG 注水以避免传热管发生蠕变破裂。如果从破裂的 SG 的裂变产物的释放并不显著，TSC 应当向所有完整的 SG 注水并开始 RCP 冷却和降压，以便使通过传热管的泄漏最小。同时，RCP 的冷却会阻止裂变产物的再汽化，进而减少通过破裂的 SG 向环境的裂变产物释放。如果通过 SG 的释放十分显著，TSC 可能需要在开始向完整 SG 注水后也开始向破裂的 SG 注水，这样可以对释放的裂变产物进行清洗。然而，由于稀有气体无法被清洗，最佳的阻止释放的手段是停止一次侧向二次侧的泄漏，这可以通过使用完整 SG 对 RCP 卸压来实现。因此，本导则始终推荐向完整的 SG 注水。一旦完整的 SG 充满水，就可以对 RCP 进行卸压，进一步可以向破裂的 SG 进行注水。RCP 应该卸压到破裂的 SG 压力以下，这样在向破裂的 SG 注水时裂变产物将流回 RCP 而不会通过安全阀释放。同时，RCP 卸压也会对破裂的 SG 进行卸压，避免裂变产物向环境的释放。

（3）主要的缓解行动

向 SG 注水的主要缓解行动如下：

①利用 ASG 泵，从 ASG001BA 取水，向 SG 注水。

②利用 APD 泵，从 ADG 水箱取水，向 SG 注水。

③利用 APA 泵，从凝结水系统取水，向 SG 注水。

④利用 CEX 泵，从凝汽器热阱取水，向 SG 注水。

⑤利用 CEX 泵向 ASG001BA 补水。

（4）导则决策的关键点

1）是否应该建立 SG 给水的决策

如果负面影响不可接受并且不能缓解，TSC 面临是否应该建立 SG 给水的决策。这一决策取决于以下因素：向 SG 注水的潜在收益；负面影响的程度；不向 SG 注水的后果。TSC 需要有充足的理由不进行 SG 注水，因为通常情况下不进行 SG 注水的后果要大于注水带来的负面影响。

2）向哪个 SG 注水的决策

基于 SG 的状态，可以将 SG 分为三类：完好的、故障的和破裂的。这个分类基于 SG 和相连管道的完整性。如果一个 SG 和相连管道都没有破口，那么它就是完好的；一个故障的 SG 是在主蒸汽管线、主给水管线或任何同二次侧相连接的管道系统有破口的 SG；一个破裂的 SG 是一个或多个 SG 传热管有破口。需要注意的是，SG 可以同时存在故障和破裂。

本导则的一个目的就是维持 SG 水位在传热管之上。如果多于一个 SG 没有达到这个标准，TSC 需要建立向 SG 注水的顺序。本导则定义了如下的注水顺序：完好的、故障的、破裂的。完好 SG 最优先有两个原因：向 SG 注水将为传热管提供保护，防止它们破裂；完好 SG 可以用于在不向大气释放裂变产物条件下使 RCP 冷却和卸压。故障 SG 优先级低于完好 SG，是因为向故障 SG 注水比较困难。向故障 SG 注水难是因为一旦启用向故障 SG 注水，由于水装量连续从破损处流失，它必须被维持。此外，用故障 SG 控制 RCP 卸压和降温的速率较难。破裂 SG 的优先级最低，因为向破裂 SG 注水会出现释放的可能性。这些释放可以被最先向完好 SG 或故障 SG 注水和降低的 RCP 压力所缓解。一旦 RCP 压力低于 SG 安全阀整定值压力，则可以启用向破裂 SG 注水。这将提供一个回到安全壳的压力释放路径，很有希望使破裂 SG 上的安全阀免于开启。

3．SAG-3，向反应堆冷却剂系统注水

（1）导则的作用

在严重事故进程中向反应堆冷却剂系统注水有多个作用：首先，水可以带走堆芯的衰变热，进而减缓堆芯损伤过程，并且可以延迟甚至阻止压力容器失效；其次，如果形成了覆盖堆芯碎片床的水池，从碎片床释放的裂变产物可以得到清洗；最后，沉降在反应堆冷却剂系统管道壁面的裂变产物可以被注水冷却，并且不会再次汽化。

1）恢复堆芯冷却

如果堆芯结构是完整的并且被水覆盖，就有足够的堆芯冷却能力阻止堆芯损坏。如果堆芯区域没有水存在，那么堆芯产生的衰变热会被堆芯材料作为显热而吸收。除非建立 RCP 注入，否则堆芯会持续加热，开始液化并重定位到压力容器下部。当堆芯熔融物向下部移动，高温的熔融物会同下支撑板接触并将其融化，然后流入 RPV 下封头。

阻止堆芯熔融物流入下封头的唯一手段就是恢复注水流量。当水开始向过热的堆芯注入时，由于堆芯的高温会将水汽化为蒸汽。热量可以通过水和蒸汽被带走。如果注入的水能以超过衰变热释放的速率将热量带走，就可以恢复对堆芯的冷却。需要注意的是，再注水到压力容器中并不能保证恢复堆芯的冷却，因为堆芯熔融物的重定位可能破坏堆芯的可冷却结构。即使注水流量不足以移出衰变热，注入的水也可以至少从堆芯移出一些热量并延缓事故进程。因此，压力容器失效可以通过一个小流量向堆芯的注水而延缓。

2）清洗裂变产物

如果堆芯碎片床被水池所覆盖，那么从堆芯碎片床释放的裂变产物会被水池所清洗。需要注意的是，稀有气体裂变产物不会被水池所清洗。裂变产物的清洗会大大减少释放到环境的裂变产物的总量。因此，这是事故管理的重要现象。如果堆芯是裸露的，裂变产物会通过 RCP 直接向周围环境释放。被水覆盖的堆芯，至少易挥发和不易挥发的裂变产物可以被清洗，由此减少裂变产物的释放。

3）阻止裂变产物再汽化

当裂变产物从堆芯释放，它们会被输运到 RCP 的其他部位。裂变产物气溶胶会在 RCP 管壁表面沉降。由于裂变产物衰变放热，RCP 管壁就会升温，一些汽化温度较低的气溶胶就会再次汽化并通过安全壳旁通或泄漏被释放到周围环境。如果 RCP 管道热阱可用，裂变产物再汽化不会发生。

（2）导则的负面影响

向 RCP 注水除了会带来收益，还会带来一些负面影响，这些潜在的负面影响会影响严重事故进程并加速裂变产物向周围环境的释放。为了避免这些负面影响，初始的注入流量会受到限制。下面将对这些负面影响进行讨论。

1）堆芯再淹没阶段氢气产生

在堆芯裸露后，堆芯将升温，燃料棒包壳将在蒸汽中氧化。这个反应遵循抛物线速率规律，且在包壳温度达到大约 1 000℃之前，不会出现大量包壳氧化。包壳氧化反应的产物之一是氢气，如果 RCP 是完好的，它可以在 RCP 中积聚；如果存在从 RCP 到安全壳的路径，它就会在安全壳内积聚。安全壳内氢气点燃可能导致安全壳失效，形成裂变产物释放入大气的直接路径。因此，严重事故管理的目标之一是使在堆芯区产生的氢气总量尽量小。因为包壳氧化过程必须要有蒸汽，因此当压力容器水位达到堆芯底部时，蒸汽生成率降低，包壳氧化率也降低。然而，重新开始向 RCP 注水后，由于进入的水在灼热堆芯材料上闪蒸，蒸汽的生成率将增加，导致额外包壳氧化和氢气生成的可能。当开始再淹没时，未反应的大部分包壳处在堆芯底部。使注水流量最大，底部未反应包壳将尽可能快地冷却，从而使生成的氢气最少。此外，如果堆芯已经开始再定位，暴露在蒸汽中的活性包壳的表面积可以减少很多。

为了解决氢气燃烧或严重氢气威胁问题，可以向安全壳内注入蒸汽，使安全壳内保持惰化环境。实际上，由于非能动氢气复合器的作用，可以认为氢气燃烧的风险概率极低。

2）RCP 注水开始阶段蒸汽发生器传热管蠕变破裂

当蒸汽发生器传热管处于高温、高压差的环境下，会表现出塑性性质，进而发生蠕变断裂。由于蒸汽发生器传热管提供裂变产物边界，所以在严重事故进程中维持传热管完整性是严重事故管理的一个目标。

在严重事故进程中，如果聚集在堆芯上腔室的高温气体被驱动进入蒸汽发生器，蒸汽发生器传热管的温度会快速达到蠕变破裂的温度。在开始向 RCP 注水的阶段，水进入堆芯并汽化，然后驱动上腔室内高温气体进入热管段，最终进入蒸汽发生器。由于蒸汽发生器传热管的厚度很小，传热管会被快速加热并在几秒内失效。为了阻止建立 RCP 注水时传热管的蠕变破裂，可以采取以下行动：降低 RCP 压力以便降低一、二次侧压差；向 SG 注水确保传热管受到保护；限制注水流量确保热的气体从破口流出；或者关闭 SG 释放阀和主蒸汽旁通阀。需要注意的是，限制注水流量的同时也要确保 RCP 压力不会重新上升到蠕变破裂发生的压力。如果 RCP 热管段存在破口，那么一些堆芯内的热气体会从破口流出。如果堆芯蒸汽产生速率很小，大部分堆芯的热气体会从破口流出而不会进入蒸汽发生器。如果破口的释放速率大于堆芯蒸汽的产生速率，那么蒸汽发生器传热管会受到保护。对于中 LOCA 和大 LOCA，RCP 的压力不会再上升到传热管发生蠕变破裂的压力。因此，传热管的蠕变破裂仅在小 LOCA 中受到关注，对一回路进行卸压可以有效避免 SG 传热管的蠕变失效。

（3）主要的缓解行动

向 RCP 注水的主要缓解行动如下：

①利用上充泵，从 PTR 取水，向反应堆冷却剂系统注水。

②利用上充泵，从 RCV002BA 取水，向反应堆冷却剂系统注水。

③利用上充泵，从 RIS 泵出口取水，向反应堆冷却剂系统注水。

④利用低压安全注射泵，从 PTR 取水，向反应堆冷却剂系统注水。

⑤利用低压安全注射泵，从安全壳地坑取水，向反应堆冷却剂系统注水。

⑥利用安全壳喷淋 EAS 泵连接到反应堆冷却剂系统注水。

（4）导则决策的关键点

本导则包括两个决策关键点：

1）是否应该建立 RCP 注水的决策

如果负面影响不可接受并且不能缓解，TSC 将会面临是否建立 RCP 注水的决策。这个决策基于多个因素，包括：通过 RCP 注水获得的潜在收益；负面影响的程度；不进行 RCP 注水的后果。这个手段总会带来正面收益，因此在负面影响能够被缓解的情况下，不管注水流量有多小都应该开始注水行动。

2）RCP 注水流量是否充足的决策

一旦确立了 RCP 注水流量并且考虑了所有的负面效应，就需要决策是否需要额外的流量。如果注水流量已经是最大流量，就没有进一步评估的必要。然而，如果存在额外的注水能力，必须对是否需要额外的流量进行决策。

4．SAG-4，减少裂变产物的释放

（1）导则的作用

本导则最主要的作用就是在严重事故中缓解裂变产物的释放，降低放射性对公众造成的威胁。

为了缓解裂变产物向周围环境的释放，多个策略可以被实施。最显见的策略就是隔离释放路径。因此，如果释放是由于安全壳贯穿件引起的，那么隔离安全壳就会终止释放。从 SG 的释放路径隔离存在困难，因为蒸汽管线安全阀无法被隔离。因此，仅在 SG

压力低于最低安全阀整定值时，SG 隔离才是有效的。对于从辅助厂房的释放，存在两个可能的情形：首先，如果释放路径是安全壳贯穿件系统，那么贯穿管线阀门可以将系统隔离并阻止释放；其次，如果有裂变产物释放的系统是用来恢复电厂的系统，那么 TSC 就需要决定是否对这个系统进行隔离，或者让它继续释放。另一个用来缓解裂变产物释放的策略是增加裂变产物的清洗。一种清洗蒸汽气流中裂变产物的方法是使蒸汽冷凝。因此，如果一个蒸汽发生器正在释放，使裂变产物进入冷凝器会显著减少裂变产物向周围环境的释放。隔离辅助厂房通风可以提供更多的时间使裂变产物沉降，进而减少裂变产物的释放。然而，辅助厂房内大面积的放射性物质沉降会造成其他严重事故管理策略和长期恢复行动无法实施，因为人员无法进入高放射性的厂房。辅助厂房通风通常被设计用来将低污染区域的空气送到高污染区域，这确保了辅助厂房内污染物扩散最小并确保操作人员可以进入低放射性区域进行操作。安全壳地坑水质的一个长期关注是维持 pH 高于 7，这是为了保证辐照不会将地坑中的 CsI 转换为难以清除的碘元素。对于没有电厂释放的情况，地坑水质是一个长期关注。然而，如果释放仍在继续并且相关的 SCG 正在执行，地坑 pH 的调节是一个短时间内的需求。

（2）导则的负面影响

缓解裂变产物的释放除了会带来一些收益，也会带来以下一些负面影响。这些负面影响会加速裂变产物向周围环境的释放或降低恢复行动的效果。为了避免这些负面影响，需要对缓解行动进行一些限制。

1）安全壳卸压

如果裂变产物是从安全壳向外释放的，对安全壳卸压会减少裂变产物的释放率，因为卸压会减少释放的驱动力。然而，如果安全壳处于蒸汽惰化环境，通过冷凝蒸汽的方式使安全壳卸压会导致氢气份额上升，达到可燃条件。如果在实施卸压之前安全壳已经处于威胁环境，那么卸压导致的氢气燃烧可能威胁安全壳完整性，导致安全壳更为严重的裂变产物释放。

2）安全壳淹没

如果裂变产物是由安全壳向外释放的，那么使用安全壳喷淋可以对安全壳大气进行清洗，减少安全壳大气中气溶胶的总量。这是有效减少气溶胶裂变产物的手段，但对惰性气体没有影响。另外，由于安全壳喷淋，流向安全壳的水可能超过安全壳设计限制，这会导致用于严重事故管理的设备和仪表被水淹没。

（3）主要的缓解行动

缓解安全壳释放的行动有：

①安全壳喷淋。

②安全壳通风。

③修补或者减小泄漏源。

④喷淋或者淹没泄漏点。

缓解 SG 释放的行动有：

①RCP 卸压。

②向破裂的 SG 注水。

③隔离破裂的 SG。

④从破裂 SG 向凝汽器排汽。

缓解辅助厂房释放的行动有：

①隔离从安全壳到辅助厂房的释放路径。

②如果释放路径在 RCP 注水再循环管线上，则减小 RCP 再循环流量。

③通过隔离安全壳喷淋泵，隔离喷淋再循环路径。

④喷淋或者淹没泄漏部位。

⑤隔离或者修复安全壳贯穿件。

⑥启动辅助厂房通风系统。

（4）导则决策的关键点

本导则有两个决策关键点：

1）是否应该缓解释放的决策

如果负面效应不可接受并且不能被缓解，TSC 面临是否应该缓解释放的决策。这个决策基于以下几个因素：缓解安全壳释放的潜在收益；负面影响的程度；不进行安全壳释放缓解的后果。TSC 需要有充足的理由不进行缓解行动，因为通常情况下不进行缓解的后果要远坏于缓解到来的负面影响。一个可能的不进行缓解行动的理由为，缓解行动可能使安全壳失去蒸汽惰化环境，并进一步引发安全壳内的氢气燃烧，进而威胁安全壳的完整性。

2）放射性释放路径是否应该被隔离的决策

如果负面效应不可接受并且不能被缓解，TSC 面临是否应该隔离放射性释放路径的决策。这个决策基于以下几个因素：放射性释放路径隔离的潜在收益；负面影响的程度；不进行放射性释放路径隔离的后果。

5．SAG-5，控制安全壳工况

（1）导则的作用

在严重事故中建立安全壳热阱有以下作用：首先，安全壳热阱可以使安全壳大气中的蒸汽冷凝，这样可以阻止从 RCP 释放的能量造成安全壳升压；其次，安全壳内的设备和仪表在低安全壳环境中有更大的存活可能；最后，裂变产物从安全壳的泄漏可以被缓解。

1）提供安全壳热阱

从堆芯释放的蒸汽释放到安全壳会造成安全壳升压。安全壳升压的速率取决于蒸汽的产生速率、蒸汽从安全壳排出的速率和安全壳的容积。如果没有热阱可用，安全壳会由于超压而失效。另一个潜在的失效机制是安全壳贯穿件的密封可能由于安全壳的高压而失效，这种情况可能在堆芯碎片对安全壳加热使安全壳温度超过贯穿件密封设计温度时发生。启动安全壳热阱可以为安全壳大气提供冷却，阻止安全壳贯穿件密封的超压失效。

2）提高设备存活性

安全壳高压在设计基准事故中也会发生，因此那些用于设计基准事故的仪表和设备具备在高压环境下工作的能力。同样的，非设计基准事故使用的设备也可以在高压下使用，只是随着安全壳压力的升高，设备的存活概率降低。因此保持安全壳内低压有利于设备的存活。

3）降低裂变产物从安全壳的泄漏

如果在严重事故前安全壳存在泄漏或由于事故进程有泄漏路径被打开，那么裂变产物从安全壳泄漏的流量是安全壳压力的直接函数。为了阻止安全壳泄漏，主控室可以对安全壳进行隔离，但是泄漏可能不会被完全隔离。这样减少裂变产物从安全壳泄漏的唯一方法就是通过安全壳热阱降低安全壳压力。

（2）导则的负面影响

控制安全壳工况除了会带来一些收益，也会带来以下一些负面影响。这些负面影响会加速裂变产物向周围环境的释放或限制进一步的恢复行动。

1）氢气燃烧带来安全壳威胁

在所有的情况下，除非发生熔融物和混凝土反应（MCCI），否则安全壳内氢气的聚集不会导致严重的氢气威胁。如果堆芯维持在压力容器内或虽然压力容器失效却没有MCCI 发生，那么总的氢气产量不会导致严重氢气威胁。为了解决氢气燃烧或严重氢气威胁，可以向安全壳内注入蒸汽，使安全壳内保持惰化环境。

安全壳内的氢气复合器可以通过两种方式控制安全壳内的氢气：如果安全壳内处于蒸汽惰化环境，氢气复合器会有效降低安全壳内氢气的浓度；如果安全壳没有处于蒸汽惰化环境，氢气复合器一方面会有效降低安全壳内氢气的浓度，另一方面当安全壳内氢气浓度达到可燃范围时，氢气复合器可能会触发全局的氢气燃烧。由于操纵员无法控制氢气复合器，唯一的缓解措施就是向安全壳内注入蒸汽，使安全壳保持蒸汽惰化。

2）安全壳淹没

使用喷淋控制安全壳内的工况可能使安全壳水位超过限值，进而淹没电力贯穿件影响进一步的电厂恢复行为。安全壳水位估算计算辅助曲线可以用来辅助估算安全壳内的水位，保证重要仪表和设备不会被淹没。

（3）主要的缓解行动

控制安全壳工况的主要缓解行动如下：

①安全壳喷淋。

②安全壳通风。

③使用 RIS 泵作为安全壳喷淋泵，进行安全壳喷淋。

（4）导则决策的关键点

本导则仅涉及一个决策的关键点：是否应该建立安全壳热阱的决策。

如果负面效应不可接受并且不能被缓解，TSC 面临是否应该建立安全壳热阱的决策。这个决策基于以下几个因素：建立安全壳热阱的潜在收益；负面影响的程度；不建立安全壳热阱的后果。TSC 需要有充足的理由不建立安全壳热阱，因为通常情况下不建立安全壳热阱的后果要远坏于建立安全壳热阱带来的负面影响。一个可能的不建立安全壳热阱的理由为，如果安全壳内的惰化环境是一个关注点，那么这个策略可以被推迟直到氢气问题得到解决。

6. SAG-6，向安全壳注水

（1）导则的作用

淹没安全壳的作用：首先，淹没 RPV 下封头的注水可以显著缓解压力容器失效；其次，覆盖在熔融物上的水可以对压力容器失效后掉落在安全壳底板上的熔融物进行冷却，进而防止地基融穿；再次，安全壳底板上熔融物释放出的裂变产物可以得到清洗；最后，安全壳地坑中的水可以进行再循环。

1）RPV 下封头的外部冷却

当堆芯熔融物通过下支撑板进入下封头时，会对下封头壁面造成热冲击。由于熔融物对下封头的热冲击，会导致下封头失效并使熔融物下落到安全壳内。如果安全壳内水位没过压力容器下封头，那么这些水会为下封头提供热阱，推迟压力容器下封头的失效。当水同压力容器外壁面接触时，压力容器内部的热量通过压力容器壁面的导热传给外壁面的水，再通过水的泡核沸腾将热量带走。影响压力容器外部冷却的因素包括：向堆腔注水的能力、堆腔支撑部分的流通结构和 RPV 下封头保温层的结构。

2）压力容器外熔融物冷却

RPV 失效后，堆芯碎片会重定位到堆腔或安全壳的其他部位。如果安全壳内没有水存在，那么高温的熔融物会同安全壳底板的混凝土发生 MCCI。MCCI 的后果包括：产生使安全壳升压的不可凝气体、产生大量气溶胶和由于地基融穿造成安全壳完整性丧失。用水覆盖压力容器外的堆芯熔融物会为熔融物提供一个热阱，并且降低混凝土侵蚀的速率。在压力容器外的熔池中存在多个热源，包括裂变产物和未反应金属的氧化放热反应。熔池的热量传导也有多条途径。热量可以向下传导并将混凝土融化，热量也可以通过辐射和对流将热量传给安全壳大气。同时，熔池产生的气体也可以以对流的方式将热量传到安全壳大气。由于熔池融化混凝土后向下移动，熔池顶部的碎片会冷却并形成硬壳。如果熔池被水覆盖，由于水的沸腾，熔池顶部的传热将会变得十分剧烈。水还会渗入熔池的缝隙，进一步增加从熔池带走的热量。然而，由于熔池导热的限制，增加熔池顶部的水并不会终止熔融物和混凝土反应。虽然不能保证用水覆盖熔融物顶部会阻止MCCI 并阻止地基融穿，但是至少会降低混凝土侵蚀的速率。

3）清洗压力容器外熔融物释放出的裂变产物

熔融物从压力容器下落到安全壳后，裂变产物会持续地从熔融物释放到安全壳大气。如果安全壳完整性丧失，裂变产物会持续地向周围环境释放。如果熔池被水覆盖，从熔融物中释放的裂变产物就会被水清洗。需要注意的是，惰性气体不会被水清洗。裂变产物的清洗可以有效降低裂变产物的释放，因此这是事故管理的重要现象。

4）压力容器内或压力容器外熔融物冷却

向安全壳内注水淹没环路管线，可以使水通过破口管线流入堆芯，这可以提供熔融物的安全壳内冷却。同样的，注水淹没压力容器外的熔融物可以阻止熔融物和混凝土反应。

（2）导则的负面影响

淹没安全壳除了会带来一些收益，也会带来以下一些负面影响：

1）丧失仪器仪表和设备

淹没安全壳来提供压力容器内的堆芯冷却需要几个换料水箱的水量。当这一对策实现时，可以用来监测事故发展的大部分仪器仪表将被浸没。此外，某些可能用于事故后恢复工作的设备（风扇冷却器进气/排气管道、安全壳排气阀等）也可能被浸没而不再能起作用。丧失仪器仪表和设备可能是淹没安全壳的严重的副作用，因此，在诊断流程图中只是把它当作一种最后手段。可以从具体电厂的淹没安全壳分析中获得一份更详细的因淹没安全壳而丧失的仪器仪表和设备清单。

2）氢气燃烧引起的安全壳威胁

如果安全壳是惰化的且有大量氢气在安全壳内积累，则使用安全壳喷淋将减少蒸汽的摩尔份额，从而提高氢气燃烧的可能性。因此，TSC 在堆芯损坏之后建议启用安全壳喷淋时需要谨慎。

（3）主要的缓解行动

淹没安全壳的主要缓解行动如下：

①利用安全壳喷淋向安全壳注水。

②通过安注向 RCP 注水进而向安全壳注水。

（4）导则决策的关键点

本导则包括两个决策关键点：

1）是否应该向安全壳注水的决策

淹没安全壳需要很大的水量。由于水量难以保证，且为了避免重要设备和仪表被淹没，以及考虑到减轻后续污水处理负担等，只有在其他所有对策都无效时才建议淹没安全壳。

2）安全壳注水流量是否足够的决策

一旦实施了向安全壳注水，并且考虑了所有的负面效应，则需要决策是否需要额外的注水流量。如果注水流量已经是最大流量，就没有进一步评估的必要。然而，如果存在额外的注水能力，必须对是否需要额外的流量进行决策。电厂状态和 CA 文件都作为决策的依据。需要注意的是越快进行安全壳淹没，压力容器外部冷却就会获得越大的效果，压力容器失效就会被推迟更长的时间。

12.3.5 严重威胁状态树（SCST）

SCST（图 12.6）是被 TSC 用来确认对安全壳裂变产物释放边界严重威胁的主要工具。根据 SCST 中的参数进入不同的严重威胁导则（SCGs）。该系列导则的优先级别高于 DFC 和 SAGs 系列。当严重事故发生并且 TSC 技术支持组人员就位后，应同时执行 DFC 和 SCST 诊断图，如果 SCST 中有关参数超出定值则先执行 SCGs 系列的导则。

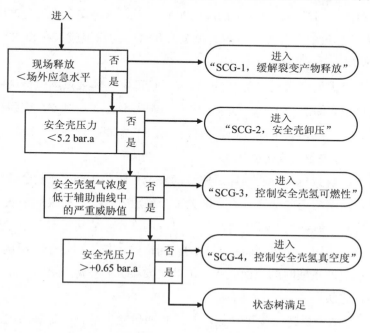

图 12.6 严重威胁状态树（数据为典型定值）

（1）参数选取

SCST 应该提供监测能够指示对裂变产物边界严重威胁的那些参数，以便能够启用防止它们失效的行动。如果超过 SCST 整定值，则所有活动都集中在缓解该威胁中，而不顾可能的负面后果。确定这些参数的准则是：

①如果电站参数指示有一个严重威胁，若它不减弱，则肯定导致安全壳裂变产物边界在较短时间内失效，则这个参数应该在 SCST 中考虑。

②对在 SCST 中考虑的参数的响应不会导致产生另一个更严重的立即威胁。

③在 SCST 中考虑的用于指示一个严重威胁的值应可用电站仪表监测（或计算辅助）测得。

④在 SCST 中考虑的参数所指示的威胁只会出现在事故后期。如果要求在事故初期响应，则这个参数应该在 DFC 中考虑。

基于以上准则，确定的在 SCST 中诊断的工况和参数为：

1）现场大量释放（现场释放水平）

大量释放要求立即行动，以保护公众和场内工作人员的健康和安全，不受气载裂变产物释放的危害。这个需求不考虑电站此时可能存在什么情况。与触发 SCST 整定值的释放相比，任何其他释放都是小量。因而大量裂变产物释放应该在 SCST 中考虑。

2）安全壳高压失效（安全壳压力）

如果安全壳内蒸汽和其他气体积聚得足够多，以致由于高压威胁安全壳完整性，则这个威胁是即时的。同样的，对这个情况的响应并不产生对安全壳裂变产物边界任何更严重的威胁。因而导致安全壳高压力的大量蒸汽和气体的积聚应该在 SCST 中着手处理。

3）氢气燃烧（安全壳氢气）

如果在安全壳内氢气积聚得足够多，以致一旦可燃气体被点燃就会威胁安全壳的完整性，则该威胁是立即的。此外，对这个情况的响应不会产生对安全壳裂变产物边界任何更严重的威胁。因此，大量氢气积聚应该在 SCST 中着手处理。

4）安全壳真空失效（安全壳压力）

如果严重事故情景包括堆芯损坏后修复的安全壳隔离削弱，或安全壳排气作为一个事故管理对策，则安全壳内空气可能有很大部分释放入大气。如果后来安全壳关闭，又建立了安全壳排热，则在安全壳内可能形成可观的真空，它可能导致安全壳衬里失效。当真空度达到整定值时，这个威胁是即时的。同样的，作为对这个工况的响应的结果，不会有产生其他更严重威胁的负面效应。因此，安全壳真空应该在 SCST 中着手处理。

（2）诊断优先级

SCGs 系列导则主要完成 4 个功能，其诊断和启动也是有一定顺序的。进入严重威胁导则后，裂变产物已对环境造成释放，此时事故管理的主要目标是尽最大努力减少裂变产物的释放，降低场内外人员遭受辐射的风险。以下根据优先级依次对诊断参数进行说明：

①TSC 首要监视的参数是裂变产物释放率。如果大量的裂变产物从反应堆释放，那么其他所有的事故管理活动应该停止，并且立即采取行动缓解裂变产物释放，保护场内外人员安全。使裂变产物释放最小化是 SAMG 的主要目的之一，因此，缓解裂变产物释放具有最高的优先级。

②TSC 要诊断的第二个参数是安全壳压力。如果熔融物压力容器内滞留失败，由于安全壳超压将是造成裂变产物大量释放的最主要原因，有效地控制安全壳压力可以防止裂变产物大量的、不可控的释放。因此，安全壳卸压具有第二优先级。

③TSC 要诊断的第三个参数是安全壳氢气浓度。如果安全壳处于高压状态，说明安全壳内蒸汽较多，即安全壳处于蒸汽惰化状态，不存在氢气燃烧威胁。只有在安全壳低压状态下才需要关注氢气燃烧威胁，因此，安全壳氢气浓度具有第三优先级。

④TSC 要诊断的第四个参数是安全壳真空。安全壳真空会导致安全壳内部钢衬变形以致安全壳失效。安全壳真空一般只发生在安全壳卸压或者安全壳氢气燃烧之后，也就是说不进行安全壳卸压或者安全壳不存在氢气问题，一般是不会导致安全壳真空问题的。因此，安全壳真空具有最后的优先级。

12.3.6　严重威胁导则（SCGs）

安全屏障严重威胁处理导则包括以下 4 个：

①SCG-1，缓解裂变产物的释放。

②SCG-2，安全壳卸压。

③SCG-3，控制安全壳氢气可燃性。

④SCG-4，控制安全壳的真空度。

这 4 个处理导则诊断和入口先后是按导则号为顺序的，但与 SAGs 不同的是，由于状态的紧迫性，要求只能同时执行一个 SCG 导则。每个 SCG 中都包含以下内容：目的、进入条件、计算辅助和参考资料、识别可用的对策、识别优先顺序、识别这些对策的限制、确定对策、确定威胁是否正在缓解、识别长期关注、出口、工作单。具体的执行流程见图 12.7。与 SAGs 不同的是，在 SCGs 中不再评价采取对策或不采取对策的风险，因为已经没有别的威胁比不采取对策的风险更高。当从状态树进入 SCGs 时，实施 SCGs 中的对策是必须的，决策关心的是哪一个可能的对策最符合要求。

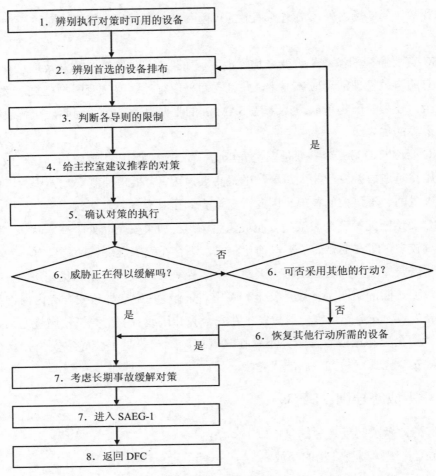

图 12.7　SCGs 的流程

1．SCG-1，缓解裂变产物释放

（1）导则的作用

本导则最主要的作用就是在严重事故中缓解裂变产物的释放，降低放射性对公众造成的威胁。

为了缓解裂变产物向周围环境的释放，多个策略可以被实施。最显见的策略就是隔离释放路径。因此，如果释放是由于安全壳贯穿件引起的，那么隔离安全壳就会终止释放。从 SG 的释放路径隔离存在困难，因为蒸汽管线安全阀无法被隔离。因此，仅在 SG 压力低于最低安全阀整定值时，SG 隔离才是有效的。对于从辅助厂房的释放，存在两种可能的情形：首先，如果释放路径是安全壳贯穿件系统，那么贯穿管线阀门可以将系统隔离并阻止释放；其次，如果有裂变产物释放的系统是用来恢复电厂的系统，那么 TSC 就需要决定是否对这个系统进行隔离，或者让它继续释放。另一个用来缓解裂变产物释放的策略是增加裂变产物的清洗。一种清洗蒸汽气流中裂变产物的方法是使蒸汽冷凝。因此，如果一个蒸汽发生器正在释放，使裂变产物进入冷凝器会显著减少裂变产物向周围环境的释放。隔离辅助厂房通风可以提供更多的时间使裂变产物沉降，进而减少裂变产物的释放。然而，辅助厂房内大面积的放射性物质沉降会造成其他严重事故管理策略和长期恢复行动无法实施，因为人员无法进入高放射性的厂房。辅助厂房通风通常被设计用来将低污染区域的空气送到高污染区域，这确保了辅助厂房内污染物扩散最小并确保操作人员可以进入低放射性区域进行操作。安全壳地坑水质的一个长期关注是维持 pH 高于 7，这是为了保证辐照不会将地坑中的 CsI 转换为难以清除的碘元素。对于没有电厂释放的情况，地坑水质是一个长期关注。然而，如果释放仍在继续并且 SCG-1 正在执行，地坑 pH 的调节是一个短时间内的需求。

（2）主要的缓解行动

缓解安全壳释放的行动有：

①安全壳喷淋。

②安全壳通风。

③修补或者减小泄漏源。

④喷淋或者淹没泄漏点。

缓解 SG 释放的行动有：

①RCP 卸压。

②向破裂的 SG 注水。

③隔离破裂的 SG。

④从破裂 SG 向凝汽器排汽。

缓解辅助厂房释放的行动有：

①隔离从安全壳到辅助厂房的释放路径。

②如果释放路径在 RCP 注水再循环管线上，则减小 RCP 再循环流量。

③通过隔离安全壳喷淋泵，隔离喷淋再循环路径。

④喷淋或者淹没泄漏部位。

⑤隔离或者修复安全壳贯穿件。

⑥启动辅助厂房通风系统。

（3）导则决策的关键点

本导则决策的关键点为：

确定一台破裂 SG 的故意卸压是否应该继续。

1）从一台 SG 释放裂变产物可能是一种故意的 SG 卸压对策的结果

故意使一台故障 SG 卸压的对策涉及 SAG-1 和 SAG-2，两者均给完好的或者故障的

SGs 卸压有较高的优先级。因此，如果没有其他的 SGs 可能用于卸压，或者正在卸压的 SG 在卸压过程中破裂，在任一情况下，TSC 均应确定一台破裂的 SG 继续卸压是否是正确的，特别是卸压过程将可能引起现场应急释放。如果一台破裂的 SG 正在卸压的目的是使得一个低压水源可注入该 SG，则卸压可能会继续，以致可能建立起一高于传热管受损的水位高度。若一台破裂的 SG 正在卸压的目的是使 RCP 压力降低，并且 RCP 压力低于 19 bar.g（典型定值），则 TSC 要评价停止卸压，直至 RCP 的压力再次增加到 19 bar.g 以上。

值得注意的是，以上适用于未采用熔融物堆内滞留（IVR）策略的机组。对于已采用 IVR 策略的 SAMG，RCP 的卸压压力应尽量低。

2）确定是否应该隔离能动的释放路径

若释放路径是归因于安注再循环或喷淋再循环系统的泄漏，并且停止该释放的仅有途径是隔离该系统，则 TSC 将面对一个困难的决策。如果停止安注再循环注水，堆芯将熔化，并且可能最终破坏反应堆压力容器；如果堆芯熔化继续发展，并且可以通过 EVR/EVC 保持安全壳冷却，则可以通过停止再循环安注减少总释放量。但是，如果堆芯熔化进一步发展到安全壳完整性可能会被破坏，该释放可能比安注再循环引起的释放大得多。如果停止安全壳喷淋将导致安全壳加压到可能发生安全壳失效的压力值，该释放也比再循环喷淋引起的释放大得多。停止安注再循环或安全壳喷淋的再循环是否将实际上减少向大气的总释放量将难以确定。如果释放是一个短期内关注的事项，则易于决策，因为在短时期内，停止安注再循环或喷淋再循环几乎一定会停止释放。

2. SCG-2，安全壳卸压

（1）导则的作用

在堆芯损坏之后，SCG-2 提供一个系统的决策过程以确定安全壳热阱，使安全壳卸压，缓解安全壳超压引起的严重威胁。在最坏的情况下，考虑安全壳排气策略以保证安全壳的结构完整性，同时评价安全壳排气的负面影响，明确安全壳排气的时间和流量，保证安全壳卸压的同时使裂变产物的释放最小化。

（2）主要的缓解行动

使安全壳卸压的主要缓解行动有：

①安全壳喷淋。

②使用 RIS 泵作为安全壳喷淋泵，进行安全壳喷淋。

③安全壳通风。

④安全壳排气。

注意：SCG-2 与 SAG-4 中缓解行动的区别是，SAG-4 中没有安全壳排气的缓解行动。

（3）导则决策的关键点

本导则决策的关键点为：安全壳卸压。

如果 TSC 已经确定安全壳卸压的手段不止一种，那么必须选择其中一种安全壳卸压手段。TSC 应当选择对安全壳卸压最有效的手段，同时这种手段对事故进程有最小的负面效应。喷淋系统是安全级的，然而，引起严重事故的电厂条件也可能影响喷淋的有效性。安全壳排放是防止安全壳失效的最后手段。如果安全壳排放成为唯一的缓解措施，TSC 应该决定安全壳排放的时间和排放的路径等排放参数，以使在缓解安全壳超压严重威胁的基础上，使释放量尽可能小。

3. SCG-3，控制安全壳氢气可燃性

（1）导则的作用

SCG-3 提供了一个系统的决策过程用于控制安全壳氢气浓度以防止安全壳由于氢气燃烧而失效。如果反应堆处于计算辅助曲线中严重威胁区域，主要有两种缓解行动使反应堆离开氢气严重威胁区域：增加安全壳压力和安全壳排气。增加安全壳压力可以通过停止或者减少安全壳热阱来实现。停止或者减小安全壳热阱会使安全壳内蒸汽逐渐积累并使安全壳处于蒸汽惰化状态。在安全壳处于惰化状态之前，应尽可能隔离点火源。安全壳排气是另一种缓解安全壳氢气威胁的方法。尽管安全壳排气不会改变安全壳内氢气的浓度，但是排气可以减少氢气的质量，也就减小了氢气燃烧时释放的能量。安全壳排气的目的是允许可控的裂变产物释放以防止由于氢气燃烧带来的不可控的释放。在采取安全壳排气的策略时，在缓解了氢气威胁后，要使裂变产物的释放尽可能地小。裂变产物通过排气的释放量与排气时间、排气路径以及裂变产物气溶胶的产生率有关。

（2）主要的缓解行动

控制安全壳内氢气浓度的主要缓解行动有：

①关闭或者减小安全壳热阱。

②打开稳压器卸压阀。

③隔离潜在的点火源。

④安全壳排气。

（3）导则决策的关键点

本导则决策的关键点为：增加蒸汽与安全壳排放。

首要的缓解措施是控制安全壳热阱使安全壳处于蒸汽惰化状态，以防止安全壳氢气燃烧。如果选择安全壳排放作为缓解氢气可燃性的唯一手段，那么 TSC 必须确定：是否存在安全壳排放通道；如果有不止一个安全壳排放通道，应使用哪个排放通道，导则将提供关于排放通道的选择和排放大小确定的指南。

4. SCG-4，控制安全壳真空度

（1）导则的作用

本导则将提供一个系统的决策过程使安全壳增压以防止安全壳真空失效。用于缓解安全壳真空问题的行动可以分成两类：短期的缓解行动和长期的缓解行动。短期的缓解行动包括增加安全壳大气的蒸汽含量，增加安全壳内蒸汽含量可以通过减小或者停止安全壳热阱的方式来实现。短期行动的特点是缓解安全壳真空威胁的速度快，但是不能保证在后续的恢复行动中不会再次出现安全壳真空威胁。长期缓解行动包括增加安全壳内不可凝气体的含量，增加安全壳内不可凝气体含量可以通过向安全壳充入安注箱内的氮气、充入仪表用的压缩空气、经由安全壳大气取样管线的回流实现。长期缓解行动的特点是缓解过程需要一定的时间，并且可以很好地防止安全壳真空威胁的再次发生。

（2）主要的缓解行动

安全壳真空威胁的缓解行动有：

①关闭安全壳喷淋。

②关闭安全壳通风。

③打开稳压器卸压阀。

④将仪表用压缩空气加入安全壳。

⑤将氮气加入安全壳。

⑥将厂用空气加到 ETY 泄漏试验和取样接管。

（3）导则决策的关键点

本导则决策的关键点为短期与长期策略的选择。

缓解安全壳真空的短期策略主要是停止安全壳热阱。执行这些动作至少可在短期内缓解对安全壳的威胁。注意安全壳热阱是使安全壳发生真空的根本原因，因此任何企图缓解安全壳真空的威胁，至少在短期基础上应包括停止或者减小安全壳热阱。在长期基础上，根据增加安全壳压力的有两类对策：向安全壳加入仪表空气和安注箱氮气，这两类对策将引起不可冷凝气体泄漏进安全壳，这将最终缓解由于安全壳真空对安全壳造成的威胁。TSC 应该根据电厂情况选择适当的短期或者长期策略以缓解安全壳真空威胁。

12.3.7 严重事故出口导则（SAEGs）

严重事故出口导则（SAEGs）包括以下两个：

①SAEG-1，技术支持中心长期监视。

②SAEG-2，严重事故管理导则终止。

1. SAEG-1，技术支持中心长期监视

SAEG-1 为长期监视导则，其第一个目的是提供一个工具，集中所有使用中的对策

的全部长期关注事项，以保证它们受到 TSC 人员的正确监视。严重事故管理是一个始终处于变化的状态过程，某些对策可能被中断或根据事故的进程由其他对策所代替。而且当新的电厂状态出现时或为执行某一对策原先不可用的设备变得可用的情况下，将会执行新的对策。于是，导则必须是灵活的，即它可表示对策的当前状态和与它们相关的长期关注事项。其第二个目的是提供一个方法，确认原先执行的对策是否仍旧是达到严重事故管理目标的优选方法。同样，如果某一对策是有效的，也许仅在有限时间间隔需要它，此后，继续执行这一对策是无益的。本导则为 TSC 人员提供一个决策点，用于评价是需要继续执行还是需要替代原先执行的对策。

根据一个严重事故管理导则（SAG）或一个严重威胁导则（SCG）执行某一严重事故管理对策之后，SAG 或 SCG 指导 TSC 人员将导则中长期关注事项表附加到 SAEG-1 导则中去，并在返回诊断流程图（DFC）或严重威胁状态树（SCST）之前执行 SAEG-1 导则。如果采用某 SAG 或 SCG，但不执行其对策，则 SAG 或 SCG 不会要求 TSC 人员将长期关注事项表附加到 SAEG-1 导则中去，也不会要求 TSC 人员执行 SAEG-1 导则。TSC 诊断流程图 DFC 在每次循环结束时也会执行 SAEG-1 导则。

SAEG-1 的主要内容包括：

（1）确定执行的对策

识别目前正在所使用的对策，并识别电厂参数当前值与 DFC 整定值的差别，从而判断对策的有效性以及电厂状态离威胁边界的距离。

（2）确定与执行中的对策有关的长期关注事项

对于由 SAMG 的诊断结果而执行的每一个对策，根据 SAG 或 SCG 的指导，需将 SAG 或 SCG 的长期关注参数附加到 SAEG-1 导则中去。如果对策已经不再使用，将相关导则中的长期关注从附录中删除。另外，对于在进入 SAMG 之前已使用的系统或设备，假如它们正在控制着 DFC 或 SCST 的参数，则长期关注事项是适用的。在这种情况下，TSC 应进入相应的 SAG，并将与系统相关的长期关注事项附加到 SAEG-1 中去。

（3）评估恢复动作

对于其值超出推荐范围的任何长期关注事项，TSC 要评价和选择恢复动作。在这种情况下，本导则不提供详细指导。因为电厂有众多的可能状态，详细指导将会是复杂的。期望 TSC 人员根据在执行对策时对原先评价过的正面和负面效应的了解，评价可能采取的恢复动作。关于恢复动作影响的细节，TSC 人员可以参照适当的 SAG 或 SCG。

（4）确定恢复设备的必要性

在严重事故情况下，在事故发生期间可以恢复一些系统和设备。假如某一对策正在使用过程中，某些相关设备被恢复，应作出决策是否利用新恢复的设备替换现用的设备。TSC 人员应考虑转换到不同系统和设备的正面效应和负面效应。

2．SAEG-2，严重事故管理导则终止

SAEG-2 为 SAMG 终止导则，在 DFC 宣告电厂进入稳定受控状态后进入使用（依照这些电厂状态，对安全壳裂变产物边界的所有威胁已得到缓解，任何裂变产物释放已得到控制，堆芯和安全壳因有适当的热量排出而处于长期稳定状态）。SAEG-2 用于收集机组总体和系统设备状态，以及其他需要特别注意或长期关注的事项，并将这些信息移交给事故后恢复组织，之后严重事故管理的任务结束。

SAEG-2 主要内容是评价电厂状态，需确定的重要参数和功能包括：

①用于冷却堆芯和排除安全壳热量的方法。在严重事故之后，了解为完成这些功能的设备组合信息是重要的，因为可能采用非标准的排除堆芯和安全壳热量的方法。

②存在裂变产物释放和可能包含高放物质的系统。只要正在释放的裂变产物得到最大限度的控制，就可以在裂变产物释放的情况下，中断 SAMG 的执行。在严重事故对策中可能会利用到那些正常情况下不含高放射性的系统和设备，这将对 SAMG 之后执行的长期动作产生一定限制。

③为保持稳定受控状态，继续执行对策所采用的长期关注事项。在严重事故之后，了解为完成这些功能的设备组合信息是重要的，因为可能采用非标准的排除堆芯和安全壳热量的方法。发生故障和降级的电厂系统和仪表的状态可为长期动作提供有价值的信息。在长期动作中，某些发生故障的或不工作的设备和仪表是可修复的。

12.3.8　计算辅助曲线（CAs）

在进行严重事故诊断或实施某些缓解策略时需要得到一些重要的电厂参数或状态，如安全壳内大气的可燃性，但是这些参数或状态无法直接测量，只能根据可测量的某些参数进行计算或推算。为提高工作效率、减轻 TSC 在严重事故工况下的工作负担，SAMG 开发人员利用计算机技术将这些计算或推算制作成一些简单易用的图表，这就是计算辅助曲线（CAs）。通过查阅 CAs，TSC 可以明确需要采取的相应对策，以及相关对策和行动是否有效。辅助计算的使用可以大大提高 TSC 技术人员的判断能力和分析能力，提高事故恢复行动的有效性。典型核电厂 SAMG 的 CAs 主要是：

①CA-1，再淹没堆芯所需的主系统注水流量估算。

②CA-2，排出长期衰变热所需的注水流量估算。

③CA-3，安全壳内氢气可燃性判断。

④CA-4，安全壳排气的体积流量估算。

⑤CA-5，安全壳水位和体积估算。

⑥CA-6，安全壳卸压时氢气浓度和氢气风险的影响评价。

以 CA-5 曲线为例，图 12.8 描述了安全壳水位和注水体积之间的估算关系。当安全

壳注水总体积量超过 8 500 m³ 时，TSC 人员可判断安全壳水位已超过 8 m。

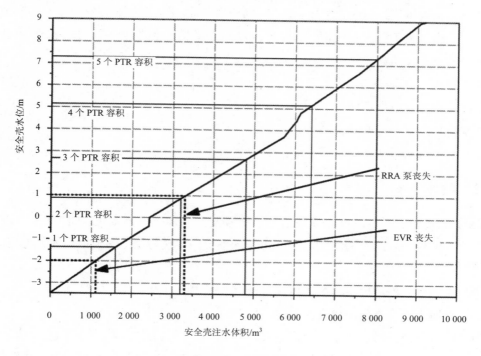

图 12.8　CA-5 曲线

12.4　严重事故模拟机

12.4.1　背景概述

我国核电建设规模的不断扩大对核电安全监管提出了更高的要求。在核与辐射安全监督评审方面，除了正常的法规规范符合性审评外，还需要建立必备、有效的安全监管技术手段。经上级部门批准，环境保护部核与辐射安全中心建设了"核安全监管技术支持系统"，其中首个重要建设项目就是"全范围验证模拟机"项目，该项目于 2011 年 10 月签署供货合同，2013 年 12 月完成最终验收。

中心建设的全范围验证模拟机是针对我国在运机组数量最多的二代改进型压水堆 CPR1000 开发的一套涵盖正常工况、设计基准事故、设计扩展工况（含严重事故）的仿真系统。该系统共包括两套子系统：一套是对参考机组 1∶1 的模拟，包括所有控制室硬件/软件的全配置仿真系统（NS-FSS），即全范围模拟机；另一套是包括参考机组控制室的部分硬件设备、全部模型并做必要扩展的验证仿真系统（NS-VVS）。

VVS 验证仿真系统的主要特点是严重事故仿真模块的开发，其目的是将严重事故仿真系统纳入全范围模拟机中，形成全范围、全工况的模拟机，从而有效地分析和验证所有工况的状态以及工况演变过程，对提升核安全监管评审能力具有重要意义。它将在以下方面发挥重要作用：

①严重事故进程研究和风险评估。

②严重事故缓解措施研究。

③严重事故管理导则验证。

④严重事故相关的培训、应急演练。

12.4.2 技术方案

VVS 验证仿真系统的严重事故仿真模块开发的总体技术方案是：将 MELCOR2.1 严重事故分析程序内嵌入 3KEYMASTER 仿真平台，实现与全范围模拟机的无缝集成。主要包括：

①将严重事故模拟程序移植至仿真平台。

②建立适用于严重事故仿真的核电厂模型。

③在仿真平台上增加严重事故模块人机界面。

严重事故仿真模块的模拟范围包括：堆内热量的转移和材料的氧化（包括热辐射、传导、对流、控制体内的温度分布、裂变功率及衰变热分布、锆的氧化和钢的氧化等）；堆芯与下腔室的结构材料在熔化、坍塌、残渣形成过程中的再定位（包括蜡烛状流动、熔渣、热工水力流动性等）；支撑结构模拟（包括支撑构件模型、支撑构件失效模型、其他构件模型）；压力容器的下封头传热、失效等的模拟；安全壳内热工水力过程模拟（包括安全壳内升温升压过程及安全壳载荷响应）。

严重事故仿真模块数据输入主要包括：电厂程序模型主要参数（一回路、二回路相关设备及系统输入参数、堆芯衰变热、堆芯放射性物质积存量、堆坑形状参数及材料组成、安全壳控制体尺寸参数、安全壳流通通道参数、安全壳结构热阱）；始发事件设定（如大中小破口、全厂断电、ATWS、SGTR、MSLB 等典型严重事故始发事件，专设安全系统故障设定等）；操纵员干预动作设定（即严重事故下操纵员根据相关规程或者指南进行的相应的干预动作）。

严重事故仿真模块数据输出主要包括：一、二回路主要热工参数（功率、水位、压力、水温、循环流量等）；专设系统主要参数（流量、温度等）；压力容器内严重事故状态参数（破口流量、燃料温度、包壳温度、堆芯产氢量、熔融池重量、下封头温度等）；安全壳内严重事故状态参数（压力、温度、安全壳内产氢量、氢气浓度、堆腔底板混凝土烧蚀深度等）；放射性释放（不同类型放射性物质一、二回路滞留及环境释放份额等）；

风险评估（包括氢燃氢爆、蒸汽爆炸、安全壳直接加热、安全壳超压等）。

严重事故仿真模块的模拟功能主要包括：事故进程模拟（可以通过模拟严重事故时的燃料元件行为、压力壳内及安全壳内的热工水力行为等，详细模拟严重事故进程，给出严重事故进程中重要事件如停堆、堆芯裸露、稳压器安全阀打开、安注箱启动、堆芯坍塌、压力容器熔穿、氢气浓度超出燃烧限值等发生的时间点）；人机交互功能（通过人机交互界面显示操纵员所需的相关信息参数、设定严重事故的始发事件，以及输入操纵员的干预动作）。

12.4.3　程序移植

MELCOR 是一个完整的第二代系统性程序，是由美国 Sandia 国立实验室为美国核管会开发的以 PSA 和源项分析为目的的一体化软件包，能模拟轻水堆严重事故进程的主要现象，并能计算放射性核素的释放及其后果。MELCOR 程序的模拟范围和特点满足核电厂全范围验证模拟机严重事故模块的仿真范围和仿真系统的要求。

1．程序集成方式

VVS 验证仿真系统的严重事故软件与仿真平台的集成采用内嵌方式，其优越性在于：内嵌方式可以使严重事故建模软件与仿真平台一体化，使用极其方便；内嵌方式可以获得仿真平台提供的所有模拟机功能，并且确保模拟机在各种机组状态下的一致性；严重事故计算软件与 RELAP5 都采用内嵌方式与仿真平台集成，有利于两者之间的切换；内嵌方式能够使得严重事故计算更符合模拟机的要求，使得二次开发、功能扩展、开放性都成为可能。

2．内嵌步骤

MELCOR 内嵌步骤总体技术方案是在深入熟悉严重事故计算软件 MELCOR 的源程序结构、变量、输入和输出数据结构的基础上，对严重事故计算软件 MELCOR 进行适当的调整使之适应仿真平台的运行要求（如仿真平台需要对内嵌程序完全控制、内嵌程序变量定义符合仿真平台要求）。这里的调整是指将源程序中的全局变量、局部变量和控制语句进行调整，不涉及源程序中的计算模型、计算方法或其他部分的调整，所以该调整不影响源程序的完整性、正确性和可验证性。将调整之后的严重事故计算软件 MELCOR 按照仿真平台内嵌标准流程进行内嵌工作。仿真平台内嵌标准步骤主要有：

①将源程序中的变量导入仿真平台集中管理变量的数据库中。

②将源程序中的一些控制性语句所执行的相关功能交由仿真平台执行。

③使用仿真平台的源程序预处理工具对源程序进行预处理。

④将预处理后的源程序进行编译、链接并生成可执行程序。

⑤在仿真平台中将需要嵌入的可执行程序作为新任务添加进来，并进行任务设定。

⑥运行和调试新添加进来的可执行程序。

3. 程序切换

由于 RELAP5 无法模拟计算严重事故,所以进入严重事故以后需要切换到能够模拟计算严重事故的 MELCOR 程序进行模拟计算。在进入严重事故之前,模拟机由原有的热工水力计算程序 RELAP5 对事故进行模拟,MELCOR 不运行。进入严重事故之后,自动切换到 MELCOR 进行之后的事故模拟,RELAP5 停止运行。进入严重事故的判断准则参考国外方案:对于破口类事故,燃料包壳温度达到 800℃;对于非破口类事故,燃料包壳温度达到 1 200℃。由于 RELAP5 在进入严重事故前的仿真计算结果更加可靠,而 MELCOR 程序考虑严重事故特有的相关现象更为全面,如果确定仿真工况必将发展到严重事故,则 RELAP5 至 MELCOR 的切换应在工况超出 RELAP5 计算范围的早期进行。程序切换由切换程序控制,切换程序从事故模拟开始就一直在仿真平台中运行,直至完成切换。切换时从 MELCOR 程序的上游程序取得当前的状态参数,替换 MELCOR 初始计算参数。

12.4.4 程序建模

MELCOR 严重事故分析程序使用的电厂输入模型与 RELAP5 等设计基准事故分析程序使用的电厂输入模型保持一致,并保证 MELCOR 模型外部接口与 RELAP5 的外部接口完全一致。这样不需要对模拟机 RELAP5 以外的模型做任何改变,即能实现从 RELAP5 到 MELCOR 的无缝切换,并保持电厂状态和动态过程的连续性与一致性。

1. 建模范围

主要包括的系统和设备模型有:反应堆冷却剂系统以及与反应堆冷却剂系统相关系统的模型、二次侧系统以及与二次侧相关系统的模型、反应堆堆芯模型、放射性核素模型、安全壳模型、与仿真平台其他模块的接口。

为了进行 SAMG 验证,需要对 SAMG 相关的操作进行模拟。原模拟机 RELAP5 以外的模型已经模拟了这些操作,MELCOR 只需设置接口来接收这些模块提供的信息(如压力、温度、流量等)。

为了有利于程序切换,MELCOR 模型的节点化方案尽量接近于上游的 RELAP5 程序的节点化方案。

2. 建模步骤

建模步骤主要包括:电厂系统和设备的节点划分、MELCOR 输入卡编写、输入卡调试及计算。图 12.9～图 12.11 分别为压力容器、主冷却剂系统一环路、安全壳的节点划分模拟图。

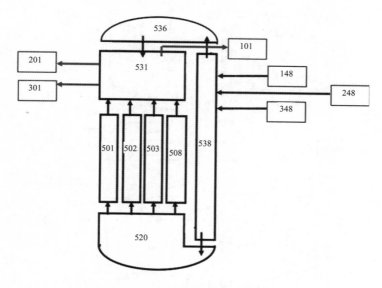

图 12.9 压力容器节点划分模拟图

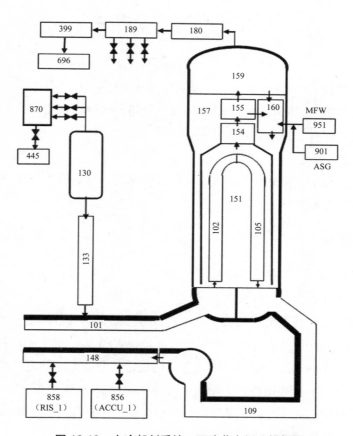

图 12.10 主冷却剂系统一环路节点划分模拟图

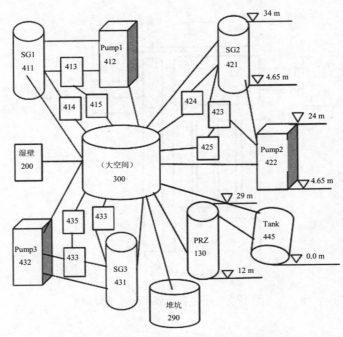

图 12.11　安全壳节点划分模拟图

3．建模参数

输入的建模参数主要有：一次侧系统和设备几何及热工水力参数、二次侧系统和设备几何及热工水力参数、堆芯输入参数、控制系统输入参数、衰变热输入参数、不可凝结气体输入参数、放射性核素输入参数等。

4．输出参数

输出参数主要包括：控制体、流道、热构件、堆芯、燃烧模型、堆腔模型、放射性核素、控制函数等方面的参数。

12.4.5　人机交互

1．功能范围

严重事故模块人机交互界面交互包含以下三大功能：

①初始工况设定：在人机交互界面中，可以进行大中小破口、全厂断电、ATWS、SGTR、MSLB 等典型严重事故始发事件（如破口位置和大小、几种事件的叠加等）和专设安全系统故障（如安注、喷淋泵的状态）的设定。此功能在管理员站上可以实现。

②参数显示：严重事故模块可显示执行 SAMG 所需的重要参数，以便 TSC 判断电厂状态，从而做出相应决策。对于重要的参数设计成可视化界面，其他参数可以从原仿真平台人机交互界面中读取。

③事故干预：严重事故模块可以模拟 MCR 进行的干预动作。模拟机使用人员可以在人机交互界面输入动作指令，MELCOR 程序可以不断接收新的输入指令并在后台连续运行直至模拟结束。严重事故模块人机交互界面配备了 3 个以上终端，不同的功能可同时分配到 3 个终端。在这些终端上，模拟机教员可以根据初始工况设定终端对事故初始状态进行设定，TSC 人员可以根据参数显示终端和 SAMG 电子化终端给出行动建议，MCR 人员可以根据 SAMG 电子化终端和事故干预终端对电厂进行模拟操作。

2. 参数显示

严重事故情形下执行 SAMG 需要监测的绝大部分电厂状态参数及其变化曲线在原仿真平台人机交互界面中均有显示，严重事故模块可以直接引用。主要参数有：反应堆冷却剂压力、蒸汽发生器水位、堆芯出口温度、现场剂量水平、安全壳压力、安全壳水位、安全壳温度、安全壳内氢气浓度、安全壳大气放射性、SG 放射性、ASG 给水流量、主给水流量、反应堆压力容器水位、PTR 水位、辅助给水箱水位、EAS 流量、高低压安注流量等。

个别在原仿真平台人机交互界面没有显示的 SAMG 参数，则被重新设计。如果某些参数（如现场剂量水平）无法通过仿真平台计算获得，系统界面可提供一个窗口进行人工输入。人工输入的依据可能是外部软件模拟计算或专家判断。为了更直观地显示严重事故进程，在 3KEYMASTER 中选择了部分参数进行可视化（动态显示），包括：一回路水位（稳压器水位、堆芯水位）、蒸汽发生器水位、安全壳水位、堆芯温度（熔化进程）、安全壳内氢气浓度（可以动态显示氢气在安全壳内的流动方向）。

典型的一些参数显示画面如图 12.12～图 12.18 所示。

图 12.12 关键安全参数显示画面

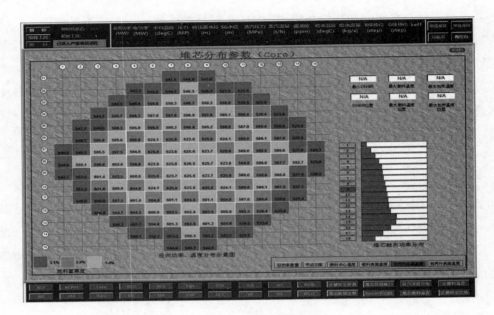

图 12.13　堆芯参数显示画面

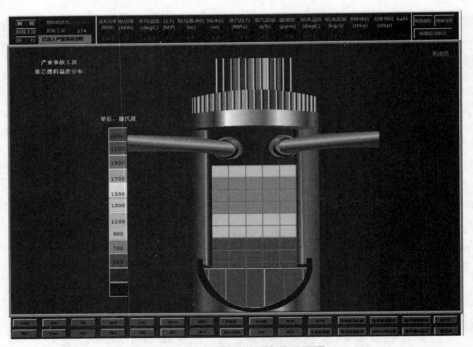

图 12.14　堆芯燃料温度显示画面

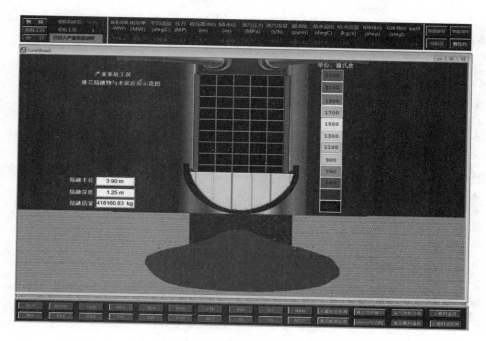

图 12.15　熔融坑显示画面

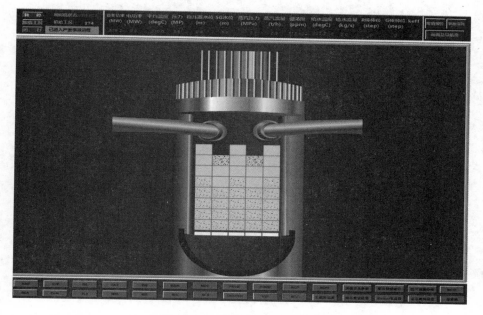

图 12.16　堆芯质量迁移显示画面

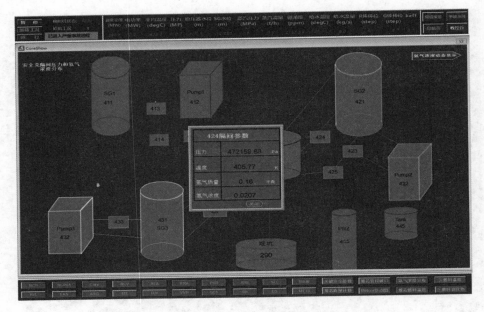

图 12.17 安全壳参数显示画面

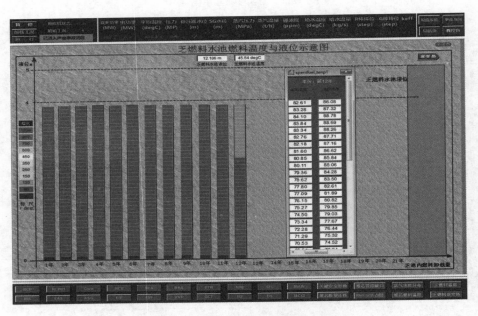

图 12.18 乏燃料水池参数显示画面

12.5 严重事故序列模拟

1. 初始条件

利用 VVS 验证仿真系统模拟核电厂严重事故序列，初始工况选取满功率运行工况，主要的参数如表 12.2 所示。

表 12.2 满功率运行参数

参数	单位	设计值	模拟计算值	相对误差/%
稳压器压力	MPa	15.5	15.5	0
稳压器水位	m	19.14	19.16	0.02
压力容器出口温度	K	600.06	602.2	0.32
压力容器入口温度	K	566.15	568.6	0.43
主泵流量	kg/s	4 903.3	4 865.8	0.76
蒸汽发生器出口压力	MPa	6.71	6.712	0.03
蒸汽发生器水位	m	23.96	23.97	0.04
蒸汽产量	kg/s	537.8	537.6	0.04

2. 功能假设

在严重事故序列模拟中主要有以下功能假设：

①$t=0$ s 时一个主冷却剂管道热管段（非稳压器所在环路）双端剪切断裂（按照两倍管段截面设置破口）事故发生，冷却剂被直接排向安全壳。

②RCP 压力低触发停堆，停堆后隔离主给水，隔离主蒸汽。

③无高、低压安注投入，安注箱有效。

④无安全壳喷淋。

⑤二次侧冷却失效。

3. 事故过程

①$t=0$ s 时，发生主冷却剂管道热管段双端剪切断裂。

②$t=1.9$ s 时，稳压器压力低信号触发停堆。

③$t=8.1$ s 时，RCP 压力降至安注箱启动压力，安注箱开始注水。

④$t=27$ s 时，安注箱排空。

⑤$t=3\ 000$ s 时，堆芯开始重置到下封头。

⑥$t=9\ 550$ s 时，下封头失效，堆芯熔融物掉入堆坑，堆芯熔融物与堆坑中的气体及安全壳底板混凝土发生反应（MCCI），产生氢气。

4．结果分析

图 12.19 为验证仿真系统计算该 LBLOCA 严重事故序列的破口流量变化曲线。破口产生后的短时间内为喷放阶段，冷却剂从破口处大量喷出，流量超过 30 000 kg/s，随着喷放的进行，RCP 内水装量下降，压力 20 s 内下降至安全壳内压力水平，详见图 12.20。

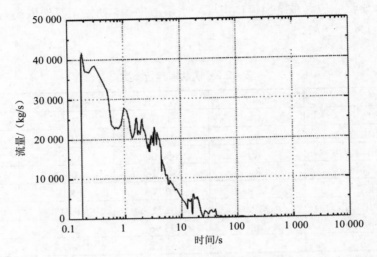

图 12.19　破口流量变化曲线

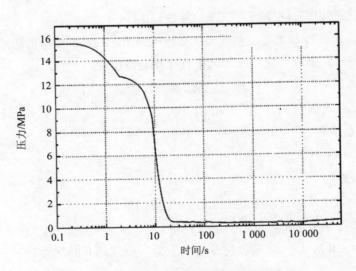

图 12.20　一回路压力变化曲线

图 12.21 为堆芯水位变化曲线。破口产生后短时间内出现堆芯裸露，在安注箱投入后，堆芯水位恢复。$t=1\ 500\ s$ 左右，堆芯水位下降至 3 m 以下（堆芯活性区底部）。

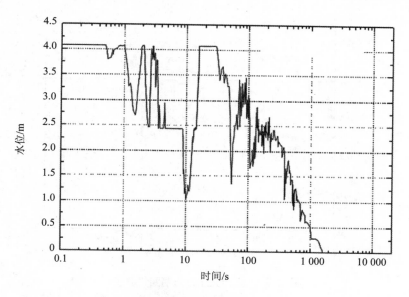

图 12.21　堆芯水位变化曲线

安全壳压力响应曲线如图 12.22 和图 12.23 所示。在破口发生后，内能很高的冷却剂被喷放到安全壳中，安全壳压力很快上升到一个极值（0.42 MPa）。随着安全壳内热构件不断吸热，安全壳压力有所回落，在下封头失效后安全壳压力会有一个快速上升，主要原因为 MCCI 释放大量不可凝气体。

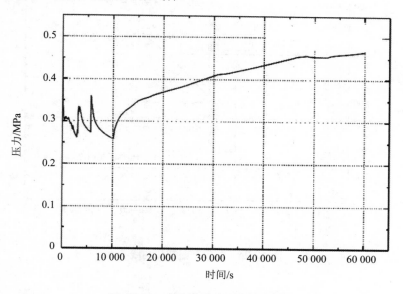

图 12.22　安全壳压力短期变化曲线

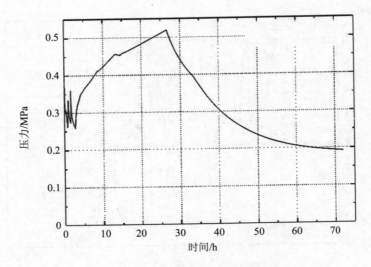

图 12.23　安全壳压力长期变化曲线

　　图 12.24 为氢气产量变化曲线。在 21 100 s 左右，达到了堆芯所有锆参与反应的产氢量。图 12.25 为堆芯出口温度变化曲线。

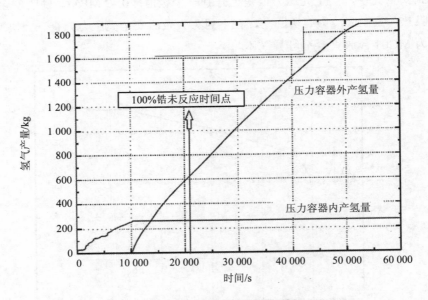

图 12.24　氢气产量变化曲线

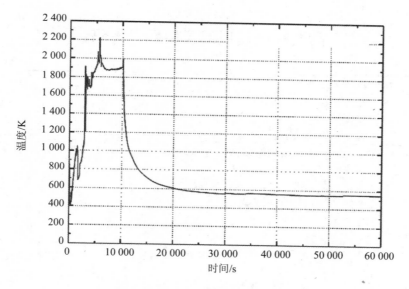

图 12.25　堆芯出口温度变化曲线

思考题

1. 《核动力厂设计安全规定》（HAF102）对核电厂状态是如何划分的？
2. 描述核电厂严重事故的物理过程和现象。
3. 列举核电厂严重事故的缓解措施。
4. 描述严重事故管理导则的基本结构。
5. 描述严重事故导则 SAG 的基本结构。
6. 严重事故导则 SAG-2 向蒸汽发生器供水的目的是什么？
7. 描述严重威胁导则 SCG 的基本结构。
8. 什么情况下可以终止严重事故管理导则？
9. 计算辅助曲线 CAs 的功能是什么？
10. 描述环境保护部核与辐射安全中心严重事故模拟机开发采用的技术方案。

附录一 模拟图元件标识代码

缩写符号		元 件
A	AA	BUP 报警
	AL	传感器电源
	AM	放大模块
C	CC	选择开关或键盘
	CE	变频器或移相器
	CS	电压/电流转换模块
	CT	温度转换器
D	DC	开方器
	DR	微分模块
E	EC	计算机逻辑量输入
	EN	记录仪
	EU	计算机模拟量输入
F	FI	滤波器
	FV	电流/电压转换模块
G	GD	函数发生器
I	ID	指示器
	IM	分离模块
	IS	隔离模块
K	KA	KIC 报警
	KC	KIC 选择开关
	KD	流量孔板
	KG	KIC 按钮
	KM	KIC 数值显示
	KS	KIC 报警
	KU	KIC 控制站
L	L.	就地测量（LD，LN，LP，LT，……）
	LA	指示灯
M	M.	模拟传感器（MD，MN，MP，MT，……）
	ME	记忆模块
	MS	特殊模块
N	NA	数/模转换
P	PS	电热偶套管
	PF	周期/频率转换器
Q	Q.	计数器（QD，QM，……）
R	RC	遥控站（RCD）
	RC	中间控制站（RCI）
	RC	自动/手动控制站（RCM）
	RC	整定值控制站（RPC）
	RG	控制器

缩写符号		元　件
S	S.	逻辑传感器（SD，SN，SP，ST，……）
V	VT	表决器
X	XR	继电器
	XT	时间继电器
	XU	阈值模块
Z	ZA	高选模块
	ZI	低选模块
	ZO	加法器

附录二 基本系统及代码

A		与给水有关的系统
	ABP	低压给水加热器系统
	ACO	给水加热器疏水回收系统
	ADG	给水除氧器系统
	ADS	低压交流电源系统（ET 厂房）
	AET	主给水泵汽轮机轴封系统
	AGM	电动主给水泵润滑油系统
	AHP	高压给水加热器系统
	APA	电动主给水泵系统
	APD	启动给水系统
	APG	蒸汽发生器排污系统
	ARE	主给水流量调节系统
	ASG	辅助给水系统
	ATE	凝结水净化处理系统
C		与凝汽器（冷凝、真空、循环水）有关的系统
	CET	汽轮机轴封系统
	CEX	凝结水系统
	CFI	循环水过滤系统
	CGR	循环水泵润滑油系统
	CPA	阴极保护系统
	CRF	循环水系统
	CTE	循环水处理系统
	CVI	凝汽器真空系统
D		与通信、装卸设备、通风、照明等有关的系统
	DAA	BOP 电梯
	DAI	核岛厂房电梯
	DAM	汽轮机厂房电梯
	DEG	核岛冷冻水系统
	DEL	电气厂房冷冻水系统
	DMA	BOP 搬运装卸设备
	DME	主开关站搬运装卸设备
	DMH	BOP 区域内的各种起吊设备
	DMK	核燃料厂房搬运装卸设备
	DMM	汽轮机厂房机械装卸设备
	DMN	核辅助厂房搬运装卸设备
	DMP	循环水泵站搬运装卸设备
	DMR	反应堆厂房搬运装卸设备
	DMW	RX 外部龙门架，WX、DX、LX 和核废物辅助厂房的搬运装卸设备

	DN*	正常照明系统
	DSI	厂区保安系统
	DS*	应急照明系统
	DTA	声报警系统
	DTC	时钟系统
	DTD	电力调度电话系统
	DTF	计算机网络
	DTG	声力电话系统
	DTH	光传输系统
	DTI	内部对讲系统
	DTJ	通信设备监控系统
	DTK	主开关站通信系统
	DTL	闭路电视系统
	DTP	有线广播系统
	DTS	安全电话系统
	DTT	行政电话系统
	DTW	无线通信系统
	DTX	综合布线系统
	DVA	冷机修理车间和仓库通风系统
	DVB	办公楼通风系统
	DVC	主控室通风系统
	DVD	柴油机房通风系统
	DVE	电缆层通风系统
	DVF	电气厂房排烟系统
	DVG	辅助给水泵房通风系统
	DVH	上充泵房应急通风系统
	DVI	核岛设备冷却水泵房通风系统
	DVJ	辐射计量实验室（AM）通风系统
	DVK	核燃料厂房通风系统
	DVL	电气厂房主通风系统
	DVM	汽轮机房通风系统
	DVN	核辅助厂房通风系统
	DVP	循环水泵站通风系统
	DVQ	核废物辅助厂房通风系统
	DVR	固体服务暂存库（QT）通风系统
	DVS	安全注入和安全壳喷淋泵电机房通风系统
	DVT	除盐水车间（YA）通风系统
	DVV	辅助锅炉房（VA）通风系统
	DVW	安全壳环廊房间通风系统
	DVX	洗衣房（EL）通风系统
	DVY	厂址附加后备柴油发电机厂房（DY）通风系统
	DVZ	非放射性废水除油站（FS）通风系统

DWA	AC 厂房热修理车间和仓库通风系统	
DWB	SA 餐厅通风系统	
DWC	EA 模拟机中心通风系统	
DWD	控制区、保护区大门及保护区人员辅助通道通风系统（UA/UD/UU）	
DWE	主开关站通风系统	
DWF	AA/AF/XL 通风系统	
DWG	保安楼通风系统（UG）	
DWH	环境实验室（EC）通风系统	
DWJ	全厂共用负荷配电室（LY）通风系统	
DWK	厂用气体贮存区（ZA）通风系统	
DWL	热洗衣房通风系统	
DWM	应急指挥中心（EM）通风系统	
DWN	厂区试验室通风系统	
DWO	厂区生活污水处理站（ED）通风系统	
DWQ	车库（AG）通风系统	
DWR	蓄电池充电维修间（AE）通风系统	
DWS	重要厂用水泵站通风系统（SEC 泵房）	
DWT	档案楼（AD）通风系统	
DWU	化学品库（AX）通风系统	
DWV	油料仓库（FC）通风系统	
DWW	辅助开关站（TD）通风系统	
DWX	空压机房（ZC）通风系统	
DWY	制氯站（HX）通风系统	
DWZ	制氢站（ZB）通风系统	
E	与安全壳有关的系统	
EAS	安全壳喷淋系统	
EAU	安全壳仪表系统	
EBA	安全壳换气通风系统	
EPP	安全壳泄漏监测系统	
ETY	安全壳大气监测系统	
EUF	安全壳过滤排放系统	
EUH	安全壳消氢系统	
EVC	反应堆堆坑通风系统	
EVF	安全壳内空气净化系统	
EVR	安全壳连续通风系统	
G	与汽轮发电机有关的系统	
GCA	汽轮机和给水停运期间的保养系统	
GCT	汽轮机旁路系统	
GEV	输电系统	
GEW	主开关站超高压配电装置	
GEX	发电机励磁和电压调节系统	
GFR	汽轮机调节油系统	

	GGR	汽轮机润滑、顶油、盘车系统
	GHE	发电机密封油系统
	GME	汽轮机监督系统
	GPA	发电机和输电保护系统
	GPV	汽轮机蒸汽和疏水系统
	GRE	汽轮机调节系统
	GRH	发电机氢气冷却系统
	GRV	发电机氢气供应系统
	GSE	汽轮机保护系统
	GSS	汽水分离再热器系统
	GST	发电机定子冷却水系统
	GSY	同步并网系统
	GTH	汽机轮润滑油处理系统
J		与消防（探测、火警）有关的系统
	JDT	火灾自动报警系统
	JPD	消防水分配系统
	JPH	汽轮机厂房消防系统
	JPI	核岛消防系统
	JPL	电气厂房消防系统
	JPP	消防水生产系统
	JPS	移动式和便携式消防系统
	JPT	变压器消防系统
	JPU	厂区消防水分配系统
	JPV	柴油发电机消防系统
K		与仪表和控制有关的系统
	KCP	非安全级过程控制机柜系统
	KCS	安全级过程控制机柜系统
	KDO	试验数据采集系统
	KIC	电站计算机控制系统
	KIR	松动部件和振动监测系统
	KIS	地震仪表系统
	KIT	集中数据处理系统
	KKK	厂区出入控制系统
	KKO	电度表和故障录波系统
	KKO4	开关站仪表和控制设备
	KLP	500 kV 线路保护系统
	KME	性能试验网络和数据采集系统
	KNS	实时信息监控系统
	KOO	总体运行系统
	KPR	远程停堆站
	KRS	厂区辐射气象监测系统
	KRT	电厂辐射监测系统

	KSC	主控制室系统
	KSN	核辅助厂房——就地控制屏和控制盘系统
	KSU	保安管理系统
	KZC	控制区出入监测系统
L		与电气系统有关的系统
	LA*	220 V 直流电系统（LAA/B）
	LB*	110 V 直流电系统（LBA/B/G/J/K/L/M/N/O/P/X）
	LBZ	蓄电池充电维修系统
	LC*	48 V 直流电系统（LCA/B/C/D/X）
	LG*	6.6 kV 配电系统（LGA/B/C/D/E/F/I/R）
	LH*	6.6 kV 应急配电系统（LHA/B/P/Q/S/T）
	LHY	380 V 交流发电机组（EM/EC）
	LHZ	380 V 交流发电机组（UA）
	LK*	380 V 交流电系统（LKA～Z）
	LLS	水压试验泵发电机组
	LL*	380 V 应急交流电系统（LLA/B/C/D/E/F/G/H/I/J/M/N/O/P/R/W/X/Y/Z）
	LM*	220 V 交流电配电系统（LMA/C/D）
	LN*	220 V 交流重要负荷电源系统（LNA/B/C/D）
	LN*	220 V 交流不间断电源系统（LNE/F/G/H/K/L/M/N/P/Q/W/Y）
	LRT	大修期间再供电系统
	LSA	试验回路系统
	LSI	厂区照明系统
	LTR	避雷接地系统
	LYS	蓄电池试验回路
P		与各种坑和池有关的系统
	PMC	核燃料装卸贮存系统
	PTR	反应堆水池和乏燃料水池的冷却和处理系统
R		与反应堆有关的系统
	RAM	控制棒驱动机构电源系统
	RAZ	核岛氮气分配系统
	RCP	反应堆冷却剂系统
	RCV	化学和容积控制系统
	REA	反应堆硼和除盐水补给系统
	REN	核取样系统
	RGL	棒控和棒位系统
	RIC	堆芯测量系统
	RIS	安全注入系统
	RPE	核岛排气和疏水系统
	RPN	核仪表系统
	RPR	反应堆保护系统（RPA/B）
	RRA	余热排出系统
	RRB	硼回路加热系统

	RRC	反应堆控制系统
	RRI	设备冷却水系统
	RRM	控制棒驱动机构通风系统
S		公用系统
	SAP	压缩空气生产系统
	SAR	仪表用压缩空气分配系统
	SAT	公用压缩空气分配系统
	SBE	热洗衣房系统
	SBE1	AC厂房去污系统
	SDA	除盐水生产系统
	SEC	重要厂用水系统
	SED	核岛除盐水分配系统
	SEH	废油和非放射性水排放系统
	SEK	常规岛废液收集系统
	SEL	常规岛废液贮存排放系统
	SEN	辅助冷却水系统
	SEO	电厂污水系统
	SEP	饮用水系统
	SER	常规岛除盐水分配系统
	SES	热水生产和分配系统
	SGZ	厂用气体贮存和分配系统
	SHY	氢气生产和分配系统
	SIR	化学试剂注入系统
	SIT	给水化学取样系统
	SKH	润滑油传输系统
	SLT	更衣室通风系统
	SRE	放射性废水回收系统（核岛、机修车间、厂区实验室）
	SRI	常规岛闭路冷却水系统
	STR	蒸汽转换系统
	SVA	辅助蒸汽分配系统
	SVE	运行前试验用蒸汽分配系统
T		与"三废"处理有关的系统
	TEG	废气处理系统
	TEP	硼回收系统
	TER	废液排放系统
	TES	固体废物处理系统
	TEU	废液处理系统
V		与主蒸汽有关的系统
	VVP	主蒸汽系统
X		与辅助蒸汽有关的系统
	XCA	辅助蒸汽生产系统（辅助锅炉）